LOGIQUE ET MATHÉMATIQUE CHEZ BERNARD BOLZANO

L'HISTOIRE DES SCIENCES
TEXTES ET ÉTUDES

LOGIQUE ET MATHÉMATIQUE CHEZ BERNARD BOLZANO

par

Jan SEBESTIK

Ouvrage publié avec le Concours
du Centre National de la Recherche Scientifique

PARIS
LIBRAIRIE PHILOSOPHIQUE J. VRIN
6, Place de la Sorbonne, Ve
—
1992

A la mémoire de Jean Cavaillès

Printed in France

ISBN 2-7116-1067-5

SIGLES ET ABRÉVIATIONS

An. Pr.	ARISTOTE, *Les Premiers Analytiques.*
Betrachtungen	*Betrachtungen über einige Gegenstände der Elementargeometrie* (1804), cité d'après *Spisy - Schriften,* 5: *Geometrische Arbeiten* (1948).
Beiträge, *Beitr. Darst. Math.*	*Beyträge zu einer begründeteren Darstellung der Mathematik* (1810)
De int.	ARISTOTE, *De l'Interprétation.*
Drei Probl. Rectif.	*Die drey Probleme der Rectification, der Complanaion und der Cubirung* (1817), cité d'après *Spisy - Schriften,* 5 : *Geometrische Arbeiten* (1948).
Drei Dim. des Raumes	*Versuch einer objectiven Begründung der Lehre von den drei Dimensionen des Raumes* (1843), cité d'après Gesamtausgabe I 18 (1989), 219-38, mais avec la pagination de l'original indiquée en marge.
Einl. GL	*Einleitung zur Grössenlehre,* Gesamtausgabe II A 7 (1975).
Erste Begriffe	*Erste Begriffe der allgemeinen Grössenlehre,* Gesamtausgabe II A 7 (1975).
Funct.	*Functionenlehre, Spisy - Schriften,* 1(1931).
Geom. Arbeiten	*Spisy - Schriften,* 5: *Geometrische Arbeiten* (1948).
GL	*Grössenlehre,* Gesamtausgabe II A 7-10 (en cours de publication, 1975 sq.).
Math.	LEIBNIZ G. W., *Mathematische Schriften* (éd. Gerhardt), 1-7 (1971).
Math. Phil. 1810-1816	*Mathematische und philosophische Schriften 1810-1816,* Gesamtausgabe II A 5 (1977).

Misc. math.	*Miscellanea mathematica* (manuscrit, Oesterreichische Nationalbibliothek, Vienne).
Misc. math. 1803-1808	*Miscellanea mathematica 1803-1808*, Gesamtausgabe II B 2 (nous nous référons à la pagination du manuscrit indiquée en marge); de même pour les autres volumes publiés.
Opusc.	LEIBNIZ G. W., *Opuscules et fragments inédits* (éd. Couturat, 1903).
Phil.	LEIBNIZ G. W., *Die philosophischen Schriften*, (éd. Gerhardt), 1-7 (1965).
PU	*Paradoxien des Unendlichen* (1851); cité d'après l'édition de B. van Rootselaar, Phil. Bibl. n° 99, F. Meiner, 1975.
Über Haltung	*Uiber Haltung, Richtung, Krümmung und Schnörkelung bei Linien sowohl als Flächen, sammt einiegen verwandten Begriffen* (1843-44, publié en 1948 in *Spisy - Schriften*, 5 : *Geometrische Arbeiten*).
WL	*Wissenschaftslehre*, 1-4 (1837); nous citons d'après les volumes publiés de l'édition critique de Jan Berg dans Gesamtausgabe I 11-14 (1987 sq.) et d'après l'édition de W. Schultz, réimpr. 1970, en indiquant la pagination originale qui est celle de W. Schultz et qui est reproduite en marge de la Gesamtausgabe.
Zus. Kräfte	*Versuch einer objectiven Begründung der Lehre von der Zusammensetzung der Kräfte* (1843), in Gesamtausgabe I 18 (1989); nous nous référons à la pagination originale reproduite en marge.

Nous abrégeons les titres des publications qui contiennent des lettres de Bolzano en indiquant le nom du destinataire; par exemple, *Bolzano – Fesl* renvoie à la Bibliographie, Correspondance, n° 65.

CHRONOLOGIE

1780	Joseph II devient empereur du Saint Empire Germanique après la mort de Marie-Thérèse.
1781	Naissance de Bernard Bolzano à Prague, le 5 octobre, fils d'un commerçant italien émigré et d'une Allemande. Réformes de Joseph II : Patente supprimant le servage, Patente de tolérance, suppression des ordres religieux «inactifs», réorganisation de l'enseignement et des institutions hospitalières. Kant : *Critique de la raison pure.* Découverte d'Uranus par Herschel.
1783	Composition de l'eau (Cavendish, Lavoisier).
1784-91	Herder : *Idées pour la philosophie de l'histoire de l'humanité.*
1785	E. Cartwright : métier à tisser à vapeur.
1787	Mozart : *Don Giovanni.*
1788	Kant : *Critique de la raison pratique.* Lagrange : *Mécanique analytique.*
1789	Début de la Révolution française. Jeremy Bentham : *An Introduction to the Principles of Morals and Legislation.* Lavoisier : *Traité élémentaire de chimie.*
1790	Mort de Joseph II. La Société Savante Privée devient Société Royale des Sciences de Bohême. Kant : *Critique de la faculté de juger.* Goethe : *Métamorphose des plantes.*
1793	Kant : *La religion dans les limites de la simple raison.*
1794	Fondation de l'Ecole Polytechnique à Paris. Legendre : *Eléments de géométrie.*
1795-6	Goethe : *Les années d'apprentissage de Wilhelm Meister.*

1796 Laplace : *Exposition du système du monde.*

1797 Bonaparte envahit l'Autriche.
L. Carnot : *Réflexions sur la métaphysique du calcul infinitésimal.*
Lagrange : *Théorie des fonctions analytiques.*
Lacroix : *Traité du calcul différentiel et du calcul intégral*, I.
C. Wessel : *Sur la représentation analytique d'une direction* (représentation géométrique des nombres complexes; 1806 J. R. Argand).

1797-99 Hölderlin : *Hyperion.*

1798 Legendre : *Théorie des nombres.*
Naissance d'Auguste Comte et de Delacroix.

1798-99 Schiller : *Wallenstein.*

1799 Schleiermacher : *Discours de la Religion.*
Novalis : *La Chrétienté ou l'Europe* (publ. en 1826).

1799-1804 Bolzano étudie à l'Université de Prague la philosophie, les mathématiques et la théologie.

1799-1825 Laplace : *La mécanique céleste.*

1800 Schelling : *Système d'idéalisme transcendental.*
Schleiermacher : *Monologues.*
Pile électrique de Volta.

1801 Gauss : *Disquisitiones arithmeticae.*
Découverte de Cérès.

1802 Th. Young : *Sur la théorie de la lumière et des couleurs.*
Novalis : *Heinrich d'Ofterdingen* et *Fragments* (= *Encyclopédie*).

1803 L. Carnot : *Géométrie de position.*

1804 Napoléon couronné empereur.
François II prend le titre d'empereur d'Autriche.
Le *Code civil* de Napoléon.
Bolzano : *Considérations sur certains objets de la géométrie élémentaire.*

1805 Bataille d'Austerlitz. Paix de Presbourg.
Bolzano devient prêtre, docteur en philosophie et professeur de «science de la religion» à l'Université de Prague.

1806 Dissolution du Saint Empire germanique.
Fondation de l'Ecole Polytechnique à Prague.
Proust : loi des proportions définies.

1807 Hegel : *La phénoménologie de l'esprit.*

1808 Berzelius : *Traité de chimie.*
Dalton : *New System of Chemical Philosophy*, I.
Goethe : *Faust* I.

1809 Napoléon occupe Vienne. Metternich devient Premier ministre de l'Empire d'Autriche.
Lamarck : *Philosophie zoologique.*

1810 Bolzano : *Contribution à une exposition des mathématiques sur de meilleurs fondements.*
Annales des mathématiques pures et appliquées (Annales de Gergonne).
Goethe : *Théorie des couleurs.*
Loi d'Avogadro.

1812 Code civil autrichien.
Hegel : *Science de la logique.*
Laplace : *Théorie analytique des probabilités.*
Cuvier : *Discours sur les révolutions de la surface du globe.*

1813 Bataille de Leipzig.
Bolzano : *Discours édifiants.*

1814 Cauchy : *Mémoire sur les intégrales définies* (publié en 1827).
Fraunhofer effectue une première spectrographie de la lumière du soleil et des étoiles.

1814-15 Congrès de Vienne. Constitution de la Sainte-Alliance.

1815 Bataille de Waterloo.
Bolzano devient membre de la Société Royale des Sciences de Bohême.
Fondation de l'« Analytical Society » à Cambridge.

1816 Bolzano : *Le théorème du binôme.*

1817 Fête des étudiants allemands à Wartburg.
Bolzano : *Démonstration purement analytique du théorème : entre deux valeurs quelconques qui donnent deux résultats de signes opposés se trouve au moins une racine réelle de l'équation.*
– Les trois problèmes : ceux de la rectification, du calcul des aires et du calcul des volumes.
Hegel : *Encyclopédie des sciences philosophiques.*

1818 Berzelius : poids atomiques.
Naissance de Karl Marx.

1819 Décrets de Carlsbad : contrôle de la presse et des universités. Destitution et mise à la retraite anticipée de Bolzano.
Schopenhauer : *Le monde comme volonté et représentation.*
G. J. Christian : *Vues sur le système général des opérations industrielles ou Plan de technonomie.*
Dobrovský : *Histoire de la langue et de la littérature tchèque ancienne.*

1820 Oersted : *Mémoire sur l'action d'un courant sur les aimants.*

1820-25 Le «procès Bolzano».

1821 Cauchy : *Cour d'analyse de l'Ecole Royale Polytechnique.*

1822 Poncelet : *Traité des propriétés projectives des figures.*
Fourier : *Théorie analytique de la chaleur.*
Théorie ondulatoire de la lumière de Fresnel.

1823 Bolzano fait la connaissance d'Anna Hoffmann.
IXe symphonie de Beethoven.

1823-30. Bolzano séjourne désormais plusieurs mois par an chez les Hoffmann à Techobus. Rédaction de la *Théorie de la Science.*

1824 Abel : *De la résolution des équations algébriques.*
Sadi Carnot : *Réflexions sur la puissance motrice du feu.*

1825 Cauchy, commencements de la théorie des fonctions complexes.
Grillparzer : *Bonheur et fin du Roi Ottokar.*

1826 *Journal für reine und angewandte Mathematik* (*Journal de Crelle*).

1826-29 Théorie des fonctions elliptiques (Legendre, Abel, Gauss, Jacobi).

1827 Bolzano : *Athanasia.*
Gauss : *Disquisitiones generales circa superficies curvas.*
Ampère : *Mémoire sur la théorie mathématique des phénomènes électriques, uniquement déduite de l'expérience.*
G. Ohm : *La chaîne galvanique* (lois d'Ohm).
Heine : *Le livre des chants.*
L'Autriche telle qu'elle est (anonyme; l'auteur est Karl Postl, devenu plus tard romancier sous le pseudonyme Charles Sealsfield).

1828 Synthèse de l'urée par Wöhler.

1829-30 Géométrie non euclidienne de Lobatchevski.

1830 Révolution de Juillet, insurrection en Pologne.

Peacock : *Algebra.*
Lyell : *Principes de géologie.*
Controverse entre Cuvier et Geoffroi de Saint-Hilaire sur l'unité du plan d'organisation des êtres vivants.
Stendhal : *Le Rouge et le Noir.*

1830-41 Bolzano séjourne en permanence chez les Hoffmann à Techobus où il rédige la *Science de la religion* et la *Science des grandeurs* et révise la *Théorie de la science.* Correspondance avec Exner, Fesl et Prihonsky.

1830-42 Comte : *Cours de philosophie positive.*

1831 Lois de l'induction électromagnétique de Faraday.

1831-32 Théorie de Galois (publiée en 1846).

1832 Babbage : *Traité de l'économie des machines et des manufactures*; la machine analytique.
Goethe : *Faust* II.
Première voie ferrée d'Autriche.

1833 J. Bolyai : *Science absolue de l'espace.*
Balzac : *Eugénie Grandet.*
Pouchkine : *Eugène Oniéguine* (édition complète).

1833-34 Bolzano rend plusieurs visites à Cauchy, installé à Prague.

1834 Bolzano : *Traité de Science de la religion.*
W. R. Hamilton : nouvelle présentation des équations de la mécanique et de l'optique.

1835 Berzelius : théorie des proportions chimiques.
A. Ure : *The philosophy of manufacture.*
G. Büchner : *La mort de Danton.*

1836 *Autobiographie du Dr. B. Bolzano.*
Palacký : *Histoire de la nation tchèque.*

1837 Bolzano : *Théorie de la science* I-IV.
Chasles : *Aperçu historique sur l'origine et le développement des méthodes en géométrie.*

1838-39 Théorie cellulaire (Schleiden, Schwann)

1839 *Dr. Bolzano et ses critiques.*

1840 Proudhon : *Qu'est-ce que la propriété ?*
Liebig : *Chimie organique.*

1841 *Aperçu critique de la Théorie de la science et de la Science de la religion de Bolzano.*
Feuerbach : *Essence du Christianisme.*
Loi de Joule.

1841-2 Maladie et mort d'Anna Hoffmann. Bolzano retourne à Prague en 1841. Il participera désormais activement aux travaux de la Société Royale des Sciences de Bohême.

1842 Bolzano : *Essai d'un fondement objectif de la doctrine de la composition des forces.*
Le principe de Doppler.

1842-43 R. Mayer et Joule : équivalent mécanique de la chaleur, conservation de l'énergie.

1843 Bolzano : «Réponse à une question logique suscitée par le mémoire "Sur le nominalisme et le réalisme" de M. Exner».
– *Essai d'un fondement objectif de la doctrine des trois dimensions de l'espace.*
– «Quelques remarques sur la nouvelle théorie exposée dans l'écrit de M. le Professeur Chr. Doppler "Sur la lumière colorée des étoiles doubles et d'autres constellations célestes"».
J. Stuart Mill : *System of Logic Ratiocinative and Inductive.*
Hamilton : les quaternions.

1844 Grassmann : *La théorie linéaire de l'extension.*

1845 Bolzano : *De la perfectibilité du catholicisme.*

1846 Découverte de Neptune à partir des calculs de perturbations d'Uranus, dus à Adams et à Le Verrier.
Bolzano : *Sur le concept du beau.*

1847 Boole : *Mathematical Analysis of Logic.*
De Morgan : *Formal Logic.*

1848 Marx et Engels : *Le Manifeste communiste.*
Révolution à Paris, à Vienne et à Prague.
Mort de Bolzano à Prague le 18 décembre.
Naissance de Frege.

1849 Bolzano : *Qu'est-ce que la philosophie?*

1851 Bolzano : *Paradoxes de l'infini.*
– «De la division des beaux-arts».
– *Trois mémoires philosophiques* (I et II sur Hegel, III sur le concept d'organisme).

1930-48 Bolzano : *Spisy - Schriften*, 1-5.

A partir de 1969 Bernard Bolzano-*Gesamtausgabe.*

AVANT-PROPOS

Jean Cavaillès, qui a consacré des pages pénétrantes à Bolzano comme mathématicien et philosophe, souhaitait qu'une étude lui soit consacrée. Son ami Georges Canguilhem m'a légué ce vœu et proposé d'entreprendre une thèse sur Bolzano; il m'a guidé dans mes premières recherches et a accompagné mon travail tout au long des années jusqu'à sa transformation en un livre.

Bolzano est un personnage fascinant. Homme d'immense culture, à la fois théologique, philosophique, mathématique et scientifique, il est l'un de ceux auxquels songe Gœthe lorsqu'il fait l'éloge de «la culture qui fleurit actuellement en Bohême», aussi bien artistique que scientifique[1]. Les mathématiciens allemands du XIXe siècle, Weierstrass, Hankel, Cantor et Dedekind, ont reconnu son importance. A quelques exceptions près, Husserl par exemple, les logiciens et les philosophes ont cependant longtemps ignoré son œuvre, bien que ses doctrines se soient répandues en Autriche.

Son destin est hors du commun : professeur de « science de la religion » à l'Université de Prague, il est destitué par l'Empereur d'Autriche en 1819 pour ses opinions politiques, qui s'accordent mal avec la doctrine officielle qu'il est censé propager. Auteur de mémoires mathématiques, d'un ouvrage de philosophie mathématique et d'un volume de *Discours édifiants*, il se retire pour se consacrer à son œuvre logique, la *Wissenschaftslehre* (1837)[2] et à l'édification de son système mathématique, la *Grössenlehre*, qui ne sera publiée qu'au XXe

1. Entretien avec Knebel du 10 octobre 1810. Gœthe y parle également des *Beiträge* de Bolzano, ce «petit ouvrage très remarquable par sa valeur et son esprit».

2. Sulzbach, 4 volumes; édition critique par Jan Berg, en cours de publication in *Gesamtausgabe*, I, 11 sq. Nous abrégerons le titre de cet ouvrage par le sigle *WL*.

siècle. De la masse de manuscrits mathématiques qu'il confie à ses disciples, seuls les *Paradoxes de l'infini* seront publiés, en 1851, trois ans après sa mort. Dans son œuvre, immense (la *Gesamtausgabe* doit comprendre plus de 60 tomes, dont certains en plusieurs volumes), j'ai choisi de traiter la logique et les mathématiques, laissant de côté sa métaphysique et la totalité de ses doctrines esthétiques, morales, politiques, sociales et théologiques. Etant donné la difficulté d'accès à l'œuvre de Bolzano (certains textes sont même fort difficiles à trouver) et le manque de traductions françaises[3], je n'ai pas hésité à transcrire les passages les plus significatifs de ses écrits.

En ce qui concerne les mathématiques, il fallut tenter la difficile synthèse de ses travaux publiés et de ses manuscrits qui paraissent actuellement dans la *Gesamtausgabe*. J'ai pu utiliser les parties les plus importantes de la *Grössenlehre*, récemment publiées, qui comprennent un exposé complet de sa doctrine des ensembles (*Einleitung in die Grössenlehre*) et la construction du système des nombres (*Erste Begriffe der allgemeinen Grössenlehre* et *Reine Zahlenlehre*). J'ai également puisé dans les inédits, en particulier dans le journal mathématique, *Miscellanea mathematica*, où Bolzano notait ses réflexions et ses lectures, afin de compléter certaines parties restées inachevées ou obscures dans les travaux publiés et reconstituer la continuité d'une pensée qui, de l'extérieur, peut paraître fragmentaire et dispersée. Devant l'étonnante masse des écrits laissés par Bolzano, des choix s'imposent. J'ai retenu les parties les plus significatives de son œuvre mathématique et logique, celles où l'auteur se montra novateur et qui font aujourd'hui partie de notre culture scientifique, ainsi que celles où, sans aboutir à des formulations définitives, Bolzano explore des champs théoriques nouveaux ou soumet à une investigation critique un corps de doctrine déjà constitué.

Dans l'analyse infinitésimale, Bolzano fit incontestablement œuvre de pionnier. La fondation rigoureuse de l'analyse dans la première moitié du XIXe siècle, désignée parfois par l'expression ambiguë d'arithmétisation de l'analyse, est couramment rattachée aux noms de Cauchy et de Weierstrass, malgré la différence de préoccupations et de style de ces deux mathématiciens. Si j'emploie ici une telle expression,

3. Trois traductions sont actuellement disponibles : *Démonstration purement analytique*, in *Revue d'hist. des sciences*, 17 (1964), 136-64, *Qu'est-ce que la philosophie* ? par F. Macabrey (Québec, 1975), et l'Appendice aux *Beiträge Darst. Math.*, « Sur la doctrine kantienne de la construction des concepts par les intuitions », par J. Laz, in *Philosophie* (1990), n° 27, 3-12. Les *Paradoxes de l'infini* (trad. H. Sinaceur) sont en cours de publication, de même que quelques textes bolzaniens dans l'*Anthologie de la logique*, I (Payot).

c'est dans le sens où elle épouse l'intention de Bolzano : définir tous les concepts de l'analyse uniquement en termes logiques et arithmétiques d'inégalités entre les entiers. Bolzano a non seulement préparé les outils, mais aussi élaboré la plus grande partie de la théorie des fonctions réelles sous la forme même que Weierstrass exposera dans ses cours une quarantaine d'années plus tard, en citant d'ailleurs Bolzano et en s'inspirant de lui.

Mon but est de montrer le caractère systématique d'une œuvre qui, à en juger par les travaux publiés, reste à bien des égards énigmatique. Entre le *Rein analytischer Beweis* de 1817 et les *Paradoxes de l'infini* de 1851, posthumes, il n'y a pas seulement toute la théorie logique exposée dans la *WL*, mais aussi le système admirable de la *Grössenlehre*. Le projet bolzanien de « transformation des sciences conceptuelles pures » ne vise rien de moins que la reconstruction de la totalité des mathématiques à partir de concepts rigoureusement définis et par des démonstrations complètes. Dans ses premiers mémoires qui, avec Gauss et Cauchy, inaugurent une nouvelle période de l'analyse, se précise progressivement l'idée d'un grand traité de mathématiques, la *Grössenlehre*. En son temps, bien qu'inachevé et inédit, ce traité n'a pas d'équivalent. Comparée aux entreprises semblables de ses contemporains, aux traités éclectiques de Lacroix ou au *Versuch eines vollkommen consequenten System der Mathematik* de Martin Ohm, d'ailleurs apprécié par Bolzano, la *Grössenlehre* offre, dans sa plus grande partie, des théories élaborées exclusivement par Bolzano. Il faudra attendre les grands ouvrages du XXe siècle inaugurés par les *Principia Mathematica* de Whitehead et Russell, en particulier les *Grundlagen der Mathematik* de Hilbert et Bernays et les *Eléments de mathématiques* de Bourbaki, pour voir reprendre un projet aussi ambitieux.

Y a-t-il des mathématiques bolzaniennes ? D'emblée, nous sommes installés dans un style analytique nouveau, apparemment sans précédent. Il est vrai que le contraste est accentué par la nature *a posteriori* de notre examen, qui enregistre et retient les résultats, mais morcelle et réorganise les théories périmées qui leur ont donné naissance. Cette vision prétend intégrer les connaissances anciennes dans les théories actuelles; à la puissance opératoire d'un concept, elle sacrifie son intelligibilité historique : la possibilité de son apparition dans un contexte passé, sa constitution et sa maturation à l'intérieur de modes de pensée abandonnés. Or, par rapport au XVIIe siècle, le XVIIIe ne fut pas une période de relâchement de la rigueur. Que l'on compare les grands traités de calcul infinitésimal : dans la progression qui mène de

L'Hôpital à MacLaurin et à Euler, puis à Lagrange, se manifestent une rigueur accrue et une plus grande puissance formelle.

C'est précisément lorsqu'elle est réinsérée dans son contexte historique que la réforme bolzanienne retrouve sa signification et son exemplarité. Une histoire attentive aux inflexions et aux ruptures qui sont des phénomènes locaux permet à la fois de rétablir la filiation des concepts et de mesurer par là même l'ampleur de la mutation opérée. Une enquête différentielle qui rend la parole à des auteurs secondaires, par exemple Kästner, retrouve le fil ténu de la fécondité future, décèle les courants de rationalité occultés par les deux grands analystes du XVIIIe siècle, Euler et Lagrange. A plusieurs reprises, je fus ainsi contraint de faire l'historique d'un concept ou d'un procédé en menant l'enquête à partir d'éléments épars pour recomposer le faisceau qui aboutira à une théorie constituée.

Exposer la logique de Bolzano pose des problèmes plus délicats. Son système est peut-être le plus vaste et le plus complet qui ait jamais été construit; même la logique contemporaine, comparée à la théorie bolzanienne de la science, apparaît comme une élaboration, certes, incomparablement plus fine et plus puissante, mais limitée à une seule province du vaste empire bolzanien.

Je me suis limité à la logique au sens strict qui est exposée dans les deux premiers tomes de la *WL* et je me suis efforcé d'en analyser les concepts principaux plutôt que de reproduire et encore moins de traduire les théorèmes dans une langue symbolique. En cela, j'ai voulu non seulement m'inspirer de la méthode de Bolzano, qui est une analyse conceptuelle d'une rigueur exemplaire encore aujourd'hui, mais aussi répondre à ses vœux de voir appliquée cette méthode à ses propres concepts. La logique de Bolzano est séparée de la nôtre par la grande coupure que représente la formalisation de la logique, laquelle a radicalement transformé ce champ de recherches et permis de donner aux concepts logiques une précision impossible à atteindre par le moyen de la langue naturelle. De ce fait, les concepts logiques de Bolzano sont marqués par l'imprécision et les ambiguïtés de la langue naturelle : pour la même raison, son système logique reste trop complexe et peu maniable. Néanmoins, l'analyse des mécanismes logiques l'a conduit à définir un certain nombre de concepts fondamentaux, ceux de forme propositionnelle ou de déduction par exemple, que les logiciens du XXe siècle ont mis en évidence par d'autres voies, et même à en formuler d'autres que la logique issue de Frege et de Russell ne s'est pas encore appropriée.

Comme Leibniz et Frege, mais d'un point de vue différent, Bolzano offre un trésor inépuisable de réflexions sur les matières logiques, mathématiques, philosophiques et sur bien d'autres. A notre époque, la leçon du dernier représentant de l'*Aufklärung*, qui est en même temps celui par lequel commence notre modernité logique et mathématique, est plus actuelle que jamais. Que le lecteur ne se laisse pas rebuter par l'austère rigueur de son enseignement!

Pour employer les termes par lesquels Georges Canguilhem caractérise l'histoire des sciences, j'ai justement voulu «rechercher et faire comprendre dans quelle mesure des notions ou des attitudes ou des méthodes dépassées ont été, à leur époque, un dépassement»[4]. Certes, l'effort de Bolzano n'a pas toujours abouti. Il a pu se tromper; que je sache, il n'a jamais dit de sottises. De quels philosophes de notre siècle, commentés, estimés, influents, peut-on en dire autant?

Au cours de mon travail, j'ai pu profiter des recherches bolzaniennes qui, depuis le commencement de la publication de la *Gesamtausgabe*, sont en train de prendre un nouvel essor. La première monographie sur la philosophie de Bolzano par Hugo Bergmann (1909) est toujours indispensable et *Bolzano's Logic* de Jan Berg reste un guide irremplaçable pour l'étude de la *WL*. Parmi les études sur les différents aspects de l'œuvre mathématique de Bolzano, j'ai pu tirer profit des travaux de Hanns Peter Becker, Jean Cavaillès, Václav Jarník, Dale M. Johnson, Philip Kitcher, Detlef Laugwitz, Bob van Rootselaar, Petr Simon, Detlef D. Spalt et Petr Vopěnka. Pour la logique de Bolzano, après l'article de Heinrich Scholz et les deux articles de Yehoshua Bar-Hillel, il faut mentionner la monographie de Boris I. Fedorov, le magistral ouvrage d'Edgar Morscher sur la notion d'en soi ainsi que les articles et contributions aux différents colloques (dont certains restent encore inédits) de Jan Berg, Karel Berka, Johan van Benthem, Günter Buhl, Ettore Casari, Carlo Cellucci, Alberto Coffa, Rolf George, Theodor Hailperin, Lothar Kreiser, Jan Patočka, Francesco Paoli, Günter Schenk, Gerhard Terton, Lubomír Valenta et bien d'autres. Le travail éditorial de Jan Berg, de Bob van Rootselaar et de leurs collaborateurs mérite une mention spéciale, en particulier pour les introductions et les notes aux différents volumes de la *Gesamtausgabe*. Avec la publication des œuvres de Leibniz par l'Académie des Sciences de Berlin, c'est l'une des entreprises d'édition savante les plus importantes de notre temps.

Quelques mots sur mes choix terminologiques (voir le Lexique à la fin de ce volume). Le terme *Inbegriff* n'a pas d'équivalent en français.

4. *Etudes d'histoire et de philosophie des sciences*, Paris, 1970, p. 14.

Dans *Die drei Probleme der Rectification* (p. 94, note) et dans certains manuscrits, *System* est pris comme synonyme de *Inbegriff*. Au § 4, les *Paradoxes de l'infini* font la distinction entre l'*Inbegriff* tout court, qui peut être ordonné et structuré, et l'*Inbegriff* qui est une *Menge*, un ensemble, pour lequel l'ordre des parties (= éléments) est indifférent. Pour Bolzano, *Inbegriff* est un genre dont *Menge* est une espèce. Cependant, *Inbegriff* signifie souvent *collection* sans considération de sa structure et *Menge* peut signifier parfois *nombre cardinal d'un ensemble*. J'ai traduit *Inbegriff* par *collection* (exceptionnellement, lorsque l'ordre ou la structure d'un *Inbegriff* sont essentiels, par *système*) et *Teil* par *partie*, en l'interprétant le plus souvent comme *élément*.

Raumding devient *objet spatial* et signifie *objet géométrique*; l'objet spatial est une partie de l'espace et ne doit pas être confondu avec l'objet *dans* l'espace. J'ai traduit *Chronologie* par *chronométrie* (dans les *Beiträge* de 1810, Bolzano, lui aussi, utilise le terme *Chronometrie*). *Reihe* est rendu tantôt par *suite* tantôt par *série*, selon le contexte (les mathématiciens allemands de l'époque n'utilisent que le terme *Reihe* pour désigner les deux). Le terme *Grenze* signifie chez Bolzano tantôt *borne* tantôt *limite d'une suite de fonctions*; en topologie, je l'ai traduit par *frontière*. Le concept de *bestimmende Stücke* joue un rôle essentiel en géométrie et dans la doctrine de l'infini; j'ai traduit cette expression par *éléments déterminants* et parfois paraphrasé par *éléments caractéristiques* ou *paramètres déterminants*.

L'expression *wirkliche Zahlen* est traduite par *nombres proprement dits*; ce sont les nombres naturels non nuls et éventuellement aussi les entiers négatifs (chez Bolzano, zéro n'est pas un nombre au sens propre du terme). Cet usage de l'adjectif *wirklich* ne s'accorde pas avec son usage ontologique : Bolzano qualifie les substances (et leurs propriétés) de *wirklich*, réelles, parce qu'elles agissent, *wirken*[5]. Or les nombres n'ont pas d'existence réelle[6], dont jouissent uniquement les substances. Le terme *Wurzeln* (racines) désigne parfois aussi les variables indépendantes d'une fonction et le terme *Exponent* (exposant) désigne aussi bien une puissance que la raison d'une progression géométrique. J'ai utilisé le terme *trichotomie*, qui ne figure pas chez Bolzano, pour exprimer la propriété caractéristique de l'ordre total

5. «Tout ce qui est réel doit en effet agir», *PU*, § 51, 111.

6. Bolzano justifie cet usage particulier lorsqu'il oppose les grandeurs réelles (*wirkliche Grössen*) qui n'existent pas nécessairement dans la réalité, aux grandeurs impossibles ou imaginaires (*unmögliche oder eingebildete Grössen*). *Erste Begriffe*, 10v.

(strict) : deux grandeurs (par exemple, deux nombres réels) X et Y sont toujours dans l'un des trois rapports suivants : X < Y, X = Y ou X > Y.

En logique, le terme le plus difficile à traduire est *gegenständlich* et ses variantes. Il s'applique aux représentations : *gegenständliche Vorstellung* signifie qu'il y a au moins un objet qui tombe sous cette représentation (qui est subsumé par elle), qu'elle n'est pas vide, qu'elle a une extension contenant au moins un objet, qu'elle a une référence, qu'elle dénote un objet. La meilleure traduction de *gegenständlich* serait sans doute *objectif*; elle s'accorderait avec l'usage de ce terme chez Kant. Il faut malheureusement l'écarter, car pour Bolzano *objectif* est synonyme de *en soi*; si on adoptait ce terme, il faudrait dire qu'il y a des représentations objectives qui n'ont pas d'objet (*gegenstandslose objektive Vorstellungen*)[7]. J'ai traduit *gegenständlich* par *objectuel* ou par *d'objet*, *Gegenständlichkeit* par *objectualité* (le substantif *objectité* ne permet pas de former un adjectif), *gegenstandslos* par *vide* ou *sans objet*. Une fois choisi ce terme, j'eus le plaisir de voir que E. Casari avait choisi le même en italien : *oggettuale*. Exemples de représentations objectuelles : « montagne », « Socrate », « nombre naturel »; exemples de représentations vides : « montagne d'or », « Pégase », « carré rond ».

An sich est traduit par *en soi* et, contrairement à Kant, il ne s'applique qu'aux propositions et aux représentations, jamais à autre chose. *Satz an sich* est traduit par *proposition en soi* (comme distincte de l'énoncé et du jugement). Dans mes commentaires, j'emploie souvent le terme *proposition* tout seul, étant donné que le qualificatif *an sich* signifie, chez Bolzano, *tout court*, indépendamment du fait d'être pensé, représenté ou énoncé. J'ai traduit *Vorstellung an sich* par *représentation en soi*[8] et, quand j'emploie le terme *représentation* sans autre qualificatif, il signifie toujours *représentation en soi*; sinon je parle de représentations *subjectives*. Le terme *représentation* peut nous égarer : une représentation (en soi) au sens de Bolzano est une *idée objective*. Néanmoins, j'ai préféré le terme *représentation*, plus proche de l'allemand, au mot *idée*. D'après la définition qu'en donne Bolzano, une représentation en soi n'est rien d'autre qu'une partie d'une proposition qui, elle, n'est pas une proposition entière; elle doit être soigneusement distinguée de la représentation *subjective*, qui est un acte de l'esprit, une modification de l'âme, un événement mental, et qui

---

7. On pourrait s'interdire d'utiliser le terme *objectif* comme synonyme de *en soi*, mais il faudrait éliminer ou contourner tous les usages de ce terme dans les traductions des textes de Bolzano.

8. Les traductions anglaises parlent de *idea in itself*.

est donc toujours relative à un *sujet*. Au début (et jusqu'au chapitre I, 4 de la IIe partie), le lecteur fera peut-être mieux de faire abstraction de la différence entre les intuitions (en soi !) et les concepts, et d'entendre par *représentation en soi* ce qu'on appelle couramment *concept*. Il pourra faire de même partout où la différence entre les concepts et les intuitions n'entre pas en jeu ; moi-même, j'utiliserai parfois le terme *concept* au sens général de *représentation*.

Beschaffenheit est traduit le plus souvent par *propriété*, bien que ce mot signifie également *Eigenschaft*. J'ai traduit *allgemeingültig* par *valide*, mais la validité au sens de Bolzano est toute relative ; c'est pourquoi Rolf George a traduit ce terme en anglais par *satisfiable* ; le concept bolzanien le plus proche de notre validité est l'analyticité logique. *Abfolge* est traduit, faute de mieux, par *conséquence* (relation de raison à conséquence). *Conséquence* traduit donc aussi bien la *relation* (*Abfolge*) qu'un *terme* de cette relation (*Folge*). La relation bolzanienne de conséquence est une relation fondatrice et exprime la « connexion objective des vérités » dans une théorie ; ce n'est pas une relation purement formelle et elle doit être soigneusement distinguée de la *déductibilité* (*Ableitbarkeit*), qui est la conséquence logique au sens de Tarski et qui justifie les *inférences* (*Schlüsse*).

Il convient de signaler deux particularités du style logique de Bolzano. Premièrement, il a remplacé la copule traditionnelle « est » par la troisième personne du singulier du verbe avoir : « a » (possède une propriété) ; au lieu de dire « Socrate est blanc », Bolzano préfère dire « Socrate a la blancheur ». Le schéma « *A* est *B* » sera alors exprimé par « *A* a (la propriété) *b* », *A hat b*. Le chapitre II, 5 de la IIe partie traite en détail de la réduction des énoncés à cette forme.

Deuxièmement, le substantif *Dasein* et le verbe *existieren* (traduits par *existence* et *exister*) signifient toujours *existence réelle* (*wirklich*), celle des substances, de leurs propriétés et de leurs systèmes ou collections (les objets physiques ordinaires sont des systèmes de substances). Quant à l'existence au sens de la quantification existentielle et lorsqu'il s'agit d'objets abstraits (propositions en soi, représentations en soi, nombres, etc.), Bolzano l'exprime souvent, mais non toujours, par les mots *es gibt* (il y a). Il dira donc : *Dieu existe*, *les représentations subjectives existent*, mais il préfère dire : *il y a des propositions en soi*, *il y a des représentations en soi*, *il y a une infinité de nombres premiers*.

Les notations que j'ai choisies peuvent parfois dérouter. Elles sont calquées sur celles de Bolzano, de telle sorte qu'on puisse se référer immédiatement à son texte sans passer par l'une des notations standard de notre logique. Le petit effort demandé nous rappelle que, tout en étant arbitraires, les notations, elles aussi, ont une histoire.

* * *

Des versions préliminaires de différents chapitres du présent ouvrage ont fait l'objet d'exposés ou de conférences à différents séminaires, colloques et congrès. Je me rappelle avec émotion les séances du séminaire de Madame Suzanne Bachelard, où j'ai recueilli de nombreuses suggestions.

Je tiens à remercier ici tous ceux qui, par leurs conseils et leurs encouragements, ont contribué à l'achèvement de ce travail, en particulier Madame Suzanne Bachelard, qui fut mon directeur de thèse, Monsieur Georges Canguilhem et Philippe Haug, ainsi que Roger Martin, aujourd'hui disparu. Sans eux, cet ouvrage n'aurait jamais vu le jour. Charles Baladier, Jean Delcourt, Philippe de Rouilhan, Baldine Saint Girons et Hourya Sinaceur en ont lu plusieurs chapitres et m'ont permis d'améliorer mon texte.

Je voudrais remercier également le Directeur du Département des manuscrits à l'*Österreichische Nationalbibliothek* à Vienne, qui m'a fourni des microfilms des manuscrits de Bolzano, et le Directeur du Département des manuscrits du *Památník Národního Písemnictví* (Musée de la littérature tchèque) à Prague.

Au terme de ce travail, je garde aussi le souvenir d'une petite ville espagnole, Mioño.

INTRODUCTION

Depuis Descartes jusqu'au début du XIXe siècle, la science moderne a vécu sous le régime de théories analytiques. La *Géométrie* de Descartes et à sa suite la géométrie analytique, la *Mécanique analytique* et la *Théorie des fonctions analytiques* de Lagrange, la *Théorie analytique des probabilités* de Laplace, la *Théorie analytique de la chaleur* de Fourier procèdent toutes selon le même schéma : il s'agit d'établir un système d'équations à partir duquel on déduit les conséquences à l'aide de transformations analytiques et algébriques. La logique, c'est-à-dire la syllogistique, est impuissante devant l'éclosion de méthodes de définition et de démonstration dans les nouvelles disciplines mathématiques. Elle ne parvient même pas à maîtriser les relations, donc à légitimer les règles de l'algèbre, sans parler d'opérations analytiques. Le succès de ces méthodes face au modèle axiomatique confiné à la géométrie euclidienne a évincé le type des théories axiomatiques et avec lui la logique. Les résultats des théories analytiques ont justifié leurs méthodes et ont fait oublier le fait que ces théories travaillent avec des concepts mal assurés, sinon suspects.

Ce n'est que lorsque des difficultés de nature conceptuelle, logique, commencent à se manifester dans les fondements mêmes des théories analytiques qu'apparaît la nécessité de réviser les concepts sur lesquels reposent ces théories, en premier lieu les concepts mathématiques. Sur quels concepts repose l'analyse infinitésimale : celui de limite, celui de quantité nulle (les « zéros » d'Euler), celui d'infiniment petit ? Comment les définir, comment les *comprendre* ? Comment justifier les opérations avec de telles entités ? Comment concevoir que les « zéros » ou les infiniment petits puissent avoir un rapport fini ? Sur quelles évidences reposent les théories analytiques ? Quel crédit accorder à une théorie comme la théorie des fonctions de Lagrange, qui réduit les opérations analytiques à des manipulations algébriques, évitant le passage à la limite ? Même les êtres mathématiques aussi familiers que les nombres négatifs sont mal définis, sans parler de nombres réels ou de ces « nombres impossibles » que sont les nombres complexes. Questions semblables en géométrie : peut-on accepter comme axiome une vérité aussi complexe que le Ve postulat d'Euclide et se contenter de concepts aussi mal définis que ceux de droite, de ligne, de surface, de solide ?

A ces questions, deux réponses. La première est celle d'un philosophe, à savoir Kant : les théories mathématiques doivent être fondées par des *constructions* dans l'intuition *pure*. Kant propose donc de remplacer les théories analytiques par les théories constructivistes qui fondent leurs concepts en construisant les objets. En réalité, déjà les mathématiciens classiques, Descartes en premier lieu, fondaient les théories analytiques sur l'*intuitus*, sur l'évidence intuitive. En transformant et en systématisant ce procédé, Kant propose un nouveau modèle de théorie. Un concept scientifique doit prouver sa légitimité ; il la reçoit de la construction de son objet. C'est l'existence de son objet qui garantit qu'une théorie mathématique n'est pas un simple jeu formel avec les signes.

Cependant, si la justification kantienne épouse les exigences de la géométrie, sa construction du nombre dans le temps soulève au moins autant de difficultés qu'elle en résout. Surtout, la philosophie mathématique de Kant se trouve devant un problème majeur suscité par les disciplines fondamentales de la nouvelle mathématique : l'algèbre et l'analyse. Comment concevoir ce que Kant appelle les « constructions symboliques de l'algèbre », c'est-à-dire des formalismes et des procédés *symboliques* qui transcendent de loin l'arithmétique et la géométrie ? Comment combler la distance qui sépare la géométrie et l'arithmétique élémentaires de l'algèbre et de l'analyse infinitésimale ?

Il y a plus. Les démonstrations mathématiques ne consistent pas toutes en des constructions, Kant est le premier à en convenir. Certaines sont analytiques ou contiennent des parties analytiques, ce qui veut dire que les mathématiciens, eux aussi, procèdent parfois comme les philosophes : de manière discursive, en explicitant les définitions. Or n'y a-t-il pas un rapport entre l'analyticité de l'algèbre et du calcul infinitésimal, et l'analyticité discursive, démonstrative de la logique ? De Lambert à Castillon, les essais de calcul logique aux XVIIIe et XIXe siècles s'engagent sur cette voie.

La deuxième réponse aux problèmes soulevés par les théories analytiques est celle de Bolzano, donc celle d'un mathématicien-logicien. Selon lui, les insuffisances des mathématiques de son temps sont en premier lieu des insuffisances *conceptuelles*. Bolzano soumet donc d'abord à un examen minutieux les concepts sur lesquels reposent les différentes théories mathématiques. C'est au cours du travail sur les problèmes mathématiques de son temps que ses concepts doivent prouver leur adéquation et leur fécondité, qu'il s'agisse de la théorie de la droite et du postulat des parallèles, ou de la démonstration du théorème du *Rein analytischer Beweis*.

En un deuxième temps, cela l'engage à réexaminer l'organisation déductive des mathématiques. Contre Kant, Bolzano affirme le caractère démonstratif de toutes les mathématiques, l'intuition n'étant admise qu'à titre de procédé heuristique ou pédagogique. Comme le dit Jean Cavaillès en parlant de Bolzano, «la véritable science ne quitte pas le démontré. [...] La science, si elle est, est tout entière démonstration, c'est-à-dire logique»[3]. En effet, avec Bolzano, la notion de démonstration change de sens. Les démonstrations n'ont plus pour fonction de transmettre l'évidence ni de confirmer ou forcer notre conviction. Elles réalisent l'enchaînement «objectif» des vérités. D'où la nécessité de la pureté des méthodes démonstratives, qui entraîne la réorganisation des mathématiques tout entières.

La logique, congédiée par les fondateurs de la science moderne, Leibniz excepté, et reléguée à un rôle subalterne par Kant, devient le moteur de cette réorganisation du savoir *a priori* ou, comme préfère dire Bolzano, des sciences conceptuelles pures. En premier lieu, Bolzano veut rendre compte de l'*universalité* des mathématiques, d'où sa conception des entités logiques et mathématiques (propositions, collections et ensembles, nombres) *en soi*, indépendamment d'un esprit quel qu'il soit, humain ou divin. Les objets de la logique et des mathématiques sont nettement séparés des choses du monde réel : ce sont des objets abstraits, dépourvus de réalité spatio-temporelle.

Sur cette base, Bolzano va édifier sa logique, fondée sur son invention la plus originale : la *méthode de variation*. Des concepts logiques fondamentaux comme la validité, la déductibilité, la contradiction devront alors être définis ou redéfinis et la méthode permettra de construire un système complet des relations logiques entre les propositions, prolongé par une logique des probabilités. Cette logique forme le noyau de sa théorie de la science et se prolonge par l'examen des systèmes axiomatiques. La théorie bolzanienne de la science offre donc la première approche moderne du troisième type des théories scientifiques : les théories axiomatiques.

Même si la logique formelle est un constituant essentiel de la *théorie de la science*, elle n'en est qu'un parmi d'autres. C'est l'être même de la science qui est maintenant soumis à l'analyse, sa constitu-

---

3. *Sur la logique et la théorie de la science*, Paris, 1947, 25.

tion et sa structure. Malgré les définitions initiales selon lesquelles la théorie de la science enseigne «comment découper la totalité du domaine de la vérité en sciences particulières et comment les exposer dans des traités de manière appropriée»[4], Bolzano ne propose pas une classification des sciences analogue à celle qu'entreprend à la même époque Auguste Comte. La théorie de la science est une métathéorie qui s'achève par une théorie de la classification des sciences sans en proposer une en particulier.

En réalité, le projet bolzanien est plus ambitieux que ne le laissent deviner de telles formulations. Il s'agit d'explorer l'ensemble des démarches discursives qui aboutissent à la présentation des sciences et de découvrir leur base théorique commune. La *WL* devient ainsi un *traité de la méthode* qui fournit les règles suivies dans le travail scientifique en mettant au jour les différentes strates qui constituent la science. Bolzano les détermine de manière récurrente en remontant à chaque fois du conditionné à sa condition.

Au prime abord, une science se présente sous forme de livre, comme un ensemble d'énoncés. Il appartient à la *théorie de la science proprement dite* de formuler les règles de répartition des vérités en sciences particulières ainsi que les règles de leur présentation dans des traités et encyclopédies scientifiques. Derrière la première tâche se profile une interrogation sur l'unité de la science et sur son objet; la seconde oriente la théorie bolzanienne de la science vers une stylistique de la langue des sciences.

La théorie de la science proprement dite suppose une science déjà constituée. Une telle discipline serait sans objet si nous ne pouvions pas découvrir les vérités dont se composent les sciences. Il appartient donc à la théorie de la science d'enseigner les règles de la découverte, de la constitution des vérités; ce sera la tâche de *l'heuristique* ou de l'*art d'inventer*.

Or la découverte des vérités est une activité humaine, donc subjective. Elle dépend des lois qui régissent la formation des représentations et des jugements et la connaissance des vérités. L'heuristique doit donc être précédée d'une *théorie de la connaissance* à laquelle il incombe de justifier la prétention de nos jugements à atteindre la vérité.

Les disciplines que nous avons énumérées mettent en évidence l'aspect subjectif de l'activité scientifique : la possibilité de la connaissance et de la découverte de la vérité, le découpage du champ des vérités et leur présentation dans des textes scientifiques. Il faut

4. *WL*, I, § 1, 7.

maintenant accomplir le pas décisif qui nous fera sortir de la sphère de la subjectivité. Contre Kant, Bolzano soutient que les énoncés scientifiques sont organisés selon certains rapports objectifs donnés préalablement à toute activité de l'entendement. Le sujet n'est pas constitutif; la connaissance n'est que la saisie et la manipulation des des structures logiques objectives, des significations absolues. L'activité de l'entendement ne saurait rendre compte de la composition des représentations et des concepts, de l'enchaînement déductif des propositions, de l'organisation d'une démonstration. L'examen de la structure de la science aboutit ainsi à l'édification de la *théorie logique* que Bolzano expose dans la *théorie des éléments*. Enfin, la *théorie des fondements* précise le statut ontologique des êtres logiques, des propositions et représentations *en soi*. D'où le schéma de la *Théorie de la science* :

Théorie des fondements : existence des vérités en soi et possibilité de les connaître;

Théorie des éléments : logique des représentations et logique de la variation;

Théorie de la connaissance : représentations subjectives, jugements, connaissance, erreur, certitude;

Heuristique : règles pour l'invention des vérités;

Théorie de la science proprement dite : détermination du domaine des sciences, le livre scientifique et ses constituants, sémiotique.

Une fois terminée cette tâche, Bolzano peut revenir aux mathématiques. Non pour en donner d'autres échantillons, mais pour édifier un système conforme à ses canons logiques, et pour l'exposer dans un grand traité qui porte le titre de *Grössenlehre*. Tous les concepts mathématiques sont construits par des spécifications progressives d'un seul, l'*Inbegriff*, collection ou système : ce sont les concepts d'ensemble, de variable, de grandeur, de fonction, de nombre naturel, de nombre réel. Après avoir créé deux théories fondamentales, celle des nombres réels et celle des fonctions réelles, Bolzano achève son œuvre par une enquête sur l'infini.

PREMIÈRE PARTIE

À LA RECHERCHE DES FONDEMENTS

CHAPITRE I

LE RATIONALISME EN GÉOMÉTRIE

1. L'héritage leibnizien

Contemporain de la création des géométries non euclidiennes et du renouveau de la géométrie projective, Bolzano n'a pas vraiment participé au mouvement de transformation des concepts et des méthodes qui a abouti à une nouvelle ordonnance de la géométrie et à notre conception moderne d'une théorie axiomatique. Comme Legendre, il se rattache à la très longue tradition des géomètres qui s'efforçaient, en vain, de démontrer le postulat des parallèles d'Euclide. Dans ce sens, son œuvre ne présente donc qu'un intérêt purement historique. Mais elle est importante pour d'autres raisons. D'abord, Bolzano réussit à définir un certain nombre de concepts et à mettre en lumière des hypothèses sous-jacentes à la géométrie d'Euclide qui interviennent dans les démonstrations sans êtres formulées explicitement. En ceci, Bolzano prolonge la tradition du rationalisme géométrique de Leibniz et de Kästner. Ensuite, les propriétés et les relations fondamentales qu'il découvre imposent un réexamen de l'ordre déductif de la géométrie élémentaire que Bolzano renverse complètement. Enfin, sur le plan de la méthode, la géométrie élémentaire joue un rôle très important dans la formation de son système logique, en particulier dans sa conception des sciences déductives ou, comme il le dit, des « sciences conceptuelles pures ».

C'est de la lecture des *Mathematische Anfangsgründe* de Kästner que Bolzano a reçu à la fois l'impulsion décisive pour sa vocation de mathématicien et sa première formation théorique[1]. Dans les univer-

1. « Lorsque j'ai ouvert une fois par hasard une page dans le traité de Kästner, des astérisques ont incité ma curiosité à relire ce passage et j'ai décidé immédiatement d'étudier les mathématiques, espérant trouver dans cette science ce que j'avais depuis longtemps cherché en vain. Car Kästner y démontre ce qu'on passe en général tout à fait sous silence, parce que tout le monde le sait déjà ; ce qui

sités de langue allemande, ces traités ont remplacé les *Elementa matheseos universae* de Wolff qui ont beaucoup vieilli, et deviennent, dans la deuxième moitié du XVIIIe siècle, des manuels officiels. Ils constituent une sorte de cours moyen de l'ensemble des mathématiques, fort imparfait et même contenant des erreurs, sans excès d'imagination de la part de leur auteur, à la fois mathématicien et poète, sans grande originalité dans les méthodes, mais avec un souci constant de rigueur dans l'examen du détail, ce qui frappera le jeune étudiant Bolzano. Parmi les grands mathématiciens lecteurs de Kästner, Bolzano lui restera sans doute le plus fidèle et, même dans ses travaux les plus novateurs, il conservera quelque chose de la minutie pédante du professeur de Göttingen.

Kästner n'est pas un mathématicien créateur. Après G. Saccheri et A. Segner, il représente le courant caractérisé par l'analyse de l'organisation déductive de la géométrie, qui va sans discontinuité de Leibniz et Wolff à Lambert et à Bolzano pour aboutir à Gauss. Or Gauss lui-même, sans l'avoir apprécié, a suivi l'enseignement de Kästner. Son ébauche des principales idées des géométries non-euclidiennes repose sur le travail analytique consacré à l'axiomatique de la géométrie par Kästner.

Une telle «recherche des fondements» se rattache directement à Euclide et s'oppose au courant qui construit la géométrie à partir de l'intuition, que représente Clairault et dans une moindre mesure d'Alembert, Bertrand et Lacroix. Les deux traditions se rejoignent dans les travaux de Legendre. Son étude de l'axiomatique de la géométrie élémentaire, permettra à Lobatchevski et à Bólyai, qui appartiennent à la génération suivante, de construire des géométries non euclidiennes.

Si Bolzano analyste et théoricien de l'infini dépasse de très loin la tradition du XVIIIe siècle, Bolzano géomètre y reste très étroitement attaché; en particulier, son effort vers une nouvelle organisation et présentation de la géométrie élémentaire ne saurait se comprendre sans la référence à Kästner. C'est à celui-ci qu'il faut rattacher deux traits caractéristiques de la géométrie de Bolzano : son intention axiomatique et l'explicitation des propriétés topologiques des objets géométriques. Sur ce point également, l'histoire de la topologie doit tenir

---

signifie qu'il cherche à porter à la conscience distincte du lecteur la raison sur laquelle repose son jugement; c'est ce que j'aimais le mieux. Mon plaisir particulier des mathématiques reposait donc à proprement parler, seulement sur sa partie purement *spéculative*, ce qui veut dire que je n'appréciais en elle que ce qui était en même temps *philosophie*». *Lebensbeschreibung*, 19.

compte d'une tradition qui relie Leibniz à Bolzano et celui-ci à Cantor.

2. *Bolzano : refonte de l'ordre euclidien*

Bolzano commence sa carrière scientifique par un ouvrage de géométrie : en 1804, il publie *Betrachtungen über einige Gegenstände der Elementargeometrie*, qu'il dédie à son maître Stanislav Vydra. A en juger par ses travaux publiés, les *Betrachtungen* sont le seul ouvrage que Bolzano ait consacré à l'examen détaillé des premiers concepts et théorèmes de la géométrie. Il a toujours considéré l'essentiel des théories qui y sont exposées comme valable et pour ainsi dire définitif [2]. Or, les manuscrits révèlent la permanence de cette thématique, permanence que l'on ne peut pas soupçonner à partir des seuls mémoires publiés. Les *Betrachtungen* sont la première manifestation d'une réflexion qui s'amplifiera, s'enrichira progressivement et se constituera, sans avoir connu de mutations brusques, en une doctrine complète et relativement achevée.

En écrivant les *Betrachtungen*, Bolzano se propose, lui aussi, de démontrer le Ve postulat d'Euclide et d'établir ainsi une théorie rigoureuse des parallèles. Il entend répondre, à sa manière, au défi que constitue pour les géomètres du XVIIIe siècle l'exposé des principes de la géométrie élémentaire qu'avait donné Euclide, et mettre fin à ce « scandale de la géométrie » que sont, selon un mot de d'Alembert, la théorie de la droite et les problèmes liés au postulat des parallèles.

Les objets élémentaires considérés par Bolzano appartiennent à la géométrie d'Euclide : il s'agit de la ligne droite, des angles, des triangles et des parallèles. L'ouvrage de Bolzano se compose de deux sections : la première expose les théorèmes sur les triangles et les parallèles; la seconde la théorie de la ligne droite (de la droite *finie*, c'est-à-dire du segment rectiligne); celle-ci est pourtant nécessaire pour fonder les théories de la première section. Les titres des deux sections expliquent cette apparente entorse au bon ordre : tandis que la première constitue un « essai de démonstration des premiers théo-

---

2. Se référant à la fois aux *Betrachtungen*, au mémoire de 1817 sur la rectification des courbes et au mémoire de 1842 sur la composition des forces, Bolzano écrit en 1843 : « maintenant encore je tiens pour justes les tentatives faites dans ces écrits ; à présent je ne pense différemment qu'en ce qui concerne certains points qui ne changent rien quant à l'essentiel et qui sont discutés dans la deuxième section des *Betrachtungen* ». *Drei Dim. des Raumes*, § 3, p. 208-9 note (*Geom. Arbeiten*, p. 57, note). Un an plus tard, en 1844, Bolzano fait part à Přihonsky de son intention de rééditer une version « infiniment améliorée » de cet ouvrage. *Bolzano-Přihonsky*, p. 245 (lettre du 23. 2. 1844).

rèmes sur les triangles et sur les parallèles en supposant la théorie de la ligne droite», la seconde se contente de donner des «idées concernant une théorie future de la ligne droite». Autrement dit, la théorie bien établie repose sur une doctrine toute hypothétique. C'est une situation fréquente en mathématiques.

La nouveauté du travail de Bolzano ne consiste donc ni dans les objets qu'il traite ni dans la méthode. Dans cet essai, rien n'annonce le grand essor de la géométrie au XIXe siècle. Ni la géométrie projective, ni la notion de transformation, ni l'étude analytique ou algébrique des objets géométriques n'y ont de place. Quant au but que Bolzano se propose, depuis les premiers commentateurs d'Euclide jusqu'au travail intense des géomètres du XVIIIe siècle, il n'a rien d'original. La solution qu'il entend donner au problème des parallèles et qui consiste dans la théorie de la similitude n'est pas nouvelle non plus : depuis Wallis, on sait que le Ve postulat est équivalent à l'affirmation de l'existence de figures semblables.

Ce que Bolzano apporte de nouveau dans sa présentation de la géométrie est, d'une part, l'ordonnance des théorèmes, d'autre part, l'analyse logique des concepts géométriques. Bolzano s'efforce de tirer la meilleur part des propriétés topologiques mises en évidence par Leibniz et Kästner et de réorganiser, en le simplifiant, le lourd appareil euclidien. Cette nouvelle ordonnance déductive qui exige une refonte complète des démonstrations géométriques ne va pas sans une réflexion sur la méthode. Aussi, ce premier travail fournit-il déjà à Bolzano l'occasion de formuler un certain nombre de règles méthodologiques qui constituent une sorte de noyau autour duquel va se construire ce grand traité de la méthode qu'est la *WL*.

La possibilité d'application de ces règles résulte de l'idée que se fait Bolzano de la géométrie. Celle-ci est une « science conceptuelle pure » de l'espace, plus précisément la science des relations spatiales, indépendantes des objets qui peuvent exister dans l'espace et s'y mouvoir.

Cette définition, visiblement dirigée contre le courant intuitionniste et tout particulièrement contre l'interprétation kantienne de la géométrie d'Euclide, fait apparaître des traits caractéristiques du rationalisme géométrique de Bolzano : le refus d'en appeler aux évidences intuitives pour fonder la géométrie ou pour démontrer ses théorèmes, et l'élimination de toute référence au mouvement dans ses concepts comme dans celui de congruence. La géométrie, comme toute autre discipline mathématique, ne peut être édifiée que par des démonstrations.

L'idée de la substitution des démonstrations aux évidences de l'intuition constitue le fil conducteur de toute l'œuvre de Bolzano. Elle tranche ainsi radicalement avec un présupposé théorique commun aux grands rationalistes du XVIIe siècle, aux intuitionnistes et aux empiristes du XIXe siècle qui font dépendre les chaînes des démonstrations de principes intuitivement évidents. A l'ordre des évidences, Bolzano oppose l'ordre des raisons défini par le seul critère de déductibilité. Pour lui, un axiome n'est pas une proposition évidente par elle-même, mais une vérité primitive, le commencement d'une chaîne déductive. Aussi, une théorie mathématique ne vise pas la certitude qui a sa source dans l'évidence intuitive, mais le fondement de la vérité qui se trouve réalisé par la démonstration. Une démonstration qui fait appel à l'intuition ne fournit que la *certitude* et ne peut être acceptée que pour des raisons pédagogiques ou heuristiques; seule une démonstration qui *fonde* une vérité en la rattachant à l'ensemble des vérités d'une science peut être appelée rigoureusement scientifique. On verra cette distinction entre les démonstrations au sens de *certifications* (*Gewissmachungen*) et les démonstrations au sens de *fondements* (*Begründungen*) à l'œuvre dans tous les travaux de Bolzano.

Selon les *Betrachtungen*, de telles démonstrations doivent obéir à deux conditions : d'une part, elles doivent être menées *uniquement* à partir de concepts qui figurent dans l'énoncé du théorème à démontrer, d'autre part, elles doivent exploiter *tous* les concepts qui y sont contenus. Bolzano rattache la première de ces conditions à la vieille règle aristotélicienne qui interdit la transgression d'un genre à l'autre[3], mais cette dernière se charge d'emblée d'un sens nouveau. On aura l'occasion de voir que, dans d'autres contextes, Bolzano donne la même inflexion décisive aux concepts qu'il reçoit de la tradition.

Les exemples d'une telle transgression de genre ne manquent ni chez Euclide ni chez Kästner. Toutes les démonstrations des théorèmes sur les angles et sur les côtés d'un triangle se servent du concept de *plan* qui, d'après Bolzano, est logiquement postérieur aux concepts d'angle, de ligne droite et de triangle. Mais c'est surtout le concept de mouvement, utilisé par Mercator et aussi par Kästner, et préconisé par Kant comme un des concepts fondamentaux de la géométrie, qu'il faut éliminer, parce qu'il suppose un concept empirique, celui d'objet dans l'espace. Or, on l'a vu, les propositions de la géométrie, du fait qu'elles

3. « [...] je dois indiquer que je ne crois pouvoir me contenter d'une démonstration, même tout à fait rigoureuse, que *si elle est déduite à partir de concepts* contenus dans la thèse à démontrer, et non pas d'un *concept intermédiaire* étranger, accidentel; l'erreur d'une *μετάβασις εἶς ἄλλο γένος* provient toujours de là ». *Betrachtungen*, préf., IV-V (*Geom. Arbeiten*, p. 10). Bolzano répétera cet avertissement dans tous ses travaux; cf. en particulier *Rein anal. Beweis*, préf., 6; trad. fr. p. 137.

portent sur la structure de l'espace sont des vérités conceptuelles pures. En effet, un objet *dans* l'espace est un objet physique réel, c'est-à-dire un système d'éléments réels que Bolzano appelle substances ou atomes ; en revanche un objet géométrique ou, comme le dit Bolzano, un *objet spatial*[4] (*Raumding*), est simplement un système de points, objet dépourvu de toute réalité physique. D'autre part, par mouvement, Bolzano entend un transfert physique d'un objet physique d'un lieu dans un autre ; or, les choses spatiales, les « figures » ou parties de l'espace ne peuvent pas être déplacées. On peut tout au plus leur faire correspondre d'autres objets isométriques. Loin de pouvoir servir de concept géométrique fondamental, le concept de mouvement suppose déjà l'espace et sa structure géométrique. Bolzano ne conçoit pas le déplacement géométrique comme une transformation ponctuelle de l'espace qui permettrait de définir l'isométrie sans référence à des notions cinématiques.

Enfin, le rationalisme bolzanien en géométrie se manifeste par la méfiance à l'égard des constructions. La géométrie, science théorique, n'a pas à enseigner les procédés pratiques qui consistent à « construire empiriquement toutes sortes d'objets spatiaux par le moyen de certains instruments simples (par exemple la règle et le compas) ». A la différence du praticien, « il doit être permis au théoricien d'admettre certains objets spatiaux dès qu'il a prouvé leur possibilité, sans apprendre l'art de leur construction réelle »[5]. Quelques années plus tard, dans les *Beiträge*, Bolzano écrit :

> Comme on sait, dans la géométrie d'*Euclide*, on n'admet aucun objet spatial comme existant [*wirklich*] si l'on n'a pas commencé par montrer sa construction en utilisant le *plan*, le *cercle* et la *droite*. Cette limitation trahit suffisamment son origine *empirique*. La *table*, le *compas* et la *règle* sont en effet les instruments les plus simples dont on s'est servi d'abord pour dessiner. Mais la *droite*, le *cercle* et en fin de compte le *plan*, considérés en soi, sont des objets tellement complexes qu'on ne doit en aucune manière admettre leur possibilité à titre de *postulat*. Au contraire, leur possibilité doit être prouvée à partir de la possibilité des objets *mêmes* qu'*Euclide* apprend à construire à l'aide des trois objets précédents[6].

Non seulement les constructions doivent être remplacées par des démonstrations, mais encore, ce sont celles-ci qui justifient les pre-

4. Un objet spatial (*Raumding*) est un être de raison (*Gedankending*) et non pas un objet (physique) *dans* l'espace, dont le concept n'est qu'empirique.
5. *Betrachtungen*, 18 (*Geom. Arbeiten*, 22).
6. *Beiträge Darst. Math.*, II, § 37, 130-1.

mières. On ne saurait construire un objet géométrique, parce que son existence précède toute construction; on peut tout au plus démontrer sa possibilité en montant que son concept n'est pas contradictoire. Une telle attitude finira par bouleverser l'ordonnance de la géométrie d'Euclide.

Bolzano renoue avec l'idéal démonstratif des mathématiques élaboré au XVIIe siècle et s'efforce de réduire au minimum le nombre des axiomes de la géométrie. Aussi, ses hypothèses (par exemple : la détermination de la droite par deux points et la possibilité de la prolonger indéfiniment, qui correspondent aux deux premiers postulats d'Euclide) sont posées à titre provisoire et Bolzano espère les démontrer un jour. Néanmoins, s'il croit pouvoir se contenter d'un seul axiome proprement géométrique, il doit faire appel à un certain nombre de principes généraux comme le principe de similitude, et surtout, il est obligé de supposer certaines propriétés des objets géométriques à titre d'hypothèse non démontrées qui font en réalité office d'axiomes.

3. Généalogie des concepts géométriques

Dans la IIe partie des *Betrachtungen*, Bolzano fait remonter la genèse des concepts géométriques jusqu'aux relations universelles d'identité (où l'objet est comparé avec lui-même) et de diversité qui se divise à son tour en égalité et inégalité (en 1817, il précisera le concept d'isométrie).

Nous résumons les indications de Bolzano dans le schéma suivant :

- identité (*Einerleiheit*)
- diversité (*Verschiedenheit*)
  - égalité (*Gleichheit*) dont une espèce est l'égalité géométrique [isométrie]
  - inégalité (différence) (*Ungleichheit*)

La géométrie proprement dite commence avec une multitude d'« objets spatiaux », plus exactement en montrant la possibilité d'une multitude d'objets spatiaux égaux. Cette possibilité résulte d'un principe général qui a la portée d'un axiome quoiqu'il énonce un état de fait : « Nous n'avons de représentation *a priori* d'aucun objet spatial déterminé (même pas d'un point)»[7]. D'après l'indication plutôt vague du paragraphe 4 de la première section des *Betrachtungen*, «les choses qui sont déterminées de la même manière sont égales», et les propriétés des choses égales sont toutes égales. L'impossibilité de singulariser *a priori* un objet géométrique d'une certaine espèce entraîne donc l'existence d'une multitude de tels objets égaux.

Ces objets sont d'abord les points et c'est à partir de points que Bolzano construira tous les objets spatiaux : segments, lignes, figures et finalement l'espace tout entier. Bolzano rejette les définitions traditionnelles du point comme limite d'une ligne, de la ligne comme limite d'une surface, de la surface comme limite d'un solide : «nous pouvons très bien penser une surface, une ligne ou un point sans penser au solide qu'ils limitent»[8]. Pour la première fois, les objets géométriques sont conçus de manière conséquente comme parties de l'espace constituées d'éléments primitifs semblables, à savoir comme ensembles de points.

Qu'est-ce qu'un point ? Dans les *Betrachtungen* et encore dans les manuscrits latins composés avant 1810, le point n'est que le *signe* d'un lieu : «la simple *marque* [*Merkmal*] *d'un espace* (σημεῖον), *qui n'est pas elle-même une partie de l'espace*». Le point n'est pas encore défini comme lieu simple, comme il le sera dans la *WL* : «Punctum ergo non spatium est, non locus enti apparenti possibilis, sed merum *signum* (σημεῖον) loci, [...] adeo merum nihil est»[9]. Le concept de point est donc primitif. Dans les *Betrachtungen*, Bolzano postule uniquement l'existence de points pour construire toute la géométrie. En fait, comme le prouvent déjà les définitions de la *distance* et de la *direction*, les points sont données d'emblée, et c'est l'espace géométrique à trois dimensions qui constitue le concept ultime de la géométrie.

L'objet élémentaire de la géométrie n'est cependant pas un point individuel qui, «considéré en lui-même, n'offre rien qui puisse le distinguer»; mais un système de deux points. C'est de «*la considération simultanée* [*Zugleichdenken*] *de deux points* que résultent certains prédicats (concepts) qui n'étaient pas là lorsqu'on considérait un seul point»[10]; ce sont, avec le concept de point, deux notions fondamentales dans la géométrie de Bolzano : la *distance* et la *direction*.

---

7. *Betrachtungen*, 46 (*Geom. Arbeiten*, 38).
8. *Ibid.* Bolzano fait remonter ces définitions à Occam; or déjà Aristote les avait discutées et rejetées; cf. *Topiques VI*, 141 b–142 a 13.
9. *Ibid.*, 47 (*Geom. Arbeiten*, 38) et *Exercitia geometrica* (manuscrit de 1810), fol. 6.
10. *Betrachtungen*, 48 (*Geom. Arbeiten*, 39).

Les définitions qu'en donne Bolzano sont on ne peut plus obscures : la distance de *b* à *a* (que nous noterons par $d_a(b)$) est «ce qui appartient au point *b* dans sa relation avec le point *a* de manière à constituer un prédicat *indépendant* du point déterminé *a* (qua praecise hoc est et non aliud)» ; la direction (orientée) est «ce qui appartient au point b dans sa relation avec le point a de manière à constituer un prédicat *qui dépende seulement du point déterminé a*; on en a séparé ce qui se trouve déjà dans le concept de distance, c'est-à-dire ce qui peut appartenir au point *b* aussi dans sa relation avec un autre point» [11]. Bolzano n'utilise pas ces «définitions» dans les démonstrations. Distance et direction sont en réalité deux prédicats primitifs d'un système de deux points. Sa conception de la distance l'oblige ensuite à s'efforcer de démontrer que

$$d_a(b) = d_b(a),$$

mais Bolzano n'y parviendra pas.

Le concept de distance – comme celui de direction – désigne, non une grandeur, un nombre (comme on le définit aujourd'hui pour les espaces métriques), mais une *qualité* : «Vox haec usurpata *distantiae*, usu loquendi ideam magnitudinis cujusdam secum fert [...] Ego vero voce hac meram designo *qualitatem*; nondum de *quantitatibus* loqui, locus est, utpote quae compositionem ex partibus praesupponit» [12]. Cela veut dire précisément qu'on ne peut ni définir un ordre entre les distances, ni les additionner; en les comparant, on peut seulement dire qu'elles sont égales ou inégales, semblables ou dissemblables. Cela veut dire aussi que, du moins au début, le concept bolzanien de distance n'est pas à proprement parler un concept *métrique*, et qu'il est à distinguer de celui de longueur. Logiquement il le précède car il est plus simple, étant donné que la distance existe pour chaque système de deux points «sans qu'on ait besoin de penser ces points reliés par une *ligne*, et moins encore par une droite» [13].

11. *Ibid.* Dans la *WL*, Bolzano rectifie quelque peu l'expression de sa définition en disant qu'il serait erroné «de parler de la distance d'un point *à* un autre au lieu de parler de la distance *entre* les deux points», car ce serait de parler d'une relation d'égalité comme d'une relation d'inégalité. *WL*, IV, § 658, 527-8.

12. *Exercitia geometrica*, fol. 7.

13. *Drei Probl. Rectif.*, 34-5 (*Geom. Arbeiten*, 104). Cependant, Bolzano finira par associer une grandeur à la distance qui deviendra donc un concept proprement métrique. Dans *Exercitia geometrica*, fol. 8, ces définitions sont suivies de la définition suivante : «Illud, quod omnia puncta b continet, quaeque ad centrum a eandem distantiam; ac 2. cujus omnia puncta eandem ab a distantiam observant : vocatur *superficies sphaerica*, circa centrum a, radio distantiae, quam b habet ad a». Et Bolzano ajoute, en insistant sur le fait qu'il ne faut pas considérer ce terme comme composé du genre *surface* et de la différence spécifique *sphérique* : «Voces duae superficies sphaerica [...] hic rem unam tamquam nomine proprio insigni-

La construction axiomatique de la géométrie ne saurait être fondée uniquement sur ces deux concepts primitifs qui réduisent la géométrie aux premières notions logiques d'identité et de diversité, d'égalité et d'inégalité, d'indépendance et de dépendance. Ces deux définitions représentent néanmoins un tout premier pas vers la notion de *vecteur*. Pour Bolzano, l'objet géométrique élémentaire n'est pas *un* point mais un *système* de deux points, caractérisé par la distance et la direction.

Bolzano propose deux définitions de la notion d'*angle*, fondées toutes les deux sur le concept de direction. La première définit l'angle comme «le système de deux directions partant d'un point»[14]. La deuxième définition, ainsi que celle du plan, que Bolzano introduit dans son ouvrage, sont calquées sur la formulation des «propriétés» de la distance et de la direction, en faisant de nouveau intervenir les relations d'indépendance et de la dépendance du prédicat d'un élément relativement à l'autre élément.

Le concept d'angle est donc, lui aussi, un concept qualitatif; par là se trouve exclue, du moins au début, toute mesure des angles, mais aussi leur addition et leur comparaison par une relation d'ordre. C'est pourquoi on ne trouve pas, dans la géométrie élémentaire du triangle, le théorème sur la somme des angles d'un triangle qui est souvent pris comme hypothèse initiale pour démontrer le postulat des parallèles. Aussi, Bolzano reproche à Euclide de considérer les angles comme des grandeurs; c'est seulement à un niveau plus avancé, et dans l'exposé définitif de la géométrie qui fait partie de la *Grössenlehre*, qu'il finira par introduire une mesure des angles.

La notion d'angle permet de définir une direction opposée à la direction donnée par l'intermédiaire du concept d'angle plat.

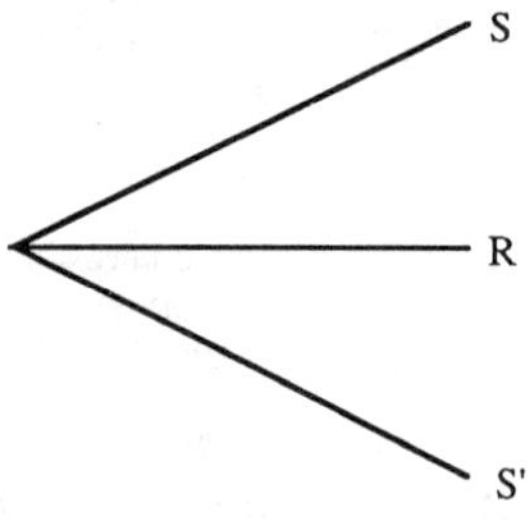

ficant». C'est l'origine de la notion de voisinage sphérique que Bolzano appellera plus tard également *Umgebung*.

14. *Betrachtungen*, 52 (*Geom. Arbeiten*, 41); cf aussi p. 13 et *Exercitia geometrica*, fol. 9v. De cette définition se rapprochent celle de Hankel et celle de Hilbert qui opèrent avec le concept de deux rayons partant d'un point.

Etant donnée une direction R (que nous pouvons représenter par une demi-droite), il existe en général deux directions (deux demi-droites) distinctes S et S' de même origine que R telles que

$$\alpha(R,S) = \alpha(R,S').$$

Cela lui permet de définir la direction opposée à la direction (d'une demi-droite) donnée.

Le concept de direction opposée est un cas particulier de la relation générale d'opposition que des mathématiciens et des philosophes, Kant entre autres [15], introduisent et discutent pour rendre compte des grandeurs négatives. Dans la *WL*, il donnera l'occasion à Bolzano de développer cette relation générale dans un sens qui va bien au delà de la définition géométrique des *Betrachtungen*. Le concept d'opposition sera alors défini de la manière suivante : deux objets seront dits opposés si une représentation exclusive du premier objet se transforme en représentation exclusive du second par l'adjonction de certains concepts purs tels que l'objet opposé d'un objet opposé soit identique à l'objet initial.

Prenons maintenant le concept de direction opposée : la direction OK sera opposée à la direction OJ si, pour tout point M appartenant à OJ et pour tout point N appartenant à OK, la distance MN est égale à la somme des distances OM et ON. On peut le formuler de manière à satisfaire aux conditions définissant la relation générale d'opposition. La représentation exclusive de la direction OK sera alors la représentation d'une direction de même origine que la direction OJ et telle que

$$\forall M, \forall N \ \ ((M \in OJ \ \ \& \ \ N \in OK) \Rightarrow d_{MN} = d_{OM} + d_{ON});$$

nous noterons désormais la distance des deux points A, B par d_{AB}, et la direction au point A vers B par D(A, B). Cette représentation est exclusive (l'objet représenté, c'est c'est-à-dire la direction OK, est unique) et la substitution de OK à OJ la transforme en représentation de la direction OJ.

Revenons aux *Betrachtungen*. Bolzano admet maintenant sans démonstration la proposition suivante : étant donné un système de trois points, «on considère le rapport des directions dans lesquelles se trouvent deux points à l'égard du troisième : si en *un* point ces directions sont *identiques*, alors elles sont *identiques* en *deux* points et *opposées* en *un* point» [16].

---

15. Dans son *Essai pour introduire en philosophie le concept de grandeur négative* (1763) dont la préface mentionne Kästner en termes élogieux.

16. *Betrachtungen*, § 24, 56 (*Geom. Arbeiten*, 44). Les conditions de ce postulat impliquent que les trois points en question sont alignés (les directions sont égales ou opposées).

Ce théorème conduit au concept très important «être situé entre» que Bolzano est le premier à définir. Euclide et ses successeurs l'utilisent comme étant parfaitement évident; Kästner le caractérise sommairement par deux axiomes; encore en 1832, longtemps après la publication des *Betrachtungen*, Gauss attire l'attention des géomètres sur la nécessité de le définir. Indépendamment de Bolzano, Pasch donnera dans ses *Vorlesungen über neuere Geometrie* (1882) une première solution satisfaisante à ce problème en décrivant le concept d'«être situé entre» par des axiomes que Hilbert complétera et incorporera à son axiomatique de la géométrie euclidienne.

Bolzano définit :

> le point M est *entre* A et B si les directions D(M, A) et D(M, B) sont opposées.

Il peut maintenant définir une droite (un segment de droite) : c'est une chose qui contient exactement tous les points situés entre a et b. Il dit, sans le démontrer, qu'il résulte de cette définition que «cette chose [*Ding*] contient un nombre infini de points, et qu'elle doit être distinguée en ce qui concerne la qualité, d'un simple *système de points*»[17] qui est un ensemble *fini* de points. Indépendamment du concept de segment, et bien entendu, sans aucune construction, Bolzano s'efforce de démontrer l'existence d'un point milieu entre deux points donnés. Sa démonstration suppose l'existence d'une direction opposée et, de toute façon, n'est pas concluante.

D'après la définition, par *droite* Bolzano entend *segment ouvert*. Cela ne manque pas de faire difficulté lorsqu'il s'agit de diviser un segment et de le reconstituer ensuite par l'addition de ses parties. Bolzano s'en est aperçu vers 1810 : «on ne peut pas affirmer que ac = ab+bc, car le point b est compris dans la ligne ac, alors qu'il ne figure ni dans ab ni dans bc». Voudrait-on alors définir une droite comme collection des points situés entre a et b, y compris ces deux derniers? «Dans ce cas, on ne pourrait non plus écrire ac = ab + bc, car ab = bc contiendrait deux fois le point b qui figure dans ac une seule fois». Comme on le verra lors de la discussion de son concept de somme, Bolzano ne conçoit que les réunions disjointes. Il ne peut justifier l'égalité en question qu'en appelant au fait que les segments ac, ab et bc contiennent chacun une infinité de points devant lesquels un seul point «disparaît»[18].

---

17. «System der Punkte», *Betrachtungen*, 57 (*Geom. Arbeiten*, 44).

18. *Misc. Math.* (*1808-1811*), 178-9. Notons au passage l'aisance dans la manipulation de la relation d'inclusion dans la démonstration du théorème suivant : si le point C est situé entre A et B, alors les segments AC et CB sont des *parties*

De toute façon, Bolzano trouvera plus conforme à l'usage linguistique de définir une droite (finie) comme la totalité des points situés entre deux points, y compris ces derniers. *Die drei Probleme der Rectification* (§ 15) confirmeront cette nouvelle définition.

4. *La théorie des parallèles*

Avec la théorie du triangle, de la similitude et des parallèles, nous quittons le domaine de l'inachevé, de l'hypothétique, de l'indémontré, mais aussi celui de l'exploration, pour entrer dans la région sans ombre de l'accomplissement et de la rigueur. Une fois la doctrine hypothétique des segments admise, Bolzano croit démontrer tous les théorèmes sur le triangle et sur les parallèles à partir des deux définitions, celles de l'égalité (i.e. de l'isométrie) et de la similitude, et de son principe fondamental. Il croit, en particulier, pouvoir se dispenser de la notion de plan.

Dans les *Betrachtungen*, par *égalité*, Bolzano entend ce que nous appelons isométrie et ce que les géomètres de son temps appelaient congruence. Sa définition traduit presque mot à mot la définition de Leibniz : « les objets dont les éléments déterminants sont identiques, sont eux-mêmes identiques » [19]. Mais pour deux raisons, Bolzano

---

(=sous-ensembles) du tout qu'est le segment AB. Bolzano le démontre en disant que chaque point des segments AC ou CB est un point de AB (*Betrachtungen* II, § 31).

19. *Betrachtungen*, II, § 2 et I, § 4. Il semble qu'à cette époque, Bolzano ait connu Leibniz uniquement à travers Wolff. D'après Leibniz, «si determinantia sunt congrua, talia erunt etiam determinata posito scilicet eodem determinandi modo». – Wolff la définit de la manière suivante : «Congruere dicuntur, quorum idem termini esse possunt. Nempe congruentia est coincidentia terminorum». (*Elementa matheseos universae*, ed. 1746, p. 83). Bolzano revient à la terminologie d'Euclide qui emploie les termes d'*égalité* (*figures égales*) dans la géométrie plane élémentaire (*Eléments*, I, 1-34 et III, 1-35), et aussi dans la théorie de la mesure (*Eléments*, I, 35-46, II et XI, 28-30). Certains géomètres du XVIIIe siècle (Kästner par exemple) se servent de l'expression «égal et semblable» (égal en grandeur et semblable par la forme) lorsqu'ils parlent de la congruence (Euclide le fait en géométrie dans l'espace : *Eléments* XI, déf. 10; XII, 3, 4). Pour Bolzano, le terme «semblable» y est redondant : «Lorsqu'on déclare deux choses égales, elles doivent être, de ce fait même, déjà semblables» (*Betrachtungen*, 7; *Geom. Arbeiten*, 16). – Bolzano reprend aussi à son compte la remarque de Kant (*Von dem ersten Grunde des Unterschiedes der Gegenden im Raume*; *Prolégomènes*, § 13) sur l'existence d'objets égaux, semblables et non superposables (objets symétriques), mais ajoute que déjà la distance «est une propriété qu'on ne peut connaître par aucune comparaison des parties d'un objet», ce qui résulte de son principe fondamental de la distance (*Betrachtungen*, 14; *Geom. Arbeiten*, 20). Bolzano met ainsi en parallèle la symétrie (les objets symétriques pouvant être distingués uniquement en se référant à la « région », c'est-à-dire à l'orientation de l'espace) et la similitude (les

refuse le concept de congruence au sens de superposition d'objets spatiaux : un tel concept est à la fois empirique et superflu. L'idée de congruence implique l'idée d'objets *dans* l'espace, distincts de l'espace lui-même (donc l'idée de *mouvement* par lequel ces objets peuvent être amenés à coïncider). En outre, le concept de congruence est superflu : en prouvant la coïncidence on prouverait l'*identité* et non seulement l'égalité des objets géométriques; de plus, du fait de l'impossibilité de faire coïncider deux figures par un déplacement réel, le concept de congruence se ramène à celui d'égalité.

Dans le mémoire *Die drei Probleme der Rectification* de 1817, l'égalité des objets spatiaux devient *égalité géométrique*, et la congruence, concept distinct du précédent, est de nouveau admise en géométrie. Bolzano définit la congruence de deux objets géométriques comme « la propriété en vertu de laquelle ils sont capables de devenir des *lieux* pour un seul et même objet matériel (ceci étant entendu pour des temps différents) ». L'égalité géométrique est « la coïncidence des seuls attributs perceptibles par comparaison avec une certaine *distance* »[20]. Bolzano n'a pas encore l'idée d'un déplacement qui conserverait les distances ni même celle de transformation, mais sa définition rattache bien la congruence à l'idée d'équidistance, prédicat défini pour un quadruplet de points.

A strictement parler, la théorie du triangle est indépendante de la théorie de la droite, et la précède même, car le système de trois points nommé triangle peut être défini à partir des concepts de distance et de direction. Non seulement « il n'est pas question ici d'aucune surface [*Flächenraum*] » mais, étant donné que les angles sont définis à partir des directions et non à partir des droites, un triangle « est constitué seulement par trois points et les trois angles que forment les directions de chaque [système] de deux points avec la direction vers le troisième – et non pas en trois lignes »[21]. Néanmoins, pour simplifier son exposé, Bolzano fait précéder la théorie du triangle par la théorie du segment, et redéfinit le triangle comme un système de trois droites.

Depuis Euclide, on a défini la similitude des figures rectilignes par l'égalité des angles et la proportionnalité des côtés correspondants. Aussi, la théorie de la similitude repose sur l'arithmétique des nombres

---

objets semblables pouvant être distingués uniquement par la comparaison des distances des points homologues).

20. « Übereinstimmung bloss aller jener Merkmale [...], die durch *Vergleichung* mit einer gewissen *Entfernung* wahrnehmbar sind », *Drei Probleme Rectif.*, § 22, 37-8 (*Geom. Arbeiten*, 106 et 107).

21. *Betrachtungen*, 6 et 54 (*Geom. Arbeiten*, 15 et 42).

réels (Legendre, Hilbert) ou sur la théorie des proportions (chez Euclide, où elle intervient à une étape assez avancée de la géométrie).

Pour Bolzano, le concept de similitude, comme ceux d'identité et d'égalité, est un concept logico-philosophique de portée universelle dont la géométrie ne constitue qu'une réalisation parmi d'autres, concept défini indépendamment de la théorie des proportions ou de la théorie des nombres réels. Par là aussi Bolzano rejoint la tradition leibnizienne : « similia sunt quae per se singulatim discerni non possunt », et encore « quaecunque similibus et similiter determinantur, ea sunt similia »[22]. « Deux objets spatiaux », dit Bolzano, « sont appelés *semblables*, lorsque *tous les attributs* qui résultent de la comparaison des parties les unes avec les autres dans *chacun des deux objets* sont égaux, autrement dit, si aucune comparaison possible des parties les unes avec les autres ne permet d'apercevoir un attribut *différent* »[23].

En réunissant dans un seul énoncé les trois principes qui relient la géométrie à la philosophie et à la logique, nous pouvons de nouveau faire apparaître une correspondance dans la formulation :

$$\begin{array}{l}\text{les objets dont les élé-}\\ \text{ments déterminants sont}\end{array} \left\{\begin{array}{l}\text{identiques}\\ \text{égaux}\\ \text{semblables}\end{array}\right\} \text{sont} \left\{\begin{array}{l}\text{identiques}\\ \text{égaux}\\ \text{semblables}\end{array}\right.$$

et réciproquement.

Dans une telle formulation, il ne s'agit plus de relation géométrique d'isométrie ni de similitude, mais de relations métamathématiques qui seront traités par la suite dans la mathématique universelle (*allgemeine Grössenlehre*) qui constitue l'introduction à la mathématique proprement dite. Or, la multiplicité de modèles géométriques se concilie mal avec une formulation aussi générale. Que faut-il entendre par l'expression « élément déterminant » ? Nulle part, Bolzano ne le précise et, en fait, il établira, pour chaque objet géométrique, par des propositions particulières, une définition proprement géométrique de la similitude : similitude des angles droits, coïncidence de l'égalité et de la similitude pour les angles[24], théorème sur les triangles semblables.

22. *Opusc.*, 348-9. D'autres textes font appel à la grandeur (à la mesure) qui seule permet de distinguer les objets semblables ; cf. *Opusc.*, 549.

23. *Betrachtungen*, 9 (*Geom. Arbeiten*, 17).

24. Ce qui a pour conséquence l'existence d'une unité naturelle de mesure des angles. Mais dans les *Betrachtungen*, Bolzano refuse de mesurer les angles.

Bolzano maintiendra sa doctrine générale de la similitude jusqu'à la fin de sa vie. *Die drei Probleme der Rectification* soulignent la nécessité de recourir à une échelle de mesure pour distinguer deux choses semblables. Leur similitude est maintenant définie comme l'égalité de leurs propriétés *internes*, c'est-à-dire «l'égalité des attributs qui peuvent être connus sur une chose *en elle-même et pour elle-même*, sans qu'elle soit comparée avec quelque chose qui lui est extérieur (comme le serait par exemple une *distance* donnée)»[25].

Bolzano établit la théorie de la similitude pour pouvoir prouver la théorie des parallèles. Il est convaincu de l'*unicité* de la géométrie qui est la science de l'espace, de la validité absolue de la géométrie euclidienne. En même temps il est convaincu du caractère absolu d'un système déductif. La doctrine de la connexion objective entre les vérités et la relation de conséquence (*Abfolge*) trouve sa source première dans la théorie des parallèles. Bolzano ne peut pas admettre le Ve postulat comme axiome : c'est un énonce très complexe, contenant des concepts qui ne sont pas primitifs, et c'est un énoncé particulier d'une science particulière. Il cherche donc un principe à la fois simple (dont le sujet et le prédicat soient les plus simples possibles) et général, et c'est la théorie de la similitude. Cette théorie est non seulement géométrique mais elle s'applique aussi à la chronométrie et à la mécanique, aux rapports temporels et aux relations causales. C'est un principe général et fécond, beaucoup plus simple que le postulat des parallèles.

La théorie des parallèles découle du principe de la similitude et d'un axiome, le seul que Bolzano croit nécessaire pour la géométrie élémentaire : «nous n'avons pas une représentation particulière d'une *distance déterminée* (ou de la longueur absolue d'un segment)»[26].

---

25. *Drei Probleme Rectif.*, 38 (*Geom. Arbeiten*, 107). La *WL* y ajoutera l'exigence selon laquelle les propriétés internes des objets semblables doivent être représentés par des concepts *purs*. Le mémoire sur la composition de la force dira dans une formule lapidaire : «Les mathématiciens appellent *semblables* les objets dont toutes les propriétés *internes*, susceptibles d'être représentées par les *concepts* seuls [durch blosse *Begriffe*], sont les mêmes» (*WL*, I, § 98, p. 432 et *Zus. Kräfte*, § 6, p. 432). Une unité de mesure (arbitraire) fait toujours appel à une représentation *mixte* (contenant une intuition).

26. *Betrachtungen*, I, § 19, 10. Cet axiome est une version restreinte du principe général selon lequel nous n'avons aucune représentation *a priori* d'un objet spatial déterminé. H. Bergmann et J. Folta ont comparé le procédé de Bolzano avec la théorie des parallèles de Lambert. D'après Lambert, il résulte de l'hypothèse de l'angle aigu (dans le quadrilatère dont les trois angles sont droits) qu'il existe une mesure absolue des longueurs, ce qui est absurde (*Theorie der Parallellinien*, § 90). Chez Bolzano, l'idée de la non-existence d'une longueur absolue posée comme axiome *complète* le principe de similitude; des deux découle la validité de la

Une fois admis le principe de similitude et l'axiome qui affirme la non-existence d'une distance absolue (bien qu'il se serve d'objets semblables, Bolzano néglige d'en postuler l'existence), la théorie des parallèles pourra être démontrée. Bolzano traduira d'abord en termes géométriques la théorie générale de la similitude. Il démontrera deux théorèmes sur la similitude des triangles : 1) les triangles dont les deux côtés enfermant le même angle sont proportionnels, sont semblables ; 2) dans les triangles semblables, les angles opposés aux côtés proportionnels sont égaux. Ce sont en fait ces deux théorèmes, plutôt que le principe général de la similitude, qui interviendront dans les démonstrations suivantes.

Quatre autres théorèmes commandent l'articulation de la théorie : le théorème de l'unicité de la perpendiculaire à une droite en passant par un point hors de cette droite; sa généralisation, c'est-à-dire le théorème de l'unicité de la sécante formant avec une droite donnée un angle donné ; le théorème énonçant l'inégalité triangulaire (dans un triangle, la somme des deux côtés n'est jamais égale au troisième côté) et le théorème de Pythagore. Ils dépendent tous chez Bolzano de la théorie de la similitude.

Les *Betrachtungen* contiennent une démonstration très originale du théorème de Pythagore. Cette démonstration repose sur la division du triangle rectangle en deux triangles qui lui sont semblables ; cette division étant opérée en abaissant du sommet de l'angle droit une hauteur. Bolzano construit d'abord les lignes de longueur $AC\,\frac{AC}{AB}$ et $BC\,\frac{BC}{AB}$, de manière à obtenir les égalités suivantes :

$$\frac{AB}{AC} = \frac{AC}{AO}, \quad \frac{BA}{BC} = \frac{BC}{BU}.$$

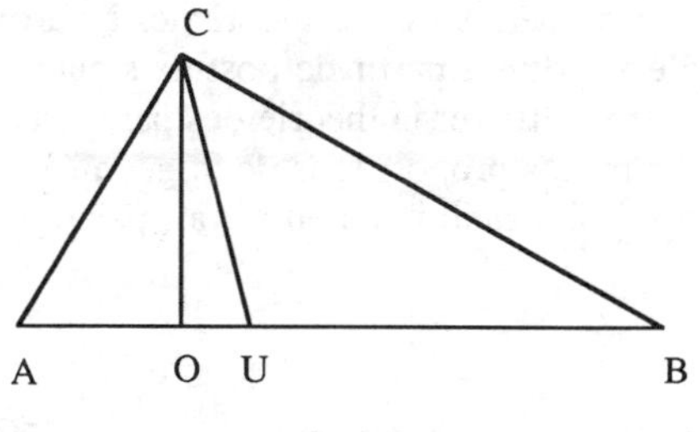

géométrie euclidienne. Bien que Bolzano ait envisagé le quadrilatère de Saccheri-Lambert, rien ne prouve qu'il ait connu la théorie de Lambert. Cf. J. Folta, «Základy geometrie v pracích českých matematiků 19. stol.», *Sborník pro děj. přír. věd*, 11 (1967), 174-8.

Il obtient ainsi les triangles suivants : les triangles BAC et CAO qui sont semblables, les triangles ABC et CBU qui le sont également. Par conséquent, les angles ACB et AOC sont égaux, de même que les angles BCA et BUC. Comme l'angle en C est un angle droit, car il existe une seule perpendiculaire à la droite AB passant par C, O et U sont un seul et même point, AO se trouvant dans le côté AB de l'angle en A, BU=BO se trouvant dans BA, O étant nécessairement entre A et B. On a donc :

$$AB = AO + OB \text{ avec } AB = AC\,\frac{AC}{AB} \text{ et } BO = BC\,\frac{BC}{AB}.$$

En revanche, si le triangle n'est pas rectangle (si l'angle ACB n'est pas droit), O est distinct de U et les angles AOC et BUC sont distincts et l'on obtient les inégalités suivantes :

$$AO + BU \neq AB,\quad AO + BU \neq \frac{AC^2}{AB} + \frac{BC^2}{AB} \text{ et } AB \neq \frac{AC^2}{AB} + \frac{BC^2}{AB}.$$

Dans les manuscrits de Bolzano se trouve une autre démonstration du théorème de Pythagore, tout aussi ingénieuse bien que très simple. Bolzano s'appuie sur le fait que les aires des triangles semblables sont dans le même rapport que les carrés construits sur les côtés correspondants ; il démontre le théorème en faisant simplement remarquer qu'un triangle rectangle peut être décomposé par la hauteur menée du sommet de l'angle droit en deux triangles semblables au triangle initial et dont la somme des aires est égale à l'aire du triangle initial. Il démontre ensuite une généralisation de ce théorème aux figures semblables qui sont construites de la même manière sur les côtés d'un triangle rectangle[27].

Contrairement à Saccheri, à Lambert et à Legendre qui tentent de développer le plus loin possible les conséquences de la négation du Ve postulat et aboutissent ainsi, malgré eux, aux théorèmes de la géométrie absolue, Bolzano démontre ces théorèmes à partir de la théorie de la similitude, c'est-à-dire à partir de postulats euclidiens[28]. En fin de compte, sa manière de traiter la théorie des parallèles occulte les liens de dépendance entre les propositions de la géométrie et, quant au but qu'il s'est proposé, Bolzano reste en retrait par rapport à ses devanciers.

---

27. Cf. A. Höfler, *Didaktik des mathematischen Unterrichtes* (1910), p. 365. Cf. aussi *Misc. math. (1808-1911)*, 140-1, et le commentaire de B. van Rootselaar dans l'introduction à ce volume, p. 21-22.

28. Ce point a été soulevé et discuté par J. Folta, «B. Bolzano and the foundations of the geometry», *Acta hist. rer. nat. tech.*, Prague 1966, special issue 2, p. 94-5.

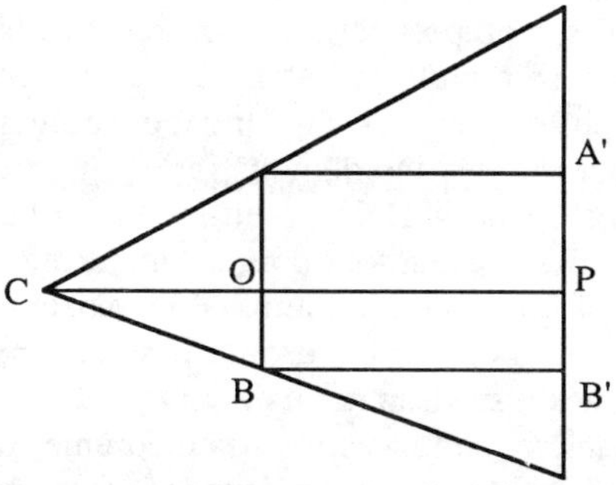

La théorie des parallèles commence par l'examen du quadrilatère dit de Saccheri ou plus exactement celui de Lambert puisque, selon l'hypothèse initiale de Bolzano, *deux* angles du quadrilatère, ceux en A' et en B', sont droits. Bolzano démontre que les côtés opposés du quadrilatère sont égaux, que les deux angles restants sont droits et que l'égalité de chacun des angles du quadrilatère avec un angle droit entraîne l'équivalence des trois conditions suivantes :

1) chaque perpendiculaire à la base du rectangle forme des angles droits avec les deux bases;

2) les perpendiculaires découpent sur les bases des segments égaux;

3) les bases sont des lignes équidistantes.

Contrairement à Euclide, mais en accord avec Wolff, Clairault et Legendre, Bolzano définit les parallèles comme des lignes équidistantes, et démontre le théorème sur l'égalité des angles alternes-internes formés par une droite qui coupe deux parallèles. Enfin, il démontre le théorème décisif qui énonce l'unicité de la parallèle à une droite donnée, passant par un point hors de cette droite. La théorie des parallèles est maintenant *fondée*. Bolzano termine son ouvrage par les théorèmes (euclidiens) sur le parallélogramme et des théorèmes sur l'incidence qui permettent d'établir le concept de plan, équivalent à la condition : « deux droites sont sécantes ou parallèles ».

Quel jugement porter sur le contenu mathématique des *Betrachtungen* ? Nous avons déjà souligné le caractère indéterminé des concepts fondamentaux d'égalité (isométrie) et de similitude. Paradoxalement, il en est de même pour toutes les définitions et démonstrations dans lesquelles interviennent les concepts de détermination et d'éléments (paramètres) déterminants (*bestimmende Stücke*). En l'absence de stipulation précise qui réglerait l'usage de ces concepts, le projet bolzanien de fonder sur eux la géométrie est irréalisable.

Il faudrait donc, en premier lieu, soit rendre opératoire le concept de détermination, soit, plus modestement, se contenter de la traduction des concepts philosophiques en langage géométrique. Il faudrait ensuite remplacer toutes les démonstrations non concluantes. Dans *Miscellanea mathematica*, Bolzano lui-même l'a fait pour deux de ses théorèmes essentiels : 1) en tout point d'une droite on peut tirer aussi bien une verticale qu'un droite oblique, 2) il existe une seule perpendiculaire menée d'un point à une droite. Il se propose de le faire pour d'autres théorèmes insuffisamment démontrés.

De cette manière, la disposition des théorèmes des *Betrachtungen*, l'ordre proprement bolzanien de l'exposé de la géométrie, pourrait rester intact. Si l'on abandonne la prétention démesurée de fonder la géométrie sur un seul axiome et si l'on garde à titre d'axiomes les théorèmes indémontrables avec les moyens du système bolzanien, on obtient, comme l'a montré B. van Rootselaar dans son analyse fine du réseau déductif des *Betrachtungen*, le système suivant[29] :

Théorie du segment :

1) possibilité de transporter les segments (*Betrachtungen* II § 10 ; c'est le premier théorème du système bolzanien),

2) existence du point milieu d'un segment (II § 30); celle-ci repose sur l'existence d'une direction opposée),

3) existence d'une 4e proportionnelle (II § 42 coroll.), déduite de l'inexistence d'une distance privilégiée.

Théorie du triangle et des parallèles :

4) égalité des angles opposés par le sommet (I § 5; correspond à l'hypothèse angle ABC = angle CBA),

5) isométrie des triangles dont deux côtés et l'angle compris entre ces deux côtés sont isométriques (I §§ 12-14; traduction géométrique du concept bolzanien d'égalité),

6) similitude des triangles ayant deux côtés proportionnels et les angles compris entre ces deux côtés égaux (I § 21; traduit le concept bolzanien de similitude)

7) unicité de la droite qui passe par un point quelconque et coupe une droite quelconque sous un angle donné (I § 39; on en déduit l'unicité de la perpendiculaire).

Ce système axiomatique reproduit très fidèlement le contenu mathématique des *Betrachtungen*. Comme le dit B. van Rootselaar, ce

---

29. *Misc. math. (1808-1811)*, Einleitung, p. 13-19 (pagination de l'éditeur).

système est suffisant pour reconstruire la géométrie euclidienne, y compris la démonstration du postulat des parallèles.

Dans l'évolution de la géométrie, l'œuvre de Bolzano reste assez marginale. Elle reflète néanmoins assez fidèlement l'état des recherches sur les fondements de la géométrie avant l'avènement des géométries non-euclidiennes. L'attention de Bolzano se concentre sur le problème de la dépendance du Ve postulat d'Euclide, mais cette question l'amène vite à envisager une reconstruction axiomatique de la géométrie.

C'est dans cette perspective qu'il convient de situer sa théorie des parallèles. Rigoureusement parlant, Bolzano ne fait que répéter le procédé de Wallis, signalé dans la dissertation de Klügel, en substituant à une proposition non démontrée une autre équivalente. Aux yeux de Bolzano, sa théorie se trouve confirmée par la concordance avec celle de Legendre. Cela ne lui a pas évité le sort que l'Histoire a réservé à de telles « démonstrations » du Ve postulat.

Cependant, du point de vue de la méthode, la tentative de Bolzano n'est pas dénuée de fondement. Pour Bolzano, le fait que deux propositions sont équivalentes ne signifie pas que leurs places soient interchangeables dans l'ordre objectif d'enchaînement des vérités. Il ne pose pas non plus le problème en termes d'évidence comme l'ont fait ses prédécesseurs. Il ne cherche pas une proposition qui l'emporte par sa certitude sur le postulat d'Euclide, mais un *principe*, c'est-à-dire une proposition *universelle* qui ne contient que des termes *simples* et qui commande toute l'organisation déductive de la géométrie élémentaire. D'où le choix du principe de similitude comme principe fondamental de la géométrie. Une dizaine d'années plus tard, lorsqu'il se tournera vers la réforme de l'analyse, il déplorera précisément l'absence de proposition générales en géométrie « dont on peut déduire tout le reste d'après les règles déterminées » [30]. N'ira-t-il pas jusqu'à dire, dans la *WL*, que « le postulat décrié des parallèles constitue ici [en géométrie] un inconvénient au moins aussi grave qu'il ne serait en métaphysique

30. En 1815, il note dans son journal mathématique sous le titre « Une démonstration générale des insuffisances de la géométrie jusqu'à nos jours » : « Dans les *mathématiques supérieures*, dans le calcul différentiel et intégral et dans toutes les parties des mathématiques, il y a certaines propositions principales [*Hauptsätze*] dont on peut déduire toutes les autres vérités selon des règles fixes... Pourquoi n'en va-t-il pas de même en géométrie ? Pourquoi n'y-a-t-il pas ici une ou [...] plusieurs propositions principales dont on peut déduire tout le reste d'après les règles déterminées ? Le théorème de Pythagore par exemple, ou les trois théorèmes sur la congruence des triangles, sont-ils de cette espèce ? [...] Chaque débutant, ne voit-il qu'en géométrie, il y a une démonstration particulière pour presque chaque théorème [...] ? » *Misc. Math.* (manuscrit), cahier 11, p. 1019.

de poser comme principe (n'exigeant aucune démonstration) qu'il existe un Dieu»[31]?

Encore vers la fin de sa vie, Bolzano s'expliquera sur sa démonstration du postulat des parallèles :

> Aucun mathématicien ne mettra en doute que le 11e axiome d'Euclide est démontré dès qu'on aura démontré la théorie de la similitude des triangles tout à fait indépendamment de cet axiome. Celui qui comprend au moins dans une certaine mesure la différence entre les démonstrations qui ne sont que des *certifications* [*Gewissmachungen*] et celles qui peuvent fournir un *fondement objectif* [*objektive Begründung*], donc non seulement le *ὅτι* mais également le *διότι*, reconnaîtra que nous n'avons point besoin d'une démonstration de la première espèce pour cet axiome, puisqu'aucune personne raisonnable n'a douté et ne doute de la vérité de la proposition en question; il s'agit ici donc seulement de son fondement objectif. Celui-là comprendra également que si une déduction de cet axiome mérite le nom de fondement objectif, c'est bien celle que j'ai donnée, qui déduit toujours le complexe à partir du simple. Enfin, voici la vérité générale qui vaut pour la théorie de la similitude : toutes les choses dont les éléments déterminants sont semblables doivent être semblables. On en déduit avec la plus grande facilité et comme conséquences de leurs raisons non seulement les théorèmes indispensables pour fonder la théorie de la similitude des triangles, mais encore mille autres théorèmes sur la similitude d'objets géométriques. Je vois tout cela trop distinctement pour que je puisse continuer à en douter[32].

Le traitement bolzanien du postulat des parallèles reflète sa conception de la géométrie en tant que science *a priori* des propriétés de l'espace, indépendantes des propriétés empiriques des objets qui peuvent s'y trouver. Pour Kästner, ce postulat est une proposition quasi-expérimentale dont le fondement nous échappe, point de vue repris par Klügel pour qui la théorie des parallèles peut être dérivée de l'expérience. Pour Bolzano, le postulat des parallèles est fondé sur le principe de similitude et sur l'axiome de la distance selon lequel «nous n'avons pas la représentation particulière d'une distance déterminée» ou «il n'y a pas de représentation *a priori* d'un objet spatial déterminé». Ce qui veut dire que toute représentation d'une distance particulière ne saurait être qu'*empirique* et qu'une géométrie fondée sur l'existence d'une longueur absolue cesserait d'être une science concep-

---

31. *WL*, III, § 315, 249.

32. *Über Haltung* (écrit en 1844), 140-1. Dans nos éditions d'Euclide, le 11e axiome est devenu le Ve postulat.

tuelle, *a priori*, mais deviendrait une science expérimentale. Par sa théorie de la similitude, Bolzano entend précisément défendre l'idéal leibnizien de la géométrie comme science conceptuelle et objective à la fois contre la conception kantienne qui la transforme la géométrie en science des formes de notre sensibilité, et contre des tendances empiristes qui ne sont pas absentes même chez les rationalistes du XVIIIe siècle.

La position de Bolzano ne manque pas de cohérence, mais on sait que, en matière de géométrie, Gauss a été amené à une position exactement inverse (il est vrai, au moins une dizaine d'années plus tard) : l'existence *a posteriori* d'une certaine constante[33], l'invalidité du principe de similitude[34], la dépendance des axiomes géométriques à l'égard de l'expérience et le caractère empirique de la géométrie[35]. Mais ni Gauss ni Bolzano n'ont eu l'idée de concevoir plusieurs axiomatiques distinctes de la géométrie. Pour l'un comme pour l'autre, l'espace a une structure unique que les axiomes sont censés décrire, qu'ils soient ou non dérivés de l'expérience. De plus, pour Bolzano, l'unicité d'une axiomatique et l'unicité de l'ordre déductif d'une science constituent des postulats fondamentaux de sa théorie de la science.

33. Lettre à Taurinus, du 8.11.1824.
34. Lettre à Schumacher, du 12.7.1831.
35. Lettre à Bessel, du 27.1.1829.

CHAPITRE II

AUX SOURCES DE LA TOPOLOGIE

1. Les objets géométriques comme ensembles de points

Dans une autre direction, les travaux géométriques de Bolzano représentent un progrès décisif, à savoir dans l'élaboration des concepts topologiques[1].

Ecrits avant le *Rein analytischer Beweis*, mais publiés la même année 1817, *Die drei Probleme der Rectification* se proposent de fonder, par une théorie de la mesure, les formules du calcul intégral pour la longueur des courbes, l'aire des surfaces et le volume des solides. Bolzano croit pouvoir déduire ces formules à partir de son principe de similitude dont nous avons vu l'importance pour la géométrie élémentaire. Dans la formulation adaptée aux problèmes de mesure, le principe bolzanien affirme que « les longueurs des lignes semblables sont dans le même rapport que les longueurs des lignes déterminées à partir des premières de manière semblable »; de même pour les surfaces et les solides[2]. Ce principe est censé remplacer aussi bien l'infiniment petit, déjà banni par *Der binomische Lehrsatz*, que les hypothèses dites d'Archimède[3].

---

1. Pour ce chapitre, je m'inspire en grande partie de l'article de Dale M. Johnson, « Prelude to Dimension Theory : The Geometrical Investigations of Bernard Bolzano », *Archive for Hist. of Exact Sciences*, 17 (1977), n° 3, 261-95 et de celui de Petr Simon, « Bernard Bolzano a teorie dimenze », *Pokroky mat., fyz., astron.*, 26 (1981), 248-258.

2. *Drei Probl. Rectif.*, § 30, 41 (*Geom. Arbeiten,* 109) ; l'énoncé pour les surfaces au § 49 ; pour les solides au § 60.

3. Voici l'exemple de telles hypothèses dans la formulation de Bolzano : « Des deux lignes courbes qui se creusent vers la même part, celle qui contient l'autre est plus longue que celle qui est contenue » (*Drei Probl. Rectif.*, Préf., IV ;

Quant à leur but immédiat, *Die drei Probleme der Rectification* échouent dans leurs principes mêmes, bien que Bolzano y formule pour la première fois sa définition abstraite de la mesure par l'additivité dont il sera question lorsque nous parlerons de l'infini. Ce mémoire est cependant important parce que Bolzano y a incorporé un certain nombre de définitions qui, « sans être nécessaires pour comprendre et juger la théorie présentée ici » donnent une indication préliminaire de la « transformation totale de la géométrie »[4] préconisée depuis les *Beiträge* de 1810. Ces définitions représentent un progrès par rapport aux *Betrachtungen* par leur nouveauté et leur portée : *Die drei Probleme der Rectification* contiennent un premier exposé des concepts topologiques.

D'emblée, le point de vue topologico-ensembliste s'impose en géométrie. La mutation décisive consiste dans l'identification systématique de l'objet spatial (*Raumding*) à un système de points :

> On appelle *objet spatial* tout *système* (toute collection) de points (ils peuvent former un ensemble fini ou infini)[5].

Encore pour Kästner, les lignes sont définies à l'aide du concept de mouvement, puisque « l'ensemble des points posés l'un à côté de l'autre [*aneinandergesetzte Punkte*] ne forme pas une ligne », étant donnée qu'une ligne est composée « non de points, mais de lignes plus petites »[6].

C'est l'établissement du concept bolzanien d'objet spatial qui est l'acte fondateur de la topologie : désormais, les lignes, les figures, les surfaces, les solides perdent leur spécificité pour devenir des ensembles de points.

> Tout espace étendu [*jeder ausgedehnte Raum*], qu'il soit ligne, surface ou solide est constitué de parties simples, à savoir de points, car il n'est, en effet, rien d'autre qu'un certain système [*Inbegriff*] de points. [...] Qu'une surface sphérique ne contient réellement rien d'autre que cet ensemble infini de points qui sont représentés par le concept de totalité des points qui ont la même distance d'un point donné, s'ensuit du fait qu'il est tout à fait impossible d'indiquer quelque chose qui se trouve sur cette surface et qui ne soit pas un tel point ou un système de tels points[7].

Geom. Arbeiten, 68). La version bolzanienne est celle de son époque et diffère du texte d'Archimède dans *De la sphère et du cylindre*, début du livre I.

4. *Drei Probl. Rectif.*, § 12, 21 (*Geom. Arbeiten,* 94-5).

5. «*Raumding* heisst überhaupt jedes *System* (jeder Inbegriff) *von Puncten* (sie mögen in endlicher oder unendlichen Menge vorhanden seyn)». *Drei Probl. Rectif.*, § 11, 21 note (*Geom. Arbeiten,* 94 note).

6. *Anfangsgründe der Arithm., Geom...*, 5e éd. (Göttingen, 1792), 179.

7. *WL*, III, § 315, 252-3. Soulignons que les lignes (et tous les objets spatiaux) sont des *Inbegriffe*, des systèmes, et pas seulement des ensembles ou des

On ne saurait surestimer la signification de cet acte qui annule une tradition vieille d'au moins deux millénaires et qui abolit d'un seul coup toute spécificité des êtres géométriques et de leurs constituants. Tous les objets géométriques deviennent maintenant des « figures » au sens large du terme, c'est-à-dire des parties de l'espace $\mathbf{R}^3$ constitués des mêmes éléments primitifs, à savoir de points. Une ligne n'est plus un être spécifique construit à partir d'éléments infiniment petits, différents suivant les espèces de lignes, comme pouvaient l'imaginer les géomètres du XVIIe et du XVIIIe siècles. La définition bolzanienne est l'acte de naissance de la topologie générale en tant que discipline géométrique fondamentale.

Bolzano est conscient de la portée révolutionnaire de son concept d'objet géométrique qui égalise les particularités et les privilèges des espèces géométriques en les réduisant à un seul état, celui d'ensemble de points :

> Beaucoup de gens pourraient trouver d'autant plus choquant que j'admette, à la suite de ma définition de la ligne, qu'une ligne est formée par une simple *agrégation de points* [*Zusammensetzung von Punkten*]. Pour ceux-là, je rappelle que cette représentation serait erronée seulement dans les cas suivants :
>
> a) si l'on considérait une ligne comme une *somme* de points au sens arithmétique de ce mot et si l'on oubliait que, dans une ligne (comme dans tout objet spatial), on ne considère pas seulement l'*ensemble* [*Menge*] des points, mais aussi la manière dont ils sont *situés ensemble* [*die Art ihrer Zusammenstellung*] ;
>
> b) ou bien, si l'on pensait qu'un simple *ensemble fini* de points suffit pour constituer une ligne, alors que chacune en exige une infinité ;
>
> c) ou bien, si l'on imaginait que chaque point d'une ligne devait être *contigu*, je ne sais pas de quelle manière, *à celui qui le suit immédiatement [unmittelbar an den nächstfolgenden angrenzen müsse*], car sinon il resterait un espace vide entre les deux. Mais tout cela sont des erreurs que notre définition contredit expressément au lieu de les professer[8].

Concevoir les objets géométriques comme des ensembles de points entraîne des conséquences importantes quant à leur mesure. L'immense élargissement du concept d'objet spatial ne permet plus de lui assigner de manière automatique une mesure. La possibilité de mesurer un objet dépend, pour Bolzano, de la possibilité de le *déterminer*.

---

multitudes. (Cf. *Erste Begriffe*, § 1, et notre analyse des concepts ensemblistes ci-dessous, IIIe partie). Les points doivent être reliés d'une manière bien déterminée pour former des lignes, des surfaces ou des solides.

8. *Drei Probl. Rectif.*, § 12, 23 (*Geom. Arbeiten*, 95-6).

Un objet spatial est *déterminable* (*bestimmbar*) si tous ses points peuvent être déterminés à partir d'un nombre fini de points par un nombre *fini* de règles exprimées par des concepts purs, par exemple par un nombre fini d'équations. Pour qu'un objet soit déterminable, il faut donc « qu'on puisse déterminer *tous* ses points par une seule et même règle, ou bien qu'on puisse au moins le décomposer en un ensemble fini de parties dont chacune peut être déterminée par une seule règle »[9]. Lorsque chaque point d'un objet constitué d'une infinité de points exige une règle particulière, cet objet n'est pas déterminable. Il s'ensuit qu'il n'est pas mesurable. Telle est par exemple une « ligne brisée composée d'une infinité de segments infiniment petits ». Il faudra se souvenir de cette distinction et de cet exemple lors de la discussion de la « fonction de Bolzano ».

2. *Les concepts de dimension et de continu*

Venons en aux définitions des *Drei Probleme der Rectification* relatives au problème de la dimension. Elles ont pour but de répondre aux questions qui portent sur la nature des objets géométriques fondamentaux : ligne, surface, solide. Bolzano s'apprête à combler maintenant la lacune la plus grave de la géométrie, décelée dans les Beiträge de 1810 : « Ici [en géométrie], nous manquons encore actuellement de définition précise des concepts importants de ligne, de surface et de solide »[10]. Avec l'adoption du point de vue topologico-ensembliste, ceux-ci ont perdu leur spécificité qu'il faudra retrouver en définissant leur dimension. Bolzano caractérisera donc successivement les trois espèces d'« objets spatiaux » selon leur dimension.

> Un objet spatial qui, pour chacun de ses points, à partir d'une certaine distance et pour toutes les distances inférieures a au moins *un* et au plus un ensemble *fini* de points comme voisins, est appelé *ligne* [*Linie überhaupt*][11].

Par *points voisins* (*Nachbarn, Nachbarpunkte*) situés à une certaine distance d'un point donné de l'objet spatial en question, Bolzano entend les points qui appartiennent à l'intersection de l'objet spatial avec la surface sphérique qui a pour rayon la distance donnée. Les voisins d'un point sont donc les points qui appartiennent à la *frontière* du voisinage sphérique considéré. C'est dans ce sens bolzanien que

9. *Ibid.*, § 14, 29 (*Geom. Arbeiten,* 100).
10. *Beitr. Darst. Math.*, V.
11. *Ibid.*, § 11, 20 (*Geom. Arbeiten,* 94); définition de la surface, § 35, 51 (117); définition du solide, § 52, 66 (127).

nous utiliserons le terme « point voisin » en le distinguant soigneusement du terme « voisinage » que nous utiliserons dans son sens actuel.

Bolzano formule des définitions analogues pour les surfaces et les solides. Pour toute distance suffisamment petite, chaque point d'une *surface* a pour voisins les points qui forment un ensemble fini non vide de lignes; chaque point d'un *solide* a un ensemble non vide de surfaces totalement connexes comme ensemble de points voisins situés à toute distance suffisamment petite.

Ces définitions constituent une première approche du problème de la dimension. D'après elles, les objets spatiaux diffèrent, quant à leurs dimensions, par la nature de leurs intersections avec les voisinages sphériques de rayon suffisamment petit. La dimension d'un objet est 1 si cette intersection est finie, mais non vide ; elle est 2 si l'intersection forme un ensemble fini non vide d'objets de dimension 1 ; elle est 3 si cette intersection est un objet connexe de dimension 2.

Que faut-il entendre par connexité ? La définition de Bolzano est déjà presque la nôtre.

> Un objet spatial dont chaque partie qu'on peut considérer comme une ligne selon la définition donnée ci-dessus a au moins *un point* commun avec la partie qui reste et qu'il faut alors également considérer comme une ligne, est dite *ligne totalement connexe* [*durchaus zusammenhängende Linie*] [12].

Il en va de manière analogue pour les surfaces et les solides dont chacune des parties ont respectivement au moins une ligne, et au moins une surface communes.

Comme le dit Petr Simon, cette définition était inévitable [13]. Lorsqu'une ligne est donnée par une équation, il faut pouvoir distinguer les lignes qui sont d'un seul tenant comme la parabole, des lignes qui se composent de plusieurs branches séparées, par exemple l'hyperbole.

En réalité, les définitions bolzaniennes d'objets connexes ne font que reformuler, en la précisant, l'idée du continu énoncée par Leibniz et par Kästner. Pour Leibniz,

> un continu est un tout dont deux parties intégrantes quelconques (i. e. celles qui prises ensemble coïncident avec le tout) ont quelque chose en commun ; si ces parties ne sont pas redondantes, c'est-à-dire si elles n'ont aucune partie commune, ou encore si l'agrégat de leurs grandeurs est égal à l'agrégat du tout, elles ont au moins une extrémité commune [14].

---

12. *Ibid.*, 20, 51 et 66; (*Geom. Arbeiten*, 94, 117 et 127).
13. Art. cité en note 1, p. 253.
14. *Math.*, VII, 284.

Même si la définition de Leibniz était inédite, Bolzano a connu celle, bien plus vague, de Kästner pour qui « une grandeur continue est celle dont les parties sont liées [*zusammenhängen*] de telle sorte que là où l'une s'arrête, l'autre commence et entre la fin de l'une et le commencement de l'autre il n'y a rien qui n'appartienne à cette grandeur » [15]. Bolzano n'associe plus la propriété définissante au continu ; celle-ci sert désormais à caractériser un nouveau concept, celui de connexité. On verra en effet que, malgré un moment d'hésitation, Bolzano dissociera les deux concepts et n'exigera pas qu'un continu soit connexe.

D. M. Johnson souligne que la définition de Bolzano requiert de considérer les segments et les arcs avec leurs extrémités. Bolzano le postule explicitement pour les segments dans la définition des *Drei Probleme der Rectification* (§ 15) et on peut le supposer raisonnablement pour les arcs. Les figures qui illustrent le texte le suggèrent également et Bolzano l'affirme pour les lignes *bornées* (*begrentzte Linien*). Une ligne est *bornée* si elle contient des points qui, pour toute distance suffisamment petite, ont *un seul* voisin. Les lignes bornées contiennent donc d'une part les *points frontière* ou *extrémités* (*Grenzpunkte, Endpunkte*) et des *points intérieurs* (*innere Punkte*). Dans le cas des solides, Bolzano définit les points intérieurs comme « ceux qui sont entourés [*um sich herum haben*] d'une surface *fermée*, à savoir d'une *surface sphérique* » [16]. Selon sa définition, une figure inscrite sur une surface (*Flächenfigur*) contient à la fois sa frontière (*Grenze*) qui est une ligne fermée simple et ses points intérieurs ou, comme dit Bolzano, « tous les points enfermés par une ligne qu'on imagine située sur une certaine surface » [17].

On voit à l'œuvre la méthode bolzanienne lorsqu'il s'agit de définir les concepts d'objet spatial simple, d'objet fermé, d'objet borné. Bolzano procède toujours en précisant la nature de l'ensemble des points voisins d'un point pour toute distance suffisamment petite. Une ligne *fermée* (*eine in sich zurückkehrende oder geschlossene Linie*) par exemple est un

> objet spatial qui, pour chaque point, à partir d'une certaine distance et pour toute distance inférieure, a un *nombre pair* de voisins et qui, de plus, n'a pas de points dont la distance des autres points est plus grande qu'une distance donnée. Si ce

---

15. *Anfangsgründe der Arithm., Geom....* (1783), 205. La définition de Kästner est reprise dans *Mathematisches Wörterbuch* de Klügel, tome 1 (1803), art. CONTINUUM.

16. *Drei Probl. Rectif.*, § 52, 66 (*Geom. Arbeiten*, 128).

17. *Ibid.*, § 41, 54 (*Geom. Arbeiten*, 119).

nombre est pour tous les points seulement 2, c'est une ligne simple fermée [18].

Les définitions bolzaniennes suffisent pour caractériser les objets géométriques courants, connus de son temps. Sont-elles toujours adéquates pour un mathématicien de la fin du XXe siècle? Petr Simon a répondu à cette question par trois observations.

Premièrement, en 1817, Bolzano ne voit pas la différence entre un ensemble fini et un ensemble de dimension 0. L'exemple suivant, contenant les segments A_1C, B_1C et une infinité de segments A_iB_i de plus en plus proches du point C, doit être considéré comme une ligne au sens de Bolzano :

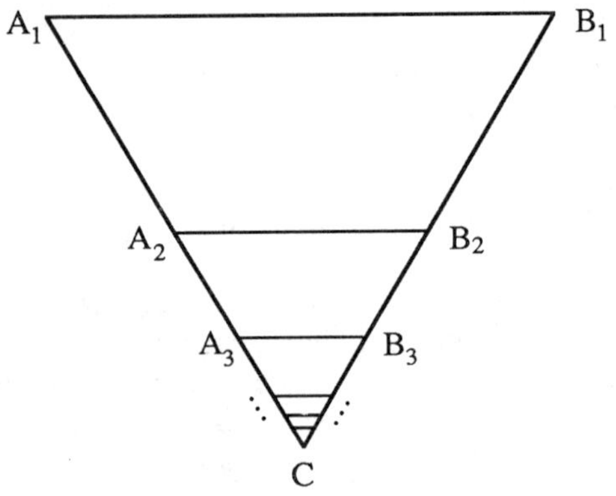

(Fig. 1).

Il suffit cependant de le modifier légèrement pour obtenir un objet qui, du point de vue intuitif, est une ligne, alors que les voisinages sphériques suffisamment petits de chacun des points du segment CC' ont une frontière qui comprend une infinité de points :

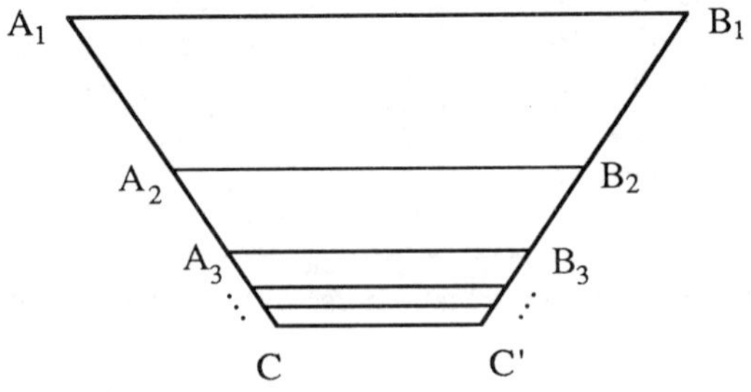

(Fig. 2).

18. *Ibid*, § 11, 21 (*Geom. Arbeiten*, 94). Nous recommandons au lecteur d'étudier les ingénieux diagrammes qui accompagnent le texte de Bolzano (*Geom. Arbeiten*, 138).

De toute façon, on obtient une ligne au sens de Bolzano lorsqu'on enlève le segment CC'.

Deuxièmement, les définitions de Bolzano ne permettent pas de classer les objets dont les dimensions ne sont pas homogènes. Par exemple, la réunion disjointe d'un segment avec l'intérieur d'un cercle (d'un disque) n'a pas de dimension définie.

> Il en est ainsi peut-être parce que Bolzano applique ses définitions aux courbes et aux surfaces données par un système d'équations, c'est-à-dire dans des situations où nous obtenons réellement – au moins dans la plupart des cas – des objets dont la dimension est homogène[19].

Enfin – et c'est là le défaut le plus grave –, dans ses définitions, Bolzano n'utilise que des voisinages *sphériques*. Lorsque dans la figure 1, on remplace tous les segments A_iB_i par des arcs de centre C et de rayon CA_i, les voisinages sphériques de C suffisamment petits peuvent avoir une frontière consistant en deux points ou bien en une infinité de points; cela dépend du choix du rayon. Ce nouvel objet n'est donc ni une ligne ni une surface au sens de Bolzano. Petr Simon ajoute que la restriction aux voisinages sphériques ne permet pas de considérer la dimension comme un invariant topologique. Cependant, si l'on se contente de l'invariance par rapport aux isométries, cette dernière objection perd de sa force.

Le travail sur la théorie des fonctions a sans doute convaincu Bolzano de l'inadéquation de ses premières définitions relatives à la dimension. Les fonctions ayant une infinité d'oscillations ou les fonctions qui s'écrasent contre un point, tout à fait analogues à l'exemple indiqué ci-dessus, ont pu amener Bolzano à tenir compte de situations encore plus complexes que celles qu'il avait envisagées en 1817. Néanmoins, comme dans *Die drei Probleme der Rectification*, il se place toujours dans le cadre d'espaces métriques.

Il donnera d'autres échantillons de la reconstruction de la géométrie sur une base topologique dans la deuxième et troisième période de sa grande activité mathématique, dans les années 1830-35 et à partir de 1841. Dans le *Versuch einer Erklärung der Begriffe : Linie, Fläche une Körper*, il reprend et approfondit les définitions des *Drei Probleme der Rectification*, analysant tout particulièrement le concept d'*objet spatial étendu* (*ausgedehntes Raumding*), i. e. le concept de continu. *Anti-Euklid* met l'accent sur les défauts du système euclidien, entre autre choses sur l'absence de concepts et de principes proprement topologiques. Dans ses derniers travaux, dans la *Raumwissenschaft*,

---

19. L'article cité en note 1, p. 252-3.

dans *Geometrische Begriffe, die jeder kennt und nicht kennt* et dans *Über Haltung*, Bolzano améliore ses définitions antérieures et dans les *Paradoxes de l'infini*, il en résume l'essentiel : les concepts de dimension, de point isolé et de continu.

En réalité, les définitions des objets dimensionnels données dans *Die drei Probleme der Rectification* supposent déjà le concept de continu que l'on trouve dans les toutes premières pages des *Miscellanea mathematica* : une ligne est continue si, pour chacun de ses points, elle contient des points à toute distance *nr* dès qu'elle contient un point à la distance *r*, *n* étant inférieur à 1 [20].

Dans le *Versuch einer Erklärung*, Bolzano soumet la propriété par laquelle il définit l'extension spatiale (le continu) à une analyse serrée. Puisque les objets géométriques sont désormais des ensembles de points, il lui faut tout d'abord distinguer les ensembles de points qui forment une extension, des autres. Comme dans *Die drei Probleme der Rectification*, il remarque qu'une collection de points constitue une extension si elle n'est pas finie et si ses points sont liés d'une certaine manière. En revanche, dans un système fini de points, pour chaque point il existe une distance minimale pour laquelle ce point a au moins un voisin, alors qu'il n'a de voisins pour aucune distance inférieure. Les points d'un système fini ne sont pas liés; ils sont isolés.

Peut-on caractériser le continu en prenant la négation de cette propriété des systèmes finis ? On obtiendrait alors un système tel que chacun de ses points ait des voisins pour des distances arbitrairement petites. Or, Bolzano prend l'exemple suivant : un système formé de deux points A, B et de tous les points obtenus en prenant les points des bissections successives du segment AB. Un tel système est infini et, de plus, tout point a un voisin à des distances arbitrairement petites; néanmoins, on ne saurait affirmer que ce système soit continu. Il se trouve que pour chaque point, il y a d'autres distances arbitrairement petites pour lesquelles les points du système n'ont pas de voisin. Il peut donc y avoir des systèmes infinis tels que chaque voisinage de chacun de leurs points contienne d'autres points du système sans qu'on puisse conclure à leur continuité. Il est vrai, par exemple, que « deux instants sont toujours séparés par un ensemble infini d'instants situés entre eux, de même qu'il y a un ensemble infini de points situés entre deux points de l'espace » [21]. Cependant, un ensemble de nombres rationnels jouit de

20. *Misc. math (1803-1808)*, 4 (pagination du manuscrit). Selon B. van Rootselaar, cette définition ne serait pas sa création originale, mais serait assez courante en son temps. *Ibid.*, Einleitung, 14.

21. *PU*, § 38, 72.

la même propriété sans former un continu[22]. Bolzano distingue donc très clairement entre la propriété qu'on appelle aujourd'hui la densité et la continuité d'un objet spatial. La densité par laquelle Leibniz pensa un moment caractériser le continu ne suffit plus à Bolzano pour le définir.

La densité l'amènera néanmoins vers un autre concept à partir duquel on retrouvera la définition recherchée : celui de point isolé.

Pour Bolzano, un point x est *isolé* s'il n'existe aucune distance telle que, pour *toute* distance inférieure, x ait des voisins. En d'autres termes, x est isolé dans un objet spatial donné S s'il existe des distances arbitrairement petites pour lesquelles x n'a pas de voisins, c'est-à-dire lorsque chaque voisinage de x (le terme étant toujours pris au sens actuel) contient un voisinage sphérique $V_\delta(x)$ de rayon δ dont la frontière Fr est vide :

$$\forall \varepsilon > 0\ \exists \delta > 0\ (\delta < \varepsilon \Rightarrow \mathrm{Fr}\ V_\delta(x) = \emptyset).$$

Soulignons que la définition bolzanienne ne coïncide pas avec la nôtre selon laquelle un point y est isolé s'il *existe un voisinage de y* qui ne contient *aucun autre* point de S, alors que des voisinages d'un point isolé au sens de Bolzano peuvent contenir des points de S. On voit immédiatement qu'un point isolé au sens actuel est isolé au sens de Bolzano, mais la réciproque est fausse; dans l'ensemble des points de bissection d'un segment fermé, tous les points sont isolés au sens de Bolzano sans être isolés au sens actuel. Nous appellerons désormais les points isolés au sens de Bolzano les points *faiblement isolés*.

D. M. Johnson a rappelé que le concept bolzanien de point faiblement isolé ressemble davantage au concept de point de dimension nulle au sens d'Urysohn et Menger qu'à notre concept de point isolé. En effet, un espace métrique de base dénombrable est de dimension 0 au point x lorsque x a des voisinages ouverts arbitrairement petits dont la frontière est vide[23]. Ceci n'est pas dû au hasard, puisque le concept de point faiblement isolé est censé assumer un double rôle : d'une part, il permet de définir le continu, d'autre part, il constitue le point de départ pour la définition de la dimension. Considérons d'abord la définition bolzanienne du continu :

---

22. « Lorsque *A* et *B* sont une paire de nombres rationnels inégaux, il y en a toujours un situé entre eux ». *Reine Zahlenlehre*, 68v.

23. Un point faiblement isolé dans un ensemble est en même temps de dimension 0, mais la réciproque est fausse. Cela tient à la restriction bolzanienne aux voisinages sphériques.

> J'appelle *objet spatial étendu* ou *continu* ou même *extension* un objet spatial tel que, pour chaque distance suffisamment petite, chacun de ses points possède des points voisins[24].

Comme l'a bien vu G.-G. Granger[25] et conformément aux définitions précédentes, cette caractérisation ne veut pas dire que, ε étant un nombre positif, P et Q des points, d_{PQ} leur distance,

$$\forall\varepsilon\forall P\exists Q\ (d_{PQ}<\varepsilon),$$

propriété qui caractérise également l'ensemble des points rationnels d'une droite. Bolzano énonce, en réalité, la propriété suivante :

$$\forall\varepsilon\forall P\exists Q\ (d_{PQ}=\varepsilon).$$

Le concept bolzanien du continu dépend donc d'un concept métrique, de la distance. G. Granger observe que

> c'est l'*intuition métrique*, interprétée en son sens le plus étroit, qui a guidé sa construction du concept; les distances interviennent en fin de compte dans sa définition du continu sous la forme de nombres réels. Car telle est bien l'idée directrice de Bolzano, qui le conduit à restreindre la portée de son dessein primitif. Le continu sera bien construit comme ordre d'un ensemble infini quelconque, mais par imitation directe et décalque du système des réels[26].

Il s'en suit de la définition que le continu bolzanien est un ensemble de points qui ne contient *aucun* point faiblement isolé. Bolzano appelle un ensemble constitué de points faiblement isolés *discontinu.*

Contrairement à notre concept de continu, celui de Bolzano n'entraîne pas la connexité de l'objet étendu. Bolzano lui-même a soulevé cette objection dans les *Miscellanea mathematica*[27]; comme il n'a jamais modifié sa première définition, il faut en conclure qu'il a accepté cette conséquence. Une courbe à branches séparées – Bolzano en cite plusieurs exemples – forme un seul objet spatial continu même s'il n'est pas connexe.

Des exemples très instructifs montrent à quelle interrogation son concept de continu était censé répondre. Dans *Über Haltung* (§ 3), Bolzano construit un objet spatial S formé d'un point *a* et des points disposés dans une direction à partir d'un point *a* et tels que leurs distances de *a* soit de la forme $\frac{m}{2^n}$ (m, n entiers). S est discontinu parce que tous ses points sont isolés au sens de Bolzano : tous les points de S

24. *Über Haltung* ..., § 4, 144 ; cf. aussi *PU*, § 38, 73.
25. «Le concept de continu chez Aristote et chez Bolzano», *Les Etudes philosophiques* (1969), p. 522.
26. *Ibid.*
27. *Misc. Math. (1808-1811)*, 193.

ont des voisinages sphériques arbitrairement petits dont la frontière est vide. L'exemple des *Paradoxes de l'infini* (§ 41) est encore plus important dans la mesure où il montre un ensemble continu non connexe.

> Si nous nous représentons une droite [finie] *az* bissectée par le point *b*, le segment *bz* de nouveau bissecté par le point *c*, *cz* de nouveau bissecté par le point *d* et qu'on procède ainsi de suite de manière illimitée; si nous supposons que nous enlevons de la collection des points situés entre *a* et *z* cette infinité de points de division *b*, *c*, *d*,... et le point *z* lui-même, alors, la collection des points qui reste mérite encore le nom de ligne et sa grandeur sera la même qu'auparavant. Cependant, si nous comptons *z* comme appartenant à cette collection, on ne peut pas appeler ce tout une extension continue[28].

Soit S le segment $[a, z]$. Dans la première partie de l'exemple, Bolzano considère le système S' formé par S dont on enlève une infinité de points de divisions *b, c, d,... et le point z*. S' est encore continu (une extension continue à une dimension), étant donné que tout point de S' a des voisins à *toute* distance inférieure à une certaine distance.

La subtilité de la définition bolzanienne apparaît lorsqu'on passe à la deuxième partie de l'exemple. Bolzano considère S" formé de S dont on enlève une infinité de points de division *b*, *c*, *d*,... S" diffère de S' par le seul fait de contenir le point *z*.

> Or le point *z* est isolé, car il n'existe aucune distance dont on puisse dire que *z* ait, dans cette collection de points, un voisin pour cette distance et pour toute distance inférieure. En effet, pour toutes les distances qui tombent sous la forme $\frac{az}{2^n}$, *z* n'a pas de voisin[29].

Ces exemples prouvent aussi que la critique adressée par Cantor au concept bolzanien de continu manque en partie son but. Selon Cantor,

> la définition bolzanienne du continu (*Paradoxes*, § 38) n'est certainement pas correcte. Elle exprime, de manière unilatérale, seulement *une* propriété du continu, qui est cependant satisfaite aussi par des ensemble obtenus à partir de G_n dont on enlève un ensemble «isolé» de points. [...] Cette propriété est également satisfaite par des ensembles qui consistent en plusieurs continus séparés. Visiblement, dans de tels cas, il n'y a pas de continu bien que, selon Bolzano, cela doive être le cas[30].

---

28. *PU*, § 41, 82. Voir aussi § 48.
29. *Ibid.*
30. «Über unendliche lineare Punktmannigfaltigkeiten», Nr. 5, in *Gesammelte Abhandlungen* (1966), 194. G_n est l'espace métrique $\mathbf{R}^n$.

Or, d'une part, Bolzano accepte la non connexité éventuelle des objets étendus en connaissance de cause. D'autre part, un sous-ensemble de l'espace G_n dont on enlève un ensemble «isolé» de points (au sens de Cantor) n'est pas toujours un continu au sens de Bolzano. D. M. Johnson l'a montré en se servant d'un exemple semblable à ceux de Bolzano : la droite dont on enlève tous les points $\left(\frac{1}{2}\right)^n$ et $-\left(\frac{1}{2}\right)^n$ est un ensemble qui, selon Cantor, devrait contredire la définition de Bolzano; or, un tel ensemble n'est pas continu, car il contient un point isolé (au sens de Bolzano), à savoir 0[31].

Dans ses derniers travaux, Bolzano revient également sur le problème de la dimension. Le mémoire *Über Haltung* et les *Paradoxes de l'infini* contiennent des définitions que Bolzano considère comme «essentiellement meilleures» que celles qu'il avait proposées dans *Die drei Probleme der Rectification.* Entre temps, principalement au cours de l'étude de la théorie des fonctions, Bolzano a appris à manier des courbes et des ensembles infinis inhabituels qui l'ont sans doute amené à modifier ses premières définitions. Il aurait pu envisager des courbes composées semblables à la figure 2 qui, pour certains points, ont une infinité de voisins pour toute distance suffisamment petite, sans former pour autant des surfaces. D'où ses nouvelles définitions qui, comme il dit, «découlent de la nature des choses» :

> J'appelle *objet spatial d'extension unique ou simple* ou aussi une *ligne* un objet étendu tel qu'il ait pour toute distance suffisamment petite seulement autant de voisins que leur collection [*Inbegriff*], considérée séparément pour chacune de ces distances, ne constitue pas encore un objet étendu.
>
> J'appelle *objet spatial d'extension double* ou aussi une *surface* un objet spatial dont chaque point a pour toute distance suffisamment petite autant de voisins que leur collection, considérée séparément pour chacune de ces distances, forme un objet spatial de dimension simple.
>
> Enfin, j'appelle *objet spatial d'extension triple* ou un *solide* un objet spatial dont chaque point a pour toute distance suffisamment petite autant de voisins que leur collection, considérée séparément pour chacune de ces distances, forme un objet spatial de dimension double[32].

En simplifiant quelque peu, on obtient les formulations suivantes:

31. Art. cité en note 1, p. 284.
32. *Über Haltung*, § 7, 144-5; Cf. *PU*, § 40, 80 note.

un objet spatial est de

– *dimension 1* (une *ligne*) si, pour toute distance suffisamment petite, les voisins de chacun de ses points sont des points faiblement isolés;

– *dimension 2* (une *surface*) si, pour toute distance suffisamment petite, les voisins de chaque point forment un objet de dimension 1;

– *dimension 2* (un *solide*) si, pour toute distance suffisamment petite, les voisins de chaque point forment un objet de dimension 2.

Comme dans *Die drei Probleme der Rectification*, Bolzano définit les dimensions par l'intermédiaire de l'ensemble des points voisins. Mais il ne fait plus entrer des propriétés disparates dans ses formulations : finitude de l'ensemble des points voisins ou de l'ensemble des lignes, connexité des surfaces. Bolzano s'est également rendu compte de la différence entre un ensemble fini et un ensemble de dimension 0.

Bien que ses définitions obéissent à l'exigence de l' homogénéité de la dimension, ce premier pas vers les théories actuelles est accompli et c'est un pas décisif. Que l'on compare les concepts bolzaniens avec la notion de dimension esquissée par Henri Poincaré en 1912[33]. Les concepts bolzaniens tiennent compte de situations plus complexes que celles envisagées par Poincaré. Les définitions de Bolzano ont déjà la forme de la définition par récurrence : chaque dimension nouvelle est définie par référence à la dimension précédente. Alors que Poincaré commence à partir de la dimension 1, Bolzano construit ses concepts à partir des ensembles de points isolés auxquels on peut associer la dimension nulle. Un objet étendu est alors respectivement de dimension 1, 2, 3 si l'ensemble des voisins de chaque point relativement à chaque distance suffisamment petite est à son tour de dimension 0, 1, 2. Enfin, par leur formulation même, ces définitions ont atteint le degré d'abstraction de notre mathématique : en premier lieu figure maintenant le *nombre* qui caractérise la dimension et ensuite seulement les objets géométriques traditionnels : ligne, surface, solide. Mis à part le fait que Bolzano n'envisage que l'espace euclidien à trois dimensions, la seule limitation importante de sa théorie consiste dans l'imbrication des concepts topologiques avec les concepts métriques. La rectification des concepts bolzaniens n'est possible «qu'en remplaçant les sphères métriques par des voisinages ouverts. Presque tout sera ainsi résolu. Or, pour accomplir ce dernier pas et atteindre la

---

33. *Dernières pensées*, Paris, 1963, 138-9.

notion inductive de dimension, la mathématique devait attendre encore quatre-vingts ans»[34].

Jusqu'ici, dans la présentation des échantillons topologiques de la «transformation totale de la géométrie», nous n'avons rencontré que des définitions et pas un seul théorème. Il est vrai qu'une telle transformation n'est possible que si l'on dispose de concepts définis par des propriétés opératoires, celles qui peuvent être utilisées au cours des démonstrations. C'est pourquoi les innovations bolzaniennes sont toujours en premier lieu des innovations *conceptuelles* qui ont pour but de réaliser des enchaînements déductifs complets. Cependant, il y a une autre raison pour l'absence d'une discipline qui grouperait les propriétés des objets géométriques qui ne dépendent pas de la mesure : pour Bolzano, ce que nous appelons la topologie ne saurait constituer une discipline autonome. Il considère qu'il ne faut pas séparer les théorèmes «qualitatifs», topologiques ou projectifs, du reste de la géométrie. La «science de l'espace» est une science unitaire. Il n'y a qu'*une* géométrie :

> Bien entendu, on devrait pouvoir rassembler toutes les propriétés (internes ou externes) qui ont une grandeur dans une section spéciale, la section de la quantité. Cependant, cela sera utile seulement dans un très petit nombre de cas : car de cette manière se trouveraient juxtaposées, pour la plupart, les propriétés les plus hétérogènes, alors que d'autres qui sont peut-être intimement liées doivent être séparées. Il serait absurde qu'un géomètre veuille diviser, par exemple, la théorie du triangle en deux sections, la première contenant uniquement les propriétés du triangle liées aux grandeurs comme l'aire, la grandeur des angles etc., c'est-à-dire ne considérant son objet que du point de vue de la quantité, alors que la seconde section contiendrait toutes les autres propriétés du triangle, celles qui ne relèvent pas de la grandeur, par exemple que les trois hauteurs se coupent toujours en un point, c'est-à-dire qu'il examinerait son objet du point de vue de la qualité.[35]

Les analyses topologiques des objets géométriques ne doivent fournir à la géométrie que les *concepts* sur lesquels pourra être reconstruite la géométrie. Bolzano a cependant formulé (ou repris) un grand théorème de topologie : le théorème dit de Jordan.

34. P. Simon, art. cité en note/1, p. 249. Remarquons que Karl Menger, l'auteur de la *Dimensionstheorie* de 1928, fut disciple de Hans Hahn qui annota l'édition des *PU* de 1920 en y mentionnant les définitions bolzaniennes du § 40.

35. *WL*, I, § 116, 541-2.

Comme en témoignent les manuscrits, Bolzano y revient sans cesse : on en trouve un énoncé dans les *Miscellanea mathematica* de 1811, un autre dans l'*Anti-Euklid* de la fin des années 1830 et enfin, un troisième dans les *Geometrische Begriffe* de 1844. Cependant, en formulant ce théorème, Bolzano n'apporte pas une contribution originale à l'histoire de la topologie. Comme pour sa définition de la connexité, il est continuateur d'une tradition qui remonte à Leibniz.

Dans le *Specimen geometriae luciferae*, Leibniz en vient à examiner la construction euclidienne du triangle équilatéral (*Eléments*, I, 1). Il rappelle que cette construction repose sur l'hypothèse de l'existence d'un point d'intersection des deux cercles dont Euclide s'est servi tacitement sans l'avoir démontrée. C'est précisément le concept leibnizien de continu qui peut combler cette lacune. Leibniz énonce alors une propriété qui généralise l'hypothèse tacite d'Euclide :

> Si une ligne continue est située sur une surface et si elle est en partie à l'intérieur, en partie à l'extérieur d'une partie de cette surface, elle coupera quelque part la périphérie de cette partie[36].

Kästner et Bolzano énoncent la même propriété dans le même contexte de la critique de la construction euclidienne du triangle équilatéral à laquelle notre auteur consacrera de longs développements. Pour Kästner,

> la circonférence d'un cercle autour du centre A est une ligne courbe connexe. Si donc un point comme B situé sur la droite BC se trouve à l'intérieur de la circonférence, c'est-à-dire si sa distance du centre est plus petite que le rayon du cercle, et si un autre point C se trouve à l'extérieur de la circonférence, alors la droite coupe la circonférence du cercle[37].

Ne sachant le démontrer, Kästner l'énonce à titre d'axiome qu'il justifie par l'appel à la connexité de la circonférence. Et il ajoute l'axiome suivant : «une droite illimitée divise le plan illimité dans lequel elle est tirée en deux parties situées chacune de ses deux côtés opposés».

Bolzano ne fait donc que reprendre et reformuler des propriétés bien connues des mathématiciens du XVIIIe siècle tout en s'efforçant de les démontrer. Selon les *Miscellanea mathematica*,

> Lorsqu'un point *a* se trouve à l'*intérieur* d'une ligne continue fermée *C*, un point *b* à l'*extérieur*, alors une ligne continue [*Anti-Euklid* dira une ligne connexe] qui relie *a* et *b* et qui se trouve

36. *Math.*, VII, 284.
37. *Anfangsgründe d. Arithm., Geom.* ..., Grundsatz 7 et 8.

dans le même plan que les autres objets coupe la ligne fermée entre *a* et *b*[38].

La démonstration échoue, mais par rapport à ses prédécesseurs, Bolzano ajoute quelque chose de nouveau : il s'efforce de préciser les concepts «être situé à l'intérieur» et «être situé à l'extérieur». Suivant la formulation moins soignée des *Geometrische Begriffe*, «toute ligne fermée simple qui se trouve dans un plan le divise en deux parties qui diffèrent par la propriété suivante : tous les points N qui ne se trouvent pas sur cette ligne se trouvent ou bien d'un côté ou bien du côté opposé de la ligne»[39].

L'identification des objets géométriques aux ensembles de points, constitue, nous l'avons vu, l'acte fondateur de la topologie. Si Leibniz et ses successeurs ont pu parvenir à des résultats importants mais isolés, les concepts bolzaniens rendent possible la reconstruction de la géométrie sur une base topologique.

Ces concepts accusent une limitation importante : ce sont des concepts *métriques*. Il ne saurait en être autrement étant donné que, pour Bolzano, les concepts et théorèmes topologiques constituent, non pas une discipline autonome, mais le soubassement de la géométrie euclidienne.

Tout aussi importante est la transformation qu'a subie le concept de continu. Comme l'a vu Cantor, ce concept, qui était probablement courant à la fin du XVIIIe siècle, n'est pas adéquat. Néanmoins, en le retournant, Bolzano en fait le point de départ d'un développement aussi fécond qu'inattendu : en prenant la négation de la propriété définissante, il obtient une notion qui s'apparente au concept de dimension nulle et qui lui permet de donner une première définition de la dimension.

En outre, c'est par l'intermédiaire des concepts topologiques que l'analyse infinitésimale, basée sur la notion de nombre réel, pourra s'articuler sur la géométrie. En retour, Bolzano édifiera le calcul infinitésimal de manière purement abstraite, mais à l'aide de concepts qui s'inspirent, en les généralisant, des propriétés topologiques des figures spatiales.

---

38. *Misc. math. (1808-1811)*, 208-9; *Anti-Euklid*, 4r., éd. K. Večerka in *Sborník* (*Acta hist. rer. nat.*, Prague) 11 (1967), p. 211.

39. *Geometrische Begriffe die jeder kennt und nicht kennt* (manuscrit, Öst. Nat. Bibl., s. n. 3459), 3b. Cf. J. Berg, *Bolzano's Logic*, 30 et H. Hornich, *Anzeiger Öst. Akad. Wiss.*, math.-naturwiss. Klasse 98 (1961), n° 2, 17-18.

CHAPITRE III

LA NOTION DE CONTINUITÉ

1. La continuité selon Leibniz et selon Euler

Les modèles géométriques et cinématiques qui servent d'exemples de fonctions au XVIIIe siècle lient à ce concept la possession d'une propriété caractéristique : la continuité. En fait, la quasi-totalité des fonctions alors connues sont continues. Exceptionnellement, en certains points isolés, l'une des fonctions peut être discontinue. La continuité est une propriété tellement évidente pour Euler que, pour classifier les fonctions, il peut se servir de ce terme et l'utiliser pour désigner non pas, selon l'usage actuel, une propriété de la correspondance fonctionnelle elle-même, mais une propriété globale de l'*expression* qui définit la fonction, à savoir la validité illimitée de cette loi pour son domaine de définition.

Pourtant les éléments de notre définition actuelle sont déjà en place dans l'énoncé du principe leibnizien de continuité. Tout le problème est là. Tout d'abord, Leibniz formule la continuité comme un *principe* et non comme une propriété de certaines fonctions :

> Lorsque la différence de deux cas peut estre diminuée au dessous de toute grandeur donnée in quaesitis ou dans ce qui en résulte, ou pour parler plus familièrement : Lorsque les cas (ou ce qui est donné) s'approchent continuellement et se perdent enfin l'un dans l'autre, il faut que les suites ou evenemens (ou ce qui est demandé) le fassent aussi. Ce qui dépend encor d'un principe plus general, sçavoir : Datis ordinatis etiam quaesita sunt ordinata[1].

1. *Phil.*, III, 52 (datant de 1687). La même définition se trouve également dans *Math.*, VI, 129.

Leibniz illustre ce principe par des exemples empruntés à la géométrie et à la physique. Le modèle géométrique est le plus révélateur : prenons une droite qui coupe un cercle en deux points et projetons ces figures sur un plan. La projection de la droite coupe la projection du cercle également en deux points. Lorsque la droite s'écarte de plus en plus du centre du cercle, les deux points d'intersection se rapprochent; il en est de même pour les points d'intersection des deux projections. Lorsque la droite devient tangente, sa projection devient tangente à la projection du cercle.

C'est sur cet exemple qu'on voit le mieux l'origine de la formulation du principe de continuité. Leibniz considère la continuité d'une relation fonctionnelle et observe qu'elle peut s'exprimer en termes de dépendance entre deux passages à la limite. Son principe contient tous les éléments de la future définition : la propriété est énoncée sous forme d'implication; y figurent les concepts arithmétiques et analytiques de différence, de relation d'ordre et de passage à la limite. Il ne manque à l'énoncé qu'un concept effectif et opératoire de fonction. Il faudra le travail de plus d'un siècle pour rapprocher les fonctions utilisées en mathématique de l'idée leibnizienne de fonction comme dépendance arbitraire entre deux ensembles de valeurs; c'est à propos de telles fonctions que pourra se poser de manière significative le problème de la continuité. La continuité leibnizienne est un principe régulateur *global*; ce n'est pas une propriété locale qui serait vérifiée pour telle fonction et absente de telle autre.

Les fonctions avec lesquelles travaillent les mathématiciens du XVIIIe siècle n'imposent pas une analyse approfondie de la continuité. L'approche leibnizienne est ignorée sinon oubliée. La continuité est une propriété tellement naturelle des fonctions qu'on ne ressent pas le besoin de l'établir ou de la démontrer. En revanche, lorsque s'imposera le concept de fonction comme entité définie par son expression analytique, la continuité sera attribuée non pas à la relation fonctionnelle, mais à son expression. Le terme de continuité prendra alors un sens tout à fait différent du sens leibnizien.

C'est dans l'œuvre d'Euler que s'accomplit le déplacement sémantique du terme «continuité». Il n'est plus question d'une dépendance entre deux passages à la limite; le mot désigne chez Euler l'uniformité de la loi définissant la fonction dans le domaine tout entier de la variable. C'est une propriété *globale* d'une fonction, propriété attachée à son écriture. Pour les fonctions qu'Euler appelle discontinues ou *irrégulières* (qui apparaissent chez lui comme classe spécifique de fonctions), des valeurs particulières de la variable indépendante séparent les intervalles dans lesquels une telle fonction est définie par des formules *différentes*. L'important est ici, non pas la nouvelle définition de la continuité, mais l'idée de fonction arbitraire. De telles fonctions apparaissent dans la solution de l'équation des cordes vibrantes donnée par d'Alembert. Pour Euler, une fonction arbitraire qui correspond à la forme initiale donnée à la corde, «n'est renfermée dans aucune loi de continuité»[2]. Déjà en 1749, Euler envisage des fonctions qui ne sont pas exprimables analytiquement. Ce sont des fonctions qui dépendent de x comme l'ordonnée d'une ligne tracée arbitrairement ou qui sont données par un arc de courbe tracé expérimentalement. Elles sont toutes discontinues au sens d'Euler.

Lorsqu'on ne pourra plus identifier les fonctions à leurs expressions analytiques, il faudra abandonner la notion de continuité eulérienne et Cauchy en rappellera la raison : c'est que la même courbe peut être décrite tantôt par plusieurs formules, tantôt par une seule formule : elle peut donc être à la fois continue et discontinue au sens d'Euler. Comme le dit Cauchy, «si l'on considère la définition d'Euler et de Lagrange comme applicable à toutes espèces de fonctions, soit algébriques, soit transcendantes, un simple changement de notation suffira pour transformer une fonction continue en fonction discontinue, et réciproquement»[3]. Ainsi par exemple, la fonction réelle qui à $x \geq 0$ associe $+x$, et à $x<0$, $-x$, sera discontinue, mais *la même fonction* représentée par $\frac{2}{\pi}\int_0^\infty \frac{x^2 dx}{t^2+x^2}$ ou par $\sqrt{x^2}$ sera continue.

C'est dans le mémoire d'Arbogast de 1791 que les fonctions discontinues au sens actuel apparaissent pour la première fois comme classe particulière[4]. La deuxième moitié du XVIIIe siècle est néanmoins dominée par le concept eulérien dont se servent Lagrange et

2. *Mém. Ac. Sci.* Berlin (1753), 201. En réalité, Euler définit la continuité directement non pas pour les fonctions, mais pour les courbes : «La ligne courbe continue est celle dont la nature est exprimée par une seule fonction déterminée de x. Mais, si la ligne courbe est composée de différentes portions BM, MD, DM etc. déterminées par plusieurs fonctions de x, de manière qu'une partie BM étant le résultat d'une fonction, une autre MD soit celui d'une seconde fonction; nous appelons ces sortes de lignes courbes *discontinues*, ou *mixtes* et *irrégulières*, parce qu'elles ne sont pas formées suivant une seule loi constante, et qu'elles sont composées de portions de différentes courbes continues». *Introd. à l'analyse infinitésimale*, trad. fr. (1796-7), livre II, p. 4. Dans ce texte, une fonction est identifiée à une expression analytique.

3. *Mémoire sur les fonctions continues*, (1844); *Œuvres*, (1), VIII, 145-6.

4. Arbogast appelle discontiguës les fonctions continues au sens moderne. Cf. le *Mémoire sur la nature des fonctions arbitraires, qui entrent dans les intégrales des équations aux différentielles partielles*, St.-Pétersbourg, 1791.

même Fourier. Gauss y fait également allusion lorsqu'il distingue continuité au sens de la géométrie supérieure (au sens d'Euler) et continuité du sens commun selon lequel le tracé d'une fonction continue est une ligne «ininterrompue et partout liée»[5]. Par la suite, il adoptera la définition de Bolzano-Cauchy.

Vers la fin du XVIIIe siècle et au début du XIXe, on commence à se servir de fonctions qui montrent la caractère limité et artificiel de la classification d'Euler. La discontinuité au sens commun devient plus importante que la discontinuité au sens savant. Comment la définir?

Pour Lacroix, qui après Euler définit le concept général de fonction, le calcul infinitésimal repose sur un «*fait analytique* préexistant à toute hypothèse» : la dérivabilité de toutes les fonctions. Or, l'existence de la dérivée résulte de la continuité, notion que Lacroix tente de préciser :

> Par la loi de continuité on doit entendre celle qui s'observe dans la description des lignes par le mouvement, et d'après laquelle les points consécutifs d'une même ligne se succèdent sans aucun intervalle. La manière d'envisager les grandeurs dans le calcul ne paraît pas admettre cette loi, puisqu'on suppose toujours un intervalle entre deux valeurs consécutives de la même quantité; mais plus cet intervalle est petit, plus on rapproche de la loi de continuité à laquelle la limite convient parfaitement; c'est aussi en vertu de cette loi de continuité que les accroissements quoique évanouissants, conservent encore le rapport dont ils se sont rapprochés par degrés avant de s'évanouir[6].

Lacroix, lui aussi, ne fait qu'exprimer l'idée du sens commun d'un parcours sans interruption, que la notion de limite permet de réaliser, rétablir dans le calcul. Cependant, il ne s'en sert pas comme d'un instrument analytique; la continuité ne fait qu'expliquer la nature des fonctions admises dans le calcul infinitésimal.

Au total, au début du XIXe siècle, trois idées sont disponibles pour définir la notion de continuité :

1) le «principe général d'ordre» (Leibniz),

2) la «continuité» de l'expression qui définit une fonction (Euler),

3) l'idée intuitive du parcours sans interruptions, dérivée du modèle cinématico-géométrique d'une courbe tracée d'un seul trait par un mouvement ininterrompu.

---

5. «nullibi interruptam sed ubique cohaerentem». *Werke*, III, 28.

6. *Traité élémentaire de calcul différentiel et de calcul intégral* (1802), art. 60, 75-6.

2. *Le nouveau concept de continuité : Bolzano*

L'emploi de fonctions arbitraires et leur développement en séries trigonométriques par Fourier rend caduc le concept eulérien de continuité. Le retour de Fourier et surtout, à partir de 1814, de Cauchy, à l'idée leibnizienne d'intégrale comprise comme limite d'une somme plutôt que comme fonction primitive, pose le problème de la continuité de manière insistante.

Quant au principe leibnizien, celui-ci se prête mal à un traitement analytique par les outils alors disponibles et surtout, il reste éloigné des préoccupations et de l'horizon des mathématiciens. Ne peut-on alors tenter d'exprimer en termes analytiques l'idée du sens commun, de traduire l'idée du parcours ininterrompu par le fait qu'une variable, avant de passer d'une valeur à une autre, prend toutes les valeurs intermédiaires? Telle est en effet la définition de la continuité que donne Kästner, ainsi que d'autres auteurs. On verra quel sort réservera Bolzano à une définition qu'il avait lui-même acceptée à un moment.

C'est en 1814, en pleine période d'intense activité mathématique dont témoigneront les mémoires des années 1816-1817, que le mathématicien pragois entreprend une exploration systématique de la continuité. En commentant la *Géométrie de la position* de Carnot, il y remarque une difficulté. Carnot se sert en effet du concept de quantité infiniment petite, défini comme quantité qui a pour limite zéro, et conçoit le rapport $\frac{0}{0}$ comme un rapport des limites. Or, observe Bolzano, on ne saurait attribuer une valeur à ce rapport qu'en supposant continues les fonctions dont on prend la limite, ce qui n'est pas toujours le cas[7].

Plus loin, à l'aide d'un exemple très simple, Bolzano montre que l'hypothèse de la continuité est indispensable pour démontrer le théorème sur le prolongement d'une fonction par le passage à la limite. Son procédé revient à imaginer une fonction f définie sur un intervalle I contenant a, telle que, pour tout x appartenant à I et différent de a, on ait

$$f(x) = |x - a|, \text{ mais } f(a) = r \neq 0.$$

La fonction, continue pour toute autre valeur, est discontinue pour a et n'a pas pour limite f(a) lorsque x tend vers a[8].

---

7. *Misc. Math.* (manuscrit), 538 ; dans les pages 898-901, Bolzano reprend sa critique de Carnot à l'occasion de la lecture de la version allemande des *Réflexions sur la métaphysique du calcul infinitésimal.*

8. *Misc. Math.* (manuscrit), 812 ; c'est moi qui transcris les indications de Bolzano en notation fonctionnelle.

A cette époque, Bolzano conçoit encore une fonction au sens eulérien comme «expression qui indique [*anzeigt*] les différentes opérations arithmétiques connues jusqu'ici, par exemple a+x, a·x, $\sqrt{x}$, log x et semblables»[9]. Il va maintenant entreprendre la démonstration de la continuité pour toutes les fonctions avec lesquelles opère le calcul différentiel qui, à son avis, se laissent exprimer par des séries de puissances, et c'est l'occasion pour formuler le nouveau concept :

> Définition. La variabilité [*Veränderlichkeit*] manifestée par une grandeur y qui dépend d'une autre x à l'intérieur de certaines bornes [*Grenzen*] de cette dernière, de x = a jusqu'à x = a+b, est dite *continue* lorsque, *premièrement*, la grandeur x peut recevoir toute valeur qui n'est pas située hors des bornes a et a+b, et que, *deuxièmement*, la grandeur y prend pour chacune de ses valeurs une valeur (0 non excepté), telle que la valeur y associée à x+Δx, à savoir y+Δy s'approche de si près de la première qu'on voudra, pourvu que x+Δx s'approche de la valeur x de si près qu'on voudra[10].

Définition admirable par ses termes mêmes : Bolzano comprend que la continuité est une propriété non de l'expression comme l'enseigna Euler ni même de l'objet géométrique considéré en lui-même (par exemple d'une courbe), mais de la *variabilité* elle-même, de la dépendance fonctionnelle. C'est une «propriété *relative* qui appartient à une grandeur dans la mesure où l'on considère les variations qu'elle subit comme dépendant d'une autre grandeur»[11]. Ce texte met un terme à la confusion, inévitable dans la définition par la propriété de prendre toutes les valeurs intermédiaires, entre la continuité (*Stetigkeit*) d'une *fonction*, propriété d'une loi de correspondance, et le continu (*continuum*), propriété d'une extension ou type d'ordre de certains ensembles de points.

De plus, il semble que Bolzano commence à envisager déjà le concept de fonction comme loi de dépendance entre les nombres au sens de la *Functionenlehre*. Il distingue, en effet, entre fonction et grandeur variable (dépendante), la première étant l'expression de la seconde. Des grandeurs peuvent être discontinues; cependant, si elles sont exprimables par les fonctions dont Bolzano vient, un peu trop hâtivement, de démontrer la continuité, elles sont continues. Mais d'autres exemples, semblables à celui du *Rein analytischer Beweis*[12],

---

9. *Ibid.*
10. *Ibid.*, 813.
11. *Ibid.*
12. Bolzano y cite la fonction $x+\sqrt{(1-x)(2-x)}$ qu'il considère comme discontinue entre 1 et 2 parce qu'elle y prend des valeurs complexes (préf., p. 11, note;

ébranleront bientôt cette belle certitude. Bolzano se convaincra que toutes les fonctions ne sont pas continues.

En corollaire de sa définition, il devient patent que la condition de prendre toutes les valeurs intermédiaires n'est même pas suffisante pour caractériser la continuité. Bolzano envisage l'exemple suivant :

> Que l'on imagine une perpendiculaire de hauteur variable construite dans le même plan en chaque point d'une droite ab, de telle sorte que, pour tous les points de ab à l'exception des deux points d et e, la hauteur de cette perpendiculaire soit déterminée par la droite αβ. Au point d, la perpendiculaire doit avoir pour hauteur dε' = eε, au point e, la hauteur eδ' = dδ. La grandeur de cette perpendiculaire ne varie évidemment pas de manière *continue* ; et néanmoins, celle-ci prend toutes les valeurs situées entre aα et bβ [13].

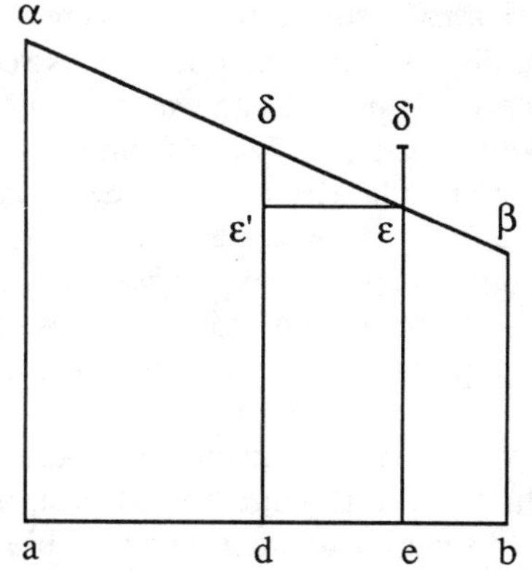

Le *Rein analytischer Beweis* fait écho à cette critique. Bolzano y remarque qu'une fonction continue sur [x, x+Δx] prend certainement toutes les valeurs comprises entre f(x) et f(x+Δx), mais qu'« on ne peut pas considérer cette affirmation comme l'explication du concept de continuité; c'est plutôt un théorème sur la continuité » [14]. En effet, cette propriété découle du théorème des valeurs intermédiaires que Bolzano démontre dans son mémoire. Comme il résulte de l'exemple que nous venons de citer, la propriété d'une fonction de prendre toutes les

---

trad. fr. p. 139, note). En fait, dans cet intervalle, sa fonction (fonction réelle de variable réelle) n'est pas définie.

13. *Misc. Math.* (manuscrit), 813. Bolzano commet un lapsus en écrivant eδ' = ed (hauteur de la perpendiculaire en e). Je reproduis le dessin original.

14. *Rein anal. Beweis*, préf., 12; trad. fr. p. 139.

valeurs intermédiaires entre deux valeurs données n'est même pas équivalente à la continuité.

Bolzano publie la nouvelle définition pour la première fois en 1816, à l'occasion d'un théorème sur la dérivée, où il démontre la continuité d'une certaine fonction. Il rappelle sa définition dans la préface du *Rein analytischer Beweis*, où ce concept trouvera sa première application importante :

> Dans une explication correcte, on entend par l'expression : une fonction f(x) varie suivant la loi de continuité pour toutes les valeurs de x situées à l'intérieur ou à l'extérieur de certaines bornes, rien d'autre que ceci: si x est une telle valeur quelconque, la différence $f(x+\omega) - f(x)$ peut être rendue plus petite que toute grandeur donnée, si l'on peut toujours prendre ω aussi petit que l'on voudra, c'est-à-dire lorsqu'on a [...] : $f(x+ \omega) = f(x) + \Omega$» [15]

avec Ω tendant vers zéro lorsque ω tend vers zéro.

Un autre mémoire de la même époque mais rédigé avant le *Rein analytischer Beweis* complète l'analyse de la continuité. *Die drei Probleme der Rectification* (1817) énoncent toute une suite de théorèmes qui se rapportent à la détermination de certaines valeurs d'une fonction composée à partir des valeurs des fonctions dont elle est composée, en tenant compte de l'hypothèse de la continuité. Les formulations de Bolzano sont encore assez obscures et donnent l'impression d'une esquisse plutôt que d'un texte élaboré. Les dix premiers paragraphes du mémoire, dans lesquels Bolzano voit «le vrai fil qui conduit avec succès des vérités mathématiques élémentaires jusqu'aux résultats élevés du calcul différentiel et intégral, qui furent jusqu'ici séparés des premières par un abîme infranchissable» [16], sont en fait des variations sur le prolongement par continuité des fonctions composées. Le thème de cette variation est donné par le théorème suivant :

> Si une fonction f est continue «pour tout x ou au moins pour toutes les valeurs de x qui approchent a d'aussi près qu'on voudra», si $h(x)=g(f(x))$ pour $x \neq a$ et si g(x) est continue, alors $h(a)=g(f(a))$ [17].

Or, il ne faut voir dans ce théorème et dans les autres qui développent la même idée qu'autant d'exercices qui portent sur les applications

15. *Ibid.* La définition ne dit pas qu'il faut prendre la valeur absolue de la différence $f(x+\omega)-f(x)$, mais au § 17, l'addition des termes de cette différence développée en série doit se faire «comme si tous avaient le même signe» (trad. fr. p. 163).

16. *Drei Probl. Rectif.*, § 10, 14 (*Geom. Arbeiten,* 89). Il est vrai que dans ces paragraphes, Bolzano se sert également du théorème de Taylor.

17. *Ibid.*, § 2, 3 (*Geom. Arbeiten,* 81).

techniquement plus complexes du concept que Bolzano vient de fixer analytiquement dans sa définition.

Par cette définition, le pas le plus important dans la construction du concept moderne de continuité est franchi. La définition est coulée dans la forme leibnizienne d'une implication entre deux propositions énonçant chacune le passage à la limite, formulée en termes purement arithmétiques. Que l'on mesure cependant la distance parcourue par rapport au principe de continuité leibnizien. Bolzano utilise le langage des limites tout en distinguant soigneusement l'énoncé sur une limite (qui s'applique à l'exemple leibnizien du repos comme limite du mouvement) de l'énoncé portant sur la relation entre deux limites égales à zéro. L'essentiel, c'est cependant la conception de la continuité comme propriété de fonctions. Elle est définie dans un certain intervalle et non pas nécessairement dans tout le domaine de variation de la fonction, elle est susceptible d'être démontrée, elle peut donc être vérifiée par certaines fonctions, infirmée par d'autres.

La définition bolzanienne est importante aussi par ce qu'elle élimine. Il n'est plus question de mouvement. Aucun terme géométrique ou cinématique n'y figure, pas même le mot «passage». L'ordre même de succession des valeurs n'intervient pas. L'idée du sens commun de parcours ininterrompu n'y figure pas non plus.

En 1821, Cauchy donne une définition équivalente de la continuité dans son *Cours d'Analyse*. L'a-t-il emprunté à Bolzano, comme certains le pensent ? H. Freudenthal rapproche au contraire la formulation de Cauchy d'un passage du même auteur, contenu dans le *Mémoire sur les intégrales définies* de 1814. En parlant du théorème fondamental du calcul intégral, Cauchy y décrit le comportement d'une fonction φ qui, pour une certaine valeur de Z, «passe subitement d'une valeur déterminée à une valeur sensiblement différente de la première, de sorte qu'en désignant par ζ une quantité très petite, on ait

$$\varphi(Z+\zeta) - \varphi(Z-\zeta) = \Delta$$ » [18],

quantité qui représente le saut de φ en Z.

En fait, l'idée ne date pas de Cauchy. Dans un contexte tout à fait semblable, Euler emploie à peu près les mêmes termes dans ses *Institutiones calculi integralis* (1768) que Cauchy rappelle expressément dans l'introduction de son mémoire. En donnant une expres-

18. *Mémoire sur les intégrales définies*, (présenté en 1814, publié en 1827), *Œuvres* (I), 402-3. Cf. H. Freudenthal, « Did Cauchy plagiarize Bolzano ? », *Arch. for Hist. of Exact Sciences*, 7 (1971), 380. Th. Guitard date la définition de Cauchy de mars 1817; «La querelle des infiniment petits à l'Ecole Polytechnique au XIXᵉ siècle», *Historia Scientiarum* n° 30 (Tokyo, 1986), 34 et 37.

sion rapprochée de l'intégrale $\int_a^x X dx$, X étant une fonction de x, par une somme finie

$$b + A(a'-a) + A'(a''-a') + ... + X'(x-x'),$$

où a, a', ..., x sont les valeurs de la variable indépendante de l'intervalle [a, x] et A, A', ..., X' les valeurs correspondantes de X, Euler dit que la valeur calculée sera d'autant plus exacte que les différences des valeurs successives de x seront plus petites, « à condition que les termes de la suite A, A', A'', ..., progressent par de petites différences ; si cela n'arrive pas, cette détermination sera trop inexacte [nimis erit incerta] » [19]. Faut-il prendre les intervalles [a, a'], [a', a''] etc. égaux ou inégaux ? se demande Euler par la suite.

> Ubi enim valor ipsius X mutando x parum mutatur, ibi intervalla, per quae x procedit, tuto maiora constitui possunt ; ubi autem evenit, ut ipsi x levi mutatione inducta functio X vehementer varietur, ibi intervalla minima accipi debent[20].

Et Euler cite en exemple la fonction $\frac{1}{\sqrt{1-x^2}}$ qu'il étudie au voisinage de 1.

Sans lui donner de nom, Euler connaît donc la propriété que nous appelons la continuité. On la trouve également dans la *Théorie des fonctions analytiques* où Lagrange s'efforce de démontrer que toute fonction est développable en série de Taylor, le théorème sur lequel il entend fonder le calcul infinitésimal. Lagrange examine successivement les restes de la série de Taylor d'une fonction développée au point x+i, x et i étant réels, lorsqu'on arrête ce développement au premier, deuxième, ..., $n^{ième}$ terme. Il observe qu'un tel reste est une fonction de i, nulle pour zéro et telle que le « cours de la courbe », c'est-à-dire son graphe, soit

> nécessairement continu depuis ce point ; donc elle s'approchera peu à peu de l'axe avant de le couper et s'en approchera, par conséquent, d'une quantité moindre qu'aucune quantité donnée, de sorte qu'on pourra toujours trouver une abscisse i correspondant à une ordonnée moindre qu'une quantité donnée, et alors toute valeur plus petite de i répondra aussi bien à des ordonnées moindres que la quantité donnée [21].

---

19. *Opera* (1), XI, p. 185. C'est donc très probablement dans ce chapitre des *Institutiones* qu'il faut chercher l'origine de la conception de Cauchy de l'intégrale définie (c'est A. P. Youschkevitch qui a attiré l'attention sur le texte d'Euler; cf. *Istorija matematiki*, III , Moscou, 1972, p. 345-6).

20. *Ibid.*, p. 187.

21. *Théorie des fonctions analytiques*; *Œuvres*, IX, p. 28.

Bien que sa formulation ne soit pas entièrement satisfaisante, on y reconnaît la propriété définissante de la continuité au sens moderne. Mais, il est vrai, chez Lagrange (et plus encore chez Euler), cette propriété apparaît de manière marginale, sans donner lieu à une définition et à une classification des fonctions.

Récapitulons. On peut rattacher l'origine du concept moderne de continuité au principe de continuité de Leibniz. Inspiré de la mathématique et de la physique, le principe leibnizien trouve cependant sa place non pas parmi les concepts techniques de la mathématique, mais en métaphysique. La propriété qui définit la continuité apparaît à un moment dans les œuvres d'Euler et de Lagrange; toutefois elle est occultée par le concept savant de continuité proposé par Euler et utilisé tout au long de la deuxième moitié du XVIIIe siècle.

En 1814, Bolzano formule la première définition de la continuité qu'il publie dans *Der binomische Lehrsatz* en 1816. Dans deux mémoires de 1817, il démontre le théorème des valeurs intermédiaires, la continuité de la fonction polynôme et il analyse les conditions de détermination des valeurs d'une fonction composée de fonctions continues. De son côté, peu après, en 1821, Cauchy aboutit à une définition semblable de la continuité.

Les travaux de Bolzano, en particulier le *Rein analytischer Beweis*, contiennent également d'autres idées qui se révéleront fécondes dans l'élaboration de l'analyse et sur lesquelles repose en fin de compte le concept de continuité : ce sont la notion de limite et le principe de convergence.

CHAPITRE IV

L'ARITHMÉTISATION DE L'ANALYSE

1. La convergence des séries

La théorie rigoureuse de la convergence est issue aussi bien des doutes portant sur la légitimité de la sommation des séries divergentes que des problèmes posés par les fondements de l'analyse infinitésimale (l'emploi de la série de Taylor par Lagrange et ses disciples) et par l'examen plus poussé des séries trigonométriques. Un premier traitement complet, rigoureux et à tous égards exemplaire d'une question relative à la théorie des séries est le mémoire sur la série hypergéométrique de Gauss (1812)[1]. En comparant la série donnée avec d'autres séries, Gauss déduit les conditions de convergence et de divergence. Dans ce mémoire, l'attitude de Gauss à l'égard des séries divergentes est tout à fait claire et explicite. A peu près en même temps, dans une lettre à Bessel, il proteste contre l'usage des séries divergentes, mais évite le plus souvent de prendre publiquement une position tranchée et n'aborde nulle part le sujet du point de vue d'une doctrine générale. Il ne réalisera d'ailleurs jamais son projet de travail sur la théorie des séries.

Bolzano aborde le sujet dans *Der binomische Lehrsatz* (1816), le premier des trois mémoires qui se proposent de donner de nouveaux fondements à l'analyse. Pourquoi commencer par le théorème du binôme? Le point de départ de Bolzano est assez proche de l'école

---

1. *Disquisitiones generales supra seriem*

$$1+\frac{\alpha\beta}{\gamma}x+\frac{\alpha\beta(\alpha+1)(\beta+1)}{1.2.\gamma(\gamma+1)}x^2+\ldots+\frac{\alpha(\alpha+1)\ldots(\alpha+k-1)\beta(\beta+1)\ldots(\beta+k-1)}{1.2\ldots k\gamma(\gamma+1)\ldots(\gamma+k-1)}x^k,$$

Werke, III, 123-62. La recherche sur la nature de cette série, écrit Gauss, «doit être restreinte au cas où elle converge effectivement». Il s'explique au sujet de la convergence dans sa correspondance, à propos de la série de Taylor : « dès qu'elle cesse d'être convergente, sa somme, en tant que somme, n'a aucun sens » (Lettre à Bessel, 5 mai 1812).

combinatoire : toute l'analyse, et en particulier le théorème de Taylor qui en est selon cette école la clé, repose sur le théorème du binôme. Celui-ci exige à son tour l'élaboration des notions de limite et de convergence qui seules pourront remplacer aussi bien les infiniment petits que le calcul avec les zéros ou la doctrine de Lagrange.

Dans *Der binomische Lehrsatz*, la théorie de la convergence prend des allures puristes. La critique de l'usage des séries divergentes se fait aussi mordante que plus tard celle de Cauchy et Abel. Comment a-t-on pu admettre, se demande Bolzano, des développements comme

$$\sqrt{-1} = (1-2)^{\frac{1}{2}} = 1 - \frac{1}{2}\cdot 2 - \frac{1}{2}\cdot\frac{1}{4}\cdot 4 - \frac{1}{2}\cdot\frac{1}{4}\cdot\frac{3}{6}\cdot 8 - \frac{1}{2}\cdot\frac{1}{4}\cdot\frac{3}{6}\cdot\frac{5}{8}\cdot 16 - \ldots,$$

ou bien comme

$$\frac{1}{11} = (1+10)^{-1} = 1 - 10 + 100 - 1000 + \ldots,$$

« affirmation devant laquelle, effrayé, le bon sens recule»[2]?

Seules les séries convergentes, investies d'une légitimité conceptuellement et opératoirement fondée, ont désormais place en mathématiques. Après le mémoire de Gauss que Bolzano ne cite pas et semble ne pas connaître, son ouvrage est un des premiers textes importants consacrés à la théorie des séries : il traite des séries d'un point de vue général, il s'efforce de donner des démonstrations complètes, il pose les bases conceptuelles pour la théorie rigoureuse de la convergence des séries.

Ce n'est pas tout. La critique se fait beaucoup plus radicale. Elle ne se contente pas de rejeter la sommation des séries divergentes : en 1816, le futur auteur des *Paradoxes de l'infini* rejette l'idée même d'une série infinie :

> autant que je puisse voir, toute hypothèse d'une série infinie, l'hypothèse d'une somme d'un nombre infini de grandeurs, toute tentative de calculer sa valeur est une tentative de calculer l'infini, un vrai *calculus infinitesimalis*. Si l'on ne veut pas se laisser entraîner à ce genre de calcul (et il semble que la plupart des mathématiciens contemporains aient réellement conçu une si louable intention, faute d'une meilleure raison, au moins à cause de nombreuses difficultés inhérentes à ce calcul), il faut s'abstenir entièrement de l'hypothèse et du calcul des séries infinies. Pour ma part, je m'en suis fait une loi non seulement dans cet écrit, mais encore partout ailleurs; de même que, à la place des soi-disant *grandeurs infiniment petites*, je me sers partout avec le même succès du concept de telles grandeurs qui *peuvent devenir plus petites que toute grandeur donnée* ou (comme je les appelle

2. *Binom. Lehrsatz*, préf., VI et VIII.

pour éviter la monotonie, quoique déjà moins proprement) des grandeurs *qui peuvent devenir aussi petites qu'on voudra.* J'espère qu'on ne tardera pas à remarquer la différence entre les grandeurs de cette espèce et ce qu'on pense d'ordinaire par l'expression *infiniment petit* [3].

D'un seul coup, Bolzano élimine de l'analyse tout ce qui a trait à l'infini actuel. Il remplace les séries infinies par des séries susceptibles d'être prolongées arbitrairement loin, c'est-à-dire par ce que nous appelons des sommes partielles, et les nombres infiniment petits par des variables qui ont pour limite zéro. Quant au concept de série, il sera défini à partir de celui de somme : «une somme de termes qui sont formés selon une loi déterminée est appelée une série; en particulier lorsqu'on peut augmenter arbitrairement leur nombre» [4].

Le style de Bolzano souligne la rupture avec le passé. Bolzano se méfie de la terminologie en usage. Il évite délibérément les expressions courantes qui lui paraissent ambiguës, lourdes de sens et surchargées de tradition, auxquelles aucune définition nouvelle ne saurait rendre l'univocité et la précision. Il n'emploi ni le terme de convergence, ni celui de grandeur qui tend vers zéro, ni celui de reste. Il évite soigneusement le terme de limite, bien qu'il en ait le concept qu'il décrit par des paraphrases [5]. Il ne crée aucun néologisme; il emploie systématiquement des expressions définissantes dans lesquelles n'interviennent que des nombres, des opérations et relations arithmétiques et des concepts logiques. Les nouveaux concepts qu'il introduit dans la théorie des séries y figurent sous forme de phrases et de formules stéréotypées, sans abréviations, identifiables à chaque répétition. Quelques

3. *Ibid.*, IV-V. Cf. aussi p. XIV sur «la représentation inadmissible des séries infinies». Bolzano désigne les grandeurs susceptibles de devenir plus petites que toute grandeur donnée par ω et Ω. Dans une note manuscrite rédigée l'année même de la parution de l'ouvrage, Bolzano corrige les excès de sa plume : «Je pense actuellement que le concept d'une série infinie ne contient absolument rien de contradictoire. Car celui-ci n'est rien d'autre que le concept du tout des grandeurs [*der Begriff des Alls der Grössen*] qui doivent être formées selon une certaine loi. Ainsi, par exemple, $1+\frac{1}{2}+\frac{1}{4}+\frac{1}{8}+\frac{1}{16}+ \ldots$ in inf. n'est rien d'autre que le concept du tout des grandeurs que peut désigner $\left(\frac{1}{2}\right)^n$ lorsqu'on prend pour n un nombre entier positif quelconque». *Misc. Math.* (manuscrit), p. 1256.

4. *Binom. Lehrsatz*, § 2, 2.

5. Dans le *Binom. Lehrsatz*, l'expression «convergent» est employée en un seul endroit et signifie «diminue indéfiniment» («les termes de la série ne convergent pas», «les termes convergents» : Préf., p. VI); dans son oeuvre mathématique, le terme *Grenze* désigne tantôt les extrémités, tantôt les bornes, tantôt la frontière (tout à fait exceptionnellement, dans *Funct.*, il désignera la limite d'une suite de fonctions).

exemples suffiront à faire saisir la portée de cette purification du langage. Une grandeur a pour limite zéro? « On peut la rendre plus petite que toute grandeur donnée ». Une grandeur tend vers une limite ? Sa différence d'avec cette dernière « peut être rendue aussi petite qu'on voudra». Une série converge ? «La différence de la série et de sa vraie valeur peut être rendue plus petite que toute grandeur donnée». Une série de fonctions converge vers la fonction nulle? «La fonction $f_r(x)$[6] peut devenir plus petite que toute grandeur donnée lorsqu'on augmente le nombre de ses termes r». De cette manière, tous les concepts fondamentaux de la théorie des séries sont ramenés systématiquement aux concepts arithmétiques qui sont les définissants de nos limites. Mais il est certain que la variété des expressions occulte l'unité du concept de limite et que, du point de vue stylistique, ce procédé ne favorise pas la diffusion de ses idées.

Venons-en au théorème du binôme lui-même[7]. Dans la revue critique des démonstrations antérieures, Bolzano précise d'abord le sens du théorème.

A proprement parler, le développement du binôme en série ne lui est rigoureusement égal que si l'exposant est un nombre naturel. Pour tout autre exposant, l'égalité sera définie à l'aide de la notion de limite, ou, en langage bolzanien, on peut établir la validité de la formule « seulement dans ce sens que la différence entre les deux membres, à savoir

$$(1+x)^n - 1 - nx - n\frac{n-1}{2}x^2 - \ldots - n\frac{n-1}{2}\cdots\frac{n-r+1}{r}x^r$$

puisse être rendue plus petite que toute grandeur donnée lorsqu'on prend un ensemble suffisamment grand de termes de la série; et cela aussi seulement si $x<\pm 1$» (Bolzano notait ainsi $(-1<x<1)$)[8]. Il n'y a plus de séries proprement infinies; Bolzano travaille sur la différence de deux expressions dont chacune est finie, bien que la seconde puisse être prolongée arbitrairement loin. Sa méthode revient à étudier le reste $R_r = S - S_r$ et à montrer que l'on peut prendre R_r plus petit que

6. C'est ainsi que Bolzano désigne une somme partielle $\sum_0^r a_k x^k$.

7. La formule du binôme pour l'exposant fractionnaire et négatif a été découverte par Newton en 1664-5; Wallis la publie sans démonstration en 1685. Jacques Bernoulli donne une première démonstration pour l'exposant entier positif dans l'*Ars Conjectandi* (1713). Euler lui consacre plusieurs travaux; en 1773, après Kästner, il la démontre pour l'exposant rationnel.

8. *Binom. Lehrsatz*, préf. p. VI. Cf. également p. VIII où Bolzano insiste de nouveau sur l'étude du reste.

toute grandeur positive donnée d'avance, pourvu que r soit suffisamment grand.

C'est donc à partir des mémoires de Gauss et de Bolzano qu'il convient de dater l'introduction systématique des méthodes rigoureuses dans la théorie des séries : l'étude qui précède tout calcul éventuel de la somme de la série est celle de sa convergence. Les séries divergentes n'ont plus leur place dans l'analyse. Dans une longue suite de théorèmes, Bolzano répète inlassablement les raisonnements arithmétiques sur les limites des restes lorsqu'il cherche à établir de manière complète les conditions de validité de la formule du binôme.

Soit par exemple à démontrer la convergence de la série

$$1 - x + x^2 - x^3 + \ldots + (-1)^r x^r + \ldots \text{ vers } \frac{1}{1+x} \text{ lorsque } |x| < 1.$$

Tout d'abord, on a

$$\frac{1}{1+x} = 1 - x + x^2 - x^3 + \ldots + (-1)^r x^r + (-1)^{r+1} \frac{x^{r+1}}{1+x}.$$

Lorsque $0<x<1$ (pour $-1<x<0$, la démonstration est semblable), posons $\frac{1}{x} = 1+u$ avec $u>0$; $D>0$ étant donné, on veut obtenir $\frac{x^{r+1}}{1+x} < D$. Tout calcul fait, compte tenu de la formule du binôme pour un exposant entier, on obtient

$$\frac{1}{(1+u)^{r+1}} = x^{r+1} < D(1+x) \text{ et } \frac{x^{r+1}}{1+x} < D$$

(*Binom. Lehrsatz*, § 12).

Les résultats généraux ne pourront être établis qu'après un détour par des propositions auxiliaires qui énoncent les propriétés des variables ω et Ω qui ont pour limite zéro, et deux théorèmes du calcul différentiel. Le premier définit la dérivée de x^n par le passage à la limite de $\frac{(x+\omega)^n - x^n}{\omega}$ lorsque ω tend vers 0 ; le second se rapporte à la différentiation des séries de fonctions :

> Si $\lim (F_r(x)) = 0$ lorsque r tend vers ∞ et si toutes les fonctions $F_r(x)$ sont différentiables lorsque $x \in I$ et $I \subset \mathbf{R}$, alors, on a, pour leurs dérivées,
>
> $$\lim F_r'(x) = 0 \text{ lorsque r tend vers } \infty$$
>
> (*Binom. Lehrsatz*, § 29),

énoncé dont on reconnaîtra qu'il est incorrect. Les fonctions $F_r(x)$ sont les sommes partielles de rang r de la série $\sum_0^\infty \varphi_k(x)$, et le théorème peut être reformulé de la manière suivante :

Si $\sum_{0}^{\infty}\varphi_k(x) = 0$ et si pour tout k, $\varphi_k(x)$ est différentiable lorsque $x \in I$, alors pour leurs dérivées, $\sum_{0}^{\infty}\varphi_k'(x) = 0$.

Cette proposition est fausse parce que la condition de différentiabilité est insuffisante. Pour obtenir la conclusion, il faut ajouter aux hypothèses la convergence uniforme de la série des dérivées. Bolzano n'a jamais réussi à définir ce concept, mais il est difficile de le reprocher à un mathématicien qui est en train d'établir les principes mêmes de la théorie de la convergence.

Armé de concepts et de lemmes analytiques préliminaires, Bolzano peut aborder le théorème du binôme lui-même. Il s'agira de déterminer le plus grand nombre de cas de validité de la formule, en tenant compte à la fois de l'intervalle de convergence (le plus grand possible), et de la nature de l'exposant. Dans le mémoire de 1816, il passe sous silence les cas où interviendraient les nombres complexes en se les réservant pour une occasion ultérieure.

A l'aide de la dérivation d'un polynôme, Bolzano établit d'abord les équations qui énoncent les conditions du problème et en déduit la forme de la série binomiale pour $(1+x)^n$. Toutefois, combinant une mauvaise application du « critère de d'Alembert » et son pseudothéorème sur la dérivation des séries de fonctions, il en arrive à exclure les valeurs +1 et –1 de l'intervalle de convergence si l'exposant n n'est pas un entier positif ou nul. Le traitement complet, rigoureux et exhaustif du problème reste réservé à Abel dans son célèbre mémoire de 1826[9].

Un dernier lemme, dans la démonstration rigoureuse duquel O. Stolz voit la contribution essentielle de Bolzano à l'étude de la série binomiale est le suivant :

Le produit de deux séries binomiales d'exposants p, q est une série binomiale d'exposant p+q[10].

---

9. Dans le *Cours d'analyse* de 1821, Cauchy démontre la formule du binôme pour les grandeurs complexes et l'exposant réel. Abel l'établit pour l'exposant complexe, étudie attentivement la convergence aux limites du rayon de convergence ainsi que la relation entre la fonction $(1+x)^k$ et la série binomiale.

Cf. « $1 + \frac{m}{1}x + \frac{m(m-1)}{1.2}x^2 + \frac{m(m-1)(m-2)}{1.2.3}x^3 + \ldots$ », *Journal f. reine u. allg. Math.*, I (1826) ; *Œuvres*, I, 219-50. Dans son mémoire, Abel ne cite ni le *Binomischer Lehrsatz* ni le *Rein analytischer Beweis* bien qu'on trouve la mention suivante dans l'un de ses cahiers : « Bolzano est un homme astucieux ».

10. *Binom. Lehrsatz*, §§ 38-41. Cf. O. Stolz: « B. Bolzano's Bedeutung in der Geschichte der Infinitesimalrechnung », *Math. Annalen*, 18 (1881), p. 260.

Le procédé est caractéristique. Bolzano démontre d'abord l'égalité des sommes partielles d'ordre r :

$$\sum_{k=0}^{r} \binom{p}{k} x^k \cdot \sum_{k=0}^{s} \binom{q}{k} x^k = \sum_{k=0}^{\min(r,s)} \binom{p+q}{k} x^k \qquad (\S\ 38).$$

Il remarque que l'égalité est vraie quel que soit l'entier min (r, s), à savoir le plus petit des deux nombres r et s, mais il ajoute que ce fait ne suffit pas pour garantir l'égalité dans le cas des sommes infinies. Celle-ci n'a lieu que lorsque le reste du deuxième membre converge vers zéro, c'est-à-dire lorsque $|x| < 1$.

Bolzano est maintenant en mesure de démontrer la formule binomiale

$$(1+x)^n = \lim \sum_{k=0}^{r} \binom{n}{k} x^k \text{ lorsque } r \to \infty$$

successivement pour l'exposant entier négatif, pour l'exposant rationnel positif et négatif, et enfin, par un passage à la limite, pour l'exposant irrationnel. C'est une des premières démonstrations établissant un résultat d'abord pour les nombres rationnels, ensuite seulement pour les irrationnels.

Malgré l'effort vers la rigueur déployé par Bolzano dans cet ouvrage, on ne saurait le comparer au grand mémoire de Gauss sur la série hypergéométrique. *Der binomische Lehrsatz* est le premier texte de Bolzano consacré à l'analyse; malgré la nouveauté de la méthode systématiquement suivie, il porte les marques d'un travail préparatoire par l'accumulation de résultats partiels, par ses répétitions quelque peu fastidieuses et par ses maladresses. En revanche, dans le mémoire suivant, le célèbre *Rein analytischer Beweis*, Bolzano atteint sa maturité de mathématicien tant par la densité de son écriture que par l'importance des résultats obtenus.

2. *Le Rein analytischer Beweis*

Le *Rein analytischer Beweis* (1817) se propose de démontrer un fait évident jusqu'alors insuffisamment établi : une fonction continue s'annule au moins une fois dans un intervalle aux bornes duquel elle prend des valeurs de signes opposés. Bolzano refuse de se contenter de l'appel à l'évidence; une démonstration «purement analytique» impose la construction d'une séquence de concepts qui permettent de rattacher le théorème aux mathématiques pures et de remplacer le recours à l'intuition géométrique.

Que faut-il entendre par l'expression «démonstration purement analytique»[11]?

En l'occurrence, c'est une démonstration qui prouve la vérité d'un théorème de l'analyse infinitésimale par les ressources de l'analyse seule, sans recourir aux concepts étrangers, géométriques ou cinématiques, ni bien entendu, à l'évidence intuitive. Telle est l'idée directrice qui domine la théorie bolzanienne de la démonstration : *nisi per aliena nisi per remota.* Bolzano l'a formulée déjà dans la préface à son tout premier travail, les *Betrachtungen*, où il l'applique à la géométrie :

> Je dois signaler que je ne crois pas pouvoir me satisfaire d'une démonstration, aussi rigoureuse soit-elle, si elle ne tire pas la thèse à démontrer à partir des concepts qu'elle contient, mais qu'elle se sert en revanche d'un concept intermédiaire, accidentel et étranger, ce qui est toujours une *μετάβασις εἰς ἄλλο γένος* incorrecte[12].

Une démonstration purement analytique est donc celle qui démontre *directement*, sans emprunts ni détour, et qui *n'introduit pas de concepts nouveaux, étrangers au domaine étudié.* C'est ainsi qu'est garantie la pureté des méthodes en analyse infinitésimale[13].

L'admirable architecture du *Rein analytischer Beweis* consiste dans l'enchaînement implacable de théorèmes qui conduisent au théorème final par ce qui peut sembler un détour, mais qui se révèle être la voie la plus directe. Ce mémoire est exemplaire par la manière dont Bolzano, à partir d'un énoncé en apparence banal, *décompose* le problème et construit successivement les instruments conceptuels tout à fait nouveaux pour le résoudre.

Le théorème énoncé dans le titre est déduit comme corollaire du théorème des valeurs intermédiaires qui repose à la fois sur le concept

11. Selon *Die drei Probleme Rectif.*, une opération est purement analytique lorsqu'elle transforme une fonction en une autre «*selon une règle tout à fait indépendante de la nature des grandeurs désignées*» (Préf., VII, note; *Geom. Arbeiten*, 69). Bolzano utilise le terme *analytique* dans plusieurs sens : comme propriété des *démonstrations* (c'est le cas ici), comme propriété des *propositions* (*WL*, § 148; j'en reparlerai), pour qualifier la *direction* d'une démonstration (procédé régressif ou analytique, *WL*, § 329, n° 7), comme propriété des *définitions* (*WL*, § 555).

12. *Betrachtungen*, préf., 8.

13. Mon interprétation coïncide avec celle proposée par J. Dubucs selon lequel l'analyticité des mathématiques est de nature *conceptuelle.* A l'interprétation «computationnelle» de Hintikka, trop forte, pour lequel une démonstration analytique est celle qui n'introduit pas de nouveaux individus, J. Dubucs oppose une notion plus faible et qui s'accorde mieux avec la tradition mathématique : une démonstration analytique est celle qui n'introduit pas de nouveaux concepts, de nouveaux prédicats. Cf. «Die sogenannte Analytizität der Mathematik : eine Radikalisierung der Theorie Hintikkas», *Grazer phil. Studien*, 32 (1988), 83-112.

de continuité introduit par Bolzano et sur le théorème de la borne supérieure (théorème de Bolzano-Gauss). La démonstration met donc en jeu deux notions fondamentales autour desquelles s'organise le *Rein analytischer Beweis* : la *connexité* et la *compacité*. A son tour, le théorème de Bolzano-Gauss est démontré à l'aide du critère de convergence de Bolzano-Cauchy, formulé pour la première fois dans ce mémoire, et du concept de limite. De cette manière, le théorème initial se révèle le point de rencontre d'exigences théoriques très diverses qui aboutissent aux définitions des concepts fondamentaux et aux démonstrations des théorèmes qui sont parmi les plus importants de l'analyse.

Par sa composition, le mémoire de Bolzano s'inspire de la thèse de Gauss sur le « théorème fondamental de l'algèbre » de 1899. Comme chez Gauss, la démonstration proprement dite est précédée d'une importante préface dans laquelle Bolzano analyse les raisons des échecs des démonstrations précédentes, résume sa philosophie des mathématiques, récapitule ses propres travaux et définit la stratégie qu'il entend suivre en matière d'exposition de ses idées.

Malgré les progrès réalisés par Bolzano depuis le *Binomischer Lehrsatz* et *Die Drei Probleme der Rectification,* le *Rein analytischer Beweis* est desservi par son style. Ici aussi, tous les concepts introduits et utilisés le sont sous forme de propriétés définissantes. Bolzano s'impose une discipline très sévère et s'interdit de se servir des termes de limite, de convergence, de divergence, de reste, de somme partielle, de borne supérieure ou inférieure, bien que tous ces concepts soient, dans son mémoire, aisément identifiables. En revanche, le terme de série désigne indifféremment une suite et une série, et au § 7 l'expression « grandeur constante » désigne la fonction-limite d'une suite de fonctions. Dans le contexte mathématique de l'époque, la répétition perpétuelle des propriétés définissantes est une école salutaire de la pensée rigoureuse, mais bien peu de lecteurs de Bolzano eurent la patience et la ténacité de s'engager sur une voie aussi épineuse. Le succès des ouvrages de Cauchy comparé avec l'oubli dans lequel est tombé le mémoire de Bolzano pendant de longues années s'explique aussi par une différence de style : à la gaucherie de Bolzano s'oppose l'élégante clarté du mathématicien français. Le style mathématique est souvent l'art du raccourci, du sous-entendu, des abus de langage. Or, pour Bolzano qui est non seulement mathématicien mais aussi théologien et philosophe, la mathématique est un art de l'explicite, un exercice de *logique*, y compris dans ce qu'il a de plus fastidieux.

Comme l'indique son titre, le *Rein analytischer Beweis* se propose de démontrer le théorème suivant:

> Entre deux valeurs quelconques qui donnent deux résultats de signes opposés se trouve au moins une racine réelle de l'équation.

(Théorème dit de Bolzano, *Rein anal. Beweis*, § 18).
(Bolzano pense aux équations algébriques et veut dire qu'un polynôme ne peut changer de signe sans s'annuler).

La propriété des fonctions continues énoncée dans ce théorème est connue et discutée depuis l'Antiquité. La simple image de deux lignes continues qui se coupent l'illustre et le confirme sans toutefois le démontrer. Or, c'est un théorème *géométrique* qui porte sur des lignes, que les mathématiciens du XVIIIe siècle transportent, tout en gardant la démonstration géométrique, dans l'analyse. Si Bolzano revient sur ce théorème, c'est précisément pour s'insurger contre le transfert illégitime de la vérité géométrique dans l'analyse.

Par sa démonstration «purement analytique», Bolzano se rattache à la tendance, manifeste chez Euler et Lagrange, à rendre l'analyse indépendante de la géométrie et de la mécanique; mais avant tout, il renoue avec l'effort de Gauss qui, dans ses trois mémoires sur le «théorème fondamental de l'algèbre» de 1799 et de 1816, donne un nouvel élan à la recherche de la rigueur. Tout au début de la préface de son ouvrage, Bolzano fait expressément appel aux mémoires de Gauss, tant pour la rigueur analytique avec laquelle ce dernier résout un problème auquel se sont attaqués les mathématiciens depuis d'Alembert, que pour le rôle joué, dans les démonstrations de Gauss, par le théorème que Bolzano se propose de démontrer.

Dans la première de ces démonstrations, celle de 1799, Gauss s'appuie sur les principes géométriques tout en se réservant de traiter à une autre occasion le sujet de manière purement analytique. Il le fait dans les deux démonstrations de 1816. Mais, là aussi, une hypothèse, cette fois-ci analytique, fait intervenir notre théorème sous la forme d'affirmation de la résolubilité de toute équation d'ordre impair (dans **R**).

Quant aux démonstrations de ses prédécesseurs, qui seules nous intéressent ici, Bolzano les divise en plusieurs groupes.

La méthode de démonstration la plus fréquente est celle qui prétend fonder le théorème sur l'intuition géométrique de l'existence d'un point d'intersection d'une ligne continue avec l'axe. Euler s'en contente encore lorsqu'il veut prouver l'existence d'une racine réelle de toute équation de degré impair. A proprement parler, Bolzano ne combat pas l'évidence de l'intuition :

> Il n'y a absolument rien à objecter ni contre la *justesse* ni contre l'*évidence* de ce théorème géométrique. Mais il est tout aussi manifeste qu'il y a là une faute intolérable contre la *bonne mé-*

> *thode* qui consiste à vouloir déduire les vérités des mathématiques *pures* (de la mathématique universelle, c'est-à-dire de l'arithmétique, de l'algèbre et de l'analyse) de considérations qui appartiennent seulement à une partie *appliquée* (ou spéciale) des mathématiques, à savoir à la *géométrie*. N'a-t-on pas, depuis longtemps, senti et reconnu l'incongruité d'une pareille *μετάβασις εἶς ἄλλο γένος*? Ne l'a-t-on pas déjà évitée dans cent autres cas, où l'on connaissait le moyen de le faire, et n'a-t-on pas considéré cette élimination comme un mérite?»[14]

C'est l'illustration éclatante, la plus réussie peut-être et la plus convaincante, de la doctrine bolzanienne des fondements que nous avons déjà vu appliquée à l'examen des enchaînements déductifs de la géométrie. Une démonstration mathématique n'a pas pour fonction de fabriquer la certitude; elle doit *fonder* la vérité. Au lieu d'être une *Gewissmachung*, elle est une *Begründung*. Fonder veut dire *intégrer* une vérité dans le système de vérités scientifiques ordonnées suivant la relation de raison à conséquence (*Abfolge*).

Deux critères d'ordre sont ici mis en jeu : la plus grande généralité du fondement (*Grund*) et la plus grande complexité de la conséquence. Le rapport entre la vérité géométrique décrivant le comportement des courbes, et la vérité de l'analyse pure qui a pour objet l'étude des fonctions, doit être inversé :

> Une démonstration véritablement scientifique, celle qui consiste dans le fondement objectif d'une vérité valable pour *toutes* les grandeurs, qu'elles soient ou non dans l'espace, ne peut pas se trouver dans une vérité valable seulement pour les grandeurs qui appartiennent à l'*espace*. Conformément à cette opinion, une telle démonstration *géométrique* est un vrai cercle dans la plupart des cas et en particulier dans le cas présent, comme on le comprend facilement. Même si la vérité géométrique à laquelle on se réfère ici est (comme nous l'avons déjà dit) *évidente* au plus haut point et n'a donc pas besoin de *démonstration* en tant que *certitfication* [*Gewissmachung*], elle n'a pourtant pas moins besoin d'un *fondement*. Les concepts dont elle est composée sont visiblement si complexes qu'on ne peut hésiter un instant à dire qu'elle n'appartient nullement à ces vérités *simples* dites *principes* ou *vérités primitives*, parce que, précisément, ces vérités ne sont que le *fondement* [*Grund*] des autres et ne sont pas elles-mêmes des conséquences; il s'agit plutôt ici d'un *théorème* ou d'une *vérité déduite*, c'est-à-dire d'une vérité qui a son fonde-

14. *Rein anal. Beweis*, préf., 6; trad. fr. p. 137.

ment dans certaines autres et qui doit donc être démontrée aussi dans la science par une déduction à partir des principes [15].

Pour les mêmes raisons, Bolzano rejette les démonstrations fondées sur l'idée de continuité définies à l'aide des notions de temps et de mouvement. Sa critique vise même Lagrange qui, dans sa *Théorie des fonctions analytiques*, a éliminé toute considération du mouvement, mais qui, à la place d'une démonstration du théorème de Bolzano se contente de faire appel à l'image de deux mobiles dont l'un rattrape l'autre et finit pas le devancer. Quelle idée recouvre cette image, abstraction faite des concepts de temps et de mouvement qui n'ont pas de place ici ? Rien d'autre qu'un concept inadéquat de continuité, défini par la propriété de la fonction de prendre toutes les valeurs intermédiaires entre deux de ses valeurs quelconques. On a vu que, pour Bolzano, cette propriété ne définit pas la continuité ; elle se démontre. En fin de compte, et dans le meilleur des cas, une fois dépouillée des éléments étrangers, cette démonstration se réduit purement et simplement à la répétition du théorème à démontrer.

Le même sort est réservé aux autres tentatives. Va-t-on fonder le théorème de Bolzano sur l'affirmation incongrue d'après laquelle « toute grandeur variable peut passer d'un état positif à un état négatif seulement en traversant l'état de n'être rien ou celui d'être infinie » [16] ? Cette affirmation, une fois traduite dans le langage arithmético-analytique, avec l'hypothèse supplémentaire de la continuité qui élimine les valeurs infinies de la fonction, se transforme de nouveau en théorème qu'on se propose de démontrer. Et Bolzano termine cette revue des tentatives antérieures par l'analyse détaillée d'un passage des *Leçons sur le calcul des fonctions* de Lagrange qui repose sur le théorème du *Rein analytischer Beweis*.

L'analyse attentive des échecs antérieurs fait ressortir l'idée qui sera le point de départ de la démonstration : le nouveau concept de continuité. Sous ce jour, ce qui apparaît à première vue comme une simple lacune dans la démonstration d'un théorème évident et tenu universellement pour vrai se révèle être l'occasion d'une réorganisation des fondements de l'analyse. L'établissement du théorème exige la construction d'une séquence de concepts définis non plus par référence à l'intuition et en termes géométriques ou cinématiques, mais uniquement en termes analytiques et arithmétiques.

---

15. *Ibid.*, 7-8, trad. fr. p. 137-8.
16. *Ibid.*, 14; trad. fr. p. 140.

3. Le «critère de Bolzano-Cauchy»

Le début du *Rein analytischer Beweis* est à lui seul un petit traité des séries. D'emblée, Bolzano se place dans le cas général des séries de fonctions. Comme dans le *Binomischer Lehrsatz*, une série est d'abord donnée sous forme de somme partielle; l'opération initiale consiste dans le *prolongement* de la série, c'est-à-dire dans la formation successive de ses sommes partielles. Si, à partir d'un certain rang, les termes de la série ne sont pas tous nuls (contrairement au cas de la série binomiale pour un exposant entier positif), sa somme partielle est une grandeur variable qui dépend d'une part de la *loi de formation* de la série, d'autre part du *nombre* de ses termes.

En prolongeant une série et en prenant la différence de deux sommes partielles, Bolzano en arrive au concept fondamental de sa théorie de la convergence qu'il appelle *variation* (accroissement ou décroissement) de la valeur de la série. Par cette expression, Bolzano entend la variation de la somme partielle S_n qu'il interprète comme fonction du nombre de ses termes. La classification des séries qu'il esquisse dans les premiers paragraphes de son mémoire est toute fondée sur les propriétés de la variation de la somme partielle lorsqu'on augmente le nombre de ses termes, c'est-à-dire sur les propriétés de l'expression que nous désignerons par $d_{n,r}(x)$:

$$d_{n,r}(x) = S_{n+r}(x) - S_n(x) = \sum_{k=n+1}^{n+r} u_k(x) = u_{n+1}(x) + \ldots + u_{n+r}(x),$$

r étant le nombre de termes sommés, n un entier positif quelconque.

Plusieurs cas peuvent se présenter. D'abord, la variation de la valeur de la série (c'est-à-dire la variation de la somme partielle $d_{n,r}$ obtenue par l'ajout de r termes à la série) peut être constante (par rapport à n) comme dans une progression arithmétique. Mais cette variation ou cet accroissement (positif ou négatif) $d_{n,r}$ peut à son tour être variable, dépendre du rang n, comme dans une progression géométrique. L'accroissement $d_{n,r}$ devient alors une fonction de n (tout en étant éventuellement aussi fonction de x), r étant quelconque, mais fixe. En étudiant la nature de la variation de $d_{n,r}$ en fonction de n, Bolzano esquisse une classification des séries que nous résumons dans le tableau suivant :

séries dont la variation de $d_{n,r} = \sum_{k=n+1}^{n+r} u_k$ est

- constante
  - exemple: progression arithmétique
- variable
  - monotone
    - croissante
      - exemple: progression géométrique de raison |e| > 1
    - décroissante
      - exemple: progression géométrique de raison |e| < 1
  - non monotone

Une série telle que la variation de $d_{n,r}$ garde le même signe et soit constante ou constamment croissante, est divergente ; comme le dit Bolzano, « la valeur de cette série peut être rendue plus grande que toute grandeur donnée, si l'on peut prolonger la série suffisamment loin »[17].

Jusqu'ici, Bolzano a obtenu seulement un critère de divergence. Pour parvenir à la convergence, il définit une autre classe de séries : les séries *bornées*. Telle est par exemple la série

$$a - a + a - a + \dots$$

dont la valeur ne dépasse jamais a. A l'intérieur des séries bornées, Bolzano va définir une classe particulièrement remarquable de séries par la propriété suivante :

> la *variation* (*accroissement* ou *décroissement*) qu'éprouve la valeur d'une telle série *quand on prolonge ses termes aussi loin que l'on veut* reste toujours *plus petite* qu'une certaine grandeur, qui peut être à son tour prise *aussi petite qu'on voudra*, à condition d'avoir prolongé la série suffisamment loin[18].

Bolzano veut dire que la classe des séries qu'il envisage est définie par la condition suivante :

---

17. *Ibid.*, § 3, 31 ; trad. fr. p. 148.

18. *Ibid.* § 5, 32 ; trad. fr. p. 148-9. C'est la propriété de Bolzano-Cauchy, équivalente à la convergence.

Pour toute grandeur positive ε et pour tout r et pour tout n suffisamment grand, on a :

$$d_{n,r} = \sum_{k=n+1}^{n+r} u_k < \varepsilon .$$

Il donne deux exemples de séries satisfaisant à cette condition : 1) toutes les séries dont les termes sont nuls à partir d'un certain rang, 2) « toutes les séries dont les termes décroissent soit exactement comme dans une *progression géométrique* dont la raison est une fraction proprement dite, soit encore plus rapidement » [19]. Pour la progression géométrique, on a :

$$a + ae + ae^2 + ... + ae^n = a\frac{1-e^{1+n}}{1-e};$$

son accroissement $d_{n,r}$ est

$$ae^{n+1} + ae^{n+2} + ... + ae^{n+r} = ae^{n+1}\frac{1-e^r}{1-e} .$$

Par hypothèse, $|e| < 1$; on a donc, quel que soit l'entier positif r,

$$ae^{n+1}\frac{1-e^r}{1-e} < ae^{n+1}\frac{2}{1-e}, \text{ et}$$

$$\lim ae^{n+1}\frac{2}{1-e} = 0 \text{ lorsque } n \to \infty .$$

Ces exemples sont suivis de l'énoncé du principe qui gouverne la convergence des suites : le critère de Bolzano-Cauchy. Bolzano l'utilise incidemment déjà dans *Der binomische Lehrsatz* lorsqu'il majore la variation $d_{n,r}$ de la série $\sum_{k=0}^{\infty} \frac{1}{k!}$ par une progression géométrique de raison <1, elle-même majorée par $\frac{1}{r!r}$.

Dans le *Rein analytischer Beweis*, le critère de Bolzano-Cauchy devient le principe fondamental de la théorie des séries. Bolzano l'énonce d'emblée pour le cas général des suites de fonctions. Il résout ainsi le problème de la convergence des séries en le ramenant à la convergence des suites partielles :

Si l'on désigne, dans l'ordre, par

$$F_n(x), F_{n+1}(x), F_{n+2}(x), ..., F_{n+r}(x) \qquad (\S\ 1)$$

la valeur de la somme des n, n+1, n+2, ..., n+r premiers termes d'une série constituée comme celle du § 5, alors les grandeurs

$$F_1(x), F_2(x), F_3(x), ... ,F_n(x), ..., F_{n+r}(x)$$

19. *Ibid.*, 33.

représentent maintenant une *nouvelle* série (*série des sommes* de la précédente). Celle-ci possède, selon l'hypothèse faite, cette propriété particulière que la différence entre son $n^{ième}$ terme $F_n(x)$ et tout terme ultérieur $F(x)$, aussi loin qu'il soit de ce $n^{ième}$, reste plus petite que toute grandeur donnée, si on a pris auparavant n suffisamment grand[20].

Si nous explicitons l'hypothèse, l'énoncé (qui n'est qu'un corollaire des développements précédents) devient le suivant :

Si, pour tout nombre positif ε et pour tout r et pour tout n suffisamment grand, l'accroissement d'une série $d_{n,r} = \sum_{k=n+1}^{n+r} u_k(x)$ reste inférieur à ε, alors

$$|F_{n+r}(x) - F_n(x)| \text{ reste inférieur à } \varepsilon.$$

La démonstration tient en une ligne; la différence des deux sommes partielles, c'est précisément l'accroissement de la série :

$$|F_{n+r}(x) - F_n(x)| = d_{n,r} = \sum_{k=n+1}^{n+r} u_k(x)$$

qui est par hypothèse inférieur à ε.

Bolzano, démontre-t-il ici la condition nécessaire de la convergence ? On peut l'admettre à condition de définir la convergence d'une série directement par le critère dit de Bolzano-Cauchy. Pour ma part, contre l'avis général, je suis sur ce point l'analyse de I. Grattan-Guinness qui rétablit l'énoncé du corollaire conformément au texte de Bolzano[21] et je l'interprète comme un théorème de l'*existence* des suites de Bolzano-Cauchy.

Le paragraphe suivant, qui est le premier théorème du mémoire, est décisif : il énonce l'existence de la limite d'une suite de Bolzano-Cauchy. Contrairement à ce qui se passe dans *Der Binomische Lehrsatz* où la limite d'une série est donnée d'avance et où il suffit de prouver la convergence de la série vers cette limite, dans le *Rein analytischer Beweis*, on ne connaît que le comportement de l'expression $d_{n,r}$, et non la limite de la série. Voici le théorème :

Si, dans une série de grandeurs

$$F_1(x), F_2(x), F_3(x), \ldots, F_n(x), \ldots, F_{n+r}(x),$$

20. *Rein anal. Beweis*, § 6, 34; trad. fr. p. 150. Il s'agit de la suite des sommes partielles $F_k(x) = u_1(x) + u_2(x) + \ldots + u_k(x)$, k = 1, 2, 3, ..., d'une série telle que

$$\lim \sum_{k=n+1}^{n+r} u_k(x) = 0 \text{ lorsque } n \to \infty.$$

21. *The Development of the Foundations of Analysis from Euler to Riemann* (1970), p. 72.

> la différence entre son $n^{ième}$ terme $F_n(x)$ et tout terme ultérieur $F_{n+r}(x)$, aussi éloigné soit-il du $n^{ième}$, reste plus petite que toute grandeur donnée, si l'on a pris n suffisamment grand : alors il existe toujours une certaine *grandeur constante*, et *une seule*, dont s'approchent toujours davantage les termes de cette série et dont ils peuvent s'approcher d'aussi près que l'on voudra, lorsqu'on prolonge la série suffisamment loin[22].

Prenons d'abord sa démonstration de l'*unicité* de la limite X (qui est une fonction de x). En supposant deux limites distinctes X et Y, on a, pour n suffisamment grand,

$$X - F_{n+r}(x) = \omega \quad \text{et} \quad Y - F_{n+r}(x) = \omega_1,$$

où ω, ω_1 sont des variables qui ont pour limite zéro. Par conséquent, leur différence

$$X - Y = \omega - \omega_1$$

tend également vers zéro.

Comme dans d'autres textes de cette période, Bolzano envisage ici les valeurs absolues sans les désigner par des signes particuliers. La vraie difficulté de cette démonstration consiste cependant dans la tentative d'établir l'*existence* de la limite X. La démonstration prouve seulement que

> l'hypothèse d'une grandeur *invariable* ayant cette propriété d'approcher les termes de notre série ne contient rien d'impossible : car cela vient du fait que cette hypothèse permet de déterminer cette grandeur avec la précision que l'on voudra[23].

Comme on l'a dit souvent, le raisonnement de Bolzano sur la possibilité d'approcher de plus en plus la limite rend son existence plausible, mais ne la démontre pas, étant donné que la suite des approximations successives est «à son tour une suite convergente. Ici subsiste donc irréductiblement cercle vicieux ou recours à l'intuition : seule la définition complète du nombre réel permet de les éviter»[24].

A l'insuffisance logique visible correspond donc un problème de fond que personne, en 1817, ne pouvait résoudre, et que les plus grands, Gauss et Cauchy compris, n'ont même pas envisagé. Ce problème, c'est la construction analytico-arithmétique des nombres réels.

---

22. *Rein anal. Beweis*, § 7, 35; trad. fr. p. 150. Par «grandeur constante» que Bolzano désigne par X, il entend la fonction limite F(x). En employant cette expression, Bolzano veut souligner l'indépendance de la limite $X = F(x)$ à l'égard de n. Le théorème énonce en fait la convergence uniforme d'une suite de fonctions que Bolzano ne distingue pas de la convergence simple. Dans le *Rein analytischer Beweis*, le critère de convergence n'est appliqué qu'aux suites de nombres.
23. *Ibid.*, 36; trad. fr. p. 151.
24. J. Cavaillès in *Philosophie mathématique* (1962), 32-4.

A une notable exception près, pour les mathématiciens du XVIIIe et du XIXe siècles jusqu'à Dedekind et Cantor, l'existence des nombres réels va de soi et l'extension des opérations sur les rationnels aux réels ne pose pas de difficulté. De même pour Bolzano en 1817 : si l'on peut approcher une grandeur avec une précision arbitraire, cette grandeur existe. Bolzano se contente de remarquer qu'une limite irrationnelle n'est jamais déterminable exactement, mais qu'une grandeur approchée par une suite infinie n'est pas nécessairement irrationnelle, comme le prouve par exemple la suite

$$0{,}1;\ 0{,}11;\ 0{,}111;\ 0{,}1111;\ \ldots$$

qui a pour limite $\frac{1}{9}$.

Cette absence d'une théorie des nombres réels, absence signalée involontairement par le cercle dans la démonstration, est le seul défaut sérieux du mémoire de 1817 qui innove sur tant de points et qui réussit à éviter les innombrables pièges qui hantaient les analystes du début du XIXe siècle.

L'exception à laquelle nous avons fait allusion, c'est encore Bolzano. Une quinzaine d'années plus tard, il apercevra la difficulté, s'efforcera de la combler en construisant une théorie des nombres réels, et démontrera de nouveau, cette fois-ci plus rigoureusement, son critère de convergence. Nous en reparlerons.

Abstraction faite de ce problème dont personne à l'époque ne ressent l'urgence ni même la signification, le principe bolzanien de la convergence constitue un progrès décisif dans la théorie des séries par sa profondeur et sa fécondité. Redécouvert par Cauchy en 1821, peut-être sous l'inspiration de Bolzano[25], et diffusé dans ses œuvres sous forme concise et claire, il est destiné à devenir l'un des principes fondamentaux de l'analyse et de la topologie ; en particulier, la propriété de Bolzano-Cauchy jouera un rôle essentiel dans la théorie cantorienne des nombres réels.

Dans son œuvre mathématique, Bolzano s'en sert de manière systématique. Dans le *Rein analytischer Beweis*, un corollaire énonce un résultat analogue pour les séries : une série dont la différence des sommes partielles $|F_{n+r}(x) - F_n(x)|$ peut devenir plus petite que toute grandeur donnée converge vers une limite finie et unique. Dans la *Grössenlehre*, la propriété de Bolzano-Cauchy devient le principe de classification des séries ; en tant que tel, il interviendra dans la *Functionenlehre* pour démontrer la convergence d'une suite de fonctions vers la « fonction de Bolzano ». Encore dans le *Rein analytischer*

25. Pour l'influence éventuelle de Bolzano sur Cauchy, voir ci-dessous § 6.

Beweis, il fournit une pièce essentielle pour établir l'existence de la *borne inférieure* (supérieure) d'un ensemble minoré (majoré) de nombres réels.

4. Le concept de borne supérieure

Le concept de borne supérieure est un des grands concepts analytiques établis dans le *Rein analytischer Beweis*. Bolzano commence par démontrer le théorème qui affirme l'existence d'une borne supérieure de tout ensemble non vide minoré de réels :

> Si une propriété *M* n'appartient pas à *toutes* les valeurs d'une grandeur variable x, mais appartient à toutes celles qui sont *plus petites* qu'un certain u : alors il existe toujours une grandeur U qui est la plus grande de celles dont on peut affirmer que toutes les valeurs inférieures x possèdent la propriété *M*[26].

Analysons d'abord la formulation du théorème. L'existence d'une grandeur (d'un nombre réel) est affirmée à partir d'une certaine propriété vérifiée pour un sous-ensemble non vide des réels. Ce sous-ensemble est déterminé non pas directement, extensionnellement, mais par le détour d'une propriété. De plus, la propriété qui le définit est un prédicat abstrait non spécifié. Le langage intensionnel est bien le langage des mathématiques précantoriennes, mais la propriété est réduite à un simple signe, à une lettre, comme dans le style abstrait du XXe siècle.

Aucun terme nouveau dans l'énoncé, même pas celui de borne (*Grenze*) qui se trouve seulement au paragraphe suivant et dont le concept figure ici seulement sous forme de propriété définissante extrêmement complexe. A la simple inspection des termes, on s'aperçoit que l'énoncé contient uniquement le prédicat non spécifié *M*, la relation d'ordre, les individus (les nombres réels), les quantificateurs et les connecteurs propositionnels. L'arithmétisation est poussée jusqu'au bout : le théorème est tout entier rédigé en termes d'arithmétique et de logique.

La démonstration est fondée sur l'approximation du nombre cherché par une suite d'intervalles obtenus par dichotomies successives et dont la longueur a pour limite zéro. La méthode dichotomique n'est pas neuve; ce qui l'est, c'est sa traduction en termes arithmétiques.

Désignons par M romain l'ensemble des réels x qui ont la propriété *M*, $\mathrm{M} = \{x \mid M(x)\}$, et par $\overline{\mathrm{M}} = \{x \mid \neg M(x)\}$ son complémentaire par rapport à **R**. L'intervalle de départ dont la borne inférieure a_0 minore

26. *Rein anal. Beweis*, § 12, 41; trad. fr. p. 153.

l'ensemble $\overline{M}$ et dont la borne supérieure b_0 ne minore pas $\overline{M}$ est successivement divisé en deux (la borne a_0 restant toujours la même) jusqu'à ce que la borne supérieure b_n d'un intervalle devienne également un minorant de $\overline{M}$. Si l'on n'obtient pas directement U, on forme un nouvel intervalle dont la borne inférieure est $a_{n+1} = b_n$ et la borne supérieure $b_{n+1} = b_{n-1}$, et le processus recommence. Remarquons que les intervalles ne sont pas tous emboîtés ; Bolzano approche le nombre U par les bornes inférieures qui sont des minorants de $\overline{M}$. La suite des bornes inférieures des intervalles considérés est une suite de Bolzano-Cauchy ; il existe donc un nombre unique U qui est en même temps la borne inférieure de $\overline{M}$ et la borne supérieure de M.

La démonstration de Bolzano, longue, laborieuse, mais correcte, est la première publiée. Elle suppose, comme nous l'avons vu, que l'ensemble des réels soit complet. Nous savons aujourd'hui que vers 1800 Gauss est parvenu au même résultat.

Déjà dans sa thèse d'habilitation consacrée au «théorème fondamental de l'algèbre», Gauss envisage contre d'Alembert la possibilité d'une valeur qu'une fonction peut approcher indéfiniment sans l'atteindre nécessairement. Le manuscrit « Concepts fondamentaux de la théorie des séries » de la même époque développe systématiquement l'idée de la borne qu'une suite ne saurait dépasser, indépendamment du fait qu'elle est atteinte ou non.

Une fois définies les notions préliminaires, en particulier celle de suite (Gauss emploie le terme *Reihe*), il construit les concepts de majorant et de borne supérieure :

> Si une suite a', a'', a''' etc. (R) dans laquelle, pour tout indice, le terme correspondant reçoit une valeur réelle finie, est telle que, aussi loin qu'on la prolonge, elle ne contienne aucun terme supérieur à une grandeur donnée λ, on peut appeler λ une borne supérieure [*eine obere Grenze*] pour la suite (*limes supra seriem, une limite en plus*). En revanche, si aucune grandeur n'est suffisamment grande pour pouvoir être appelée borne supérieure conformément à ce concept, ou, en d'autres termes, si l'on peut, dans cette suite, parvenir aux grandeurs aussi grandes que l'on désire ou aux grandeurs encore plus grandes lorsqu'on la prolonge suffisamment loin, on dit que la suite n'a pas de borne supérieure [27].

---

27. « Grundbegriffe der Lehre von den Reihen », § 3 ; publ. pour la première fois en 1912 in *Werke*, X_1, p. 391. Je traduis *Reihe* par *suite*. Chez les mathématiciens allemands du XIXe siècle, le terme *Reihe* désigne à la fois des suites et des séries, selon le contexte.

Dans ce texte, Gauss prend le cas de suites *réelles*. La «borne supérieure» y désigne d'abord notre majorant, et Gauss distingue les suites bornées supérieurement et celles qui ne le sont pas. De même, il définit le concept de minorant et de série bornée inférieurement, d'où la division des suites en quatre classes : suites non bornées, suites bornées inférieurement, suites bornées supérieurement et suites bornées (inférieurement et supérieurement). Il dit aussi que tout majorant est un majorant de la suite et que

> au cas où λ lui-même n'est pas la plus petite borne supérieure [*die kleinste obere Grenze*], il y en aura d'autres plus petites que λ; mais il est maintenant évident qu'il y a des grandeurs plus petites que λ qui ne peuvent plus être appelées bornes supérieures de la suite; si on laisse par la suite décroître λ de manière continue par toutes les valeurs intermédiaires, on doit nécessairement tomber sur une plus petite borne supérieure L' qui aura par conséquent la propriété suivante : aucun terme de la suite (R) n'est plus grand que L', mais celle-ci, suffisamment prolongée, peut contenir des termes qui sont plus grands que toute autre grandeur plus petite que L'[28].

Etant donné que Gauss se propose d'utiliser uniquement les nouveaux concepts qu'il vient de définir, il appellera désormais la borne supérieure (*die obere Grenze*) ce qu'il a désigné tout à l'heure par «la plus petite borne supérieure». Sa définition, et maintenant sa terminologie, coïncident avec la nôtre, et nous pouvons résumer le texte cité de la manière suivante : si un majorant λ n'est pas la borne supérieure de la suite (R), il y a des majorants inférieurs à λ; d'autre part, il y a des nombres inférieurs à λ qui ne sont pas des majorants de la suite. La variable qui parcourt l'ensemble des majorants en décroissant a pour limite le plus petit majorant qui sera désormais appelé borne supérieure de la suite. La borne inférieure est définie de manière analogue.

Gauss ajoute qu'une grandeur L' peut être borne de la suite de deux manières : ou bien la suite contient certains termes égaux à L', ou bien L' est la limite de la suite.

Le manuscrit de Gauss, inachevé, développe encore d'autres idées, en particulier celle de la plus grande et de la plus petite limite d'une suite, introduites par Cauchy en 1821. Mais comparons le procédé de Bolzano à celui de Gauss.

Le langage de ce dernier est strictement extensionnel. Il est vrai que Bolzano définit son concept de borne pour un ensemble, alors que Gauss le fait pour une suite. La méthode de Gauss est plus élégante,

---

28. *Ibid.*, p. 391-2.

plus naturelle: la définition du concept de majorant, l'emploi de termes définis et le travail direct avec les suites rend son langage concis et sa démonstration considérablement plus courte que celle de Bolzano.

Les ressemblances des deux auteurs sont plus importantes : les deux insistent sur le fait que le théorème ne dit pas si une borne appartient ou non à l'ensemble (à la suite), les deux soutiennent la possibilité de ces deux cas. Enfin, chez les deux, la même lacune, ou plutôt la même confiance naïve dans la donnée préalable de l'ensemble des nombres réels rendu familier par toute opération de mesure. De cette confiance, Gauss ne se départira jamais.

Bolzano consacre tout un paragraphe à souligner l'importance du théorème, non seulement pour sa « démonstration purement analytique », mais pour toutes les mathématiques, y compris la géométrie et la mécanique. Bolzano le destine à remplacer une proposition fausse qui affirme l'appartenance de la plus grande valeur d'un ensemble borné à cet ensemble; la même année 1817, il le rappellera de nouveau à l'occasion d'une démonstration de Legendre et d'un travail de Crelle.

La construction des concepts analytiques et l'établissement des théorèmes préalables sont maintenant terminés. Avec les deux outils essentiels que sont le critère de Bolzano-Cauchy et le théorème de la borne supérieure (théorème de Bolzano-Gauss), notre auteur peut maintenant aborder la démonstration du théorème selon lequel une fonction polynôme s'annule lorsqu'elle change de signe.

Bolzano le déduit du théorème des valeurs intermédiaires qu'il formule de manière très générale et un peu trop compliquée :

> Si deux fonctions de x, $f(x)$ et $\varphi(x)$, varient suivant la loi de continuité ou bien pour toutes les valeurs de x, ou bien au moins pour toutes celles qui sont situées entre α et β ; si de plus $f(\alpha) < \varphi(\alpha)$ et $f(\beta) > \varphi(\beta)$: alors il existe toujours une certaine valeur intermédiaire de x entre α et β pour laquelle $f(x) = \varphi(x)$.
>
> (§ 15).

C'est le moment crucial du *Rein analytischer Beweis* : celui où le concept de borne inférieure s'articule sur le concept de continuité. En résumé, la démonstration est la suivante:

Par hypothèse, $f(\alpha) < \varphi(\alpha)$; comme f et φ sont continues, on a également, pour ω suffisamment petit, $f(\alpha+\omega) < \varphi(\alpha+\omega)$. Bolzano introduit maintenant une propriété M de la variable ω ; $M(\omega)$ est défini par la condition $f(\alpha+\omega) < \varphi(\alpha+\omega)$. Il est clair qu'on n'a pas $M(\omega)$ pour tout ω, mais pour certaines de ses valeurs seulement : en choisissant $\omega = i = \beta - \alpha$, on obtient $f(\alpha+i) > \varphi(\alpha+i)$.

D'après le § 12, la variable ω admet une borne supérieure $U = \sup \omega$ telle qu'on ait la propriété *M* pour tout $\omega < U$. Or, on n'a ni

$$f(\alpha+U) < \varphi(\alpha+U)$$

(sinon, par continuité, on aurait $f(\alpha+U+\omega) < \varphi(\alpha+U+\omega)$ pour ω suffisamment petit), ni

$$f(\alpha+U) > \varphi(\alpha+U)$$

(sinon, $f(\alpha+U-\omega) > \varphi(\alpha+U-\omega)$. Par conséquent, il existe une valeur $x = \alpha+U$ située entre α et β pour laquelle les deux fonctions sont égales. Bolzano ajoute encore qu'un telle valeur qui rend les deux fonctions égales n'est pas nécessairement unique [29].

Reste à démontrer le «théorème de Bolzano», énoncé dans le titre du *Rein analytischer Beweis*. Bolzano prouve d'abord la continuité d'une fonction polynôme $f(x) = a + bx^m + cx^n + \ldots + px^r$:
d'après le § 8 du *Binomischer Lehrsatz*,

$$\Delta f = f(x+\omega) - f(x) = b((x+\omega)^m - x^m) + \ldots + p((x+\omega)^r - x^r) =$$
$$= \omega(mbx^{m-1} + \frac{m(m-1)}{2!}bx^{m-2}\omega + \ldots + \omega^{m-1} + \ldots$$
$$\ldots + rpx^{r-1} + \frac{r(r-1)}{2!}px^{r-2}\omega + \ldots + \omega^{r-1}).$$

Soit S la somme des valeurs absolues des termes contenus entre parenthèses pour $\omega = \omega_1$; on a alors $\Delta f(x) \leq \omega S$. Pour rendre $\Delta f(x)$ inférieur à un D donné, «on n'a qu'à prendre un ω qui est en même temps $< \omega_1$ et est aussi $< \frac{D}{S}$; c'est ainsi que ωS, et à fortiori le produit de ω et d'une grandeur qui est $< S$, doit être $< D$» [30].

Ce résultat est enfin appliqué à l'équation $f(x) = 0$ où $f(x)$ est un polynôme qui prend des valeurs opposées pour a et b; ce qui prouve le «théorème de Bolzano». De cette façon, la lacune du mémoire de Gauss de 1799 qui démontre le «théorème fondamental de l'algèbre» est comblée à l'aide de concepts qui deviendront des outils indispensables de la théorie des fonctions et dont Bolzano exploitera par la suite toutes les ressources.

---

29. V. Jarník a montré l'erreur commise par Bolzano lorsqu'il déclare, à la fin du § 16, que l'équation $f(x) = \varphi(x)$ a un nombre impair de racines dans l'intervalle $[\alpha, \beta]$. Visiblement, Bolzano compte une seule fois chaque racine, sans tenir compte de racines multiples. De tels défauts qui relèvent du manque de routine sont assez fréquents dans son œuvre. Cf. V Jarník, «B. Bolzano a základy matematické analysy», in *Zdeňku Nejedlému ČSAV ... k 75. naroz.*, Praha, 1953, p. 454.

30. *Rein anal. Beweis*, § 17, 58; trad. fr. p. 163.

5. *Le « théorème de Bolzano-Weierstrass »*

Le procédé de démonstration que Bolzano développe à l'occasion du théorème de la borne supérieure est, d'après le témoignage de H. A. Schwarz, disciple et ami de Weierstrass, le point de départ de la dernière période de l'arithmétisation de l'analyse[31]. C'est encore probablement Schwarz qui a donné le double nom de Bolzano-Weierstrass au théorème de l'existence d'un point d'accumulation pour tout ensemble infini borné, voulant ainsi marquer les liens qui rattachent l'école de Weierstrass à l'auteur du *Rein analytischer Beweis*. Comme devaient le révéler plus tard les manuscrits de Bolzano, cet hommage est conforme à la vérité historique[32].

Le *Rein analytischer Beweis* démontre l'existence de la borne d'un ensemble de réels en effectuant un coupure dans **R**. Le nombre cherché est obtenu comme limite d'une suite de minorants de l'ensemble ; dans le cas particulier envisagé par Bolzano, il est en même temps le point d'accumulation des minorants et des points qui ne minorent pas l'ensemble. Cependant, le concept de point d'accumulation n'intervient pas explicitement dans ce mémoire.

Il sera défini et fera l'objet du « théorème de Bolzano-Weierstrass » une quinzaine d'années plus tard, dans le manuscrit de la *Grössenlehre*, composé entre 1830 et 1835. C'est en particulier dans la *Functionenlehre* (publiée, rappelons-le, seulement en 1930) que cet important concept devient opératoire.

Il y est cité à plusieurs occasions sous une forme pratiquement identique. Ainsi, au cours d'une démonstration, Bolzano construit une suite infinie (x_i) bornée inférieurement par a, supérieurement par b.

---

31. Dans la lettre à Cantor du 1. 4. 1870, Schwarz se rallie à l'opinion soutenue par Weierstrass (et par Cantor), « que sans la méthode de raisonnement [*Schlussweise*] qui a été développée par Monsieur W. à partir des principes de Bolzano, on n'aurait pas pu réussir dans de nombreuses recherches » (in Meschkowski, *Probleme des Unendlichen*, 1967, 228). En parlant de la continuité d'une fonction de plusieurs variables, Schwarz fait allusion à un « procédé de démonstration imaginé par Bolzano et développé par la suite par Weierstrass » ; *Journ. f. reine u. angew. Math.*, 74 (1872), p. 221, note. O. Stolz confirme que la remarque se rapporte bien à la démonstration de l'existence de la borne supérieure ; *Math. Annalen*, 18 (1881), p. 251. D'après P. Dugac, Weierstrass aurait eu connaissance du *Rein analytischer Beweis* déjà avant 1856.– Par « théorème de Bolzano-Weierstrass », on appelle quelquefois le théorème de l'existence de la borne supérieure d'un ensemble majoré de réels (par ex. K. Rychlík, *Theorie der reellen Zahlen im Bolzanos handschriftl. Nachlasse*, p. 78).

32. Nous proposons de garder la dénomination de « théorème de Bolzano-Weierstrass » pour le théorème sur le point d'accumulation, et d'appeler, avec O. Perron, *Irrationalzahlen* (1960), p. 33, « théorème de Bolzano-Gauss », le théorème de la borne supérieure.

> Nous savons maintenant (d'après §) [sic] de cette infinité de nombres $x_1, x_2, x_3, x_4, \ldots$ qu'on peut les enfermer tous, ou bien au moins une si grande partie que leur ensemble soit déjà infini, entre deux bornes p et q qui peuvent se rapprocher l'une de l'autre de si près qu'on voudra; il s'ensuit (d'après §) qu'on puisse représenter l'une de ces bornes par c, l'autre par $c \pm \omega$, si nous désignons par c un certain nombre *constant* qui ne se trouve pas hors de a et b, et par ω un nombre qui peut décroître indéfiniment[33].

Le nombre réel c est ici un point d'accumulation de l'ensemble infini $\{x_1, x_2, x_3, \ldots\}$ borné par a et par b. A un autre endroit, dans un contexte tout à fait semblable, Bolzano emploie même l'expression «accumuler» (*anhäufen*) :

> si les valeurs $x_1, x_2, x_3, x_4, \ldots$ [...] sont accumulées de manière aussi dense à proximité de la valeur $x = a$ qu'un ensemble infini de celles-ci se laisse enfermer entre deux limites a et $a+\omega$, aussi petit que nous pouvons rendre ω [...][34].

Là aussi, a est un point d'accumulation de l'ensemble infini et borné des termes de la suite (x_i).

Par l'explicitation du concept de point d'accumulation, nous dépassons largement les limites des travaux de jeunesse de Bolzano consacrés aux fondements de l'analyse infinitésimale. Ces travaux, et tout particulièrement le *Rein analytischer Beweis*, apportent cependant déjà quelques unes des innovations essentielles par lesquelles Bolzano a marqué l'histoire des mathématiques. Bolzano y élabore pour la première fois les concepts nécessaires pour donner à l'analyse une autonomie complète : ceux de limite et de convergence (exprimés par leurs propriétés définissantes), de continuité, de borne supérieure. Il y démontre trois grands théorèmes : le critère de Bolzano-Cauchy, le théorème de Bolzano-Gauss qui affirme l'existence de la borne supérieure d'un ensemble majoré et non vide de réels, et le théorème des valeurs intermédiaires. Dans ces travaux, Bolzano achève l'effort de tout un siècle, dont les étapes principales sont marquées par les noms de Leibniz et d'Euler, vers l'établissement rigoureux du calcul

33. *Funct.* I, § 20, p. 28. En fait, le concept de point d'accumulation a dû être défini et son existence démontrée dans la partie de la *Grössenlehre* qui précède la *Functionenlehre*. Celle-ci y fait appel comme à un théorème établi antérieurement et l'utilise conjointement avec le théorème de l'existence de la borne supérieure comme deux pièces essentielles sur lesquelles repose toute la construction de la théorie des fonctions. Jusqu'ici, on n'a pas réussi à trouver cette démonstration dans le manuscrit de la *Grössenlehre*.

34. *Funct.* I, § 69, 60.

infinitésimal. Du même coup, il inaugure le mouvement d'arithmétisation qui fait définitivement perdre à la géométrie sa qualité de paradigme de rigueur dont elle a joui pendant deux millénaires. Non que les analystes ou les algébristes cessent de recourir à la géométrie ; mais désormais elle ne servira que comme *guide*, réservoir de modèles ou d'exemples, instrument de recherche et de vérification, qui, à son tour, devra être intégré dans des structures mathématiques de nature non spatiale.

Une seule hypothèse reste implicite dans les travaux de jeunesse de Bolzano : ses démonstrations restent suspendues à la notion acceptée comme allant de soi du nombre réel. Une dizaine d'années plus tard, après avoir achevé la rédaction de la *WL*, Bolzano va descendre au plus profond pour tenter de construire une théorie des «nombres mesurables» sur laquelle pourra être fondée son œuvre analytique de maturité, la théorie des fonctions. Entre temps, d'autres auteurs, et non des moindres, vont poursuivre le travail entrepris par Bolzano et asseoir le calcul infinitésimal sur des concepts arithmético-analytiques rigoureux : en 1821 Cauchy et en 1826 Abel.

6. *Bolzano et Cauchy*

Un certain nombre de concepts et de théorèmes formulés par Bolzano dans ses mémoires d'analyse parus en 1816-1817, et non les moins importants, se retrouvent dans le *Cours d'analyse* de Cauchy qui date de 1821. L'histoire des mathématiques connaît plusieurs cas de découvertes simultanées qui, très souvent, ont engendré des querelles de priorité. C'est une singulière querelle de priorité à laquelle se sont livrés non pas les protagonistes ou leurs disciples, mais des historiens des mathématiques, plus d'un siècle après la mort de Bolzano et de Cauchy. La polémique qui a opposé I. Grattan-Guinness et H. Freudenthal porte sur l'accusation de plagiat, formulée à l'encontre de Cauchy ; celui-ci aurait, selon I. Grattan-Guinness, emprunté la plupart de ses idées au *Rein analytischer Beweis* de Bolzano en mettant grand soin pour cacher ses sources. A notre avis, les arguments de H. Freudenthal sont suffisants pour rejeter l'accusation du plagiat. De plus, l'examen attentif des formulations permet de déceler les différences significatives de style et d'intention chez nos deux mathématiciens[35].

35. Pour l'accusation de plagiat, voir I. Grattan-Guinness, «Bolzano, Cauchy and the "New Analysis" of the early Nineteenth Century», *Archives for the History of Exact Sciences*, 6 (1970), 372-400 ; la réponse de H. Freudenthal

En comparant des textes, on s'aperçoit que de la longue liste des «idées communes» à Bolzano et à Cauchy, établie par Grattan-Guinness, trois seulement sont à retenir : 1) le remplacement des infiniment petits par les variables qui ont pour limite zéro, 2) la définition de la continuité, 3) le critère de la convergence des suites («critère de Bolzano-Cauchy»). Signalons tout d'abord que les deux premières innovations de Bolzano se trouvent déjà dans *Der binomische Lehrsatz* et que, à un moment, Bolzano y utilise dans un cas particulier son critère de la convergence des suites sans le formuler comme tel.

Quant à la première de ces idées, remarquons que, bien que Cauchy se serve de la notion de variable qui a pour limite zéro, il garde le terme d'infiniment petit qu'il utilise assez librement dans son œuvre. La rupture avec la conception eulérienne des nombres infinitésimaux est bien moins nette que chez Bolzano et, malgré la nouvelle définition de l'infiniment petit, le terme véhicule, chez Cauchy, des connotations difficilement conciliables avec la définition rigoureuse de limite. De toute façon, l'idée n'est pas vraiment nouvelle, de même que les tentatives de fonder le calcul infinitésimal sur le concept de limite chez bien des auteurs du XVIIIᵉ siècle.

Plus importante est la coïncidence des deux définitions de la continuité. Nous avons déjà indiqué que les deux définitions sont issues d'une réflexion critique sur des textes d'Euler et de Lagrange, réflexion effectuée dans un contexte mathématique nouveau et liée, chez Bolzano aussi bien que chez Cauchy, à des problèmes mathématiques propres à chacun des deux auteurs. Ajoutons maintenant quelques remarques stylistiques.

Les deux définitions, celle de Bolzano et celle de Cauchy, se rapportent à la continuité dans un *intervalle* (et non pas en un point), et dans aucune d'elles, la valeur absolue des accroissements n'est mentionnée. Pour le reste, la formulation de Cauchy est moins rigoureuse que celle de Bolzano. Cauchy se sert du langage des infiniment petits, alors que Bolzano se sert uniquement de termes arithmétiques; de surcroît, chez ce dernier, comme c'est toujours le cas, la quantification des variables qui entrent dans l'énoncé est beaucoup plus soignée.

Dans *Die drei Probleme der Rectification* (1817), Bolzano applique la définition de la continuité aux fonctions composées. Cauchy fait de même dans son *Cours*, mais de plus, il tente de définir en même temps la continuité des fonctions de plusieurs variables. Bolzano se sert

---

«Did Cauchy Plagiarize Bolzano?», *ibid.*, 7 (1971), 375-92, et de H. Sinaceur «Cauchy et Bolzano», *Revue d'Hist. des Sciences*, 26 (1973), 97-112.

déjà de ce concept en 1817 dans *Die drei Probleme* sans toutefois le définir et reprendra la définition de Cauchy dans la *Functionenlehre*. Cauchy énonce également le théorème des valeurs intermédiaires et le théorème dit de Bolzano, mais les démonstrations et même les formulations sont sensiblement différentes chez les deux auteurs[36].

Reste le critère de convergence des suites dont a pu s'inspirer Cauchy. Mais là aussi, les différences de style permettent de rejeter l'idée d'un plagiat délibéré. D'une part, Bolzano formule son critère de manière tout à fait générale comme critère de convergence des suites de *fonctions*, alors que Cauchy parle uniquement des suites de nombres. D'autre part, Bolzano est bien le seul à avoir envisagé la nécessité d'une démonstration de son théorème en tant que condition *suffisante* de la convergence; en 1821, Cauchy règle la question d'un trait de plume[37].

En résumé, quant à l'influence éventuelle de Bolzano sur Cauchy, en l'absence de toute évidence documentaire, on en est réduit à des hypothèses construites à partir de l'analyse interne de l'œuvre des deux mathématiciens. A notre avis, Cauchy a pu lire le *Rein analytischer Beweis* de Bolzano (ou en entendre parler) et a pu s'en inspirer pour la formulation du critère de convergence, et éventuellement, pour l'idée du « théorème de Bolzano » énoncé dans le titre du mémoire. Si l'on ne peut exclure *a priori* l'hypothèse d'une influence de Bolzano sur Cauchy, les différences entre les deux mathématiciens sont suffisamment significatives pour rejeter l'accusation de plagiat.

Le parallèle Bolzano – Cauchy permet de mieux saisir la spécificité de l'œuvre mathématique de notre auteur. Bolzano n'est pas un praticien : il n'est pas tout à fait à l'aise avec les calculs, il ignore ces raccourcis qu'on acquiert en corrigeant les autres et en étant corrigé par eux. Il n'a jamais enseigné les mathématiques. Il s'intéresse exclusivement à sa partie spéculative; contrairement à ses pairs, il ne fut jamais confronté au problèmes d'application à la physique ou à la technique. Bon nombre de questions qui font avancer les mathématiques de son temps et qui agitent ses contemporains le laissent indifférent, s'il ne les ignore pas purement et simplement. Il passe pratiquement à côté de ce que Jan Houska considère comme l'un des facteurs essentiels du développement de l'analyse infinitésimale au

36. Pour le « théorème de Bolzano », cf. la note III du *Cours d'analyse*, p. 460 sq., qui permet en même temps de calculer approximativement la racine.

37. Après avoir énoncé le critère de convergence, Cauchy ajoute simplement : « Réciproquement, lorsque ces diverses conditions sont remplies, la convergence de la série est assurée ». *Cours d'analyse*, p. 126.

XIXe siècle, à savoir l'étude des conditions de validité des opérations formelles et de leurs limitations : «découverte de l'impossibilité de calculer formellement une certaine intégrale à l'aide de la fonction primitive (Lagrange, Poisson), découverte de l'impossibilité de permuter deux intégrales (Legendre, Lacroix) et l'analyse de ce phénomène (Cauchy 1814), [...], découverte de l'impossibilité de permuter formellement l'intégration et la différentiation lors de la dérivation d'une intégrale selon un paramètre (Legendre 1817, Cauchy 1828), impossibilité de dériver formellement une sérier de fonctions terme à terme (Abel 1826) [...]», phénomènes qui sont tous relatifs à l'impossibilité de permuter deux processus de limite. «Dans son œuvre, nous ne trouvons guère de traces directes de tels facteurs, nés de l'expérience avec les expressions analytiques»[38]. Il ne s'aventure guère dans les domaines les plus avancés : théorie des fonctions elliptiques, théorie des fonctions complexes, théorie de l'intégration.

Toutefois, ce dernier des grands amateurs est en même temps le premier d'une espèce nouvelle de mathématiciens, qui connaîtra son épanouissement au XXe siècle : le mathématicien-logicien concentré sur les questions des fondements, qui examine scrupuleusement les enchaînements déductifs, attentif à l'organisation des théorèmes, au caractère opératoire des concepts, à la complétude et à l'analyticité démonstratives, aux raisonnements logiques sous-jacents. C'est grâce à l'examen minutieux des conditions de validité du «théorème de Bolzano» qu'il a pu reconstruire la cascade des théorèmes sur lesquels repose celui-ci et tracer le «schéma d'ensemble des fondements rigoureux de l'analyse»[39]. Son heure viendra avec la nouvelle génération, celle de Weierstrass, Cantor et Dedekind, qui voudra concilier la fécondité avec la rigueur.

---

38. J. Houska,«Základy matematické analýzy v díle Bolzanově ve vztahu k vědeckému vývoji jeho doby», *Filoz. Časopis*, 29 (1981), 938.

39. P. Dugac, «Histoire du théorème des accroissements finis», *Archives Int. d'Hist. des Sciences*, 30 (1980), n° 105, 92.

DEUXIÈME PARTIE

LE SYSTÈME LOGIQUE

CHAPITRE I

LES OBJETS LOGIQUES

Les manuscrits mathématiques des années 1810-1820, consacrés aux concepts de nombre, de grandeur, de fonction témoignent de la préoccupation intense de Bolzano des fondements des mathématiques. Mais Bolzano se rend d'emblée compte que le travail d'élucidation des premiers concepts mathématiques doit être précédé de la réforme de la logique elle-même dont les *Beiträge* proposent une première esquisse. Déjà en 1812, il formule le projet de faire paraître une nouvelle logique qui devait avoir pour conséquence «une transformation totale de toutes les sciences»[1], projet articulé autour du concept de «connexion objective des vérités». La réalisation de ce projet prendra une dizaine d'années, de 1820 à 1830; sept autres années s'écouleront avant que les amis de Bolzano n'aient trouvé un éditeur. La logique, depuis longtemps considérée comme une discipline scolaire, simple propédeutique de la philosophie, en sortira effectivement complètement transformée : au lieu de se contenter d'un petit ensemble de recettes rigides et de maximes, Bolzano soumet à un examen minutieux et détaillé les procédés déductifs et démonstratifs des sciences, principalement des mathématiques, pour construire un vaste système de relations entre les propositions, lui même dérivé d'une logique des classes élargie, et prolongé par une théorie des inférences et une nouvelle conception des théories axiomatiques. Pour garantir l'universalité de son système et son indépendance de la psychologie, il accordera un statut particulier aux objets logiques, qui ressemblera à celui des nombres et d'autres objets mathématiques : les propositions et les représentations *en soi*.

1. *Philos. Tagebücher*, *Gesamtausgabe* 2 B, 16/1, 34.

1. Les propositions en soi et les vérités en soi

De quels objets parle la logique? D'entités mentales, comme le disent les philosophes lorsqu'ils parlent de concepts, de jugements et de raisonnements?

A la question du statut des êtres logiques qui ne fut jamais vraiment élucidé au cours de l'histoire, Bolzano répond par le concept de *proposition en soi* (*Satz an sich*). Il approche ce concept essentiellement par des déterminations négatives en le distinguant des deux sortes d'entités qui sont les *jugements* ou propositions pensées et les *énoncés* ou propositions exprimées dans un langage. Gardons aussitôt à l'esprit le sens que Bolzano confère à cette expression : le fait de qualifier les propositions ou les vérités comme étant *en soi* ne leur attribue pas une propriété nouvelle; «il devrait seulement rappeler que nous prenons le concept de vérité dans sa pureté, c'est-à-dire sans y mêler aucun concept adventice»[2].

Un énoncé est «tout discours par lequel on énonce ou affirme quelque chose et qui doit par conséquent être toujours l'un des deux, soit vrai soit faux». Les propositions qui «ne sont pas exprimées par des mots et que quelqu'un pense seulement» sont des jugements[3].

Les propositions constituent une troisième espèce d'entité : elles sont ce qui est exprimé ou pensé dans les énoncés et les jugements.

> En parlant d'une proposition *énoncée*, je distingue nettement la proposition elle-même de son énoncé; de même en parlant d'une proposition *pensée*, je distingue la proposition elle-même de la pensée de cette proposition[4].

Les termes «en soi» et son synonyme «objectif» qualifient les propositions et leurs constituants que Bolzano appelle les représentations en soi (et qui correspondent *grosso modo* à ce qu'on appelle habituellement les concepts).

Ces distinctions semblent correspondre à la distinction usuelle entre l'acte et le contenu d'un jugement. Mais, et c'est essentiel, pour Bolzano, les propositions ne sont pas simplement des abstractions obtenues à partir d'énoncés qui sont des suites de signes, ou à partir de jugements qui sont des événements mentaux. Les propositions ne sont

---

2. *WL*, I, § 57, 248. C'est pourquoi, à la place du terme «propositions en soi», nous dirons le plus souvent simplement «proposition».

3. *WL*, I, § 19, 76-7. Par «proposition énoncée» et «proposition pensée», Bolzano entend respectivement «énoncé» et «jugement»; plus exactement, comme plus tard Frege, il distingue très nettement entre la simple *pensée* ou *représentation* d'une proposition et le *jugement* : juger, c'est tenir une proposition pour *vraie*.

4. *WL*, I, § 19, 77.

pas dérivées des énoncés ou jugements qui pourtant seuls jouissent du statut d'objets réels. Le terme «subjectif» s'oppose à «objectif» non quant à la *validité*, mais uniquement quant à la *réalité* de ce qu'il qualifie : une proposition subjective est une proposition objective *pensée*, c'est-à-dire incarnée, appréhendée, «réalisée» par un sujet individuel. En tant que manifestations linguistiques ou événements mentaux, les énoncés et les jugements font partie du monde réel : prononcés, écrits ou pensés, ils ont un auteur, ils naissent, se déroulent dans le temps et meurent. Ils sont subjectifs parce qu'ils sont la propriété d'un être réel, d'un sujet. Rien de tel pour les propositions en soi et leurs constituants ou composantes, les représentations en soi : elles appartiennent à un autre «monde», hors l'espace et le temps. Les propositions et les représentations en soi sont *objectives*, mais non réellement existantes; en revanche, les représentations mentales et les jugements existent réellement, parce qu'ils sont *subjectifs*; ce sont des «incarnations» des représentations et des propositions en soi.

Afin qu'on ne se méprenne pas sur la différence entre les propositions et les énoncés ou jugements, Bolzano introduit une distinction qui sera reprise par l'école de Brentano, notamment par Twardowski : celle entre les attributs *déterminants* et les attributs *modifiants*. Dans l'expression *poissons d'eau douce*, les termes *d'eau douce* désignent un attribut déterminant parce qu'il spécifie une classe de poissons. En revanche, dans *poissons peints*, *peint* désigne un attribut modifiant, parce que l'expression toute entière représente non pas une espèce de poissons, mais un genre de peinture. De même pour les propositions : le terme *pensées* dans *propositions pensées* représente un attribut modifiant, puisque les propositions pensées ne sont pas un genre de propositions, mais un genre de pensées.

Sur ce point, Bolzano s'oppose aussi bien à la tradition classique, cartésienne, qu'à la philosophie critique : les représentations en soi (les idées) n'ont pas d'existence réelle et pourtant, l'intellection consiste dans l'appréhension des vérités ou représentations en soi. La connaissance consiste dans la saisie, *Auffassung*, des concepts et des propositions en soi, elle ne les construit pas; la subjectivité n'est pas constitutive.

La distinction radicale entre proposition et pensée est, chez Bolzano, solidaire d'une conception particulière de la subjectivité. Le terme «subjectif» s'applique aux états mentaux et aux événements survenus dans l'âme : représentations, jugements, connaissances, volitions, désirs, sentiments. Comme pour Descartes, pour Bolzano, la pensée est une réalité du même genre que l'affection ou l'impulsion de la volonté, la première ne différant pas des autres que par son caractère représentatif; en effet, «un *désir*, un *sentiment*, une *volition* ne représentent rien»[5]. Dans ce sens, *subjectif* est simplement ce qui appartient à un sujet réellement existant. C'est précisément le fait qu'une proposition est exprimée par un jugement, qui lui confère l'existence : elle devient un événement qui se produit dans l'âme.

> Les propositions et les représentations dans un sens subjectif sont quelque chose d'existant, à savoir des phénomènes ou des modifications produites dans l'âme d'un être pensant. Une *représentation* dans un sens subjectif a donc besoin de quelqu'un qui la possède ; une *proposition* dans un sens subjectif a besoin de quelqu'un qui se la représente ou l'énonce comme un jugement[6].

Or, si un jugement consiste dans l'appréhension d'une proposition, ne peut-on dire qu'il est la proposition actualisée et que, par conséquent, une proposition est un jugement possible?

Bolzano lui-même pense que Leibniz est proche du concept de proposition en soi lorsqu'il établit l'équivalence entre *propositio* et *cogitatio possibilis* dans son *Dialogus de connexione inter res et verba*. Dès le début de ce dialogue, les deux interlocuteurs se mettent d'accord sur un point: la proposition qui énonce une vérité géométrique est vraie avant d'être démontrée et remarquée par les hommes. Il semblerait donc que la vérité soit un prédicat non des énoncés, mais des choses elles-mêmes. Peut-on alors soutenir que la fausseté est, elle aussi, une propriété des choses? L'adversaire se trouve devant une aporie : la vérité et la fausseté ne sont ni prédicats des pensées ni prédicats des choses. Leibniz résout la difficulté par l'appel au concept de pensée possible en la distinguant de celui de pensée effectivement réalisée[7].

Selon l'interprétation bolzanienne, dans *cogitatio possibilis*, le terme *possibilis* désigne un attribut modifiant, étant donné qu'«une pensée possible n'est pas une espèce de pensée, mais seulement une espèce de possibilité»[8]. La *cogitatio possibilis*, en termes bolzaniens «quelque chose qui peut être pensé ou qui peut devenir le contenu

---

5. *Bolzano-Exner*, 89.

6. *Ibid.*, 64.

7. «Vides ergo veritatem esse propositionum seu cogitationum, sed possibilium, ita ut illum saltem certum sit, si quis hoc aut contrario modo cogitat, cogitationem ejus veram aut falsam fore». *Phil.*, VII, 190. Dans un texte contemporain du *Dialogus* (août 1677), Leibniz précise : «Quod diversis linguis plures eadem concludunt non nomina sunt in causa sed natura ipsarum rerum. Si nemo cogitaret existit tamen impossibilitas quadrati circulo isoperimetrico capacioris». *De veritatibus necessariis seu aeternis,Vorausedition*, Zur Reihe VI, fasc. I (Münster, 1982), 67. Voir aussi M. Mugnai, «Leibniz and Bolzano on the realm of truth», Atelier *Bolzano's Wissenschaftslehre : 1837-1987* (Florence 1987), à paraître.

8. *WL*, I, § 23, 92.

d'une pensée», est donc très proche de la *proposition en soi*, dans la mesure où chaque proposition peut devenir le contenu d'une pensée.

Enoncés effectifs d'un côté, pensées possibles de l'autre. Bolzano fera une distinction semblable à celle de Leibniz et pour les mêmes raisons. D'une part, la vérité d'une proposition est antérieure à toute énonciation, d'autre part, on peut attribuer de manière significative le prédicat «vrai» aux vérités que personne ne pense ou n'a encore pensées. Pour les deux philosophes, la notion de proposition est indépendante et du langage et de la pensée. La *cogitatio possibilis* et la *proposition en soi* restent cependant distinctes puisque la possibilité d'être pensée ne fait pas partie du concept de proposition. Bolzano libérera les propositions de toute référence à la pensée, même seulement possible.

Dès lors, comment concilier la notion de proposition avec la définition de la logique comme doctrine des lois de la *pensée*?

A l'avis de Bolzano, une telle définition de la logique confond les liens réels (effectivement pensés) entre les idées et les jugements avec la connexion objective entre les propositions. «Toute la syllogistique, est-elle autre chose qu'une théorie de certaines relations qui ont lieu entre les propositions et les vérités en soi?» La conclusion d'un syllogisme est indépendante de l'ordre de ses prémisses bien que, pour influencer l'esprit de l'auditeur, «il n'est pas tout à fait indifférent dans quel ordre se suivent les propositions particulières»[9]. Est-il alors possible d'interpréter ses théorèmes comme de «simples lois de la pensée valables seulement pour nous autres hommes ou éventuellement pour tous les êtres pensants, mais conçues uniquement comme lois de la pensée et non comme lois des vérités en soi»[10]?

C'est le concept de proposition qui permet de tenir compte non seulement de propositions effectivement pensées ou énoncées, mais encore de vérités inconnues ainsi que de propositions dont on ignore la valeur de vérité. Le concept de proposition est nécessaire pour parler «de la loi morale suprême avant de savoir quels sont ses termes et même s'il y en a une, ou de la formule qui indique tous les nombres premiers et dont on doute encore s'il y en a une»[11]. On ne saurait même pas comprendre le concept de vérité inconnue si l'on ne l'interprète pas dans un sens objectif.

---

9. *Ibid.*, § 21, 84. Boole notera le même fait en 1847.
10. *Ibid.*, § 16, 63.
11. *Bolzano-Exner*, 83.

Peut-on cependant parler encore de vérité dans un cas pareil? objecte Exner, ami de Bolzano mais partisan de Herbart, inaugurant une discussion épistolaire autour du concept de proposition en soi.

> Une vérité ne peut exister que dans la conscience d'un individu, que dans l'entendement d'un individu et nulle part ailleurs, en aucune manière. Lorsqu'on dit qu'il y a d'innombrables vérités que les hommes n'ont pas encore trouvées, je réponds : il n'y en a pas, il n'y a que des objets et des relations; la vérité n'apparaît qu'avec les représentations; dans ce contexte, le mot «trouver» est une expression figurée [12].

Bolzano est d'accord avec la première proposition d'Exner : les vérités n'*existent* que dans un entendement, parce que les vérités en soi n'ont pas d'existence. Rigoureusement parlant, le terme «exister» s'applique uniquement aux choses réelles. Il faut dire «il y a des vérités en soi» (ce qui signifie que ce concept *dénote* quelque chose, qu'il n'est pas vide), parce que «s'il n'y avait pas de vérités *en soi*, il ne pourrait y avoir non plus de vérités *connues* ou pensées» [13].

Dans une de ses lettres ultérieures, Exner semble se rapprocher de Bolzano : «"il y a des vérités inconnues" signifie : les êtres doués de la faculté de représenter [*vorstellende Wesen*] n'ont encore trouvé ni tous les rapports entre toutes (ou certaines) représentations ni les rapports de celles-ci avec les choses réelles» [14]. Exner ne parle plus d'objets, mais de représentations et Bolzano relève que, sans le savoir, son interlocuteur abandonne le concept de jugement pris dans un sens abstrait pour celui de proposition en soi : «Par vérité en soi, vous entendez maintenant un certain *rapport* entre les représentations, rapport qui n'est rien d'existant et qui n'est donc rien d'autre qu'une proposition en soi dans mon sens du terme» [15]. Mais Exner refuse de souscrire à cette interprétation:

> Une vérité objective n'est rien d'autre qu'un jugement vrai, considéré indépendamment de son contexte psychologique. [...] Par l'expression "vérité objective", je désigne seulement ma manière de considérer cette vérité [16].

C'est là le nœud du problème. Exner veut bien accorder à Bolzano le caractère *objectif* des propositions, mais il refuse de les tenir pour autre chose que le résultat d'un acte d'abstraction à partir de jugements réels. Pour lui, les propositions sont simplement des jugements consi-

12. *Ibid.*, 2.
13. *Ibid.*, 9.
14. *Ibid.*, 59.
15. *Ibid.*, 66.
16. *Ibid.*, 73.

dérés indépendamment des circonstances subjectives. D'ailleurs, comment expliquer qu'une proposition en soi puisse être saisie par la pensée si les deux diffèrent entre elles comme un modèle et son image?

> Comment quelque chose qui n'a pas d'existence [réelle] peut être saisi par quelque chose qui existe? Que veut dire ici *saisir*? Etre reproduit? Dans ce cas, ce qui existe [réellement] serait moins que ce qui n'existe pas, étant donné qu'une image est moins que ce qui est reproduit[17].

Le terme *saisir*, *auffassen*, répond Bolzano, n'est ici qu'une métaphore,

> employée dans l'espoir que chacun qui connaît l'allemand puisse deviner à partir du contexte global quels sont les concepts, soit tout à fait simples soit composés tout au plus de très peu de constituants, que je désigne par ces mots. Ne me demandez donc pas une *explication* du concept que j'associe avec le mot *saisir*; je le tiens vraiment pour simple[18].

Quant au terme *être reproduit*, *abgebildet*, il peut être employé seulement comme métaphore, puisqu'on ne saurait considérer qu'une entité subjective, par exemple une représentation subjective, soit moins qu'une entité objective. D'ailleurs, que veut dire ici le mot *moins*? demande Bolzano.

De toute façon, pour lui, les propositions sont premières par rapport aux jugements; elles les rendent possibles. Sur ce constat d'irréductibilité de vues se termine l'échange épistolaire au cours duquel se jouait le sort de la philosophie en Autriche au XIXe siècle. Bolzano n'a pas réussi à convaincre son ami Exner; c'est le herbartisme dont les protagonistes furent deux amis de Bolzano, Exner et Zimmermann, qui est devenu une sorte de philosophie officielle de la monarchie danubienne.

Regardons de plus près les propositions. Quelle réalité peut-on leur accorder si seuls les énoncés et les jugements existent réellement?

---

17. *Ibid.*, 74.

18. *Ibid.*, 84-5. Le terme *saisir* désignerait donc une intuition rationnelle des entités en soi au sens que donnera à cette expression Gödel. Pour Bolzano et pour Gödel, les objets logiques et mathématiques préexistent à toute construction ou constitution. Les deux logiciens n'ont pas les mêmes adversaires : alors que Bolzano répond aux interprétations psychologisantes issues de Kant, Gödel insiste essentiellement sur l'indépendance des mathématiques et de la logique à l'égard du langage. Les deux ont cependant en commun la même attitude anti-constructiviste. Cf. E. Köhler, «Gödels Platonismus», in W. Schimanovich éd., *Kurt Gödel. Wahrheit und Beweisbarkeit* (à paraître).

Les jugements peuvent être vrais ou faux; or, à proprement parler, la vérité et la fausseté sont des propriétés des propositions seules. Bolzano accepte le principe aristotélicien de la bivalence sans restriction et l'étend même aux expressions d'un désir, aux ordres et aux questions. Néanmoins, la bivalence ne peut servir de propriété définissante des propositions; elle introduit une division des propositions (on peut donc parler de «faussetés en soi» aussi bien que de vérités en soi), mais n'indique pas les constituants du concept. D'autre part, toutes les définitions des propositions en termes d'accord ou de rapport entre les représentations renvoient à l'énoncé qui, lui, renvoie à la proposition. Des analyses patientes auxquelles se livre Bolzano, on ne peut rien retenir pour une véritable définition. Bolzano lui-même finit par avouer «ne pas savoir vraiment comment il faut définir le concept de proposition en soi»[19]. Ce concept reste rebelle à toutes les tentatives de le décomposer.

Lorsqu'une définition est impossible, Bolzano caractérise le concept en question par ses propriétés. Les trois textes essentielles que nous allons citer expriment au mieux sa doctrine.

> 1) Ce que j'appelle une *proposition en soi* est ce qu'on doit nécessairement se représenter par le mot *proposition* pour établir avec moi cette distinction, ou encore ce qu'on pense par une proposition lorsqu'on peut encore se demander si quelqu'un l'a pensée ou non. [...] En d'autres termes, par proposition en soi j'entends uniquement une proposition selon laquelle quelque chose est ou n'est pas, que cette proposition soit vraie ou fausse, exprimée ou non avec des mots, pensée ou non par un esprit[20].
>
> 2) Par proposition au sens objectif du terme je n'entends rien de plus, mais tout ce qui répond aux deux conditions suivantes :
>
> a) *qu'elle est ou vraie ou fausse*
>
> b) *qu'elle n'est rien d'existant*[21].
>
> 3) Ce que j'entends par *proposition*, ce n'est pas pour moi ce que les grammairiens appellent une proposition, à savoir l'expression verbale, mais uniquement le *sens* de cette expression, lequel, nécessairement et toujours, ne peut être que vrai ou faux : une *proposition en soi* ou une *proposition objective*. J'accorde bien la conception d'une proposition dans l'esprit d'un être pensant, j'accorde bien aux propositions *pensées* et aux *juge-*

19. *WL*, I, § 23, 91.
20. *WL*, I, § 19, 77.
21. *Bolzano-Exner*, 62-3 (lettre du 22. 11. 1834).

> *ments qu'on porte* une existence, à savoir dans l'esprit de celui qui pense ces propositions et qui porte ces jugements. Mais les pures propositions en soi, ou les *propositions objectives*, je les compte parmi une espèce de choses qui ne sont absolument en rien des existants, et qui ne pourront non plus jamais le devenir. Que nous *pensions* à une proposition, que nous *jugions* qu'une chose soit ainsi ou autrement, cela est quelque chose de réel, qui est apparu en un temps déterminé; les *signes* écrits, par lesquels nous couchons quelque part de telles propositions, sont de même quelque chose qui appartient à la réalité; mais les propositions mêmes n'appartiennent à aucun temps et à aucun lieu[22].

Résumons : les propositions en soi

- sont vraies ou fausses,
- sont indépendantes du langage et de la pensée et ne sont donc ni les énoncés ni les jugements,
- n'existent pas concrètement (dans l'espace ou dans le temps),
- sont le sens des énoncés,
- forment la matière ou le contenu des jugements,
- la même proposition en soi existe en un seul exemplaire mais peut être saisie ou exprimée par plusieurs personnes; elle peut également rester pour toujours inconnue de tous sauf de Dieu,
- sont des entités complexes composées de représentations en soi.

La plus importante des déterminations du statut des propositions est sans doute celle qui identifie une proposition au sens de l'énoncé : par proposition, «on entend non pas une combinaison de mots, mais seulement le *sens* [*Sinn*] que peut exprimer une certaine combinaison de mots»[23]. Une proposition en soi, c'est la signification d'un énoncé ou d'un jugement. Frege exprimera la même idée en employant le terme «pensée» (*Gedanke*) à la place de celui de proposition, mais en inversant la terminologie de Bolzano comme pour mieux s'en écarter : pour Frege, la Pensée est le sens d'une proposition (entendue comme énoncé), alors que pour Bolzano, la proposition (en soi) est le sens d'une pensée[24].

---

22. *Einl. GL*, II, 18v.-19r.
23. *WL*, I, § 28, 121.
24. Si Bolzano voit dans le terme *Gedanke* un acte de l'esprit, forcément subjectif, Frege considère que le terme *Satz* ne saurait désigner qu'un énoncé, et le terme *Vorstellung*, un événement mental. Selon Frege, le sens (*Sinn*) d'un nom ou

Soulignons qu'on ne saurait identifier les propositions aux états de choses pour deux raisons. Premièrement, les propositions sont des entités composées de représentations : sujet, prédicat et copule. Or, les états de choses ne se composent certainement pas de représentations. En tant qu'entités *structurées*, les propositions sont donc proches de ce que Pavel Tichy appelle les *constructions*. Deuxièmement, les propositions sont susceptibles de fausseté, alors qu'on ne connaît pas des états de choses faux.

Les propositions se divisent en vérités en soi et en «faussetés» en soi. Les vérités en soi sont des propositions qui «énoncent les choses comme elles sont»[25], indépendamment du fait d'être pensées ou énoncées par quelqu'un. Cette définition reprend presque mot à mot la formulation aristotélicienne. Dans une lettre à Exner, Bolzano précise :

> une proposition est vraie lorsqu'elle attribue à un sujet un prédicat qui lui appartient; en d'autres termes, elle est vraie lorsque tout objet qui est subsumé sous la représentation de sujet de cette proposition possède une propriété subsumée sous la représentation de son prédicat. Dans ce contexte, je n'aime pas trop parler d'adéquation[26].

Une proposition, qui est comme toutes les propositions de la forme «*S* a (la propriété) *p*», est *vraie* lorsqu'elle satisfait à trois conditions :

1) «*S*», la représentation de sujet, doit être objectuelle,

2) «*p*», la représentation de prédicat, doit être une représentation objectuelle de propriété,

3) La représentation de sujet «*S*» doit être incluse dans le *concretum* «*P*» de la représentation de prédicat, l'inclusion pouvant être réciproque.

Expliquons d'abord le terme *concretum* qui figure dans la troisième condition. Il vient des scolastiques (déjà Occam faisait la distinction que reprendra Bolzano) qui considéraient des couples de termes

---

d'un énoncé n'est rien d'autre que le mode de donation de l'objet; c'est pourquoi la Pensée consiste dans le mode de donation d'une valeur de vérité.

25. «Satz, der etwas so, wie es ist, aussagt», *WL*, § 25, 112. De même : «une proposition est vraie lorsqu'elle énonce ce qui appartient à son objet», *ibid.*, § 28, 124.

26. *Bolzano-Exner*, 90. Cette définition suppose la théorie bolzanienne de la réduction des énoncés à une forme canonique unique; cf. *infra*, § 5. En termes plus simples, «une proposition est dite *vraie* lorsqu'elle attribue à l'objet une propriété qui lui *appartient*; *fausse* lorsqu'elle ne le fait pas». *Wissenschaftslehre und Religionswissenschaft in … Übersicht*, 30. Quant au terme d'adéquation, Bolzano affirme que la seule explication qui lui confère un sens raisonnable revient à la définition qu'il en a donnée.

comme animal–animalité, saint–sainteté etc. et divisaient les termes en *concreta* et *abstracta*. Bolzano envisage les propositions de la forme «*S* a (la propriété) *p*», où la représentation du prédicat *p* est une représentation abstraite de *propriété*, un *abstractum* (comme «sainteté» ou, pour prendre un autre exemple, «qui a trois étages»). Elle peut être transformée en une représentation concrète, un *concretum*, noté *P*, en fournissant un support (la représentation «quelque chose») à la propriété *p*. *P* est alors «quelque chose qui a la propriété *p*» («quelque chose qui a la sainteté», plus brièvement «un saint», ou «quelque chose qui a trois étages»). La condition 3) dit alors que chaque objet représenté par *S* est quelque chose qui a la propriété *p*, qu'il est donc *P*, ce qui revient à dire que la représentation *S* est incluse dans celle de *P*.

C'est E. Casari qui a attiré attention sur l'importance de l'article indéfini qui figure dans la formulation de la lettre à Exner : lorsque tout objet «possède *une* propriété subsumée sous la représentation de son prédicat»[27]. Cette formulation découle de la distinction rigoureuse entre une propriété et sa représentation. Les propriétés *adhèrent* à leurs objets et sont *subsumées* sous leurs représentations. Bolzano rejette l'idée de la quantification du prédicat, puisque chaque objet subsumé sous la représentation de sujet possède *une* des propriétés comprises (subsumées) sous la représentation de prédicat.

Illustrons ce qui vient d'être dit sur l'exemple d'une vérité en soi. Soit la proposition qui indique le nombre de fleurs sur un certain arbre au printemps qui vient de s'écouler (supposons ce nombre 1003) : «au printemps dernier, le petit oranger de mon verger avait 1003 fleurs». Cette proposition est vraie parce que 1) la représentation de sujet et 2) celle de prédicat sont les deux *objectuelles* (le petit oranger existe bel et bien et la représentation de la propriété d'avoir 1003 fleurs n'est pas vide non plus puisque l'*une* des propriétés qu'elle représente est celle que possède mon oranger), et 3) parce que la représentation «le petit oranger de mon verger, au printemps dernier» est *incluse* dans le *concretum* «quelque chose qui a 1003 fleurs», ce qui veut dire que la représentation «quelque chose qui a 1003 fleurs» représente, entre autres choses, mon oranger. Même si personne sauf Dieu ne connaît le nombre des fleurs sur mon oranger, ce nombre est bien déterminé et il y a une vérité en soi qui l'énonce.

27. «L'universo logico bolzaniano», *Rivista di filosofia*, 76 (1985), 352-3. Contre cette interprétation, Jan Berg soutient cependant que la représentation de prédicat *p* est une représentation singulière de second ordre dont l'unique objet est une propriété. Cf. *Gesamtausgabe* I, 11/2, Einl., 15, et I, 12/1, 10.

De ce fait, la validité d'une vérité en soi n'est pas limitée dans le temps; elle est vraie une fois pour toutes. Conformément au principe de bivalence, pour qu'une expression exprime une proposition authentique et non pas seulement une forme propositionnelle, elle doit contenir une détermination spatio-temporelle de son sujet si celui-ci est réel.

C'est aussi pourquoi on ne saurait parler de *vérités éternelles* au sens propre du terme. La distinction entre les vérités éternelles et les vérités «temporelles» revient en réalité à la distinction entre l'assertion d'un rapport permanent, indépendant du temps, et l'énoncé d'un rapport dont la durée est limitée. Bolzano entend réfuter ainsi l'idée selon laquelle Dieu est la source des vérités éternelles (dans ce contexte, Bolzano ne mentionne pas Descartes). Il est vrai que l'omniscience divine entraîne que toutes les vérités en soi sont en même temps des vérités connues et que, par conséquent, «il n'y a aucune vérité qui ne soit pas connue d'absolument personne». Cependant, la propriété «être l'objet de la connaissance» ne fait pas partie du concept de vérité en soi. Les concepts «vérité en soi» et «vérité pensée par Dieu» sont distincts mais équivalents, ce qui signifie qu'ils ont la même extension sans avoir la même compréhension. Le logicien a donc le droit de parler de vérités en soi même si métaphysiquement toutes les vérités sont connues de quelqu'un, tout comme le géomètre a le droit de parler d'espace en soi même si l'espace est rempli de matière. Les vérités en soi ne sont «établies par personne, même pas par l'entendement divin». *Dieu existe* est une vérité qui n'est pas créée par Dieu. «Quelque chose est vrai non pas parce que Dieu sait qu'il en est ainsi; au contraire, Dieu sait qu'il en est ainsi parce qu'il en est effectivement ainsi»[28].

Pour l'instant, Bolzano n'a fait qu'indiquer le statut des propositions et préciser leur rapport aux jugements et aux énoncés. Il tâchera maintenant de démontrer l'*existence* des vérités en soi. Je donne ici une simple esquisse de sa démonstration que je traiterai en détail dans la IVe partie, étant donné le rôle historique joué par son sous-produit, la démonstration de l'existence d'ensembles infinis, dans la constitution de la théorie des ensembles. Dedekind s'en est en effet inspiré pour sa propre démonstration dans *Was sind und was sollen die Zahlen.*

Par sa démonstration, Bolzano entend réfuter le scepticisme dans ses deux versions : scepticisme ontologique et scepticisme épistémologique. Rien ne lui semble plus urgent : le premier acte philosophique ne saurait être le *cogito*, mais la démonstration de l'existence

28. *WL*, I, § 25, 113-5. Dieu connaît également toutes les propositions fausses, mais il se les représente seulement sans les affirmer.

des vérités en soi et du fait que nous pouvons les connaître. Contre le scepticisme ontologique, Bolzano tentera de prouver l'existence d'un ensemble actuellement infini de vérités *en soi*; le scepticisme épistémologique sera réfuté par la preuve de l'existence d'une infinité potentielle de jugements vrais.

Fait unique dans les annales de la philosophie, Bolzano procède par récurrence. Choisissons une proposition p. Si p est vrai, nous avons la base de la récurrence. Sinon, «p est faux» est vrai et peut servir de base de récurrence. Le passage de n vérités à n+1 vérités s'effectue en ajoutant à la $n^{ième}$ vérité p_n le prédicat «est vrai». La $(n+1)^{ième}$ vérité est donc : «p_n est vraie»[29]. Bolzano voit comme avantage essentiel de sa démonstration le fait qu'elle prouve l'existence d'un ensemble *infini* de vérités en soi puisqu'elle contredit l'idée que les vérités en soi forment un ensemble fini. A-t-il cependant le droit de conclure de l'inconsistance de l'hypothèse de la finitude à l'infini *actuel*?

C'est maintenant seulement que Bolzano peut, contre le scepticisme épistémologique, invoquer le *cogito* ou l'une de ses variantes. Il choisit comme base de la récurrence le jugement «j'ai des représentations»; le jugement qui suit immédiatement le jugement p_n sera «je reconnais la vérité de p_n». Les jugements vrais ainsi obtenus sont, comme le dit Bolzano, seulement *unbestimmt viele*; l'infini qu'ils forment est seulement en puissance.

Il est vrai, Bolzano a choisi le sceptique à son image. Non pas un pyrrhonien qui, au lieu de douter, s'abstient de toute affirmation et pour lequel le scepticisme est «une manière de vivre et non une doctrine»[30]; c'est plutôt un être en proie de doute mais qui reste sensible à la force logique de l'argumentation. Même si la règle qui impose le doute hyperbolique de Descartes est «incorrecte et dangereuse»[31],

---

29. J'ai choisi l'une des variantes de la démonstration de Bolzano (*WL*, § 31, note, et § 32).

30. B. Mates, «Bolzano and Pyrrhonian skepticism», Atelier *Bolzano's Wissenschaftslehre : 1837-1987* (Florence 1987), à paraître.

31. «Celui qui veut nous prescrire de douter de tout (au moins une fois dans la vie), doit d'abord nous montrer comment nous pouvons y arriver. Certaines vérités sont en effet si évidentes que, quelle que soit la peine que nous nous donnions pour les rendre douteuses, nous ne parvenons pas à les mettre réellement en doute. Pourquoi devrions-nous susciter le doute au sujet de vérités que nous connaissons avec toute la certitude, dont la connaissance certaine est pour nous des plus importantes et dont nous ne saurions douter ne serait-ce qu'un instant sans nous sentir malheureux ou mettre notre vertu en danger? De telles vérités sont par exemple l'existence de Dieu, l'immortalité de notre âme, le caractère obligatoire de la loi morale etc. [...] Il me semble plutôt que Descartes ait mal choisi son expression lorsqu'il a parlé de *doute* là où en réalité il a pensé à une *mise à l'épreuve*». *WL*, III, § 332, 349-50.

c'est encore la réponse augustinienne et cartésienne qui peut fournir un tout premier jugement vrai à opposer au sceptique.

Tentons de mieux cerner le concept de proposition en soi, son rôle dans le système bolzanien. On ne saurait le comprendre en dehors du contexte historique où il est né. Comme l'a remarqué Přihonsky, ami de Bolzano, ce concept est lié à la théorie augustinienne des vérités envisagées dans leur indépendance par rapport aux esprits individuels. La double formation scolastico-leibnizienne et mathématique du futur théologien a amené Bolzano à concevoir un univers objectif des entités logiques et mathématiques indépendantes de leur réalisation dans une conscience. Bolzano lui-même rattache le concept de proposition au λόγος aristotélicien et à la *cogitatio possibilis* de Leibniz. A mon avis, l'équivalent historique le plus adéquat de la proposition en soi au sens de Bolzano est l'*exprimable*, τὸ λεκτόν, l'un des incorporels des stoïciens. Mais c'est surtout plus tard, à partir de Frege et de Husserl jusqu'à nos jours que ce concept deviendra l'enjeu des discussions sur la nature des objets logiques.

Au tournant de ce siècle, le concept de proposition en soi sera utilisé pour combattre le psychologisme en logique. En fait, celui-ci remonte dans une certaine mesure à Kant lui-même. N'est-il pas à l'origine de la «confusion désastreuse», *die heillose Verwirrung*, que ses philosophèmes ont provoquée en Allemagne? La conception de la méthode mathématique comme construction de concepts dans l'intuition pure en est un exemple, l'intrusion de considérations psychologiques en logique, un autre[32]. La notion de proposition en soi est donc avant tout une réplique au transcendantalisme kantien qui attribue à la subjectivité le pouvoir constituant et fondateur des vérités; elle vise dans une moindre mesure des théories comme celle de Herbart (dont par ailleurs Bolzano se sentait assez proche), qui conçoivent les entités logiques et mathématiques comme résultant de l'abstraction. En tout cas, c'est dans le refus de reconnaître la spécificité des entités en soi qu'il faut chercher «la source de la plupart des erreurs en logique jusqu'à nos jours»[33].

---

32. «Bolzano n'adopte pas le point de vue que certains nomment *psychologique* dans la mesure où il ne croit pas que des considérations psychologiques doivent être les premières et que c'est par elles qu'on devrait commencer en philosophie, notamment en logique; il pense au contraire et soutient par des arguments qu'il existe un point de vue *supérieur* que celui-là, prétendûment le plus élevé et le seul conforme à l'esprit du siècle». *Dr. Bolzano und seine Gegner*, 158.

33. *WL*, I, § 12, 47.

Les réticences et les critiques suscitées par sa théorie des propositions en soi l'ont cependant amené à prendre une position moins tranchée. Déjà dans la *WL*, faut de pouvoir convaincre les adversaires des propositions en soi de leur nécessité, Bolzano finit par se contenter de leur utilité. N'ira-t-il pas jusqu'à reconnaître, dans la *WL* même, et répéter par la suite que, en toute rigueur, la validité de sa théorie logique *ne dépend pas* de ce concept?

Est-il alors vrai que «nous avons tout perdu» si l'on ne nous accorde pas le concept de vérité en soi, comme le dit Přihonsky, l'un des amis les plus fidèles et certainement le plus compétent?[34] Les paroles de Bolzano semblent prouver le contraire, même si l'on doit faire la part aux considérations tactiques qui répondent aux comptes rendus très largement défavorables de la *WL*. Quelle est donc le rôle effectif du concept d'en soi?

Ce concept implique d'abord une séparation méthodique entre la subjectivité de nos pensées et l'objectivité de leurs significations. Au terme d'une démonstration rigoureuse, E. Morscher retrouve deux buts que Bolzano veut atteindre par son concept d'en soi : *l'objectivité* et *l'universalité* des concepts logiques[35]. D'une part, ni les variations de l'expression verbale ni le flou des représentations subjectives ne doivent intervenir dans les opérations logiques. D'autre part, les lois logiques ne lient pas seulement des propositions déjà actualisées dans nos jugements, mais encore tous les jugements futurs.

Bolzano pense ne pouvoir atteindre ses buts qu'en accordant aux objets logique un statut particulier, indépendant des événements du monde. Ceux qui ne veulent pas reconnaître la notion de vérité en soi, peuvent à la rigueur se contenter de sa théorie logique détachée de ses fondements; en refusant d'identifier la logique à la théorie des lois de la pensée, il veut, contrairement à ce que pensent ses critiques, non pas d'«abaisser la valeur des lois dites de la pensée, mais de l'élever»[36]. Avant de définir les relations logiques entre les propositions et les représentations, il pose donc d'emblée leur totalité objective qui constitue le champ de la logique, la région du sens. Les objets logiques en soi sont comme les objets mathématiques, comme les nombres : ils sont nommables, identifiables, individualisés. Bolzano a ainsi à la fois créé le concept d'entité logique au sens absolu et mis un terme aux interférences de la logique avec la théorie de la connaissance et la

34. *Neuer Anti-Kant* (1850), 5.
35. *Das logische An-sich bei B. Bolzano*, 278.
36. *Dr. Bolzano und seine Gegner*, 158.

psychologie. C'est sur ce sol épuré que pourra s'élever l'édifice logico-mathématique de Bolzano.

Il reste encore un point à clarifier : le rapport des objets logiques à leurs expressions linguistiques. Bolzano lui-même a toujours insisté sur la différence de nature entre les propositions et les énoncés. Avec l'avènement des langues formelles, la question de leur différence mérite cependant d'être soulevée. Pour Bolzano, les expression linguistiques sont des entités réelles, des combinaisons de sons ou des suites de signes écrits, localisées dans le temps et dans l'espace. Comme l'a rappelé E. Casari, les langues formelles de notre logique englobent la totalité des constructions *idéales* qui ne sauraient se confondre avec des événements spatio-temporels que sont les actes linguistiques concrets. La différence entre la conception de Bolzano et celle du courant principal de la logique du XXe siècle (à de notables exceptions près, par exemple celle de Gödel) se réduit alors à l'essentiel : Bolzano tient la logique pour indépendante du langage.

L'objectivisme logique bolzanien représente l'aboutissement d'une tendance fondamentale de la science moderne : il désubjectivise l'image du monde, la reconstruit avec les moyens mathématiques et en recherche les invariants. L'*hubris* du sujet souverain, cartésien et kantien, qui prétendait légiférer le monde, doit désormais se plier aux lois non écrites qui ont investi la pensée et la langue.

Si le philosophe pragois a libéré la logique de l'emprise de la psychologie et de la théorie de la connaissance, il a substitué un problème ontologique au problème épistémologique de l'abstraction : le statut des objets logiques reste énigmatique. Ses premiers critiques n'ont pas manqué de souligner le caractère fantomatique des propositions en soi et de relever le paradoxe qui consiste à faire concevoir par un sujet réel des propositions et des représentations qui n'ont pas d'existence. Les philosophes aussi différents que Jan Patočka et Willard V. Quine concordent dans leur critique des entités *an sich*[37].

37. Pour Patočka, la doctrine bolzanienne découle de son apriorisme logique, «de sa conviction que les notions déductives sont caractérisées non seulement par une nécessité objective, mais aussi par une origine, une valeur et une dignité tout à fait différentes de celles des notions empiriques». Bolzano n'aurait pas saisi l'aspect le plus positif de la doctrine kantienne, «aspect qui chez Kant lui même est comme occulté par un apriorisme non critique : la doctrine critique de la vérité, liée à l'activité du sujet» («Bolzanovo místo v dějinách filosofie», in *Filosofie v dějinách českého národa*, 120). De son côté, Quine considère que les propositions ne sont que des «ombres des énoncés» et qu'on ne saurait les ériger en un «musée de significations» indépendantes de tout langage.

L'ontologie de Bolzano est dualiste : d'une part, le monde réel constitué de substances et de leurs propriétés (attributs, *Beschaffenheiten*); d'autre part, l'univers des objets logico-mathématiques, qui comprend les propositions et leurs constituants, les collections et les nombres[38]. Bien que le monde réel et l'univers logico-mathématique soient des spécifications du même genre suprême «quelque chose en général» (*Etwas überhaupt)*, les deux sont rigoureusement séparés. Les êtres logiques et leurs incarnations subjectives ne sont pas des espèces d'un même genre; il n'y a pas de genre commun aux propositions et aux jugements pas plus qu'il n'y a de genre qui englobe à la fois les poissons vivants et les poissons peints. A proprement parler, ce sont les propositions et non les jugements qui sont susceptibles d'avoir une valeur de vérité. Mais seul le monde réel *existe* au sens bolzanien du terme; il comprend les substances, leurs propriétés et états (il comprend donc également les jugements et les représentations subjectives) ainsi que les collections de substances (les objets physiques) et leurs propriétés. Les termes *Dasein*, *Sein* et *Wirklichkeit* sont synonymes et dire «*A* existe» ne signifie rien d'autre que dire «*A* est réel».

En revanche, les objets logico-mathématiques et aussi certaines déterminations des substances comme l'espace et le temps n'ont pas d'existence réelle. Par sa terminologie même, Bolzano vise la plus grande neutralité ontologique : il abandonne l'expression «existence idéale» (*ideales Dasein*) utilisée dans les *Beiträge*, et des objets logiques, il dira seulement qu'ils «subsistent non comme quelque chose d'existant, mais néanmoins comme un certain quelque chose», qu'ils sont «quelque chose, donc un objet au sens le plus large», qu'ils sont des «entités» et qu'ils appartiennent au «domaine [*Reich*] des choses qui ne prétendent pas à l'existence»[39]. On peut tout juste dire «il y a» (*es gibt*) des propositions, il y a des vérités en soi, on ne peut pas leur attribuer l'existence. A. Marty et H. Bergmann pensent que par cette doctrine, Bolzano a «réinterprété les différences des étants en termes de différence de l'être» et que, après tout, n'importe quelle classe

38. «Es gibt nun Dinge von zweierlei Art : Seyende und nicht seyende, z. B. Substanzen und Wahrheiten an sich». *WL*, IV, § 483, 185.

39. «Diese objective Vorstellung [...] bestehet – zwar nicht als etwas *Seyendes*, aber doch als ein gewisses *Etwas*», *WL*, I, § 48, 217; «Etwas, also ein Gegenstand (im weitesten Sinne des Wortes)», *Einl. GL*, II, § 3, 21v.; «Wesenheiten», *Bolzano-Exner*, 24; «Reich derjenigen Dinge, die keinen Anspruch auf Wirklichkeit machen» *PU*, § 13, 13. Frege emploiera le même terme et parlera du «troisième domaine» (*das dritte Reich*), constitué de «pensées» et Popper transformera ce «troisième royaume» en «troisième monde» qui, contrairement à celui de Bolzano et de Frege, est un monde *humain*.

d'objets pourrait prétendre à un concept d'existence qui lui soit propre[40]. Aux deux grands domaines d'objets semblent ainsi correspondre deux concepts d'existence qui dépendent de la nature des êtres auxquels ils doivent s'appliquer.

Cependant, Bolzano ne connaît qu'un seul concept d'existence, celui qui permet de distinguer entre *quelque chose* et *rien*. Ce concept, qui correspond à notre quantification existentielle, est primitif et Bolzano l'exprime par les mots «il y a», *es gibt*. C'est seulement sur ce concept que peut se greffer le cas échéant l'existence *réelle* à titre de détermination supplémentaire. Bolzano peut alors tenir l'existence réelle, la *Wirklichkeit*, pour un prédicat, puisque l'existence pure au sens de la quantification est garantie par le «il y a».

Nouveau rebondissement : à son tour, l'existence pure, quantificationnelle, est conçue comme un prédicat. Mais cette fois-ci, comme plus tard Frege, Bolzano la considère comme une propriété non plus des *objets* mais de leurs *concepts*, propriété de *second ordre* qu'il appelle *objectualité* (*Gegenständlichkeit*). Un concept (une représentation) est *objectuel* (*gegenständlich*) s'il représente, dénote un objet, c'est-à-dire lorsqu'il existe un objet qui tombe ou est subsumé sous ce concept; sinon le concept est sans objet, vide. Un jugement d'existence est donc en réalité une proposition qui énonce *l'objectualité d'un concept*. Ainsi est résolu le problème de l'existence considérée comme prédicat : c'est un prédicat non de choses, mais de concepts.

Il s'en suit que les énoncés «il y a des vérités en soi» et «Dieu existe» se traduiront respectivement par «le concept de vérité en soi est objectuel» et «le concept de Dieu est objectuel». Mais, justement, ici, l'objectualité semble avoir englouti la différence entre existence pure et existence réelle. Bolzano la restaure par la distinction suivante : les propositions de la forme «*A* existe» et «le concept de *A* est objectuel» sont *identiques* seulement lorsque l'objet *A n'est pas réel*. Lorsque l'objet A est réel, les deux propositions sont seulement *équivalentes* sans être identiques, l'équivalence étant assurée par le fait «qu'il découle de la représentation *A* elle-même que l'objet qui lui correspond est un objet existant»[41]. L'expression complète de l'énoncé «Dieu existe» sera donc «le concept de Dieu est le concept d'un être réel et il est objectuel». L'existence au sens de réalité (*Wirklichkeit*)

40. H. Bergmann, *Das philosophische Werk B. Bolzanos*, 18; cf. également A. Marty, *Sprachphilosophie*, I, § 67 sq.

41. *WL*, II, § 137, 53. Nous nous écarterons de l'usage bolzanien du terme *exister* et dirons simplement que les propositions et les autres entités logiques et mathématiques existent, même s'il ne s'agit pas d'existence spatio-temporelle.

est un prédicat de l'objet, mais l'existence pure (au sens d'«il y a») est une propriété de son concept.

Cependant, Bolzano pense que seule l'affirmation de l'existence au sens de réalité engage ontologiquement, parce qu'elle insère un être dans un réseau de relations causales. Pour lui, le verbe *être* au sens propre du terme, c'est *être réel*, c'est agir, être une substance, une collection de substances ou une propriété de substances. Le monde réel et l'univers logique sont radicalement distincts; la seule propriété que leurs objets ont en commun, c'est *être quelque chose*, c'est-à-dire l'objectualité de leurs concepts. Un clivage sépare les deux : seul le monde des substances est créé par Dieu. Chez Bolzano, la logique, constituée d'entités non réelles, est incréée et ne dépend d'aucun être, même pas de Dieu. Si pour Kant, la mathématique est l'œuvre de l'homme, pour Bolzano, elle n'est même pas l'œuvre de Dieu. Elle est un livre anonyme. L'univers logique, constitué de significations, est un royaume d'ombres qui, bien qu'«irréelles», s'incarnent dans nos jugements et nos représentations.

2. *Les représentations en soi, constituants des propositions en soi. Théorie de la définition*

Les propositions en soi sont des entités complexes et structurées; elles se composent de constituants (composantes ou parties, *Bestandteile*, *Teile*) que Bolzano appelle représentations en soi (*Vorstellungen an sich*). Celles-ci se rapprochent de ce qu'on appelle habituellement les concepts; cependant, Bolzano range parmi les représentations toute partie signifiante des propositions, y compris les intuitions (en soi) et les représentations exprimées par les noms propres. Les représentations forment donc un genre dont les concepts sont une espèce. Par définition, une représentation en soi est «tout ce qui figurer comme constituant dans une proposition et qui n'est pas en lui-même une proposition complète»[42]. Ce qui différencie les représentations des propositions, c'est donc le fait que les premières ne peuvent pas prendre des valeurs de vérité; en revanche, contrairement aux propositions, elles peuvent représenter des objets.

La distinction entre les propositions et les jugements se répercute sur leurs constituants : les représentations en soi sont la «matière» (*Stoff*) des représentations subjectives. Comme pour les propositions,

42. *WL*, I, § 48, 216. Bolzano donne cette formulation à titre d'explication préliminaire, mais après quelques hésitations, il finit par l'accepter comme définition véritable.

dans mon commentaire, je prendrai le mot «représentation» au sens objectif; sinon, je parlerai toujours de représentations subjectives.

L'expression «représentation» (en soi) ne renvoie pas à la représentation mentale et encore moins à l'image; au contraire, Bolzano distingue rigoureusement entre une représentation *en soi* qui est une idée *objective* et une représentation *subjective* qui est un phénomène mental et qui relève de la psychologie. En choisissant le terme «représentation», Bolzano veut mettre en évidence le *rapport* entre les représentations et les objets qu'elles représentent. Ce rapport est tout à fait essentiel : nous ne connaissons les objets que par l'intermédiaire de représentations que nous formons à leur propos. A l'instar des propositions (en soi), les représentations (en soi) sont des entités logiques qui appartiennent au domaine des significations. Seules les représentations subjectives existent réellement dans l'esprit d'un être. A mi-chemin des nominalistes et des réalistes, Bolzano, héritier du conceptualisme, peut alors dire que si les nominalistes avaient raison de considérer le concept en soi comme quelque chose de non existant (de non réel), les réalistes avaient raison de dire qu'il n'est pas seulement un nom[43].

Dans son analyse des propositions en parties significatives, Bolzano s'inspire de la composition des énoncés à partir de mots. Il en est de même lorsqu'il s'agit de déterminer la structure des expressions qui les désignent. En effet, étant donné que

> dans une langue, chaque mot sert à désigner une représentation, et que certains mots désignent même des propositions entières, c'est faire une conjecture tout à fait naturelle que d'imaginer qu'une représentation en soi contient au moins autant de parties qu'il y a de mots dans son expression[44].

Cependant, les langues naturelles ne sont pas logiquement parfaites et ne permettent donc pas de conclure du mot à la représentation en soi : d'une part, certaines expressions sont redondantes et ne désignent aucun constituant nouveau, d'autre part, les langues naturelles n'ont pas suffisamment de ressources pour exprimer toutes les représen-

---

43. Bolzano hésite à identifier les représentations en soi avec les Idées platoniciennes. Dans *La Grammaire philosophique chez Platon*, A. Soulez situe l'objectivité des significations non pas dans les Idées, mais dans les *pragmata* (Paris, 1991, p. 286). Pour le conceptualisme, voir la communication de H. Schepers, «Leibniz und Bolzano als Konzeptualisten», *Bolzano's Wissenschaftslehre : 1837-1987* (Florence, 1987). Contrairement à Bolzano, pour un conceptualiste comme Occam, un concept («terminus conceptus») est cependant «une intention ou passion de l'âme [...], partie d'une proposition mentale» (*Summa logicae*, I, 1)

44. *WL*, I, § 57, 246.

tations en soi. La quantification universelle illustre le premier cas, les intuitions fourniront un exemple du second.

On a vu comment s'exprime la quantification existentielle : «A existe» se traduit par «la représentation A est objectuelle». Pour Bolzano, la quantification universelle n'a pas besoin d'un terme spécifique puisque dans une proposition, un terme général est toujours pris universellement. Les mots «chaque», «tout» (pris distributivement et non collectivement) et semblables ne font que rappeler qu'on utilise le terme général sans restriction. Dans les propositions qui énoncent les propriétés appartenant à tous les hommes, les expressions «l'homme», «tous les hommes», «tout homme», «chaque homme», «un homme», désignent toutes la même représentation «homme». L'article défini (et l'article indéfini lorsqu'il indique la généralité) ne se combinent donc pas avec le concept pour former *deux* représentations; ils ne figurent dans une proposition que pour indiquer plus distinctement le concept désigné par le mot sans produire aucun effet autre que rhétorique.

Si les expressions langagières courantes de la quantification universelle rappellent simplement qu'il faut prendre les représentations dans toute leur extension, le langage dispose de procédés pour éviter des connotations parasites. En particulier, les termes *überhaupt* ou *an sich* ajouté au terme A, ont pour fonction non pas «d'ajouter encore quelque chose à la représentation désignée par le mot A, mais au contraire d'empêcher que nous n'y mettions pas de notre propre gré quelque chose qu'on ne doit pas penser par ce terme conformément à sa destination propre» qui est de désigner la représentation A[45].

A l'instar des propositions, certaines représentations sont à leur tour composées de représentations. Certaines, mais non pas toutes, car il y a des représentations simples. L'ensemble ou plus exactement la *somme* des constituants ou parties d'une représentation complexe est sa *compréhension.* Bolzano la caractérise par le concept de somme qu'il définira dans sa doctrine ensembliste comme ensemble dans lequel les parties des parties peuvent être considérées comme partie du tout (voir ci-dessous, IIIe partie, chap. II, 2). En réalité, la propriété caractéristique des sommes qui est la raison pour laquelle la compréhension d'une représentation est une somme, est la possibilité de *remplacer* ses parties (termes) par leurs parties. En effet, de même que, dans une

45. *Ibid.*, 247. On a vu que le complément «en soi» ajouté à «vérité» ne fait que nous inviter à prendre le terme de vérité sans autres connotations, exactement comme lorsque nous parlons du «quadrilatère en général».

somme, on peut remplacer un membre par ses parties, de même, dans la compréhension d'une représentation, on peut remplacer une partie (un constituant) par les parties de cette partie. Les représentations «nombre pair» et «nombre divisible par 2» ont la même compréhension puisque «pair» peut être remplacé par «divisible par 2». Il en résulte qu'on peut prendre pour compréhension d'une représentation la somme de tous ses constituants *simples*. Par ailleurs, la compréhension d'une représentation peut être infinie, même si nous ne pouvons pas la saisir distinctement.

Une représentation n'est pas déterminée par sa compréhension, étant donné que cette dernière est une simple somme (donc un ensemble) de parties dans laquelle on ne tient pas compte de leurs liens. La représentation «fils indigne d'un père digne» par exemple à la même compréhension que «fils digne d'une père indigne»[46].

Qu'est-ce qu'une partie, un constituant, une composante d'une représentation complexe? C'est, dit Bolzano, «tout ce qu'il faut nécessairement penser pour avoir effectivement pensé cette représentation»[47]. Voici deux exemples élémentaires : «rien» se décompose en «non » et «quelque chose»; «triangle équilatéral» en «triangle», «qui», «est», «égalité», «côté». La représentation «paysage sans montagne» contient comme partie «montagne» même si cette dernière ne fait pas partie de l'objet représenté. Une représentation peut aussi contenir une proposition entière comme constituant à condition de ne pas lui être identique. Telle est par exemple la représentation «connaissance de la vérité "Dieu est tout-puissant"».

En quoi consiste l'unité d'une représentation en soi ? Etant donné que Bolzano ne peut pas se contenter d'en appeler au mode de formation d'une représentation subjective et que «la formation des représentations en soi est quelque chose de tout à fait arbitraire»[48], cette unité fait problème. Un simple assemblage de représentations ne forme pas encore *une* représentation complexe. Son unité est assurée d'une part par les *objets* qu'elle représente, d'autre part par la *place* qu'elle peut occuper dans une proposition. L'unité d'une représentation est donc à la fois «sémantique», relative à l'objet représenté, et «syntaxique», relative aux substitutions auxquelles elle peut se prêter.

---

46. Toutefois, selon la *WL*, III, § 281, 41, la compréhension d'une représentation englobe aussi bien ses parties que le mode de leur composition. Mais dans *Einl. GL*, II, § 3, de nouveau, les liens entre les parties n'interviennent pas dans compréhension d'une représentation.

47. *WL*, I, § 65, 283.

48. *Ibid.*, § 64, 275.

Quant à leur compréhension, les représentations sont simples ou complexes. Les représentation simples sont identiques à leur compréhension. Bolzano tente de démontrer leur existence en s'appuyant sur le principe selon lequel tout objet complexe se compose d'éléments ultimes simples; en réalité c'est l'analogie avec les objets géométriques, composés de points, qui lui sert d'argument.

Les représentations simples existent donc, mais il est à peu près impossible d'en donner une liste. En réunissant les indications de Bolzano, on trouve les concepts simples suivants : «quelque chose», «avoir (une propriété)», «propriété» (*Beschaffenheit*), «être» (*Wirklichkeit, Dasein, Sein*, les trois termes étant synonymes), «non», «composition» (*Zusammengesetztheit* qui servira à définir les collections ou systèmes, *Inbegriffe*, et les ensembles), «devoir» (*sollen*), «saisir» (*Auffassen*), exprimant le rapport entre une entité subjective (une pensée) et l'entité logique en soi qui lui correspond, «représenter» au sens du rapport entre une représentation et son objet, «point». Il y a une infinité de représentations simples (chaque intuition est une représentation simple), mais seulement un nombre fini de concepts simples. Quelques uns des concepts fondamentaux de la logique sont donc simples et cette liste s'élargirait si l'on y ajoutait les concepts que Bolzano ne parvient pas à définir.

Les représentations complexes ont une certaine structure qui est déterminée par la nature des liens entre ses constituants. Contrairement à ce qui se passe dans le cas des propositions, il n'y a pas de forme canonique unique des représentations. Les liens entre les constituants d'une représentation peuvent donc être des plus variés. Ils se divisent en liens directs et liens indirects. Les liens directs consistent dans une simple juxtaposition des parties comme dans «rien», i.e. «non-quelque chose», ou dans «avoir une obligation». Les liens indirects sont exprimés par des parties de liaison, par exemple «qui», «de», «avoir». Dans «homme qui a la probité», les représentations «homme» et «probité» sont reliés indirectement par «qui». Comme on le voit, tout lien indirect s'effectue par l'intermédiaire d'un lien direct. Malgré les apparences, dans l'expression «chapeau rond», le lien entre «chapeau» et «rond» est indirect; cette expression doit être paraphrasée en «chapeau qui a la forme ronde» dont la forme logique est «*A* qui est *b, c*, ...»

La compréhension d'une représentation est un *ensemble* de représentations, elle est donc dépourvue de structure. En revanche, les constituants de la représentation elle-même «sont liées non pas dans un ordre quelconque comme les parties [=éléments] d'un ensemble, mais seulement dans un ordre déterminé»[49]. Ils peuvent être ordonnés linéairement selon une relation de succession (*Aufeinanderfolge*) qui caractérise chaque représentation particulière. Il est donc tout à fait naturel d'interpréter une représentation comme une *suite* de représentations plus simples dont la forme ultime est la suite des représentations *simples* qui la composent; les représentations simples deviendront alors des suites à un élément. Dans une représentation subjective, la succession des parties se déroule selon un ordre temporel; dans la représentation objective correspondante, l'ordre est celui de la succession pure comme dans une suite de nombres. Néanmoins, dans certaines représentations, tous les constituants ne se présentent pas dans un ordre linéaire; dans les représentations de la forme «*A* qui a les propriétés *b, b', b"*, ...», ces propriétés figurent «comme les termes d'une somme», c'est-à-dire indépendamment de l'ordre dans lequel elles sont énoncées.

Dire quels sont les constituants d'une représentation complexe est du ressort de la *théorie de la définition*. Réglons d'abord une question préliminaire : faut-il tout définir? Pascal et Kant ont chacun soulevé des objections d'ordre général, le premier contre l'exigence de définir tout ce qu'on peut définir, le second contre l'usage exclusif de la méthode purement conceptuelle, discursive en mathématiques.

J'ai déjà indiqué quelques critiques que Bolzano adresse à la philosophie kantienne des mathématiques et j'aurai l'occasion d'y revenir. Bolzano la tient pour «pure illusion», *leere Täuschung*, principalement à cause du sens fluctuant du terme *intuition* qui y joue un rôle essentiel. En géométrie et en arithmétique, l'imagination pure doit produire les objets mathématiques en *adjoignant* l'intuition pure kantienne à leur définition; en algèbre, on y parvient grâce à la notation symbolique. Or, l'imagination productrice d'objets est incapable de construire un objet conformément à son concept dans tous les cas : par exemple, nous ne pouvons pas *tracer* une ligne infinie par l'imagination, nous pouvons seulement la *penser*. En revanche, dans les sciences considérées comme discursives par Kant, on n'hésite pas de recourir le cas échéant aux figures ou illustrations intuitives. La logique ne se prive pas de la possibilité de représenter les relations extensionnelles entre les concepts par le moyen de diagrammes d'Euler ou de Lambert; par ailleurs, des sciences comme la chimie ou la géographie ont leur propres systèmes de notations symboliques comparables à ceux de l'arithmétique ou de l'algèbre.

49. *Wissenschaftslehre und Religionswissenschaft in ... Übersicht*, 38.

En ce qui concerne la règle pascalienne «ne définir aucun des termes qui sont parfaitement connus»[50], Bolzano est d'accord mais il ne pense pas que sa conception s'y oppose. Chaque science devrait commencer par l'explication de son objet : les mathématiques par le concept de grandeur, la géométrie par celui d'espace, la science du droit par celui de droit et ainsi de suite.

> Faisons-nous cependant une entorse à cette règle lorsque, en exposant une science, nous cherchons à décomposer les concepts qu'elle contient, par exemple en géométrie les concepts d'espace, de ligne, de surface, de solide? Ces concepts peuvent bien être familiers à un débutant sans qu'il sache s'ils sont simples ni de quelle manière il peut les composer à partir de concepts plus simples. Nous ne dirons donc pas quelque chose qu'il connaît déjà en lui disant, et non seulement en lui disant mais de plus en lui montrant que ces concepts sont composés de telles et telles parties[51].

Au delà la clarté des concepts, il faut viser leur *distinction*, la *Deutlichkeit* : la présence de leur constituants dans la conscience. De la part de Bolzano, c'est une exigence tout à fait fondamentale, aussi fondamentale que celle des démonstrations complètes.

Quant à l'essentiel, la théorie bolzanienne de la définition peut être caractérisée par deux traits : d'une part, Bolzano distingue les *déterminations* complètes et les *définitions* au sens propre du terme, d'autre part, il assigne à chaque représentation une définition unique. Une détermination complète de la représentation A (*Bestimmungssatz*) est une proposition qui énonce une propriété *exclusive*, caractéristique de tous les objets compris sous A. Bien entendu, il peut y avoir plusieurs déterminations du même objet puisqu'elles énoncent des propriétés équivalentes.

Bolzano appelle *explications* (*Verständigungen*) les définitions au sens large. Deux sortes d'explications sont particulièrement importantes : les définitions au sens étroit (*Erklärungen*) et les définitions *contextuelles*, des élucidations ou paraphrases qui apparaissent ici pour la première fois dans l'histoire de la logique.

Lorsqu'une représentation est complexe, son explication consiste dans l'indication de ses constituants; on a alors affaire à une définition «rigoureusement scientifique», une décomposition (*Zerlegung*) ou détermination du concept (*Begriffsbestimmung*). Suivant qu'une représentation complexe est *donnée* et qu'il faut l'analyser, ou qu'elle

50. *De l'esprit géométrique*; *Œuvres complètes* (Seuil, Paris, 1963), 357; cf. *Einl. GL*, II, § 11, Anm. 1, 48r.

51. *Ibid.* 48r-v.

est au contraire non pas donnée mais *construite* à partir de constituants, Bolzano distingue, comme ses prédécesseurs, les définitions *analytiques* et les définitions *synthétiques*.

Une véritable décomposition du concept dépasse évidemment les limitations imposées par la plupart des règles traditionnelles : définir par le genre prochain et la différence spécifique, ne pas définir par des négations ou par des relations. Bolzano admet également les explications qui définissent une partie par le tout qui la contient.

L'explication complète d'une représentation comprend essentiellement trois étapes. Il faut tout d'abord décider si elle est simple ou complexe, formuler ensuite la définition si elle est complexe et troisièmement, lorsque le définition est analytique, la justifier par une démonstration spéciale.

La thèse de l'unicité de la définition pour chaque représentation complexe donnée signifie que les explications du concept qui diffèrent réellement et non pas seulement verbalement définissent non pas le même concept mais deux concept *équivalents*. Bolzano insiste sur ce point : on définit non pas les *choses* mais les *concepts*, les représentations. Ainsi par exemple, les définitions du cercle par l'équidistance, et par la constance de courbure, sont des explications de deux concepts équivalents. Il est absurde, dit Bolzano, de tenir les définitions nominales, les définitions réelles et les définitions génétiques pour des explications différentes du même concept, «puisqu'une explication qui indique des constituants différents est de ce fait même l'explication d'un autre concept»[52].

Il semble cependant évident que la même représentation peut se prêter à différentes décompositions suivant le niveau de l'analyse. Peut-on encore parler d'unicité? Ne devrait-on l'accorder que lorsque la représentation est décomposée en éléments ultimes, primitifs, simples? Bolzano pense que la décomposition ne fait qu'exprimer différemment, selon les ressources de la langue et le niveau de l'analyse, le *même* concept. *Definiens* et *definiendum* ne font pas deux représentations, deux concepts, mais un seul. Comme le disent déjà les *Beiträge*,

> Un seul et même concept se compose des mêmes parties simples. Lorsqu'il contient *plus de deux* concepts comme constituants et qu'on ne remonte pas dans l'explication jusqu'aux constituants *ultimes*, il est bien sûr possible de le décomposer en parties intégrantes de deux manières; dans ce sens, un concept admet plusieurs explications. Mais la différence de ces explications ne

52. *WL*, IV, § 559, 341-2.

tient qu'aux *mots*, elle est purement subjective et non objective, elle n'est pas *scientifique*[53].

La grande innovation apportée par Bolzano consiste dans le traitement des représentations simples. Il est impossible de les définir et pourtant, les représentations complexes ne sont définies qu'en termes de représentations simples. Bolzano ne saurait se contenter d'en appeler à l'«extrême évidence» des termes primitifs «que le monde entend de soi-même», invoquée par Pascal. Au contraire, au moment où le discours mathématique se détache de ses liens avec le monde matériel qui ne lui sert désormais que de réservoir de modèles mais ne garantit plus sa cohérence, la nécessité d'une élucidation des termes primitifs se pose avec une acuité toute nouvelle. Si toutes les significations proviennent de significations primitives, les chaînes de définitions explicites nous ramènent au seuil de l'intelligibilité sans y pénétrer. Cette fois-ci, puisque aucune activité mentale, aucune introspection ne saurait révéler le sens des termes primitifs, tout est perdu si le sens des termes primitifs reste inaccessible.

Toutefois, un fait incontestable s'y oppose : nous *comprenons* le langage. D'où vient cette compréhension? Leibniz avance déjà l'idée : *definitio vel usus*, lit-on sur l'un de ses brouillons. Bolzano la réinvente, la précise, la complète : les représentations simples sont susceptibles d'être élucidées «*à partir de l'usage* ou *du contexte*», *aus dem Gebrauche* oder *Zusammenhange*[54]. Voici la théorie russellienne des concepts «defined in use», y compris sa terminologie. Ainsi, lorsqu'un mathématicien veut communiquer un concept primitif,

> il s'aide en énonçant plusieurs propositions dans lesquelles figure *dans différentes combinaisons* le concept qu'il s'agit de comprendre et qui est désigné par le mot qui lui est associé. En comparant ces propositions, le lecteur lui-même abstraira exactement le concept désigné par le mot inconnu. Ainsi par exemple tout le monde peut saisir quel concept est désigné par le mot *point* à partir de propositions suivantes : le *point* est l'objet *simple* dans l'espace, il est la *limite* de la ligne sans être *partie* de la ligne, il n'est étendu ni suivant la longueur ni suivant la largeur ni suivant la profondeur, etc. Comme on sait, tel est le moyen par lequel chacun de nous a appris les premières significations de la langue maternelle[55].

Cette élucidation des termes primitifs que Bolzano appelle également *paraphrase* (*Umschreibung*) est donc dérivée directement de la

53. *Beitr. Darst. Math.*, II, § 5, 49.
54. *WL*, IV, § 668, 547.
55. *Beitr. Darst. Math.* (1810), II, § 8, 54-5.

manière dont nous apprenons les significations des mots dans la langue maternelle. Ce procédé trouve cependant un champ d'application privilégié non pas dans la vie commune où l'on ne se sert guère de termes primitifs et où en outre l'on admet la circularité, mais en mathématiques et dans les sciences; chaque présentation d'une science devrait commencer par l'élucidation des concepts simples qu'elle contient et qui sont la source du sens de tous les autres.

La méthode de la paraphrase est l'une des méthodes les plus générales d'élucidation du sens des termes ou signes primitifs :

> Nous groupons les différentes propositions dans lesquelles figure le concept représenté par notre signe dans des combinaisons telles qu'on ne puisse penser aucun autre concept à cet endroit si ces propositions doivent énoncer quelque chose d'intelligible[56].

C'est parce qu'il a pris au sérieux la hiérarchie définitionnelle des concepts et des représentations, qui aboutit aux représentations simples, que Bolzano est devenu le créateur de la définition contextuelle. Cette définition ou «élucidation» se compose en général de plusieurs propositions dont il faut extraire le sens du terme primitif que ces propositions contiennent. En effet, «plusieurs propositions sont souvent nécessaires pour accorder la *complétude* à cette détermination»[57]. Bolzano reconnaît donc également la nécessité d'obtenir une caractérisation complète du concept défini ou élucidé contextuellement en groupant les propositions qui le contiennent et en les mettant en tête de la présentation d'une science; toutefois, il ne qualifie pas ces propositions de principes, d'axiomes ou de postulats et ne pose pas la question de leur indépendance.

Huit ans après les *Beiträge*, Gergonne réintroduira les définitions contextuelles sous l'appellation de définitions *implicites* dans un texte bien connu[58]. Comme Bolzano, Gergonne utilise ce procédé pour

56. *Einl. GL*, II, § 9, 41v.-42r. (texte des années 1830-34).

57. *WL*, IV, § 668, 547. C'est moi qui souligne.

58. «Si une phrase contient un seul mot dont la signification nous est inconnue, l'énoncé de cette phrase pourra suffire à nous en révéler la valeur. Si, par exemple, on dit à quelqu'un qui connaît bien les mots *triangle* et *quadrilatère*, mais qui n'a jamais entendu prononcer le mot *diagonale*, que chacune des deux diagonales d'un quadrilatère le divise en deux triangles, il concevra sur-le-champ ce que c'est qu'une diagonale et le concevra d'autant mieux que c'est ici la seule ligne qui puisse diviser le quadrilatère en triangles. Ces sortes de phrases qui donnent ainsi l'intelligence de l'un des mots dont elles se composent, au moyen de la signification connue des autres, pourraient être appelées *définitions implicites*, par opposition aux définitions ordinaires, qu'on appellerait *définitions explicites*; et l'on voit qu'il y aurait entre les unes et les autres la même différence qui existe entre les équations résolues et les équations non résolues». «Essai sur la théorie des définitions», *Annales de mathématiques*, 9 (1818-19), 22-3. Les définitions *implicites* sont bien

expliquer les notions primitives et pour rappeler que c'est par ce moyen que nous apprenons la langue maternelle et même les langues étrangères. Mais Gergonne avance aussi d'autres idées qui finiront par se retrouver telles quelles dans la *WL*. D'après lui, les définitions implicites peuvent servir à caractériser les idées sensibles, indéfinissables, ainsi que les idées simples intellectuelles; en outre, ce moyen «peut être généralement employé à la recherche de la signification de tous les mots d'une langue».

De son côté, Jeremy Bentham fera de même en utilisant le terme bolzanien de *paraphrase*[59] pour expliquer les noms d'entités fictives (i.e. celles désignées par des concepts abstraits) primitives, impossibles à définir de manière habituelle. Comme chez Bolzano, chez Bentham, la notion de paraphrase est liée à la prépondérance de la proposition par rapport à la représentation ou au terme. Aristote et ses successeurs, accordant leur attention exclusive aux termes, ont méconnu l'importance et la primauté de la proposition, alors que les mots ne sont que des résultats de l'analyse des propositions :

> But the truth is, that in the first place came propositions, and that out of these propositions, by abstraction and analysis, terms possessed, each of them, of an independent import, were framed[60].

Ces découvertes se fraieront le chemin en logique et en mathématiques. Bolzano utilise les définitions contextuelles pour élucider les concepts primitifs de proposition, de collection (*Inbegriff*) et de quelques autres; Bentham en fera le pivot de sa théorie des fictions; Pasch et surtout Hilbert, qui leur donnera leurs lettres de noblesse, s'en servira en géométrie pour les ériger en axiomes qui déterminent le sens des termes primitifs, ce qui amènera Poincaré à qualifier les axiomes ou postulats de définitions déguisées; elles feront l'objet d'une discussion entre Frege et Hilbert; à la suite de Bentham, Russell les mettra à la base de la théorie des symboles incomplets et de la théorie des descriptions définies.

---

dérivées de la notion d'équation ou fonction implicite; la définition simultanée de plusieurs termes inconnus par plusieurs propositions est alors à portée de main.

59. *Essay on Logic*, in *Works* (1841), VIII (= Part XV-XVI), 246-7. De telles paraphrases «may be afforded by transmuting into a proposition, having for its subject some real entity, a proposition which has not for its subject any other than a fictitious entity». Bentham qualifie l'opération qui consiste à compléter le nom d'une entité fictive par la copule et le prédicat, *filling up* ou *completion of the phrase*. – C'est Quine qui a toujours souligné l'apport de Bentham.

60. *Ibid.*, 322.

3. L'extension et son rapport à la compréhension

A plusieurs reprises, j'ai parlé de l'*objet* d'une représentation. L'expression peut prêter à confusion. N'est-ce pas Bolzano lui-même qui met en garde ses lecteur contre ce qu'il considère comme la source principale de l'erreur de l'idéalisme?

> Quant à l'essentiel, l'idéalisme repose uniquement sur la confusion de l'objet d'une représentation avec la représentation elle-même, et il faudrait en accuser déjà Leibniz, mais davantage encore Kant, Fichte, Schelling et Hegel, dont les systèmes reposent sur une confusion permanente du concept de ce qui est pensé en soi ou du concept objectif avec l'objet[61].

Qu'est-ce donc que l'objet d'une représentation? La même question a été posée par Exner : comment interpréter l'expression *la représentation A représente l'objet B*?

> J'appelle objet d'une représentation toute chose, réelle ou non réelle, dont on peut dire qu'elle est *représentée* par cette représentation, ou encore toute chose telle que dans la proposition qui en traite, cette représentation fait office de la représentation de sujet[62].

Soit la représentation «étoile de première grandeur»; chacun des objets suivants est l'objet de cette représentation : Sirius, Regulus, Aldébaran. Autres exemples : «racine de l'équation $x^3 - 9x^2 + 26x - 24 = 0$» : ses objets (non réels) sont les nombres 2, 3, 4; «obligation» : parmi ses objets figure par exemple la véracité. Dans ce dernier exemple, la représentation est celle d'une propriété (*Beschaffenheitsvorstellung*). Lorsque l'objet d'une représentation est lui-même une représentation ou une proposition, la représentation est dite *symbolique*; par exemple «concept de déductibilité» dont l'objet (non réel) est une relation logique, ou «représentation de la proposition *je pense*». Bolzano soutient qu'à chaque objet correspond exactement une représentation qui le représente.

Rien ne s'interpose entre une représentation et son objet : l'objet n'est pas *visé* ou *atteint* par un acte du sujet connaissant. Rien n'est plus éloigné de la conception de Bolzano que l'intentionnalité qui implique un rapport *direct* entre le sujet et l'objet. Impossible de parler d'un objet immanent ou intentionnel, indissociable de l'acte subjectif qui donne naissance à une représentation, comme le fait Twardowski à la

61. Lettre à R. Zimmermann du 11. 3. 1848, citée d'après E. Winter, *Der Josephinismus* (1962), 266.

62. *Einl. GL*, II, § 4, 22v.

suite de Brentano. Impossible également d'identifier, comme le fait Meinong, l'objet et la représentation en soi. Au contraire, la visée de l'objet par une représentation subjective s'accomplit par l'intermédiaire de la représentation *objective* (en soi) dont le rapport à l'objet est une donnée préalable à toute pensée. C'est néanmoins Bolzano qui rend possible une différenciation fine des relations intentionnelles par sa triple distinction : d'abord celle entre les actes subjectifs et leurs corrélats objectifs, ensuite celle entre les représentations et les propositions (les jugements), enfin celle entre l'objet et ce que Twardowski appelle le contenu d'une représentation mais qui n'est rien d'autre que la représentation en soi.

La relation d'une représentation à son objet est une relation *primitive*. C'est pourquoi, dans sa réponse à la question d'Exner, Bolzano la caractérise par une suite de propositions qui l'élucident par le contexte.

Lorsqu'une représentation représente un objet, qui peut être réel (existant dans l'espace ou dans le temps) ou non réel (par exemple un nombre ou une proposition en soi), Bolzano dit qu'elle est *objectuelle* (*gegenständlich*, *Gegenstandsvorstellung*); sinon, elle est sans objet, *vide* (*gegenstandslos*, *leer*; exemple : «carré rond»). Lorsque la représentation *A* est objectuelle, c'est-à-dire lorsqu'elle a une dénotation ou référence, Bolzano dit qu'elle *représente* ou se *rapporte* à son objet ou aussi qu'elle *a* son objet ou, réciproquement, que celui-ci *appartient à l'extension*, au domaine (*Gebiet*) de *A*, qu'il est une *partie* (*Teil*) de ce domaine ou encore qu'il est *représenté par*, ou *compris* ou *subsumé sous A*. Je me servirai également de l'expression *une représentation se réfère à son objet*. Pour la même relation, Frege choisira le seul terme que Bolzano n'utilise pas et dira qu'un objet *tombe sous* le concept. Exceptionnellement, Bolzano se sert du mot *unterstehen*, tout en mettant le lecteur en garde qu'il faut alors distinguer deux sens de ce terme : l'un qui correspond à la *subsomption* (un *objet* est subsumé sous une représentation, par exemple Socrate sous la représentation *Grec*), l'autre, à la *subordination* ou *inclusion*, qui est définie en termes de subsomption (une *représentation* est subordonnée à une autre représentation, par exemple *Grec* à *Européen*)[63].

De ces deux relations, distinguons encore deux autres. La troisième a lieu entre une représentation et ses constituants; c'est la relation entre les parties et le tout, les deux étant des représentations.

---

63. Bolzano fera la même distinction entre l'appartenance et l'inclusion dans sa doctrine des ensembles, mais il ne s'en servira pas. Après Bolzano, Frege distinguera les deux concepts dans les *Fondements de l'arithmétique* (1884) et l'exprimera en 1895 par les termes *sub* (subordination, inclusion) et *subter* (appartenance à une classe); Peano en 1889 et Husserl en 1891 feront de même.

La quatrième, primitive, relie une représentation *subjective* et la représentation *objective*, exprimée par le verbe «saisir», *auffassen*. Enfin, n'oublions pas que, contrairement à la conception de Frege, une représentation ou un concept au sens de Bolzano sont des *objets*.

Résumons les quatre relations qui sont toutes primitives sauf la deuxième :

1) un objet est *représenté* par une représentation, il est *subsumé* par elle, il *appartient à son extension*;

2) une représentation est *subordonnée* à une autre représentation (tout objet représenté par la première est aussi représenté par la seconde);

3) une représentation fait *partie* d'une représentation, est son *constituant*;

4) une représentation subjective consiste dans la *saisie* de la représentation objective correspondante.

Une fois élucidée la relation primitive «représenter» ou «avoir un objet», on peut définir l'*extension* d'une représentation. C'est «la collection de tous les objets qui sont subsumés sous cette représentation»[64]. La *WL* ne se contente pas de cette indication, suffisante pour les mathématiques, mais précise que l'extension d'une représentation est une propriété de cette dernière, «propriété en vertu de laquelle cette représentation représente ces objets-là et aucun autre»[65]. Bien qu'on ne puisse pas déterminer l'extension d'une représentation uniquement en la considérant en elle-même[66], l'extension ne consiste pas dans un rapport, mais appartient aux propriétés *internes* de la représentation. Chaque représentation a une extension unique qui ne dépend pas de notre choix et ne varie pas avec le temps. Frege ne dira pas autre chose. Seules les représentations objectuelles ont une extension; il n'y a pas d'extension vide, d'ensemble vide.

Relativement à la compréhension, les représentations se divisent en simples et complexes; relativement à l'extension, en représentations objectuelles et représentations vides. A son tour, les représentations objectuelles se divisent en représentations *singulières*, celles qui ont un seul objet, et les représentations *générales* sous lesquelles tombe plus d'un objet. «Univers», «Socrate», «le nombre π» sont des représen-

64. «Inbegriff aller ihr unterstehender Gegenstände», *Einl. GL*, II, § 5, 27 v.

65. *WL*, I, § 66, 298.

66. Il faut recourir à l'histoire pour apprendre l'extension de la représentation «héritier de l'empire de Gengis Khan».

tations singulières; «bleu», «Grec», «nombre pair» sont des représentations générales.

Que peut-on dire du rapport des constituants d'une représentation complexe à son objet, à ses parties, à ses propriétés? Avant de répondre, élucidons d'abord la notion de propriété qui est selon toute apparence primitive.

Bolzano la conçoit de façon extrêmement large : *propriété* (*Beschaffenheit*) d'un objet est tout «ce qu'on peut dire de cet objet dans une proposition vraie dont il est le sujet. Autrement dit : tout dont on peut dire qu'un certain objet le *possède* (*es habe*)»[67]; ou encore, en latin, *quodcunque habetur*. Le terme allemand de *Beschaffenheit* indique bien l'extrême généralité de ce concept qui englobe les manières d'être et les états, même instantanés; il dit comment une chose est faite, *wie ein Ding beschaffen ist*. Ainsi, non seulement l'immortalité est une propriété de l'âme humaine, mais aussi par exemple la propriété d'être un ensemble comprenant quatre éléments est une propriété de l'ensemble des points cardinaux. La possession exprimée par le mot *avoir* est une relation «abstraite» et doit être distinguée de la possession «concrète», celle d'une maison ou celle de l'argent. Dans «l'homme a la raison» ou «le singe a des mains» ce n'est donc pas la raison ou les mains qui sont des propriétés, mais la *possession* de la raison ou des mains, *Verstandhaben* ou *Besitz der Hände*.

Deux choses concernant les propriétés sont à retenir :

1) Elles se divisent en propriétés *internes* appelées *Eigenschaften*, propriétés au sens étroit, et propriétés *externes* ou *relations*, *Verhältnisse*. Les relations jouissent du même statut objectif que les propriétés tout en gardant leurs spécificité. Il est vrai, Bolzano les conçoit comme propriétés internes; cependant, ce sont non pas des propriétés des *objets* reliés par la relation, mais propriétés du *système* (*Inbegriff*) qu'ils forment : la relation exprimée par la proposition «Philippe est le père d'Alexandre» est une propriété du système formé par Philippe et Alexandre[68]. A leur tour, certains attributs considérés comme propriétés internes des choses comme l'odeur, la couleur etc., sont des relations : ce sont les relations entre les choses et nos organes de sens. Même la propriété «être nombre premier» est une relation, puisque c'est une propriété du système formé par le nombre 13 et la collection

67. *Einl. GL*, III, § 2, 73v.

68. «Lorsqu'une propriété *m* n'appartient à aucun de plusieurs objets A, B, C, D, … considérés en eux-mêmes, mais appartient bien au tout qu'ils forment dans leur réunion, nous disons que *m* est *une relation qui a lieu entre les objets A, B, C, D, …*». *Einl. GL*, III, § 21, 82v.-83r.

des nombres naturels toute entière. Les relations sont destinées à jouer un rôle essentiel dans la logique et dans le système mathématique de Bolzano : les concepts de dépendance et de fonction par exemple sont définis en termes de relations.

2) Toute représentation non vide de propriété doit pouvoir figurer comme représentation de prédicat dans une proposition vraie.

Apparenté au concept de propriété est celui de détermination. Une *détermination* d'un objet est quelque chose (c'est-à-dire un *objet*) dont la représentation comprend, i. e. *représente* cet objet. En vertu de cette définition, *déterminer un objet* signifie simplement indiquer des représentations qui le subsument, qui le représentent. Chaque propriété d'un objet peut être transformée en une détermination du même objet : la représentation d'une propriété (que Bolzano appelle également un *abstractum*), «blanc» ou plutôt «blancheur», deviendra alors un *concretum*, à savoir la représentation «quelque chose qui a la blancheur»[69]. En revanche, chaque détermination ne donne pas lieu à une propriété : telles sont par exemple les déterminations spatio-temporelles. «Un objet A au temps t» est une détermination qui représente, entre autres choses, également l'objet A. Toutes ces déterminations sont incomplètes; nous avons déjà vu qu'une détermination *complète* détermine son objet *exclusivement*.

A ces concepts se rattachent les notions de caractère et de caractéristique ou description. Un *caractère* (*Merkmal*, *nota*) n'est rien d'autre qu'une propriété de l'objet. Une *caractéristique* (une *description* définie,*Kennzeichen*) est une propriété exclusive permettant de reconnaître un objet; elle consiste dans l'ensemble des caractères qui suffisent pour déterminer l'objet.

Souvenons-nous de la critique adressée à la théorie leibnizienne de la vérité, théorie qui établit un rapport de correspondance entre la composition des signes et celle des choses. Deux théorèmes fondent cette critique dont les effets se répercutent à travers toute la théorie logique de Bolzano et tout particulièrement dans sa distinction entre les propositions analytiques et les propositions synthétiques.

---

69. Ainsi, les propriétés «être un grand orateur», «être consul romain», «être un contemporain de Jules César», «être né au degré ... de latitude Nord» donnent lieu aux déterminations suivantes : «un grand orateur», «un consul romain», «un contemporain de Jules César», «quelqu'un qui est né au ... degré de latitude Nord». Toutes ces représentations se rapportent à Cicéron, elles le *déterminent*. Lorsque *toutes* les propriétés d'un objet A peuvent être déduites des propriétés d'autres objets *par le moyen d'une règle* qui est une *vérité conceptuelle pure*, l'objet A est déterminé au sens le plus étroit du terme; nous rencontrerons de telles déterminations dans le système bolzanien des mathématiques.

1) Les parties d'une représentation ne représentent pas toujours les *parties de l'objet*. L'exemple « paysage sans montagne » met en défaut l'adage scolastique *nota notae est nota rei*, et d'autres exemples vont dans le même sens. Les représentations vides ont une compréhension qui est souvent complexe (« pentaèdre régulier »), mais elles n'ont point d'objet. Le constituant « maison » fait partie de la représentation « toit d'une maison », mais ne représente aucune partie de l'objet de cette dernière. La composition des représentations ne reflète pas la structure de l'objet représenté.

2) Ne peut-on échapper à la difficulté en identifiant les constituants d'une représentation non aux parties de l'objet, mais à ses *propriétés*? Etant donné qu'« un objet n'est rien d'autre que la collection [*Inbegriff*] de toutes ses propriétés », il semble qu'on puisse en déduire que « la représentation d'un objet consiste uniquement dans la collection de toutes ses propriétés »[70]. Prenons donc la représentation « triangle équilatéral ». Elle contient comme partie « équilatéralité » qui est bien une propriété de l'objet représenté. Or, la représentation « équilatéralité » est complexe et peut à son tour être décomposée en « égalité » et « côté » qui sont également des constituants (lointains) de la représentation initiale. Cependant, ces derniers ne sont plus les propriétés du triangle équilatéral.

L'argument ne convainc guère : si une représentation complexe est une *suite* de représentations plus simples, on ne saurait remplacer un élément de cette suite par autre chose qu'une *suite* qui résulte de la décomposition de la suite précédente : « équilatéralité » peut être remplacée uniquement par « égalité des côtés » et non par la simple juxtaposition d'« égalité » et de « côté ». C'est sans doute pourquoi Bolzano invoque un deuxième argument : une représentation complexe contient des parties de liaison auxquelles ne correspond aucune propriété de l'objet.

Réciproquement, un objet peut avoir des propriétés qui ne sont représentées par aucun constituant. Il y a des représentations dont la compréhension est finie et qui attribuent néanmoins une infinité de propriétés à leur objet, par exemple « $\sqrt{2}$ ». Cette représentation contient comme parties les représentations « racine », « carré », « de » (partie de liaison) et « 2 », mais son objet contient une infinité de propriétés (propriété d'avoir tel ou tel chiffre pour telle ou telle décimale) qui sont toutes déterminées par le concept « $\sqrt{2}$ ». Si les constituants d'une représentations étaient les propriétés de l'objet représenté, il

70. *WL*, I, § 64, 269-70.

faudrait, pour penser «$\sqrt{2}$», pouvoir «se représenter, au moins obscurément, le nombre infini de parties dont se compose cette représentation; nous devrions donc être en mesure de saisir en même temps un ensemble infini de représentations avec notre faculté de pensée qui est finie»[71].

On peut néanmoins admettre qu'une infinité de représentations figure dans nos concepts à condition qu'elles ne soient pas représentées distinctement, et qu'une faculté de pensée – la nôtre – puisse concevoir une infinité de représentations dans un temps fini si l'on n'exige pas que nous en ayons une conscience distincte. L'argument décisif contre la thèse traditionnelle viendra de la considération des représentations équivalentes qui décrivent le même objet en lui attribuant des propriétés différentes, par exemple celles de «triangle équilatéral» et de «triangle équiangulaire». Tout triangle équilatéral est équiangulaire, mais l'égalité des angles ne fait pas partie de son concept. Cette propriété ne figure ni dans le concept «triangle» ni dans le concept «équilatéral». «Par conséquent, elle ne figure certainement pas dans le tout qui ne se compose, en effet, de rien d'autre que de ces deux parties»[72]. Il en résulte que les constituants d'une représentation ne sauraient être identifiés aux propriétés de son objet.

Comme l'a montré Joëlle Proust dans une conférence à notre séminaire de philosophie du langage en décembre 1984, ces deux théorèmes «critiques» coupent court à toute possibilité de correspondance isomorphe entre les signes et les choses, donc à toute tentative d'établir une caractéristique universelle au sens leibnizien, modelée d'après les relations entre les choses. J'ajoute pour ma part que ces théorèmes mettent fin aux théories classiques de la vérité comme adéquation et de la représentation-image, parce qu'ils mettent en lumière l'indépendance de la structure des propositions et des représentations par rapport à la structure des objets du monde. Les propositions et les représentations imposent une forme spécifique, autonome et irréductible à toute détermination de l'objet par ses propriétés. Dorénavant, une théorie de la représentation-image comme celles de Twardowski ou de Wittgenstein, doit se débarrasser de tout élément proprement pictural. Elle doit emprunter ses outils au concept de fonction et recourir à la notion de forme logique avant d'établir une correspondance entre les mots d'une part, les choses ou les faits d'autre part.

71. *Ibid.*, 273.
72. *Ibid.*, 275.

Comment concevoir le rapport entre l'extension et la compréhension d'une représentation? Depuis la *Logique* du Port Royal, on le conçoit comme un rapport inverse. Un concept est construit par l'adjonction de différences spécifiques au genre; par conséquent, l'élargissement de sa compréhension entraîne la diminution de l'extension. Plus un concept est complexe, moins d'objets il représente. A la limite, une représentation singulière contiendrait une infinité de parties.

En effet, chez Leibniz, les concepts individuels contiennent une infinité de caractères : «Petri notio est completa, adeoque infinita involvit»[73]. A l'autre extrémité, une représentation simple devrait avoir une infinité d'objets. Mais Bolzano conteste le canon traditionnel en montrant qu'il est lié à un mode particulier de formation des concepts et que, dans le cas général, l'extension et la compréhension sont deux propriétés *indépendantes* des représentations. Deux espèces de représentations peuvent en témoigner : les représentations redondantes (par exemple «sphère ronde») et les représentations contradictoires. L'exemple suivant, fréquemment discuté, est pour Bolzano une preuve qu'on peut en même temps enrichir la compréhension d'un concept et élargir son extension : «celui qui connaît toutes les langues européennes *vivantes*» a une plus grande compréhension et une plus grande extension que «celui qui connaît toutes les langues européennes».

Les critiques de Bolzano, Kreibig et von Freytag Löringhoff, s'accordent pour admettre que le cas particulier des représentations redondantes fait exception à la règle traditionnelle. Cependant, les deux auteurs sont d'accord pour réfuter l'exemple de Bolzano. A leur avis, la compréhension de la seconde représentation, en apparence plus pauvre, est en réalité plus riche, parce que sa forme complète est «celui qui connaît les langues européennes vivantes et les langues européennes mortes»[74]. Le constituant «vivantes», au lieu de déterminer la partie principale de la représentation, ne fait que la restreindre. Freytag Löringhoff construit un ensemble de prédicats («*X* comprend la langue *a*», «*X* comprend la langue *a* et *b*» etc.) qui entrent dans la compréhension de «celui qui comprend toutes les

73. *Opusc.*, 376.

74. Voir J. K. Kreibig, «Über ein Paradoxon in der Logik Bolzanos», *Vierteljahrsschrift für wiss. Phil. und Soziol.*, 28, N. F. III (1904), 365-91; B. v. Freytag Löringhoff, «Über einen Irrtum Bolzanos und das Verhältnis zwischen Inhalts- und Umfangslogik», *Zeitschrift für phil. Forschung*, 25 (1971), 327-44; U. Neemann, «Irrtümer über Irrtümer» et v. Freytag Löringhoff, «Bolzanos Gegenbeispiel ist nicht zu retten. Ein Schlusswort.», *ibid.*, 26 (1972), 563-8 et 569-72.

langues européennes». A son avis, ajouter «vivant» à cette représentation, c'est *retirer* certains prédicats de sa compréhension.

Je voudrais d'abord comprendre la doctrine de Bolzano dans son contexte. Kreibig et Bolzano sont d'accord sur deux points : 1) le terme «tout» appartient non pas à la compréhension de la représentation, mais seulement à son expression verbale; une représentation toute nue traîne donc avec elle la quantification universelle. 2) Il faut juger la compréhension d'une représentation non selon son expression linguistique, mais selon sa forme logique complète.

Bolzano a préparé sa réfutation du canon traditionnel par ses deux théorèmes «critiques» et par sa définition de la compréhension d'une représentation en termes d'*ensemble* (de «somme») de ses constituants. En vertu de cette définition, la structure particulière des représentations n'intervient pas dans leur compréhension. Il s'ensuit également que la question de savoir si un constituant détermine la partie principale d'une représentation directement ou seulement de manière oblique n'a aucune incidence sur sa compréhension. On enrichit la compréhension d'une représentation en y ajoutant simplement des représentations qui n'y étaient pas contenues auparavant. Les représentations «comprendre toutes les langues» et «comprendre toutes les langues vivantes et toutes les langues mortes» sont équivalentes (coextensives), mais non identiques; ni «vivant » ni «mort» n'appartient à la compréhension de la première.

Il en résulte que si l'exemple de Bolzano réfute le canon traditionnel, cette réfutation repose sur un concept très particulier, «insoutenable» dira Freytag Löringhoff, de compréhension. Cependant, l'intention de Bolzano était de montrer que la conception traditionnelle du rapport de la compréhension à l'extension est liée à un mode particulier de formation des concepts. D'autres exemples, proches de ceux de Bolzano, militent en faveur de sa thèse: le concept «racine de l'équation $x-1=0$», comparé à celui de «racine de l'équation $x^2-1=0$» et, comme l'a rappelé Jan Berg, tous les concepts composés par le moyen de «ou» non exclusif comme «nombre pair», comparé à «nombre pair ou impair». Dès qu'on envisage les concepts qui ne sont pas formés par juxtaposition de caractères, la règle traditionnelle peut se trouver en défaut.

4. *Les intuitions et les concepts*

La combinaison de l'extension et de la compréhension permet de définir une classe particulièrement importante de représentations : les concepts. Cette définition suppose que l'extension et la compréhension des représentations sont deux propriétés indépendantes, ce qui fut montré au paragraphe précédent. Il est désormais possible d'établir une classification des représentations en combinant ces deux critères et en particulier, de former une classe des représentations *simples* quant à leur compréhension et *singulières* quant à leur extension. Bolzano les identifiera aux *intuitions* qui sont donc par définition les représentations *simples singulières*. Il obtiendra ensuite les concepts par le moyen de la négation. C'est une voie semée d'embûches : en décrivant la naissance des intuitions, il devra démontrer non seulement leur singularité, mais aussi leur simplicité et, chose encore plus difficile, leur être en soi.

> J'affirme : chaque fois qu'un objet agit sur nos sens de telle sorte qu'il produit dans notre âme des représentations, les *premières* représentations qu'il produit et qui sont *les plus immédiates* (celle pour lesquelles la part de l'activité de notre âme est la plus faible) sont toutes *simples*. En effet, même si plusieurs représentations se forment en nous simultanément, elles ne forment pas une seule représentation complexe tant qu'elles n'ont pas été *reliées* par un acte particulier de notre âme [...] Mais j'affirme de plus que toutes ces représentations simples sont *singulières* et qu'elles ne représentent pas d'autre objet que celui qui agit sur nous, ou plutôt qu'elles représentent cette action même que l'objet exerce sur nous (et qui est une propriété ou plus exactement une relation entre nous et l'objet)[75].

La représentation décrite par Bolzano est une sensation; c'est le *premier effet* d'un objet externe sur notre sensibilité, effet qui est identique à la représentation de l'action causale elle-même. Cette action causale se réfléchit immédiatement dans la *première* représentation qu'elle produit, ce qui garantit la *singularité* de la représentation; celle-ci représente donc *exclusivement* l'action causale dont elle est l'effet et qui est son unique objet. D'autre part, chacune des *premières* représentations produite de cette manière est *simple*, car la formation d'une représentation complexe exige un acte de synthèse qui réunit les représentations déjà présentes.

Kant désigne par le terme *intuition* les représentations singulières qui naissent dans l'âme lorsque la sensibilité est affectée par un objet. Bolzano innove sur deux points : il ajoute aux intuitions une détermination supplémentaire, la simplicité, mais surtout, il reconnaît l'existence des *intuitions en soi*. Etant donné qu'à toute représentation subjective correspond une représentation objective, il existe des corrélats objectifs des intuitions subjectives. Dans la définition des

75. *Bolzano-Exner*, 13.

intuitions en soi n'entrent en effet que les concepts logiques de simplicité et de singularité. A chaque intuition subjective correspond donc une entité logique (en soi) qui est la «matière» ou le «sens» de la première. Concevoir par une intuition (*anschauen*, *intueri*) la modification que produit par exemple une rose dans notre âme, c'est la «concevoir par une intuition simple qui se rapporte exclusivement à elle»[76]. Puisque l'objet d'une intuition est sa cause immédiate, il est toujours *réel*. Il en résulte également qu'«aucune intuition que nous avons déjà eu une fois ne saurait se produire en nous une deuxième fois»; les intuitions subjectives ne sont pas susceptibles de se reproduire, de se répéter, ce sont des événements uniques[77]. Il est clair aussi que, contrairement à Kant, les représentations relatives à l'espace et au temps ne sont pas des intuitions au sens de Bolzano, parce que pour celui-ci les points et les instants ne sont pas des objets réels.

La définition de Bolzano, séduisante par sa simplicité, prête le flanc à bien des critiques. Aussi, elle a été formellement contestée par Exner dans son échange épistolaire avec Bolzano. Exner met en cause toutes les propriétés attribuées aux intuitions par Bolzano : leur simplicité, leur singularité, la nature de leur objet et, bien entendu, leur caractère objectif, leur être en soi.

La *simplicité* des intuitions fait problème déjà lorsqu'on examine leur expression verbale. Dans les énoncés, une intuition est désignée par le terme «ceci» ou «cet *A*» (*dies A)*, par exemple «cette couleur», «cette odeur», «cette douleur». L'expression d'une intuition est donc soit indéterminée (le «ceci» désigne selon le contexte toute sorte d'intuitions), soit complexe. La complexité est encore plus manifeste dans les formes linguistiques complètes comme «ceci (ce que je suis en train de voir) est une sensation de rouge». Une expression complète contient un sujet («ceci»), des propriétés («rouge» par exemple) et les éléments de liaison («qui», «est»).

---

76. *Ibid.*, 40.

77. *WL*, I, § 75, 334. En revanche, rien n'empêche qu'on évoque à plusieurs reprises la même intuition (subjective ou objective). Contrairement à J. Loužil qui a le premier attiré l'attention sur la doctrine bolzanienne des intuitions, je ne crois pas que Bolzano ait confondu la singularité logique des intuitions avec leur unicité empirique; cf. en particulier J. Loužil, «Bolzanos Begriff der Anschauung», *Sitzungsberichte Öst. Akad.Wiss.*, phil.-hist. Kl., 293/5 (1974), 68-9. Bolzano définit les intuitions comme représentations simples singulières; si une représentation ne satisfait pas à cette définition, elle n'est pas une intuition. De toute façon, pour les intuitions *en soi*, la question de leur répétition ne se pose pas puisqu'elles n'existent pas dans le temps. La même intuition en soi peut figurer dans plusieurs proposition distinctes. L'extension et la compréhension des intuitions étant invariable, on peut les désigner par des mots et les soumettre aux opérations logiques.

Bolzano concilie la simplicité des intuitions avec la complexité de leurs expressions en faisant appel à la notion de *représentation redondante*. Sont redondantes les représentations qui contiennent davantage de parties qu'il n'est nécessaire pour représenter leurs objets; les constituants redondants «découlent par eux-mêmes» (*schon von selbst folgen*) de constituants indispensables. Ainsi, «triangle équilatéral équiangulaire» est redondant, car «équiangulaire» découle de «équilatéral».

Bolzano explique l'expression verbale des intuitions de la même manière. Dans «ceci qui est appelé étoile fixe Sirius et qui est la plus claire des étoiles du ciel, qui luit d'une lumière verdâtre etc.», seul le terme «ceci» désigne une intuition; toutes les autres parties sont redondantes «parce que toutes ces déterminations vont d'elles-mêmes à partir du moment où ce que nous nous représentons est précisément ce Quelque chose et rien d'autre»[78]. A proprement parler, les intuitions sont incommunicables, parce qu'elles sont toutes désignées par le même pronom «ceci» qui représente, dans chaque contexte particulier, «l'objet unique auquel nous le rapportons»[79].

Cet «objet réel unique» n'est pas, soulignons-le, un objet physique. Aussi, Exner se méprend sur les intentions de Bolzano lorsqu'il se déclare incapable de comprendre «comment les représentations que nous désignons par les expressions : Alexandre le Grand, Vésuve, Sirius etc. peuvent être simples»[80]. Cependant, pour Bolzano, les noms propres sont des représentations *mixtes* et non des intuitions : elles contiennent des intuitions sans être identiques à celles-ci. On peut à la rigueur admettre, objectera-t-il à Bolzano, que les noms «Sirius» et «Vésuve» contiennent des intuitions; mais quelles intuitions actuelles figurent dans les noms d'Alexandre le Grand ou de Socrate? Dans ce cas, écrit Bolzano, «par Socrate par exemple, nous entendons le philosophe qui a vécu en Grèce sous le nom de Socrate il y a tant de centaines d'années»[81], et les intuitions sont attachées ici aux *sons* dont se compose le nom «Socrate».

Les constituants redondants ne sont pas contenus dans le «ceci» qui désigne une intuitions, par exemple celle d'une rose rouge, avec des filaments jaunes, avec des feuilles vertes et dentelées; ils doivent «aller de soi».

> Mais, objecte Exner non sans ironie, quel serait ce caractère simple représenté par le *ceci* d'où les autres découlent? La cou-

78. *Bolzano-Exner*, 15.
79. *WL*, III, § 278, 22.
80. *Bolzano-Exner*, 4.
81. *WL*, I, § 75, 335-6.

> leur rouge des pétales doit-elle découler de leur rondeur ou bien de la couleur jaune des filaments? Quel caractère particulier peut jamais découler d'un autre? L'éclat de Sirius, vient-il de la couleur verte de sa lumière? Selon votre description, tous les caractères semblent plutôt résulter de quelque chose d'inconnu désigné par le nom de «ceci», ce qui me paraît incompréhensible[82].

La difficulté est bien réelle : comment les propriétés déterminées peuvent-elles découler d'un caractère simple qui se dérobe à toute détermination?

Bolzano répond en soulignant que le «ceci» n'est pas un *caractère*, i.e. une représentation abstraite de propriété, située sur le même plan que les propriétés redondantes qui pourraient en être déduites. L'inférence n'a pas lieu entre les propriétés d'un objet, par exemple entre le rouge des pétales et le jaune des filaments, mais entre l'intuition immédiate qui est indécomposable, et les déterminations conceptuelles qui résultent de la subsomption de l'intuition sous une représentation générale. Le fait que nous sommes capables de subsumer les intuitions sous les représentations générales (nous le faisons pour chaque sensation) prouve que nous connaissons les intuitions même si nous ne pouvons pas les nommer; elles sont «*nicht unbekannt, nur unbenannt*»[83].

Exner qui déclarait au début la simplicité des intuitions incompréhensible, finira par se rallier à la thèse de Bolzano et acceptera l'existence de représentations simples et subjectivement singulières. Mais le terme «subjectivement» ne fera que déplacer la controverse sur un autre terrain : celui de l'existence des intuitions en soi et de leur singularité.

D'emblée, Exner oppose à Bolzano la doctrine de Herbart selon laquelle les intuitions et les concepts diffèrent non par leurs propriétés internes, mais par la manière de les considérer : les représentations envisagées «en tenant compte de leur existence dans une conscience» sont des intuitions; les représentations considérées en soi «en faisant abstraction de leurs conditions psychologiques» (*psychologische Verhältnisse*) sont des concepts. Pour Exner (et pour Herbart), la singularité est une propriété *logique* et «de représentations singulières, on

---

82. *Bolzano-Exner*, 22.

83. *Ibid.*, 34. «Je réfléchis en vain sur ce que vous trouvez si incompréhensible dans ce processus. Le Ceci n'est certainement pas quelque chose d'*inconnu*. Je *sens* la douleur qui vient de la piqûre d'une épine de cette rose et je la subsume sous la représentation douleur. Je perçois une odeur et je la subsume sous la représentation odeur agréable etc.»

ne peut parler que du point de vue logique»[84]. En revanche, les intuitions sont définies par leur mode de formation et relèvent de la *psychologie*; elles s'opposent aux concepts qui sont obtenus par l'abstraction comme la psychologie s'oppose à la logique.

Le contraste entre Bolzano et Exner apparaît dans deux manières de concevoir le jugement de subsomption. Pour Exner, le jugement qui subsume une intuition («ceci est une douleur») est l'expression même du processus d'abstraction qui transforme une représentation subjectivement singulière en prédicat général et abstrait. La réplique de Bolzano ne se fait pas attendre : «Une piqûre d'épine ne produit pas la représentation "douleur en général", mais la représentation d'une douleur déterminée (on la nomme habituellement *sensation*)». Pour Bolzano, passer de «cette douleur-ci» à «ceci est une douleur» n'est pas abstraire un prédicat d'une intuition; c'est au contraire *ajouter* à l'intuition un prédicat abstrait, un *abstractum.*

> Les représentations générales *rouge* [*Roth überhaupt*], *odeur* [*Wohlgeruch überhaupt*], *douleur* [*Schmerz überhaupt*] etc. ne sont donc pas *abstraites* de l'intuition (comme si elles avaient déjà été cachées en elle) comme on l'enseigne habituellement, mais au contraire, elles y sont *ajoutées*, ce qui se fait par l'intermédiaire d'un jugement dans lequel les représentations singulières simples sont le sujet, les représentations générales le prédicat[85].

Exner ne l'entend pas de cette manière. Pour lui, passer d'une intuition au concept, c'est faire abstraction «de celui qui possède cette intuition, de la manière dont il l'a obtenue et de ce *à quoi il la rapporte*»[86]. Transformer une intuition en concept, c'est donc *élargir* son extension : subjectivement, une intuition peut être rapportée à un seul objet, peut être singulière; prise objectivement en tant que concept, elle perd sa singularité et devient une représentation générale. Il s'ensuit qu'une intuition considérée en soi n'est rien d'autre qu'un concept.

Exner s'attire une réplique foudroyante de Bolzano puisque,

> quant à leurs extensions, une représentation subjective et la représentation objective correspondante doivent être égales, que vous preniez les mots représentation subjective et représentation objective dans mon sens ou dans le vôtre[87].

---

84. *Bolzano-Exner*, 4-5.
85. *Ibid.*, 14.
86. *Ibid.*, 22.
87. *Ibid.*, 94.

Le fait qu'une représentation est donnée dans une conscience avec tout un contexte psychologique, ou au contraire qu'elle est considérée en soi « ne change rien en elle-même et, par conséquent, ne change en rien ni l'ensemble ni les propriétés des objets qu'elle représente »[88].

Après un répit où ne semblent subsister que des divergences mineures, les deux interlocuteurs aboutissent au constat d'une opposition irréductible. Exner refuse d'admettre l'existence d'intuitions en soi et de propositions indépendamment d'un sujet et Bolzano ne cède en rien devant ses objections. Pour Bolzano, admettre les propositions en soi, c'est admettre leurs constituants, y compris les intuitions.

> De même qu'il y a des vérités de la forme « ceci est quelque chose de rouge », « ceci est un son » etc., de même nous devons admettre les représentations objectives qui représentent le sujet dans ces propositions. Mais puisque l'objet de ces propositions est individuel, la représentation de sujet doit à son tour être singulière[89],

singulière parce qu'« une représentation qui figure dans un jugement comme *représentation de sujet* y apparaît toujours dans toute son extension »[90].

En admettant les intuitions *en soi*, Bolzano met *tous* les constituants des propositions sur le même plan. Toutes les représentations peuvent se soumettre désormais aux mêmes opérations logiques. Bolzano, pourquoi tient-il alors à la simplicité des intuitions qui est postulée par leur définition mais qui se dérobe à toute vérification ?

> La vraie raison pour laquelle nous devons faire ressortir comme classe particulière les représentations singulières qui sont en même temps *simples* consiste, à mon avis, dans le fait que c'est seulement de cette manière que nous arrivons à une différence selon laquelle aucune des représentations que l'opinion généralement admise qualifie de *concepts* n'appartient à cette classe[91].

Autrement dit, la distinction entre les intuitions et les concepts est une différence *logique*, indépendante de leur mode de formation et du contexte psychologique dans lequel ils peuvent être insérés; elle ne concerne que l'extension et la compréhension. C'est donc à partir de représentations non vides dont l'extension et la compréhension sont minimales, à partir de représentations qui sont à la fois singulières et simples, que Bolzano pense pouvoir définir négativement les *concepts purs* : ce sont les représentations qui *ne sont pas des intuitions et qui ne*

---

88. *Ibid.*, 95.
89. *Ibid.*, 43.
90. *WL*, I, § 72, 329.
91. *Bolzano-Exner*, 45.

contiennent aucune partie qui soit une intuition. Un concept est une représentation qui n'est pas à la fois simple et singulière et qui ne contient aucun constituant simple et singulier. Les concepts peuvent être singuliers à condition d'être complexes («Dieu», «univers», «le plus petit nombre pair»); ils peuvent être simples à condition de contenir au moins deux objets dans leur extension («quelque chose», «point»); les concepts vides sont apparemment tous complexes.

A partir de ces deux extrêmes qui sont d'une part les intuitions pures, d'autre part les concepts purs, Bolzano définit les représentations *mixtes (gemischte Vorstellungen)* qui contiennent dans leur compréhension aussi bien des intuitions que des concepts. Suivant que la partie principale d'une représentation complexe est un concept ou une intuition, de telles représentations sont dites concepts mixtes («habitants de la lune») ou intuitions mixtes («l'étoile Aldébaran»). On aimerait croire à la classification bolzanienne des représentations, mais il ne faut pas oublier qu'elle repose toute entière sur la construction hypothétique des unités significatives *an sich* simples et singulières qui «s'incarnent» dans nos intuitions sensibles.

Ces définitions permettent de retrouver l'importante classification des propositions en propositions *a priori* et propositions *a posteriori* ou empiriques. Etant donné que les termes *a priori* et *a posteriori* se réfèrent uniquement à notre manière de les connaître, Bolzano préfère les remplacer et caractériser ces deux classes de propositions par leurs propriétés internes. Les propositions dont toutes les parties sont des concepts purs sont des *propositions conceptuelles pures* (*reine Begriffssätze*). En revanche, les propositions qui contiennent au moins une intuition sont des *propositions empiriques* (*Anschauungssätze, empirische Sätze*). La logique au sens strict du terme et les mathématiques sont des sciences conceptuelles pures.

Quelles que soient les réserves qu'on puisse formuler à l'égard de la notion de représentation en soi, la définition qu'en donne Bolzano apporte une innovation. En renversant le rapport traditionnel entre le concept et le jugement, entre la représentation en soi et la proposition, il sort des limites qui ont été celles de ses prédécesseurs en ce qui concerne la formation des concepts. Aussi bien pour Aristote que pour Leibniz et même encore pour Boole, l'idée, le concept est premier par rapport au jugement. Le concept consiste dans la réunion de caractères, que ces derniers soient obtenus par l'abstraction à partir des objets, par l'analyse d'un concept donné ou par une synthèse arbitraire. Aussi, toutes les théories de la déduction avant Bolzano (et celle de Boole, elle-aussi), reposent sur les relations entre les concepts.

Pour Bolzano, c'est la proposition qui est première par rapport à la représentation. Comme plus tard Frege, Bolzano obtient les concepts par l'analyse des *propositions*. Soulignons que ce qui est en jeu n'est pas la primauté «ontologique» des propositions par rapport aux concepts, mais le *mode même de formation* ou mieux la *structure* des concepts. Pour Bolzano, une représentation, un concept sont une partie signifiante *arbitraire* des propositions, partie dont les propriétés syntaxiques et sémantiques assurent l'unité. Il en résulte un élargissement du mode de formation qui met sur le même plan les concepts formés de manière traditionnelle et les concepts relationnels et fonctionnels qui sont devenus opératoires dans la nouvelle mathématique depuis le XVIIe siècle sans trouver de place dans la théorie logique. Si un Descartes ou un Newton faisaient si peu de cas de la logique, c'est aussi parce que la logique de leur temps n'était pas en mesure de rendre compte de nouveaux concepts mathématiques et physiques, ni des opérations logiques auxquelles ils peuvent être soumis.

La théorie logique de Bolzano met fin à cet état de chose. Ses grandes innovations conceptuelles, celle que nous avons vu à l'œuvre dans ses premiers travaux mathématiques, ne sauraient être exprimées à l'intérieur des théories logiques traditionnelles. Les concepts de dimension, de limite, de fonction continue, de borne supérieure auxquels s'ajouteront d'autres dans la *Grössenlehre*, sont des concepts complexes qui ne sont pas formés par la réunion de caractères; ils résultent d'une analyse des *situations*, analyse dont la description exige des propositions entières. Il en va de même pour les concepts primitifs dont l'élucidation ne peut se faire que par des propositions. A cette fin, Bolzano introduit en logique les définitions *contextuelles*, celles où la notion à définir ne saurait être séparée de son contexte propositionnel. Dans la définition d'une fonction continue par exemple interviennent deux rapports d'inégalité qui sont reliés par un connecteur, le tout précédé de deux quantificateurs distincts dont il faut respecter l'ordre. D'où la nécessité d'admettre en logique des concepts qui peuvent être formés de manière arbitraire à partir de propositions. Il en résulte non seulement un élargissement du mode de formation des concepts, mais aussi l'adéquation de la théorie du concept aux exigences de la nouvelle mathématique.

5. *La forme canonique des énoncés.*

La langue naturelle, unique et irremplaçable quant à son universalité, ne répond pas toujours de manière adéquate aux exigences des sciences : d'une part, elle contient trop d'expressions indéterminées ou polysémiques, d'autre part, elle voile la forme logique des énoncés, et Bolzano pense que même le langage des sciences n'est pas exempte de ce défaut. Dans une langue naturelle, la même proposition peut être exprimée de plusieurs manières; en revanche, des énoncés qui ont des formes linguistiques différentes peuvent avoir la même forme logique. Pourtant, pour sa logique, Bolzano n'a conçu aucune notation symbolique; elle est exprimée dans la langue naturelle, enrichie, il est vraie de termes techniques. Cela tient au fait que, contrairement à Leibniz dont Bolzano est le plus proche, sa logique n'est pas un calcul et elle n'utilise pas de notation symbolique comparable à celle des mathématiques. Avant d'aborder la manière dont Bolzano interprète les expressions et les propositions ambiguës ou obscures, expliquons l'attitude de Bolzano à l'égard de langues symboliques.

Etrangement, Bolzano méconnaît la *puissance* de l'écriture symbolique. Pour lui, le fait fondamental, c'est que nous sommes *déjà* en possession d'un système symbolique qui n'est rien d'autre que la langue naturelle elle-même, et dont les systèmes symboliques artificiels ne sont que des prolongements. Même le service que peut rendre un système de notations mathématiques ne consiste quant à l'essentiel que dans «une abréviation et est ainsi tout à fait semblable à l'avantage que peuvent procurer au logicien par exemple les lettres *S*, *M*, *P* ou *a*, *e*, *i*, *o* dans la syllogistique»[92]. La différence entre les quelques abréviations utilisées dans la syllogistique et le puissant système de notations mathématiques est pour Bolzano une différence de degré et non pas de nature.

Même attitude à l'égard du projet leibnizien de la langue universelle dont, il est vrai, Bolzano ne pouvait connaître que des déclarations programmatiques :

> Quels que soient les défauts des langues et des systèmes de signes utilisés jusqu'ici, même des plus parfaits, et auxquels on peut incontestablement apporter des améliorations de détail, l'invention d'une *langue universelle* tout à fait nouvelle doit être extrêmement difficile. Cette invention, qui a été si souvent tentée, satisferait à la perfection tous les vœux de la logique; on pourrait alors se passer de toutes les autres langues, du moins pour l'usage savant. Cependant, rien de ce qu'ont en partie projeté, en partie déjà conçu *Raymond Lulle*, [...], le grand *Leibniz*, [...], *Ploucquet*, [...], *Lambert* et autres, n'a répondu à l'attente. La tentative la plus remarquable fut sans doute celle de *Leibniz*. Il assurait pouvoir associer à chaque concept un nombre qui le désignerait de manière si essentielle qu'on puisse en dériver les vérités les

92. *WL*, IV, § 698, 592.

> plus importantes, uniquement grâce aux combinaisons de ces signes conformément à certaines règles universellement valides. Que devons-nous en dire? Paroles imprudentes d'un grand homme? S'est-il flatté d'être en possession d'une invention qui lui est apparue par la suite comme une illusion et n'a-t-il pas ensuite voulu reconnaître son erreur? Et même, la chose qu'il a cherchée et qu'il a cru avoir trouvée, n'est-t-elle pas une pure impossibilité[93]?

La logique de Bolzano prétend à l'universalité; c'est pourquoi son auteur ne saurait se contenter d'une langue symbolique *partielle* analogue à celle des mathématiques. Comme le dit L. Kreiser, même si Bolzano s'était occupé de la construction d'une langue formelle, cela n'aurait qu'une importance secondaire pour sa *théorie de la science* qui doit aboutir aux règles de la présentation des sciences dans des traités appropriés; «une telle langue est toujours liée à une conception limité du logique» et vouloir que Bolzano invente pour son programme une langue symbolique adéquate «revient à lui demander la construction d'une langue universelle»[94].

Bolzano répugne à bouleverser la langue naturelle. Néanmoins, pour pouvoir opérer avec des expressions univoques et reconnaissables par leur forme, il a conçu une syntaxe «normée» afin de réduire la variété des formes linguistiques à des schémas fixes. La tâche de sa «grammaire philosophique» consiste donc à «donner une sorte d'instruction permettant de découvrir les constituants logiques d'une proposition à partir de son expression linguistique»[95]. Cette syntaxe se caractérise principalement par l'*unicité de la forme logique* de toutes les propositions. Toutes se composent en effet de trois parties : elles comprennent un *sujet*, un *prédicat* et une *copule* qui est la troisième personne du singulier du verbe «avoir». Toutes les propositions épousent ce que j'appellerai la *forme canonique* unique qui est la forme attributive «*S* a *p*» (*S hat p*), et que je paraphraserai également par «*S* possède la propriété *p*». Bolzano énonce l'unicité de la forme canonique comme conjecture, mais il la tient pour certitude.

Dans cette forme, *S* est la représentation de sujet appelée également *base*, *p* la représentation de prédicat ou *partie énonciative*, la copule, *partie de liaison*. L'avantage de la forme canonique, c'est

93. *WL*, III, § 344, 377. Les essais connus des prédécesseurs et des contemporains de Bolzano ne pouvaient faire espérer mieux. Cf. *ibid.*, II, § 194.

94. «Logická sémantika u Bolzana a Fregeho a výtka z platonismu», *Filoz. Časopis*, 29 (1981), 100.

95. *WL*, II, § 169, 211.

qu'elle supprime l'ambiguïté de la copule traditionnelle «est» et exprime distinctement l'asymétrie de la relation attributive par le fait d'*avoir* ou posséder une propriété. L'idée est meilleure que sa réalisation : toutes proportions gardées, à l'écriture «*S* a *p*» correspond notre notation *p(S)* avec *p* prédicat monadique (prédicat à une place) et *S* une constante. Cependant, la conception trop large, trop indéterminée de ce que peut être le sujet ou le prédicat dans une forme canonique bolzanienne empêche le rapprochement entre ses formes canoniques et notre écriture.

En effet, dans la forme canonique bolzanienne, le sujet *S* peut être non seulement le nom d'un ou de plusieurs individus ou d'une classe, mais aussi un terme général tout à fait quelconque, et que la propriété *p*, même si elle peut se rattacher au sujet *S* par la copule, devient vite d'une complexité telle que la réduction envisagée perde de son intérêt. E. Morscher a soulevé une autre objection : après avoir soigneusement distingué la subsomption, relation primitive, de la subordination, définie par le moyen de la subsomption, Bolzano efface leur différence par l'exigence d'unicité de la forme canonique et les met pour ainsi dire dans le même sac[96]. Il me semble cependant que Bolzano puisse y répondre. Dans les propositions vraies, les seules qui intéressent la science, la forme canonique «*S* a *p*» est, comme on l'a vu, équivalente à l'*inclusion* de *S* dans le *concretum P*. Cette formulation ne contient aucune restriction et doit donc valoir aussi pour les représentations singulières. Qu'il s'agisse de Socrate ou des Grecs, tout objet subsumé sous «Socrate», aussi bien que sous «les Grecs», est également subsumé sous la représentation «homme». En termes ensemblistes, l'appartenance de l'individu Socrate à la classe des hommes s'exprime par l'inclusion de l'ensemble «solo» contenant Socrate dans l'ensemble des hommes; cependant, l'irréductibilité de la relation d'appartenance est assurée par le fait que c'est elle qui sert à définir l'inclusion. L'unicité de la forme canonique est préservée.

Dans la forme «*S* est *P*», les représentations *S* et *P* appartiennent souvent à la même catégorie sémantique, celle des *concreta*. On a vu que les *concreta* sont définis à l'aide de la représentation «quelque chose» et de la représentation abstraite de la propriété correspondante, que Bolzano appelle un *abstractum*. Un *concretum* est donc la représentation de quelque chose qui possède la propriété désignée par l'*abstractum* correspondant; si nous notons avec Bolzano le premier par une majuscule, le second par une minuscule, la forme logique d'un

---

96. *Das logische An-sich bei B. Bolzano*, 98, note 323 et 324.

concretum P sera «quelque chose qui a (la propriété) *p*». Il s'ensuit qu'un *abstractum* peut être simple ou complexe alors qu'un *concretum* est toujours complexe.

Dans la forme canonique, à la place du sujet peut figurer non seulement un *concretum*, une représentation concrète, mais encore toute représentation qui désigne un objet quel qu'il soit. Cela peut aussi être un *abstractum* («la sagesse est une vertu») ou une représentation qui n'est ni concrète ni abstraite selon les conventions de Bolzano, par exemple un nom, une intuition («cet *A*») ou la représentation «quelque chose».

Malgré sa «fusion intime» avec la copule, la négation, elle aussi, fait partie du prédicat et Bolzano exprime les propositions négatives de la forme «*S* n'est pas *P*» par «*S* a le manque de *p*» (*S hat den Mangel an p*), «le manque de *p*» étant une propriété de *S* si *S* n'a pas la propriété *p*.

La croyance à l'unicité de la forme de toutes les propositions est assurément, parmi toutes les affirmations de Bolzano, un préjugé des plus étranges et des plus critiquables. C'est Frege qui accomplira le progrès décisif dans l'analyse des propositions, leur décomposition en objets et concepts, la copule étant intégrée dans le concept. L'instrument de ce progrès est le concept de fonction, interprétée par Frege comme entité non saturée dont l'expression contient des places vides pour les arguments ou noms d'objets. Les représentations en lesquelles Bolzano décompose les propositions ne sont pas non saturées; elles s'enchaînent l'une après l'autre, reliées tout au plus par diverses parties de liaisons comme dans l'ancienne logique. Une proposition au sens de Bolzano est une suite de représentations qu'on peut grouper en trois parties constitutives : sujet – copule – prédicat. L'idée d'une forme unique constitue un obstacle infranchissable à une analyse des propositions en termes d'individus, de prédicats à un nombre arbitraire de places, et des quantificateurs. Néanmoins, dans le système de Bolzano, sa syntaxe remplit certaines fonctions dévolues aux langues formelles du XXe siècle. En particulier, la forme canonique assure l'unicité de la décomposition d'une proposition en ses constituants, permettant ainsi de définir la synonymie des énoncés.

Pour réduire les énoncés à la forme canonique, Bolzano formule un certain nombre de règles qu'il accompagne d'exemples très divers. Il croit avoir ainsi donné suffisamment d'indications qui permettent au lecteur de réduire tous les énoncés.

Tout d'abord, les verbes perdent leur modalité temporelle qui est désormais dévolue au sujet, et se transforment en propriétés, états ou manières d'être, souvent très complexes. Ainsi, «A agit» devient «A, maintenant, a la propriété d'agir» (le terme *propriété*, *Beschaffenheit*, est toujours pris au sens large).

La copule «est» suivie d'un *concretum* se réduit à la copule «a» (*hat*) suivie de l'*abstractum* correspondant. Les énoncés de la forme «*S* est *P*» sont donc transformés en «*S* a la *p*-éité». «L'homme est mortel» et «le concept de triangle est complexe» deviennent respectivement «l'homme a la mortalité» et «le concept de triangle a la complexité». Même «*A* existe» donne lieu à «*A* a l'existence». Comme nous l'avons vu, le dernier énoncé peut à son tour être réduit à «la représentation *A* est objectuelle», c'est-à-dire «la représentation *A* a l'objectualité» (*die Vorstellung A hat Gegenständlichkeit*).

«Il existe un seul *A*» est réduit d'abord à «la représentation *A* est une représentation singulière», mais l'étape ultime de cette réduction qui est en même temps une analyse logique est «la représentation *A* a l'objectualité et la représentation d'une pluralité des *A* n'a pas l'objectualité».

Les négations donnent lieu à des tournures encore plus artificielles. «L'homme n'est pas mortel» devient «l'homme a le manque de la mortalité» et dire que cette proposition est fausse, c'est dire «la proposition que l'homme a le manque de la mortalité a la fausseté». La forme «Aucun *A* n'est *B*» deviendra «la représentation d'un *A* qui est *B* a le manque de l'objectualité»; Bolzano dira plus brièvement qu'elle est vide, *gegenstandslos*.

La forme «ceci est une pierre», «ceci est de l'or» doit être réduite à «ceci a la pierréité», «ceci a l'auréité». Bolzano explique pourquoi nos langues ne connaissent pas la forme canonique «*S* a *p*» et lui préfèrent la forme «*S* est *P*» : étant donné que l'objet des *concreta* est le plus souvent un objet sensible qui occupe davantage notre attention qu'une de ses propriétés abstraites, nos langues sont beaucoup plus riches en mots désignant les *concreta* qu'en mots qui expriment les *abstracta* qui leur correspondent. Il est donc a la fois plus urgent de désigner les objets sensibles, et plus facile pour se mettre d'accord sur le sens de leurs désignations, que de le faire pour les propriétés abstraites de leurs supports. Une fois que l'on dispose du mot «pierre» ou «or», il est superflu de créer une «pierréité» ou «auréité»; les termes «les propriétés de l'or» suffisent pour désigner ce concept.

A première vue, les relations sont rebelles à une traduction en termes de sujet et de prédicat monadique. Bolzano sait cependant éviter les écueils de la réduction leibnizienne : pour lui, le sujet d'un jugement de relation n'est pas l'un des termes de la relation choisi plus ou moins arbitrairement; c'est le *système*, la collection, l'*Inbegriff* des termes qui entrent en relation. La relation elle-même est alors une propriété du système, de la collection. Etant donné qu'il n'y a pas de forme *conceptuelle* (descriptive) canonique, les propriétés qui sont des relations peuvent endosser toute la complexité possible. La rigidité de la forma canonique est alors compensée par la grande souplesse de combinaisons des représentations qui composent une relation.

Prenons, à titre d'exemple, l'identité. Comment interpréter les énoncés d'une identité comme « A = B = C » ou « Alexandre le Grand et le successeur de Philippe de Macédoine sont une seule et même personne » ?

> Ce que nous entendons par A, B, C, ... dans un tel énoncé sont non pas les *objets* distincts mais seulement des *représentations* distinctes d'un seul et même objet; celles-ci ne pourraient pas l'être si elles n'étaient pas des représentations singulières[97].

Il s'en suit qu'un énoncé de l'identité se ramène à l'équivalence des représentations singulières A, B, C, ... D'où sa forme logique : « la relation qui a lieu entre les représentations singulières A, B, C... est une équivalence ». Cette équivalence peut à son tour être réduite à l'inclusion réciproque et même à la compatibilité. En effet, comme les représentations A, B, C, ... sont singulières, l'unique objet représenté par A est le même que l'objet représenté par B, par C etc., et l'équivalence se confond avec la compatibilité. La forme finale d'un énoncé de l'identité est donc : « la relation entre les représentations singulières A, B, C, ... est la compatibilité ». La forme finale, en termes d'« avoir » devient « la collection des représentations singulières A, B, C, ... a la propriété d'une collection de représentations compatibles les unes avec les autres ». L'identité est ainsi définie en termes de compatibilité de représentations singulières; les différentes transformations que subit l'énoncé de l'identité sont en réalité les étapes d'une analyse logique très subtile. Les autres relations sont réduites à la forme canonique selon le même schéma.

D'autre catégories d'énoncés méritent d'être mentionnées. Prenons d'abord l'énoncé « il y a plusieurs *A* ». Selon Bolzano, il se ramène à « il y a une pluralité des *A* », ce qui signifie « il y a une collection d'objets dont chaque élément (*Teil*) est un *A* » dont la forme ultime est « la représentation d'une collection dont chaque élément est un *A* a la objectualité ». Les énoncés numériques sont réduits de manière sem-

97. *WL*, II, § 140, 60. Ce n'est pas vraiment une définition, car elle serait circulaire. Dans le manuscrit « Allgemeine Mathesis » (*Gesamtausgabe* II A, 5) qui fait suite aux *Beiträge*, Bolzano définit l'identité comme identité des indiscernables.

blable : «n *A* sont *B*» devient «la collection de tous les *A* qui sont *B* a la propriété d'un ensemble qui contient n éléments».

Bolzano réduit les énoncés complexes, eux-aussi, à la forme canonique. Les énoncés hypothétiques, ceux de la forme «si A, B, C, ..., alors M, N, O, ...» expriment la relation de déductibilité; les représentations A, B, C, ... M, N, O, ... contiennent par conséquent des variables. La forme logique d'un énoncé conditionnel sera donc «tout système [=toute suite] de représentations qui, substitué aux variables i, j, ... dans les propositions A, B, C, ..., M, N, O, ..., rend les propositions A, B, C, ... toutes vraies, a la propriété de rendre vraies également toutes les propositions M, N, O, ...».

Les disjonctions sont réduites de la manière suivante : la disjonction non exclusive entre les propositions M, N, O, devient «la représentation d'une proposition vraie entre les propositions M, N, O, a l'objectualité»; la disjonction exclusive entre les mêmes propositions se traduit par «la représentation d'une proposition vraie entre les propositions M, N, O, a la singularité» (i.e est une représentation singulière).

Prenons l'exemple d'une relation non logique, la causalité. A la suite de l'analyse bolzanienne de la relation causale, les propositions de la forme «X est la cause de Y» se ramènent aux propositions qui énoncent une relation de conséquence matérielle (*Abfolge*) : «la relation de la vérité "X existe" à la vérité "Y existe" a la propriété d'une relation de raison à conséquence».

Enfin, les propositions déontiques (les jugements pratiques dans la terminologie kantienne), les expressions d'un désir, d'un vouloir et même les questions sont des propositions au sens propre du terme (donc susceptibles de prendre une valeur de vérité) et doivent être traduites en forme canonique. Ainsi, «*A* doit faire *B*» est de la forme «*A* a le devoir de faire *B*» et la question «quelles sont les propriétés de Dieu?» se ramène à la forme «j'a [sic: *ich hat*] le désir qu'on lui indique les vérités qui énoncent les propriétés de Dieu». Comme on le voit, les langues naturelles recourent à la flexion verbale (à la personne et au nombre) pour assurer une meilleure compréhension du sens; Bolzano l'interprète comme un procédé redondant qui n'appartient pas à la forme logique des énoncés.

Par sa réduction des énoncés à la forme canonique, Bolzano poursuit un double but. D'autre part, il supprime la polysémie de la copule traditionnelle «est» et exprime la relation d'attribution de manière dépourvue d'ambiguïté. D'autre part, il vise l'analyse la plus complète des relations logiques que les langues naturelles expriment de manière elliptique et même équivoque. Cet effort d'analyse a une contrepartie fâcheuse qui a beaucoup contribué à l'insuccès de la *WL* : la syntaxe bolzanienne est à l'opposé des qualités des langues naturelles qui sont toutes souplesse, allusion et nuance. Cependant, dans une large mesure, le système logique de Bolzano ne dépend pas de sa syntaxe : la copule «avoir» peut être retraduite à l'aide de la copule «être», ou mieux, exprimée dans un symbolisme adéquat[98]. La syntaxe bolzanienne n'intervient en réalité que sur quelques points qui touchent principalement la différence entre les *concreta* et les *abstracta*. Malgré le préjugé leibnizien de la forme canonique unique de tous les énoncés, Bolzano a su exprimer les jugements existentiels et les jugements de relation tout en respectant leur spécificité.

C'est par rapport au langage normé de Bolzano que nous pouvons tenter de définir la relation de synonymie entre les énoncés d'une même langue : deux énoncés sont *synonymes* s'ils ont la même forme canonique, c'est-à-dire s'ils sont composés de la même manière des mêmes éléments.

Cette théorie est lourde de présupposés. Bolzano suppose, en effet, que les propositions sont des entités structurées complexes, qu'elles se composent de parties, et que les structures grammaticales reflètent plus ou moins fidèlement la structure fondamentale des significations. L'analyse des propositions en parties signifiantes s'inspire de la composition des énoncés à partir de mots. Comme l'observe G. Buhl, Bolzano pense ses propriétés comme écrites dans une langue logique idéale qui rend transparente leur structure logique [99].

Malgré l'effort de séparer la forme linguistique des propositions et des représentations de leur sens, Bolzano ne met pas en question la fonction catégorielle du langage, le découpage du réel que chaque langue opère à sa manière. Les éléments de liaison, par exemple les représentations «qui» ou «avoir», sont en réalité des projections des termes syncatégorématiques d'une langue particulière dans la région universelle du sens.

---

98. La différence entre les jugements dont la copule est «avoir» et ceux dont la copule est «être» a suscité des commentaires importants de la part des philosophes et des linguistes. Husserl lui a consacré un développement dans l'ouvrage *Expérience et Jugement*; le linguiste A. Isačenko l'a discutée dans sa contribution au Congrès international de linguistique à Bologne en 1972 : «On Be-languages and Have-languages» (voir les *Abstracts*); L. Kreiser et A. Steube ont longuement commenté cette différence dans «Bernard Bolzanos sprachlogische Untersuchungen», in *B. Bolzano 1781-1848, Studien und Quellen* (1981); ils ont également signalé l'apport de Bolzano à la sémantique linguistique.

99. G. Buhl, *Ableitbarkeit und Abfolge in der Wissenschaftstheorie Bolzanos*, 14.

Pour Bolzano, le langage est un système quasi-transparent d'expression et de communication qui reproduit la composition des représentations et leur enchaînement dans les propositions. Le langage ne fait que révéler les structures signifiantes qui constituent un domaine théorique absolu. Nos formulations des lois logiques et des théories scientifiques approchent cette structure absolue des significations et des vérités en soi; elles ne sont que des traductions sans cesse améliorées d'une même «théorie» non écrite et fondamentale.

CHAPITRE II

LOGIQUE DES REPRÉSENTATIONS

1. Relations extensionnelles entre les représentations

Des deux parties essentielles de la logique de Bolzano au sens strict, la logique extensionnelle des représentations et la logique des relations entre les propositions, la première vient d'une longue tradition qui commence avec Boèce. Celui-ci a fait un pas décisif vers une logique des classes en formulant les définitions des cinq relations possibles entre les termes : l'inclusion du sujet dans le prédicat, l'inclusion du prédicat dans le sujet, l'exclusion (la disjonction exclusive), la compatibilité et l'équivalence.

Dans les temps modernes, c'est l'exposé de la syllogistique par Euler, et plus encore la représentation des relations entre les termes par des cercles, qui a inauguré le traitement extensionnel des relations entre les notions. Indépendamment de toute tradition logique et philosophique, Gergonne, se fondant sur l'exposé d'Euler, fait précéder sa théorie du syllogisme par une liste des relations possibles entre deux idées générales. Cependant, comme chez Euler, l'association de l'étendue à une idée élude toute véritable problématique posée par la notion d'extension. Par le traitement extensionnel, à la fois radical et naïf, la logique se trouve ramenée à la géométrie dont elle est, pour ainsi dire, une traduction dans un langage abstrait. Gergonne a pu ainsi retrouver les cinq relations possibles entre les termes et par leur intermédiaire, la syllogistique. Cependant, l'étroitesse de son point de vue ne lui permet pas de dépasser le niveau élémentaire. Il n'a pas l'idée d'une logique des classes et sa «dialectique rationnelle» n'a pas de prise sur la complexité des raisonnements effectivement utilisés dans les sciences.

Un système des relations entre les concepts, préalable à la déduction, se trouve pour la première fois chez J. G. E. Maass[1]. Bolzano va incorporer l'essentiel de cette théorie dans la *WL*.

Maass divise d'abord les concepts en compatibles et opposés. Deux concepts sont compatibles s'ils peuvent convenir ensemble à un objet. Les concepts compatibles sont dans un rapport d'inclusion (tous les A sont B), ou dans un rapport de subordination (tous les A sont B, mais tous les B ne sont pas A), ou bien ce sont des concepts équivalents (tous les A sont B et tous les B sont A), ou bien enfin ils sont coordonnés (quelques mais non tous les A sont B et quelques mais non tous les B sont A). Maass énonce ensuite une quarantaine de théorèmes avec leurs démonstrations, tels, par exemple, le théorème de la transitivité de l'inclusion, la loi de contraposition pour les concepts (si A est contenu dans B, alors non-B est contenu dans non-A), et quelques autres, importants, qu'on retrouvera chez Bolzano :

– si deux concepts sont incompatibles, alors chacun est contenu dans la négation de l'autre;

– si un concept est contenu dans la négation de l'autre, alors les deux concepts sont incompatibles;

– si deux concepts sont équivalents, alors leurs négations sont équivalentes;

– aucun concept n'est incompatible avec un concept et avec sa négation;

– deux concepts sont équivalents si et seulement si chacun est incompatible avec la négation de l'autre;

- si deux concepts sont coordonnés, alors chacun est compatible avec la négation de l'autre.

La théorie de Maass n'est ni une théorie axiomatique ni un calcul, et les relations ne sont pas classées d'après un critère unique. Maass procède plutôt par spécification de la relation fondamentale qui n'est pas chez lui l'inclusion, mais la compatibilité. Il obtient, comme cas particuliers, la subordination (=inclusion propre), l'équivalence (=inclusion réciproque) et la coordination (=compatibilité propre). De même, en spécifiant la négation de la compatibilité, il obtient la contrariété et la contradiction. On retrouvera le même schéma chez Bolzano.

1. *Grundriss der Logik*, Leipzig, 1793, 5ᵉ éd. 1836. Cet ouvrage, de dimensions modestes, inconnu des historiens de la logique, est l'un des meilleurs exposés de la logique formelle au XVIIIᵉ siècle et l'une des sources les plus importantes de la logique de Bolzano.

Sous-jacente à la théorie logique proprement dite, la doctrine de Maass développe ou, tout au moins, esquisse certains thèmes appelés à jouer un grand rôle chez Bolzano. D'abord, la logique des *termes* des scolastiques devient une logique du *concept*. Mais alors que les auteurs du XVIIe et du XVIIIe siècle portent leur attention sur les caractères psychologiques des concepts (leur origine, leur clarté, distinction, etc.), Maass souscrit à la doctrine du *conceptus objectivus,* entité non psychologique, une des sources des «représentations en soi» de Bolzano.

Ce caractère abstrait du concept a pour conséquence l'affirmation de l'existence d'un concept pour tout ensemble donné d'objets, affirmation que Bolzano incorporera sous une forme plus rigoureuse dans sa logique. Une fois élaboré le concept d'ensemble, Bolzano pourra assurer la traductibilité réciproque du langage intensionnel en langage extensionnel. Non seulement à tout concept est associé un ensemble unique (son extension), mais encore, pour tout ensemble donné il existe un concept dont cet ensemble est l'extension. Il est vrai, le plus souvent un tel concept est trivial et Bolzano doute de l'existence d'un concept non trivial pour un ensemble arbitraire d'objets[2].

En ce qui concerne la classification des relations extensionnelles entre les termes d'un syllogisme, Bolzano représente un pas en arrière par rapport à Gergonne. Mais Bolzano ne cite jamais l'*Essai de dialectique rationnelle* de Gergonne qu'il semble ne pas connaître.

Comparée aux théories précédentes, la logique bolzanienne des représentations se distingue par son caractère systématique et par ses intentions philosophiques. En dehors de son intérêt intrinsèque, elle constitue une première étape vers le système des relations entre les propositions et la théorie de la déduction qui dépasse de loin la syllogistique. D'autre part, les relations entre les représentations ne se traduisent pas immédiatement en schémas déductifs; la théorie des représentations est, dans son élaboration, indépendante du traitement des propositions. Plus importante que la classification des relations (que Bolzano reprend avec quelques modifications chez Maass) est la discussion des problèmes connexes qu'un Euler ou un Gergonne passent simplement sous silence (par exemple le problème de l'objectualité des représentations, autrement dit, le problème de la classe vide

2. Bolzano affirme donc que pour tout ensemble d'objets $\{\alpha, \beta, \gamma, \delta, \ldots\}$, il existe une représentation A qui le représente exactement. Dans le cas trivial, A est simplement «un concept qui représente tous les $\alpha, \beta, \gamma, \delta, \ldots$ et rien d'autre». Un concept non trivial serait le plus petit des concepts qui représentent $\alpha, \beta, \gamma, \delta, \ldots$, et éventuellement d'autres objets; cependant, l'existence d'un concept pur pour tout ensemble donné est douteuse. *WL*, I, § 101, 471-2.

et celui de la classe universelle) et qui sont dans la *WL* pour la première fois analysés en détail; plus importante aussi est la tentative d'étendre les relations binaires aux ensembles de représentations.

Une relation fondamentale et deux opérations, la négation et la quantification de la variable figurant dans la relation, sont sous-jacentes à la théorie de Bolzano. La relation n'est pas, comme dans l'interprétation extensionnelle de la syllogistique par les classes non vides, celle d'inclusion; la logique bolzanienne n'est pas une doctrine *de continente et contento.* La relation fondamentale entre des représentations est « avoir des objets en commun », c'est-à-dire la compatibilité. Bien que la théorie soit traitée de manière purement extensionnelle, Bolzano évite le détour par la notion d'extension et se réfère dans ses définitions directement aux objets.

Comme Maass, Bolzano procède à la classification des relations par dichotomies et nous les représenterons schématiquement ci-dessous après avoir donné leurs définitions.

Deux représentations sont dites *compatibles* (*verträglich*) si elles ont un ou plusieurs objets en commun; elles sont *incompatibles* (*unverträglich*) si elles n'ont aucun objet commun. Deux représentations compatibles sont en rapport d'*inclusion* (*Umfassen*) si tous les objets de l'une sont également objets de l'autre; elles sont *enchaînées* ou en relation d'*intersection* (*verschlungen, verkettet*) si une partie seulement des objets de l'une fait en même temps partie des objets de l'autre. Deux représentations en rapport d'inclusion ou bien sont *équivalentes* (*gleichgültig*) si l'inclusion est réciproque (c'est-à-dire si elles ont exactement les mêmes objets), ou bien l'une est *subordonnée* (*untergeordnet*) à l'autre si l'inclusion n'est pas réciproque. Enfin, deux représentations incompatibles sont ou bien *contradictoires* si l'une est la négation de l'autre, ou bien *contraires* si elles ne sont pas contradictoires. Les concepts coordonnés au sens de Maass sont devenues les représentations en intersection au sens de Bolzano, mais son schéma reproduit celui de Maass, mise à part la relation de subsomption. Résumons d'abord les définitions exprimées en langage ensembliste actuel à l'aide d'extensions de représentations, en désignant par **A** l'extension de la représentation A :

A est *compatible* avec M
$\mathbf{A} \cap \mathbf{M} \neq \emptyset$

A est *inclus* dans M
$\mathbf{A} \cap \mathbf{M} \neq \emptyset$ et
$\mathbf{A} \subset \mathbf{M}$

A et M sont *enchaînés*
(A *intersecte* M)
$\mathbf{A} \cap \mathbf{M} \neq \emptyset$ et $\mathbf{A} \not\subset \mathbf{M}$ et $\mathbf{M} \not\subset \mathbf{A}$

A est *subordonné* à M
$\mathbf{A} \cap \mathbf{M} \neq \emptyset$ et
$\mathbf{A} \subset \mathbf{M}$ et
$\mathbf{M} \not\subset \mathbf{A}$

A est *équivalent* à M
$\mathbf{A} \cap \mathbf{M} \neq \emptyset$ et
$\mathbf{A} \subset \mathbf{M}$ et
$\mathbf{M} \subset \mathbf{A}$

A est *incompatible avec* M
$\mathbf{A} \cap \mathbf{M} = \emptyset$

A est *contraire* de M
$\mathbf{A} \cap \mathbf{M} = \emptyset$ et
$\mathbf{A} \neq$ non-$\mathbf{M}$

A est *contradictoire* avec M
$\mathbf{A} \cap \mathbf{M} = \emptyset$ et
$\mathbf{A} =$ non-$\mathbf{M}$

La grande différence entre la logique de Bolzano et la nôtre concerne l'inclusion qu'il conçoit comme une espèce de compatibilité. L'inclusion ne peut donc avoir lieu qu'entre les classes non vides, conformément à sa doctrine ensembliste qui ignore la notion d'ensemble vide. Bolzano réserve un traitement différent aux classes, aux ensembles et aux extensions d'un côté, aux concepts et aux représentations de l'autre côté. Il y a des représentations vides, mais elles n'ont pas d'extension. Il y a des représentations singulières qui ont pour extension l'objet individuel qu'elles représentent, mais Bolzano ne reconnaît pas l'existence d'ensembles à un seul élément[3]. L'extension d'une représentation singulière, est-elle *identique* à l'individu qu'elle représente ? La réponse de Bolzano serait probablement affirmative.

Dès le départ, Bolzano élargit ces relations aux classes de représentations :

> un nombre quelconque de représentations sont compatibles s'il existe au moins un objet représenté par chacune d'entre elles[4].

3. Voir ci-dessous, IIIe partie, chap. 2, § 1.

4. Bolzano indique un exemple algébrique où, dans un ensemble donné de représentations, seul un nombre déterminé d'entre elles est compatible, mais il a

Pour la compatibilité ainsi généralisée, il énonce le théorème suivant :

> Si les représentations qui forment un ensemble $\mathcal{a}$ sont toutes compatibles entre elles, les représentations de chaque sous-ensemble de $\mathcal{a}$ sont également compatibles (la réciproque est fausse).

Des représentations sont compatibles si elles ont au moins un objet en commun. Deux *classes* de représentations sont compatibles s'il existe un objet commun pour au moins un couple de représentations choisies chacune dans l'un de ces deux ensembles, autrement dit si dans chacun des deux ensembles il existe une représentation ayant au moins un objet commun avec l'autre. Ou encore :

> Deux ensembles de représentations $\mathcal{a}$ et $\mathcal{m}$ sont compatibles s'il existe un couple de représentations compatibles (A, M) tel que A appartienne à $\mathcal{a}$, M à $\mathcal{m}$.

Il en va de même pour l'inclusion :

> Les représentations A, B, C, D, ... sont incluses dans les représentations M, N, O, ... si tout objet qui tombe sous l'une des représentations A, B, C, D, ... tombe aussi sous l'une des représentations M, N, O, ... [5].

La relation d'inclusion est importante parce que, comme nous avons eu l'occasion de le voir, elle exprime en termes extensionnels la copule de toutes les propositions vraies.

Deux représentations sont *équivalentes*, si l'une est incluse dans l'autre et réciproquement. Définition qui date au moins de Leibniz[6], à ceci près que Bolzano distingue soigneusement entre l'identité et l'équivalence. L'équivalence est une relation entre deux représentations *distinctes*. Pour Bolzano, l'identité leibnizienne entre « heureux » et « pieux » est une équivalence, et l'équivalence de Gergonne entre « Hollandais » et « Batave », une identité puisque les deux expressions désignent la même représentation. L'équivalence au sens de Bolzano suppose une différence de compréhension et une identité d'extension : deux représentations équivalentes doivent avoir les mêmes objets en commun.

---

commis une erreur dans ses explications. Cf. *WL*, I, § 94, 441, et *Wissenschaftslehre und Religionswissenschaft ... in Übersicht*, p. 70, note.

5. *WL*, I, § 95, 444.

6. *Phil.*, VII, 225 : « si a est b et b est a, tunc a et b dicuntur *idem*. Ut omnis pius est felix. Et omnis felix est pius. Ergo *idem* est felix et pius ».

L'équivalence doit satisfaire à d'autres conditions : deux représentations équivalentes peuvent avoir la même compréhension si elles sont complexes, mais deux représentations simples (par exemple deux intuitions) ne peuvent pas être équivalentes. De plus, pour toute représentation simple il y a une infinité de représentations équivalentes, mais celles-ci ne sont pas simples; on peut les former par exemple en leur préfixant un nombre pair de négations.

C'est l'extension de l'équivalence aux ensembles de représentations qui apporte quelques idées nouvelles.

> Deux classes de représentations sont *équivalentes*, si tout objet de l'*une quelconque* des représentations de la première collection est aussi objet d'une représentation de la seconde collection et réciproquement.

Bolzano précise par la suite : l'équivalence des collections de représentations n'exige pas l'existence de *couples* de représentations équivalentes, chacune appartenant à une collection différente. Autrement dit, les extensions des représentations sont *réunies* dans les deux collections, et on ne compare pas représentation à représentation, mais la réunion des extensions des représentations d'une autre collection. En introduisant le concept d'*ampleur* (*Weite*) d'une représentation, à savoir la grandeur qui mesure son extension[7], Bolzano peut maintenant énoncer, dans le langage des représentations, un théorème sur la réunion des ensembles :

> Si deux classes de représentations sont équivalentes, la somme des ampleurs des représentations de la première classe n'est pas nécessairement égale à la somme des ampleurs des représentations de la seconde.

En parlant de la représentation graphique de l'équivalence, Bolzano insiste de nouveau :

> Lorsque nous voulons indiquer qu'une collection toute entière de représentations A, B, C, D, ... est équivalente à toute une collection d'autres représentations M, N, O, ..., l'espace, dans lequel s'étendent les domaines des représentations A, B, C, D, ... réunis, doit être le même que l'espace dans lequel s'étendent les domaines des représentations M, N, O, ...; mais cela ne doit pas nous empêcher de prendre les espaces par lesquels nous indiquons les domaines des représentations A, B, C, D, ..., M, N, O, ..., dans la mesure où d'autres circonstances l'exigent, de telle

7. *WL*, I, § 66, 298. L'ampleur correspond donc à notre nombre cardinal d'un ensemble, mais Bolzano l'explique en termes de mesure. La situation se compliquera lorsqu'il sera question d'ensembles infinis; cf. notre IVe partie.

manière que la somme des espaces assignés aux représentations A, B, C, D, ... est tantôt plus grande, tantôt plus petite que les sommes des espaces assignés aux représentations M, N, O, ... [8].

La relation de *subordination* est une inclusion propre; elle suppose donc la compatibilité. Elle est à distinguer du rapport des ampleurs de deux représentations, c'est-à-dire du rapport des deux nombres qui mesurent leurs extensions. Le rapport de subordination est un rapport de *hauteur* (*Höhe*) entre deux représentations, alors que le rapport entre les ampleurs est un rapport numérique : une représentation A subordonnée à B lui est *inférieure*; une représentation A qui représente moins d'objets que B est *moins large* que celle-ci. Chaque représentation subordonnée est moins large que sa représentation supérieure :

$$\text{Si } \mathbf{A} \subset \mathbf{B}, \text{ alors card } \mathbf{A} < \text{card } \mathbf{B},$$

mais la réciproque est fausse. La subordination est une relation transitive; la terminologie (représentations inférieure, supérieure) et la disposition d'écriture (les représentations sont écrites les unes au-dessous des autres) suggèrent que Bolzano pensait à une relation d'ordre partiel strict entre les représentations.

L'*intersection* que Bolzano appelle aussi *enchaînement* (*Verkettung*), est la compatibilité propre. Evidemment, elle ne doit pas être vide et de deux représentations en intersection, aucune ne doit être contenue dans l'autre. La relation d'intersection ou d'enchaînement permet de définir ce que Bolzano appelle une *chaîne*. Il peut arriver que des représentations qui s'excluent mutuellement (parmi lesquelles aucun couple n'est compatible) soient toutes enchaînées avec une autre représentation M (l'enchaînement n'est pas transitif et chaque représentation peut être enchaînée avec M par les objets qui sont communs à ces deux représentations seules). Bien qu'incompatibles, de telles représentations sont pourtant en rapport d'enchaînement indirect, par l'intermédiaire de la représentation M. Maintenant, « si parmi plusieurs représentations A, B, C, D, ..., chaque représentation suivante est enchaînée avec la représentation immédiatement précédente, mais incompatible avec toutes les représentations antérieures, nous pouvons donner à cette suite [*Reihe*] de représentations le nom de *chaîne* » [9]. Un exemple de chaîne est fourni par les représentations suivantes: « les hommes qui ont vécu au premier millénaire », « les hommes qui ont

8. *WL*, I, § 96, 449-50.
9. *WL*, I, § 98, 455.

vécu au deuxième millénaire», «les hommes qui ont vécu au troisième millénaire», etc., car certains hommes ont vécu au premier et au deuxième millénaire, d'autres au deuxième et au troisième, etc., mais aucun homme n'a vécu au premier et au troisième millénaire.

Si, de plus, la dernière représentation est enchaînée avec la première, la chaîne est *fermée*. Cependant, les deux exemples que donne Bolzano d'une chaîne fermée sont inadéquats : les représentations des notes de la gamme (do, ré, mi, fa, sol, la, si) ou de la gamme des couleurs (du rouge au violet) ne sont pas enchaînées; elles sont coordonnées, donc disjointes. Bolzano ne fait aucun usage de la chaîne au sens de sa définition; l'idée sous-jacente à ses exemples de chaîne fermée peut se rattacher à sa définition de la suite[10]. L'incohérence des exemples indique que le concept de chaîne n'est pas à construire uniquement à partir de représentations enchaînées (compatibles au sens propre), mais à partir de la relation d'ordre (ou, chez Bolzano, à partir de la notion de suite).

L'enchaînement dans une collection de représentations est *total* (*allseitige Verschlungenheit*) si tout couple de représentations de cette collection est compatible, mais si aucun couple n'a exactement les mêmes objets en commun avec un autre couple. Dans la représentation d'un objet dont les propriétés sont totalement enchaînées aucune partie n'est redondante. La représentation ainsi formée est donc une représentation «minimale»; elle n'est jamais vide. Exemple : «polygone», «équilatéral» et «équiangulaire» sont trois représentations totalement enchaînées (un rectangle est un polygone équiangulaire, mais non équilatéral; un losange est un polygone équilatéral mais non équiangulaire; une ligne brisée formée de segments égaux qui enferment les mêmes angles est un «équilatéral équiangulaire» sans être un polygone), donc, la représentation «polygone équilatéral équiangulaire» n'est ni vide ni redondante[11].

Pour obtenir l'*incompatibilité* d'un ensemble de représentations, il suffit qu'aucun objet ne soit représenté par *toutes* les représentations, c'est-à-dire que les extensions de ces représentations n'aient pas de partie commune (non vide). Mais, conformément au théorème sur la compatibilité, de l'incompatibilité du plus grand nombre de représentations il ne s'ensuit pas l'incompatibilité du plus petit nombre. S'il en est ainsi, c'est-à-dire si aucun couple de représentations n'est compatible, l'incompatibilité est *totale* (les représentations s'excluent mutuellement et leurs extensions sont disjointes deux à deux). En

10. Voir ci-dessous, IIIe partie, chap. 2, § 4.
11. *WL*, I, § 98, 456.

accord avec la définition de la compatibilité pour les ensembles de représentations, Bolzano définit l'incompatibilité totale (l'exclusion) pour les ensembles .

Les représentations incompatibles sont de deux espèces : les contradictoires et les contraires.

Aujourd'hui, on peut définir la contradiction de la manière suivante: deux représentations son *contradictoires* si leurs extensions sont complémentaires par rapport à la classe universelle. Pour Bolzano, deux représentations sont contradictoires si le domaine de l'une contient tous les éléments qui n'appartiennent pas à l'extension de l'autre. Or, sa définition comporte deux restrictions : l) chacune des deux représentations contradictoires doit être objectuelle (l'extension d'aucune d'elles ne doit être vide), 2) un corollaire du précédent : aucune des représentations contradictoires ne doit avoir pour extension la classe universelle (en langage bolzanien, aucune ne doit être équivalente à «quelque chose»).

Jusqu'ici, nous n'avons parlé que de représentations non vides qui ont une extension bien définie. Maintenant, Bolzano est obligé d'écarter explicitement la classe universelle et la classe vide (qu'il ne reconnaît pas comme classe: les représentations vides n'ont pas d'extension).

> Si la représentation donnée A n'avait aucune extension, elle ne pourrait pas être appelée disjointe [*ausschliessend*] [12]; en revanche, si elle avait l'extension maximale, celle de la représentation de quelque chose en général, la deuxième [non-A] ne pourrait avoir aucune extension [13].

Au paragraphe 108 de la *WL*, les relations entre les représentations sont étendues aux représentations vides. Peut-on en conclure que, dans cette conception généralisée, la représentation «objet en général» et une représentation vide sont contradictoires? Rien dans les textes ne s'y oppose, mais rien ne permet de l'affirmer.

Bolzano innove également en matière de formation des représentations contradictoires par le moyen de la négation. Non seulement non-A, non non non-A, etc., sont contradictoires avec A, mais aussi, toute représentation équivalente à non-A est contradictoire avec toute représentation équivalente à A. Pour une représentation, il y a donc une infinité de représentations qui sont contradictoires avec elle [14].

---

12. Disjointe par rapport à non-A, c'est-à-dire totalement incompatible avec non-A.

13. *WL*, I, § 103, 477.

14. Bolzano divise les représentations négatives (celles qui contiennent une négation) en deux sortes : les représentations *purement négatives* («rien» et en général toutes les représentations de la forme «non-A» lorsque nous nions A sans

La *contrariété* a souvent été définie (par Aristote par exemple) par rapport à un troisième terme (espèce) ou par opposition et en se référant à la signification des concepts et non pas uniquement par leur forme. Pour Bolzano, la contrariété est simplement l'incompatibilité propre : «bleu» et «jaune» sont des contraires, mais «bleu» et «spirituel» également. De cette manière, la distinction traditionnelle[15] entre les représentation contradictoires qui s'excluent logiquement, et les contraires qui s'excluent réellement (en faisant donc intervenir, en dehors de la forme, la matière) s'estompe, les deux étant définies uniquement par le rapport de leurs extensions[16].

La *coordination* est une relation d'exclusion ou de disjonction exclusive ou encore d'*incompatibilité totale* (*allseitige Unverträglichkeit*) entre les représentations subordonnées à une représentation supérieure. Lorsque les extensions des représentations disjointes deux à deux épuisent l'extension de la représentation supérieure X, elles deviennent des *parties intégrantes* du domaine de X; en langage moderne, elles constituent une partition de X. Dans ce dernier cas, la réunion de leurs extensions est équivalente à X.

La relation de genre à espèce n'est pas une simple relation entre les représentations comme le sont les précédentes. Dans la langue usuelle, on dit bien que Socrate appartient à l'espèce humaine, mais, à proprement parler, Socrate n'est pas un élément de l'extension de la représentation «espèce humaine». Bolzano distingue soigneusement entre «homme» et «espèce humaine». Sous la première, qui est une repré-

affirmer quoi que ce soit d'autre; dans ce sens la représentation «non-homme» est vide) et les représentations *partiellement négatives* qui ne sont pas de cette forme (elles sont souvent de la forme «quelque chose qui n'est pas A»). Cependant, Bolzano annule les effets de cette division dans la mesure où il déclare immédiatement après qu'il va utiliser également des représentations de la forme «non-A» pour désigner quelque chose qui n'est pas A. La seule représentation purement négative en soi serait alors «rien».

15. D'après Aristote, les contraires sont les attributs qui diffèrent le plus à l'intérieur d'un genre. Pour la définition des contraires par l'exclusion réelle, et celle des contradictoires par l'exclusion logique, Bolzano se réfère aux manuels contemporains d'Ulrich et de Kiesewetter.

16. D'après Bolzano, ce n'est pas la considération de la matière et de la forme qui peut départager les contraires et les contradictoires. Les représentation contradictoires elles aussi, renvoient à la «matière» : en présence de deux représentations, on ne peut conclure à leur contradiction que si l'on sait déjà qu'elles ne sont ni vides ni universelles. En revanche, on peut parfois conclure à la contrariété en vertu de la forme seule; la représentation «A qui est B» par exemple est contraire de «A qui n'est pas B».

sentation générale, tombent Socrate, Calliclès, Néron, etc. Quels sont les objets représentés par la seconde ? C'est l'humanité toute entière, l'ensemble des humains pris comme un tout. La représentation d'une espèce est une représentation singulière : celle de la totalité des individus appartenant à l'espèce. L'*espèce* des étoiles fixes de première grandeur a pour extension un seul objet : la totalité des étoiles fixes de première grandeur. Ce n'est qu'improprement qu'on peut l'identifier aux étoiles fixes de première grandeur. Si la représentation A est prise distributivement, la représentation « espèce A » est prise collectivement. Bolzano le dit expressément en commentant l'expression de la langue courante « Socrate appartient à l'espèce des hommes ».

> Par cette locution, il ne faut pas se laisser amener à croire que les objets qui sont subsumés sous la représentation A sont aussi les objets de la représentation de l'espèce formée à partir de A, c'est-à-dire de la représentation «la totalité des A». Car cette dernière n'a au fond qu'un seul objet, à savoir le tout qui naît de la réunion de tous les objets représentables par A [17].

C'est pourquoi, strictement parlant, la relation de l'espèce au genre n'est ni une inclusion ni une subordination. Telle est seulement la relation entre les *représentations* à partir desquelles on a formé celles de genre et d'espèce, et que l'on transfère ensuite à la relation entre l'espèce et le genre.

Dans sa théorie des inférences, Bolzano a formulé un certain nombre de lois de la logique des classes en faisant appel également aux représentations vides et aux représentations universelles. En voici quelques unes que nous citons ici dans la notation booléenne selon la formulation de K. Berka [18] ; A désigne ici une classe (une extension), $\overline{A}$ son complémentaire, 0 la classe vide et 1 la classe universelle.

$A \neq 0 \Rightarrow \overline{A} \neq 1$ $\quad$ $A \neq 0 \Rightarrow \overline{A} \neq 0$

$A = 0 \Rightarrow \overline{A} = 1$ $\quad$ $\overline{A} = 0 \Rightarrow A = 1$

$A \cup \overline{A} = 1$

$A = 0 \Rightarrow A \cap B = 0$ pour tout B (ce qui suppose $A \cap 0 = 0$)

$(A \cap B \neq 0 \ \& \ A = 1) \Rightarrow A \cap B = B$ (ce qui suppose $A \cap 1 = A$)

$(\overline{A} \cap B = 0 \ \& \ A = 0) \Rightarrow B = 0$ (ce qui suppose $1 \cap 0 = 0$)

$A \subset B \ \& \ A \subset C \Leftrightarrow A \subset (A \cap C)$

$A \subset C \ \& \ B \subset C \Leftrightarrow (A \cup B) \subset C$

Transitivité de l'inclusion.

---

17. *WL*, I, § 106, 500.

18. « Bolzanova nauka o úsudcích », *Filoz. Časopis*, 29 (1981), 888-909. Bolzano exprime ces lois dans sa syntaxe normée et non dans une notation algébrique.

Cette énumération un peu fastidieuse clôt la liste des relations élémentaires entre deux représentations. Bolzano emprunte son schéma à Maass qui, le premier à notre connaissance, a proposé un traitement théorique exhaustif bien que non entièrement satisfaisant de ces relations. Mais c'est Bolzano qui, en dépassant de très loin les indications de Maass, a construit un système complet des relations extensionnelles entre les représentations et entre les ensembles de représentations. On verra bientôt comment, à partir de ce système, Bolzano construira sa logique des relations entre les propositions.

2. *Représentations universelles et représentations vides*

Par rapport à la syllogistique aristotélicienne, Bolzano élargit le champ des représentations en deux directions opposées : d'une part, il définit les représentations qui ont l'extension maximale, d'autre part, il introduit en logique les représentations vides. Aristote, lui, ne reconnaît ni la classe universelle qui serait représentée par un genre suprême[19], ni la classe vide et, dans la version aristotélicienne de la syllogistique, seuls les termes qui admettent un terme supérieur et un terme inférieur peuvent figurer à la place du sujet ou du prédicat.

En réalité, Bolzano – comme plus tard Frege – ne reconnaît pas non plus la classe vide : il ne saurait y avoir de *classe*, de collection ou d'ensemble vide. Cependant, les *représentations* vides peuvent remplir toutes les fonctions qu'on demande à une classe vide. Pour Bolzano, la prédication est universelle, alors que la formation des ensembles est soumise à des limitations. Quant à la classe universelle, elle sera définies à l'aide de représentations universelles, celles qui ont l'extension maximale.

Au cours de sa recherche des représentations universelles, Bolzano introduit une distinction subtile entre deux concepts voisins mais non identiques : *le plus grand* et *maximal*. Leur différence peut être exprimée de la façon suivante : il y a *des* représentations universelles, mais il n'existe aucune représentation dont on puisse dire qu'elle soit *la* plus grande. *La* représentation ayant la plus grande extension n'existe pas, car pour toute représentation il y en a une infinité qui lui sont équivalentes et qui ont donc la même extension. Il y a *des* représentations maximales équivalentes qui se réfèrent toutes au même domaine qui, lui, est le plus grand possible. Ce domaine, la classe ou collection

19. Bolzano interprète, bien à tort, la substance comme étant le genre suprême aristotélicien; dans ce cas, la classe universelle comprendrait seulement les choses qui existent réellement (dans l'espace ou dans le temps).

universelle, a paru à Bolzano à un moment contradictoire et nous en reparlerons lorsque nous discuterons les concepts de collection et d'ensemble. Ayant levé ses doutes, Bolzano cherche à déterminer quelques uns des concepts qui ont la plus grande extension.

> « Presque tous les logiciens ont admis qu'il y a un concept absolument supérieur; seulement, ils ne sont pas d'accord sur la question de savoir lequel c'est et tous semblent croire qu'il n'y en a qu'un seul »[20].

L'un de ces concepts est celui d'*objet en général, Gegenstand überhaupt*, ou de *quelque chose*. Il a l'extension maximale : tout objet réel, possible, abstrait, pensable, tout individu, toute propriété, tout signe, tout concept (même en soi et même vide), toute fiction poétique (en tant que fiction) font partie de son extension. En déterminant de tels concepts, Bolzano définit en fait la classe des concepts universels qui ont tous la même extension maximale.

Le « quelque chose » admet bien des représentations équivalentes, par exemple la représentation « non-non-rien » et toutes semblables avec un nombre pair de négations préfixées devant « rien ». Or, on peut former également des représentations non redondantes équivalentes à « quelque chose » : ce sont toutes les représentations de la forme « quelque chose qui a la propriété b » , si b est une propriété qui appartient à tous les objets sans exception. La trouvaille de Bolzano était de montrer une propriété permettant de construire la classe universelle. Il en propose même deux : d'une part, l'identité avec soi-même, d'autre part, la propriété d'avoir nécessairement l'un des deux attributs contradictoires. « Objet identique à lui même » est donc une représentation universelle dont l'extension est la classe universelle : $\{x \mid x = x\}$. Par conséquent, il existe une extension qui est la plus grande possible[21]. Frege et Russell retrouveront la même définition qui fait désormais partie de nos concepts logiques.

Il y a, bien entendu, des représentations à extension minimale : ce sont les représentations singulières. Il y a aussi des représentations générales (non singulières) minimales : celles qui représentent deux

20. *WL*, I, § 99, 461. Dans les *Beiträge*, Bolzano a jugé que le concept maximal est celui de représentation en général, *Vorstellung überhaupt*. A partir du concept de point, il s'élève progressivement à celui d'objet géométrique (« chose spatiale »), d'objet en général, pour aboutir à celui de représentation en général. *Beitr. Darst. Math.*, II, § 5, 47-8.

21. Dans la *WL*, il n'y a aucune trace de doutes relatifs à la classe universelle, qui ont assailli Bolzano autour de 1831. Il en sera question ci-dessous dans la IIIe partie, chap.II, § 1.

objets. Il n'y a pas d'extension (ou de classe) nulle. Mais Bolzano reconnaît l'existence des représentations vides.

Représentations vides

Par définition, les représentations *vides*, *sans objet* ou *non objectuelles* (*gegenstandlose Vorstellungen*) n'ont pas d'objet, ne représentent rien. C'est Bolzano qui les a systématiquement introduites dans la logique, qui en a fait l'analyse la plus détaillée et la plus satisfaisante avant la logique mathématique, et qui a fourni une liste d'exemples qu'on retrouve tels quels chez Meinong, chez Russell aussi bien que chez Brentano et surtout chez Husserl.

Citons d'abord quelques uns des exemples les plus significatifs de représentations vides : « rien », « 0 », « $\sqrt{-1}$ », « carré rond », « pentaèdre régulier », « triangle rectangle équilatéral », « racine rationnelle de l'équation $x^2 - 2 = 0$ », « concept qui est en même temps un jugement entier », « être créé absolument parfait », « un moyen pour faire en sorte que le passé n'ait jamais existé » (*ein Mittel, um das geschehene wieder ungeschehen zu machen*), « couleur bleue qui serait jaune », « Alexandre de Macédoine père de Philippe », « un homme ayant cinq mains », « vertu verte », « montagne d'or », « tour d'or » (la réalité de cette dernière dépend de circonstances externes tout à fait contingentes), « vigne actuellement en fleur » s'il n'y a en ce moment aucune vigne en fleur, la conjonction « et », la copule « a » (*hat*). On pourrait élargir cette liste à l'infini[22].

Toutes ces représentations ne sont pas vides pour nous. D'une part, Bolzano range délibérément parmi les représentation vides celles qui n'ont pas de sens, par exemple la représentation « vertu verte » (car la couleur n'est pas définie pour les vertus) ou la représentation d'une fraction dont le dénominateur est nul. Or, cela lui permettra, lorsqu'il aura à traiter de la déduction, d'écarter les expressions mal formées ou mal définies. Dans ce sens, le concept de représentation vide joue un rôle analogue à celui de nos critères de bonne formation.

D'autre part, les représentations « 0 » et « $\sqrt{-1}$ » ne sont pas vides pour nous; ces deux représentations désignent des objets abstraits, mais parfaitement déterminés et uniques. A ces deux représentation, Bolzano réserve un traitement spécial, en définissant les conditions de leur usage. En ce qui concerne les nombres complexes (« nombres

22. D'autres exemples : « biangle rectiligne » (exemple de Wolff), « cercle dans lequel le rapport du diamètre à la circonférence est égal à $\frac{15}{16}$ » (exemple formé d'après le pseudothéorème de Hobbes), expression « $a-a+a-a+\ldots+(-1)^{k-1}+\ldots$ », « suite continue (*stetige Reihe*) ».

imaginaires »), Bolzano s'en tient à l'interprétation courante au XVIIIe et en partie encore au XIXe siècle. Ce sont des expressions symboliques, auxiliaires du calcul, soumises aux opérations formelles qui obéissent à des règles déterminées, susceptibles d'être interprétées, une fois le calcul terminé, en termes de couples de nombres réels .

Cependant, le fait de ranger le zéro et les nombres complexes parmi les représentations vides ne va pas sans ambiguïtés dont Bolzano apparemment n'est pas conscient. La représentation d'une fraction $\frac{a}{b}$, par exemple, peut être vide pour plusieurs raisons : 1) ou bien le dénominateur est nul (pour nous, l'expression n'est pas définie), 2) ou bien le numérateur est nul (la fraction est bien définie et sa valeur est zéro), 3) ou bien la fraction est un nombre complexe. Le fait de mettre ces trois cas dans la même classe des représentations vides méconnaît la différence fondamentale entre le premier cas et les deux autres, et une différence moins fondamentale, mais bien réelle, entre les deux derniers cas.

Enfin, d'autres représentations qui, pour nous, sont vides au sens propre du terme le sont ou bien parce que leurs caractères sont incompatibles (représentations contradictoires) ou bien pour des raisons empiriques. Les représentations de liaison (la copule etc.) sont également vides bien qu'elles assurent une fonction bien déterminée[23]. D'où la classification suivante :

- représentations
  - vides (gegenstandslos)
    - contradictoires (imaginär, sich widersprechend)
      - «carré rond»,
      - «pentaèdre régulier»,
      - «vertu verte»,
      - «$\sqrt{-1}$»
    - simplement vides (schlechtwegs gegenstandslos)
      - « rien »,
      - «tour d'or»,
      - «homme ayant cinq mains»,
      - «qui»,
      - la copule «a» («hat»)
  - objectuelles (gegenständlich)

23. L. Kreiser ainsi que E. Casari proposent d'interpréter la copule « a » (troisième personne du singulier du verbe avoir) comme une fonction qui à une

Toutes les représentations vides sont des représentations au sens propre du mot, à savoir des constituants de propositions, doués de sens bien que dépourvus de référence. Par conséquent, les représentations contradictoires appartiennent toutes à la catégories husserlienne de contre-sens (*Widersinn*) et non à la catégorie de non-sens (*Unsinn*) : elles sont toutes correctement formées d'après les règles de morphologie et seule la question de la compatibilité de leurs composantes reçoit une réponse négative.

Pour Bolzano, le problème est d'abord d'accorder aux représentations vides le droit de cité qui leur est souvent refusé. Le point de départ de son analyse est la discussion des idées «chimériques» dans les *Nouveaux Essais* de Leibniz; c'est toujours contre les idées de Locke, reprises par les auteurs du XVIIIe et du XIXe siècles, que Bolzano doit défendre les représentations vides comme représentations à part entière. Ce ne sont pas de vraies représentations, dit Locke :

> Besides these names [les noms des idées générales qui représentent des objets] which stand for *ideas*, there be other words which men make use of, not to signify any *idea*, but the want or absence of some *ideas*, simple or complex, or all ideas together : such as are *nihil* in Latin, and in English, *ignorance* and *bareness*. All which negative or privative words cannot be said properly to belong to or signify no *ideas*, for then they would be perfectly insignificant sounds; but they relate to positive *ideas*, and signify their absence[24].

Il y a donc, pour Locke, d'une part, les idées, d'autre part, les termes qui ne sont pas des idées mais qui indiquent leur absence, et enfin des sons dépourvus de sens.

Locke ne cite cependant ici (en dehors de *nihil*) que des exemples innocents. A un autre moment, lorsqu'il parlera d'idées fantastiques ou chimériques, il les décrira comme «made up of such collections of simple ideas as were really never united, never were found together in any substance»[25] et donnera comme exemples un centaure, un corps ressemblant en toutes ses propriétés à l'or, mais plus léger que l'eau, et un corps homogène, inorganisé, mais doué de perception et de mouvement volontaire. Leibniz lui objectera à bon droit (et Bolzano approuve l'objection de Leibniz) de ne pas distinguer entre les cas où

---

représentation de sujet et à une représentation de prédicat fait correspondre un jugement (Kreiser) ou une proposition (Casari). En tant que fonction, elle cesserait d'être vide.

24. *An Essay concerning Human Understanding*, III, 1, § 4.

25. *Ibid.*, II, 30, § 5.

l'objet de l'idée est censé être réel de ceux où l'objet est considéré comme seulement possible[26].

D'autres prennent une attitude beaucoup plus radicale. Ainsi Wolff qui entre au cœur du débat :

> Si ex terminis simplicibus, quibus singulis sua respondet notio, formetur terminus complexus : videmur notionem habere, etsi terminus revera sit inanis, e. g. biangulum rectilineum[27].

Il n'y a plus seulement *indication* de l'absence d'une idée : pour Wolff, un biangle rectiligne est un terme dépourvu de sens, auquel nous ne pouvons associer aucune idée. Krug exprime la même idée avec force détails :

> Un concept impossible n'est à proprement parler *absolument pas* un concept; ce n'est qu'un prétendu concept, c'est-à-dire une invitation à penser, qui ne peut pas être réalisée. [...] Si quelqu'un parle d'un carré rond, ce n'est qu'un assemblage de *mots*, signe d'un enchaînement de pensées qui est peut-être possible, mais qu'on trouve impossible dès qu'il doit être réalisé. Car comme les mots sont des signes arbitraires des pensées, on peut les assembler arbitrairement sans penser quelque chose en le faisant. C'est ce qui arrive assez souvent dans des théories apparemment profondes : parce qu'on pense quelque chose par chaque mot particulier, on s'imagine penser quelque chose en assemblant les mots[28].

Les mots pris individuellement ont un sens et désignent des objets. Krug veut dire qu'en les associant, en les assemblant, on peut leur faire perdre non seulement la propriété de désigner des objets, mais aussi leur sens. Ce qui est en question ne sont donc pas toutes les représentations vides en général, mais seulement les représentations vides *contradictoires* : celles qui attribuent à leur objet hypothétique des propriétés contradictoires.

Ecartons un autre malentendu possible : ne sont pas vides, comme le suggère le texte, ambigu, de Locke, les représentations dont l'objet n'est pas réel.

> Je ne combats pas, écrit Bolzano à son ami et opposant Exner, ceux qui ne veulent pas reconnaître une représentation là, où à la pensée ne correspond rien de réel; je combats seulement ceux qui disent, à propos d'une combinaison de mots comme « carré

26. *Nouveaux Essais*, II, 30, § 5 : « il me semble que le meilleur est de dire que les idées possibles deviennent seulement chimériques lorsqu'on y attache sans fondement l'idée de l'existence effective, comme font ceux qui se promettent la pierre philosophale ... ». Leibniz lui-même introduira la constante *Nihil* dans son calcul logique.

27. *Logica*, § 135.

28. *Logik*, § 47, note 1 et § 18, note 1.

rond», que ce sont des *sons* dépourvus de signification et que ce qu'on pense en les prononçant ne mérite point le nom d'une représentation[29].

Bolzano va maintenant pousser jusqu'à ses conséquences ultimes la thèse des adversaires des concepts et des représentations vides. Si l'on veut décrire en détail la transformation de mots isolés ayant un sens en un assemblage de sons dépourvus de sens, on devrait dire à peu près la chose suivante : la pensée obéit à l'invitation et s'efforce de construire un objet conforme à la représentation proposée. Mais elle ne peut pas vraiment réunir les caractères incompatibles, elle ne peut pas les *penser ensemble*; elle doit donc se contenter de les penser dans une succession rapide sans en former une représentation, une entité unique[30].

Bolzano montre un contre-exemple qui prouve qu'il n'y a aucune difficulté à réunir des caractères contradictoires dans un concept vide et même que, souvent, nous pensons un concept avant de savoir s'il est ou non vide : la représentation d'un nombre pair qui, multiplié par lui-même, donne un produit impair (de même pour la représentation «pentaèdre régulier»). Cet exemple est formé exactement de la même manière que le suivant : un nombre pair qui, multiplié par lui-même, donne un produit pair. Nous comprenons parfaitement le sens des mots que nous prononçons dans un cas aussi bien que dans l'autre, et nous pensons effectivement les caractères réunis dans les deux cas. Seule une réflexion permet de découvrir que la seconde représentation a un objet, alors que la première est vide. C'est d'ailleurs le seul moyen de démontrer qu'un concept est vide. Le rapport est inversé : les caractères d'un concept (qui n'est pas, rappelons-le, un produit de l'esprit, mais une entité abstraite et objective) doivent d'abord être réunis, nous devons d'abord avoir un concept, le penser effectivement, pour pouvoir ensuite démontrer s'il représente ou non un objet. Nous pouvons penser les représentations contradictoires, nous les comprenons sans les confondre, nous savons nous en servir, elles ont un sens.

La distinction entre les représentations objectuelles et les représentation vides constitue l'une des articulations conceptuelles essentielles de la logique de Bolzano. Pour la première fois sont ainsi introduits et systématiquement traités les prédicats vides, ce qui lève certaines limitations inhérentes à la syllogistique aristotélicienne. De

---

29. *Bolzano-Exner*, 10.

30. «De là il semble s'ensuivre que l'enchaînement des mots qui désignent ces caractères [les caractères incompatibles d'une représentation chimérique] n'est qu'une succession rapide de pensées [*ein schnelles Nacheinanderdenken*], mais non une vraie combinaison des pensées [*jenes eigentliche Zusammendenken*] indispensable pour avoir une vraie représentation». *WL*, I, § 70, 320.

cette manière, Bolzano peut obtenir un système *complet* de concepts ou de représentations, comprenant aussi bien les représentations universelles que les représentations vides. La disparité entre l'existence de représentations vides et le refus de classe ou ensemble vide traduit la priorité accordée au point de vue intensionnel même lors du traitement des relations extensionnelles. Enfin, l'introduction des représentations vides permet de découvrir une correspondance structurale profonde entre la logique des représentations et le système logique des propositions. Le couple objectuel–vide introduit, parmi les représentations, un partage analogue à celui opéré par l'opposition vrai–faux. Dans ce sens, le schéma des relations extensionnelles définies entre le représentations prépare un système extensionnel analogue : celui des relations entre les propositions. Mais sa réalisation demandera l'élaboration d'un nouveau concept et d'une nouvelle méthode : le concept de forme propositionnelle et la méthode de variation.

Cette dernière apparaît en réalité déjà au sein de la logique des représentations, et à deux reprises : d'abord, lorsque Bolzano veut étendre la notion de redondance aux représentations vides, ensuite, lorsqu'il veut élargir les relations extensionnelles entre les représentations de telle sorte qu'elles soient définies également entre les représentations vides.

Prenons d'abord l'exemple d'une représentation vide qui pourra être considérée comme redondante : «une figure ronde quadrangulaire et qui a des angles». Elle sera dite redondante par rapport aux représentations (aux composantes) «quadrangulaire» et «qui a des angles» parce qu'elle contient une composante («ronde») telle que, lorsqu'une substitution à cette composante donne lieu à une représentation *objectuelle*, celle-ci sera redondante au sens déjà défini. Une représentation vide est donc *redondante* par rapport aux composantes α, β, γ, ..., si elle contient des composantes, i. e. des variables i, j, ... telles que si la représentation qui résulte d'une substitution de représentations à i, j, ... est objectuelle, elle est redondante. (Dans notre exemple, α = «quadrangulaire», β = «qui a des angles» et i = «rond»).

C'est donc à l'occasion de la redondance des représentations vides qu'apparaît pour la première fois la méthode de variation sur laquelle est construit le système des relations entre les propositions «qui dépendent de l'admission de certains constituants comme variables». Bolzano s'explique aussitôt sur le terme «variable» :

> Lorsque je dis que, dans une représentation donnée, par exemple «un homme sage», on veut considérer un constituant, par

> exemple «homme», comme variable et qu'on veut lui substituer un autre, arbitraire, cette manière de parler a uniquement le sens suivant : on doit diriger son attention sur toutes les représentations qui diffèrent de la représentation donnée uniquement par le constituant «homme», c'est-à-dire sur celles qui ont en commun avec elle, et combinés de la même manière, tous les autres constituants, à ceci près qu'à la place de la partie «homme» figure une autre représentation. Il n'est donc pas ici question d'une *variation* au sens propre du terme[31].

Déclarer le constituant «homme» comme variable dans la représentation «un homme sage» revient donc à considérer toutes les représentations formées à partir de celle-ci par substitution à «homme» : «un philosophe sage», «un élève sage», «un animal sage» etc.

La même méthode est appliquée aux relations extensionnelles entre les représentations vides. En voici deux exemples : la subordination (l'inclusion propre) et l'équivalence.

Envisageons d'abord les deux représentations vides suivantes : «homme qui ne possède aucune qualité» et «être qui ne possède aucune qualité». La première est *subordonnée* à la seconde parce que, si une substitution au constituant «qui ne possède aucune qualité» dans les deux représentations vides données engendre un couple de représentations *objectuelles*, la première est subordonnée à la seconde au sens déjà défini. Deux représentations vides sont donc dans un rapport de subordination si elles contiennent des constituants susceptibles d'être considérés comme variables (i. e. des constituants substituables) i, j, ... tels que si les deux représentations qui résultent d'une substitutions sont *objectuelles*, l'une est subordonnée à l'autre.

Les autres relations sont définies de manière analogue. Par exemple, les représentations «montagne d'or» et «or qui forme une montagne» sont (empiriquement) vides et *équivalentes* : en effet, si deux représentations engendrés par une substitutions aux représentations «montagne» ou «or» dans les deux représentations données, sont objectuelles, elles sont équivalentes.

L'élargissement des relations extensionnelles aux représentations vides est important pour deux raisons. D'abord, il lève l'hypothèque qui pèse sur les définitions bolzaniennes des relations d'inclusion, de subordination et d'équivalence, et qui consiste dans la limitation aux représentations objectuelles. Les effets de la clause de compatibilité pour ces trois relations sont donc annulés. Le système des relations

---

31. *WL*, I, § 69, 314.

extensionnelles acquiert maintenant toute sa généralité. Toutefois, Bolzano ne dispose toujours pas de l'extension ou classe vide.

Deuxièmement, l'élargissement de l'équivalence aux représentations vides permet d'expliquer un concept mathématique fondamental, celui d'*équation* :

> Ce sont les mathématiciens qui font l'usage le plus important de l'élargissement de ces relations, en particulier dans la théorie des équations. Conformément à leur concept originel, celles-ci ne sont rien d'autre que des énoncés de l'équivalence de deux représentations. Dire que 4+5=11–2, c'est dire que la représentation «4+5» a les mêmes objets que la représentation «11–2». Mais si on en était resté là, on n'aurait jamais pu établir des équations comme $2-2 = 0$, $\frac{1}{\sqrt{-1}} = -\sqrt{-1}$ et semblables, dont la signification s'explique facilement d'après ce qui vient d'être dit[32].

Désormais nous avons quelques pièces essentielles pour aborder la logique de la variation qui établit les relations entre les propositions analysées : un système de la logique des classes, le couple objectuel – vide, un échantillon de la méthode de variation avec l'idée de «constituants variables». Il faudra maintenant établir le concept de forme propositionnelle et adapter la méthode au cas beaucoup plus complexe des propositions.

32. *Ibid.*, § 108, 515.

CHAPITRE III

LOGIQUE DE LA VARIATION

1. La notion de forme propositionnelle

Déclarer la logique une discipline formelle, c'est tracer, dit Bolzano, « une frontière très nette, inconnue des Anciens, entre les recherches qui appartiennent à la logique et celles qui ne lui appartiennent pas »[1]. En effet, si l'on trouve bien chez Aristote et chez les Stoïciens des théories partielles très élaborées de la déduction, on y chercherait en vain une délimitation conceptuelle rigoureuse du champ même de la logique.

Cette caractérisation de la logique dépend de l'idée qu'on se fait de la forme. En quoi consiste le caractère formel de la logique?

Chez Bolzano, le mot *forme* a trois significations qui se rattachent toutes à une idée commune. 1) Au sens général du terme, la forme s'oppose à la matière qui comprend les parties ou composantes d'un objet, et désigne la manière dont les parties sont reliées entre elles, composées pour former un tout[2]. *Forme* est donc synonyme de *structure*. 2) Depuis Aristote et Cicéron, ce mot est également synonyme d'*espèce* et Bolzano lui-même déclare que la logique est une discipline formelle dans la mesure où elle traite non pas de propositions particulières, mais d'espèces de propositions. 3) Parlant de «propositions comprises sous telle ou telle forme», Bolzano écrit :

> J'entends par forme une certaine combinaison de mots ou de signes par le moyen desquels on peut représenter [darstellen] une certaine espèce de représentations, de propositions ou d'inférences[3].

1. *WL*, I, § 116, 539.
2. «die Art ihrer Zusammensetzung», *WL*, I, § 81, 389 et 391.
3. *Ibid.*, 393.

Dans ce troisième sens, le mot *forme* désigne donc une *expression* du langage, une entité linguistique.

Les deux dernières significations de ce terme sont en réalité des déterminations complémentaires de la première. La *forme* d'une proposition fait ressortir sa *structure* logique et peut donc se référer à une certaine *espèce* de propositions. Cette formulation demande quelques éclaircissements.

La détermination *formelle* des propositions et des représentations ou termes repose sur la séparation de certains constituants par rapport aux autres constituants qui, eux, peuvent être arbitraires :

> On a appelé *formelles* certaines espèces de propositions et de représentations lorsque leur détermination n'exigeait rien d'autre que l'*indication* de certains *constituants* figurant dans ces propositions, alors que les autres parties, appelées *matière* [der *Stoff* oder die *Materie*], devaient rester arbitraires[4].

Les formes bolzaniennes sont caractérisées par la distinction entre les éléments dits *formels* comme «est», «non», «qui», et les éléments *matériels*. Par exemple, la classification des propositions en affirmatives et négatives est formelle parce qu'elle est définie par l'indication d'un élément (d'une représentation) particulier, à savoir la négation, tous les autres pouvant être arbitraires. Les éléments formels constituent le squelette invariable d'une proposition, un invariant dans une variation possible, mais au départ, ils ne sauraient être identifiés aux constantes logiques parce que des représentations non logiques peuvent, elles-aussi, jouer le rôle d'éléments invariables. Ce n'est qu'au terme de l'analyse que Bolzano pourra spécifier les constantes ou particules logiques et définir la forme *logique* des propositions.

C'est par les mathématiques que Bolzano approche la notion de forme. Lorsque, dans les *Beiträge* (1810), il abandonne la définition traditionnelle des mathématique comme science des grandeurs et définit la mathématique universelle comme «science qui traite des lois générales (des formes) auxquelles les objets doivent se conformer dans leur existence»[5], il ne fait apparemment que reprendre une définition ancienne. «Les sciences mathématiques concernent les formes», écrit Aristote[6]. Bolzano infléchit le sens de cette expression, en la rapprochant de la formulation leibnizienne selon laquelle «l'art des combinaisons [...] signifie chez moy la science des formes ou formules ou

4. *WL*, I, § 12, 51.
5. *Beitr. Darst. Math.*, I, § 8, 11.
6. *An. Post.*, 79a 7.

bien des variations en général; en un mot, c'est la spécieuse universelle ou la Characterique»[7].

La notion de forme renvoie donc à la fois à l'espèce (Aristote) et à la variation (Leibniz). Bolzano combine ces deux indications. La forme (au sens d'expression du langage) servira à définir les différentes espèces de propositions par la variation.

La *WL* met en lumière la deuxième composante de la notion bolzanienne de forme : la variation. L'idée de variation est à la base du concept de fonction. Selon la conception newtonienne qui prévaut jusqu'au XIXe siècle, une variation est un changement dans le temps qui est la variable fondamentale du calcul infinitésimal. Pourtant, Euler déjà détache les notions de grandeur variable et de fonction de toute référence au temps.

Bolzano accentue et achève cette transformation par la définition générale du concept de fonction comme dépendance arbitraire entre deux ensembles de nombres. Variation et variabilité ne signifient désormais pour lui rien d'autre que la possibilité d'associer une valeur de la fonction à une valeur de la variable indépendante. Ainsi se trouve brisé tout lien avec la conception newtonienne; la nouvelle notion de variation est intégrée dans le concept de fonction, lui-même analysé en termes ensemblistes.

Les contemporains de Bolzano ne se sont pas trompés dans ce rapprochement entre la logique et les mathématiques, tout particulièrement entre le concept de forme propositionnelle au sens de Bolzano et le concept de fonction. Ferdinand Exner, un ami de Bolzano, écrit à propos de la théorie bolzanienne de la science, qu'il rattache directement au calcul logique de Leibniz, que «par l'indication de parties variables dans les concepts et les jugements, une voie a été frayée à une manière de voir semblable à celle de la théorie mathématique des fonctions»[8].

---

7. *Opusc.*, 531. Bolzano garde l'idée de forme et de variation, mais néglige «la science des formules», c'est-à-dire l'aspect combinatoire, algébrique, et accorde en général peu d'attention à la syntaxe.

8. «Über Leibnizens Universalwissenschaft», *Abh. königl. böhm. Ges. Wiss.*, 5. Folge, 3 (1845), 198-9. Exner souligne d'abord que la logique formelle fournit un exemple de calcul non mathématique (i. e. non quantitatif) : il consiste non pas dans le calcul des concepts, «car la forme des concepts n'est pas encore suffisamment analysée», mais dans les différentes transformations de formules au cours de la déduction. D'après Exner, un progrès de la logique dans cette direction peut être réalisé non seulement par une simple application du calcul quantitatif comme le veut le herbartien Drobisch, mais également par un élargissement du calcul proprement logique. A l'avis d'Exner, la *WL* de Bolzano constitue une tentative qui va dans ce sens.

En effet, à l'instar des nombres, les représentations en soi sont des objets qui n'ont pas d'existence réelle (dans l'espace ou dans le temps); les expressions *variation*, *représentation variable*, ne sont donc que des façons de parler, de sorte qu'«il n'est question ici d'aucune *variation* au sens propre du mot»[9]. En mathématique comme en logique, faire varier une fonction ou une forme c'est considérer les différentes valeurs qu'elle peut prendre lorsqu'on substitue successivement les valeurs de ses arguments à ses variables. En logique, comme nous l'avons vu à la fin du chapitre précédent, la variation consiste dans la substitution de représentations admissibles aux constituants d'une représentation donnée. Désormais, la substitution va s'opérer dans des propositions. Bolzano admet même la variation de propositions entières, ce qui ouvre la voie à la logique propositionnelle[10], mais il laisse cette possibilité de côté.

C'est la méthode de variation qui confère à la logique son caractère formel dû au fait que ses objets sont des *formes propositionnelles*, expressions contenant des variables qui sont sujettes à des substitutions.

> Lorsque je parle de représentations, de propositions et d'inférences qui seraient comprises sous telle ou telle forme, j'entends par forme une certaine combinaison [*Verbindung*] de mots ou, en général, de signes, par laquelle on peut désigner une certaine espèce de représentations, de propositions ou d'inférences. Lorsque par exemple la lettre *A* signifie une représentation tout à fait quelconque d'objet, la lettre *b* une représentation de prédicat, j'appelle l'expression «*A* a *b* » [*A hat b*] la forme générale de toute proposition, parce que toutes les propositions peuvent être représentées [*dargestellt*] par cette combinaison de signes[11].

Bolzano utilise la méthode de variation aussi bien pour les représentations que pour les propositions; c'est pourquoi il distingue deux espèces de formes : formes *conceptuelles* ou *descriptives*[12] et formes *propositionnelles* (*Satzformen*). Nous avons rencontré des formes descriptives vers la fin du chapitre précédent lorsque nous avons examiné l'élargissement de la notion de redondance et des relations extensionnelles entre les représentations aux représentations vides. Les

---

9. *WL*, I, § 69, 314.

10. *WL*, II, § 223, 393. C'est sur cette possibilité que Rolf George a fondé l'élargissement de la logique qui permet d'analyser les arguments informels et de débusquer les sophismes. Cf. «Bolzano's concept of consequence», *The Journal of Philos.* (1986), 558-64, et «Bolzano and Tarski on logical consequence», Atelier *Bolzano's Wissenschaftslehre : 1837-1987*, Florence, 1987.

11. *WL*, I, § 81, 393.

12. Bolzano n'a pas de terme pour cette espèce de formes.

formes descriptives sont engendrées à partir de représentations complexes dans lesquelles on considère certains de leurs constituants comme variables et auxquels on substitue des représentations d'un domaine déterminé. Cependant, dans la logique des représentations, la méthode de variation est appliquée de manière marginale; elle trouvera sa pleine efficacité seulement avec l'établissement des relations logiques entre les propositions.

A partir d'une proposition, on obtient une forme propositionnelle, expression qui contient des variables auxquelles peuvent être substituées des représentations d'un certain domaine, de la même manière. Chaque substitution conjointe, effectuée sur toutes les occurrences de toutes les variables d'une telle forme, donne lieu à une proposition particulière; l'ensemble de ces substitutions engendre donc tout un éventail de propositions qui appartiennent à la même *espèce* parce qu'elles partagent la même forme. Bolzano retrouve ainsi sa première caractérisation de la logique: son objet consiste dans l'examen des *espèces* entières de propositions. Un énoncé de fait comme « certains hommes sont blancs » ne figurent dans l'énoncé d'aucune loi logique; la logique parle seulement de relations entre les espèces de propositions et l'une de ces espèces est celle qui est déterminée par la forme *certains A sont B*.

> Si l'on veut appeler de telles espèces de propositions des *formes* générales de propositions [*allgemeine Formen der Sätze*] – quoique, à proprement parler, seule leur désignation, c'est-à-dire l'*expression*, orale ou écrite (par exemple *certains A sont B*) devrait être appelée ainsi –, on peut dire que la logique considère seulement les formes des propositions, mais non des propositions particulières[13].

Du même coup s'éclaire la nature des relations et des opérations logiques et en particulier le mécanisme de la déduction. A proprement parler, ces relations et ces opérations sont définies non pas entre les propositions particulières, mais entre les formes propositionnelles. C'est également dans ce sens que Bolzano interprète la théorie aristotélicienne de la déduction[14].

La forme bolzanienne est donc définie par un partage entre les termes (représentations) variables et les termes qui ne sont pas soumis à la variation, termes constants. A ce stade de l'analyse, cela ne signifie

---

13. *WL*, I, § 12, 48.

14. Voir infra, § 6, et *WL*, II, § 155, 129; voir également H. Scholz, *Esquisse d'une histoire de la logique*, 22-4, et G.-G. Granger, *La théorie aristotélicienne de la science*, Paris, 1976, 108.

pas pour autant que les termes constants puissent être identifiés à des constantes logiques bien que les termes variables correspondent toujours à des représentations descriptives.

Regardons comment fonctionne la méthode. On admettra sans peine que la variation simultanée de tous les termes (de toutes les représentations) aboutirait à la suppression du concept même de forme qui repose sur la distinction entre une structure fixe et des places disponibles pour une variation. Prenons, dans les exemples qui suivent, une représentation arbitraire comme variable (elle sera mise en italiques) pour obtenir des formes propositionnelles liées par une relation déductive :

De «ceci est un *triangle*», on peut bien conclure à «ceci est une *figure dont la somme des angles est égale à deux angles droits*»; de même de «Cajus est un *homme*», on conclura que «Cajus a une *âme immortelle*». Strictement parlant, ces deux exemples n'illustrent pas une relation de déductibilité logique, puisque dans les deux cas, l'inférence dépend de manière essentielle de la connaissance des vérités de la géométrie et de celles de la métaphysique. L'inférence devient *logique* seulement au moment où *toutes* les vérités dont dépend la conclusion figurent dans les prémisses. Dans le deuxième exemple, il faut ajouter à la prémisse «Cajus est un *homme*» une deuxième prémisse «tous les *hommes* ont une *âme immortelle*» pour obtenir une déduction logique, car

> pour reconnaître la justesse de cette déduction [*Ableitung*], rien n'est nécessaire, sinon la connaissance de la vérité universelle suivante : de deux propositions de la forme *A est B* et *B est C*, on peut déduire une troisième de la forme *A est C*. Or, ceci, on peut le voir sans rien connaître de la nature de l'homme, de ce que veut dire mourir, etc.[15]

La définition des formes propositionnelles ainsi que des relations entre de telles formes se fait en deux étapes : une forme propositionnelle est de prime abord une expression obtenue à partir d'une proposition en déclarant *certaines* représentations descriptives comme variables. Ensuite seulement, lorsque *toutes* les représentations non logiques sont soumises à la variation, on obtient la forme propositionnelle *logique*[16]; dans ce cas, les seules constantes qui y figurent sont des constantes logiques. La logique bolzanienne englobe donc un vaste champ de relations qui sont définies tantôt par rapport à des variables

15. *WL*, II, § 223, 392.
16. Bolzano n'utilise pas ce terme ; il décrit la situation explicitement.

arbitrairement choisies, tantôt par rapport à toutes les variables qui peuvent se présenter dans une proposition.

Par rapport au concept de forme propositionnelle au sens de la logique fregéenne et postfregéenne, les formes bolzaniennes sont marquées par une ambiguïté. Cette ambiguïté résulte du décalage entre le niveau de l'*en soi* et le niveau du langage. En effet, pour manipuler les propositions, il faut recourir aux formes propositionnelles qui sont des entités *linguistiques*, d'où le conflit latent entre deux manières de concevoir et de noter les variables.

D'une part, lorsque Bolzano opère sur les formes propositionnelles *abstraites* dans lesquelles toutes les représentations non logiques peuvent varier, il se sert de lettres pour indiquer les variables et écrit des formules usuelles comme *A est B* ou *quelque chose qui est A est B*. Il n'utilise guère de notation particulière pour désigner les constantes logiques sauf dans de rares cas où il s'agit d'abréviations.

D'autre part, dans la *WL*, lorsqu'il écrit des *instances* de formes propositionnelles qui contiennent des représentations non logiques particulières, Bolzano ne se sert jamais de lettres pour désigner les variables. Dans de tels cas, il écrit la proposition et spécifie ensuite quelles représentations doivent être considérées comme variables. Illustrons cet usage bien particulier par un exemple. Soit la proposition *l'homme est doué de raison.* Si l'on y considère la représentation *homme* comme variable, Bolzano n'écrira pas, comme nous le faisons

> x est doué de raison,

mais se croit obligé d'écrire

> L'homme est doué de raison, et la représentation *homme* est variable dans cette proposition.

Si l'on utilisait une notation analogue en mathématiques, à la place de l'expression $\sqrt{3x^2+7}$, on devrait écrire, par exemple,

> $\sqrt{3 \cdot 6^2 + 7}$, et la représentation *6* est variable dans cette expression.

Peut-on en conclure avec Lukasiewicz [17] que la logique de Bolzano ne connaît pas de variables ?

Tout d'abord, Bolzano n'analyse pas une proposition en termes de prédicats et de variables d'individu ; il ne faut donc pas s'attendre à ce que les variables de sa logique correspondent à nos variables de quantification. Les lettres (les variables) qui figurent dans les formes propositionnelles bolzaniennes tiennent lieu non pas d'objets, mais de *représentations* qui sont tantôt des représentations qui assument la

---

17. *Die logischen Grundlagen der Wahrscheinlichkeitsrechnung*, § 24.

fonction de sujet logique, tantôt des représentations de prédicat, si l'on met à part les représentations relevant de la syntaxe. Dans la discussion du concept bolzanien de variable, il faut tenir compte de la double manière de les représenter, suivant qu'il s'agit de formes propositionnelles ou de propositions. Bolzano s'en explique on ne peut plus clairement lorsqu'il commente sa théorie des inférences :

> Etant donné, d'une part, qu'on ne peut parler d'une relation de déductibilité entre d'une côté les propositions données A, B, C, D,... de l'autre côté M, N, O,..., que dans la mesure où l'on y considère certaines représentations i, j,... comme variables, et, d'autre part, que pour pouvoir bien juger si certaines propositions sont vraiment déductibles à partir d'autres, il faut savoir quelles représentations y sont considérées comme variables, je déclare ici une fois pour toutes : dans les différentes propositions dont je parlerai par la suite, je ne veux considérer comme variables que les constituants, tous les constituants, que j'indiquerai par un signe général (par une lettre). Lorsque j'affirmerai, par exemple, que des deux propositions suivantes : «ce qui a *a*, a également *b*» [ce qui possède la propriété *a*, possède également la propriété *b*] et «ce qui a *b*, a également *c*», on peut déduire une troisième, «ce qui a *a*, a également *c*», il faut entendre par là que la relation de déductibilité entre ces propositions a lieu lorsque toutes les représentations indiquées par les lettres *a*, *b*, *c*, mais aucune autre, sont considérées comme variables. A proprement parler, de cette manière je ne représenterai [*darstellen*] jamais par ces expressions les propositions elles-mêmes qui se trouvent en relation de déductibilité, mais seulement la *forme* qu'elles doivent avoir; par conséquent, je ne représenterai pas non plus les inférences elles-mêmes, mais seulement leurs *formes* (les règles d'après lesquelles il faut former les inférences)[18].

Le problème ne tient pas uniquement à la notion de variable, mais également à celle de forme proposition au sens de *schéma*. Par leur écriture, les formes propositionnelles bolzaniennes ressemblent aux formes syllogistiques et non aux schémas de notre logique : elles ne sont pas convertibles en fonctions. L'insuffisance de l'analyse des propositions ainsi que l'absence d'une notation symbolique plus adéquate sont deux obstacles majeurs pour explorer l'univers des relations.

De plus, l'écriture des variables expliquée dans la citation précédente coexiste avec le procédé mentionné ci-dessus qui revient à substituer des représentations particulières (auxquelles correspondent des

---

18. *WL*, II, § 223, 394.

expressions de la langue naturelle) à une représentation *particulière* considérée comme variable, qui sert en même temps d'indicateur de place pour les substitutions, ce qui ne manquera pas de poser quelques problèmes dans la logique des probabilités. Les «représentations considérées comme variables» ne sont donc pas de vraies variables; elles assument la fonction d'indicateurs de substitution, mais elles ne prennent pas des valeurs puisqu'elles sont elles-mêmes des valeurs. Cependant, Bolzano y recourt uniquement dans les explications préliminaires et dans les exemples. Comme on vient de le voir, dans l'énoncé des lois logiques figurent des lettres qui signalent la possibilité de substitutions; en revanche, dans les exemples, le rôle de variables est joué par les représentations particulières qui marquent les places où s'effectuent les substitutions. Transposée sur le plan du langage, la variation d'un terme consiste dans les substitutions successives de constantes à une constante déclarée variable. La variable n'est pas dans ce cas signalée par une lettre, un symbole vide dont le fonction est d'identifier des lieux de substitutions, mais par une constante substituable qui désigne une représentation particulière.

Quelles sont les raisons qui ont guidé Bolzano dans cette double conception des formes propositionnelles : l'écriture formelle qui fait appel aux formes et aux variables (aux lettres), et l'écriture qui travaille avec les propositions complètes en y signalant les «représentations considérées comme variables»?

Le traitement formel, pratiqué en logique depuis ses débuts, présente des avantages de facilité de manipulation et Bolzano va y recourir dans sa théorie des inférences. Pourquoi ne pas s'en tenir là? A mon avis, Bolzano ne veut pas perdre de vue les *entités* sur lesquelles opère la logique : les propositions et les représentations *en soi*. Or, les formes propositionnelles usuelles relèvent du langage, elles ne sont que des assemblages de *signes*. Elles ne font que servir de moyen pour décrire les relations entre les propositions *en soi*.

Ces deux manières de traiter les formes propositionnelles correspondent donc à deux niveaux différents. Au niveau *linguistique*, il n'est question que de «combinaisons de signes qui ressemblent aux propositions», c'est-à-dire de formes propositionnelles au sens propre du terme, d'expressions contenant des variables et qui, après substitutions appropriées, deviennent des énoncés. Le deuxième niveau est celui des entités logiques elles-mêmes, le niveau de l'*en soi*. Ici, Bolzano ne peut utiliser des lettres ou des variables. Dans le domaine des propositions et des représentations en soi, il n'y a pas d'entités indéterminées qui correspondraient aux formes propositionnelles; on a affaire uniquement aux propositions, vraies ou fausses, et à leurs constituants, les représentations en soi. On ne saurait à proprement parler *substituer* une représentation à une autre; comme l'explique Bolzano, on peut seulement considérer des propositions qui diffèrent uniquement par la ou les représentations «considérées comme variables». De ce point de vue, l'usage des formes propositionnelles n'est qu'un instrument linguistique indispensable pour parler d'*espèces* de propositions, un moyen pour parvenir à des résultats qui peuvent être interprétés en termes de propositions. La manipulation de formes propositionnelles, le recours aux variables et aux substitutions n'est qu'une manière de parler de relations fixes entre les espèces d'entités intemporelles abstraites.

2. *Un fragment de syntaxe*

En logique contemporaine, la dissociation entre l'aspect formel et l'aspect interprétationnel se traduit par une double possibilité de construction théorique. Ou bien on s'attache à développer un système opératoire de signes, préalable à toute interprétation, et qui ne tient compte que de règles formelles selon lesquelles ces signes doivent être manipulés. Ou bien les concepts fondamentaux sont définis dès le départ relativement aux interprétations qu'ils peuvent recevoir. Dans la première méthode, la logique est construite dans une perspective syntaxique dont l'idée remonte au calcul logique leibnizien. La seconde se rattache à la sémantique. Bien entendu, ces deux méthodes se complètent; on ne saurait concevoir un système logique relativement élaboré qui serait construit exclusivement par une seule méthode.

La logique de Bolzano est conçue dans une perspective sémantique. La séparation rigoureuse de la syntaxe et de la sémantique suppose, il est vrai, la construction d'une langue formelle qui peut ensuite recevoir une ou plusieurs interprétations. Dans ce sens, la distinction syntaxe–sémantique ne saurait être pertinente avant la construction de la première langue formelle digne de ce nom, celle de Frege. Si néanmoins nous nous y référons, c'est parce que des procédés qui datent d'avant l'avènement de la logique mathématique préfigurent les méthodes ultérieures et sont clairement reconnaissables comme pouvant être rattachés tantôt à la syntaxe, tantôt à la sémantique. La logique de Bolzano se situe du côté de la sémantique parce que d'une part elle ignore et la langue symbolique et le calcul, et que, d'autre part, les notions de *dénotation* et de *valeur de vérité* jouent un rôle essentiel dans la définition de ses concepts.

Il est cependant indispensable d'indiquer ce qui la sépare de la sémantique contemporaine au sens de la théorie des modèles. D'abord, les concepts sémantiques actuels sont tous définis relativement à une langue et non dans l'absolu comme propriétés des propositions en soi. Ensuite, les relations sémantiques fondamentales comme la satisfiabilité (la réalisabilité) relient les expressions de la langue formelle aux structures d'objets : une formule est satisfaite (réalisable) si elle a un modèle. En revanche, la sémantique bolzanienne travaille uniquement avec les objets abstraits, propositions et représentations en soi : une forme propositionnelle (ou alternativement une proposition contenant des représentations variables) est rendue vraie par la substitution de représentations appropriées. Dans la sémantique contemporaine, on substitue des *constantes* (des noms d'objets) aux variables; Bolzano y substitue des *représentations*.

Malgré cette différence, il faut rapporter les concepts de Bolzano à la famille des concepts sémantiques puisque la plupart de ses formulations peuvent se traduire directement, avec de très légères modifications, dans les termes de notre sémantique.

Ceci dit, même si Bolzano ne formule pas conceptuellement la distinction entre syntaxe et sémantique, un texte encore inédit, composé en 1832-1833, qui porte le titre «Théorie sémiotique»[19], sépare soigneusement l'exposé *formel* et *l'interprétation* à l'occasion de la construction d'une théorie mathématique élémentaire.

Dans ce fragment, Bolzano présente de deux manières strictement parallèles les concepts d'égalité, d'addition et de soustraction : d'abord, en tant que théorie formelle, indépendamment de toute référence à la signification des signes, ensuite en se référant expressément aux objets que ces signes peuvent représenter, donc à la signification des signes.

Dans la première étape de la construction, Bolzano définit l'usage des signes en énumérant les propriétés qui doivent être vraies pour toute représentation a, α, $\mathfrak{a}$, b, β, c :

I) «On doit associer avec le signe = une propriété telle que

1) le signe $a = a$ exprime une vérité quelle que soit la représentation désignée par a, objectuelle ou vide»,

2) si $a = \alpha$, alors $\alpha = a$,

3) si $a = \alpha$ et $\alpha = \mathfrak{a}$, alors $a = \mathfrak{a}$;

II) «Le signe + doit signifier une représentation telle que»

1) $a + b = b + a$

2) $(a + b) + c = (a + c) + b$,

3) si $a = \alpha$ et $b = \beta$, alors $a + b = \alpha + \beta$,

4) si $a = \alpha$ et $a + b = \alpha + \beta$, alors $b = \beta$;

19. « Semiotische Lehre », *Misc. math.*, 2007-13.

III) Le signe – doit désigner une représentation telle que

$$(a-b)+b = a.$$

Ces propriétés jouent en fait le rôle d'axiomes. Suivent plus d'une dizaine de théorèmes suivies de démonstrations des propriétés formelles des opérations arithmétiques. Voici un échantillon :

« Théorème 1. Si $a=\alpha$ et $b=\beta$, alors $a-b = \alpha - \beta$.

Démonstration. D'après III, $(a-b)+b=a$ et $(\alpha-\beta)+\beta=\alpha$. Etant donné que $a=\alpha$, on a, d'après I, 3, également

$$(a-b)+b=(\alpha-\beta)+\beta.$$

Et puisque $b=\beta$, on a, d'après II, 4, aussi $(a-b)=(\alpha-\beta)$ ».

Les huit premiers théorèmes portent sur les propriétés des opérations d'addition et de soustraction; les suivants donnent des règles pour opérer avec zéro, qui est introduit par la formule

$$a-a=0.$$

Nulle part ailleurs, Bolzano n'a été aussi proche des procédés leibniziens; aussi faut-il souligner d'autant plus nettement la différence entre ces deux logiciens. Alors que Leibniz veut, par l'intermédiaire du calcul, traiter mathématiquement les relations entre les objets non mathématiques, Bolzano propose, en contraste, une interprétation logique des théorèmes mathématiques à travers l'écriture formelle.

La deuxième étape de la théorie sémiotique est nettement séparée de la première :

> Il s'agit maintenant de trouver une signification [*Bedeutung*] des trois signes =, +, et –, grâce à laquelle les huit [suites de] signes expriment des vérités, signification qui ne dévie pas trop de celle qu'on a coutume de lier à ces signes[20].

La théorie formelle fait maintenant l'objet d'une interprétation. Bolzano ne se contente pas de donner une interprétation aux lettres; le signe d'égalité et les deux signes d'opérations sont, eux-aussi, d'abord de simples marques dépourvues de sens, soumis comme ils sont aux seules règles d'écriture, et ont besoin d'être interprétés.

La séquence de signes « $a=\alpha$ » désigne l'équivalence entre les représentations, c'est-à-dire le fait que a et α représentent les mêmes objets. Comme dans sa théorie logique, Bolzano étend ici la relation d'équivalence aux représentations vides. Le signe « + » est interprété comme signe de « somme »; le signe « – », conformément à l'équation qui le définit, est interprété de la manière suivante : « $a-b$ » désigne un objet tel que, réuni en une somme avec b, il représente un objet équivalent à a.

20. *Ibid.*

Bolzano prouve maintenant que, selon cette interprétation, les théorèmes formels de la première partie deviennent des vérités, ce qui revient à dire que son interprétation constitue un modèle. Il le démontre exactement comme on le fait aujourd'hui, à savoir en montrant que l'interprétation vérifie ses «axiomes», les énoncés I) à III) qui règlent l'usage des trois signes. Pour l'équivalence, par exemple, la réflexivité, la symétrie et la transitivité découlent des mêmes propriétés de l'équivalence entre les représentations. Bolzano définit également l'interprétation des opérations pour les représentations vides. Il termine son esquisse en discutant l'univocité des signes pour son interprétation; en particulier, il montre comment l'univocité des expressions complexes découle de l'univocité de leurs constituants.

Ce texte confirme ce que font pressentir les analyses de la *WL* : une distinction nette entre, d'une part, la présentation purement formelle d'une théorie mathématique préalablement à toute donnée d'un sens, formulée uniquement en termes de signes et de suites de signes, avec les démonstrations qui sont des dérivations formelles, et d'autre part l'interprétation qui confère à ces suites de signes une signification. Peu importe alors que les axiomes formels décrivent en fait les propriétés des opérations arithmétiques et qu'ils soient construits en vue d'une interprétation arithmétique (en quoi il ne diffèrent guère de nos systèmes d'arithmétique formelle); le pas décisif, c'est la séparation entre la cohérence d'une écriture réglée et sa puissance de dénotation et de vérité.

Ce traitement parallèle d'une théorie reste cependant réservé aux mathématiques. Si Bolzano choisit d'édifier sa logique par une méthode sémantique, c'est qu'il ne dispose pas d'une langue symbolique et ne croit même pas qu'il soit possible de la construire.

3. Variation et validité

Bolzano construit son système logique par la méthode de variation en deux étapes :

1) d'abord, il substitue successivement des représentations déterminées aux variables dans une forme propositionnelle (ou, alternativement, des représentations aux représentations que l'on déclare variables dans une proposition donnée);

2) ensuite, il examine la valeur de vérité des propositions obtenues par substitution à partir de la forme propositionnelle (proposition) initiale.

Ce procédé fait appel à la notion de variable, à l'opération de substitution et à la notion de valeur de vérité. Or, il est clair qu'on ne saurait substituer n'importe quelles représentations aux variables si l'on veut éviter des résultats incongrus ou même dépourvus de sens. La proposition

l'homme Cajus est mortel

se transforme en proposition vraie si l'on substitue «Titus» à «Cajus». Qu'en est-il lorsqu'on substitue «rose» ou «triangle» à «Cajus»? Quels sont les substitutions admissibles? Quel est le domaine de variation ou la catégorie dont relèvent les représentations substituables aux variables dans une forme propositionnelle donnée?

La seule restriction imposée aux représentations substituables est celle qui empêche la proposition résultante d'être vide, ce qui pour Bolzano revient à exiger que son sujet logique ne soit pas vide. Une substitution ne doit pas transformer une proposition objectuelle en proposition vide. «L'homme rose» ou «l'homme triangle», et *a fortiori* des substitutions agrammaticales étant vides, les substitutions correspondantes ne sont pas admises. Cette restriction revient donc à associer un *domaine* ou, comme on dira plus tard, une catégorie sémantique à chaque variable d'une forme propositionnelle donnée[21]; de surcroît, le postulat d'objectualité des propositions qui résultent des substitutions élimine le non-sens.

Dans certains cas particuliers, à savoir là où le *nombre* de propositions distinctes entre en ligne de compte, une deuxième restriction s'ajoute à la première: le domaine de variation ne doit pas contenir des représentations équivalentes. Toutes les représentations doivent donc différer par leurs extensions. Cette restriction ne prend son sens que dans la logique des probabilités où la présence de concepts équivalents pourrait fausser le rapport entre les propositions vraies et les propositions fausses obtenues à partir d'une forme propositionnelle donnée.

Deux concepts préalables préparent la construction du système logique : la validité et l'analyticité.

Appliquée à une forme propositionnelle, les différentes substitutions donnent lieu à différentes propositions. Trois cas peuvent alors se produire : ou bien la classe des propositions obtenues contient uniquement des propositions *vraies*, ou bien uniquement des propositions *fausses*, ou bien elle contient aussi bien des propositions *vraies* que des propositions *fausses*. Dans le premier cas, Bolzano appelle la forme propositionnelle (ou la proposition) *universellement valide* (*allge-*

21. E. Casari précise les indications de Bolzano en définissant le *type* d'une représentation A dans la représentation R (ou dans la proposition p) comme collection des représentations qui, substituées à A dans R (ou dans p), donnent lieu à une représentation (ou à une proposition) *objectuelle*. «L'universo logico bolzaniano», *Rivista di filos.*, 76 (1985), 353.

meingültig), dans le second *universellement contravalide* (*allgemeinungültig*). Il n'a pas de nom pour le troisième cas; nous appelons de telles formes *neutres*.

Cette classification dépend du choix des variables. La validité universelle bolzanienne n'a donc rien d'universel, une proposition pouvant être «universellement valide» relativement à certaines représentations prises comme variables et neutre relativement à d'autres variables, comme cela ressortira des exemples. J'appellerai donc la validité et la contravalidité universelles au sens de Bolzano simplement validité et contravalidité (relativement aux variables considérées).

La notion de *variante* d'une proposition permet de simplifier la présentation de la logique de Bolzano : c'est la proposition qui résulte de la proposition donnée par substitution admissible de représentations (y compris la substitution identique) aux représentations considérées comme variables. «Socrate est courageux» est une variante de «Achille est courageux» relativement à la variable *Achille* et «Achille est têtu» est une variante de la même proposition relativement à la variable *courageux*. L'ensemble des variantes d'une proposition (relativement aux représentations variables données) constitue alors une *espèce* dont le schéma structurel est exprimé par la forme propositionnelle correspondante. Les définitions précédentes s'expriment immédiatement en termes de variante : une proposition est valide si toutes ses variantes sont vraies, contravalide si toutes ses variantes sont fausses, neutre si certaines variantes sont vraies, d'autres fausses.

Venons-en aux exemples.

1) Celui que nous avons cité, «l'homme Cajus est mortel», est valide si l'on considère *Cajus* comme représentation variable, parce que chaque substitution appropriée engendre une proposition vraie, ou encore, parce que toutes ses variantes sont vraies.

2) La proposition «l'homme Cajus est omniscient» est contravalide relativement à la même variable *Cajus*, parce que toutes les propositions qui résultent de substitutions appropriées (i. e. toutes ses variantes) sont fausses.

3) La même proposition est neutre relativement à la variable *omniscient*, parce que certaines de ses variantes sont vraies (par exemple celle de l'exemple 1 qui en résulte par substitution de «mortel» à «omniscient»), alors que d'autres sont fausses (celle de l'exemple 2 qui en est une variante identique).

Bolzano ne se contente pas de ce concept préliminaire de validité. Les formes valides et les formes contravalides ne sont que des cas très particuliers, des termes extrêmes d'un vaste champ de possibilités qui se prête à une exploration en termes probabilistes. Bien plus : la notion même de probabilité prendra sa source en logique grâce à la méthode de variation et la logique des probabilités deviendra le fondement de la théorie mathématique des probabilités.

Tout d'abord, Bolzano n'attache pas la probabilité aux événements, mais aux formes propositionnelles. Considérons d'abord l'exemple qu'il donne.

Soit la proposition « la boule numéro 8 est l'une des boules tirées au prochain tirage » et considérons comme variable la représentation « 8 ». La condition d'objectualité limite le domaine de variation aux seuls numéros tirables ; la condition de non-équivalence ne laisse subsister qu'une seule de l'infinité des représentations équivalentes (« 6 » par exemple sera admise dans une substitution, mais non « 4+2 », « 3^3-21 » etc. qui lui sont équivalentes).

Supposons maintenant que l'urne contienne 90 numéros ; par substitution de « 1 », « 2 »,..., « 90 » à « 8 » (y compris la substitution identique), on obtient 90 propositions. De ces 90 propositions, une seule est vraie lors d'un tirage. Si de plus on suppose qu'on tire cinq boules chaque fois, cinq propositions obtenues par substitution seront vraies, les autres fausses. Dans ces conditions, la probabilité ou, comme dit Bolzano, le *degré de validité* de la proposition « au prochain tirage sera tirée la boule n° 8 » relativement à la variable « 8 » est $\frac{5}{90}$, c'est-à-dire $\frac{1}{18}$.

Bolzano appelle donc le *degré de validité* (la probabilité absolue) d'une forme propositionnelle

> le rapport de l'ensemble des propositions vraies obtenues à partir d'une proposition donnée par substitution, selon certaines règles, de représentations à certaines autres représentations considérées comme variables, à l'ensemble de toutes les propositions ainsi obtenues [22].

Ce rapport est représenté par une fraction comprise entre 0 et 1 et peut également prendre ces deux valeur limites. Bolzano n'envisage que des domaines de variation *finis*.

Le concept de degré de validité permet de redéfinir les notions de validité et de contravalidité d'une forme propositionnelle : une forme est valide lorsque son degré de validité est égal à 1, contravalide lors-

22. *WL*, II, § 147, 81. Ici, comme à d'autres endroits, *ensemble* (*Menge*) signifie le nombre d'éléments d'un ensemble, son nombre cardinal.

qu'il est égal à 0 (toujours relativement aux variables spécifiées)[23]. La relativisation de la validité et de la contravalidité entraîne comme conséquence l'élargissement des classes des propositions valides et des propositions contravalides; toute proposition qui énonce une propriété générale d'un objet peut donner lieu à une forme valide si l'on choisit convenablement les variables et si l'on restreint leur domaine de variation. Pour obtenir un concept plus satisfaisant du point de vue logique, Bolzano devra préciser les conditions de variation. Il le fera en redéfinissant à sa manière le concept d'analyticité.

4. Propositions analytiques et propositions synthétiques. La notion de vérité logique

Le concept bolzanien de validité est un concept relatif, puisqu'il dépend du choix des variables et que la même proposition peut être valide par rapports à certaines variables sans l'être par rapport à d'autres. Bien qu'une telle relativisation présente des avantages incontestables, elle empêche d'identifier les formes valides avec les lois logiques, c'est-à-dire avec les propositions universellement valides au sens actuel. Bolzano s'efforcera donc de définir un concept *logique* de validité.

Cette fois-ci, c'est Kant qui lui servira de guide. Bolzano s'appuiera sur une distinction fort ancienne, reprise et affirmée avec le plus de netteté par Kant : la distinction entre analytique et synthétique. Dans son petit historique de la question, Bolzano mentionne également Aristote, Locke, Crusius et bon nombre de ses prédécesseurs immédiats ou de ses contemporains.

Arrêtons-nous un instant à Locke. Dans son *Essai* se trouve en effet un chapitre sur les propositions «frivoles»[24]. Ce sont soit des propositions identiques, soit des propositions qui attribuent à un objet une partie d'une idée complexe. Dans ce dernier cas, on attribue ou bien un genre à une espèce (exemple: le plomb est un métal), ou bien une partie de la définition au terme défini (exemples : l'or est jaune, l'or est fusible). Locke n'en tire aucune conséquence, mais Bolzano dira

23. Bolzano parle de propositions «universellement valides» et de propositions «universellement contravalides» (*allgemein- oder vollgültige Sätze* ou aussi *Sätze, die ihrer ganzen Art oder Form nach wahr sind*; *allgemein oder durchaus ungültige Sätze*), § 147, 82.

24. C'est ainsi que Leibniz traduit le terme *triffling*. Cf. Locke, *An Esssay concerning Human Understanding*, IV, 8, et le passage correspondant des *Nouveaux Essais* de Leibniz.

que l'idée sous-jacente à cette discussion est la notion d'énoncé analytique et que Locke la conçoit de manière plus distincte que Kant.

Dans son historique, Bolzano ne parle pas de Leibniz; il ne fait que mentionner, à titre de curiosité et sans prononcer aucun nom, la doctrine suivant laquelle toutes les propositions seraient analytiques, et il discute des exemples leibniziens d'énoncés qui ont l'apparence d'énoncés analytiques sans l'être vraiment et que nous appellerons pseudo-analytiques. En réalité, la distinction entre les vérités de raison et les vérités de fait correspond à la partition bolzanienne entre les vérités conceptuelles pures et les vérités empiriques, mais elle ne recouvre pas la classification des propositions en analytiques et synthétiques. Comme Kant, mais pour bien d'autres raisons, Bolzano reconnaît l'existence de propositions conceptuelles pures qui ne sont pas analytiques.

Les concepts et les termes d'analytique et de synthétique, forgés par Crusius, sont adoptés par Kant et incorporés dans les fondements mêmes de la philosophie critique.

D'après la *Critique de la raison pure* est analytique un jugement dont le prédicat est contenu, éventuellement de manière cachée, dans le concept du sujet. Kant parle de l'identité entre le prédicat et le sujet, mais il entend par là également l'inclusion du premier dans le second. Il qualifie les jugements analytiques d'*explicatifs*; en effet, en adjoignant un prédicat, ils «n'ajoutent rien au concept du sujet; ils le décomposent seulement par l'analyse en ses concepts partiels qui y étaient déjà (quoique indistinctement) pensés»[25]. Par opposition, sont synthétiques les jugements dont le prédicat n'est en aucune manière contenu dans le sujet; ce sont des jugements *extensifs* parce que c'est par leur intermédiaire que peut s'élargir la connaissance.

Bolzano commence par indiquer par un contre-exemple que la distinction kantienne ne saurait être maintenue dans son sens littéral. Que veulent dire ici, demande-t-il, l'expression «être contenu» et ses synonymes, sinon que parmi les caractères dont se compose le sujet figure une occurrence du prédicat? Que dire alors de la proposition suivante:

«Le père d'Alexandre, roi de Macédoine, fut roi de Macédoine»?

---

25. *Critique de la raison pure*, A 7; *Oeuvres philosophiques* (Pléïade), I, 765. D'après E. Beth, *Foundations of Mathematics* (1965), 45, c'est Bolzano qui, dans les *Beiträge* et dans la *WL*, aurait infléchi le concept kantien de jugement analytique dans le sens de proposition logiquement vraie ou proposition dont la vérité est indépendante des principes de l'expérience, interprétation adoptée ensuite par la quasi-totalité de commentateurs de Kant. Je crois cependant que le texte de la *Critique* ne s'oppose pas à une telle interprétation.

C'est une proposition dont le prédicat est bien contenu dans le sujet sans qu'elle soit le moins du monde analytique!

Ceux qui se sont aperçu de la difficulté, tels Maass et Krug, ont proposé de restreindre la condition d'inclusion aux caractères *constitutifs* du sujet, ceux qui font partie de sa définition. Selon cette interprétation, pour décider de l'analyticité d'une proposition, il faut remplacer les termes définis par leurs définitions et aller éventuellement jusqu'à la résolution en termes primitifs. Bolzano partage avec Kant (et avec Leibniz) la conviction qu'il existe un ensemble de termes primitifs en lesquels tout concept complexe peut être décomposé. Plusieurs raisons motivent son refus de s'en servir pour définir le concept d'analytique.

L'une est l'inaccessibilité (à de rares exceptions près) des termes primitifs dans une langue naturelle. Le procédé de résolution est, comme le souligne Bar-Hillel, effectif, c'est-à-dire la forme réduite de tout énoncé peut être atteinte par un nombre fini de pas et par une méthode fixée à l'avance, mais à condition que l'on dispose effectivement de l'ensemble de concepts primitifs. Evidemment, pour Bolzano, un tel ensemble existe bel et bien en soi; toutefois, nous ne sommes pas en mesure de l'indiquer et de l'utiliser lorsque nous décomposons un concept; il reste pratiquement inaccessible. Cela ne veut pas dire que la méthode de résolution soit inutile; lorsque la décomposition fait découvrir une occurrence du prédicat parmi les caractères du sujet, Bolzano ne la repousse pas.

> Toutefois, à mon avis, cette voie ne permet pas de trancher de manière satisfaisante. Car si l'on n'a pas auparavant établi l'existence des propriétés qui appartiennent en toute généralité à une certaine classe d'objets sans qu'elles soient mentionnées dans leur concept, on soupçonnera toujours, devant une proposition de la forme *A* a *b* [*A hat b*], que le concept du prédicat *b* se trouve peut-être de manière cachée dans le concept du sujet *A*, même si l'on n'a pas encore décelé sa présence lors de la décomposition du concept du sujet; c'est aussi ce que les critiques ont toujours objecté[26].

En d'autres termes, devant un énoncé, on ne peut jamais savoir avec certitude s'il est vraiment synthétique, ou bien si c'est l'analyse que nous n'avons pas poussée suffisamment loin. Il en est ainsi en particulier pour les exemples de jugements synthétiques cités par Kant. En l'absence d'une liste de concepts primitifs, la méthode de résolution, celle de Leibniz et de Kant, ne saurait jouer qu'un rôle auxiliaire.

26. *WL*, II, § 197, 338.

Pour définir et établir le caractère analytique d'une proposition ou d'un énoncé, on doit recourir à d'autres méthodes, plus efficaces.

Une autre raison pour laquelle Bolzano refuse d'en appeler à la méthode de résolution consiste dans la différence des fonctions que Kant et Bolzano assignent respectivement à la notion d'analyticité. L'un des buts principaux de la *Critique* est l'établissement de la possibilité des jugements synthétiques *a priori* puisqu'ils garantissent l'élargissement de la connaissance en dehors et indépendamment de l'expérience et en premier lieu la possibilité même des mathématiques. Les jugements analytiques servent à Kant seulement comme terme de opposition par rapport aux jugements synthétiques. La notion d'analytique n'est donc pour Kant qu'une notion intermédiaire pour parvenir à celle de synthétique et par excellence aux jugements synthétiques *a priori* qui réalisent les aspirations les plus élevées de la connaissance humaine. En revanche, Bolzano, qui déploie beaucoup d'efforts pour démontrer l'existence même de jugements synthétiques, s'intéresse davantage au concept d'analytique, car c'est par son truchement qu'il pourra définir le concept de vérité logique.

Cependant, son point de départ n'est autre que la conception kantienne d'analyticité. Il l'adopte dans les *Beiträge* de 1810 pour construire là-dessus la première esquisse de sa doctrine logique. Mais la *WL* montrera les limitations de la définition de Kant.

Bolzano détermine d'abord la forme logique des jugements analytiques au sens kantien, question que Kant lui-même ne s'est pas posée. Du texte de la *Critique de la raison pure*, il ressort que ceux-ci peuvent avoir l'une des trois formes suivantes :

A est A,
A qui est B, est A,
A qui est B, est B.

Du même coup, on voit la limitation essentielle de la définition kantienne, même dans l'interprétation amendée qui exclurait les occurrences obliques du genre «le père d'Alexandre, roi de Macédoine, fut roi de Macédoine». L'énoncé du tiers exclu, dans la formulation bolzanienne

Tout objet est B ou non-B,

n'est-il pas un jugement analytique, bien que le prédicat «B ou non-B» ne soit pas contenu dans le sujet? Sa forme ne ressemble à aucune des trois formes par lesquelles Bolzano interprète la définition de Kant. La conception kantienne laisse échapper une classe importante de vérités logiques qui sont d'authentiques jugements analytiques et auxquels précisément ce concept fut destiné. La critique que Bolzano adresse à Kant sur un point crucial de la doctrine revient à dire que, d'une part, il y a des jugements dont le prédicat *est* contenu dans le sujet et qui sont néanmoins *synthétiques*, et d'autre part, il y a des jugements dont le prédicat *n'est pas* contenu dans le sujet et qui sont néanmoins *analytiques*.

Puisque l'analyticité doit éclairer la notion de vérité ou loi logique, sa définition doit être cherchée non pas dans l'inclusion du prédicat dans le sujet, qui n'en donne qu'une idée partielle, mais du côté de la *forme*. L'analyticité kantienne relève de la *définition*; pour élargir cette notion de telle sorte qu'elle englobe les vérités logiques, il faut l'aborder par la *méthode de variation*. Ce qui rend analytiques les exemples de propositions citées par Bolzano, c'est que leurs valeurs de vérité ne changent pas lorsque ces propositions sont soumises à une variation. La spécificité d'une proposition analytique comparée à une proposition valide ou à une proposition contravalide consiste dans le fait que les représentations variables ne sont pas nécessairement explicitées. Ne l'oublions pas : l'analyticité bolzanienne n'est qu'une étape intermédiaire sur le chemin qui conduit de la validité à la vérité logique.

Une proposition est valide par rapport à des représentations variables données; qu'en est-il de l'analytique ? Si Bolzano commence par envisager la possibilité de faire varier *toutes* les représentations dans une proposition, c'est pour la rejeter aussitôt : il lui semble évident qu'une proposition dans laquelle *toutes* les représentations peuvent varier peut être transformée en n'importe quelle proposition. Nous savons que c'est faux : les occurrences d'une même représentation peuvent introduire des liens particuliers qu'aucune substitution ne saurait défaire. Chaque vérité peut cependant être transformée en son contraire et réciproquement[27]. Il reste une autre voie : postuler seulement l'*existence* des variables dont la variation préserve la valeur de vérité. Bolzano utilise cette méthode souvent pour débarrasser ses définitions de toute référence à des variables particulières. Contrairement à la validité où il faut spécifier les variables, l'analyticité sera définie par la simple *présence* de variables par rapport auxquelles la proposition est valide (ou contravalide), sans qu'on soit obligé de préciser lesquelles. D'où la définition de l'analytique au sens large :

> Une proposition *analytique* est celle qui contient *au moins une représentation* dont la variation n'affecte pas sa valeur de

27. 2=2 ne peut être transformé par variation en 2=3 ; en revanche, il peut être transformé en 2≠2 ou en 2<2, de sorte que «Bolzano's argument remains substantially in force» ; Bar-Hillel, «Bolzano's definition of analytic propositions», *Theoria*, 16 (1950), 96-7.

vérité, à condition que la proposition (c'est-à-dire le sujet de cette proposition, pas nécessairement son prédicat) reste objectuelle[28].

Au moins une ou bien *une seule* exactement, comme on me l'a objecté ? «Wenn es aber auch nur eine *einzige* Vorstellung in einem Satze gibt, welche sich willkürlich abändern lässt...» : «...ne serait-ce qu'une *seule* représentation qui se laisse varier de manière arbitraire», crois-je devoir traduire; cela d'autant plus que Bolzano lui-même déclare explicitement que la proposition de la forme «*A* qui a la propriété *b* a la propriété *b*» est analytique puisqu'elle reste vraie «quelle que soit la variation à laquelle on puisse soumettre les représentations *A* et *b*», pourvu qu'elle reste objectuelle[29].

D'autres arguments qui vont dans le même sens ne permettent aucun doute. Ce sont d'abord les exemples logiques et mathématiques que donne Bolzano et où *plusieurs* représentations peuvent varier sans que l'une d'entre elles puisse être privilégiée. Le contexte théorique, à savoir la construction progressive des concepts qui aboutit au concept de vérité logique et au système des relations entre les propositions impose également la possibilité de variation simultanée de plusieurs représentations.

Tenons-nous donc à la définition ci-dessus en proposant des formulations équivalentes et en respectant toujours la clause de l'objectualité. Il est également clair que les concepts logiques ne sont pas admis à varier[30] :

> Dans toute proposition *analytique* il existe au moins une représentation susceptible de varier de telle manière que son remplacement par toute autre représentation admise en substitution respecte la valeur de vérité de cette proposition.

---

28. Je paraphrase la définition de Bolzano. Cf. *WL*, II, § 148, 83.

29. *Ibid.*, § 197, 331-2. Cette interprétation est également confirmée par la définition des propositions synthétiques comme propositions qui ne contiennent aucune représentation qui peut varier *salva valore veritatis*. Enfin, dans sa *Propédeutique philosophique* dont la partie logique est un résumé de la logique de Bolzano, R. Zimmermann explique on ne peut pas plus clairement que les propositions analytiques «sont telles qu'au moins une de leurs représentations puisse être soumise à une variation arbitraire» («welche so beschaffen sind, dass wenigstens Eine ihrer Vorstellungen beliebig verändert werden kann»). *Philos. Propädeutik*, éd. E. Winter (1975), 59.

30. L'expression «des propositions se laissent déduire [d'une proposition] uniquement en vertu de sa forme» (*sich bloss seiner Form nach ableiten lassen*) signifie «elles se laissent déduire dans la mesure où l'on considère en elles comme variables des parties, toutes les parties, que les logiciens n'attribuent pas à sa *forme*». *WL*, I, § 29, 141. En revanche, la représentation «ceci», qui désigne un objet de l'ostension, peut varier.

Ou bien en termes de variante :

> Les variantes d'une proposition *analytique* ont toutes la même valeur de vérité par rapport à au moins une représentation variable.

Ou enfin, en définissant à la suite de Quine une représentation *variable à vide* comme une représentation dont la variation ne change pas la valeur de vérité de la proposition,

> les propositions *analytiques* se caractérisent par la présence d'au moins une variable à vide.

Les propositions *synthétiques* se définissent par la négation : ce sont donc les propositions qui ne contiennent *aucune* représentation variable à vide; la variation de l'une quelconque de leur représentations donne lieu aussi bien à des vérités qu'à des faussetés. Voici un exemple : « Dieu est omniscient ». La substitution de « homme » à « Dieu » rend la proposition fausse, de même que la substitution de « ignorant » à « omniscient ».

Pour trois raison, la définition de Bolzano dépasse celles de ses prédécesseurs. Premièrement, elle lie la notion d'analytique à celle de *variation*, de telle sorte qu'on puisse parler non seulement de *propositions*, mais aussi de *formes* analytiques. Deuxièmement, et contrairement à la distinction kantienne, elle livre une classification *complète* des propositions. Une proposition comme « A qui est B est non-B » ne saurait être classée, chez Kant, ni dans les jugements analytiques ni dans les jugements synthétiques[31]. La définition bolzanienne permet de distinguer entre les propositions analytiques *vraies* et les propositions analytiques *fausses* dont Kant ne tient pas compte; c'est sous cette forme seulement que la classification est exhaustive. Troisième raison, la plus importante pour nous : les propositions analytiques (au sens large) permettent de définir les propositions analytiques au sens *étroit* et c'est notre concept de *vérité* (ou fausseté) *logique*.

Il est temps d'illustrer cette nouvelle conception de l'analytique par quelques exemples. « Un homme moralement mauvais ne mérite aucun respect » est analytique, parce qu'elle contient une représentation (« homme ») dont la variation ne change pas la valeur de vérité. De même est analytique la proposition fausse « un homme moralement mauvais jouira de la félicité perpétuelle » : aucune substitution à la représentation « homme » ne saurait la rendre vraie.

Jusqu'ici, rien dans les propositions analytiques ne pointe vers la vérité logique. Comme le dit un critique, les propositions *A est A* et *un*

31. Les jugements analytiques négatifs, dont la possibilité est envisagée par Kant, doivent eux aussi être vrais.

homme moralement mauvais ne mérite aucun respect «voisinent pacifiquement dans la classe des propositions analytiques»[32]. On peut bien multiplier les exemples (pour marquer l'analyticité, nous mettons en italiques les représentations variables à vide; Bolzano ne le fait pas) :

L'âme de *Socrate* est une substance simple (*WL*, § 447),

La somme des angles d'un triangle *équilatéral* est égale à deux angles droits (*ibid.*),

La somme des angles de *ce* triangle est égale à deux angles droits (§ 197),

$a+(b+c)=(a+b)+c$ (§§ 305 et 315),

sont des propositions analytiques, alors que les deux suivantes :

Toute âme est une substance simple,

La somme des angles de chaque triangle est égale à deux angles droits, (§ 447)

sont synthétiques.

Ces exemples confirment ce qui ressort de la définition. Par rapport à Kant, Bolzano a déplacé la frontière de l'analytique et il en est parfaitement conscient : il a élargi la classe des propositions analytiques et rétréci celle des propositions synthétiques, au point que l'existence même des propositions synthétiques devra faire l'objet d'une démonstration[33].

Après avoir défini ses concepts, Bolzano donne deux exemples concernant l'homme moralement mauvais, que nous avons déjà cités (*WL*, § 148, alinéa 1). Ensuite, sans transition aucune, il cite des exemples «très généraux» de propositions analytiques *vraies* d'un genre très différent :

A est A (il appelle identiques ou tautologiques les propositions de cette forme),

A qui est B est A,

A qui est B est B,

Tout objet est B ou non-B, «etc.» (*WL*, § 148, alinéa 2).

32. H. Schleichert in *Philosophia naturalis*, 8 (1964), 493.

33. Leur existence découle de celle des représentations simples ; est synthétique toute forme propositionnelle «A est B» où A et B sont simples ou composées de représentations simples dont aucune occurrence dans A n'est répétée dans B et réciproquement.

Le contraste entre les deux séries d'exemples montre que le pas décisif vient d'être franchi. En quoi consiste leur différence? Répondre à la question, c'est définir, à l'intérieur de la classe des propositions analytiques, une sous-classe de propositions qui sont analytiques pour des raisons purement logiques. La fin du § 148 où Bolzano s'en explique est l'un des passages les plus importants de la *WL* et dans son commentaire, chaque mot compte :

> Les exemples de propositions analytiques que je viens de donner diffèrent de ceux de l'alinéa 1 en ceci : pour juger de la nature analytique des premières, pas d'autres connaissances que des connaissances logiques ne sont nécessaires, parce que les concepts qui constituent la partie invariable de ces propositions appartiennent tous à la logique; alors que, pour juger de la vérité ou de la fausseté des propositions de l'espèce de l'alinéa 1, il faut avoir de toutes autres connaissances, parce qu'ici interviennent des concepts étrangers à la logique. Il est vrai, cette distinction est un peu floue, puisque le domaine des concepts qui appartiennent à la logique n'est jamais délimité de manière si précise qu'il ne puisse y avoir jamais quelque controverse à ce sujet. Toutefois, il pourrait être utile de tenir compte de cette distinction; on pourrait donc appeler les propositions de l'espèce de l'alinéa 2) *logiquement* analytiques ou analytiques au sens *étroit*, et en revanche, celles de l'alinéa 1), analytiques au sens *large* [34].
>
> (*WL*, § 148, alinéa 3).

Ce texte, qui a donné lieu à des commentaires divergents et controversés [35], doit d'abord être compris en lui-même, ensuite interprété dans le contexte dans lequel il figure.

Ce qui frappe au premier abord, du point de vue du style, c'est le va-et-vient incessant entre d'un côté les propositions et les concepts, entités *logiques*, en soi, et de l'autres côté les connaissances, qui relèvent de la subjectivité. Trait non moins important de ce § 148 : le premier alinéa qui expose la notion d'analytique au sens large ne donne comme exemples que des *propositions* (dans lesquelles certaines représentations peuvent varier); en revanche, l'alinéa 2 cite uniquement des *formes propositionnelles*. De plus, les deux espèces de propositions analytiques sont distinguées par la nature des *connaissances* qu'elles exigent : connaissances étrangères à la logique d'un côté, connais-

34. *WL*, II § 148, 84.

35. Cf. l'article de Bar-Hillel cité en note 27 et l'ouvrage de Joëlle Proust, *Questions de forme* (1986), section II : La rénovation bolzanienne de l'analyticité, dont nous traiterons ci-dessous.

sances logiques seules de l'autre côté. Quant à l'analyticité au sens étroit, l'auteur se contente d'exemples et de suggestions là où le lecteur s'attend à une *définition*. C'est donc au commentateur d'en proposer une, d'autant plus que, autant que je sache, Bolzano ne revient plus sur cette question dans la *WL* ni dans ses ouvrages ou manuscrits ultérieurs. Enfin, dernière idée exprimée dans ce texte : la distinction entre les concepts logiques et les concepts non logiques n'est pas absolue, entre les deux il y a une marge d'incertitude où la décision relève de l'utilité plus grande de ranger tel concept dans telle catégorie. Tarski fera la même observation à propos du partage du langage en constantes logiques et en termes non logiques[36].

Que veut donc dire proposition *logico-analytique* ou analytique au sens étroit ? En combinant les indications de Bolzano, on est tenté de donner la réponse suivante : c'est une propositions vraie qui contient au moins une représentation variable à vide, et telle que pour reconnaître sa nature analytique, seules les connaissances logiques sont nécessaires. Or, lorsqu'on regarde les exemples de l'alinéa 2 qui sont d'authentiques formes propositionnelles, on s'aperçoit qu'ils contiennent d'une part les constantes «est», «qui», «tout», «objet», «ou», «non», d'autre part des lettres (des variables). Ce qui les caractérise lorsqu'on les compare aux exemples de l'alinéa 1 dont la vérité dépend des vérités de la métaphysique, de la théologie, de la morale, de la géométrie etc., c'est que *les seuls termes invariables qu'ils contiennent sont des particules logiques*. D'où la deuxième définition que je propose :

> Les propositions logico-analytiques sont les propositions analytiques vraies dont *toutes* les représentations non logiques peuvent varier à vide,

ou encore :

> Les formes propositionnelles logico-analytiques sont les formes analytiques qui engendrent uniquement des proposi-

36. Bolzano : «Dieser Unterschied hat freilich sein Schwankendes, weil das Gebiet der Begriffe, die in die Logik gehören, nicht so *scharf begrenzt* ist, dass sich darüber niemals einiger Streit erheben liesse». Tarski : «Andrerseits aber sind mir keine objektiven Gründe bekannt, die eine *scharfe Grenze* zwischen beiden Gruppen von Termini zu *ziehen* gestatten»; «Über den Begriff der logischen Folgerung» (1936), in *Coll. Papers*, 2 (1986), 271-81 (c'est moi qui souligne). Déjà au § 116, Bolzano utilise l'expression «eine sehr *scharfe Grenzlinie ... gezogen* zu sein» (voir note 1 ci-dessus). Selon Edgar Morscher et Peter Simons, cette expression vient tout naturellement sous la plume de Bolzano, mais ressemble à un emprunt chez Tarski. Ne peut-on imaginer qu'elle ait circulé *via* Twardowski, peut être Lukasiewicz, jusqu'à Tarski ?

tions vraies et dans lesquelles les *seules* constantes sont des constantes *logiques*.

Sous cette forme, la notion de logico-analytique constitue la dernière étape qui mène à la construction du système logique de Bolzano. Elle s'accorde avec les deux étapes précédentes : la validité est définie relativement à *certaines* représentations variables à vide, l'analyticité au sens large relativement à la simple *existence* de telles représentations sans qu'il soit nécessaire de les spécifier, enfin, l'analyticité logique par le fait que *toutes* les représentations non logiques sont soumises à la variation. Cependant, ne projetons-nous dans les définitions de Bolzano une conception qui lui est étrangère ? Avons-nous le droit de supprimer la référence aux *connaissances* logiques dans la définition proposée ?

Avant de répondre à ces questions, il y en a d'autres, plus urgentes, posées non pas par les *définitions* de Bolzano, qui semblent parfaitement cohérentes, mais par ses *exemples*. A mon avis, les problèmes d'interprétation posés par le concept bolzanien d'analytique et les controverses qu'il a suscitées ont leur source dans la discordance entre les définitions et les exemples.

Tournons nous vers les exemples pour les confronter avec les distinctions bolzaniennes et commençons par le suivant :

Tout triangle est une figure (*WL*, § 197).

Il est hors de doute que cet exemple est un jugement analytique au sens de Kant (ce n'est pas à proprement parler un théorème de géométrie). Qu'en est-il pour Bolzano ? L'énoncé n'est apparemment pas logico-analytique : en faisant varier simultanément « triangle » et « figure », on peut le transformer, par exemple, en « tout carré est blanc » (rien, sinon l'exigence de l'objectualité de la proposition, n'impose des limites à la variation des représentations), ou en « tout point est un solide » ou « tout point est étendu ». Est-il au moins analytique ? Deux représentations peuvent y varier. Avec la variable « figure », on peut toujours parvenir à « tout triangle est un point »; en faisant varier « triangle », l'énoncé initial peut aboutir à « tout point est une figure », ce que l'on peut à l'extrême rigueur accepter, ou à « toute projection est une figure ». Il n'y a pas de variation qui conserve la valeur de vérité de notre énoncé. Pourtant, Bolzano le déclare, sans ambages, analytique, de même que le suivant : « tout effet a sa cause ».

Sans aucun doute, nous nous y sommes très mal pris pour juger de l'analyticité bolzanienne : comment un énoncé qui attribue un prédicat à un sujet en vertu de sa définition même pourrait-il ne pas être analytique ? L'analyticité qui découle d'une définition serait-elle incompatible avec l'analyticité définie par la méthode de variation ?

Pour Bolzano, l'analyticité ne se révèle pas d'emblée à la simple inspection des termes. Elle ne ressort pas immédiatement de l'énoncé qui n'est qu'une expression de la proposition en soi; l'énoncé peut dissimuler son véritable statut sous les apparences du contraire. Tout comme il y a des énoncés *pseudo-analytiques* qui, sous une apparence analytique recèlent la nature synthétique de la proposition correspondante, de même réciproquement, des énoncés peuvent être crypto- ou *quasi-analytiques*[37], c'est-à-dire analytiques bien que, à première vue, ils donnent l'impression d'être synthétiques. Réglons d'abord le sort des premiers, en réservant l'exemple de l'effet et de la cause pour la suite.

Malgré leur formulation, dans l'interprétation qui, par delà leur redondance tautologique, leur accorde quelque utilité, des énoncés comme « ce qui est un mal est un mal », « un homme sage est toujours un homme » (exemple leibnizien d'une proposition « identique à demi ») sont censés véhiculer une certaine information. Ils ne saurait être analytiques, même si leur sens ne peut être déterminé de manière univoque et dépend du contexte. Bolzano ne fait d'ailleurs que les mentionner au passage; il est vrai que de telles expressions « frivoles » sont marginales par rapport à l'intention théorique qui vise ici la logique proprement dite[38].

En revanche, beaucoup plus important est le cas des énoncés quasi-analytiques. Pour reprendre notre exemple, si, avant d'appliquer la définition par variation à vide d'une représentation, on analyse d'abord le concept de triangle, on y trouve bien le prédicat « figure », et la proposition devient quelque chose comme « toute figure qui a trois angles est une figure », laquelle est de la forme « tout A qui est B est A », forme logiquement analytique.

Cela veut dire simplement, si l'on se réfère à la théorie de la définition de Bolzano selon laquelle le défini et le définissant (la définition) désignent *une seule et même* représentation en soi par deux expressions différentes, et non deux représentations, que les différences d'expression masquent ici l'identité de concept et, par là, le caractère analytique de la proposition en soi. Bolzano entend ainsi

---

37. J'emprunte ces expressions à Bar-Hillel. Jan Berg appelle les propositions quasi-analytiques propositions analytiques implicites.

38. Bar-Hillel a remarqué que le deuxième énoncé pseudo-analytique, interprété comme « même un homme sage est faillible », est en fait analytique, le terme « sage » pouvant varier à vide (art. cité, 106-7; cf. également Jan Berg, *Bolzano's Logic*, 99).

rappeler que l'analyticité est un attribut des propositions en soi et qu'un énoncé ne la révèle pas nécessairement d'emblée. De cette manière, il peut éviter le conflit qui menace d'éclater entre la notion d'analytique définie à l'aide de la variation à vide, et celle fondée sur l'inclusion du prédicat dans le concept du sujet : les deux, le prédicat aussi bien que le sujet, doivent être résolus en leurs constituants. Il est vrai, on ne saurait alors échapper aux difficultés de la résolution des concepts signalées par Bolzano et qui feront l'objet de discussions passionnées entre les philosophes analytiques dans les années 1950-1960. Pour Bolzano, les énoncés quasi-analytiques sont des expressions linguistiques qui occultent l'analyticité des propositions qu'ils expriment; «quasi-analytique» est un prédicat des seuls énoncés, non des propositions. Est-il nécessaire d'ajouter qu'on ne saurait s'attendre chez Bolzano aux distinctions subtiles des sémanticiens modernes? Celles-ci ne sont cependant pas en rupture avec les concepts de Bolzano et, de toute façon, en ce qui concerne les *énoncés*, deux catégories doivent être distinguées : énoncés analytiques et énoncés quasi-analytiques.

Comment Bolzano va-t-il s'y prendre pour réduire les seconds aux premiers? L'exemple «tout triangle est une figure», qui peut être réduit à une forme logico-analytique en remplaçant les termes définis par leurs définitions, est tout à fait exceptionnel dans la *WL*[39]. Bolzano se contente d'ailleurs de mentionner le caractère analytique de cet énoncé sans indiquer la résolution et l'on comprend qu'il ne veut pas s'engager dans une entreprise dont il a lui-même souligné les limites.

Prenons un deuxième exemple de cette espèce, plus délicat. Soit l'énoncé

Tout effet a une cause.

Il est analytique parce que «effet» signifie «quelque chose qui est causé par autre chose», et «avoir une cause», «être causé par autre chose». Le remplacement approprié transforme notre exemple en «tout ce qui est causé par autre chose est causé par autre chose», énoncé analytique et même identique. Ici, Bolzano n'a pas réduit les termes définis à leur définition (il définit la relation de cause à effet par les concepts de raison et de conséquence); il a simplement remplacé les termes de cause et d'effet par des synonymes. Telle est en effet sa méthode pour déceler le caractère analytique des énoncés quasi-analytiques. Bien que le problème de la synonymie ne soit traité que sur quelques exemples, et que Bolzano ne formule aucun critère

39. Un autre, semblable, se trouve au tome II, § 190, 279-80 : «l'homme est doué de raison», *Der Mensch hat Vernunft*.

effectif (même aujourd'hui, la question est loin d'être résolue), ses concepts et sa classification, aussi bien que le choix très judicieux de la méthode de remplacement par des synonymes, sont autant de résultats et d'acquisitions retrouvés et intégrés dans la logique contemporaine. Quine, lui aussi, définit deux classes d'énoncés analytiques : les vérités logiques et les énoncés «qui peuvent être transformés en vérités logiques par remplacement des synonymes par des synonymes»[40]. C'est exactement la définition de l'analyticité logique et la méthode de Bolzano.

Nous avons fait ressortir ce qui rapproche les définitions et les distinctions de Bolzano des nôtres en laissant dans l'ombre ses particularités, voire les contradictions qui s'accumulent et menacent sa doctrine.

On accorde à Bolzano – c'est un point soulevé par Jan Berg[41] – qu'une proposition n'est analytique que si un terme variable y figure effectivement. Cela découle de la définition et c'est la seule interprétation possible qui soit conforme à l'usage linguistique de Bolzano.

Mais sa définition entraîne des conséquences moins souhaitables : une proposition dont la valeur de vérité dépend d'une propriété empirique particulière, telle la proposition citée par Berg,

$$F(i) \;\&\; (G(i) \vee \neg G(i))$$

avec F(i) prédicat *empirique* vérifié par l'individu i, doit être considérée comme analytique (elle n'est pas logiquement analytique : la variation de F peut la rendre fausse). De cette sorte, on peut rendre analytique chaque proposition vraie en y appendant une tautologie.

Ce par quoi Bolzano est loin de nous, c'est sa conception extrêmement large de l'analytique. Comparons encore avec Quine : pour ce dernier, les énoncés analytiques sont les vérités logiques et les énoncés qui le deviennent losqu'on remplace des termes par des synonymes. Pour Bolzano, ces deux classes sont loin d'épuiser le champ de l'analytique comme l'attestent des exemples tirés de disciplines aussi différentes que la théologie et la géométrie. Bolzano ne définit pas l'analytique par la répétition d'une occurrence du prédicat dans le sujet comme le fait Kant, mais uniquement par la présence d'une variable variant à vide. C'est ce qui fait que pour nous, sa notion d'analytique n'est qu'une simple étape sur le chemin vers la vérité logique, en elle-même dépourvue d'intérêt, alors que pour Bolzano, qui a bien vu les

---

40. «Two Dogmas of Empiricism» in *From a Logical Point of View* (2e éd. 1961), 23.

41. *Bolzano's Logic*, 101.

limitations trop restrictives des définitions de ses prédécesseurs, cette notion a une valeur intrinsèque : en déplaçant les frontières de l'analytique, il peut soutenir contre Kant l'analyticité de la plupart des propositions des mathématiques pures. Les exemples abondent.

L'associativité de l'addition est analytique (cette remarque est importante pour démontrer que « $7+5=12$ » est une proposition analytique), de même que la commutativité de l'addition, la distributivité de la multiplication par rapport à l'addition, et la formule

$$(na+b)+a=(n+1)a+b \qquad (\S\ 503).$$

De même des propositions conditionnelles comme

Si A est plus petit que B, alors B est plus grand que A,

qui est analytique, et

$$\text{Si } P=M\cdot m, \text{ alors } M=\frac{P}{m} \qquad (\S\ 148);$$

l'objectualité de M exclut le cas $m=0$.

Cependant, le concept bolzanien entraîne également des affirmations bien étranges, par exemple qu'une proposition universelle peut être synthétique, alors que chacune de ses instances est analytique. Ainsi, paradoxalement, selon le § 447, la proposition

$$\text{Si } \frac{a^2}{2}=b, \text{ alors } a=\pm\sqrt{2b}$$

est analytique, alors que la suivante :

$$\text{Chaque fois que } \frac{a^2}{c}=b, \text{ on a également } a=\pm\sqrt{cb}$$

est synthétique, la première proposition étant déduite de la seconde.

Le théorème du binôme «au moins d'après une certaine manière de le concevoir» est analytique, et la mathématique pure, la *Grössenlehre*, «semble mériter avec beaucoup plus de droits que toute autre science, et même plus que la logique, le titre de science purement analytique»[42]. En revanche, le théorème sur la somme des angles de chaque triangle est synthétique, bien que le théorème qui affirme l'égalité de la somme des angles dans un quadrilatère régulier aux quatre angles droits est analytique puisqu'il contient la variable «régulier» qui varie à vide[43].

---

42. *WL*, III, § 315, 241. Telle est la doctrine définitive de Bolzano qui rectifie sur ce point l'idée émise au § 12 (p. 52) selon laquelle «aucun théorème de logique ni d'aucune autre science n'est une vérité seulement analytique».

43. En se servant d'un exemple de Bolzano, H. Bergmann a montré que le théorème sur la somme des angles d'un triangle est en fait quasi-analytique : en remplaçant certains termes par des synonymes, on peut le transformer en «la somme des angles d'un polygone de 3 côtés est égale à (3–2) fois deux angles

Examinant ces différents exemples, Bolzano ajoute une remarque qui introduit une distinction importante. Il affirme tout d'abord que la logique ne contient pas uniquement des propositions analytiques comme le sont toutes les vérités logiques, mais également des propositions synthétiques, en particulier les propositions qui affirment l'existence des objets logiques : représentations, intuitions, concepts, propositions, vérités. Et il y joint un exemple particulièrement éclairant : la proposition

> Si tous les hommes sont mortels et Cajus est un homme, alors Cajus est mortel

est analytique, mais la *règle* elle-même, en vertu de laquelle de «A est B» et de «B est C» on peut déduire «A est C», est synthétique[44].

Y a-t-il un intérêt logique et épistémologique propre derrière la classification de Bolzano selon laquelle la proposition «la somme des angles de chaque triangle est égale à deux droits» est synthétique, alors que les propositions «la somme des angles de *ce* triangle est égale à deux angles droits» et «la somme des angles d'un triangle *équilatéral* est égale à deux angles droits» sont analytiques, la proposition «Dieu est omniscient» est synthétique, mais «l'homme est doué de raison» est analytique? Même si l'on réussit à régler le sort des ces exemples troublants[45], d'autres anomalies subsistent. Ainsi, lorsqu'une propriété p appartient à tous les objets X d'un concept sans figurer *explicitement* dans ce concept, les propositions ostensives de la forme «cet X est p» sont analytiques[46]. Selon cette doctrine paradoxale, une proposition universelle peut n'être pas analytique, alors que tous les cas particuliers qui en sont les conséquences le sont.

Devant ces difficultés inextricables, un interprète a choisi courageusement de défier l'interprétation que j'appelle standard, mise en avant par Bar-Hillel et adoptée ici (sauf en ce qui concerne sa

droites» avec *3* variant à vide. *Das philosophische Werk B. Bolzanos*, 75-6; l'exemple se trouve dans la *WL*, IV, § 608, 448.

44. *WL*, III, § 315, 240. Bolzano sépare donc nettement une proposition logiquement vraie, instance d'une *loi logique*, d'une *règle de déduction* qui autorise le passage d'une ou plusieurs propositions à une autre.

45. *Etre doué de raison* fait partie de la définition de *homme*, mais *omniscience* ne fait pas partie du concept de Dieu, elle en découle seulement.

46. *WL*, II, § 197, 333. Bolzano déclare la proposition «ce corps est pesant» sans ambages synthétique parce que le caractère «pesant» n'est pas inclus dans le sujet (*WL*, III, § 305, 179), alors qu'elle est de la même forme que la proposition sur la somme des angles de *ce* triangle.

conjecture relative à la composition du § 148 de la *WL*[47]). Dans *Questions de forme,* Joëlle Proust a proposé une nouvelle interprétation de l'analyticité bolzanienne subtilement argumentée dont voici les étapes principales :

1) L'interprétation standard «suppose que l'on cesse de tenir compte des thèses fondamentales de la logique de Bolzano : par exemple, de l'impossibilité de faire reposer le travail logique sur la distinction entre les composantes formelles et des composantes de contenu» (p. 129).

2) «Elle demande aussi que l'on accepte l'idée que Bolzano "se contredise" à quelques pages d'intervalle, et qu'enfin il présente des exemples qui sont de mauvaises illustrations de sa propre théorie». Une telle lecture serait l'indice de ce «que le commentaire n'a pas réussi à trouver l'axe démonstratif et explicatif de son *corpus*» (*ibid.*).

3) La distinction entre l'analyticité au sens large et l'analyticité logique «n'a qu'un intérêt de clarification, sans prétention aucune, puisqu'elle ne peut se réclamer d'une distinction nette entre concepts logiques et concepts non logiques. Par conséquent, rien n'indique que l'on doive voir dans l'alinéa 3 autre chose qu'une remarque anodine dont on retrouve l'équivalent à propos de la dérivabilité». La distinction introduite par Bolzano «ne concerne pas une propriété distinctive des *composantes*, mais une caractérisation des *connaissances* qui sont respectivement en jeu dans les deux séries d'exemples. Ce qui éclaire la différence entre ces deux séries n'est donc pas strictement logique, mais relève d'une science auxiliaire de la logique, c'est-à-dire en l'occurrence de la psychologie. Ce n'est donc pas "en soi" que cette distinction est fondée, mais par rapport à notre mode d'acquisition des connaissances» (p. 132).

4) Dans les exemples de Bolzano comme «si A est plus grand que B, alors B est plus petit que A», «ce ne sont pas A et B qui sont les composantes variables. Les signes A et B désignent une constante indéterminée qu'il n'y aurait aucun intérêt à faire varier, puisqu'ils font référence à la collection de toutes les grandeurs» (p. 127). La possibilité de substituer des représentations à des lettres indéterminées

47. Des bizarreries des deux premiers alinéas et des notes du § 148, comparées à la limpidité de l'alinéa 3, et aussi des raisons terminologiques, ont amené Bar-Hillel à conjecturer que ce dernier aurait été composé bien après, de sorte que ses conséquences n'aient pu être intégrées à la doctrine bolzanienne. Jan Berg rejette cette conjecture, principalement en raison de la distinction analogue entre déductibilité au sens large et déductibilité au sens étroit, sur laquelle Bolzano insiste à plusieurs reprises. A mon avis, l'alinéa 2 conduit tout naturellement à l'alinéa 3; de plus, au moins à deux reprises, Bolzano se réfère dans la *WL* à la distinction entre analytique au sens large et analytique au sens strict.

est de nouveau niée à la p. 151 à propos de la distinction entre les vérités logiques et les règles.

5) Une formule logique comme « A est A » « est pour Bolzano une vérité analytique et donc dérivée d'une proposition synthétique plus générale qui régit les rapports de parties à tout dans le concept », assertion que Joëlle Proust justifie par le passage suivant de la *WL* :

> Les caractères qui constituent un concept, pris ensemble, ne lui sont pas *égaux*, mais sont la même chose que lui (*einerlei*), ils sont lui-même. (I, § 45, 209).

6) Cette séquence d'arguments, élaborés avec grande ingéniosité, aboutit à l'interprétation suivante des formules mathématiques comme

$$a + (b + c) = (a + b) + c,$$

analytiques parce que dérivables à partir de la définition bolzanienne de *somme* :

« Ainsi ces deux propriétés [la commutativité et l'associativité de l'addition], exprimées par exemple sous forme algébrique, donnent lieu à des propositions analytiques dans lesquelles c'est le signe de l'opération additive "+" qui doit être pris comme variable *salva veritate* (en considérant a, b, et c comme des signes d'objet ayant la propriété indiquée, à savoir d'être les parties d'une somme) »[48].

Substituons donc « – » à « + ».

Je pense que, *per absurdum*, on pourrait difficilement trouver une meilleure confirmation de l'interprétation standard que l'impasse à laquelle aboutit notre interprète au terme de son analyse. Mais saisissons l'occasion pour discuter les concepts bolzaniens en les éclairant sous plusieurs angles et reprenons les arguments de Joëlle Proust un à un.

Ad 1) La *Schlusslehre* de Bolzano, qui comprend un tiers du volume II de la *WL*, repose effectivement sur la distinction entre les concepts logiques et les concepts non logiques. L'important § 223 qui introduit la théorie bolzanienne des inférences y est tout entier consacré. Après avoir mentionné la déductibilité au sens large où certaines représentations descriptives peuvent également être maintenues constantes, Bolzano rappelle que

> personne ne demandera que la logique lui apprenne de telles déductions. Il faut s'attendre ici uniquement à la description de telles déductions dont la justesse peut être comprise à partir de concepts logiques seuls, autrement dit, aux déductions qui peuvent être exprimées par des vérités dans lesquelles il n'est

48. *Questions de forme*, p. 154.

question que de concepts, de propositions et d'autres objets logiques[49].

L'objet de la Théorie de l'inférence est donc la déductibilité au sens étroit, déductibilité *logique* entre les formes propositionnelles dont les seules constantes sont des constantes logiques. Bolzano sépare d'ailleurs par la notation même les concepts logiques des autres : les premiers sont exprimés explicitement, en langue naturelle, alors que les seconds, admis à varier, sont seulement signalés par des lettres.

Si l'on réunit les indications de Bolzano lui-même, on obtient à peu près la liste suivante de concepts (méta)logiques les plus importants : ceux de proposition et de représentation en soi, de concept, d'extension et de compréhension, de forme propositionnelle et de variable, de sujet et de prédicat, d'objectualité et de référence, de vérité et de fausseté, des opérations de substitution et d'inférence, d'analyticité logique et de relations comme compatibilité logique, déductibilité logique, équivalence logique, contradiction logique, etc.A ces concepts il faut adjoindre les concepts logiques au sens étroit, exprimés par des particules logiques comme la copule «avoir», «qui», «et» (exprimé par le signe «+»), «si ..., alors ...», «non», les quantificateurs, etc. Ces concepts appartiennent tous à la logique au sens strict, bien qu'il puisse y avoir des doutes au sujet de quelques uns d'entre eux[50]. L'impossibilité de tracer une frontière *nette* ne signifie pas effacement de toute distinction entre ce qui relève de la logique et ce qui n'en relève pas, loin de là. D'ailleurs, comme on aura l'occasion de le voir, certains théorèmes de Bolzano permettent de pallier cette indétermination.

Toutefois, il reste un fond de vérité dans l'interprétation de Joëlle Proust. En niant la distinction entre ces deux catégories de concepts, elle a mis le doigt sur une particularité de la logique de Bolzano : la spécificité des constantes logiques y est occultée. Comme l'a montré C.Cellucci, Bolzano n'a pas analysé le rôle des différentes constantes

49. *WL*, II, § 223, 392. Voir aussi § 260, n° 1, 529. Bolzano le rappelle également dans la *GL*.

50. On peut obtenir la liste des concepts logiques bolzaniens à partir des théorèmes et des exemples de sa *Schlusslehre*. Le concept de conséquence (*Abfolge*) n'est pas un concept purement logique. D'après la manière dont Bolzano opère avec les inférences dans la *Schlusslehre*, le concept d'inférence ne l'est pas non plus (voir note 56 ci-dessous); toutefois, dans la note au § 223 (*WL*, II, p. 395), Bolzano qualifie d'inférences *logiques* les inférences fondées sur la déductibilité logique et au § 262, n° 4 (II, p. 540), il dit que toute inférence peut être ramenée à l'énoncé d'une relation de déductibilité et réciproquement, toute relation de déductibilité donne lieu à une inférence.

logiques dans sa théorie des inférences[51]. En dehors de la négation, Bolzano n'engendre pas les propositions complexes en imbriquant des fonctions de vérités; sa logique combine les «relations de vérité» comme la compatibilité, la déductibilité, etc.

Ad 2) Que les exemples présentés par Bolzano soient «de mauvaises illustrations de sa théorie», qui pourra en disconvenir, puisque l'interprétation de l'auteur des *Questions de forme* conduit, elle-aussi, à une contradiction? Ce ne serait pas la première fois que Bolzano se fourvoie. Le mérite de Joëlle Proust consiste à montrer à quel point l'interprétation standard est difficilement compatible avec les exemples de Bolzano, et à s'engager dans une toute autre direction. Il semble cependant que son chemin ne puisse non plus aboutir.

Ad 3) La distinction entre analytique *au sens large* et *logiquement* analytique, est-elle seulement psychologique, parce que la distinction entre les concepts logiques et les concepts non logiques est fondée non pas sur une propriété de leurs composantes mais sur des *connaissances*? Considérer le problème de cette manière, c'est méconnaître la nature de l'en soi et du rapport entre les connaissances et les vérités qui en sont l'objet ou la «matière». Une connaissance n'est rien d'autre que la saisie d'une vérité en soi[52]; parler de connaissances (de leur contenu et non de leur mode d'acquisition qui est dans ce contexte totalement indifférent puisque seule leur vérité est en jeu ici), c'est parler de jugements vrais, donc de propositions en soi qui sont vraies. Dans *chaque* jugement, *chaque* connaissance, il y a une proposition en soi qui constitue son «contenu» ou sa «matière». La psychologie ne consiste pas moins en vérités en soi que la logique. Dans les remarques qui accompagnent le § 148, Bolzano lui-même met en garde contre l'interprétation psychologisante de la distinction analytique–synthétique[53].

---

51. «Bolzano and multiple conclusion logic», Atelier *Bolzano's Wissenschaftslehre : 1837-1987*, Florence, 1987 (à paraître). Le fait de ne pas accorder un statut privilégié aux constantes logiques n'est pas nécessairement un inconvénient : Bolzano partage ce trait avec la logique intensionnelle transparente de P. Tichy.

52. Une connaissance est «un jugement qui contient une proposition vraie ou, ce qui signifie la même chose, qui est conforme à la vérité ou qui est juste», *WL*, I, § 36, 163 ; «chaque jugement contient une proposition qui ou bien est conforme à la vérité ou bien ne l'est pas», *ibid.*, § 34, 154.

53. «Quelle que soit l'explication qu'on puisse adopter, on ne sera en aucun cas obligé d'admettre que la différence entre les jugements analytiques et les jugements synthétiques soit seulement *subjective* et que le même jugement devient tantôt analytique, tantôt synthétique, selon que l'on se fait tel ou tel concept de l'objet auquel se rapporte le sujet (plus exactement, la représentation de sujet)» ;

Pourquoi alors ce va-et-vient entre propositions, connaissances et concepts dans l'alinéa 3 du § 148? Il est impossible d'y voir autre chose qu'une variation de style, car les connaissances logiques dont il est question sont bel et bien des propositions en soi; que ces propositions (ou jugements ou connaissances) relèvent de la logique ou de la psychologie ne dépend pas du fait qu'elles sont effectivement *pensées* (donc que ce sont des jugements, et des jugements vrais, c'est-à-dire des connaissances) mais uniquement de la *nature des concepts,* des *composantes* qu'elles contiennent. Malgré l'existence en soi des propositions, Bolzano est attentif à l'effectivité des procédés logiques (on l'a vu lors de la discussion de l'analytique kantien), donc à notre manière d'opérer avec les concepts logiques puisque le but ultime de la *WL* est la présentation des sciences dans des traités. C'est un procédé fréquent chez Bolzano; par exemple, il présente sa doctrine ensembliste sous le titre de *Connaissances préalables*, *Vorkenntnisse*. Peut-on en conclure que la théorie bolzanienne des ensembles relève de la psychologie?[54]

Ad 4) Reprenons l'exemple et varions *d'autres* représentations que A et B :

Si A est plus grand que B, alors B est plus petit que A.

Certes, plusieurs représentations peuvent y varier. Cela ne nie cependant en rien la possibilité de faire varier les représentations A et B qui, conformément aux indications de Bolzano, y sont normalement destinées; cela signifie seulement qu'une proposition analytique peut contenir *plusieurs* représentations variables à vide. Sinon, la seule issue, c'est la fatale interprétation de l'associativité de l'addition.

Joëlle Proust peut invoquer en faveur de son interprétation des exemples troublants, ceux du § 447 que nous avons déjà cités : l'exemple de l'âme de Socrate, celui du théorème sur la somme des angles d'un triangles et le suivant, le plus difficile à interpréter :

$$\text{Si } \frac{a^2}{2} = b, \text{ alors } a = \pm\sqrt{2b}$$

est analytique parce que, dit Bolzano, il contient comme représentation variable 2 «que nous pouvons échanger contre toute autre, arbitraire,

WL, I, § 148, 88. A mon avis, il ne saurait en être autrement pour la différence analytique au sens large – logiquement analytique.

54. Dans un contexte analogue, lorsqu'il distingue la déductibilité au sens large et la déductibilité logique, Bolzano reprend le terme «connaissances préalables» (*Vorkenntnisse*) en parlant de la déductibilité, et ajoute qu'une *inférence logique* «ne repose sur rien d'autre que sur ce qu'on appelle la simple forme *logique* des propositions», *die blosse* logische *Form der Sätze. Einl. GL*, II, § 8, 38v.

sans nuire à la vérité de la proposition», alors que la suivante dont la première découle :

$$\text{Chaque fois que } \frac{a^2}{c} = b, \text{ on a également } a = \pm\sqrt{cb}$$

est synthétique. Même si l'on s'interdit de faire varier les lettres a, b, c, et l'on suit la suggestion de Joëlle Proust, aucune raison n'empêche de continuer à faire varier à vide *2* dans la deuxième proposition en tenant bien compte du fait que *2* figure également dans le signe de racine carrée. Bolzano, ne s'en serait-il pas aperçu ? Le mystère du caractère synthétique de cette proposition et de ses compagnons du § 447 semble se dérober à toute tentative d'explication.

Tentons de débrouiller cet écheveau. Ce qui est commun aux trois exemples du § 447 est la *quantification universelle* du sujet (dans l'exemple algébrique ci-dessus, la quantification de toutes les variables). Pour Bolzano, cette quantification est intégrée dans les représentations mêmes : dire *A est B*, c'est dire *tout A est B*. Dans «chaque âme est une substance simple» dont l'expression adéquate serait «l'âme a la propriété d'être une substance simple», on ne saurait remplacer «chaque âme» ni «âme» tout court par «l'âme de Socrate». La méthode de variation consiste dans la *substitution à des variables* (ou à des représentations «considérées comme variables») et non dans une *instantiation* qui supprime le quantificateur universel qui, selon Bolzano, est attaché d'office aux représentations générales[55].

Toutes les difficultés ne s'évanouissent pas pour autant. Si la méthode de la substitution des synonymes aux synonymes aboutit à l'analyticité, la méthode de résolution aboutit au résultat opposé. Etant donné que, par définition, l'âme est une substance simple, la proposition citée devient «toute substance simple est une substance simple». Mais nous savons déjà que la méthode de résolution est sujette à caution.

D'autres exemples obligent à faire varier des *lettres* qui figurent dans une forme propositionnelle analytique et non d'autres signes qui doivent obligatoirement rester constants. Ce sont non seulement les formes logico-analytiques, mais encore les formules de l'associativité et de la commutativité de l'addition ainsi que des propositions en tout point semblables à celle que nous avons déjà citée :

$$(na + b) + a = (n + 1)a + b,$$

55. Philippe de Rouilhan suggère une explication fondée sur la distinction des variables libres et des variables liées. Dans les propositions universelles comme celle de l'exemple cité dans l'alinéa précédent, toutes les variables sont liées et il n'y a plus rien qu'on puisse faire varier *salva veritate*, alors que les formes propositionnelles contiennent des variables libres susceptibles de varier.

où l'on ne saurait faire varier à vide ni «1», ni «+», ni le signe de multiplication, ni «=»[56].

Ad 5) Joëlle Proust étend à la proposition «A est A» ce que Bolzano dit de ses exemples au § 447, à savoir que, étant analytique, elle est dérivée d'une proposition *synthétique*. En effet : «A est A» peut être dérivée (déduite) d'autres propositions, analytiques ou synthétiques, mais comme dans notre logique, la raison en est que toute forme valide est déductible à partir de n'importe quelles prémisses[57]. Faut-il pour autant «rechercher *en-deçà* des propositions analytiques "au sens strict" des vérités synthétiques fondatrices dont les précédentes ne seraient que des instances»[58] ? Cette assertion vaut pour les exemples du redoutable § 447 dont *aucun* n'est analytique au sens étroit : ils appartiennent à des disciplines particulières et, comme on le verra dans le chapitre suivant, c'est à ces disciplines d'en établir les principes et de les fonder. Or une vérité synthétique ne saurait être *fondatrice* pour les vérités logiques : «une proposition qui est vraie dans son espèce toute entière n'a point besoin de la vérité de ses prémisses comme condition de sa vérité»[59]. *A fortiori* ne saurait une telle prémisse constituer le fondement ou la raison (*Grund*) au sens de la relation bolzanienne de conséquence (*Abfolge*) qui ordonne les vérités selon leur enchaînement objectif. Le passage cité de Bolzano, qui répond à une *autre* objection, ne me semble pas pertinent.

Me pardonnera-t-on d'avoir consacré tant d'espace à la discussion de l'analytique bolzanien et à ses difficultés ? La question est décisive, autant pour le concept d'analytique que pour l'interprétation du système logique de Bolzano. Joëlle Proust a eu le courage de rompre le

56. A propos de lois et de règles : les règles syllogistiques sont des vérités synthétiques, déclare Bolzano. Jan Berg a montré que la condition de déductibilité entre les prémisses et les conclusions est suffisante pour assurer la correction d'une règle d'inférence, mais qu'elle n'est pas nécessaire, parce que les démonstrations bolzaniennes par l'absurde ne sont pas couvertes par la déductibilité. Par conséquent, la relation d'inférence ne saurait être réduite aux concepts purement logiques; elle doit contenir des constituants non logiques dont la variation ne préserve pas la valeur de vérité (c'est une situation analogue à celle de la relation de conséquence, *Abfolge*). *Wissenschaftslehre, Gesamtausgabe* I, 13/2, 18-20.

57. A l'exception de prémisses contravalides à partir desquelles on ne peut, selon Bolzano, rien déduire. Voir *infra*, § 6.

58. *Questions de forme*, p. 152. Bolzano lui-même dit seulement «que les propositions analytiques dont la vérité ne saute pas immédiatement aux yeux, peuvent être reconnues comme vraies lorsqu'on a appris une certaine vérité synthétique dont elles s'ensuivent». *WL*, IV, § 447, 115.

59. *WL*, II, § 155, 124. «Seiner ganzen Art nach wahr» est synonyme de «allgemeingültig», valide. Cela vaut donc déjà pour les propositions valides. L'expression veut dire que l'espèce des propositions développées à partir d'une proposition par la méthode de variation ne contient que des propositions vraies.

consensus, de mettre le doigt sur les incohérences auxquelles est confrontée l'interprétation standard et qui, à mon avis, sont inhérentes au texte de Bolzano, et de tenter une *way out* qui nous a donné l'occasion de descendre au coeur de sa doctrine et d'en faire jouer tous les ressorts. Même si elle n'a pas réussi à ressouder les définitions et les exemples de Bolzano, sa manière d'aborder le concept d'analytique par des instruments de la théorie des modèles ouvre une nouvelle voie à la compréhension de l'analyticité bolzanienne. La description de la structure de la double inclusion des propositions analytiques vraies et l'interprétation de la méthode de variation comme une sub-modélisation sont particulièrement éclairantes et je ne peux que renvoyer le lecteur aux *Questions de forme*.

Concluons. L'analyticité au sens large est définie par l'*occurrence* de variables susceptibles de varier à vide, sans qu'on soit obligé de préciser lesquelles. L'analyticité *logique* la restreint considérablement et c'est là tout son intérêt. Bar-Hillel a donc bien raison de caractériser le court texte de l'alinéa 3 du § 148 cité ci-dessus comme «un des résultats logiques particuliers des plus importants et des plus ingénieux de tous les temps»[60]. C'est en effet l'acte de naissance du concept de *vérité logique*.

Ce point une fois atteint, en dehors de la mise à l'épreuve de la méthode de variation, la notion d'analytique au sens large servira également comme arme dans la polémique contre Kant. Pour Kant chacune des deux espèces de jugements obéit à un critère propre. La validité des jugements analytiques découle de la résolution des concepts en leurs constituants et est appuyée sur le principe de contradiction; la validité des jugements synthétiques repose sur une activité originaire de la raison, qui est celle de composition ou de construction. Les deux philosophes poursuivent des buts différents : ce qui est en jeu pour Kant, c'est le caractère synthétique et *a priori* des jugements mathématiques et de certains jugements de la science de la nature; en revanche, ce qui compte avant tout pour Bolzano, c'est le caractère analytique au sens étroit des lois logiques et de nombreuses propositions des mathématiques. D'où l'adoption d'un principe de classification tout différent, celui de variation dans laquelle Bolzano voit «ce qui rend cette espèce de propositions particulièrement importante»; c'est à l'intérieur de cette méthode que Bolzano retrouvera comme cas particulier le procédé kantien de résolution des concepts.

---

60 «One of the most important and ingenious achievements of all times», art. cité, p. 101.

5. Le système logique

Gardons à l'esprit les trois possibilités de la variation : 1) la variation relativement à des variables *données* qui définit la *validité*, 2) la variation relativement aux occurrences de variables *non spécifiées* qui définit l'*analyticité* et 3) la variation relativement à *toutes les variables non logiques* qui définit l'analyticité *logique*. Bolzano définira les relations logiques le plus souvent selon la première modalité, relativement à des variables données, mais dans des cas particulièrement importants, il étendra la variabilité à toutes les représentations non logiques.

Au cœur de la logique de Bolzano se trouve le système des « relations entre les propositions du point de vue de leur extension ». Ces relations sont dérivées des relations extensionnelles entre les représentations en soi. Bolzano exploite de manière systématique l'analogie entre la logique des représentations (logique des classes) et celle des relations entre les propositions : il formule et souligne par l'identité de la terminologie la correspondance entre l'*objectualité* d'une représentation (le caractère *dénotant* d'un concept) et la *vérité* d'une proposition :

> En matière de représentations, le fait de représenter ou non un objet correspond, dans les propositions, au fait d'être vrai ou faux [61].

C'est une des phrases-clé de la *WL*. Cette correspondance de structure rend possible le *transfert* des relations extensionnelles entre les représentations aux propositions.

Comme on l'a vu, les relations extensionnelles entre les représentations (intersection, inclusion, équivalence etc.) sont fondées sur une relation primitive de dénotation ou référence : une représentation ou bien *représente* ou *dénote* un objet et dans ce cas est *objectuelle*, dénotante (*gegenständlich)*, ou bien est *vide*, sans objet (*gegenstandslos*). Réciproquement, *un* objet *est subsumé* sous une représentation, est *représenté* par elle, ou bien *aucun* objet n'est subsumé sous elle. Il y a lieu de rappeler ici les articulations de la logique des représentations (logique des classes). Reprenons l'arbre des principales relations extensionnelles entre les représentations :

$$\text{compatibilité}\begin{cases}\text{intersection}\\ \text{inclusion}\begin{cases}\text{subordination}\\ \text{équivalence}\end{cases}\end{cases}$$

61. *WL*, II, § 154, 101.

incompatibilité { contrariété / contradiction }

Comment obtenir les relations extensionnelles qui ont lieu entre les propositions à partir des relations extensionnelles entre les représentations ? Le transfert des unes aux autres ne saurait être direct : une proposition n'est pas contenue dans une autre ou équivalente à une autre comme une représentation peut l'être. Comment établir la correspondance entre, d'une part, les représentations objectuelles et les propositions vraies, d'autre part, les représentations vides et les propositions fausses ?

La réalisation de cette correspondance est l'une des plus grandes découvertes de Bolzano; c'est elle qui rend possible la construction du système par l'application de la méthode de variation aux ensembles de propositions. A la relation de *dénotation* entre une représentation et son objet doit correspondre une relation *vérifiante* entre une ou plusieurs représentations et une forme propositionnelle (ou, alternativement, entre une ou plusieurs représentations et une proposition dans laquelle une ou plusieurs représentations sont considérées comme variables). Représentons schématiquement cette correspondance :

Représentations relation de dénotation :	*Propositions* relation vérifiante :
une représentation { *dénote* un objet ou est *vide* }	une suite de représentations { rend *vraie* ou rend *fausse* } une forme propositionnelle

Grâce à cette correspondance, Bolzano peut définir toutes les relations extensionnelles entre les propositions en analogie complète avec les relations entre les représentations, en commençant par la compatibilité :

> Les propositions A, B, C, D, ... sont *compatibles* entre elles par rapport aux représentations variables i, j, ... qui leur sont communes s'il *existe* une suite de représentations qui, substituées aux variables i, j, ..., rendent toutes ces propositions vraies. (*WL*, § 154).

En termes de variante, en notant par $\mathscr{a}$ la classe des propositions A, B, C, D, ..., une variante de $\mathscr{a}$ étant une classe de variantes de A, B, C, D, ... :

Les propositions de la classe $\mathcal{A}$ sont compatibles par rapport aux variables i, j, ... s'il existe une variante vraie de $\mathcal{A}$ par rapport aux mêmes variables.

La négation de cette propriété livre l'*incompatibilité*. A l'existence (ou à la non-existence) d'un *objet* représenté par chacune des représentations compatibles (ou incompatibles) dans le cas des relations entre les représentations correspond maintenant l'existence (ou la non-existence) d'une représentation ou d'une *suite de représentations qui rendent vraie* chacune des propositions compatibles (incompatibles).

A l'aide d'un exemple frappant, Johan van Benthem a montré la spécificité de la notion bolzanienne de compatibilité. Montrons-le sur un exemple semblable :

Bernard est le père d'Emmanuel,
Emmanuel est le père de Bernard[62].

Si les deux propositions sont bien incompatibles par rapport aux représentations variables *Bernard* et *Emmanuel*, elle sont *compatibles* par rapport à la représentation variable *père*. Ce qui rend le concept bolzanien de compatibilité (dont la compatibilité logique n'est que le cas limite) à la fois plus souple et plus général, c'est précisément son caractère *relatif*, la possibilité de *choisir* les composantes soumises à une variation.

Introduisons les notations suivantes qui reprennent les symboles utilisés par Bolzano (A, B, ..., M, N, ... pour les propositions, i, j, ... pour les variables), de sorte que l'on puisse immédiatement confronter mon exposé avec le texte de la *WL* :

$\imath = \langle \mathrm{i}, \mathrm{j}, \mathrm{k}, \ldots \rangle$ est la *suite* des représentations variables;

$\mathcal{A}(\imath)$ est la *classe* des propositions $A(\imath)$, $B(\imath)$, $C(\imath)$, ..., où les représentations de la suite $\imath$, à savoir i, j, k, ... sont des variables :

$$\mathcal{A}(\imath) = \{A(\mathrm{i},\mathrm{j}, \ldots), B(\mathrm{i},\mathrm{j}, \ldots), C(\mathrm{i},\mathrm{j}, \ldots), \ldots\} = \{A(\imath), B(\imath), C(\imath), \ldots\};$$

$$\mathcal{M}(\imath) = \{M(\imath), N(\imath), O(\imath), \ldots\}$$

Les exemples que cite Bolzano suggèrent la simplification de l'exposé de sa logique en termes d'un concept qu'il utilise à plusieurs reprises sans y recourir systématiquement. C'est le concept de *système de représentations qui rendent vraies les propositions données* relativement à certaines variables (*Inbegriff von Vorstellungen, welche die Sätze A, B, C, ... wahr machen*)[63]. Plus exactement,

62. «Lessons from Bolzano», Leland Stanford Junior University (1984).

63. Cf. par exemple *WL*, II, § 155, 114 et 122; § 156, 133. Etant donné qu'un *Inbegriff* est une collection, dotée éventuellement d'une structure, la traduc-

un système $V_{a(i)}$ de représentations qui vérifient la classe des formes propositionnelles $\mathcal{A}(i) = \{ A(i), B(i), C(i), ... \}$ est une *suite* de représentations qui rendent vraies toutes les formes (toutes les propositions) de la classe $\mathcal{A}$.

Deux exemples illustreront ce concept. Prenons d'abord comme exemple de la forme propositionnelle A(i), « i fut un grand mathématicien ». Un système de représentations qui vérifient A(i) est une suite à un élément, à savoir l'une des représentations qui rendent vraie (qui vérifient) la forme donnée, par exemple la représentation « Archimède ». Un deuxième exemple : la forme propositionnelle B(i,j), « i aime j » (ou alternativement la proposition « Roméo aime Juliette » dans laquelle les représentations de Roméo et de Juliette sont considérées comme variables). Un système (une suite) qui rend cette forme propositionnelle vraie est déjà la suite ⟨« Roméo », « Juliette »⟩ elle-même; un autre est constitué par la suite ⟨« Juliette », « Roméo »⟩, un troisième par exemple par la suite ⟨« Socrate » , « Platon »⟩, si l'on ose mélanger la vérité et la fiction. On voit d'après ces exemples qu'un tel système (une suite) n'est rien d'autre qu'une *interprétation* qui rend *vraies* la ou les formes (les propositions) considérées.

Formons maintenant $\mathcal{V}_{A(i,j,...)}$ *l'ensemble* des suites V_1, V_2, V_3, ... des représentations qui vérifient une proposition A relativement aux variables données i, j ... Bolzano ne formule pas ce concept, mais l'exposé de sa logique s'en trouve simplifié et le parallélisme entre les relations extensionnelles des représentations et les relations entre les propositions ressort encore plus nettement.

Dans le premier exemple, en identifiant une suite contenant un seul élément à son élément, l'ensemble $\mathcal{V}_{A(i)}$ sera simplement l'ensemble constitué des représentations des grands mathématiciens :

$\mathcal{V}_{A(i)}$ = {« Euclide », « Archimède », « Descartes », « Fermat »,... }.

Dans le deuxième exemple, l'ensemble des suites de représentations vérifiantes sera

$\mathcal{V}_{B(i,\,j)}$ = {⟨« Roméo », « Juliette »⟩, ⟨« Juliette », « Roméo »⟩, ⟨« Socrate », « Platon »⟩, ... }.

Les exemples que donne Bolzano de propositions compatibles ressemblent tous au suivant : soit A la proposition « un lion a deux poitrines », B, « un lion a deux ailes ». Les propositions A et B sont compatibles relativement à la représentation variable « lion » (elles sont incompatibles relativement à la représentation « deux »), car il y a

---

tion par *système* et son interprétation en terme de *suite*, conforme à l'usage actuel, est justifiée.

une représentation qui rend vraies les deux propositions, à savoir la représentation « chauve-souris ». Par conséquent, l'ensemble des suites vérifiantes de la proposition A relativement à la variable « lion »,

$$\mathcal{V}_{A(\text{«lion»})} = \{\text{« lion »}, \text{« chauve-souris »}, \text{« ours »}, \ldots\}$$

et l'ensemble des suites vérifiantes de B,

$$\mathcal{V}_{B(\text{«lion»})} = \{\text{« hirondelle »}, \text{« chauve-souris »}, \text{« aigle »}, \ldots\}$$

contiennent tous les deux la représentation « chauve-souris » (évidemment, l'ensemble des suites vérifiantes de B ne contient pas la représentation « lion » ; cette fois-ci, nous restons dans la zoologie).

Le théorème 6 du § 154 semble cependant poser un problème :

> Toutes les vérités sont compatibles, quelles que soient les représentations qui y sont considérées comme variables. En effet, ce sont les représentations qui sont déjà contenues dans ces propositions qui les rendent toutes vraies [64].

Qu'en est-il des propositions qui ne contiennent pas les mêmes variables ou qui ne contiennent aucune représentation variable ? Toute proposition *vraie* B est compatible avec une proposition A susceptible de prendre au moins une fois la valeur vraie pour une substitution de ses variables, « car chaque vérité qui ne contient pas les parties variables i, j, ... est certainement compatible avec A, étant donné qu'elle reste invariable lorsque A varie » [65]. L'ensemble des suites vérifiantes d'une vérité B dans laquelle ne figure aucune représentation variable est alors constitué de suites contenant toutes les représentations substituables aux variables.

Reformulons maintenant la définition de la compatibilité des propositions en termes de suite de représentations qui les vérifie :

> Deux propositions A et B sont *compatibles* relativement aux variables de la suite i si les ensembles des suites de représentations vérifiantes sont compatibles au sens de la logique extensionnelle des *représentations*,

c'est-à-dire

A(i) et B(i) sont *compatibles* si $\mathcal{V}_{A(i)} \cap \mathcal{V}_{B(i)} \neq \emptyset$.

---

64. *WL*, II, § 154, 102. Bolzano le rappelle à d'autres endroits.

65. *Ibid.*, 107. Cette citation répond à l'objection que j'ai soulevée dans ma contribution à l'atelier *Bolzano's Wissenschaftslehre* (Florence, 1987, à paraître). Suivant une suggestion de L. Valenta, on peut élargir la notion de validité relativement aux représentations variables qui ne figurent pas dans une proposition donnée de telle sorte que chaque proposition vraie soit valide relativement aux représentations qui n'y figurent pas. Toutes les propositions vraies sont alors compatibles. L. Valenta *in* J. Loužil, *B. Bolzano*, p. 230.

De cette manière, les relations extensionnelles entre les propositions (ou entre les formes propositionnelles) peuvent être ramenées aux relations entre les classes de (suites de) représentations vérifiantes. Toutes les relations logiques extensionnelles seront donc construites à l'aide de relations extensionnelles élémentaires (intersection, inclusion, égalité etc.) entre les ensembles des suites vérifiantes. Le résultat peut être représenté sous forme d'arbre généalogique dont la structure fondamentale est la même que celle de la logique extensionnelle des représentations.

Complétons les notations proposées ci-dessus. Comme tout à l'heure,

$$\mathcal{A}(i) = \{A(i), B(i), C(i), \dots\};$$
$$\mathcal{M}(i) = \{M(i), N(i), O(i), \dots\}.$$

A partir de la classe de propositions $\mathcal{A}(i)$, formons la classe $\neg\mathcal{A}(i)$ composée des *négations* des propositions qui appartiennent à la classe $\mathcal{A}(i)$:

$$\neg\mathcal{A}(i) = \{\neg A(i), \neg B(i), \neg C(i), \dots,\},$$

de même la classe $\neg\mathcal{M}(i)$.

La classe $\mathcal{A}(i)$ sera dite *vraie* si toutes les propositions qui en font partie sont vraies ; sinon, elle est fausse.

Dans l'arbre des relations logiques, je n'écris pas les variables ; le lecteur peut les compléter ou bien peut considérer ces relations comme des relations logiques au sens strict, de sorte que tous les termes descriptifs (non logiques) soient pris comme variables ; il faut dans ce cas adapter les ensembles des suites de représentations vérifiantes $\mathcal{V}$ de manière appropriée.

Les relations logiques définies par Bolzano sont toutes distinctes si les classes $\mathcal{A}$ et $\mathcal{M}$ ne sont ni vides ni réduites chacune à une seule proposition.

Voici l'arbre généalogique des relations extensionnelles entre les propositions selon Bolzano :

a est *compatible* avec m
$\mathcal{V}_a \cap \mathcal{V}_m \neq \emptyset$

m est *déductible* de a
$\mathcal{V}_a \cap \mathcal{V}_m \neq \emptyset$ et
$\mathcal{V}_a \subset \mathcal{V}_m$

a *intersecte* m
(a et m sont *indépendants*)
$\mathcal{V}_a \cap \mathcal{V}_m \neq \emptyset$ et
$\mathcal{V}_a \not\subset \mathcal{V}_m$ et $\mathcal{V}_m \not\subset \mathcal{V}_a$

m est *unilatéralement déductible* de a
$\mathcal{V}_a \cap \mathcal{V}_m \neq \emptyset$ et
$\mathcal{V}_a \subset \mathcal{V}_m$ et
$\mathcal{V}_m \not\subset \mathcal{V}_a$

a est *équivalent* à m
$\mathcal{V}_a \cap \mathcal{V}_m \neq \emptyset$ et
$\mathcal{V}_a \subset \mathcal{V}_m$ et
$\mathcal{V}_m \subset \mathcal{V}_a$

a est *incompatible avec* m
$\mathcal{V}_a \cap \mathcal{V}_m = \emptyset$

a *exclut* m
$\mathcal{V}_a \cap \mathcal{V}_m = \emptyset$ et
$\mathcal{V}_a \subset \mathcal{V}_{\neg m}$

a est *proprement* (non exclusivement) *incompatible* avec m
(cette relation n'est pas définie par Bolzano)
$\mathcal{V}_a \cap \mathcal{V}_m = \emptyset$ et $\mathcal{V}_a \not\subset \mathcal{V}_{\neg m}$
et $\mathcal{V}_m \not\subset \mathcal{V}_{\neg a}$

a *exclut unilatéralement* m
$\mathcal{V}_a \cap \mathcal{V}_m = \emptyset$ et $\mathcal{V}_a \subset \mathcal{V}_{\neg m}$
et $\mathcal{V}_m \not\subset \mathcal{V}_{\neg a}$

a *exclut réciproquement* m
$\mathcal{V}_a \cap \mathcal{V}_m = \emptyset$ et $\mathcal{V}_a \subset \mathcal{V}_{\neg m}$
et $\mathcal{V}_m \subset \mathcal{V}_{\neg a}$

a est *contraire* à m
$\mathcal{V}_a \cap \mathcal{V}_m = \emptyset$,
$\mathcal{V}_a \subset \mathcal{V}_{\neg m}, \mathcal{V}_m \subset \mathcal{V}_{\neg a}$,
$\mathcal{V}_{\neg m} \not\subset \mathcal{V}_a$ et $\mathcal{V}_{\neg a} \not\subset \mathcal{V}_m$

a est *contradictoire* avec m
$\mathcal{V}_a \cap \mathcal{V}_m = \emptyset$,
$\mathcal{V}_a = \mathcal{V}_{\neg m}$ et
$\mathcal{V}_{\neg a} = \mathcal{V}_m$

L'arbre dichotomique de la logique propositionnelle de Bolzano montre la généalogie du système d'une double manière :

1) Le système des relations extensionnelles entre les propositions est construit à partir du système des relations extensionnelles entre les représentations au sens de Maass-Bolzano. Le concept de système

(suite) de *représentations vérifiantes* est le pivot de cette reconstruction systématique de la logique propositionnelle de Bolzano.

2) Les deux systèmes, celui de la logique des représentations celui de la logique des propositions, sont construites de la même manière par dichotomies successives à partir d'une seule relation fondamentale, la compatibilité, en ajoutant des conditions spécifiques aux relations déjà définies. La compatibilité se trouve ainsi à la base du système de la logique extensionnelle dans ses deux versions : la logique des classes et la logique des propositions. Toutes les autres relations (à l'exception de différents cas d'exhaustion), y compris la déductibilité, sont des cas particuliers de la compatibilité. Dans ce sens, l'arbre généalogique que nous avons construit à partir des définitions et des indications de Bolzano représente la structure fondamentale de sa logique. Sans discuter maintenant des rapports entre la logique de Bolzano et la sémantique de Tarski, rappelons seulement que le concept de compatibilité a une contrepartie toute aussi fondamentale dans la sémantique extensionnelle : deux formes propositionnelles sont compatibles si elles ont un modèle. A l'existence d'un système de représentations qui vérifient les formes propositionnelles données correspond donc l'existence d'un modèle. On ne saurait mieux saisir l'importance de la logique de Bolzano qu'en montrant comment ses concepts répondent à ceux élaborés un siècle plus tard dans la théorie des modèles.

Les arbres de compatibilité et d'incompatibilité n'épuisent pas la totalité des relations définies par Bolzano. Il obtiendra les autres en répondant à la question de savoir combien de propositions vraies se trouvent dans une classe donnée de propositions. Il distinguera les relations d'*exhaustion* et les relations *conditionnelles*.

Indépendamment de toute variation, les propositions d'une classe sont *matériellement exhaustives* lorsqu'elles ne sont pas toutes fausses; elles forment alors une disjonction non exclusive. Lorsque la substitution de chaque suite de représentations aux variables dans une telle classe donne lieu à au moins une proposition vraie, les propositions de cette classe sont *formellement exhaustives* relativement aux variables données. Lorsqu'une seule proposition d'une classe est vraie, la classe est *singulièrement exhaustive* ou *disjonctive*. Une classe est *strictement exhaustive* lorsqu'elle est disjonctive et ne contient aucune proposition valide ou contravalide.

Par conditionalisation, Bolzano obtient les différents cas de déductibilité entre une classe de propositions et une conclusion qui a la forme d'une disjonction de propositions compatibles entre elles; cette relation correspond à la notion de conséquence logique au sens de Gentzen.

6. Déductibilité

Le concept de déductibilité constitue l'une des contributions essentielles de Bolzano à la logique. Pendant longtemps, les indications sommaires d'Aristote qui remplacent une véritable définition sont jugées suffisantes; d'ailleurs, Bolzano lui-même fait remonter son concept à l'auteur de l'*Organon*. En commentant la définition du syllogisme, il observe que l'expression συμβαίνειν ἐξ ἀνάγκης ne saurait signifier pour Aristote autre chose sinon « que la conclusion devient vraie *chaque fois* que les prémisses le sont » [66].

La définition bolzanienne a cependant des ancêtres plus proches, en premier lieu Leibniz. Celui-ci commence par adresser des critiques aux schémas de syllogismes et sa critique n'est pas très différente des remarques sur l'inadéquation de la notion syntaxique de déduction faites bien plus tard par Tarski, ni des raisons que celui-ci invoquera en faveur d'une définition sémantique.

Pour Leibniz, par ailleurs grand défenseur de la logique formelle aristotélicienne et scolastique, le style démonstratif d'Aristote est artificiel et trop complexe; sa lourdeur est encore aggravée par la prolixité des longues chaînes de raisons établies par les auteurs scolastiques, chaînes qui engendrent un insupportable ennui et ne livrent qu'un « squelette exsangue et aride du raisonnement ». Leibniz demande un concept de déduction plus proche de l'usage naturel des inférences, car, pour lui, la validité d'un argument dépasse les « formes puériles de l'Ecole » :

> Mihi vero omnis ratiotionatio quae vi formae concludit, hoc est que semper successura esse, substitutis in praesentis exempli locum exemplis aliis quibusque, rectam formam habere videtur [67].

En d'autres termes, à peine différents : une inférence est valide si elle permet de conclure en vertu de la forme, c'est-à-dire si elle réussit toujours, étant vraie pour toutes les substitutions appropriées. La bonne forme n'est plus déterminée par la concordance avec l'une des formes recensées par la logique; elle est rattachée directement à l'idée de substitution qui est à la base de la notion d'inférence. Et Leibniz reconnaît comme un des avantages de ce concept non seulement qu'il assure la validité des démonstrations mathématiques, mais encore qu'il reflète la pratique de tous les jours, lorsqu'on tire des conclusions à partir de prémisses « in omni vita et usu communi », « pro cujusque rei natura ».

---

66. *WL*, II, § 155, 129.
67. *Opusc.*, 338-9.

Cependant, dans l'oeuvre logique de Leibniz qui est construite principalement de manière syntaxique, un concept « sémantique » de déduction n'a pas de suite. Bolzano n'a pas pu connaître le texte de Leibniz que nous venons de citer, inédit jusqu'en 1903, mais c'est la même idée, celle de substitution *salva veritate,* qui le guide dans la construction du concept de déductibilité.

Bolzano est conscient de l'importance de son innovation : son élaboration en une théorie des schémas d'inférences constitue « le contenu le plus important de la logique élémentaire »[68]. Le point de départ, on l'a vu au paragraphe précédent, est le concept de compatibilité, parce que la déductibilité est pour Bolzano un cas particulier de la compatibilité, comme c'est déjà le cas pour l'inclusion entre les représentations. Reprenons la définition de la déductibilité entre les prémisses A, B, C, ... et les conclusions M, N, ... :

> Un cas tout à fait remarquable [de la compatibilité] a lieu lorsque non seulement certaines, mais lorsque *toutes* les représentations qui, substituées aux [variables] i, j, ... rendent vraies toutes [les propositions] A, B, C, ..., rendent également vraies les [propositions] M, N, ...[69].

En termes de variante :

> Des propositions A, B, C, ... on peut déduire M, N, ... si, pour chaque variante vraie des A, B, C, ..., la variante correspondante (par rapport aux mêmes variables i, j, ...) des M, N, ... est également vraie.

On voit bien que le concept bolzanien de déductibilité est de nature sémantique, étant défini à l'aide de substitutions qui rendant *vraies* les prémisses, rendent également *vraies* les conclusions, donc indépendamment de toute règle de transformation ou de dérivation. Il est immédiatement traductible en termes de modèles et il préfigure donc le concept de conséquence logique au sens de Tarski[70].

---

68. *WL*, II, § 155, 128.

69. *Einl. GL*, II, § 8, 36v.; même définition in *WL*, II, § 155, 113-14. Pour Bolzano, l'expression la plus courante pour exprimer la déductibilité est la suivante : « si A, B, C,... sont vraies, alors M, N, O, ... sont vraies » (*WL*, II, § 164) ; il dit aussi que les conclusions *s'ensuivent* (*folgen*) des prémisses ou se laissent conclure (*schliessen*) de celles-ci.

70. Il faut distinguer soigneusement entre *déductibilité*, *Ableitbarkeit* (= conséquence logique au sens de Tarski), et *conséquence* au sens de Bolzano, *Abfolge*, relation non formelle qui fonde la connexion objective des vérités dans un système scientifique et dont il sera question dans le chapitre suivant. Leur différence ne correspond pas à la différence entre syntaxe et sémantique.

Strictement parlant, à ce niveau, la déductibilité n'est pas encore un concept logique, mais une relation «mixte», définie par rapport à certaines variables descriptives, mais non nécessairement à toutes celles qui peuvent avoir des occurrences dans les prémisses. Un tel concept est relatif à un *contexte*. Il n'est pas dépourvu d'intérêt, loin s'en faut, et de nos jours, les logiciens ont tort de le négliger. C'est même dans sa souplesse que réside un avantage dont ne jouit pas notre concept de déductibilité (de conséquence logique), trop rigide. Le concept bolzanien permet de restreindre le nombre de modèles envisagés aux seuls modèles pertinents dans un contexte donné. Il répond de manière satisfaisante à la pratique des inférences dans les mathématiques, dans les sciences et dans toutes les circonstances de la vie, où les conclusions ne découlent pas des prémisses uniquement en vertu de la logique, mais où, le plus souvent, nous les faisons dépendre de prémisses qui ne sont pas toutes explicitées, mais qui sont tacitement admises et partagées par nos interlocuteurs. Il permet d'expliquer comment fonctionnent les enthymèmes. Une démonstration mathématique par exemple dépend des hypothèses, mais également des axiomes qui ne sont pas forcément tous explicités lors d'un raisonnement. De manière analogue, la conclusion d'un argument peut dépendre des lois de la physique, des maximes morales ou des vérités métaphysiques qu'on accepte sans les mentionner comme prémisses.

Venons-en aux exemples :

1) Soit I, J, K les sommets d'un triangle; dans ce cas, de la prémisse

Les côtés IJ et JK sont égaux,

on peut déduire, relativement aux variables *I*, *J*, *K*, que

Les angles en I et en K sont égaux.

2) De la proposition

Leipzig est situé au nord de Dresde

on peut déduire, relativement aux représentations variables *Leipzig* et *Dresde*, que

Les journées d'hiver sont plus courtes à Leipzig qu'à Dresde.

3) En séparant les prémisses des conclusions par une barre horizontale, on peut écrire

Cajus est homme
___
L'âme de Cajus est immortelle

(conclusion obtenue relativement à la variable *Cajus*).

4) Enfin, transcrit en notation actuelle,

$$\frac{\begin{array}{l}\forall x\,(A(x) \Rightarrow B(x)) \\ \neg\forall x\,(C(x) \Rightarrow \neg A(x))\end{array}}{\neg\forall x\,(C(x) \Rightarrow \neg B(x))}$$ [71].

Bolzano souligne que l'établissement des déductions demande souvent des connaissances préalables autres que celles de la logique : certaines vérités géométriques dans le premier cas, des connaissances astronomiques dans le second, une vérité métaphysique dans le troisième.

> Etant donné que celles-ci sont des vérités qui ne concernent point les objets logiques et traitent de toute autre chose que de la nature des concepts et des propositions ou des règles qu'il faut suivre dans un exposé scientifique, personne ne demandera que la logique lui apprenne de telles déductions[72].

Bien qu'un tel concept soit extrêmement utile, il ne constitue qu'une étape intermédiaire. Comme pour les notions de validité et d'analyticité, Bolzano définit d'abord un concept de déduction relatif à *certaines* variables mais non toutes (donc relatif à certains modèles seulement) pour achever sa construction par un concept de déductibilité *logique*, relativement à toutes les variables descriptives, susceptible d'être réalisé par des modèles quelconques.

La relation de déductibilité est donc *logique* si la variation affecte tous les termes non logiques (descriptifs); elle reposera alors « uniquement sur ce qu'on appelle la *forme logique* des propositions », *blosse logische Form der Sätze*[73]. Explicitons la définition :

> Des propositions A, B, C, ... on peut déduire logiquement les propositions M, N, O, ... si
>
> 1) les A, B, ... sont compatibles entre elles,
>
> 2) seuls les termes logiques y sont constants, et si
>
> 3) chaque substitution de représentations à toutes les variables qui rend vraies A, B, C, ... rend également vraies M, N, O ...

La première condition surprend le lecteur et nous y reviendrons. Il faut cependant souligner que, par sa généralité, la déductibilité logique bolzanienne l'emporte de loin sur le concept d'inférence utilisé dans la

71. Le premier exemple se trouve dans *Einl. GL* citée en note 64, le deuxième dans *Wissenschaftslehre und Religionswissenschaft ... in Übersicht*, 56, le troisème et le quatrième dans la *WL*, II, § 223, 392 et § 231, 425.

72. *WL*, II, § 223, 392.

73. *Einl. GL*, II, § 8, 38v. ; cf. également WL, II, § 223, 395.

syllogistique. Bolzano n'assigne aucune limite ni aux nombre des prémisses ni au nombre des conclusions ni au nombre des variables, et ne soumet son concept à aucune des formes préétablies. La déductibilité bolzanienne n'est liée à aucun système logique particulier, mais s'applique à tous; comme Leibniz, Bolzano peut ainsi dépasser les bornes étroites des formes syllogistiques. La relation déductive relie non plus une ou deux prémisses à une conclusion, mais des *classes* entières de propositions, y compris les classes à un élément, les propositions déterminées.

Bolzano formule un grand nombre de théorèmes qui précisent les propriétés des relations logiques qu'il a définies. Voici tout d'abord quelques propriétés fondamentales de la *compatibilité* (le lecteur peut à nouveau compléter les variables ou bien considérer comme variables tous les concepts non logiques) :

– le degré de validité de chacune des propositions compatibles est strictement supérieur à 0 (la compatibilité n'est donc pas réflexive);

– la compatibilité est symétrique, mais non transitive;

– chaque sous-classe d'une classe de propositions compatibles est compatible;

– une classe des propositions dont une sous-classe est incompatible, est elle même incompatible;

– pour toute proposition de deg>0 il existe une infinité de propositions compatibles avec elle;

– une classe de propositions compatibles relativement aux variables de la suite *i* est compatible relativement à toute suite dans laquelle est incluse la suite *i*.

Ce dernier théorème est important : il constate que l'élargissement du nombre des représentations variables ne peut pas diminuer le nombre de variantes vraies; il ne peut que l'augmenter. Ce théorème annule en même temps les effets nocifs de l'absence de délimitation nette entre les concepts logiques et les concepts non logiques puisqu'il permet de *graduer* la compatibilité à partir d'un petit nombre de concepts dont la nature logique est hors de doute.

Dans une longue séquence de théorèmes, Bolzano énonce les propriétés de la *déductibilité* dont nous retiendrons les suivants :

– la déductibilité par rapport aux mêmes variables est transitive; elle n'est pas symétrique ni même réflexive, puisque d'une proposition contravalide (celle qu'aucune substitution ne rend vraie) on ne peut rien déduire, même pas elle-même;

– de la classe de propositions compatibles $\mathscr{a}$ on peut déduire ¬M si et seulement si $\mathscr{a}$ est incompatible avec M;

– si de $\mathscr{a}$, X on peut déduire $\mathscr{m}$ et si de $\mathscr{a}$, ¬X on peut également déduire $\mathscr{m}$, on peut déduire $\mathscr{m}$ de $\mathscr{a}$ tout seul;

– de A, on ne peut pas déduire ¬A;

– la contraposition : si A et B ne sont ni valides ni contravalides et si de A, on peut déduire B, alors de ¬B, on peut déduire ¬A (Bolzano formule aussi la loi de contraposition généralisée);

– de A⇒B, on peut déduire $\neg A \dot{\vee} B$;

– si de $\mathscr{a}$, on peut déduire $\mathscr{m}$ relativement aux variables i, j, k, ... et si $\mathscr{a}$ est compatible relativement aux variables j, k, ..., alors de $\mathscr{a}$ on peut déduire $\mathscr{m}$ relativement aux variables j, k, ... ;

– de $\mathscr{a}$, on peut déduire $\mathscr{m}$ relativement aux variables j, k, ... sans qu'on puisse toujours déduire $\mathscr{m}$ de $\mathscr{a}$ relativement aux variables i, j, k, ...;

– dans une déduction, on peut omettre une prémisse vraie qui ne contient pas de représentations considérées comme variables, et *a fortiori* une prémisse valide relativement aux variables considérées;

– si toutes les conclusions de A sont vraies, A est vraie (car de A on peut déduire A si A n'est pas contravalide);

– si de $\mathscr{a}$ on peut déduire $\mathscr{m}$ et si $\mathscr{m}$ est faux, alors $\mathscr{a}$ est faux;

Deux métathéorèmes énoncent d'autres propriétés fondamentales de la déductibilité; la première est une variante de la règle de coupure de Gentzen, la deuxième est le théorème de la déduction :

1) Si de $\mathscr{a}$ on peut déduire $\mathscr{m}$ et de $\mathscr{m}, \mathscr{r}$ on peut déduire $\mathscr{x}$, alors on peut déduire $\mathscr{x}$ de $\mathscr{a}, \mathscr{r}$.

2) De l'inférence

$$\frac{\text{A, B, C, D, E, F, G, ...}}{\text{M, N, O, ...}}$$

on peut déduire la suivante :

$$\frac{\text{A, B, C, D, ...}}{\text{si E, F, G, ..., sont vrais, alors M, N, O, ... sont vrais.}}$$

D'autres théorèmes relient la déductibilité à la compatibilité et aux autres relations logiques, en particulier le suivant :

– si $\mathcal{a}$ est compatible avec $\mathcal{a}'$ et de $\mathcal{a}$, on peut déduire $\mathcal{m}$, alors $\mathcal{a}'$ est compatible avec $\mathcal{m}$.

Des théorèmes sur l'équivalence (la déductibilité réciproque), retenons les suivants :

– si $\mathcal{a}$ est équivalent à $\mathcal{a}'$ et $\mathcal{a}\sigma\mathcal{m}$ où σ désigne l'une des quatre relations suivantes : compatibilité, incompatibilité, déductibilité et équivalence, alors $\mathcal{a}'\sigma\mathcal{m}$;

– si A est équivalent à A' et les deux ne sont pas valides, alors ¬A est équivalent à ¬A' (ce théorème ne vaut pas pour les classes de propositions).

Ce n'est qu'au XXe siècle que Gentzen et Tarski ont retrouvé le concept bolzanien de déduction sémantique (=conséquence logique au sens de Tarski). En quoi diffère leur concept de celui de Bolzano? Si l'on met à part les deux faits, à savoir que la déductibilité logique bolzanienne n'est qu'un cas *limite* d'une relation plus large, et qu'elle admet des conclusions *multiples* alors que le concept de Tarski relie des prémisses à *une* conclusion, cette différence touche principalement deux points : le contexte théorique (langue naturelle–langue formelle) et la compatibilité des prémisses.

Tarski formule le concept de conséquence logique dans une langue complètement formalisée qui distingue entre syntaxe et sémantique et entre langue et métalangue, à l'aide des concepts sémantiques de réalisabilité (satisfaction), de vérité et de modèle. Néanmoins, sa définition répond aux préoccupations qui sont apparues aussi bien chez Leibniz que chez Bolzano : construire directement un concept adéquat de déduction logique sans passer par les règles syntaxiques de dérivation, c'est-à-dire un concept qui soit à la fois relativement indépendant de systèmes logiques particuliers et proche de l'usage naturel des inférences. Cette motivation commune explique les analogies profondes entre les trois versions du même concept proposées successivement par Leibniz, Bolzano et Tarski[74]: elles sont toutes fondées sur l'idée de substitution qui rend vraies certaines formes propositionnelles.

74. Tarski lui-même souligne que son traitement de la notion de conséquence logique (=déductibilité bolzanienne) n'est pas entièrement original, et qu'il se

Une fois précisé ce point de départ intuitif, Tarski propose la définition suivante (K étant la classe des prémisse, l'énoncé X la conclusion) :

> Si, dans les énoncés de la classe K et dans l'énoncé X, on remplace les constantes (sauf les constantes purement logiques) par n'importe quelles autres constantes (les mêmes signes étant partout remplacés par les mêmes signes) et si l'on désigne par «K'» la classe d'énoncés obtenue ainsi à partir de K, et par «X'» l'énoncé obtenu à partir de X, alors l'énoncé X' doit être vrai pourvu que tous les énoncés de la classe K' soient vrais[75].

Dans cette formulation préliminaire, Tarski, probablement sans le savoir, reproduit sur le plan du langage la définition bolzanienne en soulignant qu'elle repose sur une hypothèse qui se révèle fictive, à savoir que le langage est suffisamment riche pour contenir les désignations de tous les objets possibles. Bolzano a résolu le problème d'avance en accordant aux propositions et aux représentations le statut de l'*en soi*. Cependant, pour éviter la fiction d'une langue démesurément riche qui s'apparente à la «langue idéale» qui se profile derrière l'univers *en soi* de Bolzano, Tarski abandonnera la voie de la logique substitutionnelle au profit de la voie «objectuelle». Au lieu de faire dépendre la validité de la conséquence des ressources du lexique et de parler de substitution de termes à d'autres termes, il la redéfinira en se référant directement aux modèles, i.e. à certains structures d'objets qui satisfont une classe propositionnelle :

> L'énoncé X s'ensuit logiquement des énoncés de la classe K si et seulement si tout modèle de la classe K est un modèle de l'énoncé X[76].

Mise à part cette différence qui concerne le régime logique général, la déductibilité de Bolzano s'oppose à la conséquence logique au sens de Tarski sur un point particulier : la déductibilité bolzanienne suppose que les prémisses soient compatibles (en découle la compa-

---

propose simplement de définir rigoureusement un concept connu. *Logic, Semantics, Metamathematics*, 414. Entre Bolzano et Tarski, d'autres auteurs, par exemple Peirce, ont formulé des concepts semblables.

75. « Über den Begriff der logischen Folgerung », trad. angl. in *Logic, Semantics, Metamathematics*, 415.

76. *Ibid.*, 414. A cet endroit, à la suite de l'étude de H. Scholz sur la *WL* de Bolzano, Tarski note l'analogie profonde entre son concept de conséquence et celui de Bolzano. Il semble qu'il n'y eut pas d'influence directe entre les deux auteurs ; néanmoins, grâce à Twardowski, la *WL* a été dans une certaine mesure connue des logiciens polonais, de Lukasiewicz par exemple, et les concepts bolzaniens ont pu être discutés ou utilisés par eux. Cf. aussi note 36 ci-dessus.

tibilité des prémisses avec les conclusions)[77]. Cela revient à dire qu'une déduction ne peut s'opérer qu'entre les propositions dont le degré de validité n'est pas nul[78].

Des commentateurs ont relevé les désavantages et les complications qu'entraîne une telle conception. Ce n'est évidemment pas une erreur; plutôt un manquement contre les règles de l'élégance et de l'économie avec en corollaire une perte d'efficacité. Contre des auteurs comme H. Scholz qui tient la condition de compatibilité des prémisses pour non essentielle chez Bolzano[79], insistons que celui-ci ne s'est pas purement et simplement aligné sur les positions traditionnelles, mais qu'il a opéré ce choix de manière délibérée, qu'il en a tenu compte dans l'interprétation des opérations logiques comme la contraposition et que cette condition est nécessaire pour élargir la logique déductive en une logique des probabilités.

Il est vrai, la condition de compatibilité des prémisses se traduit immédiatement par quelques inconvénients. Tout d'abord, elle restreint considérablement le nombre d'inférences valides. Alors que dans la logique de Bolzano on ne peut *rien* déduire des prémisses incompatibles, dans la logique contemporaine, *toute* proposition peut en être inférée. Chez Bolzano, une proposition ne peut même pas être toujours déduite d'elle même.

Autre conséquence : supposons qu'on peut inférer M à partir de A, B, C, ... Qu'arrive-t-il si l'on ajoute une prémisse supplémentaire L à l'ensemble des prémisses ? La possibilité d'une déduction entre A, B, ... et M dépendra de la compatibilité ou incompatibilité des prémisses: il y aura déduction dans le premier cas mais non dans le second.

Bolzano n'ignorait pas les difficultés auxquelles allait le conduire la condition de compatibilité. Pour lui, comme pour Aristote, de la proposition « tous les A sont B », on peut conclure à la subalterne « quelques A sont B », étant donné que la première suppose l'existence d'au moins un A qui est B ou, en termes bolzaniens, l'objectualité de la représentation A. D'où une difficulté nouvelle : comment concilier les règles qui gouvernent la subalternation avec l'admission des prédicats vides et des prédicats ayant la plus grande extension[80] ?

---

77. Nous avons déjà vu que les propositions valides et *a fortiori* les lois logiques «n'ont pas besoin de la vérité de leurs prémisses».

78. *WL*, II, § 160, 168.

79. Dans le compte rendu de l'article de Bar-Hillel (« Bolzano's Propositional Logic ») in *Zentralblatt f. Math. u. Grenzgebiete*, 47 (1953), 12.

80. Aristote a résolu le problème en refusant d'admettre aussi bien les prédicats vides qu'un genre suprême dont la négation donnerait un prédicat vide.

Prenons par exemple une prémisse A et une conclusion B dont le degré de validité est 1. Le degré de validité de ¬B est égal à 0, et de ¬B on ne peut pas déduire ¬A. On a un cas semblable lorsque dans la proposition « tout X est Y », la représentation Y est maximale (par exemple «quelque chose») : ¬Y est « aucune chose » ou « rien », une représentation vide, et on ne peut pas conclure à « tout non-Y est non-X ». Telle était déjà l'attitude de Bolzano dans la logique des représentations : l'inclusion (à laquelle correspond la déductibilité dans le cas des relations entre les propositions[81]) est une espèce dont la compatibilité est le genre; par conséquent, une représentation vide n'est incluse dans aucune représentation. Le refus des inférences tirées des prémisses incompatibles est étroitement lié au traitement des représentations vides, mais également à l'absence de l'ensemble vide chez Bolzano.

De son temps, la portée existentielle des propositions universelles fut loin d'être acceptée et Bolzano dut la justifier contre Herbart et contre Fries. Tout en accordant à Herbart que la proposition « tout A est B » n'énonce rien directement sur l'objectualité de « A », Bolzano soutient que l'on peut néanmoins *conclure* à cette dernière.

L'examen des propositions sur les chimères amène Bolzano à une position plus nuancée. Là, en effet, on ne peut plus conclure à la subalterne : « le carré rond est impossible » n'implique certainement pas « il y a des carrés ronds ». Fries met en lumière de manière particulièrement nette les raisons qui suggèrent l'abandon de la portée existentielle des propositions universelles :

> C'est dans les propositions qui énoncent une existence que se manifeste la modalité assertorique la plus pure. ; par exemple, *il existe des aigles*; *il n'existe pas de griffons*. En revanche, lorsque je dis : *tous les griffons sont les oiseaux*, je vise uniquement la modalité apodictique d'une loi de la pensée. Si je veux faire une conversion : *quelques oiseaux sont des griffons*, le jugement particulier prétend de nouveau à la modalité assertorique puisqu'il ne peut subsister sans une intuition, et il est faux, parce les griffons n'existent pas[82].

81. De cette correspondance découle l'inversion du rapport de subordination entre les prémisses et les conclusions. Alors que, dans l'exposé traditionnel, la conclusion est subordonnée aux prémisses, Bolzano subordonne les prémisses aux conclusions. Cela résulte du fait que, dans la relation de déductibilité, l'ensemble des suites qui vérifient des prémisses est *inclus* dans l'ensemble des suites qui vérifient les conclusions, ou encore du fait que le degré de validité des prémisses est inférieur ou égal au degré de validité des conclusions.

82. *System der Logik,* 215.

Cette interprétation a le grand avantage de la simplicité et de la cohérence, et c'est elle qui a été retenue par la logique mathématique. Pour justifier sa propre conception, Bolzano se voit obligé d'interpréter de deux manières différentes la même forme des propositions universelles. «Tous les A sont B» signifiera tantôt «Tous les A sont B et "A" est une représentation d'objet», tantôt seulement «si quelque chose est A, alors elle est B», suivant que A représente ou non un objet, c'est-à-dire suivant qu'il existe ou non un A (au sens de la théorie de la quantification). Pourra-t-on dès lors dire «tous les griffons sont des oiseaux»? Selon la terminologie de l'époque, ce sera une simple proposition hypothétique dont le sens est le suivant : «si un objet est un griffon, alors il est un oiseau», proposition que nous pouvons énoncer «sans affirmer l'existence d'un tel oiseau». Pour Bolzano, c'est cependant abuser de la forme des propositions universelles que de l'utiliser pour énoncer des propositions hypothétiques :

> Pour qu'on puisse garder son sens propre à la proposition *A* a *b* [A possède la propriété b] (*tous les griffons sont des oiseaux)*, il faut sous-entendre qu'il y a des griffons pour qu'elle soit vraie; sinon, comment les logiciens pourraient-ils enseigner que de toute proposition universelle, on peut déduire une particulière, si dans la proposition : *Tous les griffons sont des oiseaux,* ne se trouvait pas celle-ci : *quelques oiseaux sont donc des griffons*[83] ?

La solution de Bolzano n'est pas commode. Voulant garder, avec Aristote, Leibniz et d'autres la subalternation, mais admettant, contre la tradition, aussi bien les représentations vides que les représentations ayant la plus grande extension, il est amené à distinguer deux sens de la *même* forme propositionnelle «tout A est B» : un sens propre lorsque A est une représentation d'objet, et un sens hypothétique lorsque A est vide.

Les propositions négatives font encore mieux ressortir l'intention de Bolzano. Soit une proposition vraie de la forme «aucun Y n'est X» avec «X» représentation vide, par exemple la suivante : «aucun objet qui n'est pas dans l'espace n'est un carré rond». Par contraposition, elle devient fausse dans l'interprétation bolzanienne des propositions universelles : «tout carré rond est un objet qui est dans l'espace».

Abandonner la condition de compatibilité des prémisses ? Il n'en est jamais question, et pour cause : l'un des principes fondamentaux de la théorie bolzanienne de la vérité dit que,

83. *WL*, II, § 225, 404-5.

pour qu'une proposition soit vraie, il est nécessaire que la représentation du sujet y soit une représentation objectuelle [84].

Plutôt que de renoncer à la portée existentielle des propositions universelles pour sauver la contraposition, Bolzano préfère introduire une proposition supplémentaire soit dans les prémisses, soit dans la conclusion. Dans le premier cas, l'inférence par contraposition prendra la forme

tout X est Y
la représentation « non-Y » est objectuelle
---
tout non-Y est non-X.

Dans second cas, Bolzano élargira la conclusion :

tout X est Y
---
ou « non Y » est vide ou tout non-Y est non-X.

Bolzano modifiera sa théorie des inférences en conséquence.

Pour les mêmes raisons d'impossibilité de déduire à partir de prémisses incompatibles, Bolzano refuse de recourir aux démonstrations apagogiques [85] dans un exposé rigoureusement scientifique d'une théorie; elles doivent être converties en démonstrations ostensives. On les admettra tout plus à titre de procédé heuristique ou pour des raisons pédagogiques; la bonne méthode ne permet pas de conclure à la vérité à partir de la réduction à l'absurde de l'hypothèse contraire.

Sur ce point, la doctrine de Bolzano, fort obscure, ne recouvre pas les limitations des intuitionnistes qui critiquent également les démonstrations indirectes. Bolzano admet la validité illimitée du tiers exclu ainsi que le principe de double négation selon lequel, d'une proposition P, on peut déduire $\neg\neg P$ et réciproquement (avec la limitation caractéristique pour Bolzano que deg $P \neq 0$). Il appelle indirecte une démonstration dans laquelle on conclut à la vérité P à partir de « $\neg P$ entraîne F » où $\neg P$ est la négation de la thèse qu'on veut obtenir, et F une contradiction. Tous les autres procédés de démonstration sont considérés comme directes, et Bolzano y inclut explicitement le schéma suivant : de $P \vee Q$, $\neg Q$, on peut déduire P; en effet, les prémisses de ce schéma peuvent être compatibles, alors que les prémisses d'une démonstration par l'absurde ne peuvent pas l'être.

Bolzano, a-t-il réussi à éviter ce genre de démonstrations ? Il déclare avoir converti toutes les démonstrations du livre I des *Eléments*

84. *Ibid.*, 402.

85. Ce sont les démonstrations par l'absurde que Bolzano appelle parfois démonstrations indirectes, alors que celles-ci englobent également le procédé régressif (analytique) et la méthode inductive (voir ci-dessous, chap. IV, § 3).

d'Euclide en démonstrations ostensives et pense avoir donné la preuve que *toutes* les démonstrations indirectes peuvent être réduites à des démonstrations directes, mais son raisonnement repose sur une pétition de principe[86]. En outre, il recourt aux démonstrations par l'absurde lorsqu'il prouve la validité de certaines formes syllogistiques.

6. Logique des probabilités. Déductibilité stricte

D'autres raisons, d'ordre plus général, qui proviennent de la considération du système logique tout entier, ont sans doute contribué à définir la déductibilité comme un cas particulier de la compatibilité. Dans le système de Bolzano, le faux n'implique pas toujours le vrai, et la condition de compatibilité des prémisses élimine les propriétés paradoxales de l'implication. Deux autres raisons y ont conduit. D'abord celle, décisive, qui constitue l'une de ses plus grandes innovations en logique, consiste dans l'extension de la logique déductive en une logique des probabilités en considérant la déductibilité comme *cas limite* d'une relation de probabilité. Ensuite, le besoin de rapprocher encore davantage la déductibilité des raisonnements effectivement utilisés en mathématiques, dans les sciences et dans la pratique de la vie, d'où la spécification de la relation déductive en *déductibilité stricte*.

La relation de déductibilité entre une classe de propositions (prémisses) $\mathcal{A}$ et une conclusion M sera donc conçue de telle sorte qu'elle apparaisse comme un cas particulier de la probabilité de M relativement aux hypothèses A, B, C, … Définissons :

> La *probabilité* conditionnelle de M par rapport à la classe de propositions $\mathcal{A}$ (relativement à certaines variables) est le rapport du nombre des cas dans lesquels toutes les propositions de la classe $\mathcal{A}$ ainsi que M sont vraies, au nombre des cas dans lesquelles les propositions $\mathcal{A}$ sont vraies[87].

Nous utiliserons les mêmes notations qu'au § 5 et indexerons les propositions de la classe $\mathcal{A}$ aussi bien que M par la variable i; $\mathcal{A}(i) \cup M(i)$ sera la réunion de $\mathcal{A}$ et de M lorsque i est la variable qui

86. Voir O. Hölder, « Der indirekte Beweis in der Mathematik », *Berichte d. Sächs. Akad. Wiss.*, math-phys. Kl., 81 (1929), 201-16, et « Nachtrag zu meinem Aufsatz über den indirekten Beweis », *ibid.*, 82 (1930), 97-104. Cf. également L. Löwenheim, « On making indirect proofs direct » (trad. par Quine), *Scripta mathematica*, 12 (1946), en particulier p. 131.

87. *WL*, II, § 161, 171. Bolzano appelle la probabilité de M aussi sa *validité comparative* ou *relative* (*vergleichungsweise Gültigkeit*).

figure dans les propositions de la classe $\mathcal{A}$ et dans la proposition M. La probabilité de M(i) par rapport à $\mathcal{A}$(i) est alors

> le rapport du nombre des variantes vraies de $\mathcal{A}(i) \cup M(i)$ au nombre des variantes vraies de $\mathcal{A}$(i).

On a une définition analogue pour les propositions contenant plusieurs variables.

La probabilité d'une proposition est donc un nombre fractionnaire compris entre 0 et 1 (sans exclure ces deux valeurs)[88].

On peut mieux voir maintenant le rôle que la compatibilité joue dans la définition de la déductibilité. Tout d'abord, la probabilité de M(i) n'est *définie* que si le nombre des représentations dont la substitution rend vraies les propositions de la classe $\mathcal{A}$(i) n'est pas nul, c'est-à-dire *si les propositions* $\mathcal{A}$ *sont compatibles.* D'autre part, le nombre des représentations qui rendent vraie $\mathcal{A}(i) \cup M(i)$ est au plus égal au nombre des représentations qui rendent vraie $\mathcal{A}$(i); par conséquent, la probabilité de M(i) par rapport à $\mathcal{A}$(i) est au plus égale à 1. Elle est exactement égale à 1 si le nombre des représentations qui rendent $\mathcal{A}(i) \cup M(i)$ vraie est égal au nombre des représentations qui rendent vraie la classe $\mathcal{A}$(i) toute seule, c'est-à-dire lorsque *toute* substitution qui rend vraie $\mathcal{A}$(i) rend également vraie M(i), ce qui veut dire lorsque M(i) est *déductible* de $\mathcal{A}$(i). En d'autres termes, à partir de $\mathcal{A}$(i), on peut déduire M(i) si et seulement si la probabilité de M(i) par rapport à $\mathcal{A}$(i) est égale à 1, c'est-à-dire lorsque cette probabilité est une *certitude*.

A l'autre extrémité, la probabilité de M(i) par rapport à $\mathcal{A}$(i) est nulle s'il n'existe *aucune* représentations qui rend vraie $\mathcal{A}(i) \cup M(i)$, c'est à dire lorsque $\mathcal{A}$(i) est *incompatible* avec M(i).

De ce point de vue, on comprend que l'incompatibilité de M avec $\mathcal{A}$ et la déductibilité entre $\mathcal{A}$ et M représentent deux cas extrêmes de probabilité dont la valeur est 0 pour l'incompatibilité, 1 pour la déductibilité. On voit aussi à quel point la condition de compatibilité des prémisses A, B, C, ... qui constituent $\mathcal{A}$ est *essentielle* pour pouvoir conclure à M : sans cette condition, la notion de probabilité de M par rapport à $\mathcal{A}$ n'aurait aucun sens, le nombre des représentations qui rendent vraie $\mathcal{A}$ étant nul. C'est cette conception systématique et profonde selon laquelle la logique de la vérité est intégrée dans un ensemble plus complexe de relations de probabilité, qu'on trouve à la base de la définition bolzanienne de la déductibilité.

---

88. *WL*, II, § 155,

Indiquons quelques théorèmes essentiels de sa logique des probabilités. Nous noterons par prob $M/\mathcal{a} = \mu$ la probabilité de M relativement à la classe $\mathcal{a}$, par prob $N/\mathcal{C} = \nu$ la probabilité de N relativement à la classe $\mathcal{C}$:

– $0 \leq$ prob $M/\mathcal{a} \leq 1$ [89];

– lorsque $\mathcal{a}$ et $\mathcal{a}'$ sont équivalentes, prob $M/\mathcal{a}$ = prob $M/\mathcal{a}'$ (la probabilité d'une proposition M relativement à chacune des classes équivalentes est la même);

– lorsque M est équivalent à N, prob $M/\mathcal{a}$ = prob $N/\mathcal{a}$ (les probabilités de deux propositions équivalentes relativement à la même classe $\mathcal{a}$ sont égales);

– lorsque prob $M/\mathcal{a} = \mu$, prob $\neg M/\mathcal{a} = 1 - \mu$;

– lorsque prob $M/\mathcal{a} = \mu$ et de M on peut déduire N, prob $N/\mathcal{a} \geq \mu$;

– si $\mathcal{a}$ et $\mathcal{C}$ sont compatibles, alors prob $(M \,\&\, N/\mathcal{a} \cup \mathcal{C}) = \mu\nu$ (théorème de la conjonction);

– si $\mathcal{a}$ et $\mathcal{C}$ sont compatibles, alors prob $(M \vee N/\mathcal{a} \cup \mathcal{C}) =$
$1 - (1-\mu)(1-\nu)$ (théorème de la disjonction);

– prob $(M \,\&\, N/(M \,\&\, N) \vee (\neg M \,\&\, \neg N)) = \dfrac{\mu\nu}{\mu\nu + (1-\mu)(1-\nu)}$.

Pour obtenir un résultat correct, il faut ajouter aux trois derniers théorèmes l'hypothèse de l'indépendance probabiliste de M et de N, hypothèse contraire à l'exemple donné par Bolzano pour le théorème de la conjonction.

Dans la logique des probabilité, Bolzano a apporté des idées tout à fait nouvelles qui se sont révélées fécondes au XXe siècle. Il est le premier à avoir défini la probabilité en termes purement logiques. Il a conçu la probabilité comme propriété objective des relations entre les propositions et l'a mise à la base de la logique inductive [90]. Son

89. Dans les *PU*, § 30, Bolzano envisage également des probabilités infiniment petites.

90. Bolzano définit également la notion de probabilité subjective et différentes notions probabilistes comme le degré de confiance, la véracité d'un témoin etc. ; il établit, entre autres, la formule indiquant le degré de crédibilité à un événement rapporté par des témoignages indépendants en fonction du nombre de témoins, du nombre de témoignages, du nombre des propositions vraies et du nombre des propositions fausses énoncées par ces témoins. Ces notions jouent un rôle important dans le chapitre «de la nature de la connaissance historique, en particulier en ce qui concerne les miracles» de sa *Religionswissenschaft*. – Pour la logique des

approche du concept de probabilité est épistémique, non fréquentielle. En rattachant la probabilité à la déductibilité, il a réalisé l'unité de la logique déductive et de la logique inductive. Selon toute apparence, le traitement de la probabilité dans le *Tractatus* de Wittgenstein remonte à Bolzano, probablement par l'intermédiaire du manuel de R. Zimmermann, *Philosophische Propädeutik* (1853). C'est également à Bolzano que se rattache, bien qu'indirectement, la conception de la logique des probabilités de Carnap, en particulier sa notion de fonction régulière de confirmation.

Un deuxième concept enrichit la théorie bolzanienne de la déductibilité. En définissant la déductibilité *stricte* (*genaue oder adäquate Ableitbarkeit*), Bolzano s'efforce de déterminer les conditions *minimales* dans lesquelles peut avoir lieu une déduction. En effet, la déductibilité ordinaire est redondante : si une ensemble de propositions est déduit à partir des prémisses $\mathcal{A}$, le même ensemble peut être déduit à partir de $\mathcal{A}$ et éventuellement aussi d'autres prémisses (sous réserve de compatibilité). Comme dans nos systèmes logiques, la déductibilité au sens de Bolzano permet de supprimer des hypothèses superflues. Or, la pratique des inférences est économe et c'est pour rendre compte de cette tendance à l'économie que Bolzano restreint la déductibilité au strict nécessaire :

> Si les prémisses A, B, C, D, ... dont on peut déduire une proposition relativement aux représentations i, j, ..., sont telles qu'il ne soit possible d'omettre aucune des propositions A, B, C, D, ..., ni même aucun de leurs constituants si toutefois M doit rester déductible à partir des prémisses, j'appelle *stricte, exactement mesurée* ou *adéquate* cette relation de déductibilité de la proposition M à partir de A, B, C, D, ... ; dans le cas contraire, je l'appelle *redondante* [91].

Dans une déduction stricte qui n'est définie qu'entre les prémisses et *une* conclusion, toutes les prémisses et tous leurs constituants sont indispensables. Prenons un exemple de déduction ordinaire : des prémisses « tout A est B » et « tout B est C », on peut déduire « quelque B est A ». La deuxième prémisse est cependant redondante ; en la supprimant, on obtient une déduction stricte.

---

probabilités de Bolzano, voir les travaux de J. Berg, K. Berka, G. Dorn, Th. Hailpern, J. Lukasiewicz, I. Niiniluoto et A. A. Starčenko – O. S. Tjagnibedina.

91. *WL*, II, § 155, 123.

Selon Bolzano, dans une relation de déductibilité stricte, chacune des variables de la conclusion doit figurer au moins dans une prémisse. Trois autres propriétés sont particulièrement importantes :

1) le degré de validité de chaque prémisse doit être différent de 1, ce qui veut dire que toute formule valide, toute loi logique est une hypothèses redondante ;

2) le degré de validité de la conclusion doit être différent de 1, car, comme cela a été rappelé, les formules valides sont déductibles à partir d'un ensemble vide de prémisses ;

3) aucune prémisse ne doit être déductible d'une autre, ce qui revient à dire que toutes les prémisses doivent être indépendantes.

Par les deux premières conditions, Bolzano prépare l'analyse des théories scientifiques autres que la logique et le mathématiques et qui sont constituées de vérités *synthétiques*. Les propositions valides ne sauraient être ni prémisses ni conclusions d'une déduction adéquate. S'il en était besoin après les explications du § 148 sur les propositions analytiques, Bolzano souligne ainsi de nouveau la différence qui sépare les vérités synthétiques des vérités logiques (et en général des propositions valides ou analytiques).

Quant à l'examen de l'indépendance des prémisses, Bolzano énonce le principe qui sera utilisé par la suite dans les recherches sur l'indépendance des axiomes :

> Dans une relation de déductibilité stricte, la négation de chaque prémisse prise en particulier doit être compatible [...] avec toutes les autres[92],

en y ajoutant une condition qui caractérise la déductibilité stricte : la négation de la conclusion doit être compatible avec chacune des prémisses, comme elle doit être compatible avec chaque sous-ensemble propre de prémisses.

Par le concept de déductibilité stricte, Bolzano entend se rapprocher le plus possible de l'usage des démonstrations en mathématiques et dans les sciences, et conceptualiser l'idée sous-jacente à la pratique des inférences dans la vie courante. Ce concept épouse, en effet, fidèlement les propriétés intuitives de l'inférence. Etant donné que les propositions valides ne peuvent faire partie ni des prémisses ni de la conclusion, les propriétés paradoxales de l'implication, résumées par les formules « ex falso sequitur quodlibet » et « verum sequitur ad quodlibet » s'évanouissent. Par ses propriétés, la déductibilité stricte permet

92. *WL*, II, § 155, 124-5.

enfin de répondre aux exigences que Bolzano a imposé aux démonstrations mathématiques depuis son premier travail de géométrie : déduire un théorème *uniquement* à partir de concepts contenus dans les prémisses et en même temps exploiter *tous* les concepts qui y sont contenus.

Revenons pour la dernière fois à la condition de compatibilité des prémisses dans une déduction. Elle apparaît maintenant à l'intersection d'exigences multiples, indépendantes et convergentes, motivées par la construction d'un système logique universel, englobant la logique des probabilités et qui s'achève par l'examen de l'architecture axiomatique des théories scientifique conformément à la « connexion objective des vérités ». Derrière les discussions techniques sur l'interprétation des propositions universelles, derrière l'idée d'un système déductif dans lequel les théorèmes engendrent d'autres théorèmes sans détours ni redondance, se trouve une raison simple et profonde du choix de Bolzano : la conception de la logique comme théorie de la science. Celle-ci exclut du domaine de la science les propositions fausses. C'est pourquoi il appartient à la logique de s'attacher aux relations entre les propositions vraies ou tout au moins probables, et d'envisager des inférences uniquement à partir de prémisses compatibles, celles qui peuvent prendre au moins une fois toutes ensemble la valeur *vrai*[93].

---

93. Il reste à dire quelques mots sur la théorie logique au sens propre du terme, la *théorie des inférences*. Elle a pour objet les relations déductives entre les formes propositionnelles, étant entendu que toutes les représentations non logiques sont soumises à la variation. Bolzano traite principalement la syllogistique et la logique des classes dont nous avons indiqué quelques lois dans le chapitre précédent. Il élargit d'emblée sa conception de l'inférence syllogistique : d'une part, il admet également les termes négatifs (les classes complémentaires), d'autre part, il ne pose aucune limitation ni au nombre de termes ni au nombre de prémisses. Par ailleurs, il contourne ses propres restrictions en recourant aux démonstrations indirectes et en travaillant avec la classe vide et la classe universelle. Pour la *Schlusslehre* de Bolzano, voir les travaux de K. Berka (par ex. sa contribution à l'atelier *Bolzano's Wissenschaftslehre*, Florence 1987) et l'introduction à la *Gesamtausgabe* I, 12/3 par Jan Berg. Dans les introductions aux différents volumes de la *WL* par le même auteur, on trouvera une interprétation très soignée de la logique de Bolzano en termes actuels ; on consultera avec profit également la *Logique de Bolzano* de B. I. Fedorov (en russe).

CHAPITRE IV

L'ARCHITECTURE DES THÉORIES : LA «CONNEXION OBJECTIVE DES VÉRITÉS»

1. Une relation de fondement : la relation de raison à conséquence (Abfolge)

Avec la doctrine de la connexion «objective des vérités», Bolzano atteint le troisième niveau de l'analyse du discours scientifique. Après avoir établi l'univers des propositions en soi (niveau fondamental, ontologique) et construit un système de relations entre les propositions (niveau formel, logique), il étudie l'enchaînement des vérités qui appartiennent à un domaine déterminé du savoir (niveau systématique, axiomatique). Du plan des éléments constitutifs du discours scientifique, il accède au plan de leur réalisation dans des théories particulières.

Si l'on ne tient compte que de relations déductives qui peuvent avoir lieu entre les différentes propositions d'une science, celle-ci peut être organisée de différentes manières. Mais la structure des théories scientifiques, tout particulièrement des disciplines conceptuelles pures, ne se réduit pas à un schéma de dérivations logiques. Par rapport au plan formel des relations déductives qu'on peut y établir, un système scientifique possède, selon Bolzano, une organisation propre, irréductible à sa seule structure logique. Tout le problème consiste donc dans la détermination de critères objectifs qui permettent de saisir, parmi les multiples dérivations logiques possibles, celle dont l'architecture s'impose par certains traits remarquables. Seule une théorie dont l'organisation est conforme à de tels critères architectoniques peut être dite *fondée*.

L'idée d'une telle organisation qui fournit la clé de l'intelligibilité d'une théorie scientifique n'est pas neuve. La source de la doctrine bolzanienne des fondements est la vieille opposition aristotélicienne[1] et scolastique entre la connaissance qui établit un fait (*ὅτι, principium congnoscendi*) et la connaissance qui établit sa raison ou sa cause (*διότι, principium essendi*), perpétuée dans la distinction des philosophes allemands du XVIIIe siècle entre *Erkenntnisgrund* et *Realgrund*.

Bolzano s'inspire de cette opposition traditionnelle pour distinguer entre les démonstrations qui suivent l'ordre des connaissances et se contentent de «fabriquer la certitude» (*Gewissmachung*) et les démonstrations proprement scientifiques qui établissent la raison d'une proposition et lui donnent ainsi un fondement objectif (*Begründung*). Mais c'est surtout à Leibniz, pour qui la raison est «la cause non seulement de notre jugement, mais encore de la vérité même»[2] que Bolzano rattache son idée d'un ordre objectif des vérités. Imbu de ces distinctions, Bolzano peut alors opposer à la multiplicité des ordres des connaissances l'unicité de l'ordre des raisons, ordre qu'il appelle *connexion objective des vérités* et qui est l'idée directrice de son analyse des systèmes scientifiques.

> Dans le royaume de la vérité, c'est à dire dans l'ensemble de tous les jugements vrais règne une certaine *connexion objective*, indépendante du fait qu'elle est ou non *reconnue subjectivement* par nous, et en vertu de laquelle certains de ces jugements sont des raisons [*Gründe*] des autres et ceux-ci des conséquences [*Folgen*] des premiers. Il me semble que le véritable *but* poursuivi dans un exposé scientifique est de représenter cette connexion objective des jugements, c'est-à-dire de choisir et d'ordonner un ensemble de jugements de telle sorte que tout jugement qui est une conséquence soit aussi indiqué comme tel et réciproquement[3].

---

1. «Si les Grecs se sont élevés à une idée tellement parfaite de l'enseignement de la science, laquelle me paraît y avoir atteint sa plus haute expression, c'est parce qu'ils ont voulu reconnaître la science seulement là où l'on peut saisir la vraie raison de chaque vérité, où l'on connaît non seulement le *quoi* (*ὅτι*), mais aussi le *pourquoi* (*διότι*) de chaque chose». *WL*, IV, § 394, 15.

2. «La raison est la vérité connue, dont la liaison avec une autre moins connue fait donner notre assentiment à la dernière. Mais particulièrement et par excellence on l'appelle raison, si c'est la cause non seulement de notre jugement, mais encore de la vérité même, ce qu'on appelle aussi *raison a priori*; et la *cause* dans les choses répond à la *raison* dans les vérités. C'est pourquoi la cause même est souvent appelée *raison*, et particulièrement la cause finale. Enfin la faculté, qui s'aperçoit de cette liaison des vérités, ou la faculté de raisonner est aussi appelée *raison*». *Nouveaux Essais*, IV, chap. XVII, § 3.

3. *Beitr. Darst. Math.*, II, § 2, 39-40. Dans la *WL*, le terme *jugement* (qui, déjà dans le texte cité, est pris en un sens objectif) sera remplacé par celui de *vérité en soi* et la connexion objective des jugements deviendra la connexion objective des

Cet enchaînement des vérités est *objectif*, c'est-à-dire en soi, ce qui, aux yeux de Bolzano, entraîne l'*unicité* de l'ordre démonstratif. Non seulement un système scientifique possède un ensemble unique d'axiomes, mais encore, l'ordre de succession de ses théorèmes y est déterminé de manière unique, chaque théorème est pourvu d'une démonstration unique et chaque concept est défini de manière unique. Le but de sa doctrine des fondements n'est pas tant de justifier les axiomes ou les principes d'une théorie, mais, conformément à la tâche assignée à la théorie de la science, déterminer cette organisation unique des vérités qui constituent une science. Seul l'exposé d'une science qui s'efforce de reconstruire cet ordre théorique idéal mérite d'être appelé rigoureusement scientifique (*streng wissenschaftlich*).

Cette organisation axiomatique spécifique, objective et unique d'une théorie que sa structure formelle ne parvient pas à déterminer complètement, repose sur une relation particulière qui ne relève pas de la logique formelle seule: la relation de raison à conséquence (*Abfolge*). Ce que Bolzano appelle ainsi n'a pas d'équivalent dans la logique contemporaine[4]. La relation bolzanienne de conséquence n'est pas notre conséquence logique (au sens de Tarski) à laquelle correspond, dans le système de Bolzano, le concept de déductibilité. La distinction entre déductibilité (*Ableitbarkeit*) et conséquence (*Abfolge*) ne recouvre pas non plus notre distinction entre syntaxe et sémantique. La relation de conséquence au sens de Bolzano est une relation qui dépend de la nature particulière des concepts, et qui lie deux vérités d'un système théorique.

En quels termes analyser le concept de conséquence? Non seulement Bolzano s'avoue incapable d'en donner une définition[5], mais il

---

vérités. Il est à noter également que, dans la formation de la pensée de Bolzano, le concept de connexion objective précède la construction du système logique et en particulier le concept de déductibilité.

4. La même idée apparaît chez Georges Bouligand. Comme Bolzano, Bouligand fait appel au modèle causal et souligne le rôle du degré de généralité dans la succession des théorèmes et dans l'organisation déductive de théories mathématiques. L'un de ses exemples, le théorème de Pythagore, est en tous points semblable aux exemples de Bolzano. Cf. *La causalité des théories mathématiques*, Actualités scientif. et industr., fasc. 184, Paris, Hermann, 1934. Voir également A. Lautmann, *Essai sur l'unité des mathématiques*, coll. 10/18, Paris, 1977, en particulier p. 292. Récemment, M. Detlefsen a tenté de construire une hiérarchie fondationnelle (*grounding hierarchy*) dans la lignée de Frege tout en s'inspirant de Bolzano : «Fregean Hierarchies and Mathematical Explanation», *Studies in Philos. of Science* 3 (1988), 97-116.

5. « Soit par ignorance, soit parce que c'est impossible, nous sommes incapables de décomposer le concept de conséquence en d'autres, plus simples », *WL*, II, § 203, 352-3. Toutefois, à la fin de la section consacrée à ce concept, Bolzano

laisse ouverte la question même de sa simplicité ou complexité[6]. Ici, au moment où son exposé quitte les sentiers de la logique pure, la recherche se fait hésitante et, au fur et à mesure qu'elle avance, apparaît l'incompatibilité des éléments qui entrent dans la doctrine de la conséquence. Doctrine provisoire, de l'aveu même de Bolzano, ou plutôt fragments de doctrine, indications de chemins; pour la première fois, une interrogation aporétique qui n'est pas sûre de ses réponses ni même de sa direction se substitue à l'exposé systématique d'une théorie achevée[7].

La relation qui relie une raison à sa conséquence est donc apparemment primitive. Dans l'impossibilité de la définir, Bolzano recourt à un procédé qu'il utilise systématiquement lorsqu'il doit expliquer les concepts simples: il s'efforcera de caractériser la relation de conséquence par ses propriétés qu'il formule dans une suite de théorèmes. Ces propriétés résultent de la discussion serrée d'exemples pris dans des domaines très divers, englobant la métaphysique, la morale, la physique, les mathématiques et la logique. Il n'est pas étonnant qu'une telle diversité des champs d'application fasse apparaître des propriétés difficilement compatibles au sein d'un même concept. Aussi, un examen plus analytique de la relation de conséquence dans les «sciences conceptuelles pures» amènera Bolzano à transformer la notion traditionnelle de raison ou fondement en un concept axiomatique et à ébaucher une doctrine formelle de la notion de conséquence.

Deux concepts jouent un rôle décisif dans la détermination des propriétés de la conséquence : celui de déductibilité et celui de causalité. Commençons par la déductibilité. La différence fondamentale entre les deux concepts tient, en effet, à la nature *logique* de la déductibilité : premièrement, une déduction peut avoir lieu entre des propositions arbitraires, vraies ou fausses (à l'exception des propositions contravalides); deuxièmement, la relation de déductibilité est transitive et peut être réciproque (dans ce cas, c'est une équivalence);

---

en suggérera une définition (II, § 221, 338, note) visiblement ajoutée après coup. Nous y reviendrons.

6. Selon le § 202, Bolzano «pencherait beaucoup à le considérer [le concept de raison] comme simple» ; au § 203, il rappelle qu'il a expliqué le concept de conséquence comme simple.

7. Bolzano s'excuse d'avance auprès de ses lecteurs de ne pouvoir présenter ici un exposé aussi complet et achevé que pour les parties antérieures de la *WL*, et il continue : «Presque tout ce que je propose ici est pour moi encore mêlé de nombreuses incertitudes, sur certains sujets je n'ose porter aucun jugement décisif et dans le cas le plus favorable, mes recherches ne sont que des fragments et des indications qui auront atteint leur but, si elles ont disposé d'autres à réfléchir davantage sur ces choses». *WL*, II, § 195, 327-8.

enfin, le concept de déductibilité, comme celle de toute relation logique, fait intervenir les notions de forme propositionnelle et de variable. Il n'y a rien de tel pour la relation de conséquence. Celle-ci est définie uniquement entre des propositions vraies, elle est irréflexive, asymétrique et non transitive; enfin, elle lie des vérités particulières, indépendamment de toute variation. Les deux relations, la déductibilité et la conséquence, sont indépendantes, mais compatibles : la même proposition peut être à la fois *déduite* à partir d'une classe de propositions et être leur *conséquence*. Bolzano distingue ces deux cas : une relation de conséquence qui a lieu en dehors de la déductibilité sera appelée conséquence *matérielle* (*materiale Abfolge*), une relation de conséquence qui est en même temps une relation de déductibilité sera dite conséquence *formelle* (*formale Abfolge*)[8].

En tant que relation élémentaire, la conséquence est une relation qui relie *deux* vérités. Or, une vérité-conséquence ne dépend pas forcément d'une seule vérité qui serait sa raison :

> On peut déduire de la loi morale suprême le commandement «tu ne mentiras point» de diverses manières, invoquant, à chaque fois, un des nombreux préjudices que le mensonge inflige au bien général. Chacune de ces déductions pourrait mériter le nom de conséquence [*Abfolge*]. De même, on le sait, il existe une infinité de liaisons diverses entre deux ou plusieurs forces mécaniques, toutes équivalentes, parce que, en tant que causes, elles produisent exactement le même mouvement comme effet[9].

Pour préserver l'unicité de la relation de conséquence (et de son inverse), Bolzano appelle l'ensemble des vérités dont chacune contribue à fonder objectivement une vérité donné la raison *totale* de cette vérité; les vérités particulières qui composent la raison totale sont dites raisons *partielles*. De manière analogue, l'ensemble des conséquences partielles d'une certaine raison sera appelée conséquence *totale*. Les

8. En se fondant sur un passage du § 162, G. Buhl pense que la conséquence formelle peut avoir lieu aussi entre les propositions fausses. Or, Bolzano y explique seulement que «les propositions qu'on obtient à partir d'une proposition vraie donnée en y échangeant de manière arbitraire les représentations, ne sont pas forcément toutes vraies» et que, dans ce cas, la conséquence formelle ne peut relier que des propositions *vraies* parmi celles, vraies ou fausses, que relie la relation de déductibilité (*WL*, II, § 162, 192). Ailleurs, Bolzano mentionne toujours que l'*Abfolge* n'a lieu qu'entre les propositions vraies. Voir G. Buhl, «Ableitbarkeit und Abfolge in der Wissenschaftstheorie Bolzanos», *Kantstudien*, Ergänzungshefte 83 (1961), 26.

9. *WL*, II, § 206, 359.

différentes déductions de la loi morale suprême[10] ne tiennent en réalité compte que de différentes raisons *partielles* dont la réunion forme la même raison totale, exactement comme dans le cas de la composition des forces. Comme on le voit, ce sont, entre autres, la considération des conséquences dans la morale, et l'analyse des conditions d'équilibre dans la statique, qui amènent Bolzano à généraliser la relation de conséquence à des ensembles de vérités. Bolzano en tire également l'idée selon laquelle il n'y a pas d'ordre hiérarchique entre les différentes propositions qui composent la raison totale (ou la conséquence totale)[11].

L'exemple de la composition des forces conduit à une classe particulièrement importantes de propositions reliées par la relation de conséquence : les propositions qui énoncent un rapport de causalité. Ce sont elles qui confèrent à l'*Abfolge* le caractère d'une relation à la fois matérielle et particulière, dépendante des concepts qui figurent dans les propositions qui sont ainsi reliées. Si les rapports de causalité constituent l'un des modèles pour l'*Abfolge*, à son tour, comme chez Leibniz, la causalité sera absorbée par la relation de conséquence. Nous en reparlerons.

Venons-en aux exemples. Bolzano les puise dans les disciplines les plus variées : dans la physique, la géométrie et la morale, ainsi que dans la logique et les mathématiques :

Il fait plus chaud en été qu'en hiver
―――――――――――――――――――――――
Le thermomètre monte plus haut en été qu'en hiver

(1, exemple);

L'ombre projetée par la terre sur la lune est circulaire
―――――――――――――――――――――――
La terre est ronde (2, exemple *a contrario*);

10. Toutefois, dans *Dr. Bolzano und seine Gegner* de 1839 (p. 58), Bolzano considère la loi morale suprême comme vérité primitive.

11. «En ce qui concerne les concepts de cause et d'effet, l'ordre dans lequel on peut se représenter les parties qui composent l'un et l'autre est fondamentalement indifférent. On peut établir la formule d'une résultante qui équivaut à des forces extérieures données en considérant que cette formule doit fournir le même résultat quel que soit l'ordre dans lequel on prend ces forces extérieures». *WL*, II, § 211, 369-70.

La somme des angles d'un triangle est égale à deux angles droits,
Tout quadrilatère peut être décomposé en deux triangles,
La somme des angles de ces deux triangles est égale à la somme des angles d'un quadrilatère

---

La somme des angles d'un quadrilatère est égale à quatre angles droits (3, exemple);

Notre devoir est de faire tout ce qui augmente la somme du bien général

---

On ne doit pas mentir,
On doit partager le surplus avec ceux qui sont dans l'indigence
⋮ (4, exemple).

Dans les exemples 3 et 4, plusieurs vérités composent une raison ou une conséquence totales.

Les exemples 1 et 2 ne sont pas différents de ceux par lesquels Aristote dans les *Seconds Analytiques* illustre la distinction entre une démonstration qui reproduit notre progression du connu vers l'inconnu et une démonstration fondée sur la cause. Pour rappeler un de ses exemples, la raison pour laquelle une planète est proche n'est pas le fait qu'elle ne scintille pas, bien que la connaissance de ce fait nous permette d'estimer la distance d'une planète; au contraire, elle ne scintille pas précisément parce qu'elle est proche. Bolzano ne cesse de souligner la même distinction :

> Il est vrai, nous utilisons parfois l'expression suivante : «la vérité *Il fait plus chaud en été qu'en hiver* se fonde sur cette autre vérité, *En été, le thermomètre monte plus haut qu'en hiver*». Or, nous nous apercevons vite que justement nous n'avons voulu parler que de la *connaissance* de ces vérités, que nous avons seulement voulu indiquer que la *connaissance* d'une de ces vérités *produit* la connaissance de l'autre[12].

L'exemple 1 représente une conséquence formelle : si l'on considère les représentations «été» et «hiver» comme variables, la conséquence peut en même temps être déduite de sa raison.

Pourquoi alors affirmer l'autonomie de la relation de conséquence par rapport à la déductibilité? Deux raisons semblent militer en faveur de l'indépendance de ces deux concepts.

12. *WL*, II, § 198, 340.

La première tient à l'analyse bolzanienne de la causalité. Bolzano définit en effet un énoncé de causalité en termes de raison et de conséquence :

> J'appelle un objet A cause (tantôt cause totale, tantôt seulement cause partielle) d'un autre B lorsque la proposition *A existe* contient la raison (totale ou au moins partielle) de la proposition *B existe*. En vertu de ce concept, toute cause est quelque chose de réel; cependant, rigoureusement parlant, elle n'est jamais une substance, mais seulement une force ou adhérence d'une substance particulière ou d'une collection de plusieurs substances[13].

Ainsi, la proposition «Dieu est la cause du monde» énonce, en réalité, que la vérité «Dieu existe» est la raison de la vérité «il existe un monde»[14].

L'assimilation de la causalité à la relation de raison à conséquence est facilitée par l'idée que la cause (totale) et son effet immédiat sont *simultanés* :

> Dès qu'une cause complète commence à *être*, elle commence à *agir*: car son être est l'agir. Lorsqu'elle commence à agir, à son tour, un effet commence à être; et lorsque au contraire la première cesse, celui-ci doit cesser également[15].

Les relations causales n'ont lieu que parmi les choses réelles, existantes; *cause* se traduit donc par *raison* dans l'ordre des choses existantes. C'est aussi pourquoi l'*Abfolge* bolzanienne ne saurait se réduire à une relation logique, étant donné que le lien causal ne relève pas de la logique déductive, mais seulement de la logique des probabilités.

Il en est ainsi, comme l'explique cette fois-ci Bolzano lui-même, également pour les relations entre les propositions pratiques et en particulier pour le fondement de la loi morale suprême (citée comme prémisse dans notre exemple 4). En fait, rappelle Bolzano, la loi morale suprême, qui est de la forme «on doit faire (vouloir) A», n'est qu'une raison partielle des vérités pratiques qui sont ses conséquences. La raison totale de toutes les vérités pratiques contient la loi morale suprême, mais aussi une certaine proposition théorique qui est de la

---

13. *WL*, III, § 379, 497. C'est la notion de cause au sens strict. Au sens large, Bolzano admet néanmoins qu'on puisse parler de substances comme causes. Il distingue deux espèces de causes : celles qui agissent instantanément (la force créatrice divine par exemple) et celles dont l'action s'étend à travers le temps (forces physiques). Les premières relèvent de l'analyse conceptuelle seule, donc de la métaphysique; nous concluons aux secondes à partir de perceptions.

14. *WL*, II, § 201, 349.

15. *Zus. Kräfte*, § 12, 434.

forme «X est une condition nécessaire pour qu'on puisse faire A». Or X, la condition nécessaire de la loi morale suprême, est l'énoncé de sa possibilité, de sorte que l'exemple 4 doit être complété de la manière suivante :

On doit faire (vouloir) A,
Pour qu'on puisse faire (vouloir) A, A doit être possible
———————————————————————
⋮ (4′, exemple).

où A désigne «tout ce qui augmente la somme du bien général». Or, les deux raisons citées dans les prémisses sont, à leur tour, ordonnées selon la relation de conséquence, de telle sorte que la loi morale suprême soit fondée sur une vérité théorique qui énonce sa possibilité. Ce rapport de conséquence entre une vérité théorique et une vérité pratique prouve en même temps l'impossibilité d'établir une relation déductive entre les deux :

> Etant donné qu'aucune des vérités dont la réunion a pour conséquence la vérité «On doit faire A» ne peut contenir le concept de devoir (n'énonce un devoir), car elle deviendrait de ce fait pratique, on voit bien qu'aucune des règles usuelles d'inférence ne justifie d'inclure la loi morale suprême] dans la conclusion[16].

Bolzano affirme ici l'irréductibilité de la conséquence à une relation déductive en vertu de l'impossibilité de déduire une vérité pratique à partir de vérités purement théoriques.

Nous sommes maintenant en mesure de préciser davantage le rapport entre la relation de conséquence et la déductibilité. Une déduction est une opération formelle dans le sens où elle fait appel aux *formes* des propositions et aux variables et peut se dérouler suivant certaines règles fixées dans des schémas d'inférence. En revanche, une relation de conséquence est une relation matérielle qui, du fait même qu'elle dépend du «caractère particulier des représentations»[17] dont se composent les vérités reliées par cette relation, échappe à «toute règle de déduction universellement valide»[18]. Avec une telle relation objective, primitive, non formalisable, mais fondamentale et indispensable pour établir l'ordre «objectif» entre les vérités d'un système scientifique, on se trouve aux antipodes d'un traitement formel d'une théorie axiomatique.

---

16. *WL*, II, § 200, 348.
17. «die Eigentümlichkeit der Vorstellung selbst, aus welchen diese Inbegriffe von Wahrheiten zusammengesetzt sind»; *ibid.*
18. *WL*, IV, § 541, 312; cf. également *WL*, II, § 200, 348.

2. *La relation de conséquence dans les sciences conceptuelles pures.*

A quel critères reconnaîtra-t-on une relation de conséquence ? La question se pose avec insistance dans les « sciences conceptuelles pures », en mathématiques et en logique. Les relations de conséquence doivent être établies conjointement avec les relations déductives et l'ordre des raisons doit y privilégier une organisation particulière parmi d'autres également possibles.

Examinons d'abord quelques exemples logiques :

Socrate était Athénien,
Socrate était philosophe
____
Socrate était Athénien et philosophe (5, exemple);

Ce qui est A, est B
____
Ce qui n'est pas B, n'est pas A (6, exemple);

A
____
A est vrai (7, exemple).

Ici, la différence entre la raison (totale) et la conséquence est d'un tout autre ordre que dans les exemples 1 et 2 où le critère de la relation de conséquence consiste dans le lien de causalité. Nos trois derniers exemples sont tous exemples de déductibilité, donc de conséquence *formelle*. La relation de conséquence ne peut plus y être justifiée par un lien matériel entre les vérités, qui relève de la nature particulière des concepts. Comment la définir ?

Plusieurs mémoires mathématiques de Bolzano s'efforcent de fonder objectivement, c'est-à-dire d'ordonner selon la relation de conséquence, des théorèmes d'analyse ou de géométrie. Dans la démonstration du théorème sur l'existence d'une racine d'une fonction continue dans un intervalle où elle change de signe (théorème du *Rein analytischer Beweis*), le critère d'un tel fondement est la *généralité* : généralité des raisons aussi bien que du théorème lui-même. Celui-ci, considéré avant Bolzano comme un énoncé de la théorie des équations dont la vérité repose sur l'intuition géométrique, acquiert un statut analytique et relève désormais des mathématiques pures. Aussi, sa démonstration au sens de fondement objectif fait maintenant appel à des moyens proprement analytiques dont la généralité dépasse les ressorts de la géométrie, et devient l'occasion de l'élaboration rigoureuse des concepts aussi importants que le concept de continuité, concept de borne supérieure et le critère de convergence de Bolzano-Cauchy.

Le même critère de généralité est à l'œuvre dans les mathématiques appliquées, en particulier en géométrie et en mécanique. Ainsi, le concept général de similitude devient un principe métamathématique qui fonde aussi bien la théorie des parallèles que la théorie de la rectification des courbes et la mécanique. Il en est encore de même dans deux autres mémoires où Bolzano se propose de donner un fondement objectif à la tridimensionalité de l'espace et à la règle du parallélogramme des forces. L'existence de trois dimensions de l'espace est déduite à partir de la chronométrie[19]. L'espace a *trois* dimensions parce qu'on peut déterminer conceptuellement tout instant t par les *trois* données suivantes : l'origine, l'ordre de succession et la longueur de l'intervalle qui relie l'instant t à l'origine. Bolzano croit, bien à tort, avoir trouvé là le lien entre le temps et l'espace, les deux étant des déterminations de substances. Par une insertion analogue dans une chaîne démonstrative où le théorème à démontrer devient un cas particulier d'une proposition plus générale qui appartient à une discipline hiérarchiquement supérieure, Bolzano pense fonder objectivement la règle de la composition des forces en la ramenant à la règle, unique sous certaines conditions, de la composition des mouvements[20].

Bien que la plupart de ces tentatives n'aboutissent pas, le relatif échec de Bolzano en géométrie est largement compensé par sa réussite éclatante en analyse. Mais la géométrie, dans sa formulation euclidienne, fournit à Bolzano un exemple unique d'une théorie axiomatisée qui lui donne l'occasion de développer de manière plus systématique des remarques dispersées sur le problème des fondements et sur l'organisation des propositions dans une théorie mathématique. Il le fait en particulier dans le fragment *Anti-Euklid*[21], où il soumet à la critique aussi bien la méthode de démonstration que l'ordre adopté par l'auteur des *Eléments*.

Prenons le premier théorème du livre I de *Eléments* qui enseigne la construction d'un triangle équilatéral dont la longueur des côtés est donnée. Dans l'interprétation de Bolzano, ce théorème affirme, pour

19. *Versuch einer objektiven Begründung der Lehre von den drei Dimensionen des Raumes* (1843), *Gesamtausgabe* I 18. Pour Bolzano, la chronométrie, qui précède la géométrie dans la hiérarchie des disciplines mathématiques appliquées, n'est pas la science de la mesure du temps, mais la science des propriétés du temps exprimables par des concepts purs.

20. *Versuch einer objektiven Begründung der Lehre von der Zusammensetzung der Kräfte* (1843), *Gesamtausgabe* I 18.

21. Publié par K. Večerka in *Sborník pro dějiny přír. věd* (*Acta hist. rer. nat.*, Prague), 11 (1967), 203-16.

tout couple de points (a,b), l'existence d'un point c tel que les distances entre les trois points soient toutes égales.

> Comment démontre-t-on cette vérité simple (dont on n'a point besoin de démontrer la certitude, mais qui nécessite bien une démonstration au sens de fondement objectif) dans les traités de géométrie ? On fait passer par les deux points a et b un plan illimité, on affirme la possibilité de deux cercles qui ont pour centre a et b et pour rayon ab ; ce qui veut dire qu'on suppose d'abord l'existence d'un ensemble infini de points qui ont la distance ab de a, et un autre ensemble infini de points qui ont la distance ab de b, points situés tous dans le plan illimité qui passe par a et par b, et on suppose en plus que ces deux ensembles infinis forment deux lignes. Au sujet de ces deux lignes, on affirme ensuite qu'elles doivent se couper, c'est-à-dire qu'elles doivent avoir un ou plusieurs points communs. C'est sans aucun doute vrai ; mais cette vérité n'est manifestement qu'une conséquence de la vérité qu'il y a des points, par exemple c, dont la distance de a et de b est égale à ab[22].

Voici comment Bolzano restitue et justifie l'enchaînement objectif des vérités qui ont ce théorème pour conséquence. Tout d'abord, pour lui, l'existence d'un point d'intersection des deux cercles n'est pas donnée par la construction. Au contraire une telle construction ne peut aboutir que parce qu'elle opère sur un ensemble de points déjà existants dans lesquels elle distingue certains sous-ensembles (les deux cercles) et certains points. Mais la recherche du fondement objectif du théorème d'Euclide ne s'arrête pas là. L'enchaînement des propositions qui doivent combler la lacune euclidienne (l'absence de la démonstration qui assurerait l'existence d'un point d'intersection de deux cercles conformément aux conditions du théorème 1 du livre I des *Eléments*) amène Bolzano à envisager certaines propriétés des objets géométriques qui sont moins évidentes que les propriétés métriques, à savoir les propriétés topologiques de l'espace. Par exemple, le fait que le cercle soit une ligne fermée et que, par conséquent, certains points du plan se trouvent à l'intérieur, d'autres à l'extérieur du cercle, ou le fait qu'« une ligne connexe qui relie un point situé à l'extérieur d'une ligne fermée et dans le même plan avec un point situé à l'intérieur de la ligne fermée, doit couper la ligne en ce point etc. etc. »[23]. Pour le formuler brutalement : est-ce que l'existence d'un

22. *Anti-Euklid*, 3v., *Sborník*, 211.
23. *Ibid.* Pour des développements analogues, voir aussi *Zus. Kräfte*, 433, *WL*, IV, § 525, 262-3 et ailleurs.

triangle équilatéral dépend objectivement de la connexité du cercle? Bolzano ne saurait l'admettre. Par conséquent, la construction du triangle équilatéral ne dépend pas de l'existence d'un point d'intersection de deux cercles; au contraire, l'existence d'un tel point d'intersection dépend de théorèmes préalables parmi lesquels on trouve également le théorème 1 du premier livre d'*Eléments*.

L'analyse bolzanienne de cette démonstration y décèle des présupposés existentiels et révèle d'emblée l'opposition entre Bolzano et Euclide dans la question de l'existence des objets mathématiques. Bolzano inverse la conception euclidienne selon laquelle l'existence résulte d'une construction de l'objet : pour lui, une construction n'est possible que si l'objet *existe* antérieurement à toute construction. L'espace est donné d'emblée dans sa totalité. L'existence d'un objet mathématique ne dépend pas de nos moyens effectifs de l'atteindre, de le décrire, de le caractériser ou de le construire; elle est assurée par la démonstration de sa *possibilité*, c'est-à-dire par la décomposition de son concept. Un objet pourra alors être déclaré comme existant, par définition du terme possible, si ses propriétés ne contredisent aucune vérité conceptuelle pure.

Les deux conceptions sont exactement inverses l'une de l'autre. Pour Euclide, un objet ne saurait être admis comme existant que s'il est constructible par la règle et le compas. Etant donné que la possibilité de ces constructions découle des postulats, une telle exigence revient, comme l'affirme Bolzano, à fonder l'existence des objets moins dans les constructions particulières que dans les thèses fortes du système qui affirment l'existence des droites, des cercles et des plans.

La géométrie théorique doit suivre le chemin inverse en partant d'un système de points et des prédicats primitifs de ce système pour aboutir aux objets aussi complexes que sont la droite, le cercle et le plan. Surtout, la géométrie théorique n'a pas à se préoccuper des procédés effectifs de construction de ses objets :

> Pour un exposé *théorique* des mathématiques, il suffit de prouver la *possibilité* de toute combinaison de concepts qu'on établit. Comment et de quelle manière on peut représenter un *objet* analogue à ce concept *dans la réalité*, cela appartient à la *mathématique pratique*[24].

Par une telle interprétation, Bolzano altère le sens des constructions euclidiennes. En particulier, il méconnaît totalement l'*effectivité* des procédés postulés par Euclide, qu'il assimile aux manipulations

24. *Beitr. Darst. Math.*, II, § 37, 131-2. Cf. également notre développement sur la refonde de l'ordre euclidien (ci-dessus, Ière partie, I, § 2).

empiriques de la règle et du compas. Pour lui, une construction n'est que la traduction d'un enchaînement démonstratif des vérités en une suite d'opérations géométriques qui en représentent une réalisation concrète. Bolzano ne voit dans les constructions que restrictions et limitations arbitraires de la puissance théorique; cette limitation dépend de la nature des instruments employés et «trahit très nettement son origine empirique». Qu'est-ce qui se trouve, en effet, à l'origine des objets primitifs de la géométrie euclidienne, du plan, du cercle et de la droite sinon «la table, le compas et la règle [qui] sont des outils les plus simples dont on s'est servi d'abord pour dessiner?»[25]

On voit surtout de quelle manière la question du rôle des constructions dans les démonstrations de l'existence intervient dans la détermination de l'ordre axiomatique «objectif» de la géométrie. Selon Bolzano, la règle de constructivité oblige Euclide à postuler d'avance l'existence d'objets géométriques complexes pour en déduire l'existence d'objets plus simples, et à modifier dans le même sens l'ordre des théorèmes. Euclide démontre, par exemple, la proposition qui, deux points étant donnés, énonce l'existence d'un point médian à partir du postulat de l'existence d'une droite passant par ces deux points bien que la première proposition soit plus simple.

La même règle méthodologique de progression du simple au complexe préside à la démonstration du postulat des parallèles. C'est précisément parce que le Ve postulat d'Euclide est une proposition complexe qui, en dehors des termes primitifs, contient des concepts définis, qu'il ne saurait jamais prétendre au titre d'axiome au sens propre du mot, au titre de vérité primitive. Bolzano attache une grande importance à sa réforme de la géométrie élémentaire où il croit avoir découvert le modèle même de la connexion objective entre les vérités, en déduisant le postulat des parallèles de la vérité simple et universelle qu'est l'énoncé du principe de similitude. Objecterait-on que les deux propositions sont équivalentes et qu'il n'y a pas lieu d'accorder la priorité déductive à l'une plutôt qu'à l'autre? On touche ici la racine de la distinction entre les relations logiques extensionnelles comme la déductibilité, et la relation de conséquence où interviennent des considérations intensionnelles relatives à la complexité des propositions et des représentations. C'est cette complexité qui fournit à Bolzano un critère lui permettant de définir un ordre là où la logique extensionnelle seule ne saurait trancher : «toutes les vérités équivalentes à une

25. *Ibid*.

vérité particulière M et qui sont plus complexes que M ne peuvent être que ses conséquences»[26].

Revenons au concept général de conséquence. Trois modèles concourent à le caractériser : le modèle causal qui apporte l'idée d'un lien proprement matériel, particulier, mais uniforme; le modèle «pratique» du fondement de la morale qui impose l'idée d'une relation dépendante de la nature particulière des concepts; enfin, le modèle logico-mathématique qui opère avec des critères formels de généralité et de simplicité. Les propriétés que ces modèles impriment à la relation de conséquence sont si différentes, voire incompatibles, qu'il y a lieu de se demander si l'on peut parler d'un seul concept. La relation de conséquence se veut à la fois expression fondamentale et adéquate du lien causal entre deux états d'un système d'objets réels et relation d'enchaînement entre les propositions vraies. Or, les critères de simplicité et de généralité ne s'appliquent pas à la relation causale; d'autre part, rien dans l'organisation des systèmes déductifs ne rappelle cette relation «toute intérieure» qu'est le lien causal. Il n'est point étonnant dès lors que Bolzano ne soit pas parvenu à définir le concept, c'est-à-dire à réunir les différentes composantes dans un tout.

Cependant, tout à fait à la fin de son texte, en se limitant aux «sciences conceptuelles pures», Bolzano réussira à indiquer le chemin qui lui permettra de dépasser les exigences incompatibles imposées par la tradition et de proposer une définition de la relation de conséquence de manière purement formelle.

3. Théorie de la démonstration et axiomatique.

Après avoir parcouru un champ d'exemples suffisamment variés, nous sommes maintenant en mesure d'en tirer les conclusions et de formuler des propriétés générales et des critères auxquels doit obéir la relation de la conséquence. La doctrine de l'*Abfolge* est au cœur de la théorie bolzanienne de la science. Tout l'effort du logicien Bolzano tend vers l'élaboration de propriétés structurelles permettant de *fonder* la science grâce à la connexion objective de ses théorèmes. Cette connexion se réalise par des chaînes démonstratives. La formulation abstraite des propriétés de l'*Abfolge* constitue la théorie bolzanienne de la démonstration. Mais indiquons d'abord la classification générale des démonstrations :

26. *WL*, II, § 221, 387. Sur le postulat des parallèles et la théorie de la similitude, voir *Über Haltung*, 140.

- démonstrations
  - directes
  - indirectes
    - apagogiques
    - régressives
    - par induction
      - complète
      - incomplète

A plusieurs occasions, nous avons pu nous rendre compte que les seules démonstrations véritablement scientifiques sont des *Begründungen*, celles dont les prémisses sont en même temps des raisons ou fondements, des *Gründe* de leurs conclusions. Toutes les autres ne sont que des *Gewissmachungen* : celles qui font appel à l'intuition, à l'évidence, aux concepts étrangers ou éloignés, celles qui tentent de démontrer une vérité générale à partir de vérités particulières et même celles, logiquement irréprochables, qui consistent en une suite d'inférences sans toutefois montrer la *raison* de la vérité ainsi démontrée. Tournons nous vers les premières.

Il est indispensable de clarifier d'abord une question de terminologie. Dans l'enchaînement objectif des vérités, la même proposition assume successivement le rôle de raison et celui de conséquence. Comment caractériser ces chaînes de raisons lorsqu'on refuse, comme le fait Bolzano, de considérer la relation de conséquence comme transitive ? Notre auteur propose un nouveau concept qui est la généralisation de celui de raison : le concept de *vérité préalable* (*Hilfswahrheit*). Les vérités préalables d'une vérité donnée A sont toutes celles «que nous rencontrons dans le procédé de remontée de la conséquence à sa raison lorsque nous commençons à partir d'une certaine vérité A»[27]. Bolzano définit ensuite la relation inverse de la précédente : la dépendance. Les *vérités dépendantes* (que Bolzano appelle parfois *conséquences éloignées*, *entfernte Folgewahrheiten*, tout comme il appelle les vérités préalables également *raisons plus éloignées*, *entferntere Gründe*) sont donc celles qu'on rencontre à partir d'une vérité donnée en descendant selon la relation de conséquence.

Dans les sciences conceptuelles pures, la relation de conséquence possède des propriétés spécifiques.

27. *WL*, II, § 217, 377. Dans *WL* IV, Bolzano utilisera un terme semblable, *Hilfssatz*, que nous traduirons par *proposition auxiliaire*, pour désigner les propositions qui servent de principes dans une science, mais qui sont empruntées à une autre science.

1) Aucune vérité conceptuelle pure ne saurait être conséquence d'une vérité empirique. L'ensemble des vérités conceptuelles pures est clos par rapport à la relation «être raison». En revanche, la conséquence d'une vérité conceptuelle pure peut très bien être une vérité empirique.

2) Les raisons l'emportent sur les conséquences par leur *généralité*. Des deux propositions qui sont en relation d'*Abfolge*, la plus générale est la raison de l'autre. Une proposition est plus générale qu'une autre lorsque son sujet ou son prédicat ont une extension plus grande que le sujet ou le prédicat de l'autre. Ce critère admet néanmoins des exceptions. Prenons deux exemples.

a) Des deux propositions suivantes :

> La somme des angles d'un triangle est égale à 2R (deux angles droits),
>
> La somme des angles d'un polygone convexe est n=(n–2)2R,

la dernière, bien que plus générale, est objectivement fondée dans la première.

b) La formulation bolzanienne du principe de similitude :

> Toutes les lignes, surfaces et solides semblables sont dans le même rapport [*sich so verhalten*] que les lignes, surfaces et solides qui en sont dérivés de manière semblable[28].

Ce principe est beaucoup plus général que les différentes propositions établies pour chaque cas d'espèce : pour les circonférences et les surfaces des polygones semblables, pour les prismes etc. Cependant, lorsqu'il ne vise pas une présentation rigoureusement scientifique de la géométrie, Bolzano hésite à avancer un principe aussi général et finit par adopter un point de vue pragmatique. Les avantages que procure l'établissement d'une proposition générale (possibilité d'en déduire un plus grand nombre de vérités), peuvent être neutralisés par les dangers d'une généralisation abusive : «De l'autre côté, l'expérience nous enseigne que nous appliquons très peu les vérités trop générales» et que, souvent, nous ne les avons pas à l'esprit lorsqu'il faudrait en déduire des vérités particulières[29]. Lors de la présentation d'une science, nous pouvons choisir l'ordre en posant en premier lieu, selon les cas, ou bien une proposition générale qui favorise davantage l'exercice de la pensée, ou bien une proposition particulière qui se prête mieux aux applications.

---

28. *WL*, IV, § 444, 111.
29. *Ibid.*, 112.

3) La relation de conséquence ordonne les chaînes déductives selon le *degré de complexité*, mesuré par le nombre de concepts simples qui figurent dans une vérité. Une vérité dont le degré de complexité est supérieur à celui d'une autre vérité ne saurait être la raison de cette dernière. C'est pourquoi même une inférence aussi élémentaire que l'inférence syllogistique en *barbara* ne saurait être tenue pour une *Abfolge* si la complexité des prémisses est supérieure à celle de la conclusion[30].

Lequel des deux critères, celui de généralité et celui de simplicité, a la préférence lorsqu'ils entrent en conflit? Dans ce cas, c'est la simplicité qui l'emporte sur la généralité. Pour les mathématiques vaut la règle suivante :

> *La vérité plus simple doit toujours précéder la vérité plus complexe* et, *lorsque le degré de complexité est le même, la vérité plus générale doit toujours précéder la vérité plus particulière*[31].

Pour prendre un exemple, la formule du binôme pour l'exposant réel ou complexe est beaucoup plus générale que le théorème qui l'énonce pour un exposant entier positif. Néanmoins, le premier est considérablement plus complexe, puisque le concept de puissance dont l'exposant est une grandeur arbitraire est beaucoup plus complexe que celui de puissance entière positive. La démonstration conforme à l'ordre des raisons commencera donc avec la formule pour l'exposant entier positif, puis négatif, puis rationnel, enfin réel et complexe.

Reste un problème important que nous n'avons pas encore touché. La remontée à partir d'une vérité vers les vérités dont elle dépend, se poursuit-elle indéfiniment ou bien s'arrête-t-elle avec des vérités ultimes ou primitives, de vrais axiomes? Comme Aristote, Bolzano croit à l'existence de principes ultimes, de vérités primitives *an sich* : celles qui n'ont pas de raisons de leur vérité ou encore, celles qui ne sont conséquences d'aucune autre vérité. En outre, il croit avoir *démontré* leur existence.

Contrairement à Aristote et à ses successeurs, il change le statut des axiomes. Un principe, une vérité primitive, un axiome n'est plus une vérité immédiatement certaine ou évidente par elle-même, qui pour cette raison n'a point besoin d'être démontrée. Bolzano rompt avec l'exigence de l'évidence des principes qui serait supérieure à celle des théorèmes qui en découlent. L'évidence admet des degrés, dépend des

30. Cette règle ne vaut pas pour les propositions empiriques (propositions contenant une intuition).

31. *Einl. GL*, II, § 17, 69v.

circonstances tout à fait contingentes comme l'expérience ou l'apprentissage antérieurs et varie de personne à personne. Fait plus important encore : certains théorèmes peuvent à bon droit être considérés comme intuitivement plus évidents que les principes dont ils ont été déduits. L'évidence ne saurait constituer un critère pour décider si une proposition est ou non un principe, une vérité primitive.

A l'absolutisme de l'évidence, Bolzano oppose un autre absolutisme : celui d'unicité des principes, d'unicité des démonstrations, d'unicité de la connexion objective des vérités. La fonction des principes proprement dits est pour Bolzano tout autre : ce sont les commencements des démonstrations qui l'emportent sur les autres propositions par leur généralité et leur simplicité. Les vérités primitives sont des commencements *absolus*.

Pour une attitude aussi rigoureuse, bon nombre de propositions tenues généralement pour axiomes sont en réalité les vérités que nous ne sommes pas encore en mesure de démontrer; une liste de tels axiomes s'apparente à une *liste de dettes*. N'est-ce pas un des grands mérites de Leibniz d'avoir voulu démontrer les axiomes mêmes?

> Euclide et ses prédécesseurs ont démontré ce qu'ils étaient capables de démontrer; la célèbre proposition sur les parallèles et d'autres propositions ont sûrement été rangées parmi ce qu'on a appelé *κοιναὶ ἔννοιαι*, parce qu'ils ne les savaient pas démontrer[32].

Dans les *Beiträge* de 1810, l'existence des vérités primitives est comme chez Aristote fondée sur l'impossibilité d'un regressus à l'infini dans les démonstrations. Mais l'argument invoqué par Bolzano est spécieux : cette impossibilité se manifeste par une contradiction. Où est la contradiction? Comme pour les paradoxes de Zénon, «même si l'on ne la trouve pas sur *ce* chemin, on doit néanmoins la considérer comme *présente*»[33].

Quel est donc le critère permettant de déterminer les principes véritables, les vraies vérités primitives (les *Beiträge* utilisent indifféremment le terme de *Grundsatz* et de *Grundwahrheit*)? En 1810, Bolzano avance déjà le critère de simplicité et il le répétera dans *Die drei Probleme der Rectification* : seules peuvent prétendre au titre de principe les propositions dont le sujet, le prédicat et la copule sont simples. Selon les *Beiträge*, une proposition de la forme «A est B» est primitive seulement si A et B sont des concepts primitifs (i. e. simples) et s'il n'existe aucune proposition X telle que «A est X» et «X est B».

---

32. *Beitr. Darst. Math.*, II § 10, 60-1. Bolzano englobe dans les notions communes également les postulats euclidiens.

33. *Ibid.*, 70.

Une condition aussi contraignante nous prive évidemment de toute chance de fonder les théories mathématiques sur des vérités primitives au sens de Bolzano.

La doctrine de la maturité, développée dans la *WL* et résumée dans l'Introduction à la *Grössenlehre*, est autrement subtile. Tout d'abord, Bolzano dissocie la notion de vérité primitive, *Grundwahrheit*, de celle de principe, *Grundsatz*.

Un principe objectif est une vérité à partir de laquelle on peut obtenir toutes les propositions d'une science comme conséquences (immédiates ou éloignées), le plus souvent en association avec d'autres principes. Les principes doivent évidemment être vraies. Cependant, ils ne sont pas nécessairement indémontrables; ils peuvent servir de point de départ aux démonstrations dans une science tout en étant des théorèmes empruntés à une autre science[34]. Un principe n'est donc qu'une raison *partielle* (immédiate ou éloignée) des énoncés de la science en question. Désormais, les vrais axiomes, les indémontrables en soi sont non pas les *Grundsätze*, mais les *Grundwahrheiten*, les vérités primitives.

Cette fois-ci, c'est encore la notion de complexité qui servira de critère de vérité primitive, mais Bolzano en proposera une preuve plus convaincante. Il reconnaît cependant qu'il n'est vraiment satisfait d'aucune démonstration de l'existence des vérités primitives et le seul exemple qu'il peut en donner est la proposition *Il existe quelque chose*[35]. De plus, il devra se limiter au champ des vérités conceptuelles pures. L'existence des vérités primitives résultera alors de la thèse suivante : toute vérité conceptuelle pure de degré de complexité *fini* peut se ramener aux vérités primitives par une chaîne *finie* de raisons.

Cette thèse repose sur une hypothèse également très forte : l'existence d'un ensemble *fini* de concepts simples. C'est de la finitude de cet ensemble que découle l'existence de vérités conceptuelles pures primitives. En effet, dire que l'ensemble des vérités préalables d'une vérité conceptuelle pure de complexité finie donnée est infini, c'est contredire l'une des deux propriétés des vérités conceptuelles pures indiquées ci-dessus : la clôture des vérités conceptuelles pures par rapport à la relation «être raison», ou la hiérarchie des degrés de complexité. Bolzano exprime sa thèse de la manière suivante :

> Si nous pensons réunies dans une collection toutes les vérités conceptuelles pures dont la complexité ne dépasse pas une cer-

34. Le principe de la morale *humaine* (promouvoir le bien de tous conformément au jugement des hommes) dépend objectivement de la loi morale suprême (promouvoir le bien général) qui vaut pour tous les êtres.

35. *WL*, II, § 214, 374-5.

> taine limite (par exemple toutes les vérités qui ne contiennent pas plus de cent parties simples), il s'ensuit de ce qui précède que chaque vérité qui y figure et qui n'est pas primitive trouve dans cette provision de vérités non seulement sa raison prochaine, mais aussi toutes ses raisons éloignées[36],

y compris les vérités primitives. Pour un ensemble de vérités conceptuelles pures de degré de complexité fini est donc toujours définie une partition unique entre les vérités primitives et les propositions démontrées.

Le caractère primitif ou dérivé d'une vérité doit faire l'objet d'une démonstration particulière que Bolzano appelle *deductio*. Une *deductio* prouve donc qu'une vérité donnée ou bien dépend d'autres vérités ou bien n'est conséquence d'aucune autre vérité.

Bolzano propose maintenant de représenter la structure démonstrative de la science par des diagrammes sous forme d'arbres[37]. C'est pour la première fois qu'on rencontre de telles schémas dans l'histoire de la logique. L'arbre suivant, reproduit de la *WL*, représente les relations de dépendance objective à partir de la vérité A en remontant vers les vérités préalables dont elle dépend. Dans l'exemple de Bolzano, la raison totale d'une vérité est figurée par les vérités immédiatement supérieures (ainsi B et C en lettres pleines constituent la raison totale de A); l'arc au-dessus de G signifie que $\overset{\frown}{G}$ est une vérité primitive et les lettres hachurées indiquent d'autres vérités qui sont conséquences des mêmes raisons (il faudrait les distinguer par des indices). Etant donné que $\overset{\frown}{G}$ est une vérité primitive, elle termine la branche à laquelle elle appartient et, de ce fait, elle n'a pas de «vérités-sœurs» qui seraient conséquences de la même vérité qui, elle, serait leur raison commune.

36. *WL*, II, § 221, 386.

37. *WL*, II, § 220, 382-3. Comme nos arbres logiques, ceux de Bolzano descendent d'en haut. Bolzano note que cet ordre est arbitraire et que son choix est fait en conformité avec l'ordre de l'écriture et avec la présentation des inférences, de haut en bas.

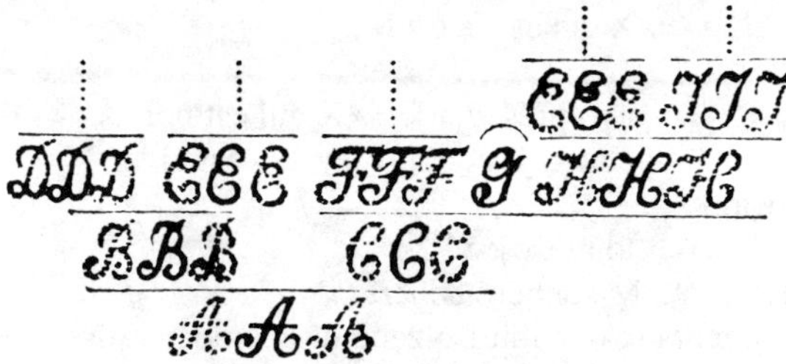

Bien que la même vérité puisse intervenir à différents endroits de l'arbre et puisse donc se répéter, Bolzano propose d'aménager son graphique de sorte à éviter les répétitions. Il ajoute cependant que, lorsque la même vérité est répétée plusieurs fois, le graphique serait trop compliqué.

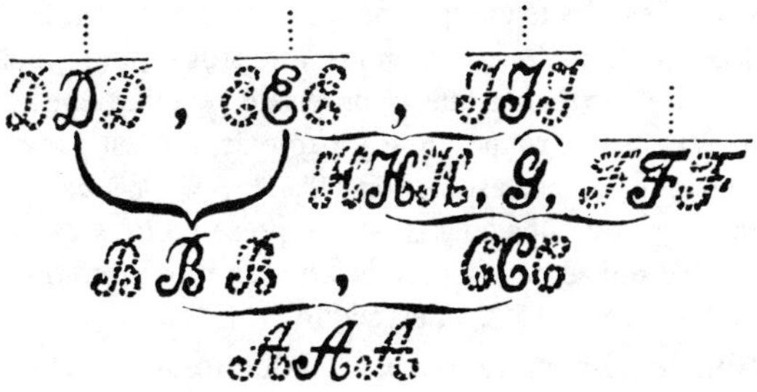

Venons-en maintenant aux démonstrations *indirectes*. Au chapitre précédent, nous avons parlé des démonstrations apagogiques; il faut exposer ici la conception bolzanienne de la démonstration par récurrence ou par *induction complète*.

Bolzano ne veut pas séparer les deux espèces d'induction, l'induction complète et l'induction tout court, incomplète. Même s'il ne consacre que deux courts alinéas sur les 2400 pages que compte la *WL* à l'induction complète qui est un «mode d'inférence si simple et si courants à nous, autres hommes» qu'il est impossible d'en douter, sa présentation mérite qu'on s'y arrête. Le schéma bolzanien ne recourt pas aux nombres naturels; dans sa généralité, il consiste à conclure des prémisses

X qui est A, est M,
X qui est B, est M,
X qui est C, est M,
..., et
la représentation « X qui est non-A et non-B et non-C et ... » est vide,

à la conclusion

tout X est M

où A, B, C, ..., X, M sont des *concreta*[38].

Le commentaire que fait Bolzano des démonstrations inductives au IVe volume est plus éclairant. Il rappelle d'abord que c'est par l'induction que nous connaissons les vérités empiriques, et que dans la plupart des cas l'induction est incomplète, seulement probable. Dans toutes les démonstrations inductives, il est essentiel de bien évaluer le degré de complétude de notre énumération des instances particulières. Vient maintenant l'induction complète :

> Lorsque l'induction est *complète*, nous démontrons la vérité de la proposition *chaque S est P* de la manière suivante : nous répartissons tous les objets compris sous la représentation S en différents groupes S', S', S''', ..., et nous montrons pour chacun de ces groupes en particulier que la propriété p appartient aux individus compris dans ce groupe. Pour y parvenir, il n'est pas nécessaire de prouver que les représentations S', S', S''', ... s'excluent réciproquement, ni que chacune de ces représentations est subordonnée à S ou (ce qui revient au même) que la représentation d'un S qui n'est ni S', ni S'', ni S''', ... est vide[39].

Le schéma de démonstration par l'induction complète est donc le suivant, en désignant par S, S', S'', ..., P les extensions des représentations (ou bien, ce qui revient au même, par «⊆» l'inclusion entre les représentations) :

$$\begin{array}{l} S' \subseteq P, \\ S'' \subseteq P, \\ S''' \subseteq P, \\ \quad \dots, \\ \forall S(S \subseteq S' \vee S \subseteq S'' \vee S \subseteq S''' \vee \dots) \\ \hline \forall S(S \subseteq P). \end{array}$$

Confrontons maintenant l'enseignement théorique de l'axiomatique à la pratique du mathématicien et logicien Bolzano. Il y a, entre

38. *WL*, II, § 236, n° 10, 446 (voir également le n° 11).
39. *WL*, IV, § 531, 285 (je corrige «propriété x» en «propriété p»).

les deux, un décalage, un dénivellement paradoxal : dans son œuvre mathématique, pourtant ordonnée selon les règles de la dépendance objective, on ne trouve guère de vérité primitive ni même de principe qui seraient explicitement désignés comme tels.

Prenons la logique qui, selon la doctrine reçue, repose sur les principes d'identité, de non-contradiction et du tiers exclu. Or, Bolzano rappelle qu'aucun de ces principes ne figure comme prémisse dans la démonstration d'une vérité remarquable ou nouvelle. Ces principes, peuvent-ils au moins constituer un critère formel, négatif de la vérité? Toutes les lois logiques partagent cette propriété (et même toutes les vérités, puisqu'une proposition qui contredit une vérité est fausse); les trois principes ne jouissent à cet égard d'aucun privilège. Il est vrai que la chaîne suivante des conséquences :

A est A → A est non-non-A → la représentation d'un A qui est non-A est vide

correspond à la connexion objective de ces vérités, mais Bolzano ne qualifie pas «A est A» de vérité primitive ou de principe. Le soi-disant «principe suprême des inférences», à savoir le *dictum de omni et nullo*, trouve encore moins de grâce à ses yeux, étant donné que toutes ses interprétations ne sont que des «tentatives avortées». Même la substitutivité de l'égalité ne saurait être considérée comme principe, puisque «toute égalité est seulement une égalité partielle»[40], i. e. une équivalence, et il faudrait préciser dans chaque cas de quelle égalité il est question. Bien que les propositions de la logique de Bolzano obéissent à des principes hiérarchiques, aucune d'elles ne porte explicitement la dénomination de principe.

Le cas des mathématiques est à peine différent. C'est le critère de simplicité qui empêche le postulat des parallèles d'être tenu pour un véritable principe. Il en est de même pour d'autres axiomes euclidiens ainsi que pour les hypothèses dites d'Archimède, comme l'indique d'ailleurs le terme d'hypothèse signifiant proposition devant servir de point de départ de démonstrations, mais non encore démontrée. Même le calcul des aires par l'approximation des figures par les polygones inscrits et circonscrits, donc par la méthode des limites, ne saurait être considéré comme fondé sur de vrais principes, puisque, dans le meilleur des cas, il fait appel aux concepts adventices et étrangers[41]. C'est

40. *Einl. GL*, § 43, 97v.

41. «Qui par exemple ne devrait pas reconnaître que l'infinité de ces polygones inscrits dans le cercle et circonscrits autour du cercle constitue un objet tout à fait étranger, lorsque l'on veut trouver non pas leur aire, mais l'aire du cercle?» *Drei Probl. Rektif.*, Préf., XVII; *Geom. Arbeiten*, 75.

pourtant grâce à la méthode des limites, il est vrai arithmétisée, que Bolzano a pu fonder l'analyse pure.

La seule proposition qualifiée explicitement de principe, *Grundsatz*, est l'énoncé du § 19 des *Betrachtungen* I :

> Il ne nous est donnée aucune représentation *a priori* particulière d'une *distance déterminée* (ou de la longueur absolue d'une ligne), c'est-à-dire d'une manière d'être déterminée propre à deux points séparés [von einer bestimmten Art des Auseinanderseins zweier Punkte].

Il est paradoxal que, dans la *Grössenlehre*, Bolzano, qui renouvelle la conception de l'axiomatique, n'établit aucune proposition qui soit désignée expressément comme vérité primitive ou principe. La succession des théorèmes est précédée de définitions ou d'élucidations préliminaires du sens des termes primitifs, qui contiennent parfois de véritables axiomes, et accompagnée de remarques et de commentaires, mais Bolzano ne propose aucune liste d'axiomes. Sa géométrie contient des propositions indémontrées qui devraient figurer sur la fameuse liste des dettes, mais dans d'autres disciplines mathématiques, Bolzano formule les propriétés fondamentales des objets étudiés dans une suite de propositions qu'il qualifie de théorèmes. C'est encore le cas de sa doctrine des ensembles où les principes d'extensionnalité et de compréhension sont présentés comme théorèmes pourvus de démonstrations. Il en est de même dans sa théorie des nombres réels où les propriétés qui caractérisent le corps des réels sont posées à titre de définitions ou en découlent. A refuser de vivre à crédit, donc à vouloir (presque) tout démontrer, Bolzano est obligé d'intégrer les propriétés primitives dans des définitions ou élucidations préalables, ou de se contenter de démonstrations verbales qui ne sont pas conformes à ses canons de rigueur. Mais il suffit de rétablir l'équilibre entre la surcharge définitionnelle et l'allégement axiomatique, qui sont propres également à Frege et à Russell, pour reconnaître le travail proprement axiomatique de Bolzano. Quelques uns des axiomes les plus importants de nos théories y figurent explicitement : ceux de la théorie des ensembles, du corps des rationnels et de celui des réels (y compris la caractérisation des nombres infiniment petits), ainsi que les axiomes de la théorie de la mesure, et, tout compte fait, également des axiomes de la géométrie euclidienne.

C'est la géométrie qui a préoccupé le plus Bolzano : depuis son premier travail, il n'a jamais cessé de réfléchir sur son organisation et même d'expérimenter les différents arrangements possibles de ses théorèmes. N'est-il pas allé jusqu'à imaginer un système avec quarante-cinq thèses non démontrées[42]? Son attitude à l'égard des axiomes (=des postulats) euclidiens est ambiguë : y en a-t-il qui méritent le titre d'axiome? L'axiome des parallèles est objectivement fondé dans le principe de similitude, mais même une proposition aussi générale que ce dernier n'a le droit au titre de principe, peut-être parce que le concept de similitude est lui-aussi un concept défini. Les axiomes euclidiens présupposent toute une foule de concepts : d'abord celui d'espace, ensuite ceux d'extension continue, de dimension, de distance, de direction, de ligne, de droite etc. Ces axiomes présupposent également des propositions générales sur la similitude et la déterminabilité des objets géométriques ainsi que des théorèmes topologiques.

Contrairement à notre conception de l'axiomatique, le but de Bolzano ne consiste pas seulement à proposer une axiomatique plus adéquate que celle d'Euclide. Il vise un fondement *philosophique* : un ensemble minimal de vérités primitives à la fois *simples* et *générales* auxquelles sont rattachées toutes les autres par des chaînes de conséquences. La manière dont il s'efforce de le réaliser, c'est de faire dépendre ses théorèmes et mêmes les thèses non démontrées des propositions primitives qui énoncent des propriétés des concepts suprêmes, métathéoriques, comme ceux d'égalité et d'inégalité, puis de similitude et de détermination. Dans sa visée ultime, l'axiomatique bolzanienne est une *généalogie*. Malheureusement, ses concepts primitifs sont trop vagues pour permettre de déduire des théorèmes. Ainsi, l'écart se creuse entre l'ambition philosophique de ramener toute proposition aux vérités ultimes, et la réalité mathématique où le système repose effectivement sur des thèses mathématiques non démontrées[43]. En particulier, les propositions primitives d'existence qui assument le rôle de postulats euclidiens doivent assurer la *possibilité* de leur objet, définie par le fait de ne contredire aucune vérité concep-

---

42. Selon les indications de B. van Rootselaar, dans les esquisses des *Miscellanea Mathematica*, entre 1808 et 1813 le nombre des axiomes géométriques augmente progressivement en passant de neuf *présuppositions* (*Voraussetzungen*) à trente-quatre, puis à quarante-trois thèses non démontrées (dont dix sont considérés par Bolzano comme indémontrables), qui sont en fait des «mélanges de définitions et d'axiomes», et finalement à quarante-cinq *premières propositions* qui sont «par leur nature certainement des axiomes. Ce système est cependant insuffisant pour la géométrie ; il est très pauvre et presque inopérant, les notions étant mal définies» (Lettre du 10. 2. 1992 ; cf. *Misc. math.* in *Gesamtausgabe*, II B 2/1, 100 ; II B 2/2, 181-4, 190-2 et 194-6 ; II B 3/1, 305 et II B 3/2, 326, pagination du manuscrit).

43. Sur les difficultés de la *deductio* bolzanienne des axiomes, i. e. de la preuve de leur caractère primitif, voir B. van Rootselaar, «Axiomatics in Bolzano's logico-mathematical research», *Bolzano's Wissenschaftslehre 1837-1987*, International Workshop, Florence, 1987 (publ. en 1992), 221-30.

tuelle pure. Dans une formulation abrupte, cela revient à dire que l'existence d'objets mathématiques égale non-contradiction.

La raison principale des problèmes rencontrés par Bolzano dans l'axiomatisation de la géométrie est à chercher dans la conception extrêmement contraignante de la notion d'axiome en tant que *vérité primitive*. A l'extraordinaire souplesse de la logique déductive s'oppose la rigidité de la «connexion objective des vérités», son caractère unique et absolu, qui ont empêché d'offrir aux mathématiciens une axiomatique permettant d'établir et de varier les principes, et qui répondrait plus directement à leurs besoins.

Néanmoins, même aujourd'hui, l'entreprise bolzanienne n'est pas dénuée d'intérêt. L'idée de démonstration canonique et celle d'organisation architectonique privilégiée des propositions d'une théorie parmi plusieurs logiquement équivalentes sont loin d'être absurdes. Même si aujourd'hui nous sommes plus éloignés que jamais d'une conception fondationnelle et unitaire de la science, toute notre recherche doit viser les enchaînements globaux qui transcendent et orientent les liens déductifs. La destinée de notre savoir en dépend si nous ne voulons pas que cette immense accumulation ne se fragmente en poussière d'informations dispersées que personne ne peut maîtriser.

La leçon de Bolzano, ne serait-elle pas dans cet effort vers l'établissement des relations globales, architectoniques, qui, reliées aux grands concepts ou idées régulatrices, détermineraient la structure des théories? C'est en tout cas ce chemin que finit par emprunter l'enquête bolzanienne.

Il envisage le cas où les conséquences sont toutes *déductibles* à partir des vérités primitives, c'est-à-dire où les relations de conséquence sont toutes *formelles*. Considéré uniquement du point de vue de la déduction logique, indépendamment de la connexion objective, l'ensemble de telles vérités admet plusieurs partages en hypothèses initiales et en propositions déduites. Y a-t-il un rapport entre cette multiplicité de partitions déductives et l'unicité du partage selon la connexion objective? Au terme de cette enquête sur l'enchaînement des propositions dans un système axiomatique, Bolzano en arrive enfin à préciser une propriété structurale de la relation de conséquence :

> Si nous voulons toujours suivre la règle selon laquelle il ne faut jamais déduire une vérité plus simple à partir de prémisses qui, prises une à une, sont plus complexes, alors le nombre des propositions que nous devons admettre (à titre d'hypothèses) sera, pour

> toute partition arbitraire, plus grand que lorsque nous les rangeons d'après leur connexion objective[44].

Autrement dit, le rapport entre les propositions déduites et les hypothèses est *maximal* lorsque la partition en hypothèses et propositions déduites coïncide avec la partition selon la connexion objective en vérités primitives et conséquences.

> La relation de conséquence a donc, comme je le pense, ceci en propre que, d'après elle, on peut déduire le plus grand nombre de conclusions à partir du *plus petit nombre* de prémisses, à condition que les conclusions ne soient pas plus simples que les prémisses[45].

Ainsi, la connexion objective des vérités est caractérisée par un ordre *déductif* entre les vérités, tel qu'on puisse déduire le plus grand nombre de théorèmes à partir du plus petit nombre d'axiomes.

Ce critère auquel Bolzano parvient au terme de sa recherche et qui est plus important que toutes les propriétés de la relation de conséquence que Bolzano a énumérées jusqu'ici, devrait retentir sur l'ensemble de sa doctrine. D'une part, ce critère transforme la notion même de vérité primitive telle que Bolzano la conçoit depuis ses premiers travaux mathématiques, Une vérité primitive est désormais définie *relativement à un système donné* comme proposition qui appartient à l'ensemble *minimal* d'hypothèses à partir desquelles on peut déduire toutes les autres propositions du système (Bolzano croit toujours à l'unicité d'un tel ensemble minimal).

La notion de *conséquence* se transforme dans le même sens. Ce qui, au départ, était une relation objective de fondement, relation particulière qu'il aurait fallu définir pour chaque couple de vérités, devient, à son tour, une propriété du système théorique tout entier, caractérisée à l'aide du concept formel de déductibilité.

Ne sommes nous pas en train de *définir* de cette manière la relation de conséquence? Reste-t-il encore une propriété spécifique qui distingue la relation de conséquence de la déductibilité? Ayant déjà terminé son exposé, Bolzano s'aperçoit qu'il tient enfin la définition d'un concept qu'il a toujours considéré comme primitif et ajoute une note qui tire la conclusion de ses remarques sur le partage optimal entre les vérités primitives et les théorèmes par la relation de conséquence :

---

44. *WL*, II, § 221, 386.
45. *Ibid.*

> Ce serait d'ailleurs ici l'endroit le plus approprié pour avouer au lecteur que j'éprouve parfois quelques doutes[46] au sujet du concept de conséquence que j'ai déclaré ci-dessus simple; [je me demande] si ce concept n'est pas complexe et si, en fin de compte, il n'est pas plutôt le concept d'ordre entre les vérités tel qu'on puisse déduire le plus grand nombre possible de vérités à partir du plus petit nombre de prémisses simples[47].

Cet aboutissement renverse, me semble-t-il, la théorie bolzanienne de l'axiomatique. Ce n'est plus à partir d'une relation particulière entre *une* raison et *une* conséquence que l'on peut s'élever à la considération de l'enchaînement des vérités dans un système scientifique. D'une propriété *locale*, l'*Abfolge* est devenue propriété *globale*, définie par le partage optimal entre les axiomes et les théorèmes d'une science. La connexion objective des vérités est désormais une propriété relative aux systèmes entiers et est *définie* à l'aide de la relation logique de déductibilité. Il n'y a plus, au moins dans les sciences conceptuelles pures, de relation spécifique de conséquence, indépendante des relations déductives. Cette transformation de la notion obscure de connexion objective en relation *formelle*, définie par le partage optimal d'un ensemble de propositions en axiomes et en vérités déduites, permet enfin d'intégrer la théorie bolzanienne de l'*Abfolge* à la logique proprement dite, construite à partir de la relation de la déductibilité.

46. Dans l'importante lettre à Zimmermann du 9 mars 1848, Bolzano lui-même reconnaît qu'il n'est plus «content des explications du concept de détermination ainsi que de celui de conséquence [*Abfolge*], établis dans la Logique» (i.e. dans la *WL*). *Gesamtausgabe* II A 12/2, 189.

47. *Ibid.*, 388, note.

CHAPITRE V

THÉORIE DE LA SCIENCE

1. Le concept de science.

La logique de Bolzano n'est pas seulement une discipline parmi d'autres. Elle englobe la logique formelle au sens strict, mais elle est principalement une *théorie de la science*, une théorie des théories, prescrivant aux sciences particulières leurs conditions de possibilité et les formes d'enchaînement et d'organisation de leurs théorèmes. C'est donc dans la théorie de la science que la logique trouve son accomplissement. En vue de ce but ultime, elle déploie toute une gamme de disciplines préalables depuis la Théorie des éléments jusqu'à la théorie de la connaissance et l'heuristique, qui décrivent la constitution du savoir humain dont la forme achevée est la science. L'analyse bolzanienne commence par dégager le fondement objectif de tout savoir, la région du sens existant en soi; elle se tourne ensuite vers l'activité subjective d'acquisition et de découverte des vérités pour revenir au sol objectif qui est celui de la science, puisque Bolzano confère à la science le même statut qu'aux objets logiques dont elle se compose : elle existe en soi.

La science au sens de Bolzano consiste donc en un certain ensemble de vérités *en soi*. D'emblée, la coupure est totale avec des conceptions qui font de la conscience un absolu ou la source de la vérité. Kant lui-même, qui fait reposer la normativité de la connaissance, et donc l'objectivité de la science, sur la conscience, ne se trouve-t-il pas obligé de faire appel à la notion de *forme* pour déterminer les structures fondamentales de la connaissance? Or, poser la forme, un terme du rapport épistémologique dont l'autre est la «matière», c'est supposer ce qui est en jeu : le système qui englobe et la forme et la matière, un ensemble de rapports à l'intérieur desquels un aspect peut être distingué comme formel. C'est seulement en posant explicitement cette totalité qu'on peut déterminer ses parties dont une est précisément la science.

Pour définir le concept de science, Bolzano envisage l'ensemble de toutes les vérités connues des hommes, qu'il appelle « somme de la connaissance humaine ». Cette somme (que nous noterons S) fait partie de l'ensemble immense et unique de toutes les vérités en soi (V). Les ensembles V et S et même l'ensemble encore plus réduit de ce qui est « vraiment digne d'être connu » (*das wahrhaft Wissenswürdige*) sont trop vastes pour être connus d'un seul homme. Leur étendue impose une division qui doit obéir à la fois aux raisons théoriques qui assurent l'unité de chaque partie (de chaque science particulière) et aux raisons pratiques qui commandent de réunir en un tout « ce qui est le plus nécessaire, le plus utile de l'utile »[1] dans les conditions de vie de chacun. Définir une science, c'est donc délimiter une partie dans le domaine V, partie dont l'étendue sera en rapport avec les besoins et les capacités des individus. Ce découpage doit être opéré dans la somme du savoir humain S, mais doit pouvoir être prolongé dans le domaine V. Diviser les sciences, c'est effectuer un classement des vérités connues; c'est en même temps introduire des lignes de partage dans le domaine des vérités qui restent à découvrir. Remarquons que Bolzano ne propose aucune classification des sciences, alors que, à peu près en même temps, Auguste Comte compose le *Cours de philosophie positive* dont la trame est constituée par la classification des sciences. La théorie bolzanienne de la science est une métathéorie.

Une science (v_k) est une partie *homogène* de V incluant une partie (s_k) de S, qui doit satisfaire à la condition suivante : les vérités contenues dans s_k doivent être suffisamment importantes, *remarquables* comme le dit Bolzano, pour mériter d'être rassemblées dans un livre scientifique. Nous ne connaissons qu'une *partie* d'une science, à savoir s_k. Une *science* au sens propre, objectif, du terme est donc la collection de toutes les vérités d'une certaine espèce, telle que la partie qu'on en connaît soit suffisamment remarquable pour mériter d'être exposée dans un *livre* qui, le cas échéant, en contient les démonstrations; ces démonstrations doivent être comprises avec la plus grande facilité et entraîner le plus de conviction[2]. Un livre qui satisfait à ces conditions

1. *WL*, I, § 1, 3. Bolzano expose la théorie de la science proprement dite dans le tome IV.

2. *Ibid.*, p. 4 et *WL*, IV, § 393, 6 : «Ich erklärte mich gleich §. 1., dass ich unter *Wissenschaft* in der eigentlichen, objectiven Bedeutung nichts Anderes verstehen wolle, als den Inbegriff aller Wahrheiten einer gewissen Art, die so beschaffen sind, dass es der uns bekannte und merkwürdige Theil derselben verdienet, in einem eigenen Buche dergestalt niedergeschrieben und nöthigen Falls auch mit so vielen andern zu ihrem Verständnisse und Beweise dienlichen Sätzen verbunden zu werden, dass sie die grösste Fasslichkeit und Ueberzeugungskraft erhalten».

est appelé un *traité* (*Lehrbuch*)[3]. Enfin, la science qui enseigne les règles du découpage de V ainsi que les règles de l'exposé des sciences dans les traités appropriés s'appelle la *théorie de la science* (*Wissenschaftslehre*). Celle-ci traite donc de deux séries de problèmes étroitement liées qui se révèleront essentiels pour l'épistémologie du XXe siècle : d'une part, le problème de l'*objet* et de l'*unité* de la science; d'autre part, la description du mode de *présentation* des théories dans les traités scientifiques, c'est-à-dire une *stylistique* du discours scientifique.

Figurons les diverses relations qui entrent dans la définition d'une science dans le diagramme suivant :

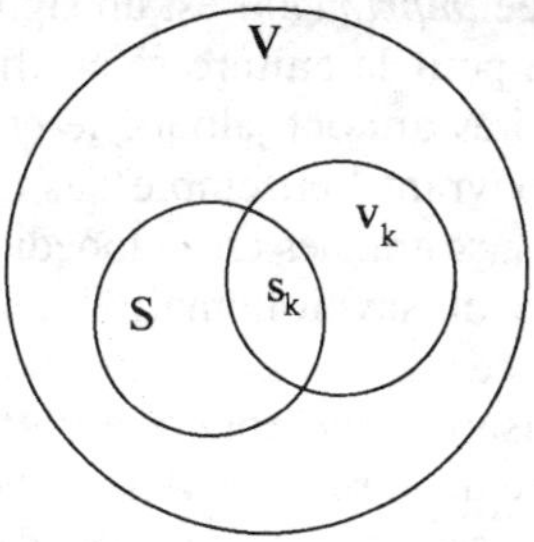

V = collection de toutes les vérités

S = somme de la connaissance humaine (l'ensemble de toutes les vérités connues)

v_k = une science = partie de V dont la partie connue s_k est suffisamment remarquable pour mériter d'être exposée de manière appropriée dans un traité de cette science.

Une science est un ensemble de vérités *en soi*, mais celui-ci est défini par référence au caractère remarquable des vérités *connues* qui en font partie et à la manière dont ces vérités sont *présentées* dans un livre scientifique. C'est le lien entre les vérités «remarquables» d'un traité scientifique qui confère l'unité à l'ensemble des vérités, connues et inconnues, qui constituent une science. La différence entre la science, une, et ses multiples présentations, les traités, n'est d'ailleurs que le prolongement de la distinction fondamentale entre d'un côté les propositions et représentations *en soi*, de l'autre côté les énoncés, les jugements et les représentations *subjectifs*, *réels*.

On a maintes fois souligné le caractère objectiviste et ahistorique de la conception bolzanienne de la science. Pour Bolzano, la science ne consiste pas dans une activité; elle est une collection de vérités. Celles-

3. Un traité scientifique est «un livre qui est constitué comme s'il était écrit par quelqu'un dans l'intention bien déterminée d'exposer toutes les vérités connues d'une science qui sont remarquables pour le lecteur, de telle sorte qu'elles puissent être comprises avec la plus grande facilité et entraîner le plus de conviction». *WL*, I, § 1, 4.

ci sont immuables, «données» une fois pour toutes à la manière d'un livre idéal existant hors du temps, hors de l'histoire[4].

Cependant, les vérités se trouvent rassemblées dans une science en fonction de l'utilité que cette réunion particulière peut nous procurer. Précisons : en fonction de l'utilité que nous procure la réunion de telles vérités dans un *livre*. Une science n'est pleinement science que sous forme d'exposé complet et définitif, sous forme de texte scientifique. Cette référence au terme ultime de la science ne procède pas seulement d'un souci de recenser toutes les activités qui en font partie. Pour le dire avec Gaston Bachelard, l'un des rares philosophes qui ont réfléchi sur le phénomène du livre scientifique, la référence à la «*science écrite*, cette instance de la pensée *imprimée*»[5] est un signe de reconnaissance de l'importance du livre pour la culture scientifique. Bolzano pense sans doute aux grands traités qui ont jalonné le *cursus studiorum* du jeune mathématicien, recouvrant l'ensemble des disciplines des sciences exactes. Il pense aussi aux grandes encyclopédies du XVIIIe siècle qui réunissent cette «somme du savoir humain», mettant ainsi à la portée de chacun les connaissances dont il peut avoir besoin. Sa *Grössenlehre* est elle-même une réalisation exemplaire d'un traité fondamental selon les règles de sa Théorie de la science. A la «science générale» leibnizienne et aux esquisses de ses projets encyclopédiques répond la théorie bolzanienne de la science qui doit être entendue comme une théorie de l'encyclopédie, théorie de l'organisation systématique du savoir humain qui se prolonge dans l'immense champ des vérités à découvrir[6]. Otto Neurath avec son *Encyclopédie de la science unitaire* sera un héritier lointain de l'idée bolzanienne de la science.

Si la science consiste en un ensemble de vérités en soi, comment expliquer le progrès scientifique ? Comment parler d'une *histoire* des sciences ?

Ce qui change au cours du temps, c'est la partie connue (s_k) de chaque science, celle qui est exposée dans les traités scientifiques. L'arithmétique n'a pas d'histoire : ce sont les traités d'arithmétique qui en ont une. Lorsque l'histoire des sciences parle du progrès, de l'élargissement, d'un meilleur fondement des sciences, elle utilise le

4. «L'usage linguistique prédominant semble exiger qu'on entende par science quelque chose d'immuable, alors que la somme de ce que nous connaissons et considérons comme remarquable change chaque jour». *WL*, IV, § 393, 8.

5 . *L'activité rationaliste de la physique moderne*, 14.

6. Bolzano relativise le concept de livre scientifique à une classe de lecteurs bien déterminée. L'auteur d'un traité doit choisir et ordonner les propositions et les démonstrations de telle sorte que son exposé entraîne l'adhésion de cette classe de lecteurs.

concept de « totalité du contenu qui se trouve dans nos traités » [7]. Le progrès scientifique consiste donc dans l'accroissement de la partie connue s_k à l'intérieur de la science v_k, dans l'approximation de la totalité des vérités V par la somme de la connaissance humaine S, dans l'appropriation progressive de l'immense royaume des vérités. Loin de nier le progrès, Bolzano propose la perfectibilité de toutes les sciences comme « une sorte de postulat pratique pour l'humanité » [8]. Mais le progrès scientifique se déroule sur un fond « donné » qui est le champ universel des vérités. Les sciences résultent du découpage de ce domaine originaire par l'homme qui y introduit les lignes de partage, qui regroupe, sépare et réunit.

2. *Unité de la science*

Comment définir l'*objet* d'une science ? En quoi consiste l'unité d'une science ? L'ensemble des vérités qui constitue une science doit être homogène. Bolzano, qui critique par ailleurs à maintes reprises l'exigence d'homogénéité, la reconnaît, mais sous une forme si faible qu'il lui ôte toute efficacité. Un ensemble quelconque est, en effet, homogène en vertu de l'appartenance de ses éléments, posée par définition. Quant au point essentiel, celui de l'*objet* d'une science (c'est-à-dire de l'« espèce » des vérités qui la constituent), la définition de Bolzano n'y répond pas : « Dans le concept [de science], je laisse ouverte la question de savoir de quelle manière cette espèce doit être déterminée » [9]. L'objet scientifique n'est pas simplement donné comme un objet naturel. Il n'y a pas de science unique qui aurait pour objet par exemple l'homme ; celui-ci est étudié par les sciences naturelles, par l'histoire, par les sciences politiques et par la morale. L'unité d'une science vient non pas du fait que les *objets* qu'elle décrit constituent une espèce, mais du fait que ses *propositions* appartiennent à une certaine espèce de vérités.

Dans la définition d'une science comme collection de certaines vérités n'intervient aucune notion d'ordre ni de liens entre celle-ci. La géométrie par exemple, science des propriétés de l'espace, n'est qu'un *ensemble* de vérités ; leur enchaînement ne fait pas partie de son concept bien qu'il puisse en être immédiatement déduit. Et pourtant, c'est précisément cet enchaînement qui assure l'unité des « sciences conceptuelles pures », de la logique, des mathématiques et de la science pure de la nature.

---

7. « der gesammte Inhalt unserer Lehrbücher », *ibid.*, p. 13.
8. *WL*, I, § 9, 40.
9. *WL*, IV, § 393, 6.

La connexion objective des vérités, l'ordre des raisons, étant unique pour chaque science, chaque traité scientifique doit s'efforcer de l'approcher, de le reconstruire, de le retrouver. Il n'est même pas nécessaire de faire figurer l'exigence de la systématicité unique selon l'ordre des raisons dans le concept de science : Bolzano croit que la systématicité découle de son concept de science et qu'il incombe à la théorie de la science de la prouver.

Dans la délimitation d'un système scientifique intervient un choix : les vérités connues d'une science doivent être suffisamment remarquables pour figurer dans un traité de cette science. Ce choix s'opère selon le principe suivant : une vérité est considérée comme suffisamment remarquable si nous pouvons raisonnablement espérer que son utilité l'emporte sur les préjudices occasionnés par son établissement. La connaissance scientifique est une connaissance socialement utile et ce sont en dernière analyse des critères utilitaires qui déterminent quelles vérités doivent être réunies en une science, car «aucun savoir n'a de valeur en soi; il ne l'acquiert que par l'usage éventuel que l'on peut en faire»[10]. Reste à savoir si un tel découpage pragmatique et extrinsèque est compatible avec l'organisation des propositions à l'intérieur d'une science selon l'ordre des raisons.

Ayant privilégié la *connaissance*, la philosophie moderne (peut-être à l'exception de Leibniz), a perdu de vue la *science* comme complexe spécifique de vérités, doté d'une réalité qui lui soit propre. C'est Jean Cavaillès qui a souligné l'originalité et l'importance de la théorie de la science bolzanienne :

> Pour la première fois peut-être la science n'est plus considérée comme simple intermédiaire entre l'esprit humain et l'être en soi, dépendant autant de l'un que de l'autre et n'ayant pas de réalité propre, mais comme un objet *sui generis*, original dans son essence, autonome dans son mouvement[11].

La science transcende ses incarnations, ses réalisations, ses présentations. Contrairement à l'œuvre d'art, de par son insertion dans la société et la culture d'un pays ou d'une époque, «son mode d'actualisation lui est extrinsèque». Il n'y a pas de diverses sciences ni divers moments d'une science, dit Cavaillès; il n'y a que des présentations diverses, selon les époques et conformément à leur finalité particu-

10. *Dr. Bolzano und seine Gegner*, 134.

11. *Sur la logique et la théorie de la science*, 21 (les citations suivantes se trouvent pp. 22-6). Par l'être en soi, Cavaillès entend le monde réel objectif, non pas les objets logiques.

lière. L'unité de la science «est mouvement» : mouvement de transformation et de conquête des vérités nouvelles. C'est dans la définition bolzanienne de la science que sont finalement réunis – réconciliés – d'un côté l'objectivité des enchaînements logiques et de l'autre côté leur reproduction subjective par la pensée, deux aspects qui traversent comme un éclair l'œuvre bolzanienne. «L'incomplétude et l'exigence de progrès font partie de la définition» de la science, de même que le «progrès autonome, dynamisme fermé sur lui même», «devenir conceptuel qui ne peut s'arrêter».

Ce mouvement révèle progressivement la structure de la science qui «non seulement est démonstration, mais se confond avec la démonstration». Impossible désormais de se décharger de l'obligation de la preuve et d'en appeler à l'illustration, à l'évidence ou aux natures simples. «La véritable science ne quitte pas le démontré. [...] La science, si elle est, est tout entière démonstration, c'est-à-dire logique». Logique universelle et absolue, à la fois organon et modèle des autres sciences : c'est elle qui permet d'organiser, d'ordonner hiérarchiquement et de répartir la somme du savoir humain en sciences particulières, en systèmes particuliers de vérités. Une fois édifié ce monument, le projet bolzanien de transformation totale des sciences *a priori*, peut s'acheminer vers la dernière étape : la construction du système mathématique.

TROISIÈME PARTIE

LE SYSTÈME MATHÉMATIQUE

CHAPITRE I

OBJET ET DIVISION DE LA MATHÉMATIQUE

1. Mathématique universelle et ontologie formelle

Dans les *Beiträge* de 1810, Bolzano formule sa première définition des mathématiques par laquelle il s'oppose à la fois à la conception traditionnelle et à celle de Kant.

Contre la première qui définit les mathématiques comme science de la grandeur, Bolzano invoque des arguments proprement mathématiques : dans de nombreux problèmes de l'analyse combinatoire n'interviennent ni les nombres ni les grandeurs et il en est de même en chronométrie et en géométrie. Voudrait-on sauver la définition traditionnelle en déclarant les mathématiques comme sciences des objets auxquels on peut appliquer tout particulièrement le concept de grandeur ? Or, celui-ci s'applique à tous les objets sans exception. Il faudrait donc reconnaître une discipline comme mathématique en tenant compte du degré de fréquence et de diversité des applications du concept de grandeur à ses objets. « Qui ne voit qu'une telle délimitation du domaine mathématique est extrêmement floue et n'a rien de scientifique ? »[1]

Peut-on alors définir les mathématiques non pas par leur objet mais par la manière dont elles produisent leurs concepts ? Telle est l'idée de Kant pour qui les mathématiques procèdent par construction de concepts dans l'intuition pure. Mais, de l'avis de Bolzano, la doctrine critique souffre de deux défauts majeurs : d'une part, le concept d'intuition pure est contradictoire, d'autre part, le concept de temps est étranger à la mathématique pure et n'intervient pas dans la construction du nombre.

Ne la comprenant ni comme science de la construction des concepts ni comme théorie de la grandeur, Bolzano va développer sa propre

1. *Beitr. Darst. Math.*, I , § 4, p. 7.

définition de la mathématique à partir de la notion de forme. En s'inspirant de la suggestion d'un auteur anonyme, Bolzano définit la mathématique comme «*science qui traite des lois générales (des formes) auxquelles les objets doivent se conformer dans leur existence*»[2]. Ces lois s'appliquent à tous les objets sans exception, elles sont des lois de la *chose en général* (*Ding überhaupt*) et la discipline que Bolzano définit ainsi est la *mathématique universelle* (*allgemeine Mathesis*)[3].

Par cette formulation, Bolzano rapproche la mathématique de la métaphysique. Les deux constituent, en effet, deux branches de la connaissance *a priori*. Il incombe à la métaphysique de «prouver la réalité, l'existence réelle [*Wirklichkeit, das wirkliche Dasein*] de certains objets *a priori*». Son objet est absolument nécessaire alors que celui de la mathématique n'a qu'une nécessité hypothétique.

Apparemment, Bolzano ne fait que reprendre une définition ancienne, celle d'Aristote[4]. Bolzano rapporte en effet la généralité des formes ou lois à la notion aristotélicienne d'espèce qu'il oppose aux objets particuliers :

> en désignant ces lois comme générales [*allgemeine*], je fais comprendre que la mathématique ne s'occupe jamais d'une chose particulière en tant qu'*individu*, mais qu'elle traite toujours d'espèces entières [d'objets][5].

Toutefois, Bolzano infléchit le sens du terme «forme» en identifiant la forme d'un objet à la loi qui énonce les conditions qui le rendent possible. La mathématique universelle énonce les «conditions ou formes nécessaires de l'existence» de tous les objets, y compris ceux qui n'ont qu'une existence idéale (*ideales Dasein*). En utilisant une terminologie qui est proche de celle de Kant, Bolzano définit en réalité une sorte d'ontologie formelle qui bouleverse aussi bien la conception traditionnelle des mathématiques (et celle de Kant) que leur hiérarchie héritée d'Euclide. Sa mathématique universelle est une théorie de l'objet en général, une théorie des espèces d'objets, des totalités, de ce que Bolzano appellera plus tard collections ou systèmes, *Inbegriffe*.

La structure de cette mathématique universelle reste cependant bien en deçà de ses promesses. Malgré la nouveauté du projet, l'organisation des disciplines mathématiques s'inspirera plutôt des rapports de subordination et de coordination que des relations structurelles

---

2. *Ibid.*, § 8, 11.
3. Voici deux exemples de telles lois : celles de la calculabilité ou «dénombrabilité» (*Zählbarkeit*) qui font l'objet de l'arithmétique et celles de la «co-pensabilité» (*Zusammendenkbarkeit*) qui permettent de définir les concepts ensemblistes.
4. «Les sciences mathématiques concernent les formes» ; *An. Post.*, 79 a 7.
5. *Beitr. Darst. Math.*, I, § 8, 12.

entre les différentes régions de la mathématique. Le concept d'objet en général n'est qu'un aboutissement des généralisations à partir d'objets individuels; ainsi, en partant de points, on s'élève progressivement à l'objet spatial et à l'objet en général. En termes husserliens, le quelque chose en général n'est pas la « forme vide de région en général », mais simplement « la région universelle de l'existant possible (du réel au sens le plus large), région qui se différencie en régions particulières »[6]. Le concept d'objet en général vise donc non pas l'universalité formelle qui rendrait possibles les correspondances de structure et les transferts de modèles, mais seulement la généralité matérielle réalisée dans la hiérarchie des régions particulières, comme cela ressort de la classification des mathématiques selon Bolzano. Le concept d'objet en général est précisément l'un des nœuds où se décide l'orientation de sa philosophie logique et mathématique : en choisissant une hiérarchie des ontologies régionales, Bolzano se ferme la voie d'une ontologie formelle au sens rigoureux du terme, « orthogonale » en quelque sorte par rapport aux régions particulières. « En effet, écrit Suzanne Bachelard en commentant le passage de Husserl consacré à la “chose en général” de Bolzano, on ne pénètre pas le sens caractéristique du formel si l'on confond généralisation et formalisation »[7].

Nous verrons bientôt que Bolzano procède de la même manière dans sa doctrine des ensembles lorsqu'il définit les concepts fondamentaux par *spécifications* successives du concept de collection. Il obtiendra ainsi les différentes espèces d'ensembles, mais leur traitement formel est défectueux : les définitions de Bolzano sont ambiguës et il ne parvient pas à concevoir les opérations entre les ensembles. L'aspect proprement formel, algébrique, est absent chez Bolzano. Aussi, il conçoit les rapports entre les disciplines mathématiques de manière traditionnelle comme rapports entre espèces. Il déduira la classification des disciplines mathématiques par spécifications successives de la « chose en général ».

6. *Logique formelle et logique transc.*, § 26, trad. fr., p. 117.
7. *La logique de Husserl*, p. 91.

Première classification (1810)

lois universelles:	*mathématique universelle (pure)* :	objet «en général»
1) loi de la «co-pensabilité» (Zusammen-denkbarkeit), 2) loi de la relation	arithmétique, combinatoire, analyse, algèbre; *appendice* : concept d'opposition (permettra de définir les grandeurs négatives)	(Gegenstand, Ding überhaupt)
lois particulières	*mathématique spéciale (appliquée)*	objets particuliers :
	I) aetiologie (similitude, égalité, fonction ; principe de raison) ; calcul des probabilités	objet hypothétiquement nécessaire
	II) a) chronométrie b) géométrie	forme abstraite de l'objet sensible hypothétiquement nécessaire
	III)	objet sensible hypothétiquement nécessaire *in concreto* :
	aetiologie chronométrique (doctrine de la causalité, introduction à la mécanique)	objet dans le temps
	science pure de la nature	objet dans l'espace et dans le temps.

Si son projet d'ontologie formelle tourne court, les innovations de Bolzano qui renouent avec la réorganisation des disciplines mathématiques proposée par Leibniz sont décisives. La nouvelle ordonnance des mathématiques signifie la *constitution de la mathématique pure* au sens moderne du terme. Des disciplines qui jusqu'alors n'avaient pas de statut bien défini, l'algèbre et l'analyse infinitésimale, forment, à côté de l'arithmétique, les trois branches principales de la mathématique universelle. Bolzano dépasse la dualité arithmétique–géométrie, mal assumée par la tradition, et restaure l'unité de toutes les mathématiques. La géométrie qui pour Montucla est encore « la clef générale et unique des mathématiques »[8] cesse d'être le paradigme d'une théorie axiomatique et descend au rang de discipline appliquée. Son champ est désormais limité aux propriétés de l'espace et ses théories dépendent des lois universelles de la mathématique pure.

Par son projet, la mathématique de Bolzano est une ontologie formelle et celui-ci y inclut des disciplines rangées traditionnellement dans la métaphysique. La transplantation que Bolzano leur fait subir n'a d'ailleurs pas réussi et on ne connaît pas de disciplines mathématiques qui traiteraient des propriétés formelles des relations temporelles, du principe de raison ou des lois de causalité autres que les lois des disciplines qui constituent la physique. L'aetiologie finira d'ailleurs par disparaître de la classification définitive des mathématiques, mais certains de ses concepts seront annexées à la nouvelle « mathématique universelle » des collections et des ensembles. La chronométrie est un pendant à la géométrie ; elle est une science conceptuelle pure dont l'objet sont les rapports temporels exprimables par les concepts purs. Bolzano en a besoin parce que les nombres « mesurables » qui comprennent les réels et les nombres infiniment petits ne sont pas rangés sur la droite numérique.

L'arithmétique bolzanienne[9] est construite à partir du concept de nombre naturel, des opérations arithmétiques et de procédés d'approximation. Elle ignore et même rejette toute notion de droite numérique réelle qui ne sera introduite que dans la chronométrie. C'est donc la chronométrie qui rend possible l'application des concepts numériques à la géométrie; c'est elle aussi, comme le croit Bolzano, qui permet d'expliquer certaines propriétés de l'espace comme la tridimensionnalité.

8. *Histoire des mathématiques*, I (an VII), p. 14.

9. Avec Bolzano, nous prenons ce terme dans un sens large comme désignant la science des nombres, *reine Zahlenlehre*, plus exactement la construction des systèmes des nombres englobant **N**, **Z**, **Q** et **R**.

2. Retour à la définition traditionnelle

Les *Beiträge* de 1810 délimitent de manière nette le champ des mathématiques : les vérités mathématiques énoncent les conditions de possibilité de l'existence des objets. Bolzano abandonnera cette doctrine en invoquant comme argument le fait que les vérités mathématiques couvrent un champ plus large qui comprend également des objets qui n'ont pas et ne peuvent pas avoir une existence réelle, par exemple les propositions en soi.

Cette autocritique qui se trouve dans l'*Introduction à la Grössenlehre* marque la rupture avec la conception ontologique des mathématiques et le retour à la définition traditionnelle en termes de grandeur. Mais l'argument invoqué par Bolzano mérite un examen plus approfondi. Loin de se limiter aux objets existant réellement, les *Beiträge,* eux aussi, traitent d'objets qui n'ont qu'une existence idéale, qui sont des êtres de raison (*Gedankendinge*). Le nombre est un de ces êtres de raison. Bolzano veut croire que son retour à la définition traditionnelle résulte d'une modification du statut ontologique des entités logiques et mathématiques. Or, il n'en est rien, et de surcroît, aucun objet mathématique véritablement *nouveau* n'apparaît dans la *Grössenlehre* : les collections, les totalités, les concepts et les propositions en tant qu'*objets* relèvent de la mathématique universelle déjà à l'époque des *Beiträge*.

En réalité, dans la *Grössenlehre*, Bolzano efface les délimitations nettes tracées par ses premiers concepts, modifie par sa terminologie même le statut des êtres logiques et mathématiques dans le sens d'une plus grande neutralité tout en les détachant de la subjectivité (le terme « existence idéale » est remplacé par le qualificatif « en soi »), annule dans son concept des mathématiques le projet ontologique et revient, avec certaines réserves, à une conception plus traditionnelle.

Bolzano tire un deuxième argument de la combinatoire. A la fin du XVIIIe et au début du XIXe siècles, cette discipline semble prendre une importance nouvelle. L'école combinatoire allemande s'efforce de fonder l'analyse sur le théorème du binôme, lui-même démontré par des procédés combinatoires. La méthode de Lagrange est assez proche des idées qui inspirent l'école combinatoire. Bolzano lui-même attribue une importance décisive au théorème du binôme, même s'il le traite par des méthodes proprement analytiques et non algébriques. Aussi, dans la première classification de Bolzano, comme déjà chez Leibniz, la combinatoire est l'une des disciplines constitutives de la mathématique universelle, une discipline précisément dans laquelle le concept de nombre joue un rôle relativement secondaire.

Bolzano reprend la question dans la *Grössenlehre* qui date des années 1830. Ses propres travaux d'analyse aussi bien que les travaux de ses contemporains, d'Abel et de Cauchy avant tout, ont relégué les procédés combinatoires dans l'analyse à une place plus modeste.

Pour Bolzano, la combinatoire consiste dans l'examen et la réponse à la question de savoir combien et quelles combinaisons possibles il y a dans un ensemble donné d'objets. Or, seule la première partie de la question porte sur un nombre, alors que l'ensemble lui-même est constitué d'objets quelconques, par exemple de propositions en soi. On peut développer une argumentation analogue pour bon nombre de doctrines géométriques. Si donc, comme le dit Bolzano, on définit la mathématique *exclusivement* comme science des grandeurs, ni la combinatoire ni la géométrie ni la chronométrie ne font partie des mathématiques. Cet argument est toujours celui des *Beiträge*, mais Bolzano en tire maintenant des conclusions opposées.

Enfin, certains auteurs définissent la mathématique comme science des totalités (*Ganzheitslehre*). De cette manière, on pourrait justifier l'inclusion de la combinatoire, mais non l'inclusion de la géométrie et de la chronométrie parmi les disciplines mathématiques.

Bolzano pense que toutes ces difficultés peuvent être évitées si l'on déclare qu'une discipline est *mathématique* lorsqu'elle satisfait aux deux conditions suivantes :

1) une partie *considérable* de cette discipline porte sur la détermination des grandeurs,

2) ces déterminations doivent être justifiées par une doctrine spécifique qui se propose d'expliquer la *nature des grandeurs*.

La première de ces conditions est un retour aux délimitations incertaines contre lesquelles Bolzano s'était insurgé dans les *Beiträge*; cela revient, comme il le dit, à se contenter d'à peu près. Comme pour la classification des sciences, Bolzano adopte maintenant une attitude essentiellement pragmatique quand il s'agit de délimiter le champ de la mathématique.

La mathématique redevient une *Grössenlehre*, une science des nombres et des grandeurs, une science de la mesure et du calcul. La raison décisive de ce retournement ne consiste à mon avis ni dans la modification du statut des êtres logico-mathématiques ni dans la reconnaissance des problèmes combinatoires comme au moins partiellement liés au nombre. C'est la *promotion de l'arithmétique*, entendue au sens large comme théorie des systèmes des nombres, qui prend la place prépondérante au cours de l'élaboration du traité auquel Bolzano donnera le nom de *Grössenlehre*. D'une part, les différentes espèces de nombres sont étroitement rattachées aux entiers et même construits à partir d'entiers naturels. La première tâche du mathématicien est de construire un système complet des nombres et des grandeurs numériques allant des entiers jusqu'aux réels, et qui doit englober aussi les grandeurs infinies. D'autre part, l'analyse infinitésimale (la théorie des fonctions) apparaît comme une élaboration *arithmétique* d'un petit nombre de concepts fondamentaux, essentiellement celui de limite. La mathématique universelle comme discipline englobante fait place à la *Grössenlehre* parce que c'est l'arithmétique des nombres réels qui devient la discipline fondatrice du calcul infinitésimal.

Le terme « mathématique universelle » cède la place à celui de « *Grössenlehre* », mais la chose ne disparaît pas pour autant. Le projet initial d'une théorie universelle qui contiendrait les lois formelles de l'« objet en général » aboutit à une doctrine mathématique des ensembles. Héritière d'une tradition prestigieuse, la mathématique universelle de Bolzano est le lieu où s'élabore une première théorie des ensembles.

Classification définitive

Introduction :
1) objet et division des mathématiques
2) méthode mathématique (théorie logique)
3) notions préalables (doctrine des ensembles)

Premiers concepts de la science universelle des grandeurs
(concepts de grandeur et de fonction ; règles de formation de la langue mathématique)

Science pure des nombres
1) nombres naturels, nombres rationnels, nombres réels
2) théorie des nombres
3) polynômes, fonctions, séries

Détermination des nombres par des équations (algèbre)

Théorie des fonctions (continuité et discontinuité des fonctions, calcul infinitésimal)

Applications de la science universelle des grandeurs
1) chronométrie (science des propriétés mathématiques du temps)
2) géométrie (science des propriétés de l'espace : propriétés topologiques, géométrie euclidienne).

CHAPITRE II

LA DOCTRINE DES ENSEMBLES

C'est dans le *De arte combinatoria* de Leibniz (1666) qu'apparaissent les premiers thèmes du discours mathématique sur les ensembles. En démontrant l'existence de Dieu, Leibniz pose par postulat l'existence de nouvelles entités, de *totalités*, distinctes des éléments qui les composent : « 4ème postulat. Qu'il soit permis de prendre ensemble un nombre quelconque d'objets et de supposer qu'ils forment un tout »[1].

A proprement parler, un tout n'est pas un être (une substance), mais un mode de l'être, un mode relatif en vertu duquel une chose est considérée dans son union avec autre chose. On a un tout « chaque fois qu'on suppose plusieurs choses ensemble en tant qu'*une* ». Un tout est quelque chose qui forme une unité, qui est *unum*, ce dernier étant défini comme « ce que nous prenons ensemble par un seul acte de l'intellect ». En réunissant des objets par la pensée, je forme un objet nouveau, un être mathématique qui interviendra dans les définitions combinatoires leibniziennes.

Tout aussi importante que cette création « axiomatique » des ensembles est la manière par laquelle Leibniz justifie leur existence. On a le droit de poser un ensemble comme objet distinct des objets qui sont ses parties lorsqu'on peut concevoir une propriété commune de ces parties, « quod de omnibus verum est ». Mais les ensembles ne sont que des entités *auxiliaires*, posées en vue de l'économie du discours, réductibles aux propriétés :

> quoniam semper omnes [partes] nominare vel incommodum vel impossibile est, excogitatur unum nomen, quod in ratiocinatio-

1. « Liceat quotcunque res simul sumere, et tanquam unum totum supponere ». *Phil.* IV, 32. (pour les citations suivantes, *ibid.*, 32 et 35). Au terme leibnizien *simul* correspond, chez Bolzano, *ein Zusammen*, i. e. notre *ensemble*.

> nem pro omnibus partium adhibitum compendii sermonis causa, appellatur Totum.

Les ensembles sont donc des entités dérivées, des « manières de parler » des propriétés communes aux objets, qui peuvent toujours être traduites en termes d'attributs. On reconnaît le nominalisme de Leibniz : la réalité véritable est celle des individus, les ensembles n'existent que grâce à l'acte de l'esprit qui les pose.

Dernier trait de la doctrine leibnizienne : dans le *De arte combinatoria*, Leibniz accorde le droit de cité aux ensembles *infinis*. En effet, on peut concevoir une propriété commune à un nombre quelconque et même à une infinité d'objets. Par conséquent, ces objets peuvent être réunis pour former un tout. Leibniz utilise ici ce qu'on appellera plus tard le principe de compréhension pour s'assurer de l'existence des ensembles infinis, ceux dont on ne saurait énumérer les éléments, comme il dit, que dans un temps infini.

Dans le *De arte*, la doctrine du tout et des parties se constituera, comme l'a montré Michel Serres, en une théorie des sous-ensembles d'un ensemble donné. Cependant, avant d'exposer les concepts combinatoires, Leibniz esquisse une séquence de concepts logico-métaphysiques qui, à partir du concept d'être (*Ens*) mène à celui de tout, à l'un, au nombre et à la notion générale de l'ordre appelée *situs*. Cent cinquante ans plus tard, Bolzano parcourra l'itinéraire jalonné par Leibniz, qui mène des totalités, des collections au concept de nombre et aux objets définis en termes d'ensemble. Au terme de ce parcours se trouve une véritable doctrine *mathématique* qui fournira les moyens pour formuler tous les concepts de cette discipline.

Des éléments de la doctrine bolzanienne des ensembles apparaissent dans ses premiers travaux consacrés à la philosophie des mathématiques. Le deuxième cahier des *Beiträge*, inachevé, composé en 1810 mais publié seulement dans la *Gesamtausgabe* (II A 5) en 1977, expose pour la première fois la « mathématique universelle » de Bolzano, construite à partir du concept de « co-pensabilité » ou composition idéale (*Zusammendenken, Zusammendenkbarkeit*) et de ses spécifications : les concepts de tout et de partie, des nombres un, deux, trois, de multitude, d'ensemble, de grandeur. Initialement, le projet répond au problème de la construction du concept de grandeur. Cette séquence de concepts est reprise, complétée et approfondie dans *WL* où on trouve également une définition de l'infini et d'autres idées développées dans les *Paradoxes de l'infini.*

Entre ces deux textes, les concepts ensemblistes deviennent opératoires dans la *Grössenlehre*. D'une part, Bolzano y utilise des ensembles infinis qu'il définit par une propriété qui n'a de sens que dans un contexte particulier, par exemple l'ensemble des sauts d'une fonction discontinue. D'autre part, c'est par l'intermédiaire des concepts de collection (de système) et d'ensemble que s'opère l'articulation entre sa logique et son système mathématique. Le but immédiat de cette doctrine est la construction des concepts de nombre et de grandeur; à partir de ces deux concepts (et de celui de fonction), tous les concepts mathématiques seront définis en termes de concepts ensemblistes qui finiront par devenir l'instrument de l'exploration de l'infini.

1. Les collections et les ensembles

Le point de départ de la construction bolzanienne est le concept de collection d'objets ou d'« ensemble » composé de parties (*ein Inbegriff von Dingen, ein Zusammen*)[2].

> Chaque fois que nous pensons un objet complexe comme tel, que nous énonçons le mot *Et* ou considérons son concept, que nous parlons d'une *relation*, dans tous ces cas se présente à notre âme la représentation d'une collection, plus ou moins accompagnée d'autres représentations adventices[3].

Dans le langage ordinaire, le concept de collection est exprimé par la conjonction « et » qui relie les parties en un tout.

Bolzano reconnaît la difficulté qu'il y a à définir un concept aussi simple. Dans la *WL*, il le fait par référence à l'idée de composition qui est un concept simple; dans les *Paradoxes de l'infini* (§ 3), il renonce à le définir et se contente d'indiquer que c'est « un des concepts les plus simples de notre entendement »[4].

Il insiste tout d'abord sur le fait que, « dans une représentation de collection, il ne doit pas encore être fixé dans quel ordre et dans quelle succession apparaissent les objets qui ont été réunis, ni même s'il y a ou s'il peut y avoir un tel ordre entre les objets »[5]. Dans les collections, toutes les possibilités sont ouvertes quant à l'ordre et aux liens éven-

---

2. Bolzano considère les expressions suivantes comme synonymes dans le langage usuel : collection, tout, agrégat, réunion (*Inbegriff, System, ein Ganzes, ein Zusammen, Verbindung, Vereinigung*) ; dans le langage technique, il utilise de préférence le mot *Inbegriff* qu'on peut traduire par collection aussi bien que par système, selon le contexte.

3. *Einl. GL*, III, 74 v.

4. *Ibid.* et dans la *WL* (§ 82), le concept de collection (*Inbegriff*) est défini comme « Etwas, welches Zusammengesetztheit hat » («quelque chose qui a la composition»). C'est la propriété « être composé » (*Zusammengesetztheit*) que Bolzano considère comme simple.

5. *WL*, I, § 82, 393.

tuels entre les éléments. Cependant, contrairement à nos théories, Bolzano part non des concepts épurés d'ensemble et d'éléments, mais du concept de collection, i.e. de totalité, de *système*, d'ensemble doté éventuellement d'une certaine structure et à partir duquel on obtiendra le concept pur d'ensemble par abstraction. Les ensembles proprement dits sont donc une espèce particulière de collections, ou plutôt une certaine manière de les considérer, en faisant abstraction de leur structure et en particulier de l'ordre et des liens entre leurs éléments :

> J'appelle *ensemble* (Menge) une collection [... telle que] l'ordre entre ses parties soit indifférent (où rien d'essentiel ne change lorsqu'on change uniquement leur ordre)[6].

Ainsi, une montre, instrument complexe, n'est pas seulement un ensemble de pièces; elle est un *Inbegriff*, un système. En revanche, un tas de pièces de monnaie forme un ensemble. Un verre, récipient à boire, et le même verre cassé constituent deux systèmes différents bien qu'ils contiennent les mêmes parties (par exemple les mêmes molécules).

Dans la construction de sa théorie, Bolzano énonce souvent les théorèmes de la manière qu'il considère la plus générale : non pour les ensembles (*Mengen*), mais pour les collections (*Inbegriffe*). Cependant, sauf sur certains points critiques comme par exemple le principe d'extensionnalité, la différence entre une collection et un ensemble n'est pas très importante et Bolzano emploie les deux termes souvent comme synonymes.

Pour désigner les éléments d'une collection ou d'un ensemble, Bolzano se sert du mot *partie* (*Teil*). Ce terme et son usage rappellent que les ensembles bolzaniens sont obtenus non seulement par la réunion de leurs objets en un tout, mais aussi pas la décomposition des totalités données. Au sens propre, le mot « partie » désigne « tout objet dont se compose une collection », en excluant aussi bien « les objets qui ne sont que parties de ses parties et ceux qui sont des collections entières de telles parties »[7]. Cet usage correspond à notre distinction entre élément et sous-ensemble. Ainsi, le roi, ses ministres et les sujets sont des parties au sens propre (éléments) de l'Etat, sans que les parties de ces parties (leurs têtes, leurs membres etc.) le soient. Lorsqu'il s'agit de déterminer les éléments d'une totalité donnée, Bolzano distingue donc entre les parties au sens propre (*Teile, die es im eigentlichen Sinne sind*) ou parties prochaines, immédiates (*nächste oder unmittelbare Teile*) et parties éloignées ou médiates (*entfernte oder*

6. *PU*, § 4, p. 4. Cf. *WL*, § 84, p. 400.
7. *WL*, I, § 83, 397.

mittelbare Teile) qui sont les parties des parties (*Teile der Teile*). Dans d'autres contextes, lorsqu'il s'agit de considérer l'ensemble comme formé à partir d'éléments donnés, par exemple une multitude composée d'unités, Bolzano utilise le terme de parties simples ou parties ultimes (*einfache, letzte Teile*)[8]. Toutes ces distinctions montrent que Bolzano n'ignore pas la différence entre élément et sous-ensemble. Aussi, il sait en tenir compte le cas échéant[9]. On a vu également que, dans sa logique des représentations, il définit l'inclusion entre les classes.

Néanmoins, les différents sens du mot « partie » sont des spécifications d'un sens général assez vague et la différence entre appartenance et inclusion n'est ni affirmée avec suffisamment de vigueur ni utilisée dans les constructions ensemblistes. C'est ainsi qu'il arrive à Bolzano d'utiliser le même terme pour désigner aussi bien des éléments que des sous-ensembles[10]. En effet, pour construire le concept de grandeur, Bolzano a besoin d'un concept général susceptible d'être appliqué à tout objet qui peut être obtenu par décomposition arbitraire d'un ensemble donné. Mais c'est aussi pourquoi on ne saurait appliquer des raisonnements cantoriens à la théorie de Bolzano qu'avec d'extrêmes précautions.

Pour désigner les collections et les ensembles, Bolzano introduit dans la *Grössenlehre* la notation qui est déjà la nôtre : une collection contenant les parties (les éléments) A, B, C, D, sera désignée par [A,B,C,D] ; une collection contenant A, B, C et d'autres éléments par [A,B,C,...]. Bolzano envisage même des collections de collections, par exemple

$$\{[A, B, C, \ldots], [(M, N), E]\}$$

qui est composée de la collection [A,B,C,...] et d'une autre collection [(M,N),E] contenant comme parties (éléments) (M,N) et E.

Voyons maintenant les exemples de collections (qui sont en même temps des ensembles). Dans les *Paradoxes de l'infini* (§ 3), Bolzano

---

8. *Einl. GL*, III, § 9 et § 143-4. En parlant des parties des solides, des régions du plan et des segments, Bolzano propose de distinguer entre parties *homogènes* (nos sous-ensembles) et *parties hétérogènes* (nos éléments). *Drei Probl. Rectif.*, § 12, p. 96 note ; de même *WL*, III, § 315, 25.

9. Ainsi dans la démonstration d'un théorème de géométrie que nous avons cité en note 18 du chapitre sur la géométrie. Par ailleurs, la différence entre le concept d'élément et celui de sous-ensemble correspond à la différence entre la subsomption et la subordination.

10. Par exemple dans le cas des sommes.

commence par citer trois propositions dans lesquelles interviennent des collections :

1) Le soleil, la Terre et la Lune agissent les uns sur les autres;

2) une rose et le concept de rose sont deux choses distinctes;

3) le terme « Socrate » et les termes « fils de Sophronisque » désignent le même personne.

Ces trois propositions déterminent trois collections suivantes :

1) {Soleil, Terre, Lune},

2) {rose, concept de rose},

3) {« Socrate », « fils de Sophronisque »}.

Ces exemples, très judicieusement choisis, montrent d'emblée une propriété essentielle des collections bolzaniennes : leur caractère arbitraire. Les collections bolzaniennes ne sont pas des ensembles de choses homogènes, elles ne correspondent pas aux espèces connues dont on rencontre les individus dans le langage quotidien ou savant. Si le soleil, la terre et la lune sont tous des corps célestes, rien, en revanche, n'est plus dissemblable d'une rose, être vivant, qu'un concept, objet abstrait sans existence matérielle. Le troisième exemple est une collection contenant deux objets, à savoir un nom et une description, bien que les deux désignent la même personne. Si l'on veut des ensembles d'objets tout à fait disparates, on les trouvera ci-dessous comme exemples de « sommes ».

Bertrand Russell formule trois critiques à l'égard de la notion bolzanienne de collection[11]. Premièrement Bolzano ne distinguerait pas « la pluralité du tout que forment ses objets », *the many from the whole which they form*. Deuxièmement, il ne s'apercevrait pas que sa méthode d'énumération des éléments ne s'applique pas aux collections infinies. Enfin, objection liée à la précédente, « il ne fait aucune mention de la définition intensionnelle [*intensional definition*] ni de la notion de classe », ce qui, d'après Russell, revient à négliger les différences qu'il y a, d'une part, entre une classe et une collection et, d'autre part, entre une classe et un tout.

On peut s'interroger sur le bien-fondé de ces reproches. Quant à la différence entre un tout et une classe, la distinction bolzanienne entre une collection (*Inbegriff*) que Bolzano appelle également un tout, et un ensemble lui correspond dans une certaine mesure; d'ailleurs, Russell lui-même finira par effacer les différences entre les différentes espèces de touts définies dans *Principles of Mathematics* au profit du seul concept de classe. Pour répondre au premier point soulevé par Russell, remarquons que Bolzano introduit le concept de collection précisé-

---

11. *Principles of Mathematics*, 2e éd. (1937), p. 70.

ment pour pouvoir disposer d'un concept exact qui remplacerait celui, fort imprécis, d'une simple pluralité d'objets aux contours mal définis. D'ailleurs, prévoyant une telle objection, Bolzano y répond d'avance en insistant précisément sur la différence entre la considération de certains objets pris isolément, et celle de leur réunion dans une collection :

> Il est tout aussi certain que les représentations A, B, C, D, ... n'épuisent pas, à elles seules, la compréhension de la représentation de la collection des objets A, B, C, D, ... Car si nous nous représentons certains objets A, B, C, D, ... l'un après l'autre, ou même tous en même temps, et rien d'autre, ce n'est point encore leur *collection* que nous nous représentons [12].

La notion de collection y ajoute une détermination conceptuelle supplémentaire qu'il faut imposer à ses éléments et qui transforme *the many* d'une pluralité en un tout.

La réponse à la deuxième critique de Russell nous amène au cœur de la doctrine de Bolzano. C'est Bolzano qui, pour la première fois, a formulé deux principes (il est vrai, de manière quelque peu marginale et en tant que théorèmes) qui joueront un grand rôle dans les discussions sur l'axiomatisation de la théorie des ensembles : le principe *d'extensionnalité* et le principe de *compréhension*.

D'après le premier, un ensemble est entièrement déterminé par ses éléments. Ce principe que Bolzano énonce comme un théorème lui permet de distinguer les ensembles des collections ou systèmes. Les systèmes ne sont pas extensionnels : les différentes manières de lier les mêmes éléments correspondent à autant de systèmes, collections ou totalités. En revanche, « les parties dont se compose un ensemble le déterminent, et cela complètement, et toutes les parties y contribuent de la même manière » [13], c'est-à-dire indépendamment de leur ordre. Comme on le voit, Bolzano formule le principe d'extensionnalité non comme un énoncé sur l'égalité des ensembles (comme on le fait le plus souvent aujourd'hui), mais comme critère de détermination d'un ensemble par ses éléments : un ensemble (*Menge*) est exactement déterminé lorsqu'on a déterminé « ce qui appartient ou n'appartient pas à cet ensemble » [14]. Voici, sous l'aspect d'une proposition banale, le principe peut-être le plus important de la théorie des ensembles, celui qui énonce les conditions mêmes de la constitution des ensembles comme entités extensionnelles.

---

12. *WL*, I, § 2, 394.
13. *Einl.GL*, III, § 89, 130-130v. Cf. *ibid.*, § 12, 79v.
14. *WL*, I, § 87, 412; de même *PU*, § 26.

Quant à l'égalité, Bolzano la considère comme l'identité : deux ensembles sont égaux s'ils ont les mêmes éléments.

Par rapport à nos théories, la doctrine bolzanienne accuse quelques limitations : elle ne connaît ni l'ensemble vide ni les ensembles à un élément, et cela bien que, en logique, Bolzano fasse place aux concepts vides, aux représentations singulières et même aux extensions à un seul élément. Une représentation singulière, par exemple « Socrate », a bien une extension, mais celle-ci ne saurait être identifiée à une collection ou à un ensemble.

La propriété caractéristique suivante est plus lourde de conséquences. Chaque fois qu'une représentation vide risque d'introduire dans un ensemble comme élément ce que nous appelons l'ensemble vide (qui pour Bolzano est un non-objet, rien), la représentation d'une telle collection ou ensemble est elle-même vide. Il en est de même lorsque deux représentations A et D représentent le même objet, donc lorsqu'on a $A = D$: la représentation de la collection $\{A, B, C, D, \ldots\}$ sera alors vide, ce qui veut dire que le prétendu ensemble $\{A, B, C, D, \ldots\}$ n'existe pas, « car il est manifestement impossible de réunir un objet quelconque avec lui-même pour former une collection, c'est-à-dire pour former un objet nouveau distinct de lui-même »[15]. Vide est également la représentation des collections ou des ensembles comme $\{A, A\}$, $\{A, A, A\}$ etc. si A est une représentation singulière. Même dans une formule comme 1+1, chaque chiffre doit représenter un objet distinct pour obtenir 2 comme résultat. Pour Bolzano, un système, une collection, un ensemble sont toujours constitués d'une *pluralité* d'objets réunis ou pris ensemble.

Le principe de compréhension peut être considéré comme le deuxième grand principe de la doctrine ensembliste de Bolzano. Il permet de surmonter une faiblesse inhérente à la définition extensionnelle des ensembles qui consiste dans l'énumération de leurs éléments. Selon ce principe, toute propriété, tout attribut détermine une collection, un ensemble, celui précisément dont les éléments vérifient cet attribut (appartiennent à son extension). Une collection ou un ensemble se trouve alors défini de manière intensionnelle, par une propriété. En expliquant ce principe, Bolzano répond encore une fois d'avance aux objections de Russell et va jusqu'à protester contre l'idée que celui-ci lui imputera, et à soutenir la nécessité d'une définition intensionnelle pour les ensembles infinis. Il est vrai qu'au début de son exposé, en introduisant le concept de collection, Bolzano cite comme exemples

15. *Einl. GL*, III, § 24, 80v. Cf. aussi *PU*, § 3 *in fine* où Bolzano postule que les parties (= les éléments) des collections doivent être toutes distinctes.

uniquement des collections finies déterminées par l'énumération de leurs éléments. Il ne peut pas en être autrement à ce stade de l'analyse et avant l'introduction des ensembles infinis. Les concepts de tout et de partie, indéfinissables, ont besoin d'être illustrés avant qu'on puisse formuler toutes leurs propriétés. C'est précisément lorsqu'il aura à justifier l'existence d'ensembles infinis que Bolzano invoquera, à côté du tiers exclu, le principe de compréhension.

Celui-ci s'applique d'abord aux ensembles finis. De l'avis de Bolzano, pour penser une collection, il n'est nullement nécessaire de penser chacun des objets ou individus qui la composent :

> Je peux penser l'ensemble, la collection, ou, si l'on préfère, la totalité [das *Ganze*] des habitants de Prague ou de Pékin sans me représenter chacun des habitants en particulier [...] Car lorsque nous avons une représentation *A* qui représente chacun des objets *a*, *b*, *c*, *d*,..., mais rien d'autre, il est très facile d'en arriver à la représentation de la *collection* formée par tous ces objets ensemble. Pour ce faire, il suffit de lier le concept désigné par le mot *collection* avec la représentation *A*, comme l'indique l'expression *la collection de tous les A*. Cette seule remarque, dont tout le monde doit reconnaître le bien-fondé, fait tomber toute la difficulté que certains veulent trouver dans le concept d'ensemble quand celui-ci est composé d'une infinité de parties [éléments], dès que nous disposons d'un concept de genre qui embrasse chacune de ces les parties, mais rien d'autre [...][16].

Le principe de compréhension, utile lorsque la taille d'un ensemble fini rend difficile l'énumération de ses éléments, est donc indispensable lorsqu'on veut définir un ensemble infini. Et Bolzano cite, comme exemples d'ensembles infinis définis intensionnellement, l'ensemble des propositions en soi, l'ensemble des vérités en soi et l'ensemble des points d'un intervalle ouvert]a, b[défini par la donnée des points a, b et par le prédicat « être situé entre ». En effet, « par cette indication on détermine de la manière la plus parfaite ce qui appartient à cet ensemble et ce qui ne lui appartient pas, de telle sorte qu'il n'existe pas un seul point au sujet duquel on pourrait encore avoir des doutes »[17].

On sait aujourd'hui que l'application sans restriction du principe de compréhension donne lieu à des antinomies. Historiquement, c'est leur apparition à l'intérieur d'une théorie naïve des ensembles qui a imposé l'examen rigoureux des principes et des procédés de définition douteux, et c'est cet examen qui a abouti à l'axiomatisation de la théo-

16. *PU*, § 14, 15.
17. *WL*, I, § 87, 412 ; cf. aussi *PU*, § 26, 37.

rie. Parmi les contradictions, l'antinomie de Russell est particulièrement importante. Elle fait appel à la possibilité, garantie par le principe de compréhension, de former un ensemble à partir d'un prédicat arbitraire F; ce sera l'ensemble $\{x \mid F(x)\}$. Si l'on prend pour F le prédicat $x \notin x$, on définira y comme l'ensemble de tous les ensembles qui ne s'appartiennent pas : $y = \{x \mid x \notin x\}$. Qu'en est-il de l'ensemble y lui-même? Si $y \in y$, alors, en vertu de la condition qui le définit, $y \notin y$; en revanche, si $y \notin y$, alors, par définition, $y \in y$. L'ensemble y doit à la fois s'appartenir et ne pas s'appartenir.

De son côté, Bolzano a affronté un paradoxe lié au concept de collection universelle et a tenté de soumettre son concept de collection aux conditions qui permettent d'y échapper. Lors de la nouvelle rédaction de sa doctrine ensembliste, destinée à l'Introduction de la *Grössenlehre*, il se trouve confronté au paradoxe du concept de totalité et il y revient à trois reprises en 1831. Dans son journal philosophique, il note sous le titre *Zur Logik* sans le moindre commentaire :

> Un exemple remarquable de concept contradictoire est celui de «totalité des choses» [das *All* der Dinge] ou de somme de toutes les choses. En effet, à cette somme devrait appartenir comme partie cette somme elle-même, si elle était quelque chose. Il en est de même du concept de *totalité* des choses *réelles*, parce que cette totalité devrait à son tour être quelque chose de réel. – Il n'en va pas ainsi du concept de *totalité* des *substances*[18].

Il reprend la question dans son journal mathématique :

> On peut très bien penser la totalité des A [das All der A] lorsque A désigne une représentation d'extension limitée, par ex. homme. Mais dès qu'on remplace A par la plus large de toutes les représentations, à savoir celle de quelque chose en général, apparaît la difficulté suivante : la représentation *la totalité des objets* ou *la totalité de tout* ou *la totalité absolue* devrait se comprendre aussi elle-même, puisque cette totalité est à son tour un quelque chose, ce qui est absurde. C'est pourquoi je crois qu'il faut en fait inclure cette représentation parmi les représentations contradictoires (imaginaires), tout comme celle du mouvement le plus rapide. *La totalité des collections* [*das All der Inbegriffe*] serait, elle-aussi, une telle représentation contradictoire[19].

---

18. *Phil. Tagebücher*, 1827-1844, *Gesamtausgabe* II B 18/2, 29 (voir également le commentaire de J. Berg). Bolzano utilise les expressions «das *All* der Dinge» et «die Summe aller Etwas».

19. *Misc. math.* (manuscrit), p. 1968 (datant de 1831). Ce paradoxe a été présenté au Congrès Int. d'Histoire des Sciences à Edimbourg en 1977 (voir

Voici le tout premier paradoxe de la théorie des ensembles au moment où celle-ci est en train de se constituer. Ce paradoxe met en question à la fois le concept de collection de toutes les collections (donc également celui d'ensemble de tous les ensembles) et celui d'auto-appartenance, les deux précisément dont le caractère antinomique a été dégagé par Cantor et par Russell[20] ! La comparaison avec l'exemple leibnizien du mouvement le plus rapide souligne l'aspect paradoxal d'un concept en apparence correctement formé, et pourtant manifestement contradictoire dès qu'on l'analyse. L'examen du concept de totalité amène Bolzano au seuil de l'antinomie.

Bolzano a intégré ce paradoxe dans la première version de l'Introduction à la *Grössenlehre* :

> Ce concept [celui de totalité absolue] est absurde, parce qu'on devrait compter dans la collection [*Inbegriff*] de tous les objets cette collection elle-même (si elle-aussi, devait être *Quelque chose*); dans ce cas, le tout apparaîtrait comme une partie de lui-même. Il en va exactement de même avec le concept de «totalité des vérités». En effet, il ne saurait y avoir de *collection* des vérités en dehors de laquelle il n'existeraient aucune autre vérité, parce que la proposition qui énonce que cette collection se compose de toutes les vérités est elle-même une vérité qui n'est par contenue dans cette collection[21].

Ce doute vise quelques uns des concepts bolzaniens fondamentaux : celui de classe universelle, de collection de toutes les collections, et celui de collection de toutes les vérités. Ils ont été pourtant bien établis dans la *WL*[22] et Bolzano n'a jamais exprimé la moindre

---

Abstracts, p. 86) et publié sous le titre «La classe universelle et auto-appartenance chez Bernard Bolzano», *Ελευθερια* (1986 A), 72-84.

20. Russell lui-même a rencontré le paradoxe de la totalité des objets en examinant la démonstration impliquée dans le paradoxe de Cantor (l'inexistence du plus grand cardinal) qui l'a amené à la découverte de son antinomie. Cf. *Introd. to Mathematical Philosophy* (1919), 136.

21. Manuscrit qui pour l'instant ne figure pas dans la *Gesamtausgabe*. Öst. Nationalbibliothek, s. n. 3463, 74r.; cité d'après K. Večerka, «K Bolzanovu podílu ...», *Filoz. Časopis* 38 (1990), 525. Les trois textes cités ont été rédigés *après* la *WL*, mais *avant* sa publication.

22. Le concept du «domaine immense de toutes les vérité en soi» figure dans les toutes premières phrases de la *WL* (I, § 1, 3) et on le retrouve à d'autres endroits du même ouvrage (par ex. IV, § 409, 44); il figure même dans le titre du § 426 : *Division de la totalité du domaine de la vérité en sciences particulières*. Dans la célèbre démonstration des *PU* (§ 13, 13) que nous aurons l'occasion de commenter dans la IVe partie, Bolzano parle également de «l'ensemble infini des propositions et des vérités en soi».

réserve à leur égard dans ses grands ouvrages ultérieurs, la *Grössenlehre* et les *Paradoxes de l'infini*.

Un peu plus tard, probablement au moment de la rédaction définitive de l'Introduction à la *Grössenlehre*, Bolzano finit par invalider sa critique du concept de totalité absolue. Il pense alors que l'auto-appartenance entre en conflit avec la première exigence qui caractérise les collections et les ensembles : celle d'être formés d'objets *distincts* ou, comme il dit aussi, ne pas contenir deux fois le même objet. En revenant sur la note des *Miscellanea mathematica*, Bolzano retire sa critique en écrivant entre les lignes :

> Pas du tout! Ces concepts ne sont pas contradictoires. Pas du tout! Il s'ensuit du concept de collection qu'il ne faut pas prendre le même objet deux fois, par exemple les doigts de la main et aussi le pouce, l'index, le majeur, l'annulaire et l'auriculaire.

Justification quelque peu sommaire, car réunir en un ensemble l'ensemble des doigts d'une main et ensuite chacun des doigts ne signifie pas pour nous prendre deux fois le même objet. De toute façon, dans la version définitive de la *Grössenlehre*, l'ensemble des vérités en soi est de nouveau admis et, comme plus tard dans les *Paradoxes de l'infini*, Bolzano démontre qu'il est infini :

> § [129.] *Théorème*. Il existe aussi des multitudes infinies (ou des ensembles infinis)[23].

Il en va de même pour le concept de collection universelle, d'ensemble universel qui est désormais définitivement admis par Bolzano. On a vu que celui-ci formule plusieurs concepts équivalents qui ont tous la plus grande extension, qui déterminent donc un seul et même ensemble, de sorte « qu'il existe un seul domaine [*Gebiet*] qui est le plus grand possible » : le domaine des objets *identiques à eux-mêmes*, $\{x \mid x=x\}$[24].

---

23. *Einl. GL*, 150v.-151r. « Démonstration. Prenons un exemple : l'ensemble des vérités est infini. En effet, pour tout ensemble fini donné de choses, on peut penser un ensemble de vérités qui lui est [numériquement] égal, ensemble qui apparaît lorsque, pour chaque chose, nous énonçons une des propriétés qui lui appartiennent. Or, cet ensemble de vérités est loin d'être la totalité des vérités [*das ganze All der Wahrheiten überhaupt*] » ...

24. *WL*, I, § 99, 459. Cf. *supra*, IIe partie, chap. II, § 3 consacré aux représentations universelles. – En prenant la négation de la condition « x = x », Bolzano aurait pu obtenir immédiatement une définition de l'ensemble vide, tout comme les représentations vides peuvent être obtenues à partir de concepts à extension maximale par la négation. Cette possibilité technique se heurte chez Bolzano cependant à la croyance dans la différence fondamentale, métaphysique, entre quelque chose et rien. Pour Bolzano, l'ensemble vide serait un non-être ; or, « rien » ne peut jamais être une espèce de « quelque chose ».

La critique que Bolzano avait adressée à la notion de totalité absolue (de classe universelle) n'a laissé de trace ni dans la *WL* de 1837 ni dans les *Paradoxes de l'infini* de 1851, ni même dans l'Introduction à la *Grössenlehre*, où pourtant Bolzano expose en détail sa doctrine ensembliste. En revanche, la remarque par laquelle il a cru justifier le concept de totalité absolue est devenue, dans la *Grössenlehre*, la condition même de l'existence des collections et des ensembles. Bolzano considère alors que tout objet, quel qu'il soit, peut être réuni (ou plus exactement se trouve déjà réuni) à d'autres objets en une collection, un tout, un ensemble, à condition qu'« aucun des objets [dont se compose la collection] ne figure déjà comme partie d'un autre objet, de sorte que tous les objets qui satisfont à cette unique condition forment de véritables touts »[25].

Nous nous proposons d'interpréter la condition de Bolzano de la manière suivante :

$$\text{pour tout } a, b, c, \text{ si } a \in c \text{ et } b \in c, \text{ alors } a \notin b.$$

Comme l'a montré K. Večerka, il résulte de cette condition qu'une collection ou un ensemble au sens de Bolzano ne saurait être élément de lui-même. En effet, soit c un ensemble contenant a. Si c est élément de c, on devrait avoir $a \notin c$, contrairement à l'hypothèse. Par conséquent, aucun ensemble n'est élément de lui-même et l'auto-appartenance se trouve exclue de la doctrine de Bolzano. La collection universelle, la collection de toutes les collections, est sauvée.

Or, le prix à payer pour ce sauvetage est élevé et il n'est pas sûr que les collections et les ensembles avec lesquels opère Bolzano mathématicien peuvent s'y plier. Comment concilier cette attitude avec la générosité de son ontologie qui reconnaît l'existence *en soi* d'un ensemble fini d'objets d'une certaine espèce et de la totalité des objets de la même espèce, par exemple l'existence d'un ensemble fini quelconque de vérités en soi, et de la totalité de ces vérités ? Que devient la collection universelle elle-même ? Bolzano, a-t-il fini par se rendre compte du caractère trop étroit de la condition imposée aux collections dans la *Grössenlehre* ? C'est peut-être de cette manière qu'on peut interpréter son omission dans les *Paradoxes de l'infini*, son dernier ouvrage, qui postule pour les collections et les ensembles uniquement la diversité de leurs éléments.

---

25. *Einl. GL*, III, § 6, 75 r. ; cité dans K. Večerka, « Poznámky k Bolzanovu pojetí množiny », *Zprávy* ... ; 1962, n° 10, p. 37. La condition énoncée est donc une condition nécessaire et suffisante de l'existence d'une collection (d'un tout, *Inbegriff* et *ein Ganzes* étant synonymes).

2. *Les sommes*

Le concept de collection est un concept générique, point de départ d'une séquence de concepts, qui aboutira à ceux de nombre et de grandeur. On a vu le premier terme de cette séquence : le concept d'ensemble, défini comme collection dans laquelle l'ordre et les liens entre les éléments sont indifférents.

Selon Bolzano, les collections sont tantôt systèmes d'individus, tantôt « systèmes dont les parties sont elles-mêmes composées ; c'est-à-dire dont les parties sont à leur tour des systèmes » ; à titre d'exemple, il considère une université comme étant constituée de facultés qui sont ses parties (éléments). Il prend maintenant la première espèce de collections, celles dont les éléments sont composés, et envisage une famille particulière, les *sommes*. Celles-ci sont

> des collections dans lesquelles on peut non seulement considérer le mode de liaison des parties comme quelque chose d'indifférent, mais encore, où l'on peut considérer les parties des parties comme parties du tout[26].

Ou encore, les sommes sont des collections

> que l'on peut considérer de telle sorte que rien d'essentiel n'y sera changé, si nous concevons les parties des parties comme parties du tout lui-même.

Les sommes sont donc des ensembles. Il semble à première vue qu'on pourrait exprimer la définition bolzanienne encore d'une autre manière, en traduisant la propriété « les parties des parties sont parties du tout » par la formule

$$\forall x((x \in y \ \& \ y \in z) \Rightarrow x \in z).$$

S'il en était ainsi, les « sommes » bolzaniennes coïncideraient avec nos ensembles transitifs utilisés dans la théorie des nombres ordinaux. Or, d'une part, la formule définissant les ensembles transitifs contredit la condition à laquelle doivent satisfaire les ensembles bolzaniens. D'autre part, les sommes ne contiennent pas *simultanément* les éléments de tous leurs éléments. Comme le précise la *WL* aussi bien que la *GL*, dans une somme, considérer les parties des parties comme parties du tout, c'est pouvoir *substituer* à une des parties du tout les parties de cette partie.

Pour désigner cette espèce particulière d'ensembles, Bolzano utilise un terme emprunté à l'arithmétique et à l'algèbre et justifie son

---

26. *WL*, I, § 84, 400. La même définition se trouve dans *Einl. GL*, III, § 92, 131r.

transfert aux ensembles : « car c'est en ceci que consiste le concept de somme : on doit avoir

$$A + (B + C) = A + B + C$$ »[27].

Dans cette formule, la notation sans parenthèses exprime pour nous simplement de manière abrégée l'associativité de l'addition, mais il en est autrement chez Bolzano. Pour lui, cette formule exprime la propriété définissante du concept de somme. Dans sa formule, A, B, C sont des parties du tout A + B + C, le signe « + » étant l'opérateur de composition exprimé par la conjonction « et » ; l'égalité affirme que le tout A + B + C est le même que le tout formé de parties A et (B + C). Les parties B et C sont donc à la fois parties de la partie (B + C) et parties du tout A + B + C[28].

Comme le montre l'addition en arithmétique et, pour prendre un exemple non mathématique par lequel Bolzano illustre le concept de somme, la compréhension d'un concept, qui est pour lui la « somme » de ses caractères, il pense à une sorte de loi de composition qui généraliserait l'addition arithmétique. D'ailleurs les deux propriétés dont la conjonction définit le concept de somme sont visiblement inspirées de la commutativité et de l'associativité de l'addition.

Quel est le rapport des « sommes » avec l'addition arithmétique ? Dans la mathématique du XVIIIe siècle, il n'est pas inhabituel d'envisager des sommes comme des collections ; ainsi, pour Euler, une somme partielle Sy exprime bien « un agrégat de tous les termes à partir du premier, ou bien à partir d'un autre terme fixe jusqu'à y »[29].

Bolzano prend le concept de somme au sens le plus large et pense qu'il est identique au concept mathématique de somme appliqué aux grandeurs. Le concept bolzanien de somme est cependant plus général que celui d'addition arithmétique ou algébrique ; il n'exige pas l'homogénéité de ses termes. On peut par exemple réunir en une somme un tableau, un poêle et une horloge, tout comme on peut prendre la somme 3 pouces + 5 jours + 2 quintaux, même si, comme l'avoue Bolzano, ce genre de sommes n'offre pas un grand intérêt.

Pour prendre un autre exemple, la longueur d'une ligne peut également être considérée comme une somme dans la mesure où une ligne peut être considérée comme composée de lignes plus petites qui sont ses parties. En effet, les parties des parties sont parties de la ligne

---

27. *PU*, § 5, 4.

28. L'associativité et la commutativité de l'addition n'ont donc pas besoin d'être démontrées, mais sont « quelque chose qui va de soi, c'est-à-dire qui se trouve déjà dans le concept », et sont énoncés dans un simple corollaire (*Einl. GL*, III, § 93, 132r. et § 95, 133r.).

29. *Institutiones calculi differentialis*, *Oeuvres* (1), t. 10, 309.

donnée, et l'ordre dans lequel on les prend pour restituer la ligne donnée est indifférent. Dire qu'une ligne est une somme, c'est donc associer à cette ligne une grandeur qui mesure sa longueur. Et Bolzano insiste sur la nécessité de distinguer l'*ensemble* des points d'une ligne et la même ligne considérée comme *somme*, c'est-à-dire comme une grandeur composée additivement, l'opération de composition étant commutative et associative.

Si apparemment toute grandeur peut être considérée comme une somme, il y a en revanche des sommes qui ne sont pas des grandeurs. Des exemples particulièrement importants sont donnés par la *compréhension d'une représentation* (d'un concept) qui, pour Bolzano, n'est pas l'ensemble de ses caractères, mais leur somme, car la compréhension est invariante par rapport à la décomposition d'un caractère en caractères plus simples : les parties des parties (parties «éloignées») sont parties du tout. Aussi, Bolzano emploie une notation additive pour l'expression «quelque chose qui est A et B et ... » :

[quelque chose] (A+B+ ...).

Voici un exemple : soit la représentation «un homme courageux et juste». Dans la logique de Bolzano, cette représentation est exprimée sous la forme

quelque chose qui est homme, juste et courageux,

ou de manière schématique,

[quelque chose] (homme + juste + courageux).

D'après cette analyse, une partie de la compréhension de cette représentation, à savoir les termes «homme», «juste» et «courageux» forment une somme au sens de Bolzano.

C'est de ces différents exemples que Bolzano tire les propriétés de ses sommes. L'associativité et la commutativité découlent de la définition. Le principe d'extensionnalité est valable : les termes d'une somme la déterminent complètement, «car la somme est un ensemble et ses termes (*die Summanden*) sont ses parties»[30]. L'exemple de la longueur d'une ligne suggère le théorème suivant :

Si A se compose des parties A_1 et A_2, alors $A+B$ et A_1+A_2+B représentent la même somme.

Enfin, les termes d'une somme doivent être tous disjoints. Selon Bolzano, le concept d'une somme dans laquelle certains termes figurent plusieurs fois est vide, «car il est absurde de former une collec-

30. *Einl. GL*, III, § 98, 134 v. Pourtant, le théorème suivant semble contredire le principe d'extensionnalité. Ici, on se heurte aux limites de l'interprétation de la théorie de Bolzano en termes cantoriens.

tion dans laquelle on ajoute le même objet à lui-même (à savoir ce composant commun) »[31]. Et Bolzano rappelle que dans une somme comme A + A où l'on réunit deux objets de la même espèce A, chaque occurrence du même signe doit représenter un objet distinct et qui n'a aucune partie commune avec les autres. On a vu qu'il en est ainsi également en arithmétique. Enfin, un terme vide ne saurait figurer dans une somme : si A n'est pas vide, on ne peut pas écrire A = A + B, car si B est vide, le concept de somme lui-même est vide.

Visiblement, le concept bolzanien de somme est trop indéterminé, trop ambigu et chargé d'une multiplicité de sens qui rend ses propriétés difficilement compatibles. Les sommes bolzaniennes cumulent plusieurs fonctions : sommes arithmétiques ou algébriques, sommes de séries, mais aussi des réunions disjointes[32], « sommes » (réunions) de caractères d'un concept, des conjonctions. Parfois, une somme ne diffère guère d'un ensemble[33].

La propriété définissante « les parties des parties sont parties du tout » traduit en fait l'invariance de la somme par rapport à la substitution de parties éloignées (parties des parties) aux parties proches (parties du tout). Qu'il s'agisse de la compréhension d'un concept, de la somme arithmétique ou de la somme des grandeurs (longueur d'une

---

31. *Ibid.*, § 99.

32. Dans la *WL*, Bolzano définit aussi la *réunion* des ensembles ; il le fait en se servant du concept de somme, mais par le biais de l'extension des concepts et en marge de sa doctrine mathématique. Ce que nous appelons réunion est pour Bolzano l'extension d'une collection de représentations, à savoir « la somme de tous les objets [...] représentés par au moins une représentation contenue dans cette collection ». *WL*, I, § 93, p. 437. Exemple : tout habitant de la terre appartient à l'extension de la collection des concepts {Européen, Asiatique, Africain, Américain, Australien}. Bolzano formule également en langage des « sommes » un important théorème sur les réunions. Soit A, B, ..., K des ensembles, card A le cardinal de A etc. ; si, card A = a, card B = b, ..., card K = k, alors max {a,b,...,k} $\leq$ card (A$\cup$B$\cup$...$\cup$K) $\leq$ a+b+...+k. « Cette indétermination doit se manifester dans la conclusion, parce que les représentations A, B C,... peuvent avoir plusieurs objets communs » (*WL*, II, § 245, 468). (Voir le passage consacré à l'équivalence ci-dessus dans le chapitre II, *Logique des représentations*).

33. Par certaines de leurs propriétés qui relèvent de l'analyse logique des totalités, les sommes bolzaniennes se rapprochent des touts extensifs dont traite Carnap dans *Der Logische Aufbau der Welt* (§§ 29-37). Comme ces derniers, les sommes bolzaniennes (au moins leurs deux exemples principaux : la longueur d'une ligne et la compréhension d'une représentation) sont isogènes, c'est-à-dire les représentations des sommes et de leurs parties peuvent figurer aux mêmes places dans toutes les formes propositionnelles ; d'autre part, on peut dire que les sommes *se composent* de parties, alors que les collections ou les ensembles *contiennent* leurs éléments ; enfin, les sommes peuvent être décomposées en parties de différentes manières. Pour toutes ces raisons, Carnap détache les touts extensifs des classes et des ensembles.

ligne), la somme reste la même si l'on substitue les parties des parties aux parties du tout. Une somme est ainsi un « quasi-ensemble » invariant par rapport à toute décomposition de ses éléments. Les sommes sont des «ensembles» où l'on peut prendre pour partie (élément) le résultat d'une partition quelconque d'une partie quelconque. C'est aussi, en dernière analyse, de cette manière que Bolzano caractérise les sommes : comme ensembles « décomposables en ensembles arbitraires de parties »[34].

3. Les multitudes.

Les sommes sont définies par rapport à une décomposition arbitraire qui permettra d'introduire une opération primitive, l'addition, lors de la définition des grandeurs. Mais pour construire le concept de nombre, Bolzano a besoin, d'une part, d'un ensemble d'unités, d'autre part, de la notion de succession. D'où les deux spécifications suivantes de la notion de collection : les multitudes et les suites.

Une *multitude* (*Vielheit*) est un ensemble d'individus d'une certaine espèce A, ensemble homogène d'unités distinctes, mais considérées comme égales[35]. Selon la *Grössenlehre*, une multitude est une somme telle que les individus de l'espèce donnée soient considérés comme ses parties ultimes. D'après cette définition, on peut donc concevoir une multitude comme un sous-ensemble de l'extension d'un certain concept A. De telles multitudes sont *concrètes* et *appliquées* (*benannt*), i. e. relatives à l'espèce A choisie.

L'exigence de l'homogénéité est la seule propriété qui distingue les ensembles des multitudes. Sa portée est néanmoins considérablement affaiblie par la conception toute relative que Bolzano se fait d'une espèce. A son tour, celle-ci est l'extension d'une représentation, c'est-à-dire une collection (Bolzano dit même une somme), un ensemble. Mais comme pour tout ensemble d'objets il y a une représentation dont cet ensemble est l'extension, le concept d'espèce n'est pas vraiment distinct de celui d'ensemble. « Les mêmes objets peuvent apparaître tantôt comme homogènes, tantôt comme hétérogènes » et « pour toute

34. *PU*, § 33, 54.

35. *GL* dit même qu'une multitude est une somme dont les parties ultimes sont simples ou au moins sont *considérées* comme simples, « même si à d'autres égards elles nous apparaissent comme complexes » (*Einl. GL*, III, § 120, 145v.; cf. aussi 143r.). Cela ne paraît pas conforme à la définition de la somme. Par ailleurs et conformément à l'usage courant, Bolzano emploie souvent comme synonyme « multitude » et « ensemble » ; on peut le justifier par l'homogénéité triviale des objets qui composent un ensemble quelconque (*ibid.*, § 93, 132 r.). Toutefois, les objets géométriques sont des *systèmes* de points et non des multitudes.

collection d'objets A, B, C, D,..., il y a un point de vue à partir duquel ses objets apparaissent hétérogènes »[36]. Les multitudes sont des ensembles d'objets substituables, « égaux » d'un certain point de vue. Déclarer un objet comme élément d'une multitude, c'est donc se situer d'emblée dans un ensemble dont les objets sont considérés comme égaux.

Bolzano définit aussi les concepts de totalité et d'unité. Une *totalité* (que Bolzano appelle aussi un tout ou une collection, *Inbegriff*) est une multitude qui coïncide avec l'extension de A toute entière. Une *unité* de l'espèce A est simplement un objet qui possède la propriété définissant A, un objet subsumé sous le concept A ; c'est une unité concrète. Ainsi, Socrate est une unité de l'espèce « homme », la constellation d'Orion est une multitude de l'espèce « étoile », et l'univers est une totalité concrète des objets (c'est la somme de toutes les substances dont la raison d'être se trouve hors d'elles-mêmes).

Par un processus d'abstraction, semblable à celui qui de « un homme » fait passer au prédicat « humain», à « humanité » ou plutôt, s'il est permis de s'exprimer ainsi, à « hominité », Bolzano transforme une multitude, un ensemble d'individus de l'espèce *A*, en propriété abstraite, un *abstractum*. Cette propriété « en vertu de laquelle on peut regarder un objet comme une unité concrète de l'espèce A » est, suivant les cas, l'unité, la multiplicité ou la totalité *abstraite* de l'espèce A. L'unité abstraite (relativement à l'espèce A) qu'on pourrait appeler unicité est donc ce par quoi quelque chose peut être dit *un* individu de l'espèce A.

Un deuxième degré d'abstraction détache une multitude de la référence à une espèce particulière. Par une telle abstraction qui ne tient pas compte de la nature des éléments d'une multitude, Bolzano peut passer d'une multitude appliquée à la multitude pure, concrète et abstraite. Ainsi, l'unité abstraite en général (*Einheit überhaupt in der abstrakten Bedeutung*) sera la « propriété de tout objet en vertu de laquelle il existe une représentation sous laquelle il peut être subsumé »[37].

Les deux degrés de l'abstraction dont nous venons de parler ne se situent pas sur le même plan. Le premier va du *concretum* à l'*abstractum*, c'est-à-dire d'un individu ou d'un ensemble à une propriété ; le second, de l'appliqué au pur, c'est-à-dire d'une multitude qui est relative à une espèce, à un ensemble dont la nature des éléments est laissée indéterminée. De telles multitudes, qualifiées par Bolzano de

36. *Einl. GL*, III, 94 r. et 96 r.
37. *WL*, I, § 86, 407.

concrètes mais qui ne retiennent de leurs éléments que leur multiplicité, leur « numéricité », joueront un rôle essentiel dans sa construction du concept de nombre.

Résumons ces différents cas dans le tableau suivant :

	appliqué (benannt)		**pure (unbenannt)**	
	concrète	abstraite	concrète	abstraite
unité	un individu de l'espèce « homme » (ex.: Socrate)	« unicité » d'un individu de l'espèce « homme »	un	unicité abstraite pure
multitude	un sous-ensemble de plusieurs individus de l'espèce «homme» (ex.: les Grecs)	multiplicité de plusieurs individus de l'espèce «homme» (ex.: dualité de l'ensemble {Platon, Socrate})	deux, plusieurs	dualité, pluralité abstraite pure
totalité	l'ensemble des individus de l'espèce « homme »	« la propriété qui rend tel un tout concret »	tous (pris collectivement)	totalité abstraite pure

Les multitudes concrètes qui contiennent des individus distincts d'une espèce A sont dites *nombres concrets de l'espèce A* ou *nombres appliqués*. L'ensemble (la multitude) composé de Platon et de Socrate est un *deux* de l'espèce *homme*. Tout le problème sera passer de tels « nombres » aux nombres de l'arithmétique.

4. Les suites.

La dernière des grandes espèces de collections envisagées par Bolzano sont les *suites* (*Reihen*). Le concept de suite est défini par une relation permettant de déterminer, selon les suites, soit un successeur soit un prédécesseur à chaque terme.

> Lorsqu'une collection donnée d'objets... A, B, C, D, E, F..., L, M, N... est telle qu'on peut indiquer pour toute partie M une et une seule partie N, de telle sorte qu'on peut *déterminer* ou bien N par son rapport avec M, ou bien M par son rapport avec N par une *loi uniforme* pour toutes les parties de la collection, j'appelle cette collection une suite (*Reihe*) et ses parties les *termes* de cette suite[38].

Voici quelques exemples de suites bolzaniennes :

1) suite des quatre propositions :

A est B, B est C, C est D, D est E;

2) suite infinie des nombres triangulaires : 1, 3, 6, 10, 15, ...

3) suite des pays européens définis par la propriété « être voisin oriental » :

Portugal, Espagne, France, Allemagne, Prusse, Russie;

4) suite des constellations disposées en cercle autour de l'étoile polaire :

Cassiopée, Persée, le Cocher, le Lynx, la Grande Ourse, le Dragon, Cephée.

Une suite peut être finie ou infinie. Bolzano pense aussi que sa définition permet de déterminer un successeur ou un prédécesseur *immédiats* pour chaque terme de la suite (à deux exceptions près : si elle a un premier ou un dernier terme). Il définit donc ce que nous appelons aujourd'hui suite récurrente[39].

Par son concept de suite, Bolzano entend également éliminer de façon radicale des entités fictives appelées « suites » ou « séries » continues (*stetige Reihen*) utilisées et même supposées réelles par ses contemporains. Klügel et Ohm par exemple, auteurs d'ouvrages de

---

38. *PU*, § 7, 5; de même dans *WL*, I, § 85, 401 et dans *Einl. GL*, III, § 144.

39. Dans ses annotations aux *PU*, H. Hahn reproche à Bolzano, un peu sévèrement peut-être, d'avoir défini le concept de suite de manière trop large, et montre un contre-exemple en définissant une loi uniforme qui à un nombre réel x fait correspondre le nombre x+1. Formellement, la condition satisfait à la définition de Bolzano, bien que la « suite » obtenue soit une fonction de **R** dans **R**. Cf. *PU*, éd. de 1920, notes, p. 135-6.

référence très consultés à l'époque, considèrent une durée ou un segment comme un « série continue » d'instants ou de points, ce qui revient à considérer un intervalle de nombres réels comme une suite.

> Je crois pouvoir m'élever contre cet usage linguistique et demander, écrit Bolzano, qu'on ne parle jamais de suite (*Reihe*) là où il n'y a pas de termes dont chacun est *le plus proche* d'un autre [*welche einander* zunächst *liegen*] ou qui se suivent immédiatement. Comme on le sait, il n'y a pas deux instants dans le temps qui soient situés si près l'un de l'autre qu'il n'y ait pas entre eux un autre instant et même une infinité, et la même chose vaut pour les points de chaque ligne. C'est pourquoi je pense qu'on devrait appeler le temps et la ligne *système* [*Inbegriff*], le premier, un système d'instants, la seconde, un système de points, mais non une *suite* d'instants ou de points »[40].

Pour faire ressortir l'intention théorique à laquelle veut répondre Bolzano, comparons son texte à un manuscrit de Gauss de 1800 (inédit jusqu'en 1912). Le texte de Gauss pose d'emblée la définition :

> On peut appeler *suite* [*Reihe*] au sens large du terme toute collection [*Inbegriff*] de grandeurs arbitraires quel que soit leur nombre. Toutefois élargir le concept de cette manière serait peu utile ; aussi, dans les mathématiques supérieures, on limite l'expression *suite* à la collection des grandeurs qui peuvent toutes être déterminées d'après *un seul principe* de sorte qu'on indique à chacune d'entre elles leur place, c'est à dire qu'on distingue la première grandeur, la deuxième, la troisième, etc. Le caractère essentiel d'une suite consiste donc en ceci : pour toute place dans la suite, la grandeur qui correspond à cette place (le terme de la suite) se trouve d'emblée complètement déterminée, et une fois qu'on connaît le principe de formation de la suite (sa *loi*), on considère comme possible de la prolonger aussi loin qu'on le veut. On désigne la place de chaque terme par un nombre qu'on appelle son *index*, de sorte que 1 est l'index du premier terme, 2 du second, etc. »[41]

---

40. *WL*, I, § 85, 405.

41. « Grundbegriffe der Lehre von der Reihen », *Werke*, X_1, p. 390. Gauss voit aussi que son concept général de suite pourrait être défini à partir de celui de fonction, à condition d'élargir ce dernier : « Le concept de suite est défini habituellement par l'ensemble des valeurs d'une fonction d'une grandeur variable lorsque celle-ci prend successivement les valeurs 1, 2, 3, etc. Le concept de suite que je propose ici a une extension plus vaste que le concept habituel, si toutefois on ne veut pas prendre le terme de fonction dans un sens plus large que jusqu'ici » (*ibid*).

Dans ce texte, Gauss propose d'abord de définir une suite comme un ensemble de grandeurs quelconques; cependant, à son avis, la généralité d'un tel concept dépasse les besoins des mathématiques. Remarquons aussi que Gauss et Bolzano exigent que les termes d'une suite soient déterminées par une seule loi. Quant à la définition de la suite, celle de Gauss est adéquate, parce que la loi de formation détermine la *place* de chaque terme, et non, comme dans la définition de Bolzano, un prédécesseur et un successeur pour chaque terme. Bolzano sait pourtant bien qu'on peut caractériser une suite comme une fonction d'un ensemble de nombres naturels dans un ensemble. S'il ne l'a pas fait, s'il n'a pas voulu se référer dans sa définition à la *place* que doit occuper chaque terme, c'est parce que son projet de fondement l'oblige à établir le concept de suite *avant* celui de nombre. D'où la nécessité de construire un concept très général de *succession* dont il pourra dériver la suite des entiers naturels. D'où aussi les grandes difficultés pour appliquer ce concept aux suites effectivement utilisées en mathématiques[42]. On peut résumer la différence entre les deux concepts en disant que Gauss considère des suites quelconques de grandeurs, c'est-à-dire de nombres réels, alors que Bolzano envisage des suites récurrentes d'objets arbitraires.

La fin de l'Introduction à la *Grössenlehre* apporte l'ébauche d'une théorie des suites. Bolzano postule d'abord l'inégalité des termes d'une suite. Cette exigence oblige Bolzano, dans le cas des suites comme 1^0, 1^1, 1^2, 1^3, ... à recourir à un artifice : de telles suites ont pour termes les *représentations* (les concepts) des objets désignés et non ces objets eux-mêmes. Il en est de même pour les suites de nombres complexes qui ne sont pas de véritables objets et dont les concepts sont pour Bolzano vides.

Plus importante est une condition nécessaire et suffisante de l'existence des suites qui à une suite associe un ensemble de vérités. La collection des objets {...,K,L,M,...} forme une suite ⟨...K, L, M, ...⟩ si et seulement s'il existe une collection des vérités de la forme {..., «K détermine L par la relation α», «L détermine M par la relation α»,...}, tel que chaque terme de la suite doive figurer dans une proposition au moins et dans deux au plus, et si un terme apparaît dans deux propositions, il doit figurer dans l'une comme déterminant, dans l'autre comme déterminé. De cette manière, Bolzano établit un lien direct entre le concept mathématique de suite et les concepts logiques.

42. En réponse aux objections, Bolzano précise le point suivant : dans certaines suites récurrentes un terme peut dépendre de plusieurs termes précédents, mais la détermination d'un terme fait toujours intervenir son prédécesseur immédiat.

La lourde machinerie des systèmes associés des vérités lui sert à démontrer les propriétés des suites et à déterminer les chemins qui relient les termes.

Après avoir défini les différents cas de termes (prédécesseur immédiat, successeur immédiat, voisins immédiats, terme intérieur, terme extrême, terme général), Bolzano procède à la définition des opérations qui permettent d'atteindre un terme à partir d'un terme donné. *Progresser* ou avancer d'un *pas* en avant dans une suite, c'est trouver le successeur d'un terme (de manière analogue *régresser* ou reculer d'un pas en arrière); on peut *atteindre* un terme par progression (ou régression) d'un, deux, trois, d'un nombre fini de pas (la définition complète fait appel à l'ensemble associé de vérités). Les termes rencontrés au cours de la progression (régression) sont les termes *intermédiaires*.

Ces concepts permettent de caractériser une espèce de suites particulièrement importantes : les suites connexes. Une *suite connexe* (*zusammenhängende Reihe*) est une suite dans laquelle on peut atteindre n'importe quel terme à partir d'un terme donné en appliquant une ou plusieurs fois (un nombre fini de fois) la progression ou la régression.

Toutes les suites que nous avons citées en exemple sont connexes. En revanche, la suite

A est B, B est C, C est D, M est N, N est O

n'est pas connexe, selon Bolzano, mais se compose de deux suites connexes, car ni la progression ni la régression ne permettent d'atteindre l'un des deux derniers à partir de l'un des trois premiers. L'explication surprend : comment une suite finie peut-elle ne pas être connexe? Bolzano considère aussi comme suite la séquence.

1 pouce, 2 pouces, 4 pouces, ..., ..., $\frac{1}{4}$ pied, $\frac{1}{2}$ pied, 1 pied ;

elle n'est pas connexe, étant donné que le passage des pouces aux pieds ne peut s'effectuer que par un nombre infini de pas.

Dans les suites connexes, la donnée de la loi de formation, d'un terme et du nombre de pas dans un sens ou dans l'autre déterminent le terme à atteindre; la donnée de la loi, d'un terme, du terme à atteindre et du sens de la marche déterminent le nombre de pas à effectuer. Un seul pas relie les termes immédiatement voisins. Si à partir d'un terme E, on atteint M par $n+1$ pas, l'ensemble des termes intermédiaires comprend n termes. Si, à partir de E, on atteint M par m pas, R par $m+r$ pas, alors M se trouve entre E et R. D'autres théorèmes précisent les propriétés du concept exprimé par le mot *entre*.

Un cas particulier des suites connexes sont les suites *cycliques* (*in sich selbst zurückkehrende Reihen*). Bolzano les définit comme les suites dans lesquelles, partant d'un terme donné E, on peut atteindre le même terme par un nombre fini de progressions ou de régressions répétées, et qui ne contiennent pas d'autres termes que E et les termes rencontrés au cours de la progression ou de la régression. L'exemple 4 des constellations est une suite cyclique.

Quatre théorèmes précisent les conditions auxquelles doit satisfaire une suite cyclique :

1) Si une suite connexe contient un terme E à partir duquel on peut l'atteindre aussi bien par un nombre fini de progressions que de régressions, la suite est cyclique.

2) Si une suite connexe a un nombre fini de termes qui sont tous intérieurs, elle est cyclique (la réciproque découle immédiatement de la définition).

3) Si, dans une suite, à partir d'un terme E, on peut atteindre un autre terme aussi bien en progressant qu'en régressant, la suite est cyclique ou contient une suite cyclique.

4) Dans une suite cyclique, chaque terme est accessible à partir de lui-même par des progressions ou régressions répétées.

Revenons aux suites connexes. Dans une suite connexe qui n'est pas cyclique et qui ne contient pas une suite cyclique, on ne peut atteindre un terme à partir d'un autre que d'une seule manière, soit en progressant, soit en régressant. De plus, chaque terme partage une suite connexe en deux sous-suites : d'une part, celle des termes antérieurs, ceux qu'on peut atteindre par régressions répétées, d'autre part celle des termes postérieurs, accessibles par progressions. Si, dans une suite connexe qui a deux extrêmes A et Z, on atteint Z à partir de A, on doit rencontrer tous les termes intermédiaires au cours des progressions répétées. Il en résulte qu'une suite connexe qui a deux extrêmes a un ensemble fini de termes : sinon, elle est infinie. Enfin, Bolzano définit une distance entre deux termes M et R : c'est le plus petit nombre de pas nécessaires pour atteindre R à partir de M ; on peut alors comparer les distances entre les différents termes.

La théorie bolzanienne des suites appelle quelques remarques.

Tout d'abord, peut-on ranger les suites parmi les ensembles ? La nature des liens et l'ordre entre les éléments n'y jouent-ils pas un rôle essentiel ? Malgré l'apparence du contraire, Bolzano insiste que les suites forment une espèce d'ensembles. L'ordre entre les termes ne dépend pas de l'ordre de leur énumération effective : les termes de la suite de l'exemple 1 (et de toute autre suite) pourraient être écrits dans un ordre différent, mais leur « vrai » ordre resterait le même. Ce vrai ordre ne dépend que de la loi de formation et celle-ci exprime non un lien effectif (*Verbindung*), mais seulement un rapport, une relation (*Verhältnis*) entre deux termes.

Deuxièmement, Bolzano postule une loi uniforme pour tous les termes de la suite. Cette exigence, fort imprécise d'ailleurs, semble restreindre inutilement le mode de formation des suites, surtout si on le compare à la généralité du concept bolzanien de fonction qui est une loi de correspondance *arbitraire*.

Enfin, il y a une disproportion entre le concept général de suite, défini en vue de la construction du concept de nombre, et le contenu de la théorie. Bolzano a besoin d'une notion générale de séquence, mais sur cette notion générale se greffe, dans la *Grössenlehre*, une doctrine particulière qui doit emprunter des chemins détournés pour démontrer les théorèmes qui seraient faciles à prouver à partir de la définition habituelle, après la construction de l'ensemble **N**.

Pour porter un jugement sur la doctrine ensembliste de Bolzano, il ne suffit pas de la confronter avec les théories d'un Cantor ou d'un Dedekind, conçues un demi siècle plus tard dans un tout autre contexte et avec d'autres moyens. Il faut la comprendre d'abord dans son fonctionnement interne, dans la manière dont elle procède pour atteindre le but qu'elle se propose, à savoir la création d'une chaîne de concepts permettant de construire le système des nombres. D'autre part, cette doctrine n'est pas seulement une théorie mathématique fondamentale et unitaire sur laquelle pourra s'élever tout l'édifice des mathématiques. Elle est importante aussi par la place centrale qu'elle occupe dans l'ensemble du système logico-mathématique, en assurant l'articulation entre les concepts logiques et les mathématiques.

La doctrine de Bolzano souffre d'un certain nombre d'imperfection qui tiennent aussi bien aux définitions des concepts fondamentaux qu'à leur usage. Nous avons eu l'occasion de voir que, malgré la netteté des définitions initiales, Bolzano ne distingue pas de manière suffisamment ferme un élément d'un sous-ensemble. Les concepts initiaux de collection ou système (*Inbegriff*), d'ensemble et même de multitude sont à peine distingués l'un de l'autre. Par ailleurs, Bolzano utilise le mot « ensemble » (*Menge*) parfois dans le sens de notre « cardinal d'un ensemble »[43]. Il lui arrive donc de se servir aussi bien de termes

43. Quelques exemples : « l'ensemble des propositions dans un système est seulement *deux* » (*Einl. GL*, III, 171v.) ; « le plus petit ensemble que peut désigner *n* est = 2 » ; « si le théorème vaut pour l'ensemble immédiatement supérieur = $n+1$ »

distincts pour désigner les mêmes choses que du même terme pour désigner des choses distinctes. La séquence des concepts ensemblistes :

système (*collection*) – *ensemble* – *somme* – *multitude* – *suite*

contient des termes qui tantôt font double ou même triple emploi, tantôt s'intègrent mal dans un schéma que Bolzano a voulu unitaire.

Quant aux rapports entre les différentes espèces de collections, sont-ils conformes à leurs définitions ? Peut-on concevoir une multitude comme une somme ? Les sommes, sont-elles vraiment des ensembles ? Y a-t-il un concept unique de somme ? Dans les définitions de somme et de suite, l'aspect opératoire, fonctionnel, est escamoté, le concept général de fonction ne faisant son entrée que plus tard.

Concluons par quelques observations d'ordre général.

1) La doctrine ensembliste de Bolzano est issue d'une analyse *logique*, dominée par les concepts de tout et de partie. Le concept initial n'est pas celui d'ensemble ; c'est le concept d'*Inbegriff*, collection ou système. Il décrit une situation originaire *complexe* mettant en jeu non seulement des éléments, mais aussi, le cas échéant, des structures. Même si dans l'usage la différence entre *collection* (*système*) et *ensemble* s'estompe, il faut garder à l'esprit que les ensembles sont des entités dérivées qui ne retiennent d'un complexe donné que la diversité et la multiplicité pure. Dans cette situation originaire, le tout l'emporte sur les parties, relativement indifférenciées, tantôt éléments, tantôt éléments d'éléments, tantôt sous-ensembles.

C'est le concept de *collection* ou *système* qui engendre par spécifications successives la séquence de concepts ensemblistes : celui d'*ensemble*, en faisant explicitement abstraction de la structure de la collection ; celui de *somme*, en autorisant de plus la décomposition arbitraire en parties ; celui de *multitude*, en arrêtant cette décomposition aux unités, parties ultimes ; enfin, le concept de *suite*, en ajoutant une loi de formation permettant le passage d'un élément à son successeur ou réciproquement.

D'autres concepts, non moins importants, seront définis à l'aide des mêmes moyens ; les *relations* qui sont des propriétés des touts que ne possède aucune partie en elle-même ; les *fonctions* qui sont des relations de détermination ; les *équations* qui sont des énoncés de l'équivalence des représentations données ; une relation d'équivalence particulière, la *similitude*, qui fournit la clé de voûte de la géométrie bolzanienne ; enfin, la relation d'*opposition* qui sert à déterminer le concept de grandeur négative. De plus, les ensembles rendent possible

(*ibid.*, 168r. ; de même 175r.). On rencontrera plus loin cet usage du terme «ensemble» qui correspond au sens populaire du mot *Menge* en allemand.

une première exploration mathématique de l'infini. Un grand projet unitaire s'accomplit ainsi, engendrant toute la richesse de la mathématique du premier tiers du XIXe siècle à partir d'une séquence conceptuelle initiale, elle même issue du concept de système et reliée aux concepts logiques.

2) Les systèmes ou collections, les ensembles, et partant tous les objets mathématiques, les nombres et les fonctions en particulier, ont un statut ontologique spécifique, un être propre.

Les collections ne sont pas une œuvre humaine, elles ne résultent pas d'une activité de l'esprit qui réunit les objets; elles existent indépendamment et préalablement à leur réunion dans la pensée. Comme le dit Bolzano,

> un objet quelconque peut être pensé avec tout autre objet quelconque en une collection, en un ensemble (*Zusammen*) ou en un tout; je remarque que ces objets ne sauraient à la vérité, être *pensés* ensemble s'ils n'avaient pas formé une certaine collection, un certain ensemble, un tout, une chose qui possède certaines propriétés qui n'appartiennent à aucun des objets particuliers qui sont ses parties[44].

Le logicien et le mathématicien ne construisent pas leurs objets; ils ne font que découvrir ce qui est déjà là. « Ainsi, l'ensemble est considéré comme une réalité existante en soi, indépendamment de nos moyens de l'atteindre »[45].

Les *Paradoxes de l'infini* répondent avec force aux objections selon lesquelles un ensemble n'existe que si quelqu'un le pense. L'exemple des corps éloignés le dément : il y a des corps situés sur le pôle terrestre dont le comportement obéit à certaines lois et dont de nombreux effets se manifestent par l'intermédiaire des effets de leurs parties. De tels corps sont des touts, des systèmes, et leur existence ne dépend pas de l'existence de quelqu'un qui les pense. C'est au contraire leur propre existence qui fonde le fait qu'ils puissent être pensés.

L'objection, ne vise-t-elle pas le découpage d'une pluralité indéfinie d'objets plutôt que leur existence ? N'est-ce pas « seulement *notre* œuvre, et pour la plus grande part œuvre arbitraire que de réunir par la pensée certains objets simples en une collection ou de les penser non réunis »[46] ? Répondre comme le fait Bolzano en disant que des liens *réels* entre deux objets quelconques, par exemple entre un atome dans le bouton de ma veste et un autre atome sur le dôme d'une église

---

44. *Einl. GL*, III, 75 r.
45. Jean Cavaillès, *Philosophie mathématique*, 68.
46. *PU*, § 14, 17.

garantissent l'existence d'une *collection* formée par ces deux objets, c'est méconnaître le caractère *abstrait* de la notion de collection. Quelle frontière « en soi » sépare la collection de ces deux atomes de toutes les autres collections ?

3) Même si, du point de vue cantorien, la doctrine de Bolzano relève de la préhistoire, il faut insister sur la différence d'intention et de visée de ces deux théories. Comme le dit Petr Vopěnka, « Cantor a intégré [la théorie de Bolzano] dans une conception qui est devenue par la suite traditionnelle, vu qu'il a canonisé certaines de ses interprétations. Il s'est ainsi décidé pour l'une d'au moins deux voies qui étaient encore ouvertes dans la conception initiale de Bolzano »[47].

Aujourd'hui, plus d'un siècle après la création cantorienne, l'examen de certaines virtualités de la doctrine bolzanienne pourrait encore porter quelques fruits. Prenons un exemple : dans la théorie de Cantor, la formation des sous-ensembles d'un ensemble est une opération légitime, alors qu'elle est totalement absente de la doctrine bolzanienne, ne serait-ce qu'en raison de la relative indétermination de la notion de partie[48]. Ne pourrait-on tenter de renouer avec la voie bolzanienne et construire une théorie des ensembles sans l'axiome des sous-ensembles ?

Plus important encore me semble le phénomène de « délimitation nette » ou « perfection » des objets mathématiques, analysé par Vopěnka, et qui consiste dans la possibilité de remplacer des *domaines* d'objets, qui sont relativement indéterminés, par des *ensembles* au sens strict où l'on doit pouvoir décider si un objet appartient ou n'appartient pas à un ensemble. Ce trait est légitimé par la logique bolzanienne des représentations selon laquelle une représentation détermine *exactement* son extension. Cantor et Frege partageront la même conception[49].

---

47. *Introduction à la mathématique dans la théorie alternative des ensembles* (en slovaque), 89. Pour cette « deuxième voie », cf. ci-dessous, IVe partie, *in fine*.

48. C'est l'une des raisons pour lesquelles on ne saurait appliquer brutalement les raisonnements cantoriens (en particulier la méthode de la diagonale) pour réfuter telle ou telle thèse de Bolzano. Il semble d'ailleurs que l'interprétation de la doctrine de Bolzano en termes de méréologie épouse plus fidèlement ses intentions et répond mieux à sa réalisations que l'interprétation ensembliste classique.

49. P. Vopěnka, *ibid.*, 96 : « Les objets idéaux de la mathématique classique sont parfaits, c'est-à-dire nets ; de même, les domaines de ces objets, avec lesquels travaillait la mathématique, étaient nettement délimités. Plus exactement, c'est ainsi qu'on a interprété ces domaines, puisqu'on ne saurait trouver si facilement les domaines infinis nettement délimités dans le monde réel ».

Par sa doctrine des ensembles, Bolzano tourne le dos à une tradition millénaire et ouvre aux mathématiques un champ nouveau. Cependant, sa doctrine n'atteint pas le degré de maturité de ses travaux d'analyse. Les textes bolzaniens consacrés à la doctrine des ensembles, depuis les manuscrits des années 1810 jusqu'aux *Paradoxes de l'infini,* posthumes, portent une marque d'inachèvement, d'hésitation, de révision perpétuelle. C'est sur ce terrain patiemment et constamment travaillé par Bolzano que pourra naître une vraie théorie mathématique, celle de Cantor, lecteur attentif des *Paradoxes*. De Bolzano, la théorie de Cantor a en effet reçu en héritage quelques unes de ses notions essentielles : celles d'ensemble, d'infini actuel, de réflexivité des ensembles infinis, ainsi que l'idée d'une interprétation topologico-ensembliste des concepts géométriques.

CHAPITRE III

GRANDEURS ET NOMBRES

1. Le concept de grandeur

Le concept de grandeur est le concept fondamental de la mathématique bolzanienne à laquelle il confère le nom de *Grössenlehre*. Mais avant de définir les grandeurs numériques et d'autres espèces de grandeurs, il faut élucider le concept abstrait de grandeur.

Comme Euclide, Bolzano distingue rigoureusement entre nombre et grandeur. Au sens propre, seuls les entiers sont des nombres. Zéro, les nombres rationnels, les réels, les complexes, les nombres infinis ne sont pas pour lui des nombres, mais des grandeurs. Son concept de nombre ne saurait être élargi.

En effet, considérer les rationnels, les réels etc. comme des nombres, ce n'est pas élargir le concept, mais le prendre dans un sens impropre, métaphorique : c'est comme si l'élargissement du concept *oiseau* englobait non seulement les autruches bien qu'elles ne puissent pas voler (auquel cas l'élargissement est légitime) mais encore des oiseaux de plomb et aussi des «drôles d'oiseaux»[1]. Et Bolzano rappelle que, conformément à sa doctrine des représentations, les concepts de $\frac{1}{4}$, $\sqrt{2}$, ∞ sont vides en tant que concepts de *nombres*, mais objectuels (*gegenständlich*) en tant que concepts de *grandeurs*. Aussi, le terme *wirkliche Zahlen* ne fait nullement allusion à une existence «réelle» (spatio-temporelle), mais signifie simplement nombres au sens propre, i. e. les entiers.

Bolzano caractérise les grandeurs (au sens large du terme, comprenant aussi les grandeurs discrètes) par les propriétés de l'ordre total (la trichotomie) :

---

1. *Reine Zahlenlehre*, 2v.-2r.

> Je crois que nous disons d'un objet qu'il est une *grandeur* dans la mesure où nous nous représentons qu'il appartient à une espèce de choses qui, prises deux à deux, ne peuvent avoir entre elles que l'un des deux rapports suivants : ou bien elles sont *égales* ou bien l'une d'elles apparaît comme un *tout* qui contient une *partie égale* à l'autre [2].

Dans ce dernier cas, l'objet qui contient une partie équivalente à l'autre objet est dit *plus grand* que cet autre objet.

D'après cette définition, deux choses *quelconques* sont des grandeurs si 1) elles appartiennent à la même espèce et si 2) elles sont comparables, la comparaison devant aboutir soit à l'égalité soit à l'inégalité. Dans la *Grössenlehre*, Bolzano explique ce qu'il entend par égalité (que nous appellerons égalité de grandeur et qui est une relation d'équivalence) : deux ensembles ou plus exactement deux multitudes sont égales (équivalentes) lorsque « pour toute unité qui se trouve dans l'une d'elles on peut indiquer une unité dans l'autre » [3]. Dans le cas des multitudes pures (*unbenannte Vielheiten*), cette équivalence est une identité. Bolzano établit ainsi le concept général d'égalité de grandeur, qui est notre équipotence, valable pour *toutes* les multitudes, avant de distinguer le fini et l'infini.

La relation d'ordre entre deux grandeurs se définit de manière toute aussi générale par le fait que l'une d'entre elles contient un sous-ensemble propre équivalent à l'autre. Nous reviendrons plus tard sur le conflit latent entre ces deux définitions, qui éclatera lors de la comparaison des ensembles infinis. Dans la définition, la relation d'ordre « plus petit que » est traduite en termes d'inclusion propre ; il en est toujours ainsi chez Bolzano.

Comme on le voit, non seulement les grandeurs appartiennent à des « espèces », c'est-à-dire se divisent en différentes catégories, mais encore, chaque grandeur est en elle-même un ensemble.

Une fois la trichotomie traduite en formules, on obtient, pour M et N appartenant à la même espèce, l'une des trois relations suivantes :

1) $M = N$ égalité de grandeur,
2) $M = N' + m$ et $N' = N$ auquel cas $N < M$,
3) $N = M' + n$ et $M' = M$ et l'on a $M < N$.

---

2. *WL*, I, § 87, 409.

3. *Einl. GL*, III, § 122, 146r. Cf. ci-dessous, le chapitre sur l'infini actuel (note 23). La même définition se trouve déjà dans le *Traité de la nature humaine* de Hume (I, III, sect. 1).

Ces formules font appel à l'égalité de grandeurs (relation 1), mais aussi à l'identité et au concept de somme (relations 2 et 3). Les grandeurs sont des ensembles admettant une composition additive de leurs parties, ce sont des *sommes*. Cela ne saurait guère surprendre, étant donné qu'un des exemples qui fournit ses propriétés aux sommes bolzaniennes est la longueur d'une ligne. La somme est « le premier mode de composition des grandeurs et le plus simple, celui qui est déjà pensé dans le *concept* de grandeur, parce que ses parties sont reliées de cette manière »[4].

Les grandeurs sont donc, comme le dira Bolzano dans les *Paradoxes de l'infini*, des sommes de parties homogènes. On a bien affaire aux *partes extra partes*, i. e. aux grandeurs *extensives*. Plus précisément encore :

> toute grandeur d'un objet (par exemple d'une ligne ou d'une surface) doit être appelée extensive lorsque, et en tant que, l'objet est composé de telle manière que les grandeurs de ses parties prises ensemble une à une donnent la grandeur propre de cet objet[5].

Ce qui n'est rien d'autre que la propriété d'*additivité* des grandeurs; on la rencontre ici tout naturellement dans une question touchant la mesure.

Comme dans le cas des multitudes, Bolzano distingue les grandeurs concrètes, des *quanta*, qui sont des individus d'une espèce entre lesquels sont définies les trois relations, et la grandeur abstraite, la *quantitas*, « propriété particulière d'une chose en vertu de laquelle elle devient une grandeur d'une espèce déterminée »[6], i. e. un *quantum*.

Dans tous ses écrits logico-mathématiques, Bolzano affrontera un problème pénible, intolérable pour un logicien et de surcroît dépassé : le problème des « grandeurs impossibles », i. e. des nombres complexes. Leur interprétation arithmétique conduit à une impasse : il n'y a pas de nombre dont le carré soit négatif. Aussi, Bolzano adaptera sa

---

4. *Zus. Kräfte*, § 51, 451. – *Erste Begriffe*, 1r., contient une condition supplémentaire à la définition des grandeurs : dans la relation 3), n doit être dans la même relation à l'égard de M', c'est-à-dire soit n = M', soit l'un des deux contient un sous-ensemble propre équivalent à l'autre. Cette condition a laissé sa trace dans une maladresse des *PU*. Bolzano y dit que M et N sont des grandeurs si M = N ou $M = N + \nu$ ou $N = M + \mu$, « et la même chose doit valoir pour les parties μ et ν ; à savoir qu'elles sont ou bien égales l'une à l'autre, ou bien l'une d'elles doit être considérée comme partie contenue dans l'autre ». Or, si $M = N + \nu$, on n'a pas $N = M + \mu$: μ et ν ne peuvent pas exister simultanément, comme le dit expressément le théorème du § 33 de *Erste Begriffe* (p. 21r.).

5. *WL*, I, § 116, 544. Pour la notion de mesure, cf. ci-dessous IVe partie.

6. *Erste Begriffe*, 2r.

théorie logique de sorte qu'elle puisse garantir la sécurité des opérations avec les nombres complexes. La notion de représentation vide y trouvera un des principaux champs d'application.

Une grandeur «réelle»[7] est comprise sous la représentation correspondante de grandeur (*Grössenvorstellung*). Celle-ci est simplement une représentation de la forme «grandeur qui a de telles et telles propriétés». L'adjectif «réel» (*wirklich*) ne renvoie pas ici, non plus, à l'existence effective, spatio-temporelle d'une telle grandeur; la longueur d'une ligne qui dépasse par exemple mille fois la distance Terre – Sirius sera dite réelle sans qu'on la suppose nécessairement existante; elle peut être un simple objet géométrique.

Or, il peut arriver qu'une représentation de grandeur ne représente pas un objet; par exemple, pour Bolzano, le concept de zéro ne représente rien, ce n'est qu'un concept vide, sans objet, *blosser Grössenbegriff*. Il en va de même des nombres complexes. «Il n'y a pas et il ne peut y avoir de grandeurs représentées par 0 ou par $\sqrt{-1}$»[8]. Ces signes ne désignent pas des objets, mais seulement des représentations. Bien que vides, de telles représentations ne sont pas équivalentes au sens de Bolzano, car les valeurs obtenues par substitution dans «0» et dans «$(-1)^{\frac{1}{2}}$», «1» et l'exposant «$\frac{1}{2}$» étant considérés comme variables dans ce dernier cas, ne sont pas les mêmes. Ces représentations sont donc essentiellement distincts. Etant vides, elles ne peuvent figurer dans la forme canonique d'une proposition vraie ni à la place du sujet ni à la place du prédicat; elle n'en sont que des constituants.

De plus, il y a lieu de distinguer deux espèces de représentations vides : celles qui sont simplement vides (comme celle de zéro, bien que Bolzano semble parfois penser que zéro est un concept contradictoire) et celles qui ne représentent rien parce que leur objet est impossible, c'est-à-dire qui postulent «l'existence d'une grandeur qui contredit une vérité conceptuelle pure»[9]. Bolzano appellera ces dernières des représentations impossibles ou imaginaires (*eingebildete*) de grandeur et par abus de langage, il parlera de *grandeurs* impossibles ou imaginaires même dans des cas où il croit avoir affaire à des concepts vides et même contradictoires de grandeur. Leur utilité consiste, bien entendu, dans le fait qu'elle nous permettent de connaître les relations entre les grandeurs réelles.

---

7. *Wirkliche Grösse*, à ne pas confondre avec le nombre réel.
8. *PU*, § 14, 19.
9. *Erste Begriffe*, 10r.; lire «Begriffswahrheit» au lieu de «Begriffswissenschaft».

Il y a donc des concepts vides contradictoires qu'il faut accepter en mathématiques. Bolzano essaiera de se tirer de ce mauvais pas par un artifice qui revient à distinguer les représentations contradictoires que nous proposons d'appeler admissibles, par exemple « $\sqrt{-1}$ » ou « 0 », et les représentations contradictoires inadmissibles comme celles de « suite continue » (*stetige Reihe*). Le mathématicien utilise les premières, tout en sachant, prétend Bolzano, qu'aucun objet ne peut leur correspondre, mais rejette les secondes en démontrant qu'un intervalle de réels ne constitue pas une suite et qu'il ne saurait y avoir de suites continues. Il y a peut-être dans cette nécessité d'admettre des concepts contradictoires une des sources de l'aversion de Bolzano pour les démonstrations indirectes.

Comment distinguer entre ces deux espèces de représentations contradictoires ?

En fait, les seuls concepts contradictoires admissibles sont ceux de nombres complexes et de zéro; tous les autres comme « polyèdre régulier limité par n surfaces égales » (n entier > 20), « la plus petite distance [non nulle] », « le plus grand nombre entier », « triangle ayant deux angles droits » doivent être rejetés. Sans expliquer le statut des nombres complexes, Bolzano observe que, dans le cas des représentations contradictoires admissibles, le fait d'être vide « résulte uniquement des propriétés particulières des nombres entiers [*wirkliche Zahlen*] qui y figurent » [10]. D'où la nécessité de fixer les règles de la bonne formation et celles de l'usage des symboles qui désignent les nombres complexes, car avant de les utiliser, « il faut prouver qu'on peut s'en servir en toute sécurité et avec profit, et indiquer comment le faire » [11]. Comme pour le zéro et pour les différentielles, il faudra « leur donner une signification telle, et autoriser les transformations telles que les deux membres d'une équation deviennent en vérité équivalents lorsque, à la fin, des signes qui désignent des grandeurs réelles apparaîtront à la place des signes sans objets [*gegenstandslose Zeichen*] » [12]. Désormais, à partir de la *Grössenlehre*, de tels concepts auront leur place dans l'exposé rigoureusement scientifique des mathématiques à condition que leur usage soit réglé. Deux séries de règles y pourvoiront : 1) des règles de bonne formation que Bolzano établira pour toutes les expressions utilisées dans la *Grössenlehre*, 2) des règles qui élargissent les relations extensionnelles entre les représentations (compatibilité, inclusion, équivalence) au cas des représentations vides

10. *R. Zahlenlehre*, 7v. ; cf. aussi *Erste Begriffe*, 53v.
11. *Einl. GL*, III, 164v.-165r. ; de même *WL*, I, § 85, 406.
12. *PU*, § 37, 71.

(voir *supra)*. Néanmoins, un concept jugé contradictoire reste installé au cœur des mathématiques d'où d'autres furent chassés, tels les « zéros » d'Euler, les séries divergentes [13], ou les « suites continues ». Faute de pouvoir donner un statut aux concepts vides, Bolzano propose une version « logique » de la doctrine déjà périmée qui, bien après la représentation des nombres complexes dans un plan par Wessel en 1797, par Argand en 1806 et par Gauss, préconise un usage simplement intermédiaire et purement symbolique de tels concepts.

2. Les grandeurs négatives, le zéro.

Bolzano définit les grandeurs négatives par le concept d'opposition. Ce concept n'est pas lié à celui de grandeur ; on peut l'appliquer également aux concepts qualitatifs comme celui de direction. Selon la *WL*, deux objets sont dits opposés si une représentation exclusive du premier objet se transforme en représentation exclusive du second par l'adjonction de certains concepts purs tels que l'objet opposé d'un objet opposé soit identique à l'objet initial [14]. A partir d'objets opposés, Bolzano peut définir les multitudes dont les éléments (unités) sont opposés. L'opposition est définie entre les objets et non entre les propriétés : les grandeurs opposées sont homogènes et concrètes. Pour le concept général de grandeur, Bolzano distingue entre la *valeur* de grandeur (*Grössenwert*, notre valeur absolue) et l'*état*. A la même grandeur variable *X* (qui est une fonction) peuvent correspondre deux états de grandeur : l'état *posé*, primitif, originaire (noté *X* ou *pos X*) et l'état *opposé* (noté *neg X*). Dans les deux cas, les grandeurs sont réelles (*wirklich*), i.e. des grandeurs au sens propre. Les nombres négatifs sont donc *wirkliche Zahlen*. Bolzano distingue soigneusement entre les signes d'état (*pos, neg*) et les signes d'opérations («+», «–») et c'est seulement après bien des explications préliminaires qu'il autorisera l'écriture +*X*, –*X*, à la place de *pos X*, *neg X*.

Nous n'entrerons pas dans le détail de cette doctrine développée dans *Erste Begriffe* et nous nous contenterons de retenir trois points :

1) La distinction des états d'une grandeur rendra possible la définition de la soustraction dans tous les cas ; en particulier pour $X<Y$, $X-Y$ sera défini comme $neg\,(Y-X)$;

2) Bolzano refuse la notion de droite numérique. D'une part, le zéro n'est pas une grandeur réelle, mais seulement « imaginaire » (*eingebildete Grösse*), c'est-à-dire un concept sans objet. D'autre part,

---

13. Toutefois, dans les *PU*, Bolzano tentera de calculer les sommes des séries divergentes en tant que grandeurs infinies.

14. *WL*, I, § 107, 506. L'opposition est donc une *involution*.

les états positif et négatif sont non pas enchaînés, mais coordonnés (même si plus tard, pour une grandeur *a* positive, Bolzano admet comme théorème $-a < a$).

3) Il en résulte que les valeurs des fonctions doivent être examinées séparément pour les arguments positifs et pour les arguments négatifs et plusieurs théorèmes énoncent des conditions de leur détermination lorsqu'une grandeur change d'état et de positive devient négative. Cette particularité de l'ontologie des grandeurs alourdit le style de Bolzano ; il se trouve ainsi obligé de traiter bon nombre de démonstrations par cas comme dans le *Rein analytischer Beweis* (§§ 15 et 18).

Le *zéro* jouit d'un statut tout à fait particulier dans le système bolzanien des grandeurs. Bien que le signe de zéro n'est qu'une marque de « l'absence de grandeur » (*PU*, § 34), cette absence se charge peu à peu de signification qui transparaît à travers les règles qui codifient son usage. Le zéro finira par être assimilé aux concepts numériques et, par abus de langage, il sera dit grandeur et même nombre. Dans la *Functionenlehre*, il est considéré comme nombre mesurable. Dans la *Grössenlehre*, Bolzano le définira à partir d'une représentation X : il appellera un zéro la représentation $X-X$. Il y a une hiérarchie de zéros : un zéro d'ordre 1 est défini par $X-X$, un zéro d'ordre 2 par $(X-X)-(X-X)$, un zéro d'ordre k par la différence de deux zéros d'ordre k–1. Tous ces zéros sont équivalents, sont notés par le même signe et leur différence ne joue aucun rôle en mathématiques. Toutes ces subtilités inutiles disparaîtront dans *Paradoxes de l'infini* qui ne retiendront, pour définir ce « non-nombre » (*Nichtzahl*), que les équations :

1) $A-A = 0$,

2) $A+0 = 0$,

3) $A-0 = 0$, (*PU*, § 34),

la deuxième et la troisième exprimant « l'exigence de ne rien ajouter en réalité à une grandeur arbitraire *A*, ni d'en rien retrancher », avec, de plus, l'équation

4) $0 \times A = A \times 0 = 0$

et l'interdiction de diviser par zéro (sauf pour les identités comme $\frac{A}{0} = \frac{A}{0}$, aujourd'hui rejetées).

Les grandeurs peuvent être réparties en plusieurs classes.

Rappelons que les grandeurs sont des ensembles, plus précisément des *multitudes* et même des *sommes*. A l'aide de ces concepts seront définies les grandeurs qui sont les nombres proprement dits : nombres naturels et nombres négatifs, définis à l'aide du concept d'opposition.

Par delà des nombres relatifs, il y a les grandeurs que j'appellerai *numériques*. En font partie les grandeurs fractionnaires, les grandeurs irrationnelles, les grandeurs infiniment petites (toutes ces catégories forment des grandeurs *mesurables* au sens de Bolzano) et les grandeurs infiniment grandes. C'est dans cette perspective que Bolzano approchera la notion de nombre infini : pas vraiment un nombre cardinal qui mesurerait la taille d'une multitude infinie, mais plutôt un nombre infini au sens de l'analyse non standard, comme si la détermination de la grandeur des ensembles infinis ressemblait davantage à la « mesure » des longueurs infinies qu'au comptage d'éléments.

En troisième lieu, on a affaire non pas à des grandeurs numériques proprement dites, mais à des *concepts de grandeur* ; c'est le cas du zéro et des nombres complexes.

Enfin, appartiennent au genre *grandeur* les grandeurs *appliquées* qui permettent de mesurer l'étendue, l'unité de mesure étant donnée ; ce sont des grandeurs extensives par excellence, à savoir les longueurs, les aires et les volumes qui peuvent être déterminées par des grandeurs numériques (i. e. par les nombres réels). Nous aurons à en reparler lorsque nous discuterons de la détermination de la taille des ensembles infinis.

Il résulte de cette multiplicité des espèces de grandeurs que leurs propriétés doivent satisfaire aux deux exigences qui se rencontrent dans deux séries de problèmes : ceux qui se rapportent à la détermination des *multitudes* (à la puissance des ensembles), et ceux qui touchent la *mesure* de l'étendue (la mesure des ensembles de points). Bolzano ne réussira pas à séparer nettement les conditions de ces deux types de problèmes, d'où son échec à construire une arithmétique transfinie.

3. Les règles de formation de la langue de la mathématique

Les parties préliminaires de la *Grössenlehre*, *Einleitung* et *Erste Begriffe*, s'achèvent par trois paragraphes qui apportent quelque chose de radicalement nouveau : l'énoncé des règles de formation des expressions qui seront utilisées dans la *Grössenlehre*. Ces règles codifient l'usage du symbolisme et fournissent les critères d'admission des expressions dans la langue des mathématiques. Bolzano ne donne pas des règles analogues pour sa logique ; celle-ci est écrite en langue naturelle, même si sa syntaxe peut s'en écarter. Là, Bolzano se contente de définir la forme canonique des énoncés et de fournir quelques règles logico-grammaticales de réduction de certaines formes d'énoncés de la langue naturelle à la forme canonique.

Ce qui distingue ces règles de réduction des véritables règles de formation, c'est que les premières font appel au *sens* des énoncés, sens qu'il faut savoir interpréter pour décider de la forme canonique que l'énoncé doit prendre, et non pas à la *forme* des expressions.

Il en est tout autrement en mathématiques, parce que celles-ci s'écrivent dans un symbolisme propre. Bolzano reçoit ce symbolisme sans y apporter de modifications. Cependant, la pratique pour le moins négligente de l'immense majorité de ses prédécesseurs et contemporains ainsi que l'existence de concepts vides et mêmes de concepts contradictoires l'amènent à entreprendre une codification rigoureuse des expressions symboliques et à donner à son style mathématique une allure de formalité scrupuleuse.

Il indique d'abord l'exemple d'une expression de grandeur « formée de manière *inintelligible* [auf keine *verständliche* Weise gebildet] » : « 4 + (–) ». En général, une représentation de grandeur est formée de manière inintelligible lorsqu'elle est vide pour *toute* valeur assignée à ses variables de grandeur et non seulement pour certaines valeurs particulières. En revanche, une expression comme « 4 – 4 » est formée « de manière intelligible », car, quoique vide pour toutes les valeurs de la variable de grandeur (comme dans sa logique, en mathématique également une constante comme « 4 » peut être déclarée variable), elle l'est uniquement parce que les grandeurs qu'on retranche l'une de l'autre sont égales. Cette manière de concevoir la bonne formation n'est pas heureuse ; le recours à la notion de représentation vide obscurcit l'entorse à la syntaxe au lieu de la mettre en lumière. Plus importantes sont cependant les règles elles-mêmes. Nous citons :

> Pour qu'une expression composée uniquement d'un ensemble fini ou infini de signes de grandeurs [*aus blossen Grössenzeichen*] A, B, C, D, de signes d'addition ou de substraction et, le cas échéant, de parenthèses, soit formé de manière intelligible [*auf verständliche Weise gebildet*], elle doit satisfaire aux conditions suivantes :
>
> 1) Deux ou plusieurs signes de grandeurs ne doivent jamais se suivre immédiatement sans être reliés par l'un des signes + ou –.
>
> 2) Toute parenthèse doit être complète, c'est-à-dire pour toute parenthèse gauche [*Vorderglied*] il doit y avoir une parenthèse droite [*Hinterglied*] et réciproquement.

3) Deux parties d'une parenthèse dont l'une est une parenthèse gauche et l'autre une parenthèse droite ne doivent jamais se suivre immédiatement.

4) Pour tout couple de parenthèses à l'exception des parenthèses les plus extérieures qui enferment l'expression toute entière, ou bien la parenthèse gauche doit être précédée, ou bien la parenthèse droite doit être suivie de l'un des deux signes + ou –.

[Cette règle élimine comme superflu également le cas «((...))»].

5) Les signes + et – ne peuvent que précéder soit un signe de grandeur soit une parenthèse gauche[15].

Bolzano procède à la démonstration de ses règles en indiquant, pour chaque cas, que toute entorse donne lieu à une suite de signes qui « n'ont aucun sens [*Sinn*], ce qui veut dire qu'il n'y a pas de grandeur qui serait représentée par ces expressions », quelle que soit la substitution des constantes aux signes de grandeurs. Il conclut par le théorème suivant (§ 100) : toute expression formée de manière intelligible, composée d'un ensemble fini de signes de grandeurs (y compris zéro) reliés par des signes d'addition ou de substraction et contenant un nombre fini de parenthèses représente une grandeur positive, négative ou zéro. La grande nouveauté de ce théorème consiste dans sa démonstration où Bolzano procède *par récurrence sur le nombre de parenthèses* !

En effet, lorsque l'expression ne contient qu'un seul couple de parenthèses, elle représente une grandeur en vertu d'un théorème antérieur, et Bolzano le démontre cas par cas. «Nous voulons maintenant démontrer que, une fois la proposition vraie pour un certain nombre n de parenthèses, elle vaut aussi pour le nombre immédiatement suivant n+1»[16]. Examinons une expression contenant n+1 parenthèses. Contenant un nombre fini de couples de parenthèses, elle en contient un ou plusieurs qui ne sont pas enfermés entre d'autres parenthèses. Les expressions partielles (les sous-formules) enfermées entre un couple de parenthèses ne continent pas plus de n couples; en vertu de l'hypothèse de la récurrence, de telles sous-formules peuvent être remplacées par des signes simples qui représentent des grandeurs

15. *Erste Begriffe*, § [98], 54v.-55r.

16. *Erste Begriffe*, 59r. Dans l'énoncé du théorème, il faut lire «und einer gleichfalls endlichen Menge von Klammern» au lieu de «unendlichen Menge»; *ibid.*, § 99, il faut probablement lire «so widerspricht z. B. der Ausdruck ... keinen Bedingungen ... zweifeln ob er, was ... Größe bezeichne» au lieu de «allen Bedingungen ... zweifeln aber, was ... Größe bezeichnen» (le manuscrit est une transcription de copiste).

positives, négatives ou nulles « sans modifier la signification [*Bedeutung*] de l'expression donnée ». L'expression initiale contenant n+1 couples de parenthèses peut donc être transformée en une expression équivalente sans parenthèses qui ne contient que les signes « + », « – » et les signes de grandeurs. D'après un théorème déjà démontré, une telle expression représente une grandeur positive, négative ou nulle et le théorème est vrai pour tout $n \in \mathbf{N}$.

L'attention que Bolzano accorde à la forme des expressions témoigne quelle importance attachait ce théoricien de la sémantique à la codification rigoureuse de la langue symbolique. C'est à de telles découvertes qu'on peut mesurer la modernité de la démarche de celui qui, le premier, a conçu l'idée des règles de bonne formation au sens moderne, a donné une liste de ces règles et a imaginé le type de démonstrations qui peut leur convenir ; comme si, à partir d'une logique et d'une mathématique qui a du mal à se libérer des particularités et des archaïsmes du début du XIXe siècle, il entrevoyait les contours du continent logico-mathématique du XXe siècle à travers le brouillard dont émergent, comme des îles lumineuses, des régions entières.

4. Le concept de nombre

Dans un de ses premiers textes de philosophie mathématique, Bolzano donne deux réponses à la question de savoir ce qu'est un nombre. Selon la première, en accord avec la tradition, le nombre est « *tout ensemble déterminé de choses égales* ou du moins considérées pour l'instant uniquement du point de vue de leur *égalité* ». Mais immédiatement, Bolzano ajoute, « ou, en d'autres termes : le *nombre* est la réponse à la question de savoir *s*'il y a des objets et *combien* il y a d'objets d'une certaine espèce ? » [17] Cela veut dire que la question qui porte sur l'*existence* et celle qui porte sur la détermination *numérique* sont de même nature. D'après cette réponse et contrairement à la doctrine ultérieure de Bolzano, le zéro aussi bien que les grandeurs infinies devraient être qualifiés de nombres. Cependant, Bolzano n'exploite pas cette idée qui pourrait l'amener à rapprocher le concept de nombre de celui de l'objectualité d'une représentation ou d'un concept et conçoit les nombres comme des collections.

Le concept de nombre met en jeu celui de somme, de suite et de multitude. Bolzano commence par construire une suite d'objets d'une espèce arbitraire A : son premier terme est une unité concrète de A (un individu de l'espèce A), et tout autre terme est formé à partir du

---

17. *Math. Phil. 1810-1816*, 190.

précédent en ajoutant à un objet *équivalent* (Bolzano dit égal) au terme précédent une nouvelle unité de l'espèce *A*. En désignant les individus de l'espèce A par $a_1, a_2, a_3, ..., a_k, ...$, on obtient la suite S :

$$S = S_1, S_2, S_3, ..., S_k, ..., \text{ où}$$

$S_1 = a_1$ (S_1 est un individu de l'espèce A),

$S_2 = S'_1 + a_2$ avec S'_1 équivalent à S_1
(S_2 est une somme dont les termes sont S'_1, un objet équivalent au terme précédent de la suite, et un nouvel individu de l'espèce A),

$S_3 = S'_2 + a_3$ avec S'_2 équivalent à S_2,

$\vdots$

$S_k = S'_{k-1} + a_k$ avec S'_{k-1} équivalent à S_{k-1},

$\vdots$

Bolzano appelle nombres, plus exactement *nombres appliqués* (*benannte Zahlen*, nombres relatifs à l'espèce *A*) les termes de la suite S [18]. En fait, nous avons déjà rencontré de tels « nombres » au cours de notre exposé précédent : c'étaient des nombres concrets appliqués qui ne sont rien d'autre que l'unité et les multitudes d'une certaine espèce, formées successivement par l'adjonction d'une nouvelle unité. « Seulement, pense Bolzano, ce qu'on obtient de cette manière, ne sont que des concepts de nombres particuliers, mais non le *concept générique* du nombre lui-même qui les comprend tous » [19]. Or, des multitudes concrètes d'une espèce donnée ne sauraient être identifiées aux nombres de l'arithmétique. En réalité, dans la *Reine Zahlenlehre*, Bolzano, tout en développant la même idée, va préciser les conditions auxquelles une multitude peut être appelée nombre, en essayant de remonter des nombres appliqués aux nombres purs.

D'après la construction de la suite S, un nombre est un terme d'une suite de sommes de multitudes formées par la même loi récurrente à partir d'individus d'une certaine espèce. L'aspect génétique de cette construction est essentiel : pour être un nombre, un terme de la suite S doit être conçu par un concept qui décrit sa *genèse*.

---

18. « Formons une *suite* [*Reihe*] dont le premier terme est une unité d'espèce arbitraire A, et dont tout autre terme est une somme formée en réunissant un objet égal au terme immédiatement précédent avec une nouvelle unité de l'espèce A. J'appelle *nombre* chaque terme de cette suite dans la mesure où je le considère conçu par une représentation qui nous indique son mode de formation » (*WL*, I, § 87, 410; de même *R. Zahlenlehre*, 1r.).

19. *Einl. GL*, III, 155v.

Un nombre est essentiellement une multitude (aspect cardinal), mais cette multitude ne peut être définie que par l'intermédiaire d'une suite formée d'après une loi particulière (aspect ordinal). L'aspect ordinal est ici essentiel : il ne saurait y avoir de nombres indépendamment de la suite entière dont ils sont les termes. Une multitude ne devient individu numérique que grâce à une suite récurrente illimitée de ses congénères. C'est précisément en tant que terme d'une telle suite qu'un nombre particulier est subsumé sous le concept générique de nombre.

Pour l'instant, Bolzano n'a défini que des nombres appliqués, c'est-à-dire relatifs à une certaine espèce d'unités. Avant de parvenir aux nombres purs, il convient d'étendre aux nombres la distinction qu'il avait déjà introduite pour les multitudes, à savoir la distinction entre multitude *concrète* (ensemble d'individus d'une certaine espèce) et multitude *abstraite* ou *multiplicité* de cette multitude concrète (propriété en vertu de laquelle un ensemble d'individus est multiple). De même pour les nombres : un nombre *concret* est une multitude concrète, un nombre *abstrait* qu'on pourrait appeler également la *numéricité* est une propriété des nombres concrets. Autrement dit, un nombre concret est une multitude envisagée comme un nouvel *objet individuel*, un nombre abstrait est une *propriété* de cet objet. La distinction de Bolzano ne recouvre pas la distinction courante selon laquelle « trois hommes » est un nombre concret, mais « trois » un nombre abstrait. Pour lui, dans les deux cas, on a affaire à des nombres concrets (un nombre concret appliqué et un nombre concret pur), le nombre abstrait correspondant étant respectivement la « trinité d'hommes » et la « trinité » tout court :

> J'appelle *nombre au sens abstrait* de ce terme ou *nombre abstrait*, la propriété en vertu de laquelle chacun des termes de la suite S devient un nombre (propriété qu'il retient même si l'on échange les objets pris pour unités) [20].

Cette dernière idée est essentielle : elle semble ouvrit la voie vers la conception moderne, fregéenne et russellienne, du nombre. Cette propriété, le nombre abstrait, qui transforme une multitude, un ensemble, en un nombre est précisément celle que possède un ensemble *indépendamment de la nature de ses éléments*, qui subsiste donc même si l'on remplace ses éléments par d'autres, tous distincts. Une telle substitution conserve le nombre appliqué abstrait, propriété dont

---

20. Ou bien « propriété qui fait d'un certain ensemble un nombre déterminé d'objets » (« Beschaffenheit, die eine gewisse Menge zu einer bestimmten Anzahl von Dingen macht ») ; *R. Zahlenlehre*, 1r. et 6. Cf. également 9r.-9v.

l'extension est, en notre terminologie, l'ensemble de tous les ensembles équinumériques à l'ensemble donné. Le concept d'équinuméricité et de cardinal fini semblent être à portée de main. Malheureusement, l'idée du nombre abstrait au sens bolzanien qui est la propriété qu'un ensemble partage avec tous les ensembles avec lesquels il peut échanger tous ses éléments un à un, et qui n'est rien d'autre que la cardinalité, cette idée restera inexploitée. La raison en est que, pour Bolzano, un nombre abstrait est une propriété, la « numéricité », et que de tels nombres ne sont pas l'objet de l'arithmétique, car on ne calcule pas, dit Bolzano, sur des *propriétés*, mais sur des *objets* [21]. Le passage des nombres appliqués aux nombres purs ne change rien à cette situation.

> Les nombres ne sont donc pas des concepts, mais des choses (à savoir des unités particulières ou aussi des collections de plusieurs unités) que nous pensons comme conçus par certains concepts [22].

Les nombres comme entités mathématiques sont donc, non pas les nombres abstraits (on ne peut pas définir des opérations arithmétiques, par exemple l'addition entre les propriétés), mais les nombres *concrets*, objets individuels (des individus ou des collections d'individus) engendrés selon une loi particulière.

En réalité, et Bolzano le précise vite, les nombres de l'arithmétique ne sont pas des nombres concrets appliqués, mais des nombres concrets détachés de toute référence à une espèce particulière A qui a servi pour la construction de la suite récurrente S et qu'il appelle *nombres concrets purs* (*unbenannte Zahlen*). Aussi, le moment décisif pour la formation du concept bolzanien est le passage du nombre *appliqué* au nombre *pur* :

> Comme la théorie pure des nombres ne considère, en vertu de son concept, que les nombres en soi, c'est-à-dire en faisant entièrement abstraction des objets auxquels ils peuvent se rapporter, nous n'aurons dorénavant d'attention particulière que pour les nombres purs [23].

Ce passage suppose : 1) une taille suffisante de l'espèce A, par rapport à laquelle sont définis les nombres concrets, pour que la construction ne s'arrête pas ; 2) l'indépendance du concept de nombre concret appliqué par rapport à une espèce particulière A ; 3) l'abstraction à l'égard de *toute* espèce. Mais sur ce point précisément, la construction de Bolzano, commencée avec une remarquable netteté,

21. *R. Zahlenlehre*, 9r.-v.
22. *R. Zahlenlehre*, 7r.
23. *R. Zahlenlehre*, 12r.

s'arrête à mi-chemin. Etant donné que Bolzano interprète les nombres abstraits comme propriétés des multitudes, et qu'on ne peut pas soumettre des *propriétés* aux opérations arithmétiques, il s'interdit de se servir du concept de nombre abstrait. Pourtant, un nombre abstrait, propriété d'un nombre concret que celui-ci « retient même si l'on échange les objets pris pour unités », est indépendante non seulement des objets, mais également de l'espèce à laquelle ils appartiennent. Ainsi, elle pourrait servir de fil conducteur des nombres appliqués aux nombres purs. Mais, comme le dit Hourya Sinaceur, dans un article où elle compare la doctrine de Bolzano avec la construction du nombre selon Frege, la conception de Bolzano « de ce qu'est une propriété lui interdisait d'accomplir le saut décisif. Les nombres abstraits sont purement et simplement des *propriétés* [*blosse Beschaffenheiten*], c'est-à-dire ne subsistant pas indépendamment des *objets* qui en sont les supports et ne peuvent être transformés à leur tour en objets, ce qui seul pourtant les eût rendus mathématiquement maniables »[24].

H. Sinaceur a également mis en lumière d'autres insuffisances qui marquent la tentative bolzanienne de définir le concept de nombre pur. Ce qui fait défaut, c'est surtout un concept opératoire de relation d'équivalence (et le procédé de définition par abstraction) qui, appliqué aux multitudes ou aux ensembles, eût permis de définir leur équinuméricité. Bien entendu, manquent également les concepts de classe d'équivalence et d'application qu'il définit et utilise ailleurs avec une remarquable généralité[25]. Enfin, il est tout aussi significatif que Bolzano qui, dans ses démonstrations, fait parfois appel au procédé par récurrence, ne le mentionne point lors de la construction du concept de nombre. Là aussi, malgré certaines ressemblances avec les auteurs de la fin du XIXe et du XXe siècle – sa théorie des suites n'est pas sans rappeler celle de Russell – Bolzano reste du côté de la tradition.

Malgré ces insuffisances qui empêchent Bolzano de concevoir, au delà des nombres individuels finis (nombres naturels), le concept général et abstrait de nombre, sa construction représente une synthèse élaborée et réfléchie des éléments doctrinaux de la tradition. L'identification du nombre au nombre concret (pur), conjuguée avec le manque d'instruments conceptuels adéquats, l'a empêché d'élaborer une construction de type frégéen dont il était tout proche à un moment.

---

24. « Bolzano est-il précurseur de Frege ? » *Arch.für Phil.* 77 (1975), 286-303.

25. Dans la *WL*, (I, § 80, 383) Bolzano distingue les relations (au pluriel !) *d'égalité* ou de symétrie qui sont nos relations d'équivalence, et les *relations d'inégalité* ou d'asymétrie qui correspondent à nos relations d'ordre.

Cependant par rapport à ses devanciers, Bolzano a su débarrasser le concept de nombre de présupposées métaphysiques, manifestes chez Leibniz, et de toute intervention d'éléments subjectifs (idée de succession temporelle chez Kant) et a tenté de le construire par des moyens purement mathématiques.

CHAPITRE IV

LA CONSTRUCTION DES NOMBRES RÉELS

1. Les prédécesseurs. Kästner

Quatre facteurs concourent à la transformation de la théorie eudoxienne des proportions en un champ opératoire algébrico-analytique des nombres réels : la représentation des rapports de grandeurs et de leurs opérations par les longueurs et les opérations définies sur les longueurs (l'unité étant fixée) par Bombelli (1572) et Descartes, la généralisation de la notation décimale à partir de Stevin (1585), l'utilisation des intervalles emboîtés par Bombelli, Stevin et G. Gregory, et la possibilité d'exprimer tous les résultats obtenus par la méthode d'exhaustion par un système de grandeurs archimédiennes (eudoxiennes) montrée en particulier par Fermat et affirmée avec conviction par Wallis. A partir du XVIIe siècle, les nombres réels se prêtent à des opérations arithmétiques. Alors que pour un Stiefel (1544), le nombre irrationnel « non est verus numerus, et latet sub quadam infinitatis nebula », Leibniz et Newton trouvent à leur disposition un vaste système dont les éléments sont soumis aux opérations familières et qui peuvent être approchés arithmétiquement avec une précision arbitraire. En ce qui concerne les nombres, les problèmes préoccupants sont situés ailleurs ; ils se rapportent avant tout aux nombres négatifs et aux nombres complexes. D'ailleurs, les esprits exigeants et épris de rigueur, ne trouvent-ils pas dans le Livre V des *Eléments* une réponse à leurs doutes, à tel point qu'au moment où Dedekind présentera sa théorie des coupures, on lui reprochera de ne rien apporter qui ne se trouve déjà dans Euclide ? Ce dernier est remis à l'honneur par Barrow, et Newton, disciple de Barrow, définit, lui-aussi, le nombre réel par des rapports des grandeurs soumis aux opérations algébriques et représentables par des longueurs. Les traités de Wolff populariseront cette conception qui sera adoptée entre autres par Euler.

Le premier qui se propose de définir la notion de nombre réel de manière proprement arithmétique, indépendamment de la théorie des proportions, est Kästner.

> Tous les concepts de l'arithmétique sont, à mon avis, fondés sur les nombres entiers, écrit-il un siècle avant Kronecker ; les fractions sont des nombres entiers dont l'unité est une partie du tout pris au début pour l'unité, et les nombres irrationnels sont des fractions dans lesquelles cette unité est une partie variable, de plus en plus petite, du tout [1].

Vouloir fonder la théorie des nombres irrationnels, comme le fait Wolff, sur la théorie des proportions, est une entorse à la bonne méthode. C'est l'ordre inverse qui doit être suivie, dit encore Kästner.

Après ces déclarations d'intention viennent les règles du calcul ; elles sont démontrées pour les entiers, pour les nombres négatifs, pour les rationnels. Kästner expose ensuite le procédé d'extraction des racines, et enfin, dans une série de notes, la doctrine des nombres irrationnels fondée sur la méthode des limites. Il rappelle d'abord la possibilité d'approcher les nombres irrationnels qui viennent des racines (il ne traite donc que les nombres irrationnels algébriques) par les rationnels de telle sorte que « ce qui manque encore à la valeur complète d'un tel nombre devienne plus petit que toute grandeur qu'on puisse indiquer (data quavis quantitate minus) » [2]. Cette possibilité permet précisément de remplacer dans les calculs les nombres irrationnels par des valeurs rationnelles approchées, et les opérations sur les rationnels peuvent être étendues aux nombres irrationnels lorsqu'on suppose que l'approximation peut se poursuivre indéfiniment. L'extension des opérations repose à son tour sur la possibilité de représenter un nombre irrationnel comme somme de deux parties, l'une rationnelle, l'autre qui a pour limite zéro :

> On peut considérer le nombre irrationnel comme étant composé de deux parties : l'une, le commencement [*Anfang*], est rationnelle et peut être prolongée à volonté de telle sorte que l'autre partie, la fin [*Ende*], qui reste en toute rigueur toujours inconnue, devienne plus petite que toute grandeur donnée. [...] Si X est un nombre irrationnel, A son commencement rationnel, a sa fin inconnue, alors tout ce qui est vrai d'un nombre rationnel tel que A, doit être vrai de X, étant donné que cet A peut constituer une partie aussi considérable de X qu'on le désire, par rapport à

1. *Anfansgsgründe der Arithmetik, Geometrie, ebenen und sphärischen Trigonometrie und Perspektiv*, 1758 ; nous citons d'après la 5e édition de 1792 : préface, p. *3v.

2. *Anfansgsgründe*, 133.

> laquelle *a* devient de plus en plus petit et peut donc, pour ainsi dire, disparaître[3].

Ce passage est décisif. Lorsque nous parlerons de la représentation bolzanienne des « grandeurs mesurables », on devra se rappeler la décomposition des nombres irrationnels selon Kästner. Qu'en est-il de leur réduction aux entiers ? Kästner imagine pouvoir mesurer un nombre irrationnel avec une unité de mesure (dérivée du nombre 1), qui s'effrite pour ainsi dire entre ses mains.

> Lorsqu'on divise le 1 sans fin en parties de plus en plus petites et qu'on prend des ensembles de plus en plus grands de ces petites parties, on approche de plus en plus le nombre irrationnel sans jamais l'atteindre complètement. On peut donc le considérer comme un ensemble innombrable de parties infiniment petites [*eine unzählige Menge unendlich kleiner Theile*][4].

Kästner, adversaire résolu de tout infini actuel, se voit contraint ici, dans le domaine de la rationalité arithmétique, d'admettre un ensemble effectivement divisé à l'infini dont les parties doivent de surcroît servir à mesurer le tout fini.

Reste à expliquer encore l'extension jusqu'aux nombres irrationnels des lois algébriques valables pour les rationnels. Elle vient du fait de leur validité pour le « commencement » (toujours rationnel) d'un nombre irrationnel, commencement qui peut approcher ce nombre avec une précision arbitraire, de sorte que sa fin,

> sa deuxième partie, inconnue, ne peut contenir rien qui rendrait ces théorèmes faux. Car on peut pour ainsi dire entrer dans cette deuxième partie aussi loin qu'on le désire et y diminuer le reste inconnu autant qu'on le désire. De plus, comme nous l'avons enseigné, on peut enfermer un nombre irrationnel entre deux rationnels qui peuvent se rapprocher l'un de l'autre d'aussi près qu'on le désire. [...] Ce qui est donc vrai de ces limites qu'on peut rétrécir à volonté, doit également être vrai du nombre qui est compris entre elles[5].

L'exemple de la commutativité de la multiplication de deux nombres irrationnels X et Y montre comment Kästner imagine cette extension des opérations : Si $X = A + a$, $Y = B + b$ (avec les conventions citées) et $XY \neq YX$, on aurait nécessairement $AB = BA$ pour les parties rationnelles de X et de Y. De même pour les autres lois.

---

3. *Ibid.*

4. *Ibid.*, 134. Et Kästner ajoute : celui qui lui dénierait pour cela le nom de nombre, devrait faire de même avec les fractions. Se rappelant la leçon, Bolzano ne reçoit comme nombres que les entiers, mais accepte l'infini actuel.

5. *Ibid.*

Tout cela n'est pas vraiment nouveau, mais c'est dit fort clairement et en termes arithmétiques, et Kästner se donne la peine de démontrer en détail les propriétés des opérations sur les entiers et les rationnels, admises jusqu'ici sans démonstration. En revanche, il admet sans démonstration l'existence de racines irrationnelles et bien qu'il traite les nombres irrationnels comme limites des rationnels, le mot «limite» n'est pas prononcé lors de leur caractérisation et les opérations sur les irrationnels sont simplement induites de celles sur les rationnels, mais non définies. La question en restera là, au moins en public, jusqu'en 1869, au moment où paraît le premier mémoire de Méray suivi en 1872 d'exposés simultanés des trois autres théories dues à Cantor, à Dedekind (découverte en 1858) et à Weierstrass. La théorie de Bolzano, composée dans les années 1830-1835 et enfermée dans les manuscrits de la *Grössenlehre* ne voit le jour qu'en 1962, et encore dans une édition incomplète[6]. Bien qu'elle n'ait pu exercer aucune influence ni sur ses contemporains ni sur la génération des créateurs de la théorie des nombres réels, elle est une première tentative théorique pour construire arithmétiquement le corps des réels. Elle sert de fondement analytique à la *Functionenlehre,* ses concepts sont incorporés à d'autres textes mathématiques de Bolzano, y compris les *Paradoxes de l'infini*, et sa publication tardive n'en a pas moins suscité des discussions sur sa signification, sa portée et sur sa parenté avec les constructions ultérieures des nombres réels, en particulier celle de Cantor[7].

2. *Vers une définition des nombres réels*

Déjà en terminant l'ouvrage sur le binôme dans lequel il se limite volontairement aux nombres et aux opérations incontestés et remet à

---

6. K. Rychlík, *Theorie der reellen Zahlen im Bolzanos handschriftlichen Nachlasse*, Prag, 1962. Rychlík a donné des résumés de cette théorie dans plusieurs articles à partir de 1956 (en français dans la *Revue d'Histoire des Sciences*, 14 (1961), 313-27). Nous avons utilisé l'édition critique de Jan Berg, *Reine Zahlenlehre* (1976) dans la *Gesamtausgabe*, II A 8 qui contient plusieurs rectifications décisives de dernière main, absentes dans l'édition de Rychlík.

7. Cf. B. van Rootselaar, «Bolzano's Theory of Real Numbres», *Archives for History of Exact Sciences*, 2 (13.1.1964), n° 2, 168-80; D. Laugwitz, «Bemerkungen zur Bolzanos Grössenlehre», *ibid.*, 2 (25.10.1965), n° 5, 398-409 ; H. P. Becker, «Bolzanos messbare Zahlen», in *Rechnen mit dem Unendlichen* (1990), 165-77 ; Jan Berg, «Zur logischen und mathematischen Ontologie» *ibid.*, 146-9 ; D. D. Spalt, «Bolzanos Lehre von den messbaren Zahlen», *Arch. f. Hist. of Exact Sciences*, 42 (1991), n° 1, 15-70 (je n'ai pu tenir compte que de quelques indications dans les travaux de Becker et de Spalt). Voir aussi la préface du rédacteur scientifique L. Rieger et les notes de K. Rychlík à son édition de la Théorie des nombres réels de Bolzano.

une autre occasion les cas où interviennent les nombres imaginaires ou l'exposant irrationnel d'un nombre négatif, Bolzano nourrit le projet de clarifier le concept de grandeur irrationnelle.

Les manuscrits des années 1810-1916 consacrés aux concept de grandeur n'apportent pas une telle élucidation et ne vont au delà des conceptions du XVIIIe siècle que dans la mesure où ils insistent sur la nécessité de l'infini actuel pour définir les nombres réels. Rattachant le concept de grandeur à celui de mesure, Bolzano rappelle que l'ensemble des nombres qui permet de déterminer une grandeur irrationnelle, bien qu'infini, est parfaitement déterminé, «parce que la loi d'après laquelle on doit trouver ces nombres est donnée»[8]. Telle est par exemple la loi selon laquelle se succèdent les nombres qui déterminent la longueur de la diagonale d'un carré par rapport à son côté. Dans un autre texte apparaît encore plus clairement l'idée de définir les nombres réels par des «expressions infinies» dont le concept remonte à Euler :

> La grandeur irrationnelle est cette grandeur *constante* dont peut s'approcher d'aussi près qu'on le désire une variable X déterminée par une règle contenant un certain nombre de répétitions de la même opération (nombre que l'on peut augmenter arbitrairement) lorsqu'on répète celle-ci aussi souvent qu'on le désire[9].

On voit en même temps, dans le *Rein analytischer Beweis*, que l'*existence* des nombres réels ne lui pose pas de problème : une suite dite de Bolzano-Cauchy converge vers une limite qui est un nombre réel puisé dans un ensemble donné préalablement à toute construction.

Quinze ans plus tard, lors de la composition de la *Grössenlehre*, Bolzano s'apercevra de la nécessité d'édifier progressivement le système des nombres qui aboutira à la construction des nombres réels.

L'exposé de la *Reine Zahlenlehre* commence par la construction du concept de nombre à partir des nombres naturels (parmi lesquels Bolzano ne compte pas zéro), eux-mêmes définis à l'aide de concepts ensemblistes. Après la définition de l'ordre viennent les propriétés des quatre opérations arithmétiques; à l'occasion de la discussion des sommes (dont Bolzano démontre l'existence et l'unicité) et des différences, Bolzano élargit l'ensemble **N**, en se servant du concept d'opposition, en **Z***, ensemble des entiers non nuls (positifs ou négatifs). Au sens propre, seuls les éléments de ce dernier ensemble sont appelés nombres (*wirkliche Zahlen*; pourtant, lorsque Bolzano n'ajoute pas l'adjectif *negative*, l'expression *wirkliche Zahlen* désigne les nombres

8. *Math. Phil. 1810-1816*, 47.
9. *Misc. Math.*, cahier 11, 931 (texte du 29 oct. 1814).

naturels non nuls). Bolzano définit ensuite le produit, il démontre son unicité, la distributivité de la multiplication par rapport à l'addition, la commutativité et l'associativité de la multiplication. L'opération inverse, la division d'un entier par un entier non nul, donne lieu à une nouvelle extension de la notion de nombre : les nombres rationnels (nombres au sens impropre). Ils sont obtenus à partir des entiers auxquels on applique un nombre *fini* d'opérations arithmétiques (sauf la division par zéro). Bolzano donne ensuite les règles de calcul pour les nombres rationnels (en suivant d'assez près Kästner), et définit la relation d'ordre. Celle-ci permet d'expliquer arithmétiquement le concept « être situé entre » (*zwischen, innerhalb*) que Bolzano avait déjà analysé en géométrie en termes de directions opposées :

> Un nombre rationnel B se trouve situé *entre* deux autres nombres rationnels A et C lorsque B est plus grand que l'un et plus petit que l'autre [10].

Et Bolzano énonce cette propriété importante de l'ensemble des nombres rationnels : entre deux nombres rationnels distincts quelconques se trouve au moins un troisième nombre rationnel, et donc une infinité de tels nombres [11].

La section suivante fait la transition entre les systèmes de nombres obtenus par un nombre fini d'opérations arithmétiques (addition, soustraction, multiplication, division par un nombre non nul) et les « concepts numériques infinis » : elle introduit la notion de concept numérique (concept de nombre rationnel) susceptible de croître ou de décroître indéfiniment.

> Lorsque les déterminations contenues dans le concept numérique donné A sont telles que pour tout N entier naturel [*wirkliche Zahl*], aussi grand soit-il, on puisse en trouver un plus grand susceptible d'être considéré comme un objet compris sous le concept numérique A, nous disons brièvement que le concept numérique A est celui d'un nombre qui peut *croître ou augmenter à l'infini* [*ins Unendliche wachsen oder zunehmen*] [...] En revanche, s'il apparaît qu'un certain concept numérique est considéré sous des déterminations telles que pour toute fraction, aussi petite soit-elle pourvu qu'elle soit positive, il existe une fraction encore plus petite, également *positive* et comprise sous

10. *R. Zahlenlehre,* [VI.] Abschnitt, § 18, 68r.

11. « Lorsque A et C sont un couple de nombres rationnels inégaux, il y a toujours un rationnel qui se trouve entre eux. Lorsque les nombres rationnels L et R se trouvent entre deux rationnels A et Z, et qu'un cinquième rationnel M se trouve entre L et R, M se trouve également entre A et Z. [...] L'ensemble des nombres rationnels qu'on peut intercaler entre deux rationnels distincts quelconques A et Z, va à l'infini » (*Ibid.*, § 20, 68v. et § 28, 70v.).

ce concept comme une de ses valeurs, nous disons brièvement que c'est le concept d'un nombre qui peut *décroître indéfiniment* [*ins Unendliche abnehmen*][12].

Proposons, à titre heuristique, l'interprétation des concepts bolzaniens en termes de suites de nombres rationnels. Cette interprétation n'a pour but que de faciliter la compréhension du texte de Bolzano. Le « concept numérique » sera donc identifié à une suite A de nombres rationnels, de terme général a_k. Nous traduirons la définition bolzanienne d'une suite croissante à l'infini :

> pour tout nombre naturel N, il existe un objet [un terme de la suite] supérieur à N,

par la formule :

> pour tout entier naturel N, il existe un entier naturel n_0 tel que si $n > n_0$, alors $a_n > N$;

de manière semblable, nous traduisons la condition qui définit le concept d'un nombre susceptible de décroître indéfiniment, à savoir :

> pour tout nombre rationnel positif ε, il existe un rationnel positif qui est un terme de la suite et qui est inférieur à ε,

par la formule qui exprime que la suite A converge vers zéro :

> pour tout ε rationnel positif, il existe un entier naturel n_0 tel que si $n > n_0$, alors $|a_n| < \varepsilon$.

3. *Expressions numériques infinies et nombres mesurables*

Le texte de Bolzano publié d'abord par K. Rychlík sous la dénomination de « Théorie des nombres réels » porte en réalité le titre « Concepts (expressions) numériques infinis », « *Unendliche Zahlenbegriffe* », modifié par la suite en « *Unendliche Grössenbegriffe – Grössenausdrücke* ». On verra qu'il englobe une classe de nombres plus large que celle des nombres réels. Cette classe est définie par l'application d'une infinité de quatre opérations arithmétiques aux nombres rationnels :

> Je me permets d'appeler tout concept dans lequel est postulé un ensemble infini d'opérations, que ce soient les opérations d'addition, de soustraction, de multiplication ou de division, ou toutes en même temps, un concept numérique *infini* [*unendlicher*

12. *Ibid.*, 72r.-v. Ici, je traduis *Zahlenvorstellung* par *concept numérique*.

Grössenbegriff], et l'expression qui désigne un tel concept, une *expression numérique infinie*[13].

Aujourd'hui, les mathématiciens ne peuvent plus accepter le concept d'une somme ou d'un produit infinis au sens littéral sans d'autres précisions, comme ce fut le cas au XVIIIe siècle et en partie au XIXe. Cependant, l'historien doit de prime abord restituer une théorie du passé dans sa spécificité, y compris dans ses particularités stylistiques; c'est ensuite seulement qu'il peut tenter un rapprochement avec la pratique mathématique de notre temps. Il faut donc prendre les concepts bolzaniens d'abord sous la forme même que Bolzano leur a donnée. Il en va ainsi en particulier pour le concept numérique infini avec lequel Bolzano opère comme avec des expressions finies. Faute d'explications suffisantes de sa part, l'historien doit aller chercher dans les exemples et dans l'usage des concepts numériques infinis chez Bolzano des éléments nécessaires pour une interprétation adéquate. Voici une liste de concepts numériques infinis qui rend compte de la diversité de ce qu'on trouve dans les textes de Bolzano :

(1) $1 + 2 + 3 + \ldots$ in inf. (*Reine Zahlenlehre*, VII, § 2, 78 v.; *Paradoxes de l'infini*, § 29, p. 43)

(2) $1^2 + 2^3 + 3^2 + \ldots$ in inf. (*PU*, § 33)

(3) $\frac{1}{2} - \frac{1}{4} + \frac{1}{8} - \frac{1}{16} + \ldots$ in inf. (*R. Zahlenlehre,* § 2, 78 v.)

(4) $(1 - \frac{1}{2})(1 - \frac{1}{4})(1 - \frac{1}{8})(1 - \frac{1}{16})\cdots$ in inf. (*Ibid.*)

(5) $\frac{b}{1+1+1+1+ \ldots \text{ in inf.}}$ (*Ibid.*, § 5, 80 r.)

et deux cas particuliers (6) et (7) :

(6) $\frac{s}{q} - \frac{b}{1+1+1+1+\ldots\text{in inf.}} = \frac{s(1+1+1+\ldots\text{in inf.})-qb}{q(1+1+1+\ldots\text{in inf.})}$,

($s \neq 0$, $q \neq 0$; ibid., 80 r.)

13. *R. Zahlenlehre*, VII, § 2, 78r. Je traduis *unendlicher Grössenbegriff* (synonyme : *unendlicher Zahlenbegriff*) par *concept numérique infini* ; Bolzano lui-même rappelle que l'adjectif « infini » ne qualifie pas à proprement parler le concept, mais uniquement ses objets, les nombres (au sens strict ou au sens large), « considérés toujours comme formés par un ensemble infini d'opérations d'addition, de soustraction, de multiplication ou de division » (*Ibid.*, § 3, 78v.).

(7) $\dfrac{1}{1+1+1+1+\ldots \text{in inf.}}$ (*Ibid.*, § 20, 88 r.)

(8) $-1-2-3-\ldots$ in inf. (*Ibid.*, § 27, 90 r.)

(9) $1-1+1-1+\ldots$ in inf. (*Ibid.*, § 30, 91 r.; *Functionenlehre*, I, § 25, p. 25; *PU*, § 32, p. 51)

(10) $\sqrt{2} = \dfrac{14}{10} + \dfrac{1}{100} + \dfrac{4}{1000} + \dfrac{2}{10000} + \ldots$ in inf. (*PU*, § 18, p. 24)

(11) $1 + e + e^2 + \ldots$ in inf. (*Ibid.*)

Toutes ces expressions suggèrent une interprétation qui semble naturelle, fondée sur la manière dont Bolzano opère et calcule avec elles en leur appliquant les quatre opérations de l'arithmétiques (cf. exemple 6) : c'est l'interprétation en termes de suites infinies de nombres rationnels. Cette interprétation apparaît déjà chez Bolzano : au § 6 du *Rein analytischer Beweis*, il fait correspondre une suite à une série infinie. Chaque expression numérique infinie détermine en effet de manière unique la *suite de ses résultats partiels*. Cette interprétation, élaborée avec grande rigueur par Bob van Rootselaar, permet de donner un sens précis aux concepts utilisés par Bolzano dans sa théorie des « nombres mesurables » et permet de contrôler ses résultats.

Néanmoins, comme l'on rappelé H. P. Becker et D. D. Spalt, Bolzano, qui a les moyens conceptuels pour définir les réels en termes de suites de rationnels, ne le fait pas et travaille uniquement avec les expressions et les concepts numériques infinis. Si l'on veut comprendre le fonctionnement de la théorie de Bolzano, il faut mettre à l'épreuve ses théorèmes à partir de ses propres concepts, indépendamment des possibilités ultérieures d'interprétation.

Le modèle des suites, utilisé à bon escient, n'est cependant pas dépourvu de vertus propres. D'une part, il permet de confronter la mathématique de Bolzano avec la nôtre en faisant ressortir des différences stylistiques et conceptuelles fines entre les deux formes de théories. D'autre part, il rend possible la traduction des concepts et des théorèmes bolzaniens dans le langage du XXe siècle et intègre ainsi un « fossile » mathématique dans le grand courant de l'analyse moderne. Après tout, la théorie bolzanienne des nombres mesurables poursuit le même but que les théories ultérieures des nombres réels : donner un fondement à l'analyse infinitésimale.

Traduisons donc les exemples bolzaniens d'expressions numériques infinies en termes de suites de rationnels, en gardant bien à l'esprit qu'il s'agit là d'une *reconstruction* qui ne tient pas compte du style de Bolzano et que je considère comme une construction *auxiliaire* permettant d'étudier les objets de la théorie de Bolzano.

Les exemples choisis donnent lieu aux suites suivantes (avec $k=1, 2, 3, ...$) :

(1) $1, 3, 6, 10, 15, ..., (1+2+3+...+k), ...$

(2) $1, 5, 14, 30, 55, ..., (1^2+2^2+3^2+...+k^2), ...$

(3) $\frac{1}{2}, \frac{1}{4}, \frac{3}{8}, \frac{5}{16}, \frac{11}{32}, ..., \left(\frac{1}{2} - \frac{1}{4} + ... + \frac{1}{2}(-\frac{1}{2})^{k-1}\right)$

(4) $\frac{1}{2}, \frac{3}{8}, \frac{21}{64}, ..., (1 - \frac{1}{2})(1 - \frac{1}{2^2}) \cdots (1 - \frac{1}{2^k}), ...$

(5) $b, \frac{b}{2}, \frac{b}{3}, \frac{b}{4}, ..., \frac{b}{k}, ...$

(6) $\frac{s-bq}{q}, \frac{2s-bq}{2q}, \frac{3s-bq}{3q}, ..., \frac{ks-bq}{kq}, ...$ $(s \neq 0, q \neq 0)$

(7) $1, \frac{1}{2}, \frac{1}{3}, \frac{1}{4}, ..., \frac{1}{k}, ...$

(8) $-1, -3, -6, -10, -15, ..., (-1-2-3- ... -k...), ...$

(9) $1, 0, 1, 0, 1, ..., (1-1+1- ... +(-1)^{k-1}), ...$

(10) 1; 1,4; 1,414; 1,4142; ...

(11) $1, 1+e, 1+e+e^2, 1+e+e^2+e^3, ..., (1+e+e^2+...+e^{k-1}), ...$

Parmi les expressions numériques infinies, une classe est particulièrement remarquable : celle des expressions *mesurables* qui désignent les *nombres mesurables*. L'objectif de Bolzano est double : à la fois construire les nombres réels et élargir la notion de nombre de façon à définir arithmétiquement deux classes controversées, les nombres infiniment petits et les nombres infiniment grands. L'idée sous-jacente à toutes ces constructions est celle de mesure. A une expression numérique infinie, Bolzano appliquera le processus de « mesure » par une suite illimitée de fractions, en l'encadrant par deux multiples successifs de $\frac{1}{q}$, ($q \neq 0$). Si cette opération est possible, l'expression définit un nombre mesurable. Le procédé s'inspire de l'approximation des réels par les fractions décimales ; il peut aboutir soit à une mesure exacte (et le nombre mesuré est lui-même une fraction, i.e. un rationnel), soit à une mesure à $\frac{1}{q}$ près (nombre « mesurable »), soit ne pas aboutir du tout, et alors l'expression n'est pas mesurable. Définissons avec Bolzano :

> Je dis que nous *déterminons de manière approchée* ou *mesurons* [*näherungsweise bestimmen* oder *messen*] une expression numérique S, infinie aussi bien que finie, lorsque nous déterminons, pour tout nombre entier positif q, le choix du nombre entier positif ou négatif p, ou du zéro, de telle sorte qu'on ait les deux équations suivantes :
>
> $$S = \frac{p}{q} + P_1 = \frac{p+1}{q} - P_2$$
>
> dans lesquelles P_1 et P_2 désignent deux expressions numériques purement positives dont la première peut aussi désigner seulement zéro.

Par les deux équations, le nombre S est mesuré à $\frac{1}{q}$ près.

> Lorsque nous sommes en état d'indiquer, pour tout q, aussi grand soit-il, le nombre p qui lui correspond, je dis que nous *déterminons* le nombre S de *manière approximative* ou que nous le *mesurons aussi exactement qu'on le désire*.
>
> Une expression numérique S telle que pour tout q il existe un p ayant la propriété décrite, de sorte qu'on ait les deux équations suivantes
>
> $$S = \frac{p}{q} + P_1 = \frac{p+1}{q} - P_2$$
>
> est dite expression *mesurable* [*messbarer* oder *ermesslicher Ausdruck*] [14].

14. *Ibid.*, § 6, 81r.-v.

La fraction $\frac{p}{q}$ est appelée *fraction mesurante*, $\frac{p+1}{q}$ *fraction immédiatement supérieure* et le terme P_1, *complément* de la fraction mesurante. Lorsque $P_1 = 0$, l'expression S est égale à sa fraction mesurante qui est la *mesure exacte* de S.

Que faut-il entendre par l'expression infinie « purement positive » ? Bolzano le définit de la manière suivante :

> Je me permets donc d'appeler une expression numérique, finie ou infinie, de quelque manière qu'elle soit formée, *purement positive* lorsqu'elle est équivalente [*gleichgeltend*] à une expression élémentaire finie ou infinie qui ne contient aucune soustraction[15].

Il en donne comme exemples 1+1+1+ ..., notre exemple (7) et l'expression $\frac{1}{2}+\frac{1}{4}+\frac{1}{8}+\ldots$, et touche le problème lors de la discussion de la comparaison de deux expressions infinies dans les *Paradoxes de l'infini*.

Dans ces exemples, tous les termes de la suite sont positifs. Si l'on considère l'exemple (6), $a_n = \frac{sn-bq}{nq}$ est positif si $n > \frac{bq}{s}$, négatif ou nul si $n \leq \frac{bq}{s}$. D'après la fin du § 33 des *Paradoxes*, l'ordre entre deux suites est défini par la comparaison de tous les termes des deux suites à partir d'un certain rang. On peut bien proposer les définitions suivants :

> La suite S du terme général s_k est une expression numérique *purement positive* si, à partir d'un certain rang, tous ses termes sont strictement positifs ;
>
> si R est une suite de terme général r_k, $R < S$ si, pour tout n à partir d'un certain rang, $r_n < s_n$.

Nous y ajoutons encore deux définitions :

> Une expression infinie P est *nulle* si, à partir d'un certain rang n_0, tous les termes de la suite correspondante sont nuls ;
>
> $R = S$ si, à partir d'un certain rang leurs termes correspondants sont égaux.

15. *Ibid.*, 59v. Bolzano ne dit pas ce qu'il faut entendre par l'expression « être équivalent à une expression élémentaire ». Cf. D. D. Spalt, « Die Unendlichkeiten bei Bernard Bolzano », in *Konzepte des mathematisch Unendlichen im 19. Jahrhundert* (1990), 203.

On ne trouve pas de telles définitions chez Bolzano. Quant à la définition de l'expression numérique infinie nulle, toutes les suites de ce type représentent le même nombre fini, à savoir 0. En ce qui concerne l'égalité des deux expressions numériques infinies (de deux suites), pour Bolzano, celle-ci n'a probablement lieu que lorsque *tous* les termes correspondants des deux suites sont égaux. Nous avons en fait défini une relation d'équivalence entre les suites. Nos deux définitions sont néanmoins en accord avec le concept proprement bolzanien de l'ordre entre les suites.

Une remarque sur les relations de dépendance entre les termes qui entrent dans la définition des « expressions mesurables ». D'après Bolzano, le numérateur p d'une fraction mesurante $\frac{p}{q}$ dépend de q; évidemment, il dépend aussi du nombre mesuré S, et nous écrirons $p = p_q(S)$. Il en est de même de P_1 et de P_2.

Avec ces précisions, la définition de l'expression mesurable devient la suivante :

Une expression *mesurable* S est une suite de rationnels (s_k) ayant la propriété suivante : à chaque entier naturel q on peut associer

– un entier relatif $p_q(S)$,
– une suite $P^*_{q,k}$ à termes positifs ou nuls,
– une suite $P^{**}_{q,k}$ à termes positifs,
– et un entier naturel n_0 tel que, quel que soit n, si $n > n_0$, alors

$$s_n = \frac{p_q(S)}{q} + P^*_{q,n} = \frac{p_q(S)+1}{q} - P^{**}_{q,n},$$

où P^* et P^{**} sont des expressions que Bolzano note P_1 et P_2 [16].

La définition bolzanienne est peu maniable; l'idée qu'elle veut exprimer est pourtant assez simple. Comme le font voir plus directement les équations du § 48 où les nombres mesurables sont représentées par des séries dites de Cantor, la théorie bolzanienne combine l'idée d'approximation successivement « par défaut » et « par excès » d'un nombre irrationnel par des fractions décimales avec l'idée de mesure. La décomposition d'une « expression numérique infinie » en somme d'un nombre rationnel (fraction mesurante) et d'un « complément » infini s'inspire visiblement de la décomposition que nous avons rencontrée chez Kästner : décomposition en un « commencement » rationnel, susceptible d'être prolongé indéfiniment (correspondant à la

16. Notre notation s'inspire de celle développée par B. van Rootselaar, p. 173 de l'article cité en note 7 ci-dessus.

suite de fractions mesurantes obtenues lorsque q croît), et une « fin » ou « complément » qui tend vers zéro.

En revanche, Bolzano définit tout autrement l'opération de mesure appliquée aux réels. Elle s'effectue uniquement à l'aide de nombres rationnels. Bolzano adhère étroitement au modèle décimal d'encadrement de nombres mesurables par des fractions mesurantes dont les numérateurs sont deux entiers *consécutifs*.

On voit qu'un nombre mesurable est défini par une certaine suite d'intervalles qui l'enferment et dont la longueur $\frac{1}{q}$ a pour limite 0 lorsque q tend vers l'infini[17]. Dans ces conditions, il peut sembler naturel d'identifier les nombres mesurables aux suites convergentes associées, comme le fait l'éditeur de la *Theorie der reellen Zahlen* K. Rychlík, ce qui permet de sauver la plupart des résultats bolzaniens en les traduisant en termes de théorie cantorienne des nombres réels. S'il est clair pour Bolzano (et pour nous) qu'une expression mesurable est convergente[18], la réciproque n'est pas évidente, et la théorie des fractions mesurantes constitue un obstacle sérieux à une telle identification. On ne pourra en décider qu'après l'examen des nombres infiniment petits.

Bolzano fait précéder les paragraphes qui leur sont consacrés par quelques théorèmes préliminaires. Il démontre très correctement que tout rationnel est exactement mesurable et que tout nombre exactement mesurable est rationnel (§ 7), que la mesurabilité de A entraîne la mesurabilité de –A (§ 10), mais nous retiendrons surtout deux résultats importants pour la suite et un exemple :

1) l'unicité de $p_q(S)$ pour un q donné (§ 11);

2) si A est mesurable et si $q' > q$, alors $p_{q'}(A) \geq p_q(A)$ (§ 15);

---

17. C'est la suite des fractions mesurantes et celle des fractions immédiatement supérieures qui définissent respectivement les bornes de ces intervalles. Ceux-ci *ne sont pas emboîtés*. Il peut arriver que le numérateur p reste constant pendant que q croît d'une ou même de plusieurs unités, et que la valeur de la fraction mesurante décroît. L'intervalle (dont la longueur $\frac{1}{q}$ ne cesse de diminuer) se « déplace » alors vers la gauche et les intervalles successifs sont « enroulés » autour du nombre mesuré. Soit par exemple le nombre $\frac{2}{3}$; la suite des intervalles qui l'enferment est $[0, 1]$, $\left[\frac{1}{2}, \frac{2}{2}\right]$, $\left[\frac{2}{3}, \frac{3}{3}\right]$, $\left[\frac{2}{4}, \frac{3}{4}\right]$, $\left[\frac{3}{5}, \frac{4}{5}\right]$, $\left[\frac{4}{6}, \frac{5}{6}\right]$, ... (*R. Zahlenlehre*, VII, § 16, 86v.).

18. Cf. *Functionenlehre*, I, § 82, 77-79, où Bolzano parle d'une « série mesurable et partant convergente [*eine messbare und somit convergirende Reihe*] » qui a pour synonyme « *eine zusammenlaufende Reihe* » ou encore « série qui va à l'infini bien qu'elle n'ait qu'une valeur finie ».

3) l'exemple accompagne un corollaire. D'après ce dernier, s'il existe un dénominateur q tel que $p_q(B)-p_q(A)=1$, cette différence peut rester constamment égale à 1, quel que soit q, même si A et B définissent le même nombre. Voici l'exemple :

$$A = 1 - \frac{1}{1+1+1+1+\ldots \text{ in inf.}}, \quad B = 1 ;$$

pour tout q, on a

$$p_q(A) = q-1, \; p_q(B) = q,$$

et en même temps

$$p_q(B)-p_q(A) = q-(q-1)=1.$$

(Exemple 12; § 20).

4. *Nombres infiniment petits et nombres infiniment grands*

Depuis la naissance du calcul infinitésimal, un conflit latent oppose, souvent chez le même auteur, deux notions appelées à fonder ce calcul : celle de limite et celle d'infiniment petit. Pour sa reconstruction de l'analyse, Bolzano s'appuie sur le concept de limite. Déjà dans *Der Binomische Lehrsatz*, les grandeurs infiniment petites, jugées contradictoires, sont remplacées par des *variables qui ont pour limite zéro*.

Dans le *Cours d'analyse*, Cauchy développe la même idée, mais continue à garder le terme (imposé par les programmes de l'Ecole Polytechnique) : l'infiniment petit sera désormais défini comme variable qui converge vers zéro. Les infiniment petits sont pour Cauchy des variables de nature particulière; il démontrera leurs propriétés pour s'en servir dans les définitions de la continuité, de la dérivée, aussi bien que dans les démonstrations et dans les calculs. Ce ne sont pas des nombres. Ce ne sont pas non plus des variables ordinaires, mais plutôt des « fantômes de quantités disparues », en même temps que des symboles familiers et maniables qui condensent une riche expérience mathématique. Bien que les propositions où ils figurent puissent toujours être traduites en langage de variables et de limites, les infiniment petits suscitent toujours la méfiance de Cauchy et ne sont admis qu'à titre d'intermédiaires heuristiques prêts à s'effacer dans le résultat final [19].

---

19. En 1844 encore, Cauchy distingue les différentielles, quantités *finies*, des accroissements infiniment petits des variables. « La considération de ces derniers accroissements peut et doit être employée comme moyen de découverte ou de démonstration dans la recherche des formules ou dans l'établissement des théorèmes. Mais alors le calculateur se sert d'infiniment petits comme d'intermédiaires qui doivent le conduire à la connaissance des relations qui subsistent entre des quantités finies; et jamais, à mon avis, des quantités infiniment petites ne doivent

Le finitisme radical du jeune Bolzano est, on l'a vu, de courte durée. Après 1830, probablement grâce à Cauchy qui a montré qu'on peut très bien fonder l'analyse sur la notion de limite tout en continuant de se servir d'infiniment petits, les expressions « croître à l'infini », et « décroître indéfiniment », définies arithmétiquement, sont admises dans le lexique bolzanien. Une fois effacée « la tache de la naissance illégitime » [20] qui a affecté les grandeurs infinies, celles-ci pourront reprendre leur place dans le système des nombres de la *Grössenlehre*.

L'étude de l'exemple 7 conduit Bolzano à définir l'infiniment petit par la propriété suivante : le numérateur de la fraction mesurante d'un nombre infiniment petit est constamment égal à zéro. Voici les définitions :

> J est un nombre *infiniment petit positif* (absolu), lorsque pour tout q, $p_q(J) = 0$, ou bien lorsque $J = P_1 = \frac{1}{q} - P_2$. On a alors
>
> $$0 < J < \frac{1}{q}.$$
>
> J', nombre infiniment petit *négatif* est défini par l'opposition :
>
> $$J' = -J = -P_1 = -\frac{1}{q} + P_2.$$

Dans ce cas, $-\frac{1}{q} < J' < 0$, et pour tout q, le numérateur de la fraction mesurante devrait être –1. Bolzano ne le dit pas.

Un nombre mesurable qui n'est pas infiniment petit est appelé *fini* (il correspond à notre nombre réel fini) [21].

être admises dans les équations finales où leur présence deviendrait sans objet et sans utilité [...] », « Mém. sur l'Analyse infinitésimale », *Exercices d'anal. et de phys.*, in *Œuvres* (2), vol. 13. Pour A. Robinson qui cite ce texte, l'œuvre de Cauchy réalise une synthèse entre l'idée de limite et celle d'infiniment petit. Robinson insiste sur la spécificité de l'univers mathématique de Cauchy dans lequel les infiniment petits, malgré leur statut de variable, jouent effectivement le rôle de nombres. Cf. *Non-standard Analysis*, chap. X (1966). Pour Riemann, le langage des infiniment petits appliqué à la continuité est équivalent au style ε-δ, ce dernier étant « plus saisissable » (*greiflicher*). En ce qui concerne Weierstrass, P. Dugac a montré que, loin d'avoir banni les infiniment petits, il les a définis à l'aide du concept de fonction, en termes purement arithmétiques, et a toujours utilisé l'expression. Cf. « Eléments d'analyse de Karl Weierstrass », *Archive for Hist. of Exact Sciences*, 10 (1973), n° 1-2, 65.

20. Elle consiste dans leur engendrement par la division par zéro ; *PU*, § 36, 61.

21. *R. Zahlenlehre*, VII, § 22, 89r. Bolzano met en garde contre la confusion entre une *expression* infinie et un *nombre* infini ; une expression infinie peut désigner aussi bien un nombre infini qu'un nombre fini (et même peut ne désigner aucun nombre).

Dans l'interprétation en termes de suites, une suite à termes positifs qui a pour limite zéro coïncide avec un infiniment petit positif, une suite à termes négatifs convergeant vers zéro, avec un infiniment petit négatif. Bolzano n'envisage pas d'autres cas.

Il envisage une dernière catégorie de nombres : les nombres infiniment grands. Ils sont définis en ce lieu pour donner un système complet de nombres mais ils ne jouent aucun rôle dans la théorie des nombres mesurables.

G est un nombre infiniment grand si pour tout q il existe un $p_q(G)$ qui satisfasse l'une des deux équations suivantes :

$$G = \frac{p}{q} + P_1, \qquad G = \frac{p+1}{q} - P_2,$$

mais non aux deux en même temps (§ 27). Dans le premier cas, G est positif (exemples 1 et 2); dans le second, négatif (exemple 8).

Cela veut dire que les nombres infiniment grands peuvent soit être minorés soit être majorés par un nombre rationnel, mais non les deux à la fois.

Il est évident qu'un nombre infiniment grand n'est pas mesurable. La réciproque est pourtant fausse : «il peut y avoir des expressions numériques infinies dont le nombre n'est ni fini, ni infiniment petit, ni infiniment grand»[22] – mais que veut dire ici le terme «nombre»? –, par exemple 1–1+1–1+1– ... ou zéro. Tenant compte des indication d'autres textes, le système des nombres chez Bolzano peut être résumé dans le tableau suivant[23] :

22. *Ibid.*, § 30, 91r.

23. Il ne s'agit pas d'une classification au sens strict, mais d'une clarification terminologique. Les entiers par exemple sont, eux-aussi, des nombres mesurables. La terminologie, ainsi que la conception de Bolzano ont varié. Dans la *Reine Zahlenlehre* et surtout dans la *Functionenlehre*, « nombre » (*Zahl*) désigne souvent une suite ou une fonction (*veränderliche Zahl, abhängige Zahl*). D'après les *Paradoxes de l'infini*, les nombres sont des grandeurs (§ 16), plus exactement des grandeurs *finies* (§ 35), c'est-à-dire nos nombres réels. Il n' y a pas de *nombre* infini ; seulement des *grandeurs* infiniment grandes ou infiniment petites. Le terme *wirkliche Zahl* désigne presque toujours les nombres naturels (zéro non compris) ; les entiers négatifs sont *wirkliche negative Zahlen*. Le zéro jouit d'un statut tout à fait particulier ; c'est une représentation vide qui est une grandeur seulement au sens le plus large du mot. Cependant, dans la *Functionenlehre* (p. 88), le zéro est considéré comme un nombre mesurable. Les *eingebildete Zahlen* (ou *reelle Zahlen*) s'opposent aux *wirkliche Zahlen* et désignent des grandeurs ; les *imaginäre Zahlen* (les nombres complexes) ne sont que des expressions symboliques vides (nous n'en tenons pas compte ici).

concepts (expressions) numériques

- expressions essentiellement non mesurables (ex.: 1–1+1–1+...)
- nombres
  - concepts numériques infinis, grandeurs au sens large (*reelle, eingebildete Zahlen*)
    - infiniment grands (non mesurables)
    - mesurables
      - infiniment petits
      - finis (nos nombres réels)
        - irrationnels
        - rationnels (définis par les expressions équivalentes aux expressions élémentaires finies).
  - entiers non nuls, nombres au sens propre (*wirkliche Zahlen*)
    - entiers négatifs (*wirkliche negative Zahlen*)
    - naturels (*wirkliche Zahlen*)

grandeurs infinies (infiniment grands, infiniment petits)

On voit maintenant que le système des nombres de la *Reine Zahlenlehre* ne se limite pas à la construction des nombres réels : d'abord, les nombres mesurables ne peuvent pas être identifiés aux nombres réels, mais surtout, l'objet de la théorie de Bolzano sont les concepts numériques infinis mesurables qui englobent deux classes : les nombres *finis* qui sont nos réels, et les nombres *infiniment petits*.

Dans sa démonstration de l'existence des nombres infiniment grands (§ 26), Bolzano suppose l'associativité et la commutativité d'une addition infinie (à son avis, elle est une conséquence immédiate du concept de somme, bien qu'à d'autres endroits, il limite la validité des théorèmes au cas de sommes ou de produits finis). Mais la théorie des nombres mesurables parle de nombres infiniment grands de façon tout à fait marginale.

Les vrais problèmes commencent avec les nombres infiniment petits. On peut remarquer tout de suite que la définition des infiniment petits n'admet pas de nombres qui ne soient ou bien positifs ou bien négatifs. Pour conserver la possibilité de comparer tous les nombres mesurables (propriété de l'ordre total qui fera l'objet d'un théorème), Bolzano n'admet pas de nombres définis par les suites qui ne soient pas de signe constant à partir d'un certain rang. De telles expression sont incomparables avec zéro et non mesurables. C'est une des raisons, mises en lumière par Bob van Rootselaar, pour lesquelles on ne saurait identifier les nombres mesurables aux suites convergentes.

Après le théorème du § 33 qui fait pressentir la difficulté et qui peut être infirmée par une suite qui converge vers zéro en oscillant, vient une proposition banale en apparence, mais fondamentale :

> la somme, la différence ou le produit de deux nombres mesurables est un nombre mesurable (§ 45, 96v.; § 49, 101r.).

Déjà l'exemple suivant prouve le contraire : soient deux suites

$$(a_k) = \left(\frac{1}{k}\right) \quad \text{et} \quad (b_k) \text{ définie par} \begin{cases} b_{2k-1} = \left(\dfrac{-1}{2k}\right) \\ b_{2k} = \left(\dfrac{-1}{2k-1}\right) \end{cases} ;$$

elles correspondent respectivement aux expressions numériques infinies

$$A = \frac{1}{1+1+1+1+\ldots \text{in inf.}}, \quad B = \frac{1}{-2+1-3+1-\ldots \text{in inf.}}$$

A est un infiniment petit positif, B un infiniment petit négatif. Formons la somme des deux suites $(a_k) + (b_k) = (c_k)$:

$$(c_k) \text{ est défini par :} \begin{cases} c_{2k-1} = \left(\dfrac{1}{2k(2k-1)}\right) \\ c_{2k} = \left(\dfrac{-1}{2k(2k-1)}\right) \end{cases}$$

Or, la suite (c_k), convergente (somme de deux suites qui convergent vers la même limite) *n'est pas un nombre mesurable*[24]. Cela vient

24. L'exemple est celui de K. Rychlík, *Theorie der reellen Zahlen in Bolzanos handschr. Nachl.*, notes, p. 99 ; cf. aussi B. van Rootselaar, art. cité en note 7, 175. D. D. Spalt rappelle que cet exemple contredit seulement l'interprétation des nombres mesurables en termes de suites, mais non la conception originale de Bolzano puisque B n'est pas mesurable. Avec D. Laugwitz, il a cependant fini par trouver un exemple de deux nombres mesurables $\frac{1}{A}$ et $\frac{1}{B}$

du fait que la somme de deux suites dont l'une est strictement positive, l'autre strictement négative, n'est pas nécessairement ou bien positive ou bien négative ; elle peut ne pas avoir un signe constant à partir d'un certain rang auquel cas elle ne définit pas un nombre mesurable au sens de Bolzano. Etant donné que *toute* suite qui converge vers zéro peut être représentée comme différence de deux suites qui convergent vers zéro et dont les termes sont tous positifs, le théorème sur la somme des nombres mesurables nous met devant un dilemme : ou bien accepter la définition bolzanienne des infiniment petits et abandonner l'opération aussi fondamentale qu'est l'addition des nombres mesurables et d'autres théorèmes importants, ou bien élargir la définition, ce qui demanderait d'autres sacrifices (la trichotomie), et modifierait assez substantiellement l'allure de la théorie[25]. La définition du nombre mesurable est d'ailleurs menacée par toute suite qui converge vers un nombre rationnel en changeant alternativement de signe. Déjà la suite de l'exemple 3 ne serait plus un nombre mesurable bien qu'elle ait pour limite un nombre rationnel, à savoir $\frac{1}{3}$. Pour q multiple de 3, la suite satisfait à la *négation* de la condition qui définit la mesurabilité d'une expression :

$$\exists q \forall p_q \forall n_0 \exists n \left(n > n_0 \ \& \ \neg \left(\frac{p_q}{q} \leq s_n < \frac{p_q + 1}{q} \right) \right).$$

En effet, pour $q = 3k$, $\frac{p_{3k}}{3k} = \frac{1}{3}$, mais la suite contient des termes *inférieurs* à $\frac{1}{3}$ à partir de tout rang n_0[26]. Bolzano lui-même l'aura remarqué et aura proposé une définition plus adéquate du nombre mesurable ; j'y reviendrai.

Pour l'instant, mis à part quelques imperfections dans les démonstrations et quelques points mineurs, seuls les théorèmes qui portent sur les opérations arithmétiques avec les nombres mesurables posent un

---

avec A=2+1+2+1+... et B=1+2+1+2+..., dont la différence n'est pas mesurable. Cf. l'art. cité en note 15, p. 218.

25. La même difficulté est apparue dans une proposition qui énonce l'égalité des fractions mesurantes d'un nombre mesurable A et de A±J où J est un nombre infiniment petit. Bolzano s'est aperçu de l'erreur et a supprimé le paragraphe correspondant ; cf. *R. Zahlenlehre*, 127 (pagination de l'éditeur), note 58 et p. 106r. (pagination du manuscrit). Bolzano a néanmoins gardé la réciproque, également fausse (*ibid.*, § 51).

26. La proposition de H. Gericke (*Geschichte des Zahlbegriffs*, 98) de prendre la limite de la suite et non pas la suite elle-même pour déterminer les fractions mesurantes « influencerait considérablement l'application de la théorie ». En particulier, les nombres infiniment petits seraient identifiés à zéro.

problème. Ils se heurtent à l'inadéquation du concept de nombre mesurable et d'infiniment petit. Avant de parler des rectifications que Bolzano y apportera après coup, il convient cependant d'examiner les définitions de l'égalité et de l'ordre entre les nombres mesurables.

5. *Equivalence et ordre*

La réflexion par laquelle Bolzano motive sa définition de l'équivalence entre les nombres mesurables est historiquement et épistémologiquement très importante. Elle précise les conditions de tout élargissement de concepts.

D'abord, Bolzano se rend très clairement compte qu'on ne saurait utiliser un concept en dehors du domaine dans lequel il a été défini sans préciser comment il doit s'appliquer à de nouveaux objets. En l'occurrence, il s'agit d'une nouvelle définition de l'égalité (de l'équivalence); ce concept doit être élargi lorsqu'on passe des expressions élémentaires *finies* qui désignent les nombres rationnels aux expressions numériques *infinies*.

Bolzano impose deux conditions à l'élargissement du concept d'égalité. Premièrement, la nouvelle définition, appliquée aux objets anciens, doit coïncider avec la définition initiale (disons que l'élargissement du concept doit être *régulier*). Deuxièmement, l'élargissement n'a de sens que s'il y a effectivement des objets auxquels s'applique la nouvelle définition, mais auxquels ne saurait s'appliquer l'ancienne. En d'autres termes, les objets auxquels s'applique la définition initiale forment une partie propre des objets de la nouvelle définition (appelons *propre* cet élargissement du concept). En deux mots, l'élargissement du concept d'égalité doit être à la fois régulier et propre.

Comment établir l'équivalence entre les nombres mesurables ? La proposition fausse (et supprimée par la suite, cf. note 25) qui constate l'égalité des fractions mesurantes pour deux nombres mesurables qui diffèrent d'un nombre infiniment petit servira de fil conducteur. En effet, Bolzano pense pouvoir définir l'équivalence entre les nombres mesurables par l'égalité des fractions mesurantes.

Dans sa recherche de la définition de la relation d'ordre, Bolzano s'inspire des propriétés de l'ordre total (la trichotomie). Il veut que toutes les grandeurs mesurables soient comparables. Il écarte donc une première idée, celle de définir l'ordre entre les nombres A et B uniquement par le fait que leur différence est positive; elle pourrait être infiniment petite et dans ce cas A, inférieur à B, serait en même temps équivalent à B. Il obtient la bonne définition en écartant le cas de l'égalité de la différence à un nombre infiniment petit et il écrit :

§ 55. *Définition*. A partir de maintenant, je me permets de nommer deux expressions numériques A et B (qui peuvent être finies ou infinies) *égales* ou *équivalentes*, et d'écrire A = B, si les deux sont mesurables et si dans leur mesure, elles donnent les mêmes nombres dans le sens suivant : pour tout q il existe toujours un seul et même p, positif ou négatif, pour A aussi bien que pour B, qui satisfait aux quatre équations suivantes :

$$A = \frac{p}{q} + P_1 = \frac{p+1}{q} - P_2, \qquad B = \frac{p}{q} + P_3 = \frac{p+1}{q} - P_4\,;$$

où les symboles P_1 et P_3 désignent des zéros ou des expressions purement positives, et les symboles P_2 et P_4 des expressions toujours purement positives. En revanche, je dis que B est *plus grand que* A, ou A *plus petit que* B, et j'écris $B > A$ ou $A < B$, lorsque la différence $B - A$ est positive et non infiniment petite[27].

On voit facilement que l'élargissement du concept d'égalité est régulier et propre, et que le concept proposé par Bolzano est une relation d'équivalence dans l'ensemble des nombres mesurables. Le nouveau concept ne s'applique pas aux nombres infinis; sinon, tous les nombres infiniment grands seraient équivalents. Il résulte de la nouvelle définition que, comme le remarque Bolzano, les nombres infiniment petits deviennent tous équivalents à zéro. Ce n'est pas nécessairement un inconvénient. Cela le devient lorsqu'on ne distingue pas toujours entre l'égalité proprement dite et l'équivalence et surtout lorsque, de surcroît, on désigne les deux relations par le même signe comme le fait Bolzano[28].

Toutes ces précautions sont insuffisantes. Dans sa recherche d'une « bonne » relation d'équivalence, Bolzano n'a pas remarqué que les nombres infiniment petits de signes contraires ne sont jamais équivalents (les numérateurs des fractions mesurantes des infiniment petits positifs étant tous nuls, ceux des infiniment petits négatifs égaux à –1). Les expressions A et B de l'exemple 12 :

$$A = 1 - \frac{1}{1+1+1+1+\ldots \text{ in inf.}}, \quad B = 1\,,$$

27. *R. Zahlenlehre*, 110v. Malgré le § 57, il s'agit bien d'une relation d'équivalence comme le réaffirme le § 58, et avec plus de vigueur encore les *PU* (§ 35, 59) où Bolzano insiste de nouveau sur la différence entre l'égalité et une relation d'équivalence relative à la mesure.

28. Un exemple brutal en est donné au § 57, 112r., où Bolzano justifie l'équivalence de tous les nombres infiniment petits à zéro par la remarque suivante : « si J est infiniment petit, on a A+J = A, donc J = 0 ». Les *PU* corrigeront ces excès de langage.

ne sont pas non plus équivalentes, bien que –A et –B le soient. La définition proposée par Bolzano est purement et simplement inutilisable[29].

Le responsable immédiat de cet échec, c'est la proposition qui énonce l'égalité entre les fractions mesurantes de deux nombres mesurables dont la différence est infiniment petite (voir note 25). Plus profondément, c'est le conflit entre une conception trop contraignante de la mesurabilité et la possibilité d'additionner les nombres sans quitter le domaine du mesurable. Enfin, c'est la conviction de l'identité des lois fondamentales qui régissent aussi bien les nombres finis que les infiniment petits (en particulier la trichotomie). D'où le choix de la définition du nombre infiniment petit par les fractions mesurantes plutôt que par la convergence qui introduirait dans la théorie des expressions (infiniment petites) sans signe déterminé.

Cependant, la définition maladroite et incohérente de l'égalité ne représente pas le dernier mot de Bolzano. Dans une feuille écrite de sa main (le reste étant écrit par un copiste), que Rychlík n'a pas incorporé dans son édition de la *Theorie der reellen Zahlen*, Bolzano apporte une rectification essentielle à sa définition de l'égalité des nombres mesurables. La méditation de l'exemple 12 (ci-dessus p. 365), décisif, a amené Bolzano à apercevoir après coup l'insuffisance de son premier concept d'égalité.

En effet, pour $B=1$, le numérateur de sa fraction mesurante est constamment égal à 1, alors que pour $A = 1 - \frac{1}{1+1+1+1+\ldots \text{in inf.}}$, le numérateur $p_q\left(1 - \frac{1}{1+1+1+1+\ldots \text{in inf}}\right)$ est égal à $q-1$. Or, les deux nombres A et B devraient être équivalents, puisque Bolzano considère tous les nombres infiniment petits comme équivalents à zéro ! Par conséquent, étant donné que « même les nombres qui ne diffèrent que d'un infiniment petit peuvent se comporter différemment dans le processus de mesure », la définition de l'égalité fondée sur l'égalité des fractions mesurantes est à remplacer par la suivante :

> Lorsque la différence de deux nombres A et B, considérée absolument, offre dans le processus de mesure les mêmes caractéristiques que zéro (c'est-à-dire se comporte comme zéro), de sorte que, pour tout numérateur q, aussi grand soit-il, le dénominateur

29. Cf. les articles cités en note 7 de B. van Rootselaar (p. 178) et de D. Laugwitz (p. 408).

de la fraction mesurante est =0, et qu'on ait donc les deux équations $A-B=\frac{0}{q}+P_1=\frac{1}{q}-P_2$, nous disons que A = B [30].

Ce qui revient à dire que l'égalité de deux nombres mesurables est désormais définie par le fait que la valeur absolue de leur différence est nulle ou infiniment petite. Cette définition s'accorde bien avec la définition de l'ordre qui reste inchangée ; de plus, elle supprime un des défauts les plus graves de la doctrine bolzanienne et permet de sauver bon nombre de ses théorèmes qui, avec la première définition, étaient faux. Mais elle entraîne plusieurs conséquences qui, menées au bout, devraient conduire à un remaniement assez substantiel de la doctrine.

D'abord, Bolzano lui-même remarque que les numérateurs des fractions mesurantes des deux nombres équivalentes peuvent désormais différer de plus de 1.

Mais c'est surtout l'intervention de la valeur absolue, citée deux fois dans le rectificatif de Bolzano, qu'il convient de souligner. Comme l'a remarqué Jan Berg, l'éditeur de la *Reine Zahlenlehre*, cette intervention est indispensable pour que l'égalité entre les nombres mesurables soit une relation d'équivalence. En effet, la différence de deux nombres infiniment petits (dont chacun a un signe déterminé) peut être une expression correspondant à une suite alternée qui ne désigne aucun nombre mesurable. La considération de la valeur absolue garantit donc la transitivité de l'égalité. En outre, cette considération peut être interprétée comme une indication suggérant l'élargissement du concept même de nombre infiniment petit. Selon l'une des convictions les plus profondes de Bolzano, tout nombre mesurable, qu'il soit fini ou infiniment petit, est positif, nul ou négatif. Dans cette classification, il n'y a pas de place pour les nombres infiniment petits que pourraient représenter les suites alternées. Or, la nouvelle définition de l'égalité suggère précisément un nouveau concept de nombre infiniment petit : ce serait un nombre représenté par une suite qui converge vers zéro [31]. Bolzano ne le dit nulle part. Mais d'autres corrections font penser qu'il était sur le point de mettre au coeur de la doctrine des fractions mesurantes la notion de convergence qui deviendrait le concept fondamental de la théorie des « nombres mesurables ». Il reste à s'interroger sur la signification et la portée de cette dernière.

---

30. *R. Zahlenlehre*, 106r. On peut écrire les équations de Bolzano sous forme d'inégalités : $0 \leq |A-B| < \frac{1}{q}$.

31. Cf. *R. Zahlenlehre*, p. 134-5 (pagination de l'éditeur), note 64.

6. Une théorie des nombres réels ?

Le manuscrit de Bolzano a été d'abord publié par Rychlík en 1962 et, répétons-le, cette dernière édition ne contient pas les rectifications de dernière main opérées par l'auteur. Mais c'est cette édition incomplète qui a donné lieu à une discussion portant sur les concepts fondamentaux de sa doctrine et sur sa parenté avec les théories des nombres réels de Cantor et de Dedekind. Discussion pleine d'enseignement pour l'historien : autant par le fait qu'il voit se déployer trois attitudes méthodologiques devant le passé que par la possibilité, tout à fait exceptionnelle, de confronter les objections adressées à l'auteur avec ses formulations définitives, inconnues de ses critiques.

Dans cette première version doctrinale (qui, en particulier, ne contient pas la nouvelle définition de l'égalité), trois concepts fondamentaux se révèlent inadéquats à l'usage, et même contradictoires : celui de nombre mesurable, celui d'infiniment petit et celui d'équivalence des nombres mesurables. Les trois contribuent à donner à la théorie de Bolzano – autant à ses théorèmes qu'à ses démonstrations – une allure spécifique qui ne permet de la comparer directement à aucune théorie postérieure (bien qu'elle soit plus proche de celle de Cantor que de celle de Dedekind). Est-elle susceptible d'être amendée ? Question que se sont posée les commentateurs du texte de Bolzano : K. Rychlík, B. van Rootselaar et D. Laugwitz.

Tous s'accordent à reconnaître à la fois l'importance historique et la fausseté intrinsèque de la théorie qui est « nicht stichhaltig » (Rychlík), « quite incorrect » (van Rootselaar), « in der vorliegenden Form unhaltbar » (Laugwitz). Mais dans la réponse à notre question, leurs interprétations divergent.

Pour K. Rychlík, le premier éditeur du manuscrit qu'il présente comme une théorie des nombres réels, la théorie bolzanienne, et en particulier ses parties avancées, peut être sauvée par l'interprétation des nombres mesurables par les « suites fondamentales » (suites de Bolzano-Cauchy). Les nombres infiniment petits sont alors interprétés comme des suites qui convergent vers zéro, et les nombres mesurables sont identifiés aux nombres réels. La théorie ainsi amendée coïncide avec la théorie des nombres réels de Cantor-Méray. L'écriture en deux colonnes des concepts correspondants met en évidence la traduction d'une théorie dans l'autre :

théorie de Cantor :	*théorie de Bolzano amendée* :
suite infinie de rationnels	expression numérique infinie
suite de Bolzano-Cauchy	nombre mesurable
suite qui converge vers zéro	nombre infiniment petit
suites de Bolzano-Cauchy équivalentes	nombres mesurables équivalents

Ce dictionnaire permet, d'après K. Rychlík, d'établir la correspondance entre les nombres réels selon Cantor (classes des suites de Bolzano-Cauchy équivalentes) et selon Bolzano (classes des nombres mesurables équivalents). Une suite de Bolzano-Cauchy aussi bien qu'un nombre mesurable sont des « représentations concrètes » d'un nombre réel ; les suites de Bolzano-Cauchy équivalentes (les nombres mesurables équivalents) représentent un nombre réel et un seul. Dans l'ensemble des suites de Bolzano-Cauchy, on peut définir l'addition et la multiplication ; de même dans l'ensemble des nombres mesurables.

D'autre part, l'ensemble des suites de Bolzano-Cauchy (l'ensemble des nombres mesurables) forme un anneau dont les suites qui convergent vers zéro constituent un idéal J. Les éléments de l'anneau-quotient A/J sont les classes qui déterminent un nombre réel. En termes moins précis, « le calcul sur les nombres réels n'est rien d'autre que le calcul sur les nombres mesurables qui néglige les nombres infiniment petits » [32].

Enfin, les nombres mesurables peuvent être représentés par les séries dites de Cantor, comme l'indique le § 48 : Si A est mesurable, on peut écrire les deux équations :

$$A = \frac{\alpha}{a} + \frac{\beta}{ab} + \frac{\gamma}{abc} + \frac{\delta}{abcd} + \cdots + \frac{\mu}{abcd\ldots m} + P_1 ,$$

$$A = \frac{\alpha}{a} + \frac{\beta}{ab} + \frac{\gamma}{abc} + \frac{\delta}{abcd} + \cdots + \frac{\mu}{abcd\ldots m} - P_2 ,$$

où a, b, c, d,…, m sont les entiers naturels, tous supérieurs à 1 à partir de b, α est un entier positif ou négatif ou zéro, $\beta, \gamma, \delta, \ldots, \mu$ sont des entiers positifs ou nuls tels que $\beta < b$, $\gamma < c$, …, $\mu < m$, et $P_1 \geq 0$, $P_2 > 0$. Ces expressions généralisent le développement décimal des réels.

32. *Theorie d. reellen Zahlen in Bolzanos handschr. Nachlasse*, notes, p. 99.

Le prix à payer pour cette traduction de la théorie bolzanienne en langage cantorien est assez élevé. Même si l'on fait abstraction de la formulation moderne, postcantorienne, de la correspondance entre les deux théories[33], les corrections proposées par K. Rychlík modifient considérablement la structure et la portée de la théorie des « nombres mesurables ». Elle se solde par l'abandon pur et simple de la doctrine des fractions mesurantes. L'identification des nombres mesurables aux suites convergentes introduit dans la théorie des nombres qui ne respectent pas les propriétés de l'ordre total (la trichotomie). Enfin, la spécificité des nombres infiniment petits disparaît. Par ses corrections (plutôt que par son commentaire), Rychlík a cependant indiqué les trois points faibles de la théorie bolzanienne : les concepts de nombre mesurable, d'infiniment petit et d'équivalence entre les nombres mesurables. On se trouve devant un choix : ou bien on accepte les définitions bolzaniennes et la partie élémentaire de la théorie qui en découle, ou bien on se propose de sauver la partie avancée, quitte à modifier les concepts fondamentaux et à sacrifier éventuellement certains théorèmes élémentaires.

La première voie, celle qui se propose d'interpréter de la manière la plus rigoureuse possible le *texte* de Bolzano, a été choisie par B. van Rootselaar. L'examen minutieux auquel il a soumis la théorie de Bolzano aboutit à des conclusions opposées à celles de Rychlík. La théorie élémentaire des nombres mesurables est essentiellement correcte (bien qu'il faille corriger certaines définitions en tenant compte de l'*usage* des concepts définis), mais sa traduction en termes cantoriens va au-delà des limites de la pensée mathématique de Bolzano en y important des conceptions qui lui sont étrangères. Sans cette traduction, la théorie *avancée* de Bolzano, c'est-à-dire les parties essentielles pour une théorie complète des réels est inconsistante : elle contient des théorèmes importants insuffisamment démontrés (par exemple le théorème de Bolzano-Gauss) aussi bien que des propositions fausses. Tout en appréciant l'importance historique de la tentative de Bolzano, van Rootselaar conclut à la fausseté intrinsèque de la théorie qui ne serait pas susceptible d'amélioration.

A son avis, on peut considérer la version corrigée de Rychlík comme une interprétation *verbale* qui

> présente la collection des théorèmes que Bolzano voulait vrais pour ses nombres réels afin de faire une arithmétique semblable à celle des nombres rationnels. Ainsi, l'interprétation de Rychlík et

33. Rychlík rappelle que « Bolzano n'a jamais assez clairement explicité l'écart qui sépare les nombres mesurables en tant que représentants concrets des nombres réels du concept abstrait de nombre réel » (*ibid.*, p. 99).

> la nôtre peuvent être considérées comme complémentaires, dans la mesure où elles mettent le doigt sur la différence entre le rêve mathématique et la réalité. Le but que Rychlík s'est proposé, à savoir de trouver une version corrigée qui sauve autant de théorèmes de Bolzano que possible, est amplement atteint par la théorie de Cantor : cette dernière sauve non seulement certains des théorèmes de la théorie bolzanienne, mais aussi tous ses non-théorèmes. C'est pourquoi je ne considère pas la correction de Rychlík de la théorie de Bolzano comme une représentation fidèle, et je conclus de la discussion des résultats vraiment intéressants de Bolzano que l'opinion de Rychlík concernant la justesse fondamentale de la théorie de Bolzano a été suffisamment réfutée [34].

Tout en reconnaissant le caractère définitif du jugement de van Rootselaar sur la théorie bolzanienne selon le texte édité par Rychlík, D. Laugwitz pense pouvoir résoudre les contradictions par une modification des concepts fondamentaux :

> Il ne me semble pas décisif, observe-t-il, que les propositions essentielles de la théorie de Bolzano soient fausses dans une interprétation littérale des définitions. De même que B. van Rootselaar, et à juste titre, est prêt à ne pas prendre trop au sérieux les définitions insuffisamment claires de Bolzano, et à conclure plutôt à partir de l'usage effectif de telles expressions à une interprétation qui lui rend justice, de même devrait-on essayer de conclure à partir des théorèmes bolzaniens et de leurs démonstrations aux corrections à apporter aux définitions [35].

L'interprétation de Laugwitz se propose de corriger les définitions des trois concepts en tenant compte des indications ultérieures de Bolzano (contenues en particulier dans les *Paradoxes de l'infini*) et en respectant la structure de la théorie. D'après Laugwitz, il y a une source commune aux erreurs et aux contradictions qui ruinent cette théorie ; c'est la conception trop étroite des nombres infiniment petits. Une modification appropriée de ce concept, permettant d'élargir la notion de nombre mesurable, et une nouvelle définition de l'équivalence des nombres mesurables peuvent, en rendant à la théorie sa cohérence, sauver ses théorèmes les plus importants.

Voici les nouvelles définitions :

1) J est une *expression numérique infiniment petite* si, pour tout nombre naturel q,

---

34. Art. cité en note 7, p. 179-80.
35. Art. cité en note 7, p. 406.

$$-\frac{1}{q} < J < \frac{1}{q} ;$$

2) A est une *expression numérique mesurable* si, quel que soit le nombre naturel q, il existe un entier relatif p tel que

$$\frac{p}{q} < A < \frac{p+2}{q} ;$$

par rapport à la définition de Bolzano, dans la définition proposée par Laugwitz, le numérateur de la fraction qui majore A est p+2 au lieu de p+1. Cette modification est essentielle pour les expressions dont les suites correspondantes convergent vers un nombre rationnel.

3) Deux expressions mesurables sont *équivalentes* si leur différence A−B est infiniment petite, c'est-à-dire si

$$-\frac{1}{q} < A - B < \frac{1}{q}$$ [36].

La première définition fait coïncider l'ensemble des nombres infiniment petits avec l'ensemble des suites qui ont pour limite zéro, quels que soient les signes de leurs termes.

Le nouveau concept de nombre mesurable ne fait que tirer les conséquences de cet élargissement; les fractions qui enferment une suite qui converge vers zéro en oscillant sont $-\frac{1}{q}$ et $+\frac{1}{q}$ pour tout q. Désormais l'écart entre la fraction mesurante et la fraction immédiatement supérieure (pour le même q) a pour borne supérieure $\frac{2}{q}$ au lieu de $\frac{1}{q}$. (Pour nous, cela n'a évidemment aucune importance; $\frac{2}{q}$ et $\frac{1}{q}$ convergent toutes les deux vers zéro lorsque q tend vers l'infini). Cette nouvelle définition d'expression mesurable a pour conséquence que tous les nombres infiniment petits deviennent mesurables et que les expressions numériques mesurables sont précisément celles dont les suites associées sont les suites de Bolzano-Cauchy. Les fractions qui bornent un nombre mesurable n'ont plus nécessairement pour numérateur des entiers consécutifs. Le prix de cette correction est l'abandon de l'unicité de p_q pour un q donné (théorème du § 11); elle peut néanmoins être rétablie moyennant une convention sur le choix de p.

---

36. D'après D. Laugwitz, « les modifications proposées des définitions de Bolzano sont aussi prudentes que possible [...] et auraient pu être effectuées déjà au milieu du dernier siècle par un mathématicien exercé, naturellement dans la terminologie courante de l'époque ». Art. cité, 409. Or, on a vu que la modification de la définition de l'égalité a été effectuée par Bolzano lui-même.

La troisième définition corrige une erreur manifeste de la première définition de l'équivalence donnée par Bolzano, erreur qui a sa source dans les deux concepts précédents.

Les trois interprétations que nous avons résumées se complètent plutôt qu'elles ne se contredisent.

Presque toutes les théories mathématiques du XVIIIe siècle, y compris et surtout celles d'Euler et de Lagrange qui ont façonné le calcul infinitésimal de manière décisive, sont fondées sur des concepts mal définis et en partie incohérents si on les prend au pied de la lettre. Les méthodes de démonstration de ces auteurs sont insuffisantes et parfois même tout à fait incorrectes. Nous retenons la plupart de leurs résultats, mais nous avons reformulé leurs démonstrations à l'aide de concepts plus rigoureux. Ce qui compte pour nous dans le passé des mathématiques, c'est donc davantage « la collection des théorèmes que l'on désire tenir pour vrais » que les méthodes et les concepts qui ont servi à un moment à les établir. Ne peut-on supposer que les mathématiciens du passé fussent animés du même idéal ? Je crois pour ma part que les mathématiciens n'ont jamais cessé de rêver, c'est-à-dire de conjecturer des théorèmes qui sont des points de cristallisation d'une théorie, avant même d'être en mesure d'en donner des démonstrations reconnues comme étant définitives.

Pour en revenir aux modifications proposées par D. Laugwitz, quelle est la surprise du lecteur du texte complet de la *Reine Zahlenlehre* dans l'édition de Jan Berg de les voir en grande partie réalisées par Bolzano lui-même !

La rectification du concept d'équivalence proposée par un critique attentif des textes bolzaniens connus en 1965, y compris les *Paradoxes de l'infini*, coïncide, en effet, avec la nouvelle définition donnée par Bolzano. Celle-ci est suggérée par la définition de l'ordre. Bolzano a sans doute remarqué le désaccord entre sa définition initiale de l'équivalence et celle de l'ordre. La première est formulée en termes de fractions mesurantes, alors que la seconde fait directement appel à la différence des deux grandeurs que l'on compare. La rectification effectuée par Bolzano se répercute également dans deux textes des *Paradoxes de l'infini*[37]. Ainsi, d'après le § 35, deux expressions M et M ± m (m étant infiniment petit par rapport à M) peuvent être équivalentes sans que leurs fractions mesurantes soient toujours égales.

La nouvelle définition des expressions mesurables trouve, elle aussi, quelques appuis dans le même paragraphe 35 des *Paradoxes de*

37. § 18, note, p. 25-6, commenté en détail par D. Laugwitz, et § 35, p. 59-60.

l'infini. Bolzano y distingue le comportement des expressions rationnelles et des expressions irrationnelles dans le processus de leur mesure. En effet, si les expressions irrationnelles peuvent être comprises entre les fractions dont le numérateur diffère de 1 conformément à la définition, les expressions rationnelles exigent des fractions dont les numérateurs peuvent différer de plus de 1 (Bolzano pense probablement aux cas analogues à l'exemple 3). On a vu que Bolzano a admis cet état de choses comme corollaire de sa nouvelle définition de l'équivalence.

Or, dans une note complémentaire qui termine la *Reine Zahlenlehre*, il revient sur sa définition du nombre mesurable :

> Ne pourrait-on pas simplifier la théorie des nombres mesurables en posant leur définition de la manière suivante : A sera appelé mesurable lorsqu'on a deux équations de la forme
>
> $$A = \frac{p}{q} + P = \frac{p+n}{q} - P,$$
>
> où, avec le même n, q peut croître à l'infini ? [38]

Cette nouvelle définition supprime la contrainte imposée aux fractions qui enferment un nombre mesurable d'avoir les numérateurs qui diffèrent exactement de 1 pour le même dénominateur.

Traduisons cette définition en termes de suite :

à une expressions *mesurable* S sera associée une suite de rationnels (s_k) ayant la propriété suivante :

m étant un nombre naturel, à chaque entier $q>0$, on associera :
– un entier relatif $p_q(S)$,
– une suite $P_{q,k}$ à termes positifs,
– et un entier naturel n_0 tel que, pour tout entier n,

$$\text{si } n > n_0, \text{ alors } s_n = \frac{p_q(S)}{q} + P_{q,n}(S) = \frac{p_q(S)+1}{q} - P_{q,n}(S).$$

Dans cette nouvelle définition, on peut prendre $m=2$; dans ce cas particulier, la rectification proposée par Laugwitz coïncide avec celle qui a été effectuée par Bolzano.

Le nouveau concept de nombre mesurable non seulement supprime les difficultés propres à l'ancienne définition, mais surtout, il permet de sauver des théorèmes aussi importants que ceux de la somme et du produit des nombres mesurables et une propriété essentielle du système des nombres mesurables, la trichotomie, fausse avec la première définition de l'équivalence :

38. *R. Zahlenlehre*, 143r. ; cf. également note 77 de Jan Berg, p. 168 (pagination de l'éditeur).

> Si A et B sont deux nombres mesurables, on a toujours un et un seul des trois cas suivants : ou bien $A = B$, ou bien $A > B$, ou bien $A < B$. (*R. Zahlenlehre*, § 73, 114 v.)

A mon avis, la doctrine des fractions mesurantes constitue le fond archaïque de la théorie de Bolzano. J'ai montré comment elle se rattache à l'idée de Kästner de décomposer un nombre irrationnel en un « commencement » rationnel et une « fin » qui converge vers zéro, idée dont la doctrine des fractions mesurantes est une élaboration arithmétique. En elle-même, elle n'est pas très importante ; cependant, dans le texte de Bolzano elle est l'intermédiaire obligé dans presque toutes les démonstrations, et la limitation des numérateurs des fractions mesurantes aux entiers *consécutifs* entraîne de sérieuses difficultés dans les démonstrations. Le nouveau concept de nombre mesurable pourrait y apporter le remède.

Quant à la définition des nombres infiniment petits proposée par Laugwitz, elle pourrait, comme on l'a vu, être rattachée au nouveau concept d'équivalence. Néanmoins, Bolzano ne l'a jamais explicitée. Si elle permet de corriger le défaut majeur de la doctrine et de résoudre ses contradictions latentes, elle surgit comme un obstacle qui empêche d'appliquer la trichotomie aux nombres infiniment petits. La conception étroite des nombres infiniment petits résulte précisément de l'impossibilité d'abandonner une propriété aussi fondamentale et si intimement liée dans l'esprit de Bolzano à l'idée de nombre. Comme les nombres finis non nuls, les nombres infiniment petits, bien qu'équivalents à zéro, se répartissent en positifs et négatifs. Les mêmes lois fondamentales régissent les nombres finis et les infiniment petits.

A une exception notable près : l'axiome d'Eudoxe-Archimède. C'est précisément cet axiome qui, dans les *Paradoxes de l'infini* servira de définition : un nombre ou plutôt une grandeur est infiniment petite si son multiple quelconque est inférieur à 1 [39]. De cette manière, Bolzano entend mettre en parallèle la définition de la grandeurs infiniment grandes (celles qui sont plus grandes qu'un nombre quelconque d'unités) et des grandeurs infiniment petites.

En élargissant avec D. Laugwitz la définition des nombres infiniment petits, nous ne faisons que tirer les conséquences du conflit entre, d'une part, l'effort théorique qui vise la formulation des propriétés profondes, non triviales, des nombres (y compris les propriétés des nombres infiniment petits), et d'autre part les insuffisances de l'appareil conceptuel dont dispose Bolzano. En même temps, nous rompons

39. *PU*, § 10.

avec une de ses convictions profondes. La possibilité d'une arithmétique des nombres mesurables est à ce prix.

Il reste à dire quelques mots des théorèmes les plus importants de cette théorie pour voir ce qu'on se propose exactement d'en sauver. Bolzano démontre la plupart des propriétés des opérations qui font de l'ensemble des réels un corps. Il intègre dans sa théorie également un certain nombre de résultats qu'il avait obtenus auparavant et qui trouvent maintenant leur place dans l'exposé systématique des mathématiques : le théorème, établi dans *Der Binomische Lehrsatz*, qui fonde la méthode d'exhaustion, le théorème dit de Bolzano-Cauchy sur la convergence des suites, et le théorème que nous appelons de Bolzano-Gauss sur l'existence de la borne supérieure d'un ensemble majoré de réels, les deux derniers étant repris du *Rein analytischer Beweis*. Le premier et le troisième répètent les démonstrations données antérieurement (en parlant de la borne supérieure, Bolzano ajoute dans l'énoncé que le théorème ne décide pas si la borne appartient ou non à l'ensemble majoré). La démonstration du théorème de Bolzano-Cauchy est complètement refondue et le théorème lui-même est formulé cette fois-ci en tenant compte de la valeur absolue de la différence de deux termes quelconques de la suite (à partir d'un certain rang). Pour déterminer la limite de la suite, Bolzano détermine ses fractions mesurantes et montre que la limite satisfait aux équations qui définissent une expression mesurable. La démonstration n'est pas entièrement convaincante (elle contient même une erreur), mais elle représente un net progrès par rapport à celle du *Rein analytischer Beweis* dans la mesure où Bolzano se propose d'établir l'*existence* de la limite qui n'est plus simplement supposée.

Enfin, l'exposé de Bolzano contient aussi un certain nombre de résultats inédits. J'ai déjà mentionné la représentation des nombres mesurables par les « séries de Cantor ». Un certain nombre de théorèmes décrivent en détail les propriétés de la relation « être situé entre », définie auparavant pour les nombres rationnels et appliquée maintenant aux concepts numériques infinis. Comme pour les rationnels, entre deux nombres mesurables inégaux se trouve toujours un troisième; l'ensemble des nombres mesurables contenu entre deux nombres mesurables distincts est infini.

La relation « être situé entre » permet de définir très clairement les notions topologiques fondamentales concernant les intervalles de nombres réels. Ce sont les concepts d'*intervalle ouvert*, d'*intervalle fermé*, d'intervalle semi-ouvert à droite, d'intervalle semi-ouvert à gauche, de nombre isolé. Très patiemment, Bolzano énumère les différentes propriétés des intervalles ainsi définis pour conclure par les résultats suivants : la borne inférieure d'un intervalle fermé (ou semi-ouvert à droite) est le plus petit nombre de cet intervalle, mais l'intervalle ouvert ou semi-ouvert à gauche ne contient pas de plus petit nombre (et des énoncés analogues pour la borne supérieure). Cette investigation fine et rigoureuse constitue une excellente préparation à la *Functionenlehre* en rendant possibles les théorèmes où la distinction entre les ouverts et les fermés joue un rôle essentiel. Même si Bolzano n'a pas réussi à construire une théorie des nombres réels qui puisse rivaliser avec les théories postérieures, ses résultats et ses méthodes, même partielles, ont transformé le fond théorique commun tel qu'il se présentait au début du XIXe siècle en doctrine suffisamment élaborée pour servir de fondement au calcul infinitésimal.

Cette doctrine se termine par la mise en évidence d'une notion qui aboutira au concept de point d'accumulation (et à celui de coupure), concept préparé par les démonstrations du *Rein analytischer Beweis* et constitué dans la *Grössenlehre*. Dans la *Reine Zahlenlehre*, Bolzano envisage la convergence des deux suites adjacentes X et Y, l'une croissante, l'autre décroissante, vers une limite commune :

> Lorsque la différence entre deux nombres mesurables X et Y, considérée dans sa valeur absolue, peut diminuer indéfiniment, je dis [...] qu'ils peuvent s'approcher l'un de l'autre *d'aussi près qu'on le désire* [*so nahe rücken können als man nur will*] [40].

En supposant que X et Y sont des suites telles que X soit constamment inférieure à Y, Bolzano peut maintenant démontrer que l'ensemble des valeurs de X ne possède pas la plus grande valeur, celui des Y ne possède pas la plus petite. Il envisage aussi le cas où un nombre fixe A est constamment enfermé entre deux suites adjacentes, résultat qu'on peut exprimer en disant que chaque intervalle qui contient A contient une infinité de termes des deux suites; en outre, le nombre A est mesurable et les deux suites le déterminent de manière unique.

Ainsi se trouvent préparés les trois grands théorèmes par lesquels culmine la théorie de Bolzano : le théorème de Bolzano-Cauchy, le théorème de Bolzano-Gauss et un troisième théorème qui à deux suites adjacentes X et Y fait correspondre un nombre mesurable A :

> Lorsqu'un nombre variable mais mesurable Y reste constamment plus grand que X, variable et mesurable, et que de surcroît, parmi les valeurs de Y il n'y en a aucune qui soit la plus petite, parmi celles de X, aucune qui soit la plus grande, alors il existe toujours

---

40. *R. Zahlenlehre*, VII, § 102, 122r. Bolzano rappelle qu'au moins l'un des deux « nombres » est variable. Bien entendu, de tels « nombres » qui peuvent prendre une infinité de valeurs sont en réalité des suites.

au moins un nombre mesurable A qui se trouve constamment entre les deux bornes X et Y. Si de plus, la différence Y−X ne peut pas diminuer indéfiniment, il y a une infinité de nombres mesurables situés entre X et Y. En revanche, si cette différence diminue indéfiniment, il en existe un et un seul. Enfin, si la différence Y−X diminue indéfiniment et si ou bien X admet une plus grande valeur, ou bien Y une plus petite, il n'y a aucun nombre mesurable situé constamment entre X et Y[41].

On trouve ici exprimés les différents cas de coupure au sens de Dedekind. A cette différence près : le théorème de Bolzano se trouve au point d'arrivée de la théorie et est démontré pour l'ensemble des nombres réels *déjà construit*; Dedekind doit d'abord définir les coupures dans l'ensemble des nombres rationnels pour obtenir les réels comme éléments nouveaux dont l'existence ne peut être postulée que par un axiome. Mais surtout, par rapport aux théories modernes, la complétude du système des nombres réels n'est pas mise en évidence par Bolzano. Bien qu'il connaisse le concept de continu en géométrie et qu'il le définisse à l'aide d'un concept *métrique*, celui de distance, Bolzano n'a pas l'équivalent de l'axiome de Cantor-Dedekind.

La théorie de Bolzano, est-elle une théorie des nombres réels ? Le système des nombres mesurables englobe les nombres finis (nos nombres réels) et les nombres infiniment petits, et établit des liens avec les nombres qu'on pourrait appeler « demi-mesurables » que sont les grandeurs infiniment grandes. Son auteur s'efforce de réactiver une tradition vieille de plus d'un siècle.

A la base du système se trouve la notion de mesure appliquée aux « expressions infinies » au sens d'Euler plutôt que celle de convergence, pourtant définie antérieurement par Bolzano. A mon avis, la raison de ce choix, c'est le désir de maintenir les propriétés de l'ordre total (la trichotomie) pour les nombres mesurables. Ceux-ci sont alors définis par des suites particulières de nombres rationnels. Une relation d'équivalence (corrigée) définie à l'intérieur du système permet de distinguer les nombres infiniment petits et les nombres finis.

L'importance historique de cette théorie ne peut être suffisamment appréciée si on la compare uniquement aux constructions élégantes, subtiles et achevées de Dedekind, Cantor ou Weierstrass. Par rapport à la doctrine du XVIIIe siècle représentée par exemple par Kästner, elle constitue un progrès décisif. Chez Bolzano, les nombres irrationnels sont libérés de toute attache avec le procédé d'extraction des racines. Mais il faut comparer la théorie de Bolzano surtout aux idées de ses

41. *Ibid.*, § 110, 135r.-v.

contemporains. Significatif de la difficulté de la *formulation* même du problème est le silence de Gauss qui, aux endroits décisifs, fait appel à l'intuition géométrique. Les remarques de Cauchy non plus ne vont pas au-delà du fond doctrinal commun de son temps[42].

Quels que soient les défauts de sa théorie, que Bolzano n'a d'ailleurs jamais considérée comme définitive, un historien ne peut que souscrire au jugement de H. Gericke : « Bolzano a clairement vu quels étaient les pas à effectuer dans la construction du système des nombres, et il les a tous disposés dans l'ordre logiquement correct »[43].

Le système des nombres mesurables est le sol sur lequel repose tout l'édifice de la *Grössenlehre* : la théorie des séries sera fondée sur la propriété de Bolzano-Cauchy; le théorème de l'existence de la borne supérieure, le théorème de l'existence d'un point d'accumulation, les définitions topologiques concernant les intervalles et les « séries de Cantor » deviendront des outils essentiels de la théorie des fonctions de variables réelles. Le manuscrit de Bolzano contient aussi des éclaircissements sur l'infiniment grand dont pourront tirer profit les *Paradoxes de l'infini*. Enfin, l'élargissement du système des nombres permettra une double interprétation du calcul infinitésimal : celle fondée sur la méthode des limites et sur l'emploi des nombres réels, et

42. Faute de pouvoir discuter l'interprétation de D. D. Spalt, citons au moins ses conclusions. Pour Spalt, «les nombres analytiques de Bolzano sont des objets différents de ceux qui ont été construits ensuite par Dedekind, par Cantor et Heine ou par Hilbert. [...] Depuis Dedekind, les mathématiciens se rendent compte qu'ils doivent *construire* les nombres analytiques, alors que Bolzano obtient l'explication du concept de grandeur en le décomposant correctement en ses constituants (qui existent déjà). Du point de vue ontologique de Bolzano, il faudrait décider lequel de ces différents concepts analytiques de nombre est *vrai* et l'on pourrait parvenir à cette décision en examinant la justesse de la *décomposition des concepts* en question. Or, depuis Dedekind, les analystes conçoivent la recherche des fondements comme une activité constructive. Selon ce point de vue ontologique constructif, propre à de notre temps, il faut juger la théorie de Bolzano non quant à sa vérité, mais quant à sa *fécondité* : la construction bolzanienne du concept de nombre mesurable, est-elle *appropriée aux buts que poursuit l'analyse infinitésimale*? Mon analyse montre que tel est en effet le cas. Bolzano dispose de nombres comme objets de calcul et de mesure. Il a tous les objets qu'ont Dedekind et Cantor-Heine. Mais au delà de ceux-ci, ses nombres mesurables comprennent également d'autres objets : les nombres infiniment petits et les nombres infiniment grands [...] *Le concept bolzanien de nombre est donc plus riche que ceux de Dedekind, Cantor-Heine et Hilbert.* [...] La morale de cette histoire : La *Zahlenlehre* de Bolzano *fournit une base riche et puissante sur laquelle a été pour la première fois dans l'histoire construit systématiquement un concept analytique de nombre à partir des nombres naturels et de leur arithmétique*. Il faut seulement la comprendre selon ses propres lois». «Bolzanos Lehre von den messbaren Zahlen 1830-1989», *Archive for Hist. of Exact Sciences*, 42 (1991), n° 1, 67-8.

43. *Geschichte des Zahlbegriffs*, 102.

celle qui fait appel aux infiniment petits et qui, s'efforçant de rendre rigoureuses les conceptions du XVIIIe siècle, préfigure ainsi l'analyse non-standard qui se constitue de nos jours[44].

44. L'interprétation en termes d'infiniment petits est esquissée au § 30 des *PU* ; l'interprétation en termes de limites au § 37 du même ouvrage. Etant donné que, pour Bolzano, il n'y a ni durées, ni distances, ni forces infiniment petites, il préfère fonder l'analyse sur la deuxième interprétation qui travaille avec des hypothèses moins restrictives. Il le fait dans la *Functionenlehre*.

CHAPITRE V

THÉORIE DES FONCTIONS DE VARIABLES RÉELLES

1. Le concept de fonction

Dans la première moitié du XIXe siècle s'achève la transformation du concept de fonction dans le sens de correspondance arbitraire entre deux ensembles de nombres. Le concept eulérien d'expression analytique (qui remonte à Jean Bernoulli) se révèle trop étroit pour rendre compte de nouvelles fonctions dont l'existence a été mise en évidence par la discussion du problème de la corde vibrante entre d'Alembert, Euler et D. Bernoulli. Euler lui-même formule une première définition générale du concept de fonction qui n'est plus une expression définies par son mode de composition, mais une dépendance :

> Quae autem quantitates hoc modo ab aliis pendent, ut his mutatis etiam ipsae mutationes subeant, eae harum functiones appellari solent; quae denominatio latissime patet atque omnes modos, quibus une quantitas per alias determinari potest, in se complectitur [1].

Même Lagrange qui utilise le concept eulérien d'expression analytique parle à un moment de fonctions en termes de dépendance arbitraire et c'est de la même manière que Lacroix définira ce concept.

A partir des travaux de Fourier et du *Cours d'analyse* de Cauchy, le concept de fonction comme expression analytique ou comme courbe continue arbitraire est périmé. En 1829, en rendant tout à fait rigoureuse et complète la théorie des séries de Fourier, Dirichlet donne l'exemple de sa célèbre fonction, égale à une constante c pour toute valeur rationnelle, à une autre constante d pour les valeurs irration-

---

1. *Institutiones calculi integralis* (1755), Opera (1), 10, p. 4. Sept ans plus tôt, dans son *Introduction à l'analyse infinitésimale* (1748), Euler définit ce concept de la manière suivante : « une fonction de quantité variable est une expression analytique composée, de quelque manière que ce soit, de cette même quantité et de nombres, ou de quantités constantes » (trad. fr., p. 2).

nelles[2]. Non susceptible de représentation graphique, définie par une loi non exprimable analytiquement (ce n'est que bien plus tard que Pringsheim et d'autres réussiront à la définir par une expression analytique), discontinue en tout point où elle est définie, non développable en série de Fourier, la fonction de Dirichlet illustre parfaitement la grande généralité du nouveau concept. Huit ans plus tard, l'auteur en donne explicitement la définition, à laquelle ne manque, par rapport à nos définitions, que deux termes : celui d'ensemble et celui de nombre réel[3]. De son côté, Lobatchevski définit également le concept de fonction comme correspondance arbitraire[4].

Malgré les apparences, cette transformation consiste non pas dans une *généralisation* progressive de la notion d'expression analytique, mais dans son *remplacement* par un concept différent. C'est l'ignorance de l'expression définissante qui a amené les mathématiciens du XVIIIe siècle à considérer les fonctions arbitraires, sans cesser de croire à l'existence de formules analytiques permettant de les calculer. Comme l'a montré Pavel Tichý, derrière l'expression analytique, il y a la notion de fonction comme *schéma de calcul*.

> On soutient souvent que le concept moderne de fonction s'est développé à partir du concept initial par généralisation graduelle. Cependant, raconter l'histoire de cette façon, c'est faire fausse route. Il est vrai que les premiers théoriciens on pensé les fonctions en termes de schémas de calcul mettant en jeu seulement un ensemble limité d'opérations arithmétiques – l'addition, la multiplication et quelques autres – et que cet ensemble fut par la suite progressivement élargi. Mais l'introduction de la notion moderne de fonction n'était pas seulement un autre pas dans ce processus de libéralisation. C'était plutôt une rupture nette avec l'idée sous-jacente selon laquelle une fonction est une méthode particulière pour parvenir des arguments aux valeurs correspondantes. Une fonction fut redéfinie comme *correspondance* qui peut être induite par une telle méthode. Mais étant donné que *n'importe quelle* correspondance *combinatoirement possible* compte comme fonction au sens moderne – indépendamment de notre connaissance d'une méthode acceptable pour obtenir ses

2. *Journal f. reine u. angew. Math.*, 4 (1829), p. 169 ; *Werke*, I, 132.

3. « Il n'est point nécessaire que y dépende de x dans tout cet intervalle selon la même loi, et on n'est même pas tenu de penser à une dépendance exprimable par les opérations mathématiques », ajoute Dirichlet. *Repert. Math. und Phys.*, I (1837), 152 ; *Werke*, I, 135.

4. *S očinenija* [*Oeuvres*], 5 (1951), 43. Comme chez Euler et Fourier, cette généralisation du concept de fonction est également liée au problème des séries trigonométriques.

> valeurs à partir de ses arguments et même indépendamment de son existence –, la question de savoir quelles opérations de calcul sont admissibles ou non ne se pose même pas[5].

Une expression analytique est une instruction permettant de calculer les valeurs de la fonction. En revanche, pour une fonction au sens de correspondance arbitraire, le procédé qui permet de la réaliser est relégué à l'arrière plan; une fonction est juste un tableau de nombres.

A peu près en même temps que Dirichlet et Lobatchevski, Bolzano, lui-aussi, parvient au concept général de fonction qu'il élabore dans la *Grössenlehre* au début des années 1830.

Dans le court commentaire historique qui accompagne la définition, Bolzano expose les raisons qui l'on fait choisir le concept établi par Lacroix. Au concept d'*expression donnée* contenant une représentation de grandeurs variables, utilisé par Jean Bernoulli, Leibniz, Euler, Lagrange et Ohm, Bolzano oppose celui de «*grandeur quelconque dépendante des autres*, que le mode de sa dépendance, et par là aussi une expression, *soit donné ou non*»[6]. Ce concept fut proposé, dit Bolzano, par Kästner, Lacroix et Cauchy, entre autres. Dans sa définition, lui-même rattache le concept de fonction pris au sens de dépendance à la notion logique de déductibilité.

Bolzano définit d'abord plusieurs notions préalables. Une chose est *variable* lorsqu'elle est représentée par un concept *général*[7]. Une grandeur ou plutôt une représentation de grandeur est *variable* si elle peut prendre une infinité de valeurs; elle est une *variable libre* (*frei veränderliche Grösse*) si elle est «susceptible de prendre une valeur tout à fait quelconque [*gar jeden beliebigen Wert*]». Enfin, un objet W est *déterminé* ou *dépend* des choses X, Y, Z, ... lorsqu'on peut déduire certaines propriétés de W à partir de propriétés des objets X, Y, Z, ... Bolzano passe ensuite à l'explication du concept de fonction :

> Lorsque la chose variable W qui [...] *dépend* de certaines autres choses variables X, Y, Z, est une grandeur (que ce soit une grandeur vraie ou seulement une grandeur imaginée [*wirkliche oder nur eingebildete*], et lorsque de même les choses X, Y, Z, sont des

5. *The Foundations of Frege's Logic* (1988), 3. Pour l'étude de cette transformation, voir P. Dugac, «Des fonctions comme expressions analytiques aux fonctions représentables analytiquement», in *Mathem.Perspectives* (1981) 13-36.

6. *Erste Begriffe*, 13r.

7. «Une chose est *variable* dans la mesure où nous la représentons par une représentation X sous laquelle sont subsumés *plusieurs* objets distincts, et que nous nous réservons la liberté de penser tantôt l'un tantôt l'autre de ces objets comme celui que nous nous représentons en ce moment»; *Einl. GL*, III, § 25, 86r-v.

grandeurs (vraies ou imaginées), j'appelle la grandeur W fonction des grandeurs X, Y, Z. – Je dis donc que la grandeur variable W est une fonction d'une ou de plusieurs grandeurs variables X, Y, Z lorsqu'on a certaines propositions de la forme : la grandeur W a les propriétés ω_1, ω_2 qui sont déductibles de certaines propositions de la forme : la grandeur X a les propriétés ξ, ξ', ξ'', – la grandeur Y a les propriétés η, η', η'', – la grandeur Z a les propriétés ζ, ζ', ζ'' etc.[8]

Ce qui importe dans cette définition, c'est moins la réduction de la notion de fonction à la relation de déductibilité, que le remplacement du concept de fonction au sens d'expression analytique par celui de dépendance objective, indépendante des ressources expressives du langage. Bolzano est pleinement conscient de la portée de sa réforme. Une fonction est une dépendance totalement arbitraire, car « il nous est permis de penser la loi de la dépendance d'un nombre d'un autre comme nous voulons »[9], et de nombreux exemples viendront confirmer le caractère arbitraire de cette loi. Une fonction, ce n'est ni une expression analytique au sens d'Euler et de Lagrange, ni même quelque chose qui peut être représenté par une courbe arbitraire comme c'est le cas chez Euler et parfois même encore chez Fourier. Une fonction est une entité propre qui dépasse par sa généralité les possibilités d'une représentation analytique ou graphique. Bien que Bolzano ait cru lire son concept dans le traité de Lacroix, il en a tiré quelque chose à quoi personne n'avait pensé.

Ajoutons encore une observation. Dans l'Introduction à la *Functionenlehre*, Bolzano distingue les fonctions de première et de deuxième espèce, suivant qu'elles sont ou non définies par une seule loi (une seule formule) valable pour toutes les valeurs de l'ensemble de départ. La fonction qui à x fait correspondre $3x^2$ ou la fonction sinus, par exemple, sont de première espèce la fonction f définie par

$$f(x) = \begin{cases} x^2 & \text{si } x < 2 \\ x^3 & \text{si } x \geq 2 \end{cases}$$

est de deuxième espèce. On reconnaît là un rappel de la classification d'Euler en fonctions qu'il appelle continues (définies par une seule expression analytique dans leur domaine de définition) et fonctions discontinues ou mixtes auxquelles correspondent les fonctions de deuxième espèce de Bolzano. En réalité, cette classification ne joue aucun rôle dans la *Functionenlehre* et bien que Bolzano dise qu'il

8. *Erste Begriffe*, 12r.
9. *Functionenlehre*, 13.

traitera principalement de fonctions de première espèce, ses exemples les plus significatifs sont tous des fonctions de deuxième espèce.

Insistons sur les différences qu'il y a entre le concept bolzanien et les définitions antérieures. Elles consistent dans le fait que le caractère arbitraire de la dépendance est non seulement proclamé mais qu'il est en même temps confirmé, illustré et mis en œuvre. Par sa formulation, le concept de fonction arbitraire au sens de Lacroix ne diffère pas de celui de Bolzano, mais dans les mains de Lacroix, il ne permet pas d'explorer des propriétés nouvelles. Il est la signature de notre ignorance. En revanche, chez Bolzano, le même concept devient l'instrument permettant d'élaborer des distinctions conceptuelles fines et fécondes.

Ainsi, lorsqu'il commente des démonstrations des théorèmes de Taylor et de MacLaurin, en particulier celles proposées par Lagrange et par Martin Ohm, Bolzano sait que l'hypothèse selon laquelle toute fonction peut être développée en une série de puissances est, « en toute généralité, non seulement indémontrée, mais décidément fausse » [10]. Mais Bolzano explique aussitôt que, si l'on prend le concept de fonction dans une acception étroite d'expression analytique, comme le font précisément Lagrange et Ohm, l'hypothèse peut se justifier entièrement. Il ajoute que dans ces conditions le théorème de Taylor perd la plus grande partie de son importance pour l'analyse, et qu'il faut par conséquent en établir une autre démonstration pour les fonctions plus générales.

Encore plus importante est la reconnaissance de l'indépendance des deux grands concepts de la théorie des fonctions : celui de fonction continue et celui de fonction dérivable. Là encore, Bolzano refuse les affirmations et même les prétendues démonstrations de la dérivabilité de toute fonction continue. Il remarque que de telles démonstrations reposent sur une restriction du concept de fonction aux expressions analytiques dans le sens le plus étroit du mot, c'est-à-dire définies comme

> nombres (variables) dépendants de x [...] lesquels peuvent être exprimés par un des sept [groupes de] signes suivants :
>
> $$a-x,\ a+x,\ ax,\ \frac{a}{x},\ x^n,\ a^x,\ \log x\ ,$$
>
> ou par leurs combinaisons. Bien entendu, ce qu'ils [les savants qui utilisent le concept étroit de fonction] affirment de ces fonctions est vrai, d'autant plus qu'on met dans la *signification* même de certains de ces signes qu'ils doivent désigner des nombres qui varient suivant la loi de continuité et même qui ont une dérivée.

10. *Ibid.*, 171.

> Mais comme j'ai cru devoir assigner au mot *fonction* un concept beaucoup plus large (aux §§ 1 et 2 de l'Introduction), il devient nécessaire d'en faire autant avec les fonctions qui non seulement n'ont pas de dérivée, mais encore avec celles qui enfreignent la loi de continuité non seulement pour les valeurs isolées, mais aussi pour toutes les valeurs situées à l'intérieur de certaines bornes et même pour toutes les valeurs de leur variable [11].

La différence entre Bolzano et ses prédécesseurs consiste non pas dans la formule initiale, mais dans les conséquences qu'il a su tirer de sa notion de fonction comme correspondance arbitraire entre les ensembles de nombres : c'est elle qui permet de séparer la *définition* d'une fonction de sa *continuité* et de sa *dérivabilité*.

2. *Continuité et discontinuité des fonctions réelles*

Comme dans le *Rein analytischer Beweis* pour les séries, la clé qui ouvre l'accès à la théorie des fonctions est l'étude de leurs accroissements ou différences. Par là, Bolzano est tributaire d'une tradition : celle des *Institutiones calculi differentialis* d'Euler qui obtiennent les théorèmes du calcul différentiel directement à partir du calcul des différences par un passage à la limite. L'ordre suivi par Bolzano, aussi bien que le contenu de l'Introduction à la *Functionenlehre* rappelle l'ordre, la méthode, les résultats et même les notations du premier chapitre « De differentiis finitis » des *Institutiones*.

Si Bolzano a mis au début de la *Functionenlehre* le concept de différence et celui de somme qui est l'inverse du précédent, c'est parce qu'il préfigure ainsi l'intégration, conçue par lui d'abord comme une opération inverse de la dérivation. Contrairement à Cauchy qui, dans son mémoire de 1814, a posé les bases de la conception générale de l'intégrale comme intégrale définie, Bolzano aborde le problème et la définition de l'intégrale non par un passage à la limite à partir des sommes finies $\sum_1^n f(x_i)\Delta x_i$ définies dans un intervalle, mais à partir de la notion de fonction primitive, inverse de la dérivée.

L'Introduction à la *Functionenlehre* contient des théorèmes élémentaires du calcul des différences, en particulier ceux qui, après le passage à la limite, pourront être repris dans le calcul différentiel. Cette Introduction se termine par l'étude des variables (c'est-à-dire des suites ou des fonctions) qui tendent vers zéro. Si une somme algébrique finie de grandeurs, $W = a + x + \ldots + z$, est telle que les différences Δx,

11. *Ibid.*, 96.

Δy, Δz « peuvent toutes diminuer indéfiniment [...], alors la différence ΔW peut elle aussi diminuer indéfiniment » [12]. La différence du produit d'un nombre et d'une variable x tend également vers zéro avec Δx, et la différence du produit « d'un nombre arbitraire de facteurs variables » tend vers zéro avec leurs différences. Enfin, si Δx et Δy peuvent tendre vers 0, $\Delta\left(\frac{x}{y}\right)$ avec $y \neq 0$ peut le faire aussi. La prochaine étape sera l'étude systématique de la différence des fonctions lorsque les différences de leurs variables tendent vers zéro.

L'étude de la continuité des fonctions d'une ou de plusieurs variables réelles fait l'objet de la deuxième section de la *Functionenlehre*, composée entre 1830 et 1835, mais publiée seulement une centaine d'années plus tard. C'est la partie la plus originale de l'ouvrage, non dans la mesure où elle anticiperait seulement par quelques résultats les recherches postérieures, mais parce qu'elle contient une théorie complète, achevée, construite avec une rigueur exemplaire, de la continuité et des fonctions ayant une infinité d'oscillations. Elle se termine par le célèbre exemple de la « fonction de Bolzano », continue, non monotone en tout point d'un intervalle I et non dérivable dans un sous-ensemble partout dense de I.

Avant de définir le concept de continuité, Bolzano cite un exemple. Considérons cependant d'abord quelques fonctions discontinues qu'on trouve dans la littérature mathématique avant la *Functionenlehre*.

Dans le *Cours d'analyse* de Cauchy, parmi les onze fonctions simples envisagées (cinq fonctions algébriques élémentaires, l'exponentielle, le logarithme, le sinus et le cosinus avec leurs inverses) et dont se composent les fonctions de fonctions, deux seulement deviennent discontinues et cela seulement lorsque $x=0$, à savoir $\frac{a}{x}$ et x^{-a} (a réel positif). Dans le *Résumé des leçons* (1823), Cauchy cite comme exemple de fonction discontinue tg x pour $x = \frac{(2k+1)\pi}{2}$, $(k \in N)$ [13].

L'exemple de Bolzano est très différent. On lui trouve un seul prédécesseur, et très proche : la fonction de Dirichlet (1829), égale à une constante pour les valeurs rationnelles, à une autre constante pour les valeurs irrationnelles.

Bolzano construit une fonction de deuxième espèce, composée de deux expressions simples :

12. *Ibid.*, p. 10.
13. *Cours d'analyse* (1821), II, § 2, p. 37 ; *Résumé des leçons* (1823), p. 8.

$$W(x)=\begin{cases} ax & \text{si } x \text{ est de la forme } \dfrac{2m+1}{2^n}, \quad (m, n=1,2,3,\ldots) \\ ax-b & \text{si } x \text{ n'est pas de la forme } \dfrac{2m+1}{2^n}, \quad (b\neq 0) \end{cases}$$

(Exemple 1).

> Etant donné que pour toute valeur de x qui n'est pas de la forme $\frac{2m+1}{2^n}$, il y en a d'autres qui sont de cette forme et qui peuvent l'approcher d'aussi près de telle sorte que la différence Δx peut être rendue plus petite que tout $\frac{1}{N}$ donné, on voit facilement que pour tout x et pour tout Δx, aussi petit qu'on le prenne, il devrait y avoir un Δx encore plus petit pour lequel le ΔW correspondant serait égal à $a\Delta x+b$ ou à $a\Delta x-b$; il ne pourrait donc certainement pas diminuer indéfiniment[14].

Il en résulte que W(x) *n'est continue pour aucune valeur de x.*

Cet exemple est important à plusieurs titres. Il montre d'abord concrètement la généralité du nouveau concept de fonction. Chez Lacroix encore l'impossibilité d'écrire analytiquement une certaine fonction tient à une *ignorance* de la relation de dépendance. Chez Bolzano, en revanche, la fonction est parfaitement déterminée et peut être déterminée pour toute valeur de x donnée. Le caractère arbitraire de la fonction ne tient nullement à notre incapacité d'écrire une relation de dépendance. On est ici bien loin des fonctions arbitraires correspondant aux tracés libres de la main envisagés par Euler. La fonction citée par Bolzano réalise une correspondance qu'il est impossible de représenter géométriquement mais impossible également d'enfermer dans une seule formule analytique. Elle a la même généralité que la fonction de Dirichlet. Avec cette différence que la fonction de Dirichlet est destinée à fournir un exemple de fonction singulière, non développable en série de Fourier, alors que l'exemple de Bolzano inaugure, *a contrario*, l'étude générale de la continuité.

A la différence de la manière dont est traitée la continuité dans le *Rein analytischer Beweis*, ici la fonction montre d'emblée le caractère *local* de la continuité. C'est la première innovation de la *Functionenlehre* : la propriété définie dans les premiers travaux d'analyse de Bolzano pour un *intervalle* (et dans le *Cours* de Cauchy pour un

---

14. *Funct.*, 13-14. Dans le premier cas, $\Delta W = a\Delta x$ ou $a\Delta x+b$, suivant que $x+\Delta x$ est ou non de la forme $\frac{2m+1}{2^n}$; dans le second cas $\Delta W = a\Delta x-b$ ou $a\Delta x$; ΔW peut donc prendre l'une de ces trois valeurs dans tout voisinage de x.

voisinage) sera définie *d'abord* pour un point. Ensuite seulement, elle pourra éventuellement être étendue à un ensemble de points ou à l'intervalle tout entier. Il en est de même pour la discontinuité, si bien que la continuité et la discontinuité se trouvent, en tant que propriétés des fonctions, sur un plan d'égalité. La discontinuité n'est plus un caractère exceptionnel de certaines fonctions, en certains points singuliers, ni la propriété de fonctions exceptionnelles, mais la propriété d'une très grande classe de fonctions de taille comparable à celle de la classe des fonctions continues (et même la dépasse, comme nous le savons aujourd'hui). Dans les *Paradoxes de l'infini*, Bolzano rappelle que

> toutes les grandeurs ne sont pas gouvernées par la loi de continuité [...], qu'une grandeur qui devient arbitrairement petite lorsque x approche la grandeur a d'aussi près qu'on le veut, n'est pas nécessairement nulle pour x=a, de même qu'elle ne devient pas nécessairement infinie pour x=a lorsqu'elle croît indéfiniment pour x qui tend vers a[15].

Le concept de continuité qui, dans ses premiers travaux, avait servi à établir certaines propriétés des fonctions et à démontrer quelques théorèmes importants, révèle dans la *Functionenlehre* toute sa richesse. Il devient l'instrument d'exploration du comportement des fonctions et de leur classification. Voici comment Bolzano le définit, quelques seize ans après le *Binomischer Lehrsatz* :

> Lorsqu'une fonction uniforme F(x) d'une ou de plusieurs variables est telle que la variation qu'elle subit lorsqu'une de ses variables x passe d'une valeur déterminée à une autre valeur $x+\Delta x$, diminue indéfiniment lorsque Δx diminue indéfiniment; si donc [...] la différence $F(x+\Delta x)-F(x)$ devient et reste en valeur absolue inférieure à toute fraction donnée $\frac{1}{N}$ lorsqu'on prend Δx suffisamment petit (et pour tout Δx inférieur à celui-ci), je dis que la fonction F(x) varie pour la valeur x de manière continue[16].

Ce n'est pas tout. Bolzano ne parle pas simplement de la valeur absolue de Δx, mais distingue soigneusement le cas de $\Delta x > 0$ et parle de la continuité à *accroissement positif* ou *dans la direction positive*, du

---

15. *PU*, § 36 *in fine*. « En géométrie en particulier, il y a une infinité de grandeurs qui ignorent toute loi de continuité, par exemple les grandeurs des lignes et des angles qui servent pour déterminer la circonférence et l'aire des polygones et des polyèdres, et beaucoup d'autres ».

16. *Funct.*, 14. Selon la terminologie de l'époque, une fonction *uniforme* prend une seule valeur pour chaque valeur de sa variable indépendante.

cas $\Delta x < 0$ où il emploie les termes de continuité à *accroissement négatif* ou *dans la direction négative*. Ce n'est que lorsque

> ce qu'on vient de dire vaut aussi bien pour un accroissement positif que pour un accroissement négatif, que je dis : la fonction F(x) est *continue* tout court [*schlechtweg*] pour la valeur x, ou j'ajoute, lorsqu'il faut craindre un malentendu, que F(x) est continue pour un accroissement positif aussi bien que pour un accroissement négatif[17].

Pour avoir la définition complète, il faut réunir les deux indications qui sont indépendantes; on peut alors parler de la valeur absolue de Δx et, en transcrivant en symboles le texte de Bolzano, on obtient la formule suivante :

$$\forall N \exists \delta \left(|\Delta x| < \delta \Rightarrow |F(x+\Delta x) - F(x)| < \frac{1}{N} \right)^{18}.$$

Cette fois-ci, on a l'énoncé précis de la définition moderne. Sur trois points, Bolzano complète le concept qu'il a établi dans le *Binomischer Lehrsatz* et dans le *Rein analytischer Beweis*. La différence $F(x+\Delta x) - F(x)$ est prise en *valeur absolue*, la continuité, comme nous venons de dire, est définie localement, en un *point*, et la continuité *à gauche* est distinguée de la continuité *à droite*. L'énoncé, peu élégant, est caractéristique du style de Bolzano qui, ici comme ailleurs, répugne à introduire des termes et des signes nouveaux et tâche de construire ses concepts directement à partir de termes primitifs. Tout, en effet, y est défini en termes arithmétiques de différence, de valeur absolue, d'accroissement positif ou négatif et d'inégalités.

Revenons encore à la distinction des continuités à gauche et à droite, plus exactement à la démonstration de l'indépendance de l'une par rapport à l'autre. Bolzano la démontre de la manière suivante :

Si F(x) est continue à droite pour tout $x \in]a, b[$, alors si ω et Ω sont des variables qui tendent vers zéro, pour $\omega > 0$, on a

$$F(x+\omega) - F(x) = \Omega;$$

si de plus on prend un i (réel) tel que $x-i \in]a,b[$, on a aussi

$$F(x-i+\omega) - F(x-i) = \Omega_1 .$$

Ne serait-on pas tenté de conclure, en posant $i = \omega$, que

$F(x-i+\omega)-F(x-i) = F(x-\omega+\omega)-F(x-\omega) = F(x)-F(x-\omega) = \Omega_2$, c'est-à-dire que $|F(x-\omega)-F(x)|$ peut également diminuer indéfiniment et que, par conséquent, la fonction, continue à droite, est continue tout court ?

---

17. *Ibid.*

18. Pour Bolzano, lorsqu'une fonction de variable réelle cesse d'être réelle, elle est discontinue ; ainsi $y = \sqrt{1-x^2}$ est discontinue à droite pour x=1.

Seulement, répond Bolzano, il ne faut pas oublier que dans l'équation

$$F(x-i+\omega) - F(x-i) = \Omega_1,$$

[la différence étant toujours prise en valeur absolue], la valeur de Ω_1 dépend non seulement de ω, mais aussi de $x-i$, et donc également de i. Par conséquent, on ne peut conclure immédiatement que Ω_1 désigne un nombre qui diminue indéfiniment avec i ; il pourrait en effet arriver que la différence $F(x-i)-F(x)$ reste pour la valeur $i=\omega$ constamment *plus grande* qu'un certain nombre mesurable, quoique la différence $F(x+\omega)-F(x)$ diminue indéfiniment, parce que la condition de continuité pour la valeur $x-i$ et pour un accroissement positif ne demande que ceci : un certain ω, *i restant le même*, fait diminuer $F(x-i+\omega) - F(x-i)$ indéfiniment. Mais cet ω peut être différent pour des valeurs différentes de i; notamment il pourrait être toujours indispensable de rendre ω *plus petit* que i pour rendre la différence $F(x-i+\omega) - F(x-i)$ inférieure à $\frac{1}{N}$ [19].

Raisonnement irréprochable et décisif. Il fournit la preuve la proposition suivante :

Une fonction continue à gauche n'est pas nécessairement continue à droite, et réciproquement. (Théorème 1, § 12).

Bolzano corrobore ce théorème par l'exemple de la fonction

$$f(x) = \begin{cases} x^2 & \text{si } x < 2 \\ x^3 & \text{si } x \geq 2, \end{cases}$$

continue à droite pour *tout* x, mais discontinue à gauche pour $x=2$.

En revanche, dans une situation tout à fait analogue où Bolzano devrait appliquer exactement le même raisonnement et où, de surcroît, intervient aussi la considération de la continuité à gauche et à droite, il échoue. Il est vrai que la situation est techniquement bien plus complexe : il s'agit de la continuité des fonctions de plusieurs variables. La définition générale donnée au début serait bonne si x était un point d'une partie de l'espace vectoriel à n dimensions. Mais Bolzano ne dispose ni de ce concept ni de la notation vectorielle.

Après avoir indiqué un certain nombre d'exemples visant à démontrer l'indépendance de la continuité en une variable par rapport aux autres variables, il définit la continuité de la fonction $f(x, y, z, \ldots)$ au point $(x_0, y_0, z_0, \ldots)$ par la conjonction des conditions suivantes :

1) f est continue en x_0 pour y, z, ...
2) f est continue en y_0 pour x, z, ...

19. *Funct.*, 23.

3) f est continue en z_0 pour x, y, t, …, etc.

Cela revient à dire que f(x, y, z,...) est continue si elle est continue par rapport à chacune de ses variables. Depuis Weierstrass, on sait qu'une telle définition est inadéquate. Dans le *Cours d'analyse* dont très probablement Bolzano s'inspire ici, Cauchy définit la continuité des fonctions de plusieurs variables exactement de la même manière.

Il y a plus grave : de même que Cauchy, Bolzano s'efforce de démontrer le théorème suivant pour lequel sa définition est tout à fait insuffisante :

> Si f(x, y, z,...) est continue en $(x_0, y_0, z_0, \ldots)$ par rapport à chacune de ses variables, alors

$$\forall N \exists \delta \left((|h| < \delta \text{ et } |k| < \delta \text{ et } |l| < \delta) \Rightarrow |\Delta f| = |f(x+h, y+k, z+l, \ldots) - f(x, y, z, \ldots)| < \frac{1}{N} \right).$$

Autrement dit, une fonction continue par rapport à chacune de ses variables est continue au sens actuel. Or, cette proposition est fausse comme le prouve le contre-exemple de la fonction f de deux variables définie pour $(x,y) \neq (0,0)$ par $f(x,y) = \frac{xy}{x^2+y^2}$ et par $f(0,0)=0$. Lorsqu'on fait tendre (x,y) vers 0 sur la droite $y=mx$ (m constant $\neq 0$), f(x, y) est constamment égale à $\frac{m}{1+m^2}$ et $\lim f(x,y) = \frac{m}{1+m^2}$; f(x, y) est discontinue au point (0, 0). Comme l'observe V. Jarník, Bolzano peut bien écrire

$$f(x_0+h, y_0+k) - f(x_0, y_0) =$$
$$= (f(x_0+h, y_0) - f(x_0, y_0)) + (f(x_0+h, y_0+k) - f(x_0+h, y_0)),$$

où $f(x_0+h, y_0) - f(x_0, y_0)$ converge vers zéro avec h ; $f(x_0+h, y_0+k) - f(x_0+h, y_0)$ tend également vers zéro avec k, mais à condition que h reste *fixe*.

> Bolzano n'a pas remarqué que rien ne garantit que la deuxième parenthèse converge vers zéro lorsque h et k convergent simultanément vers zéro. Cela tient au fait que la continuité de la fonction f(x, y) par rapport à la variable y n'est pas nécessairement uniforme par rapport à la variable x [20].

20. « Bolzanova *"Functionenlehre"* », *Čas. pěst. mat. fys.*, 60 (1931), 247.

On ne peut que s'étonner avec Jarník de ce que « Bolzano commette ici l'erreur même contre laquelle il a mis en garde [...] avec une telle insistance ».

3. *Quelques exemples*

Les analyses conceptuelles de la *Functionenlehre* sont illustrées par d'innombrables exemples. Pour pouvoir les construire, Bolzano établit tout d'abord un certain nombre de théorèmes préliminaires. S'appuyant sur les résultats du chapitre sur les différences finies, Bolzano prouve d'abord la continuité des fonctions élémentaires pour tout nombre réel : continuité des fonctions constantes, celle des fonctions $x \mapsto a+x$, $x \mapsto ax$ pour tout a fini, $x \mapsto \frac{a}{x}$ pour $x \neq 0$, $x \mapsto x^n$ pour tout entier n, continuité des fonctions polynômes (démontrée déjà dans le *Rein analytischer Beweis*) et des fonctions rationnelles (pour tout x qui ne rend pas le dénominateur nul).

En analysant la notion de discontinuité, Bolzano s'aperçoit qu'en un point a, elle peut se présenter de deux manières : premièrement, sous forme de *saut*, lorsque les valeurs absolues de toutes les différences $f(x-h)-f(x)$ restent supérieures à $\frac{1}{N}$ bien que h tende vers zéro à gauche ou à droite; deuxièmement, sous forme de *lacune*, lorsque f(x) n'a pas de valeur mesurable en a, c'est-à-dire lorsqu'elle devient infinie ou imaginaire[21].

Sans le démontrer, Bolzano affirme comme évident que seulement trois cas de discontinuité sont possibles et cite un exemple pour chaque cas :

– ou bien la différence $f(x-h) - f(x)$ n'est pas mesurable (elle est donc soit infinie soit imaginaire); exemples : la fonction $\frac{1}{1-x}$ est infinie, donc discontinue pour $x=1$; la fonction $y=\sqrt{1-x^2}$ est imaginaire, donc discontinue à droite pour $x=1$;

– ou bien la valeur absolue de cette différence reste constamment supérieure à $\frac{1}{N}$ quel que soit h, N étant donné; ainsi

$$f(x)=\begin{cases} 3x & \text{si } x \leq 1 \\ 5x & \text{si } x > 1, \end{cases}$$

21. D'après la conception actuelle, une fonction qui a une lacune en x n'y est pas définie. On distingue aujourd'hui les discontinuités de première espèce (par sauts) lorsque les limites à gauche et à droite de la fonction en x_0 existent et sont finies, et les discontinuités de deuxième espèce dans les autres cas.

qui est discontinue à droite pour x=1 ;

– ou bien, N étant donné, la valeur absolue de f(x+h) – f(x) est inférieure à $\frac{1}{N}$ pour certaines valeurs de h mais devient supérieure à $\frac{1}{N}$ pour les valeurs plus petites. Exemple :

$$f(x) = \begin{cases} 1 & \text{si } x = \frac{1}{2^n} \\ 2x & \text{si } x \neq \frac{1}{2^n} \end{cases} \quad (n \in \mathbf{N});$$

f(x) est discontinue à droite en 0; f(x+h)–f(x) vaut tantôt 1 tantôt 2h, |f(x+h)–f(x)| peut devenir inférieur à $\frac{1}{N}$ pour un certain h', mais il y a d'autres h, inférieurs à h' (ceux qui sont de la forme $\frac{1}{2^n}$) pour lesquels $|f(x+h) - f(x)| = 1 > \frac{1}{N}$; f est discontinue en tout point de la forme $\frac{1}{2^n}$ et en 0.

Nous avons vu l'exemple d'une fonction discontinue en tout point d'un intervalle (exemple 1, ci-dessus p. 395). Pour compléter le tableau, Bolzano indique une fonction qui est continue en un seul point, discontinue en tout autre point de l'intervalle :

$$f(x) = \begin{cases} 2x \text{ si } x \text{ est de la forme } \frac{2m+1}{2^n} \\ 3x \text{ si } x \text{ n'est pas de la forme } \frac{2m+1}{2^n} \end{cases} \quad (m, n \in \mathbf{N})$$

(Exemple 2).

1) f(x) est continue en 0 :

$$f(0+h) - f(0) = f(h) - f(0) = \begin{cases} 2h \text{ si } h \text{ est de la forme } \frac{2m+1}{2^n} \\ 3h \text{ si } h \text{ n'est pas de la forme } \frac{2m+1}{2^n} \end{cases}$$

2) f(x) est discontinue pour tout x non nul :

$$f(x+h)-f(x) = \begin{cases} 3h \\ x+3h \\ -x+2h \\ 2h \end{cases} \text{si} \left\{ \begin{matrix} \text{ni x ni h ne sont} \\ \text{h mais non x est} \\ \text{x mais non h est} \\ \text{x et h sont} \end{matrix} \right\} \text{de la forme } \frac{2m+1}{2^n}.$$

Si x≠0, f(x+h)–f(x) tend vers 0 avec h seulement dans le premier et le dernier cas, mais non dans les deux cas intermédiaires. Dans ces deux cas, manifestement «il n'existe aucun Δx [qui est notre h] aussi petit qu'on ne puisse en indiquer un autre plus petit encore de la forme $\frac{2m+1}{2^n}$, parce que la fraction $\frac{2m+1}{2^n}$ peut, avec le même m, devenir plus petite que tout nombre donné lorsqu'on fait tendre l'exposant n vers l'infini »[22]. Dans ces conditions, f(x+h) – f(x) ne tend vers zéro pour aucun x non nul, parce que pour tout h' il existe un h plus petit que h' qui rend f(x+h) – f(x) égal à x + 3h ou à –x + 2h.

L'exemple confirme, s'il en était besoin, ce que nous avons dit à propos du premier exemple de fonction discontinue en tout point. La construction de la fonction et l'argumentation sont menées de manière très simple, voire élémentaire. Cette apparente simplicité témoigne de la parfaite maîtrise du concept de continuité dans toutes les situations imaginables.

Résumons avec Bolzano : une fonction peut être continue ou discontinue, pour une seule valeur de x, à gauche ou à droite (ou les deux) ; elle peut l'être pour un ensemble de valeurs dans un intervalle ou encore pour toutes les valeurs de la variable ; d'autre part, elle peut être discontinue par sauts ou par lacunes[23].

A plusieurs endroits de la *Functionenlehre*, Bolzano approche le concept d'uniformité. Tantôt il l'utilise sans l'énoncer (la discussion de l'indépendance de la continuité à gauche et à droite fait intervenir la non-uniformité de l'une par rapport à l'autre) ou même sans la remarquer (cf. *infra*, « fonction de Bolzano ») ; tantôt il essaie de la définir sans y parvenir ; tantôt il l'oublie purement et simplement (la définition et le théorème sur la continuité des fonctions de plusieurs variables). Bolzano, qui ne cesse de tourner autour du concept d'uniformité, n'a pas réussi à l'identifier et à le nommer.

Après avoir défini le concept de continuité, après l'avoir éclairé par des exemples nombreux et variés et commenté de façon à faire apparaître la subtilité de sa construction, Bolzano l'applique à la détermination de certaines valeurs de fonctions continues. La longue énumération de cas particuliers dans *Die Drei Probleme der Rectification* est condensée et dépassée dans la *Functionenlehre* qui prend appui sur le principe général suivant :

22. *Funct.*, 21.

23. *Funct.*, I, § 11 donne des exemples pour ces différents cas. – Après avoir démontré l'indépendance de la continuité à gauche et à droite (théorème 1), Bolzano formule une propriété plus forte que la continuité simple. Le concept qu'il vise sans l'atteindre est celui de *continuité uniforme*. Mais, comme l'ont souligné K. Rychlík, V. Jarník et B. van Rootselaar, la continuité uniforme est une propriété encore plus forte. Cf. en particulier *Zusätze und Verbesserungen*, in B. v. Rootselaar, « Bolzano's Corrections to *Funktionenlehre* », in *Janus*, 56 (1969), p. 8.

> Si f(x) est continue dans]a, b[, si m ∈]a, b[et si f(x) → M lorsque x → m, alors f(m) = M. (Théorème 2, § 14).

Voici un exemple élémentaire. Soit la fonction f définie sur **R** : f(x) = a + x si x > 0. Sachant que f est continue, on peut déterminer sa valeur pour x = 0 qui est f(0) = a[24].

De manière semblable, Bolzano utilise la continuité pour trouver la valeur de certaines expressions indéterminées (dans les fractions rationnelles) de la forme $\frac{0}{0}$. Il énonce par la suite la condition pour qu'une fonction soit constante :

> Si f(x), continue dans]a, b[, prend si souvent la valeur M qu'entre deux nombres quelconques de]a, b[, aussi rapprochés soient-ils, se trouve toujours une valeur de x qui rende f(x) égale à M, alors, entre a et b, f(x) est constamment égale à M.[25]

Dans un simple corollaire, Bolzano formule l'énoncé suivant :

> Si la fonction f est continue dans]a, b[sans y être constante et même si elle prend une infinité de fois la valeur M dans]a, b[, alors on peut toujours indiquer deux valeurs de x appartenant à {x | f(x) = M} telles qu'aucune troisième valeur du même ensemble ne se trouve entre celles-ci. « En d'autres termes : pour toute valeur de x qui rend f(x) = M, il doit y avoir une autre qui lui est *la plus proche*, c'est-à-dire une valeur qui lui est si proche qu'il n'y en a point une troisième encore plus proche »[26].
>
> (Pseudothéorème 2', § 18).

C'est une double erreur, à la fois logique et mathématique. Du point de vue logique, Bolzano obtient son corollaire en prenant la contraposée du théorème précédent. Assez souvent et dans la *Functionenlehre* même, Bolzano énonce dans un corollaire la contraposée d'un théorème ; c'est aussi la raison pour laquelle le pseudothéorème 2' n'est suivi d'aucune démonstration. La situation logique et mathématique est délicate et techniquement assez complexe. De surcroît, Bolzano n'a pas pensé à définir un terme qui résumerait la propriété en

---

24. Bolzano utilise à cet endroit la continuité pour déterminer la valeur de la série 1–1+1–..., indéterminable par les méthodes propres à la théorie des séries. Etant donné que $1-x+x^2-x^3+\ldots$ converge vers $\frac{1}{1+x}$ lorsque x tend vers 1, « la loi de continuité exige d'admettre $\frac{1}{2}$ comme valeur de la série 1–1+1–1+... in inf. » *Funct.*, 25.

25. *Funct.*, I, § 17, p. 27 .

26. *Funct.*, I, § 18, 27.

question et se voit contraint à recourir chaque fois aux longues périphrases, ce qui accroît les risques d'erreur. En fait, en prenant la contraposée du théorème du § 17, on obtient :

> Si f est continue et définie dans]a, b[sans être constante dans aucun sous-intervalle de]a, b[, alors l'ensemble $\{x \mid f(x) = M\}$, même infini, n'est pas *partout* dense sur]a, b[.

Or, la négation de « partout dense » n'est pas « dense nulle part », mais « non partout dense », n'excluant pas l'existence de points d'accumulation des racines de l'équation $f(x) = M$ dans un sous-intervalle de]a, b[.

Erreur fondamentale, fatale et tenace, sur laquelle Bolzano ne reviendra pas dans *Verbesserungen und Zusätze*. Toutefois, elle n'est nullement inévitable, et les fonctions que Bolzano construira par la suite[1] pourraient, après une légère modification, la rendre manifeste. Au § 70, Bolzano construit une fonction définie, continue dans [0, 1], croissante et décroissante une infinité de fois :

$$f(x) = \begin{cases} x - \dfrac{2^{2n}-1}{3 \cdot 2^{2n-1}} & \text{si } \dfrac{2^{2n}-1}{2^{2n}} \leq x < \dfrac{2^{2n+1}-1}{2^{2n+1}} \\ \dfrac{2^{2n+2}-1}{3 \cdot 2^{2n}} - x & \text{si } \dfrac{2^{2n+1}-1}{2^{2n+1}} \leq x < \dfrac{2^{2n+2}-1}{2^{2n+2}} \\ \dfrac{1}{3} \text{ si } x = 1 \end{cases}$$

(Exemple 3 ; cf. le graphe *infra*, p. 415).

Suivant la suggestion de Rychlík, il suffirait de prolonger convenablement la fonction et de définir une fonction F dans [0, 2] de la manière suivante :

$$F(x) = \begin{cases} f(x) & \text{pour } 0 \leq x \leq 1 \\ f(2-x) & \text{pour } 1 \leq x \leq 2 \end{cases}$$ [27].

F est continue dans [0, 2], prend une infinité de fois la valeur $\frac{1}{3}$ au voisinage de x = 1 et cette dernière valeur est le point d'accumulation de l'ensemble $\{x \mid F(x) = \frac{1}{3}\}$. L'erreur de Bolzano peut être mise en évidence par un exemple construit entièrement dans l'esprit et avec les moyens de la *Functionenlehre*. Malheureusement, le corollaire de Bolzano, à côté de sa fausseté intrinsèque, a aussi des effets pervers à long terme qui se manifesteront dans la formulation d'autres théo-

27. *Funct.*, notes p. 9. Au § 26 de la IIe section, Bolzano lui-même prolonge cette fonction en la définissant pour $x \geq 1$ par $\frac{x^2}{3}$.

rèmes, en particulier dans la partie consacrée aux maxima et aux minima. Nous y reviendrons.

4. Fonctions continues sur un compact

Les analyses conceptuelles et les exemples que nous avons rapportés indiquent l'orientation générale de la théorie des fonctions de Bolzano. Malgré quelques imperfections, il pose les bases d'une discipline nouvelle qui a pour but l'étude systématique et rigoureuse de la continuité. Cette partie est la plus mûre, la plus achevée de toute son œuvre mathématique. A quelques modifications stylistiques près, elle se retrouve encore aujourd'hui dans nos traités de calcul infinitésimal. Ici, Bolzano n'est pas un simple précurseur de Weierstrass: il accomplit exactement la même tâche, avec la même rigueur, le même appareil conceptuel et les mêmes démonstrations qu'il construit de manière purement arithmétique à partir de la définition de continuité et à l'aide de théorèmes établis antérieurement: le théorème de la borne supérieure (ou inférieure) et le théorème dit de Bolzano-Weierstrass.

Le théorème suivant énonce une condition suffisante pour la discontinuité d'une fonction en un point:

> Si, pour tout M appartenant à **R**, $|f(x)| > M$ lorsque $x \to c$, alors f(x) est discontinue au point $x = c$.
>
> (Théorème 3, § 19).

Le théorème contient encore comme hypothèse : la fonction f prend une infinité de valeurs sur **R**, elle n'est donc pas constante. La démonstration, très simple, procède par l'absurde en confrontant l'hypothèse avec l'exigence de la continuité de la fonction f pour $x = c$, et l'exemple suivant illustre le théorème:

$\frac{a}{c-x}$ (en supposant $a \neq 0$) est plus grand que tout nombre réel fini lorsque x tend vers c ; f est donc discontinue pour $x = c$.

Jusqu'ici, on n'avait prêté aucune attention particulière à l'examen du comportement d'une fonction aux bornes d'un intervalle, ni dans la *Functionenlehre* ni dans les oeuvres de Cauchy ou d'autres mathématiciens. La nouvelle définition de la continuité, locale et ponctuelle, amène Bolzano à s'en occuper. Au § 20, l'insertion dans le texte d'un mot spécifiant l'intervalle de continuité (et de définition) de la fonction marque une distinction essentielle: la distinction entre les propriétés d'un intervalle ouvert et celles d'un intervalle fermé. C'est dans la *Functionenlehre* que Bolzano saisit l'importance d'un concept qui va se révéler crucial dans le développement ultérieur de la topologie: celui de compacité des intervalles fermés et bornés de **R**. Dans les §§ 20 à

34, Bolzano formule une suite de théorèmes fondamentaux pour les fonctions continues dans un intervalle fermé de **R**.

D'après le premier,

> Si l'infinité de valeurs prises par F(x) lorsque la variable x parcourt toutes les valeurs depuis x = a à x = b, *y compris ces dernières*, est telle que, pour tout nombre mesurable, on puisse trouver une des valeurs de F(x) supérieure à ce nombre, F(x) n'est certainement pas continue pour toute valeur de x depuis x = a jusqu'à x = b, y compris ces dernières[28] (c'est moi qui souligne).
>
> (Théorème 4, § 20).

Aujourd'hui on démontre le théorème en s'appuyant sur le théorème de Bolzano-Weierstrass qui affirme l'existence d'un point d'accumulation d'une suite infinie bornée.

Bolzano procède exactement de la même manière. Il prend la suite des entiers naturels (U_i) avec $U_i = i$ ($i \in N$). Par hypothèse, pour tout nombre réel M, il existe un x tel que $|F(x)|$ soit supérieure à M; on peut donc former une deuxième suite infinie (x_i) des nombres appartenant à $]a, b[$, tels que pour tout i, $|F(x)|$ soit supérieure à U_i. D'après le théorème de Bolzano-Weierstrass démontré antérieurement, la suite (x_i), infinie et bornée, admet un point d'accumulation c. La suite $(F(x_i))$ des nombres qui correspondent à (x_i) contient par hypothèse des nombres plus grands que tout réel donné. Au voisinage du point c, F(x) satisfait aux conditions du théorème précédent. Comme c appartient à $[a, b]$, F(x) est discontinue en c.

Par contraposition, Bolzano obtient comme corollaire le théorème suivant des fonctions continues sur un intervalle fermé de **R**:

> Une fonction continue dans $[a, b]$ est bornée dans cet intervalle.
>
> (Théorème 4', § 21).

Pour les intervalles fermés, Bolzano démontre un théorème analogue au théorème sur la limite d'une fonction continue (théorème 2) mais plus fort: il prouve l'*existence* d'un point $c \in [a, b]$ tel que $F(c) = C$:

> Si f(x) est continue dans $[a, b]$ et s'il existe un nombre C et une suite (x_i) dans $[a, b]$ telle que $\lim f(x_i) = C$, alors il existe un nombre $c \in [a, b]$ tel que $f(c) = C$.
>
> (Théorème 5, § 22).

---

28. *Funct.*, I, § 20, 28. La définition actuelle de la continuité dans un intervalle fermé [a, b] signifie continuité à droite au point a, continuité des deux côtés en tout point intérieur, et continuité à gauche au point b, alors que la définition de Bolzano semble exiger la continuité des deux côtés également aux bornes de l'intervalle.

La suite (x_i) admet un point d'accumulation c ; de plus, d'après le théorème 2 sur la limite d'une fonction continue, x = c entraîne f(c) = C.

Qu'en est-il des bornes d'une fonction lorsque l'intervalle où elle est continue est fermé ? Le théorème sur lequel insistera Weierstrass dans ses cours a lui aussi été démontré par Bolzano :

> Une fonction continue dans [a, b] prend toujours dans cet intervalle sa plus grande et sa plus petite valeur.
>
> (Théorème 6, § 24),

ou, dans la formulation de Bolzano qui lève toute ambiguïté, « une plus grande valeur dans ce sens qu'il n'y en a aucune qui soit plus grande »[29].

Pour une fonction constante, le théorème est immédiat. Si la fonction f n'est pas constante, elle est, d'après le théorème 4', bornée dans [a, b] et il existe des nombres qui la majorent dans [a, b]. Néanmoins, tout nombre n'est pas un majorant de f dans cet intervalle ; pour le retrouver, il suffit de prendre un nombre D strictement inférieur à f(a). Ni D ni f(a) ne majorent la fonction f dans [a, b]. D'après le théorème de la borne supérieure, il existe un nombre M qui est la borne supérieure, sup f(x) dans [a, b]. « Au sujet de ce nombre M, j'affirme maintenant qu'il est une valeur prise par notre fonction pour une valeur de sa variable qui n'est pas située à l'extérieur de a et b, et que M est un nombre tel que f(x) ne prenne aucune valeur qui lui soit supérieure »[30].

Démonstration par l'absurde : si M n'appartient pas à l'image de f, f(x) ne tend vers M pour aucun x de l'intervalle et on peut indiquer un nombre $\mu > 0$ suffisamment petit tel que $M - f(x) > \mu$ pour tout x de l'intervalle [a, b]. Dans ce cas, le nombre $M - \mu$ serait inférieur à M tout en étant un majorant de la fonction dans [a, b], ce qui est contraire à l'hypothèse selon laquelle M est sup f(x) dans [a, b]. On a la même démonstration pour la plus petite valeur de f dans [a, b].

Pour qu'on ne puisse se méprendre sur ses intentions, Bolzano souligne dans deux corollaires que les théorèmes sur la limite (théorème 5) et sur les bornes (théorème 6) d'une fonction continue ne sont pas vrais pour les intervalles ouverts et il illustre ses affirmations par des exemples. Pour la fonction f(x) = 7 + 5x, il n'existe aucune valeur dans l'intervalle]0, 4[pour laquelle f(x) = 27, bien que f(x) soit continue dans]0, 4[et tende vers 27 lorsque x tend vers 4. Et Bolzano montre de plus que, dans]1, 10[, f(x) = 5x, continue, n'atteint ni sa plus grande ni sa plus petite valeur. A travers ces théorèmes et corollaires, Bolzano saisit l'importance de la distinction entre les intervalles

29. *Funct.*, I, § 24, 30.
30. *Ibid.*, 31.

fermés (et bornés) et les intervalles ouverts; il parvient aussi à formuler les propriétés pertinentes qui se révèleront essentielles pour toutes les constructions ultérieures de l'analyse et la topologie.

Le dernier théorème de cette série est le théorème des valeurs intermédiaires. Dans le *Rein analytischer Beweis*, Bolzano l'énonce pour un intervalle ouvert tout en étendant la continuité, dans la démonstration, aux bornes de l'intervalle. Dans la *Functionenlehre*, il définit d'abord l'expression « la fonction f(x) passe d'une valeur quelconque f(a) à une autre f(b) en prenant toutes les valeurs intermédiaires » , et formule le théorème de la façon suivante :

> Si f(x) est continue dans]a, b[et si $a < x' < x'' < b$, alors f(x) passe de f(x') à f(x'') en prenant au moins une fois toutes les valeurs intermédiaires [31].
>
> (Théorème 7, dit des valeurs intermédiaires, § 29).

Déjà au moment de formuler sa définition de la continuité et dans le *Rein analytischer Beweis*, Bolzano a refusé l'équivalence entre la continuité et la propriété énoncée dans le théorème des valeurs intermédiaires. La *Functionenlehre* pose explicitement la question de savoir si cette propriété appartient exclusivement aux fonctions continues et répond par la négative :

> De la seule circonstance qu'une certaine fonction ne passe pas d'une de ces valeurs à une autre sans avoir pris une ou plusieurs fois toutes les valeurs intermédiaires, il ne s'ensuit pas encore que sa variation obéit à la loi de continuité [32].

Dans la démonstration, Bolzano adapte l'exemple 1 de la fonction discontinue en tout point de l'intervalle de définition et propose une fonction discontinue en tout point d'un intervalle fermé de **R**, qui vérifie le théorème des valeurs intermédiaires :

$$f(x) \begin{cases} = ax \text{ si } x \text{ est de la forme } \dfrac{2m+1}{2^n} \\ \neq ax \text{ si } x \text{ n'est pas de la forme indiquée.} \end{cases}$$

L'argument (l'exemple) n'est manifestement pas concluant : la fonction ci-dessus est loin de prendre toutes les valeurs entre $-\infty$ et $+\infty$ si l'on ne spécifie pas les valeurs qu'elle prend pour x qui n'est pas de la forme $\frac{2m+1}{2^n}$.

31. *Rein anal. Beweis*, trad. fr., 139-40 et § 15; *Funct.*, I, § 29, 33. Bolzano ajoute que les valeurs intermédiaires sont prises *au moins* une fois, et pas nécessairement une seule fois.

32. *Funct.*, I, § 48, 45.

Si l'on met à part l'ambiguïté de l'exemple que nous venons de citer, la partie consacrée à la continuité de la fonction sur un compact est un des sommets de l'œuvre mathématique de Bolzano. Tous les théorèmes fondamentaux y sont démontrés analytiquement, de manière complète et rigoureuse, sans la moindre intervention de l'intuition géométrique. Seule la continuité uniforme d'une fonction continue sur un intervalle fermé y manque.

Bolzano étend certaines propriétés des fonctions continues d'une variable réelle aux fonctions de plusieurs variables. Il y traite des cas particuliers de discontinuité (fonctions continues en x_0 par rapport à x, discontinues en y_0 par rapport à y), des théorèmes sur la continuité des fonctions composées, et termine par la démonstration de la continuité des fonctions polynômes et des fonctions rationnelles. On a vu que l'analyse insuffisante de la continuité des fonctions de plusieurs variables a amené Bolzano à formuler comme théorème fondamental une proposition fausse.

Les fonctions monotones sont la dernière pièce de cette construction qui culmine par la théorie des fonctions ayant une infinité d'oscillations.

Bolzano parle de « fonctions croissantes » et de « fonctions décroissantes » (les relations d'ordre étant toujours strictes, les fonctions envisagées sont strictement monotones), qu'il définit ainsi :

> Une fonction est croissante si $x > x'$ entraîne $f(x) > f(x')$; elle est décroissante si $x > x'$ entraîne $f(x) < f(x')$[33].

Il démontre sans difficulté que les conditions définissantes sont non seulement des implications, mais des équivalences.

Ses résultats sur les fonctions monotones se rapportent tous aux valeurs intermédiaires que peut prendre une telle fonction entre deux valeurs données. Bolzano s'intéresse non pas aux limites des fonctions monotones, mais à leur comportement à l'intérieur de l'intervalle. Les fonctions monotones sont pour lui un instrument indispensable pour explorer les maxima et les minima indépendamment et préalablement au calcul différentiel.

Nous retiendrons trois des dix théorèmes qui portent sur les propriétés des fonctions monotones :

> – une fonction monotone sur $[a, b]$ prend chacune de ses valeurs une seule fois ;

---

33. *Funct.*, I, § 50, 46.

– une fonction qui prend toutes les valeurs intermédiaires entre deux de ses valeurs quelconques et qui les prend une seule fois est monotone;

– une fonction qui prend toutes les valeurs intermédiaires entre deux valeurs quelconques dans]a, b[et qui y est monotone y est continue [34].

Dans le dernier théorème, qui contient la propriété de la fonction de prendre toutes les valeurs intermédiaires dans chaque sous-intervalle de]a, b[, Bolzano a trouvé une condition suffisante de la continuité.

Tout comme les théorèmes énonçant les propriétés des fonctions continues sur un intervalle fermé, la partie consacrée aux fonctions monotones est un modèle du traitement rigoureux et elle est achevée dans tous ses détails sans la moindre erreur. C'est sur cette base que l'auteur de la *Functionenlehre* construira la théorie des *extrema* relatifs et fera éclater le feu d'artifice des fonctions ayant une infinité d'oscillations, parmi lesquelles la célèbre fonction dite de Bolzano.

5. *Les fonctions ayant une infinité d'oscillations*

Un exemple, ou plutôt une classe d'exemples conduit sur le chemin de concepts bolzaniens de maximum et de minimum. Bolzano commence par construire des fonctions définies sur un intervalle ouvert]a, c[, qui croissent (décroissent) dans]a, b[, et décroissent (croissent) dans]b, c[, tout en étant éventuellement continues dans]a, c[[35].

Ainsi la fonction $x \mapsto ax - x^2$, continue pour tout x. Elle croît de 0 à $\frac{a}{2}$, décroît entre $\frac{a}{2}$ et a. Une fonction peut donc croître dans un intervalle, décroître dans un intervalle adjacent et être continue dans la réunion des deux intervalles. Bolzano peut maintenant avancer le théorème suivant, en ne supposant que la continuité de f(x) dans le voisinage de b (« *um den Werth b herum* »):

> Si une fonction f est croissante sur]a, b[, décroissante sur]b, c[, avec $a < b < c$, et si f est continue en b, alors « la valeur f(b) est *plus grande* que toutes les valeurs de la forme $f(b \pm \omega)$, lorsque nous choisissons ω suffisamment petit et le laissons décroître indéfiniment » [36].

34. *Funct.*, I, §§ 53, 58 et 59.

35. *Funct.*, I, § 60, 51-3. Bolzano suppose $a < b < c$. Dans tous ce qui suit, on peut échanger les expressions « croissant » et « décroissant », et « maximum » et « minimum ».

36. *Funct.*, I, § 61, 53.

Ayant illustré le comportement des fonctions successivement croissantes et décroissantes dans deux intervalles adjacents, Bolzano peut définir le concept d'extremum relatif.

> La fonction f définie dans]a, c[, non nécessairement continue, a un *maximum* en b s'il existe un nombre positif δ tel que, pour tout ω qui satisfait à la condition $0<|\omega|<\delta$,
>
> $f(b)>f(b+\omega)$ (§ 62).

On dira donc, suivant Bolzano, qu'une fonction f atteint un maximum en b s'il existe un voisinage V de b tel que, si x appartient à V et $x \neq b$, on ait $f(x)<f(b)$. On a une définition analogue pour un minimum. C'est encore la définition actuelle. Bolzano définit également les extrema unilatéraux. Une fonction f admet par exemple un maximum à droite au point b, si premièrement, $f(b-\omega)<f(b)$, et si, deuxièmement, ou bien l'expression $f(b+\omega)$ n'est pas définie, ou bien sa valeur est constamment égale à f(b). Comme l'observe Jarník, dans les définitions d'extrema unilatéraux, calquées sur les définitions de la continuité à gauche et à droite, commence à se manifester l'influence du pseudothéorème 2' sur les racines de l'équation $f(x)=M$ qui affectera toute la théorie des extrema.

Le concept bolzanien d'extremum (maximum ou minimum) est un concept local : il caractérise le comportement d'une fonction au voisinage d'un point et non dans l'intervalle tout entier. Bolzano insiste sur la nécessité de le distinguer du concept de *la plus grande valeur* de f(x) dans un intervalle fermé I, qui est le sup f(x) dans I, et formule un important théorème :

> Une fonction f définie dans [a, b] peut atteindre un maximum au point m sans que f(m) soit la plus grande valeur atteinte par f sur [a, b].
>
> (Théorème 8, § 63).

Au § 65 commence la suite remarquable des théorèmes sur les fonctions à une infinité d'oscillations ; ils sont illustrés par des fonctions étranges, construites pourtant avec des moyens très simples.

Une transition s'accompagne, chez Bolzano, toujours d'un exemple ; il prouve ainsi l'objectualité du concept qu'il veut introduire, i. e. l'existence de son objet. Il va donc d'abord construire une fonction continue dans]a, b[ayant une infinité de maxima et de minima dans un intervalle ouvert. Bolzano dit plus précisément :

> A leur tour, les fonctions qui obéissent à la loi de continuité pour toutes les valeurs situées entre deux bornes mesurables a et b, peuvent devenir successivement une infinité de fois $\geq$ qu'un nombre constant M, et $\leq$ qu'un autre nombre constant m lorsque la variable prend successivement une infinité de valeurs x_1, x_2, x_3,

$x_4, \ldots$ dont chacune est plus grande (ou bien plus petite) que la précédente, mais qui se trouvent toutes entre a et b. Elles peuvent donc ainsi prendre alternativement des valeurs *négatives* et des valeurs *positives* ou, comme on dit, *changer une infinité de fois de signe*[37].

La fonction f, définie dans $[0, 1[$, est représentée par une ligne brisée qui joint les points suivants :

$$(0,0), \left(\frac{1}{2}, \frac{1}{2}\right), \left(\frac{3}{4}, 0\right), \left(\frac{7}{8}, \frac{1}{2}\right), \left(\frac{15}{16}, 0\right), \ldots, \left(\frac{2^{2n-1}-1}{2^{2n-1}}, \frac{1}{2}\right), \left(\frac{2^{2n}-1}{2^{2n}}, 0\right), \ldots$$

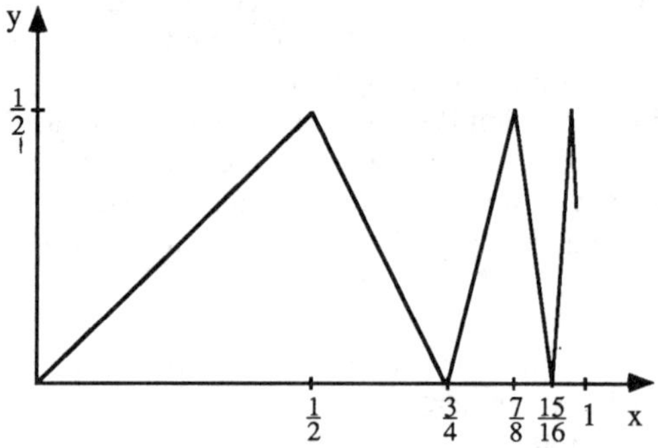

(Exemple 4).

La fonction est continue entre 0 et 1. D'autre part, les bornes des sous-intervalles forment la suite (x_i) :

$$\frac{1}{2}, \frac{3}{4}, \frac{7}{8}, \frac{15}{16}, \ldots, \frac{2^{2n-1}-1}{2^{2n-1}}, \frac{2^{2n}-1}{2^{2n}}, \ldots$$

Pour ces valeurs, f(x) prend successivement la valeur $\frac{1}{2}$ et 0 ; f a une infinité de maxima et de minima dans l'intervalle. Etant donné que (x_i) est une suite bornée, elle admet un point d'accumulation ; ce point, le nombre 1, se trouve hors de l'intervalle $[0, 1[$.

Enfin, Bolzano remarque qu'avec une légère modification de cet exemple, en prenant $h(x) = f(x) - \frac{1}{4}$, on obtient comme cas particulier une fonction continue dans $[0, 1[$ qui change une infinité de fois de signe. De cette manière, il met sur pied un mécanisme de construction de fonctions qui lui permettra d'atteindre un des buts de la *Functionenlehre* : séparer la continuité de la dérivabilité. De surcroît, sans que Bolzano en ait conscience, ce mécanisme va bientôt menacer le

37. *Funct.*, I, § 65, 57. Il faut supposer $m < M$.

pseudothéorème 2' sur les racines de l'équation $f(x)=M$, si important par ses conséquences. De telle sorte qu'on verra se creuser la contradiction au coeur même de sa théorie des fonctions.

Bolzano termine l'exemple précédent par une remarque. Il souligne que, pour l'instant, rien n'a été décidé quant à la continuité de la fonction aux *bornes* de l'intervalle $]a, b[$. Dans l'exemple 4, au voisinage de 1, la fonction prend toutes les valeurs comprises dans l'intervalle $\left[0, \frac{1}{2}\right]$; elle est discontinue en 1.

La question de la continuité aux bornes de l'intervalle est tout à fait essentielle. Revenons à la suite (x_i) de l'exemple 4; elle est telle que, pour ces valeurs, f soit successivement supérieure ou égale à M, et inférieure ou égale à m:

$$f(x_{2n-1}) \geq M, \qquad f(x_{2n}) \leq m.$$

Tous les termes de cette suite (x_i) appartiennent à $]a, b[$. Bolzano fait maintenant intervenir son théorème sur l'existence d'un point d'accumulation d'une suite bornée:

> Il s'ensuit (du § ...) [sic] qu'on doit pouvoir enfermer toutes les valeurs, ou au moins une partie qui en contient un ensemble infini, entre deux limites qui peuvent s'approcher d'aussi près qu'on voudra; et ces limites sont ou bien a et $a+\omega$ si nous désignons par ω un nombre absolu qui peut diminuer indéfiniment, ou bien b et $b-\omega$, ou bien enfin d'un côté un nombre c situé entre a et b, de l'autre côté $c+\omega$ ou $c-\omega$[38].

Si le point d'accumulation est a, la différence $|f(x+\omega)-f(x)|$ ne peut descendre et *rester* au-dessous de $\frac{1}{N}$, quel que soit l'entier positif N et aussi petit que soit ω. Pour chaque ω_1 tel que $f(a+\omega_1) \geq M$, il existe un ω_2 tel que $f(a+\omega_2) \leq m$; en réunissant ces deux indications, on a $f(a+\omega_1)-f(a+\omega_2) \geq M-m$. Ce résultat est en contradiction avec l'exigence de la continuité de f en a, d'après laquelle on devrait avoir

$$|f(a+\omega_1)-f(a)| < \frac{1}{N} \text{ et } |f(a+\omega_2)-f(a)| < \frac{1}{N},$$

et, par conséquent, $|f(a+\omega_1)-f(a+\omega_2)| < \frac{2}{N}$.

La fonction f n'est pas continue en a. La démonstration est la même lorsque le point d'accumulation est b ou c.

En somme: étant donnée une suite croissante (x_i) bornée inférieurement par a, supérieurement par b, une fonction f continue dans l'intervalle ouvert $]a, b[$, telle que lorsque $m<M$,

---

38. *Funct.*, I, § 69, 60.

$$\begin{cases} f(x_{2n-1}) \geq M \\ f(x_{2n}) \leq m , \end{cases}$$

ne peut être continue dans l'intervalle fermé [a, b].

Jusqu'ici, les fonctions à une infinité de maxima et de minima étaient toutes définies et continues dans un intervalle *ouvert*. Qu'en est-il des intervalles fermés ? D'après Bolzano, lorsqu'une fonction, définie et continue dans [a, b] y admet une infinité d'oscillations, il existe une suite monotone (x_i) dont tous les termes appartiennent à]a, b[, et telle que, entre deux valeurs successives x_k, x_{k+1}, la fonction est strictement monotone. Dans ses conditions, la suite (x_i) admet au moins un point d'accumulation c dans [a, b] avec $a \leq c \leq b$.

Ne sommes-nous pas en pleine contradiction avec les affirmations précédentes d'après lesquelles, d'une part, une fonction à une infinité d'oscillations, continue dans]a, b[, ne peut pas être continue aux bornes a et b, et d'autre part, le point d'accumulation d'une telle suite (x_i) ne saurait être situé entre a et b ?

Bolzano admet en effet que « cette circonstance menace la continuité de la fonction f(x) pour la valeur $x = c$ »[39] et impose à la fonction une condition nécessaire qui permet d'échapper à de telles conséquences : la valeur absolue des maxima et des minima successifs doit être bornée et leur différence (qui est la différence entre la plus grande et la plus petite valeur de la fonction dans l'intervalle fermé où elle est monotone) doit tendre vers zéro lorsque la suite (x_i) approche un point d'accumulation. D'où, en désignant par M_{2k-1} et m_{2k} respectivement le maximum et le minimum de f dans $[x_{2k-1}, x_{2k}]$, le théorème suivant :

> Si une fonction f, définie et continue dans [a, b], est croissante et décroissante successivement une infinité de fois dans [a, b],
>
> alors pour tout entier naturel k, $|M_{2k-1}|$ et $|m_{2k}|$ sont bornés et $M_{2k-1} - m_{2k}$ tend vers 0 lorsque k tend vers ∞.
>
> (Théorème 9, § 70).

On sait déjà qu'une fonction continue dans [a, b] y est bornée ; donc, $|M_{2k-1}|$ et $|m_{2k}|$ sont bornés pour tout k.

D'autre part, par définition de la continuité de f au point c, pour tout nombre naturel N il existe un nombre δ tel que

$$|h| < d \Rightarrow |f(c+h) - f(c)| < \frac{1}{N} ,$$

bien qu'on puisse trouver h_1 et h_2 tels qu'on ait en même temps $|h_1| < |h|$, $|h_2| < |h|$, et que $f(c+h_1)$ soit un maximum, $f(c+h_2)$ un minimum relatifs. On a donc

$$f(c+h_2) < f(c+h) < f(c+h_1),$$

39. *Funct.*, I, § 70, 62.

et, à partir d'une certaine valeur h_0 qui rend la différence des maxima et des minima successifs inférieure à $\frac{1}{N}$ pour toutes les valeurs inférieures, ou bien

$$f(c+h)-f(c) \leq f(c+h_1)-f(c) \text{ lorsque } f(c)<f(c+h),$$

ou bien

$$f(c)-f(c+h) \leq f(c) - f(c+h_2) \text{ lorsque } f(c)>f(c+h).$$

Dans les deux cas, $|f(c+h)-f(c)|$ reste inférieur à $\frac{1}{N}$ et f est continue. En revanche, lorsque la différence des maxima et des minima successifs n'a pas pour limite 0, M_{2k-1} est bornée inférieurement par M, m_{2k} supérieurement par m et f est discontinue.

Nous avons reproduit l'exemple de la fonction qui illustre le théorème 9 ci-dessus lors de la discussion du pseudothéorème 2' sur les racines de l'équation f(x) = M (cf. exemple 3, ci-dessus p. 404). Son graphe consiste en une ligne brisée qui joint les points

$$(0, 0), \left(\frac{1}{2}, \frac{1}{2}\right), \left(\frac{3}{4}, \frac{1}{4}\right), \left(\frac{7}{8}, \frac{3}{8}\right), \left(\frac{15}{16}, \frac{5}{16}\right), \ldots,$$

$$\left(\frac{2^{2n}-1}{2^{2n}}, \frac{2^{2n}-1}{3 \cdot 2^{2n}}\right), \left(\frac{2^{2n+1}-1}{2^{2n+1}}, \frac{2^{2n+1}+1}{3 \cdot 2^{2n+1}}\right), \ldots$$

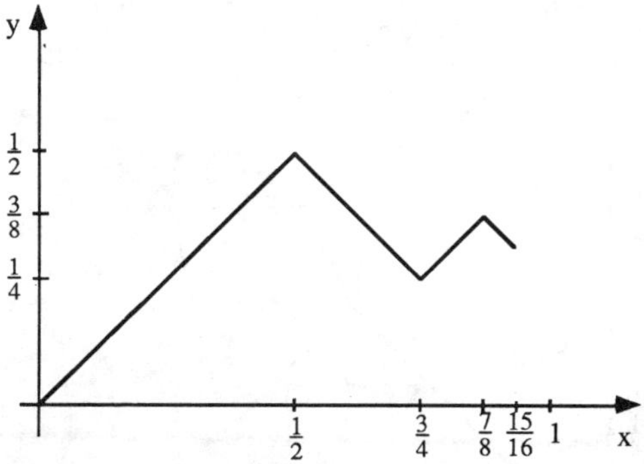

(Exemple 3).

En effet, le théorème sur les extrema d'une fonction à une infinité d'oscillations (théorème 9) met sur pieds un procédé dirigé contre le pseudothéorème 2', mais Bolzano ne l'a ni utilisé ni aperçu : il démontre l'existence d'un point d'accumulation c appartenant à [a,b] de l'ensemble de points x_i tels que $f(x_i)$ soit un extremum de f. Il est vrai que dans l'exemple 3, la fonction est continue dans un intervalle fermé, et le point d'accumulation coïncide avec l'une des bornes, alors que le pseudothéorème 2' affirme que le point d'accumulation ne peut pas se situer à l'intérieur d'un intervalle ouvert. Néanmoins, il est possible de prolonger convenablement la fonction f de sorte que le point d'accumulation devienne un point intérieur; d'autre part, l'énoncé même du théorème 9 admet expressément cette possibilité : le point d'accumulation c «doit être ou bien égal à a, ou bien égal à b, ou bien être situé entre a et b»[40]. Etant donné qu'une fonction continue qui oscille une infinité de fois entre des maxima et des minima dont l'écart a pour limite zéro, prend une infinité de fois la valeur de leur limite commune, elle satisfait aux hypothèses du pseudothéorème 2' sur les racines de l'équation $f(x)=M$, tout en contredisant sa conclusion.

Revenons encore au théorème sur les extrema d'une fonction à une infinité d'oscillations (théorème 9). Sa conclusion dit que l'écart des deux suites formées de maxima et de minima, désignées ici par (M_i) et (m_i), a pour limite zéro, mais elle ne dit pas que (M_i) est décroissante, (m_i) croissante. Au § 73, Bolzano définit une fonction continue dans $[a, b]$ ayant une infinité de maxima et de minima dont l'écart $M_i - m_i$ tend vers zéro lorsque i devient infini, avec les *deux* suites (M_i) et (m_i) croissantes. La fonction f peut être construite en reliant par une ligne brisée les points suivants entre lesquels f est successivement croissante et décroissante :

$$(0, 0), \left(\frac{1}{2}, \frac{1}{2}\right), \left(\frac{3}{4}, \frac{1}{4}\right), \left(\frac{7}{8}, \frac{3}{4}\right), \left(\frac{15}{16}, \frac{5}{8}\right), \cdots$$

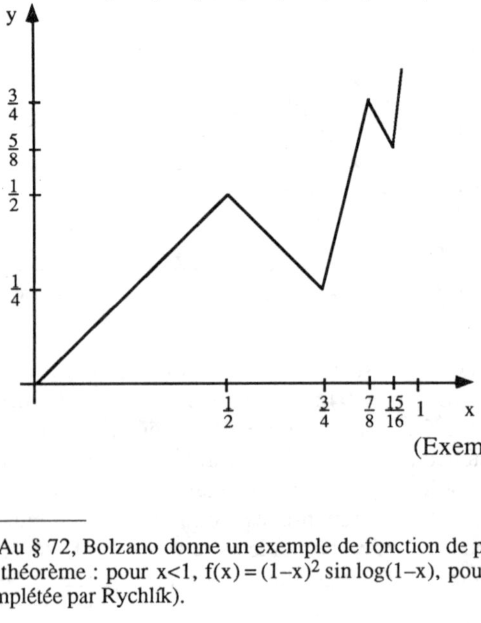

(Exemple 5, § 73).

40. Ibid. Au § 72, Bolzano donne un exemple de fonction de première espèce qui vérifie le théorème : pour $x<1$, $f(x)=(1-x)^2 \sin \log(1-x)$, pour $x=1$, $f(x)=0$ (définition complétée par Rychlík).

En fait, Bolzano envisage f comme définie par morceaux par des fonctions monotones, successivement croissantes et décroissantes, mais non nécessairement linéaires.

Les valeurs de x pour lesquelles f(x) est un extremum admettent 1 comme point d'accumulation. La fonction a encore une autre propriété remarquable : bien que f prenne une infinité de fois un maximum et un minimum, il n'existe pas d'intervalle ouvert contenant le point d'accumulation c dans lequel elle serait monotone.

Jetons encore un coup d'œil sur ces exemples : une fonction continue dans un intervalle ouvert, à une infinité d'oscillations ; une fonction continue dans un intervalle fermé dont l'infinité de maxima et de minima forment deux suites adjacentes respectivement décroissante et croissante ; une fonction continue dans un intervalle fermé dont l'infinité de maxima et de minima forment deux suites croissantes dont l'écart a pour limite zéro, et telle qu'au voisinage du point d'accumulation des valeurs pour lesquelles elle a un extremum, elle n'est pas monotone. Y a-t-il une fonction qui jouit de cette dernière propriété non seulement dans le voisinage d'un point, mais aussi dans l'intervalle tout entier où elle est définie et continue ? La réponse à la question est donnée par la célèbre fonction de Bolzano : continue dans un intervalle fermé $[a, b]$ et telle que, quels que soient c et d pour lesquels $a \leq c < d \leq b$, f ne soit pas monotone sur $]c, d[$.

6. La fonction de Bolzano

Pour les mathématiciens du XVIIIe et de la première moitié du XIXe siècle, il ne faisait pas de doute que toute fonction continue était dérivable, sauf peut-être en quelques points isolés. Les fonctions continues qu'ils maniaient étaient toutes dérivables et l'image intuitive d'une courbe avec ses tangentes ajoutait un sentiment de sécurité à la conviction commune. Par excès de scrupules, des mathématiciens, et non des moindres, se sont donnés la peine de le démontrer : ainsi Ampère en 1806 et encore Gibert en 1872[41]. La croyance commune survivait dans les meilleurs traités comme dans celui de J. Bertrand et H. Garcet :

> On peut demander si une fonction continue quelconque a une dérivée. Nous répondrons d'abord qu'en fait, nous allons trouver, dans les paragraphes suivants, les dérivées des principales fonctions ; ce qui démontrera leur existence *a posteriori*. Nous ajoute-

41. J. M. Ampère, « Recherches sur quelques points de la théorie des fonctions dérivées », *Journal de l'Ecole Polytechnique*, 13 (1806), p. 154 ; P. Gibert in *Mém. Ac. de Belgique*, 23 (1872).

rons d'ailleurs que la fonction étant continue, l'équation: y = f(x) représente une courbe plane continue, rapportée à deux axes rectangulaires ; et l'on démontre, en géométrie analytique, que la dérivée représente la tangente trigonométrique de l'angle que fait avec l'axe Ox la tangente à la courbe du point (x, y). Comme en chaque point une courbe continue a une tangente bien déterminée, la fonction admet une dérivée[42].

Devant une conviction aussi universelle, appuyée sur un fait apparemment aussi évident, la publication du contre-exemple célèbre de Weierstrass en 1875 (mais exposé dans ses cours à partir de 1861) est un événement de première importance. Depuis 1921, nous savons qu'une telle fonction a été construite par Bolzano.

Dans les *Miscellanea mathematica*, Bolzano note plusieurs fois des réflexions sur la continuité[43]. Le 1er août 1832, il distingue déjà entre continuité simple et continuité qui entraîne la dérivabilité. Un an plus tard, le 6 août 1833, après avoir discuté une démonstration de l'hypothèse en question par Galois, il considère une fonction réelle qui a au moins une dérivée à gauche ou à droite en tout point de l'intervalle :

> Jusqu'ici, je me suis efforcé en vain de démontrer qu'une fonction F(x) qui a une dérivée pour toutes les valeurs situées entre a et b (dans les deux directions, c'est-à-dire pour un accroissement positif aussi bien que négatif), fait un saut dans cette dérivée *uniquement pour certaines valeurs isolées*. Je présume donc que cette proposition peut être fausse. En effet, *lorsqu'on veut bien admettre des lignes brisées composées d'une infinité de morceaux droits ou courbes infiniment petits*, il est [...] faux de dire que la *distance* qui sépare deux valeurs quelconques pour lesquelles la dérivée enfreint la loi de continuité (ou, ce qui est la même chose, pour lesquelles cette dérivée a une valeur pour un accroissement positif et une autre pour un accroissement négatif) doit être *finie* »[44].

Le 20 octobre 1834, la *Functionenlehre*, achevée, est envoyée à Slivka, un ami de Bolzano. La « fonction de Bolzano » date donc des années 1833-1834.

Elle répond d'abord à la question laissée en suspens dans la Première partie de la *Functionenlehre* lors de l'étude des fonctions à une infinité d'oscillations : la continuité dans un intervalle fermé, est-

42. *Traité d'analyse* (éd. de 1878), IIe partie, p. 94 ; cité par L. Brunschvicg, *Les Etapes de la philosophie mathématique*, 338.

43. Nous reprenons ici les indications fournies par Jan Berg, *Bolzano's Logic*, 23-24.

44. *Misc. Math.*, cahier 23, p. 2018 (*Ibid.*, cahier 22, p. 1988 sq., la note du 1-8-1832). Le texte allemand in J. Berg, *Bolzano's Logic*, 24.

elle compatible avec la non-monotonie dans *tout* sous-intervalle du domaine de définition de la fonction? Dans la Deuxième partie de la *Functionenlehre* qui traite du calcul différentiel et intégral, Bolzano démontrera sa propriété essentielle: la non-dérivabilité.

La fonction fournit l'exemple d'un théorème d'existence:

> Il existe des fonctions définies et continues dans un intervalle fermé [a, b] et qui ne sont monotones dans aucun sous-intervalle de leur domaine de définition[45]. (Théorème 10, § 75).

Sans restreindre la généralité de l'exemple de Bolzano, nous allons construire sa fonction dans l'intervalle [0, 1]. Elle sera définie comme limite d'une suite de fonctions $(f_n(x))$ représentées chacune par une ligne polygonale, construite à partir de la première fonction $f_0(x) = x$ à l'aide de l'*opération fondamentale*. Cette dernière permet de construire f_n à partir de f_{n-1} de la manière suivante :

Si (a, A) et (b, B) sont les coordonnées des deux points définissant l'un quelconque des 4^{n-1} segments dont se compose f_{n-1}, alors dans [a, b], $f_n(x)$ sera définie par quatre segments de droite qui relient les points suivants :

$$(a, A),\quad \left(a+\frac{3}{8}(b-a),\ A+\frac{5}{8}(B-A)\right),\quad \left(\frac{a+b}{2},\ \frac{A+B}{2}\right),$$
$$\left(a+\frac{7}{8}(b-a),\ A+\frac{9}{8}(B-A)\right),\quad (b, B).$$

L'opération fondamentale est appliquée à *chacun* des 4^{n-1} segments rectilignes dont se compose f_{n-1}. Par l'opération fondamentale, on remplace donc *un* segment de f_{n-1} qui relie (a, A) avec (b, B) par *quatre* segments nouveaux formant une ligne polygonale brisée qui relie les mêmes points (a, A) et (b, B). Cette nouvelle ligne polygonale a trois points communs avec le segment qui va de (a, A) à (b, B) : les extrémités et le milieu $\left(\frac{a+b}{2}, \frac{A+B}{2}\right)$.

En formant f_n, on multiplie par quatre le nombre de segments rectilignes de f_{n-1}.

Dans chaque intervalle où f_n est monotone, elle est linéaire.

Pour simplifier la présentation de la fonction de Bolzano, nous introduisons les notations suivantes:

---

45. « Il est possible qu'une fonction F(x) obéisse à la loi de continuité de $x = a$ jusqu'à $x = b$, y compris pour ces deux valeurs, quoiqu'on ne puisse trouver, *ni pour a ni pour b, ni pour aucune valeur de x située entre a et b,* un ω suffisamment petit pour qu'on puisse affirmer que, entre a et $a+\omega$, ou entre b et $b-\omega$, ou entre x et $x\pm\omega$, F(x) ne fait que l'une des deux choses : qu'elle croît constamment, ou qu'elle décroît constamment ». *Funct.*, I, § 75, 66.

à chaque entier naturel n seront associés des points x_k^n de l'intervalle $I=[0,1]$ où k désigne un des nombres $0, 1, 2, \ldots 4^n$; on représentera k en *base 4*; dans cette base, les valeurs de k seront donc $0, 1, 2, 3, 10, 11, \ldots, 10^n$;

x_k^n, x_{k+1}^n sont les *points de division d'ordre n* de l'intervalle $I=[0,1]$;

I_k^n, *sous-intervalle d'ordre n* ou *intervalle de division d'ordre n*, est l'intervalle $[x_k^n, x_{k+1}^n]$;

P_k^n, *sommets* de f_n, sont les points de coordonnées (x_k^n, y_k^n) avec $y_k^n = f_n(x_k^n)$, qui définissent les segments de f_n;

$\delta_k^n =$ *longueur* de $I_k^n = | x_{k+1}^n - x_k^n |$

$\Delta_k^n =$ *oscillation* de $f_n(x)$ *dans* $I_k^n = | f_n(x_{k+1}^n) - f_n(x_k^n) |$.

La suite (f_n) est donc formée par les fonctions suivantes définies dans $[0,1]$:

$f_0(x) = x$;

$f_1(x)$ est définie par quatre segments rectilignes qui relient les points suivants (les sommets de f_1) :

$$(0,0), \left(\frac{3}{8}, \frac{5}{8}\right), \left(\frac{1}{2}, \frac{1}{2}\right), \left(\frac{7}{8}, \frac{9}{8}\right), (1,1).$$

Entre les points de division $0, \frac{3}{8}, \frac{1}{2}, \frac{7}{8}$ et 1, f_1 est successivement croissante et décroissante.

⋮

$f_n(x)$ est définie par 4^n segments rectilignes qui relient les $4^n - 1$ sommets P_k^n. Entre les points de division x_k^n ($k=0, 1, \ldots, 10^n$ en base 4), f_n est successivement croissante et décroissante[46].

Ajoutons encore quelques remarques. Tout sommet de f_n est également sommet de f_p pour tout $p>n$. Réciproquement, si l'indice inférieur k se termine par zéro, le sommet P_k^n a déjà été sommet de fonctions précédentes f_h pour $h<n$; P_k^n a été autant de fois sommet de fonctions précédentes qu'il y a de zéros qui terminent le nombre k

46. Bolzano définit la suite (f_n) à partir de $f_0(x) = A+(x-a)\frac{B-A}{b-a}$ qui représente le segment (a, A), (b, B), par la même opération fondamentale, tout en indiquent que la linéarité de f_n dans chacun des intervalles de monotonie n'est pas indispensable; la monotonie de f_n suffit. Nous avons pris simplement $a=A=0$ et $b=B=1$.

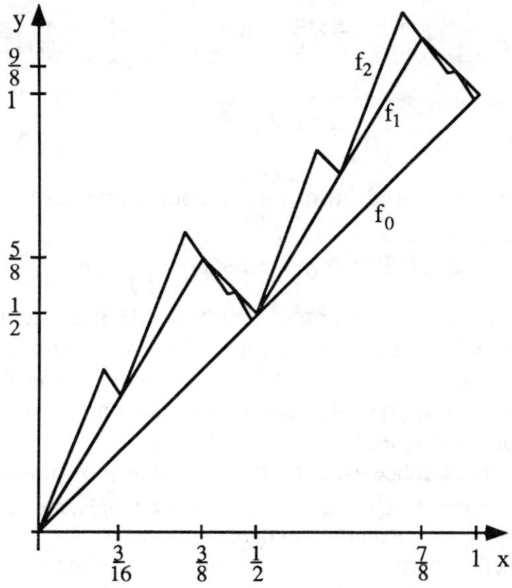

(Exemple 6).

(sauf pour le sommet P_0^n qui est sommet de toutes les fonctions f_n). La même remarque s'applique naturellement aux coordonnées x_k^n et $y_k^n = f(x_k^n)$.

Dans notre notation, l'opération fondamentale représente le passage d'un segment (P_k^n, P_{k+1}^n) à la ligne polygonale

$$\left(P_{10k}^{n+1},\ P_{10k+1}^{n+1}, P_{10k+2}^{n+1}, P_{10k+3}^{n+1}, P_{10(k+1)}^{n+1}\right).$$

Revenons à Bolzano. Ayant construit la suite (f_n), il s'efforce de démontrer qu'elle converge vers une fonction limite f, continue.

D'abord, étant donné que chaque intervalle de division d'ordre n s'obtient en divisant l'intervalle de division d'ordre n–1 en quatre sous-intervalles de longueur respectivement $\frac{3}{8}, \frac{1}{8}, \frac{3}{8}, \frac{1}{8}$ de l'intervalle précédent, la longueur maximale d'un intervalle de division d'ordre n est inférieure ou égale à $\left(\frac{3}{8}\right)^n$. Autrement dit, de I_k^{n-1} de longueur δ_k^{n-1} on passe par l'opération fondamentale à quatre intervalles

$$I_{10k}^n, I_{10k+1}^n, I_{10k+2}^n, I_{10k+3}^n,$$

de longueur respectivement

$$\delta^n_{10k}=\frac{3}{8}\delta^{n-1}_k,\quad \delta^n_{10k+1}=\frac{1}{8}\delta^{n-1}_k,\quad \delta^n_{10k+2}=\frac{3}{8}\delta^{n-1}_k,\quad \delta^n_{10k+3}=\frac{1}{8}\delta^{n-1}_k;$$

enfin,

$$\sup \delta^n_k \leq \left(\frac{3}{8}\right)^n.$$

Lorsque n tend vers l'infini, $\left(\frac{3}{8}\right)^n$ a pour limite zéro :

$$\forall h>0\ \exists N(h)\ (n>N \Rightarrow \sup \left(\frac{3}{8}\right)^n < h).$$

Ce qui veut dire que pour tout nombre $h>0$, il existe une fonction f_n qui, *bien que continue*, n'est monotone sur aucun intervalle de longueur h. Cette fonction dépend de h; le problème consiste à trouver *une seule* fonction qui ne soit monotone sur aucun sous-intervalle de I, quelle que soit sa longueur.

La fonction cherchée est la *limite* de la suite (f_n); plus exactement,

> toute valeur de f(x) qui correspond à x représente la limite [Bolzano emploie exceptionnellement le terme *Grenze*] dont s'approchent indéfiniment les valeurs correspondantes de y_n relatives à la même valeur x lorsque n augmente indéfiniment, si toutefois les deux valeurs ne sont pas tout à fait égales[47].

Il faut maintenant prouver trois choses:

1) l'existence de la fonction f,
2) sa continuité,
3) sa non-monotonie dans tous les sous-intervalles de I.

1) Tout d'abord, on a $f(0)=0$, $f\left(\frac{1}{2}\right)=\frac{1}{2}$ et $f(1)=1$.

Comme chaque sommet P^n_k de f_n est un sommet de f_{n+p}, quels que soient les entiers positifs ou nuls n et p (avec les conventions précédentes pour l'entier k), tout sommet d'une fonction f_n est un point de f; pour tout n et pour tout x qui est un point de division d'ordre n,

$$f_n(x^n_k)=f\,(x^n_k).$$

En prenant n de plus en plus grand, on obtient de plus en plus de points de f.

La suite $(f_n(x))$ converge également pour toute autre valeur de x (c'est-à-dire pour tout x qui n'est un point de division d'aucune fonction f_n). Dans ce cas, $x\in I^n_k$, plus exactement encore

$$x\in\,]x^n_k,\ x^n_{k+1}[.$$

47. *Funct.*, I, § 75, 68.

Bolzano ne détermine pas les bornes supérieures de f_n et l'oscillation de f_n dans un intervalle I_k^n, mais dans un intervalle I_k^{n-1} de la subdivision immédiatement précédente.

Pour f_1, lorsque $x \in I^0$ et $x' \in I^0$, c'est-à-dire quand x et x' appartiennent à [0, 1],

$$\sup |f_1(x) - f_1(x')| = \frac{9}{8}$$

et f_1 atteint cette valeur pour $x = \frac{7}{8}$. Par la suite, lorsque x et x' appartiennent à I_k^1,

$$\sup |f_2(x) - f_2(x')| = \frac{9}{8} \cdot \frac{5}{8} = f_2\left(\frac{21}{64}\right) = f_2(x_{k+3}^2);$$

lorsque $x \in I_k^2$ et $x' \in I_k^2$,

$$\sup |f_3(x) - f_3(x')| = \frac{9}{8} \cdot \left(\frac{5}{8}\right)^2 = f_3\left(\frac{9}{64}\right) = f_3(x_{k+3}^3);$$

enfin, lorsque $x \in I_k^{n-2}$ et $x' \in I_k^{n-2}$,

$$\sup |f_{n-1}(x) - f_{n-1}(x')| = \frac{9}{8} \cdot \left(\frac{5}{8}\right)^{n-2} = f_{n-1}(x_{k+3}^{n-1}).$$

Bolzano utilise maintenant son critère de l'existence de la limite de la suite (f_n). Il forme les fonctions

$$f_n, f_{n+1}, \ldots f_{n+r-1}$$

et examine la borne supérieure de la différence

$$|f_{n-1}(x) - f_{n+r-1}(x')| \quad \text{lorsque} \quad x \in I_k^{n-2} \text{ et } x' \in I_k^{n-2}$$

En ajoutant les bornes supérieures des différences successives il obtient

$$\sup |f_{n-1}(x) - f_{n+r-1}(x')| \leq \sum_{i=n-2}^{n-2+r} \frac{9}{8} \cdot \left(\frac{5}{8}\right)^i$$

et

$$\sum_{i=n-2}^{n-2+r} \frac{9}{8} \cdot \left(\frac{5}{8}\right)^i < \sum_{i=n+2}^{\infty} \frac{9}{8} \cdot \left(\frac{5}{8}\right)^i = 3 \cdot \left(\frac{5}{8}\right)^{n-2},$$

lorsque $x \in I_k^{n-2}$ et $x' \in I_k^{n-2}$.

A plus forte raison, les inégalités précédentes sont vraies *pour le même x* (on est toujours dans le cas où f(x) n'est sommet d'aucune fonction f_n). La suite (f_n) obéit au critère de Bolzano-Cauchy et converge vers la fonction limite f(x) pour laquelle

$$|f_{n-1}(x) - f(x)| < 3 \cdot \left(\frac{5}{8}\right)^{n-2}.$$

Lorsque n tend vers l'infini, le majorant $3\cdot\left(\frac{5}{8}\right)^{n-2}$ converge vers zéro. L'existence de la fonction f, qui est un objet fractal, est démontrée.

2) Par un court raisonnement, Bolzano entend prouver la *continuité* de f(x) :

> Etant donné que les y_n obéissent à la loi de continuité, la différence des deux valeurs de y_n qui correspondent aux valeurs de x et $x+\Delta x$ diminue indéfiniment avec Δx ; par conséquent, la différence des valeurs f(x) et $f(x+\Delta x)$ dont s'approchent infiniment les premières, doit également diminuer indéfiniment[48].

C'est ici qu'apparaît une lacune de l'analyse conceptuelle de la *Functionenlehre*, à savoir l'absence du concept de convergence uniforme sans lequel la continuité de f ne peut être prouvée : la limite d'une suite (f_n) de fonctions continues est elle-même *continue* seulement si (f_n) converge *uniformément* vers f. Bolzano répète ici, à un endroit décisif, la même erreur que nous avons signalée en discutant sa conception de la continuité des fonctions de plusieurs variables. A cette différence près : cette fois-ci, comme on peut le voir sur la formule donnant l'estimation de la différence $|f_{n-1}(x) - f(x)|$, et comme l'a remarqué Jarník, le majorant *ne dépend pas de x*, « de sorte que, à proprement parler, Bolzano a démontré implicitement l'uniformité de la convergence ; en se fondant sur cette estimation, il aurait pu démontrer la continuité directement en quelques lignes »[49].

Dans sa démonstration, Bolzano s'est sans doute appuyé sur la proposition énoncé par Cauchy dans le *Cours d'analyse*, bien que Abel en ait donné un contre-exemple dans son mémoire sur la série binomiale en 1826 et que, dans le même mémoire, celui-ci sache démontrer correctement la continuité de la fonction qui est la somme d'une série de fonctions continues dans un cas particulier. Sans formuler le concept de convergence uniforme, Abel signale la difficulté et indique la méthode pour la résoudre.

3) On voit maintenant que f *n'est monotone sur aucun sous-intervalle* de [a, b]. Aussi petit que soit l'intervalle [x, x'], on peut toujours choisir n entier de telle sorte qu'au moins deux points de division d'ordre n se trouvent entre x et x' et on a

---

48. *Ibid.*, 69.

49. Jarník, p. 252 de l'art. cité. On ne peut que souscrire au jugement de l'auteur : « Je suis sûr que Bolzano ne s'est pas rendu compte de cette circonstance ; d'une part, il aurait certainement attiré l'attention sur une chose aussi importante, d'autre part, il a déjà commis la même erreur au § 39 ».

$$x < x_k^n < x_{k+1}^n < x'.$$

Or, dans l'intervalle $I_k^n = [x_k^n , x_{k+1}^n]$, la fonction f_{n+1} est deux fois croissante et deux fois décroissante. Comme tous les sommets de f_{n+1} sont sommets de f, f(x) prend dans I_k^n au moins cinq fois les mêmes valeurs que f_{n+1} et ne saurait être monotone sur [x, x'].

Il reste un dernier pas à accomplir : prouver la non-dérivabilité de la fonction de Bolzano. C'est en commentant les différentes définitions proposées de la continuité que Bolzano remarque la nécessité de séparer, comme deux propriétés distinctes, la continuité et la dérivabilité. Le court commentaire du *Traité élémentaire du calcul différentiel et du calcul intégral* (1802) de Lacroix sur le lien entre ces deux concepts lui en donne l'occasion. Bolzano, qui interprète le texte de Lacroix comme identifiant la continuité d'une fonction f et l'existence de la limite du quotient $\frac{\Delta f(x)}{\Delta x}$, remarque que « les deux [notions] ne sont pas seulement distinctes, mais qu'elles peuvent également être séparées, dans la mesure où la continuité décrite ci-dessus peut avoir lieu sans qu'il doive y avoir celle de M. Lacroix ». C'est pourquoi « il sera préférable de garder l'usage linguistique introduit par Lagrange, Cauchy et bien d'autres »[50] en distinguant entre une fonction dérivable et une fonction continue.

Bolzano démontre la non-dérivabilité de sa fonction dans un corollaire, après un examen minutieux du rapport entre la continuité et la dérivabilité. Dans une série de théorèmes, il pose les jalons pour cette démonstration. Il affirme d'abord la continuité pour les fonctions dérivables, tout en niant expressément la réciproque. Il réussit cependant à prouver seulement la première partie de l'énoncé ; la deuxième, construction d'une fonction continue et non dérivable, n'est pas probante, la fonction n'étant pas définie au point de la prétendue non-dérivabilité.

Cependant, les conditions auxquelles doit satisfaire une telle fonction sont clairement posées par la suite : premièrement, elle doit être continue à gauche (ou à droite) en un point x ; deuxièmement, elle ne doit pas avoir de dérivée à gauche (ou à droite) en x, ce qui n'est possible que dans les deux cas suivants :

a) lorsque le quotient $\frac{\Delta f(x)}{\Delta x}$ devient infini quand Δx tend vers zéro, ou bien, dit Bolzano,

---

50. *Funct.*, I, § 3, 16.

b) lorsqu'il existe un nombre M dont s'approche $\frac{\Delta f(x)}{\Delta x}$ quand Δx tend vers zéro par valeurs négatives (positives), mais lorsque, pour tout nombre Δx il existe un $\Delta' x$ inférieur à Δx tel que la différence $\left| \frac{\Delta' f(x)}{\Delta' x} - M \right|$ devienne supérieure à $\frac{1}{N}$ pour un entier N. Or, même ce résultat ne contredit pas nécessairement la doctrine classique, car dans les exemples cités par Bolzano, les fonctions continues n'ont de dérivée qu'aux points isolés, en particulier aux bornes de leur intervalle de définition. Par la suite, Bolzano examine les différentes fonctions discontinues qu'il a construites dans le Première partie de la *Functionenlehre* et ce n'est qu'après cette énumération préalable de fonctions non dérivables sur certains points de leur domaine de définition qu'il aborde le cas général.

On voit avec une parfaite netteté que sa construction n'est rendue possible que par l'élargissement du concept de fonction. Bolzano va jusqu'à justifier l'équivalence entre la continuité et la dérivabilité affirmée par ses prédécesseurs par l'étroitesse de leur concept de fonction. Or l'élargissement du concept de fonction qui s'impose dans la première moitié du XIXe siècle n'a pas pour effet l'abandon de la croyance dans la dérivabilité de toutes les fonctions continues. Galois prétend l'établir en 1830[51]; Bolzano qui cite et analyse sa démonstration y découvre un paralogisme.

Il peut maintenant avancer son propre contre-exemple :

> La fonction f(x) considérée au § 75 de la Section I, qui alterne la croissance et la décroissance avec une telle fréquence que pour aucun x il n'existe un ω suffisamment petit pour pouvoir affirmer que f(x) est soit continuellement croissante, soit continuellement décroissante entre x et $x \pm \omega$, nous donne la preuve du fait suivant : une fonction peut même être continue et ne pas avoir de dérivée pour un nombre de valeurs de ses variables tel qu'on puisse toujours, entre deux de telles valeurs, indiquer une troisième pour laquelle la fonction n'a pas non plus de dérivée[52].

Langage circonstancié, lourd, mais précis ; ici comme ailleurs, Bolzano refuse d'abréger son discours par l'introduction de termes définis et préfère recourir chaque fois à des expressions stéréotypées pour décrire une situation mathématique.

Nous traduisons son énoncé de la manière suivante :

---

51. *Annales de mathématiques,* par Gergonne, 21 (1830), 182 ; cf. *Funct.*, 96-8.

52. *Funct.*, II, § 19, 98.

La fonction de Bolzano, définie et continue dans un intervalle fermé [a, b] et qui n'est monotone sur aucun sous-intervalle de [a, b], n'est dérivable en aucun point d'un ensemble partout dense sur [a, b].

(Théorème 11, *Funct.*, II, § 19).

Démonstration : soit x une valeur de l'intervalle [0, 1] telle que $f(x)=f_j(x)$ pour un entier j. Dans ce cas, x est un des points de division d'ordre j et le point de coordonnées (x, f(x)) est un sommet de la fonction f_j. Bolzano se propose de démontrer qu'en un tel point, le quotient $\frac{\Delta f(x)}{\Delta x}$ devient infini lorsque x converge vers zéro et que la fonction f n'y est pas dérivable.

En effet, pour toute valeur de Δx, il existe un entier n tel que

$$\left(\frac{3}{8}\right)^n < \Delta x\,;$$

on se souvient en effet que le nombre $\left(\frac{3}{8}\right)^n$ majore la longueur maximale d'un intervalle de division d'ordre n, plus exactement que

$$\sup \delta_k^n \leq \left(\frac{3}{8}\right)^n, \quad (k=0,\ 1, 2, \ldots,\ 10^n).$$

Le nombre n étant fixé, Bolzano pose maintenant

$$\alpha = \left(\frac{3}{8}\right)^n, \qquad \beta = |f_n(x+\alpha) - f(x)|$$

(Dans sa démonstration, nous complétons les valeurs absolues ; α et β sont des nombres positifs).

On sait aussi que

$$f_{n+1}\left(x+\frac{3}{8}\alpha\right) - f_{n+1}(x) = \frac{5}{8}\beta,$$

$$f_{n+2}\left(x+\left(\frac{3}{8}\right)^2\alpha\right) - f_{n+2}(x) = \left(\frac{5}{8}\right)^2\beta,$$

et que, de manière générale, pour tout entier r,

$$f_{n+r}\left(x+\left(\frac{3}{8}\right)^r\alpha\right) - f_{n+r}(x) = \left(\frac{5}{8}\right)^r\beta.$$

Or, étant donné que pour tout x qui est un *point de division d'ordre n* et pour tout r,

$$f_n(x) = f_{n+r}(x) = f(x),$$

les accroissements des fonctions f, $f_{n+1}, \ldots, f_{n+r}, \ldots$ sont en même temps des accroissements de la fonction f, et on voit que le rapport $\frac{\Delta f(x)}{\Delta x}$ peut prendre toutes les valeurs de la suite

$$\frac{5}{3}\cdot\frac{\beta}{\alpha},\quad \left(\frac{5}{3}\right)^2\cdot\frac{\beta}{\alpha},\quad \left(\frac{5}{3}\right)^3\cdot\frac{\beta}{\alpha},\ \ldots \left(\frac{5}{3}\right)^r\cdot\frac{\beta}{\alpha},$$

lorsque Δx diminue successivement. Or, comme $\left(\frac{5}{3}\right)^r$ croît à l'infini, il n'y a aucun doute que le rapport $\frac{\Delta f(x)}{\Delta x}$ croît également à l'infini[53].

Aujourd'hui, après les travaux de Rychlík, Jarník, Kowalewski Singh et autres, nous savons que la fonction de Bolzano n'est dérivable en aucun point de son intervalle de définition. Or, contredisant apparemment son exemple célèbre de la *Functionenlehre*, Bolzano rappelle à deux reprises dans les *Paradoxes de l'infini*[54] que, sauf pour des valeurs isolées (qui peuvent former même un ensemble infini), une fonction « déterminable et continue » a une dérivée en tout point de l'intervalle. Bolzano aurait-t-il oublié sa fonction?

Il faut rappeler que, d'une part, dans les corrections qu'il a apportées à la *Functionenlehre*, Bolzano n'a jamais modifié l'exemple de sa fonction continue sans dérivée, et que, d'autre part, il donnait lecture publique de son texte pendant toute l'année 1846 alors qu'il travaillait précisément sur les *Paradoxes de l'infini*. Jan Berg suggère une autre hypothèse : une signification particulière du terme « déterminable », qui exclurait les fonctions non différentiables[55].

Bolzano affirmerait donc, d'une part, qu'il existe des fonctions définies et continues sur un intervalle I des réels, mais non dérivables sur un ensemble dense sur I; d'autre part, que toute fonction déter-

---

53. *Ibid.*, 98-99.

54. § 37, 65, note : « On peut montrer que toutes les grandeurs variables dépendantes, si elles sont déterminables, doivent obéir à cette loi, c'est-à-dire, doivent avoir une dérivée de telle sorte que les exceptions, même en nombre infini, ne peuvent avoir lieu que pour des valeurs isolées de leurs variables libres ». (Cf. également § 45, 87). Des remarques semblables se trouvent déjà dans « Über Haltung » de 1844, *Geom. Arbeiten*, 146 et 157.

55. En 1922, peu de temps après avoir découvert le manuscrit de la *Functionenlehre* dans la Bibliothèque Nationale Autrichienne, Jašek a avancé l'hypothèse de l'interpolation de la note des *Paradoxes de l'infini* par Slivka après la mort de Bolzano. Cependant, dans *Bolzano's Logic* (p.26-7), Jan Berg confirme l'authenticité du texte des *Paradoxes*. D'autre part, D. A. Steele rappelle un passage de *Zusammensetzung der Kräfte* (§ 52), où Bolzano procède à la dérivation d'une fonction dont il ne connaît que la continuité (cf. l'Introduction historique à la trad. angl. des *Paradoxes*).

minable et continue admet une dérivée sur I sauf en points isolés dont l'ensemble peut être infini. Comment échapper à la contradiction ?

A mon avis, deux arguments peuvent être avancés pour expliquer la note des *Paradoxes* tout en sauvegardant les propriétés que Bolzano a démontrées de sa fonction.

Premièrement, comme nous l'avons vu dans le chapitre sur les concepts topologiques, la définition bolzanienne du point isolé est beaucoup plus large que la définition actuelle. Selon Bolzano, un point x d'un ensemble E est isolé si dans tout voisinage de x, il y a des points qui *n'appartiennent pas* à E, alors que pour nous, un point de E est isolé s'il existe un voisinage de x qui ne contient *aucun autre point* de E. Ce qui revient à dire qu'un ensemble constitué de points isolés au sens de Bolzano peut très bien être tel qu'entre deux de ces points quelconques il y en ait un troisième et donc une infinité.

Maintenant, si l'on se réfère à l'énoncé du théorème 11, on s'aperçoit que Bolzano n'a affirmé la non-dérivabilité de sa fonction que pour un sous-ensemble A partout dense sur I, intervalle où sa fonction est définie et continue, A étant l'ensemble des points de division d'ordre quelconque n. Bolzano n'a jamais dit qu'une fonction continue sur I n'est dérivable en *aucun* point de I. Or, il résulte de sa définition du point isolé que A, l'ensemble des points de non-dérivabilité, est un ensemble constitué de points isolés au sens de Bolzano !

Deuxièmement, et c'est là notre argument, la note des *Paradoxes de l'infini* se réfère explicitement aux fonctions *déterminables* et continues. C'est là notre argument, car si Bolzano n'a pas affirmé la non-dérivabilité pour sa fonction toute entière, il ne l'a pas nié non plus. Même si dans les *Paradoxes*, il ne précise pas le sens du terme « déterminable », il le fait dans *Die Drei Probleme der Rectification* de 1817 et de nouveau dans *Über Haltung* de 1844, texte presque contemporain des *Paradoxes*, et surtout, comme l'a montré Bob van Rootselaar, dans le manuscrit intitulé « Des fonctions déterminables » qui fait suite à la *Functionenlehre*, mais qui est resté inédit[56].

Selon *Über Haltung*, les choses spatiales (*Raumdinge*) sont déterminables si l'on peut définir tous leurs éléments par un petit nombre (toujours fini) de règles conceptuelles pures (*reine Begriffsregeln*) à partir des valeurs d'un petit nombre d'« éléments déterminants » ou paramètres (*bestimmbare Stücke*). Pour déterminer un point, de tels paramètres sont par exemple un point (l'origine), trois droites qui se coupent en ce point (les axes) et trois distances (les coordonnées du point). Une ligne est déterminable si elle peut être définie par un petit

56. *PU*, 141, note de l'éditeur relative au § 37.

nombre d'équations de la forme f(x, y, z) =0, où f « représente une fonction dont les variables, tout au plus à l'exception d'un ensemble (fini ou infini) de valeurs isolées, varient selon la loi de continuité et ont des dérivées »[57]. Dans *Die drei Probleme*, Bolzano indique même un exemple d'un objet spatial non déterminable et par conséquent non rectifiable. Il est donné par

> le concept d'une *ligne brisée composée d'une infinité de* [*segments de*] *droites infiniment petites*, utilisé par de nombreux géomètres qui ont prétendu calculer [la longueur] des courbes à l'aide de ce concept. Etant indéterminée, une telle ligne ne se prête à aucun calcul de longueur, même pas de la sienne[58].

Ce texte indique comme exemple d'une ligne non déterminable une courbe dont la description analytique constituera la fonction de Bolzano. Celle-ci n'est donc pas déterminable au sens de Bolzano et échappe à la condition énoncée dans *Über Haltung* et dans la note des *Paradoxes de l'infini.*

Ce sera donc Weierstrass qui démontrera de manière générale l'existence de fonctions continues non dérivables en aucun point de leur intervalle de définition. Néanmoins, Bolzano a non seulement eu l'idée d'une fonction qui démente les propriétés « évidentes » attribuées aux fonctions continues par tous les mathématiciens de son temps et même plus tardifs; il l'a de plus effectivement construite et cela avec des moyens plus simples que Weierstrass. Bolzano ne la définit pas analytiquement, comme le fait Weierstrass, mais la construit directement sous nos yeux comme limite d'une suite de fonctions qui l'approchent. Il la rend ainsi dans une certaine mesure accessible à l'intuition. Son exemple permet de saisir le mécanisme qui empêche une fonction continue d'avoir une dérivée.

La *Functionenlehre,* et tout particulièrement sa première partie consacrée à l'étude de la continuité, est sans doute l'œuvre mathématique la plus achevée, la plus mûre de Bolzano. Le concept de continuité, construit dans le *Rein analytischer Beweis* en vue de la démonstration d'un théorème particulier, révèle ici sa fécondité; il donne naissance à une théorie complète qui est de nos jours incorporée dans les fondements de l'analyse.

C'est par le traitement exclusivement arithmétique qui trouvera sa continuation dans l'œuvre de Weierstrass et de son école, que cette théorie consacre l'avènement de l'analyse infinitésimale comme disci-

---

57. *Über Haltung*, § 10, 146.
58. *Drei Probl.*, § 14, 100.

pline mathématique pure et fondamentale. Aucun dessin, aucun graphe n'accompagne les théorèmes et les exemples de Bolzano. Aucune référence aux concepts géométriques ou cinématiques. L'intuition n'a pas de place dans cette construction. Si, dans le *Rein analytischer Beweis*, Bolzano démontre analytiquement une vérité intuitivement évidente, dans la *Functionenlehre*, il construit une fonction dont les propriétés démentent tout ce que l'intuition semble nous enseigner. Tous ses concepts sont construits en termes arithmétiques à partir de sa théorie des nombres réels et de deux théorèmes qui en sont deux pierres angulaires : le théorème de la borne supérieure et le théorème dit de Bolzano-Weierstrass. Les moyens qu'emploie Bolzano sont pourtant très simples : les fonctions par lesquelles il illustre ses théorèmes sont construites à partir de segments de droites. Pour sa théorie, il n'a même pas besoin de définir les fonctions aussi courantes que l'exponentielle, la fonction logarithme, les fonctions trigonométriques et leurs inverses qu'il cite parfois à titre d'exemples complémentaires. Il est vrai que la première partie de la *Functionenlehre* n'est qu'une introduction au calcul différentiel et intégral qui fait l'objet de la deuxième partie[59].

Nous avons eu déjà l'occasion de signaler les limitations de son entreprise. Mise à part l'erreur plus ou moins accidentelle qui concerne la disposition des racines de l'équation $f(x)=M$ où f est une fonction continue, les imperfections de son exposé se rattachent toutes à l'absence de la notion d'uniformité : Bolzano ne connaît ni la continuité uniforme ni la convergence uniforme. Malgré cette limitation importante, il est le premier créateur de la théorie des fonctions de variables réelles.

59. Là aussi, Bolzano fait une œuvre de pionnier. Ses concepts fondamentaux sont construits de manière correcte et également en termes purement arithmétiques. Cependant, étant donné que cette partie de la *Functionenlehre* est techniquement beaucoup plus complexe que la première, son traitement du calcul différentiel contient un grand nombre d'erreurs plus ou moins graves, et nous la laissons ici de côté.

QUATRIÈME PARTIE

LES CHEMINS DE L'INFINI

LES CHEMINS DE L'INFINI

1. L'infini actuel.

Dans sa géométrie, Bolzano reste tributaire des conceptions du XVIIIe siècle; ses travaux d'analyse, tout en approfondissant et en portant à un degré de rigueur inégalé avant Weierstrass les fondements du calcul infinitésimal, se situent également dans la filiation des concepts esquissés tout au long du siècle qui va de Leibniz à Lagrange. En revanche, sa conception de l'infini est sans précédent et bouleverse une tradition millénaire. Pour la première fois, l'infini actuel dont les propriétés cessent d'être contradictoires pour devenir simplement paradoxales, est admis en mathématiques à titre de concept défini, ayant une référence et attaché aux seuls objets susceptibles de dénombrement ou de mesure, c'est-à-dire aux ensembles et aux grandeurs.

Avant le milieu du XIXe siècle, les mathématiciens ne reconnaissent d'autre infini que l'infini potentiel. Se trouvent-ils placés devant des ensembles infinis, par exemple celui des nombres premiers, ils ne les envisagent pas comme des collections, mais disent avec Euclide : il y a davantage de nombres premiers que toute multitude de nombres premiers donnée d'avance. Le langage intensionnel qui parle de propriétés au lieu de classes ou d'ensembles permet d'envisager des espèces mathématiques, des sections coniques ou des nombres rationnels par exemple, sans avoir à concevoir leurs extensions comme des collections achevées.

Lorsque Cauchy appelle l'infini la limite des « valeurs numériques successives d'une même variable [qui] croissent de plus en plus, de manière à s'élever au-dessus de tout nombre donné » [1], lorsque Gauss dissout l'infini dans le langage des limites [2], ils ne font que reprendre à

---

1. *Cours d'analyse*, p. 45.

2. « Pour ce qui est maintenant de votre démonstration [...], je commencerai par protester contre l'usage que vous faites d'une grandeur infinie, en la traitant

leur compte une opinion universellement admise selon laquelle les mathématiciens « n'ont pas besoin et ne font point usage de l'infini, mais seulement de grandeurs aussi grandes qu'ils voudront, mais limitées »[3].

Cette manière de parler est aussi ancienne que les mathématiques. Pour employer un langage imagé, l'infini n'est pas un réservoir contenant la totalité des objets d'une certaine espèce ; c'est une source inépuisable permettant de prendre ou de construire de nouveaux éléments à partir d'éléments déjà construits. Il va de soi qu'un ensemble actuellement infini ne saurait être atteint au terme d'un processus d'énumération qui, par définition, n'a pas de fin. Il ne peut qu'être posé par un acte instantané par lequel on s'installe d'emblée en dehors du monde de l'expérience et des opérations humaines. La notion d'infini actuel ne saurait se former qu'à l'intérieur d'une philosophie de l'acte créateur, philosophie d'inspiration judéo-chrétienne qui, à l'idée grecque d'une constitution temporelle des êtres et des objets par transformations successives, opposera le pouvoir instantané de Dieu opérant par le Verbe. Le mathématicien, lorsqu'il posera, par une simple définition et en vertu du principe de compréhension, une totalité achevée d'une infinité d'objets, réalisera à sa manière ce pouvoir créateur du discours.

L'infini actuel est donc d'abord l'infinitude de Dieu ; c'est aussi, de ce fait même, l'infinitude de la création et de l'omniscience divine. « Il est absolument certain qu'il y en a une infinité », écrit Saint Augustin au sujet des nombres, dans un passage qui sera analysé et commenté par Cantor ; ceux qui osent dire que Dieu ne les connaît pas tous, « s'enfoncent dans l'abîme de l'impiété profonde »[4]. Mais jusqu'au XIXe siècle, malgré les exceptions notables de certains scolastiques comme Grégoire de Rimini, Dieu seul est reconnu comme *un* et pourtant infini en acte[5]. Il incombera au mathématicien et théologien Bolzano de

---

comme une quantité achevée [*vollendete*], ce qui n'est jamais permis en mathématiques. L'infini n'est qu'une *façon de parler*, parce qu'il s'agit en réalité de *limites*, dont certains rapports peuvent approcher d'autant que l'on voudra, tandis que d'autres sont susceptibles de croître indéfiniment ». Lettre à Schumacher, 12 juillet 1831 ; *Werke*, VIII, 216.

3. Aristote, *Phys.*, III, 207 b 29-31, trad. H. Carteron. De son côté, Leibniz, tout en admettant l'infini actuel dans la nature, ajoute néanmoins qu'« un agrégat infini n'est jamais un tout » et que, « rigoureusement parlant, au lieu de dire : nombre infini, il faut dire, il y a davantage que ne peut être exprimé par un nombre arbitraire » (à des Bosses, 11 mars 1706 ; *Phil.*, 304).

4. *De Civitate Dei*, XII, cap. 19.

5. Cf. par ex. Descartes, *Méditation* IIIe, Spinoza, *Éthique*, I et lettre XII, à Louis Meyer du 20 avril 1663 ; Leibniz, *Phil.*, II, 305.

convertir l'infini des théologiens et des philosophes en infini mathématique; ce faisant, il brisera l'une des thèses philosophiques d'Aristote le plus tenacement soutenues et le plus universellement acceptées, celle qui a survécu à la ruine de sa physique et à la fin du cosmos aristotélicien.

Comme pour chacun des concepts qu'il introduit, Bolzano construit le concept d'infini après avoir analysé attentivement les définitions antérieures et leurs insuffisances. La première visée est la notion d'infini potentiel des mathématiciens. Pourquoi, en effet, parler d'infini là où il n'est question que de grandeur variable et de limites? Quel sens attribuer à l'expression contradictoire «limite d'une croissance illimitée» par laquelle certains veulent caractériser l'infini? La première distinction à faire est donc entre le vrai infini et l'illimité. Bolzano confère en même temps à l'infini potentiel un statut mathématique déterminé; ce n'est pas une grandeur infinie *individuelle*, constante, mais une grandeur *variable*, c'est-à-dire une fonction, ou, dans le langage de Bolzano,

> un simple concept, une simple *représentation* de grandeur, plus précisément une représentation qui comprend non pas une seule grandeur, mais un ensemble infini de grandeurs distinctes qui diffèrent par leur valeur, i. e. par leur taille [*Grossheit*] »[6].

L'infini n'est pas à chercher dans un processus éternellement inachevé; au contraire, la possibilité pour une suite ou une fonction de prendre des valeurs de plus en plus grandes suppose que l'*ensemble* de ces valeurs est *actuellement infini*.

L'infini potentiel, c'est-à-dire la possibilité de prendre une valeur arbitrairement grande d'une variable ou d'une fonction n'est donc pas un vrai infini. Celui-ci, ne pourra-t-il au contraire être défini avec certains philosophes comme ce qui n'est point susceptible d'augmentation?[7] A cette idée, Bolzano apporte des objections proprement mathématiques : un segment de droite, un ensemble contenant une infinité de points, peut être réuni à un autre segment; une demi-droite peut être prolongée à l'infini dans la direction opposée et, en général,

---

6. *PU*, § 12, 9.

7. Bolzano, prête, à tort, une telle conception à Spinoza. Celui-ci admet « sans difficulté » qu'un infini peut être «conçu comme plus grand qu'un autre infini», pourvu qu'on accepte ses distinctions entre les différentes catégories de l'infini : les choses infinies par leur nature, d'autres infinies en vertu de leur cause et qui, conçues abstraitement, «peuvent être divisées en parties et être regardées comme finies», enfin les choses indéfinies parmi lesquelles on peut définir une relation d'ordre, mais non une relation d'équivalence, et qui ne peuvent être représentées par aucun nombre (Lettre à L. Meyer; cf. note 5).

les grandeurs infinies peuvent être additionnées et multipliées. Expliquera-t-on l'infini par l'indéterminable ? De l'indétermination des opérations arithmétiques ordinaires, appliquées à l'infini, on conclurait alors abusivement à l'impossibilité de concevoir les ensembles infinis, en contraste avec les ensembles finis, seuls déterminables. C'est dans cet esprit, en effet, que J. Schulze, commentateur de Kant, énonce des formules d'une arithmétique de l'infini qui sont autant d'indices d'indétermination :

$$\infty + 1 = \infty$$
$$2\infty = \infty$$
$$\frac{\infty}{2} = \infty.$$

Bolzano réplique en établissant des formules analogues tout aussi indéterminées dans lesquelles E désigne un ensemble fini :

$$E + 1 = E$$
$$2E = E$$
$$\frac{E}{2} = E.$$

La première formule, par exemple, exprime le fait qu'un ensemble fini reste fini lorsqu'on lui ajoute un élément[8].

Pour parvenir à l'infini, Bolzano emprunte un chemin qui y conduit tout naturellement à partir du fini. Un ensemble *fini* n'est pour lui rien d'autre qu'un élément d'une suite qui est formée comme la suite des nombres naturelles[9]; chaque ensemble fini est par conséquent déterminé et représentable par un nombre naturel. Même si, strictement parlant, cette définition ne suppose pas la notion de nombre naturel, elle lui est équivalente (la même suite peut être interprétée tantôt comme une suite d'objets quelconques, tantôt comme une suite de nombres appliquée), et la finitude d'un ensemble s'exprime par l'assignation d'un nombre. Schématiquement, la séquence des concepts qui mènent à celui de l'infini est donc la suivante :

ensembles – multitudes – suites – nombres naturels – fini – infini

8. Des exemples mathématiques convenablement choisis par Bolzano montrent l'insuffisance d'autres définitions, par exemple de celle qui définit l'infini simplement comme ce qui est sans fin. Si cette expression est synonyme de *sans bornes* ou *sans limites*, l'exemple de courbes fermées montre qu'une chose peut être sans bornes et pourtant finie ; si on considère des objets géométriques comme des ensembles infinis de points, chaque segment est à la fois borné et infini. L'expression *sans fin* ne peut donc se rapporter, à proprement parler, qu'à l'énumération des éléments ; mais cela revient à la définition de Bolzano ci-dessous.

9. *Einl. GL,* 147v. Cf. ci-dessus IIIe partie, chapitre III.

où la notion de l'infini est caractérisée au prime abord par la négation de la finitude. Conformément à la tradition, Bolzano définit une multitude *infinie* comme une « multitude plus grande que toute multitude finie » [10], autrement dit « une multitude de l'espèce A de telle nature que toute multitude *finie* de l'espèce A n'en est qu'une partie, c'est-à-dire qu'une multitude infinie contient une partie équivalente à chaque multitude finie de l'espèce A » [11]. Bien que Bolzano indique que le concept de l'infini est un concept négatif (contenant une négation), il n'y a aucune trace de la négation dans sa définition.

Comme nos platonistes contemporains, il défend l'existence en soi des ensembles infinis et leur indépendance de nos procédés de construction et de notre pensée contre les nominalistes et les constructivistes de son temps. La représentation en soi qui détermine de manière univoque un ensemble $\{\alpha, \beta, \gamma, \delta, \ldots\}$ « même si elle n'est pas *subjectivement* effectuable, est néanmoins *objectivement* présente, même lorsque l'ensemble des objets $\alpha, \beta, \gamma, \delta, \ldots$ doit être infini » [12]. Les ensembles infinis existent, mais leur existence, plus exactement l'objectualité (*Gegenständlichkeit*) de leur concept doit être démontrée. Nous y reviendrons.

La doctrine bolzanienne de l'infini a été présentée au public en deux versions : en 1837 dans la *WL* et dans les *Paradoxes de l'infini*, publiés après la mort de Bolzano en 1851 par F. Přihonsky. Même si dans la *WL*, l'auteur ne parvient à aucun résultat important, il nous offre, avec ses analyses conceptuelles préliminaires, une première enquête logico-mathématique sur l'infini.

Tout d'abord, Bolzano écarte l'idée selon laquelle les ensembles infinis sont indéterminables. Leur déterminabilité repose sur le principe de compréhension et sur l'unicité de l'extension pour tout concept donné.

Deuxième principe, fondamental : l'infini admet des degrés, les ensembles infinis n'ont pas tous la même grandeur. Mettre en œuvre ce principe, c'est se proposer de les comparer et de les ordonner selon leur taille. Comment définir l'ordre et l'égalité (l'équivalence) entre les ensembles infinis ? Question cruciale à laquelle Bolzano cherchera la réponse jusqu'à la fin de sa vie.

---

10. *PU*, § 9, 6.

11. *WL*, I, § 87, 410. *Partie* au sens de sous-ensemble veut dire chez Bolzano toujours *partie propre*. Soulignons l'expression partie *équivalente*, absente de la formulation un peu moins soignée des *PU*.

12. *WL*, I, § 101, 470 : « wenn auch nicht *subjektiv* ausführbar, doch *objektiv* vorhanden ». Cf. également ci-dessus, IIIe partie, chapitre II : la doctrine des ensembles, *in fine*.

Avant même de définir le concept de multitude infinie, Bolzano introduit les relations d'ordre et d'égalité permettant de comparer les multitudes d'une certaine espèce A. Dans la détermination de la taille des multitudes, il s'engage dans deux voies parallèles qu'il sait distinguer dans certaines situations critiques, mais auxquelles il ne parvient pas à assigner conceptuellement une place et une fonction précise dans l'ensemble des opérations auxquelles les multitudes infinies peuvent être soumises. Ces deux voies peuvent être résumées par les deux mots *cardinalité* et *mesure*.

Bien qu'il explore les différentes situations dans lesquelles se manifeste la cardinalité d'un ensemble, dans ses oeuvres publiées, Bolzano ne réussit pas à dégager le concept du nombre cardinal applicable aux ensembles infinis. En revanche, il formule une propriété importante de la mesure, en expliquant le concept de *grandeur extensive*. La grandeur d'un objet est extensive lorsque « les grandeurs de ses parties prises ensemble donnent sa propre grandeur »[13]. Cette formulation verbale traduit une propriété de la mesure qu'on appelle additivité (finie) et que Bolzano exprime également de la manière suivante : la longueur λ d'une ligne l sera appelée grandeur *extensive* si l peut être décomposée en deux parties disjointes l_1 et l_2 telles que $l_1 \cup l_2 = l$, et lorsque

$$\lambda(l) = \lambda(l_1) + \lambda(l_2)$$ [14].

Dans les *Paradoxes de l'infini*, ce concept est défini en toute généralité pour la mesure de l'étendue par deux propriétés qui posent le choix d'une unité de mesure et l'additivité de la mesure, et qui deviendront au XXe siècles deux axiomes de la théorie de la mesure[15]. Au sens de Bolzano, la mesure d'un volume est donc une application m de l'ensemble des sous-ensembles de $\mathbf{R}^3$ dans l'ensemble $\mathbf{R}_+$ (et même dans l'ensemble des réels positifs réuni avec l'ensemble des grandeurs infinies). Elle est définie par

1) $m(E)=1$ pour un E choisi d'avance,

2) $m(A)=\sum_{k=1}^{n} m(A_k)$ si $A=\bigcup_{k=1}^{n} A_k$ et si les ensembles A_k sont tous disjoints deux à deux.

13. *WL*, I, § 116, 544.

14. *Drei Probl. Rectif.* in *Geom. Arbeiten*, 104 ; là aussi, Bolzano discute et défend sa nouvelle définition des grandeurs extensives. On peut mesurer le chemin parcouru depuis Kant qui définit une grandeur extensive comme « celle dans laquelle les représentations des parties rendent possible la représentation du tout » (*Critique de la raison pure*, B 203).

15. *PU*, § 40, 79-81.

Bien entendu, ces deux propriétés sont insuffisantes pour caractériser une mesure. Il faut, de plus, disposer du concept d'isométrie (que Bolzano définit dans ses travaux de géométrie), mais surtout il faut poser l'invariance de la mesure par un déplacement quel qu'il soit [16].

Revenons à la comparaison des ensembles infinis. Conformément au principe de compréhension, ceux-ci sont donnés par un attribut (un concept ou une représentation en soi). Tout d'abord, Bolzano assigne à l'extension de chaque représentation une grandeur qu'il appelle son *ampleur* (*Weite*) et qui mesure la taille de cette extension.

Néanmoins, Bolzano pratique aussi une autre approche en considérant un ensemble « du point de vue de la multiplicité de ses éléments » (*in Hinsicht auf die Vielheit ihrer Teile*). Les deux notions, celle d'ampleur d'une représentation (de son extension) et celle de multiplicité d'un ensemble représentent deux approches distinctes vers la détermination de la taille d'un ensemble. La première se rapporte aux ensembles par l'intermédiaire des représentations qui les déterminent et aborde le problème à partir de l'idée de mesure; la seconde s'applique directement aux ensembles et constitue l'équivalent de notre concept de nombre cardinal. Or c'est la première approche qui finit par l'emporter.

Comme Leibniz, Bolzano ne reconnaît pas les *nombres* infinis; la taille des ensembles infinis s'exprime par des *grandeurs*. Or, c'est cette terminologie même qui l'empêche de concevoir les nombres infinis comme des cardinaux et les fait associer étroitement à la notion de mesure. Dans la *WL*, Bolzano croit pouvoir établir une analogie entre la mesure de l'étendue et celle de l'extension des représentations. Etant donné qu'à une *partie* de l'*étendue* spatiale correspond l'*extension* d'une représentation en soi [17], de même à la *grandeur* de cette partie de l'étendue (c'est à dire à la mesure de l'ensemble des points qui constituent cette partie) correspond l'*ampleur* de l'extension de la représen-

16. Nous savons aujourd'hui qu'il n'existe pas de mesure qui soit invariante pour tout déplacement et permette de mesurer tout sous-ensemble de $\mathbf{R}^3$. Or, dans *PU* (§ 40, 79), Bolzano écrit que « toute étendue a une grandeur ». Mais il pense probablement que cette grandeur peut être finie ou infinie, car il ajoute un peut plus loin (§ 48) que, sur une surface arbitrairement petite, on peut construire une ligne partout connexe de longueur infinie (de même pour les surfaces). N'oublions pas non plus que le graphe de la fonction de Bolzano est une courbe qui, comme il le dit à propos d'une courbe semblable, « ne se prête à aucun calcul de longueur, même pas de la sienne; a fortiori, elle ne saurait nous aider à calculer les longueurs d'autres lignes » (*Drei Probl. Rectif.*, 100).

17. Par ex. par l'intermédiaire d'une représentation graphique de l'extension des représentations.

tation donnée. De cette manière, l'ampleur est assimilée à la mesure [18]; elle mesure la taille de l'ensemble déterminé par l'extension d'une représentation donnée.

Comme dans le cas de la mesure de l'étendue spatiale, on peut considérer l'ampleur w de l'extension d'une représentation (qui est un ensemble non vide) comme une application qui, à toute extension, fait correspondre un entier positif ou une grandeur infinie. Elle est, en effet, caractérisée par les mêmes propriétés formelles que la mesure de l'étendue :

1) $w\{a\} = 1$ pour tout élément a,

2) $w(E) = \sum_{k=1}^{n} w(E_k)$ si $E = \bigcup_{k=1}^{n} E_k$ et si les extensions E_k sont toutes disjointes deux à deux.

Bolzano distingue soigneusement une mesure de l'ensemble mesuré : de même que la grandeur d'une partie de l'étendue spatiale ne saurait être confondue avec cette partie elle-même, c'est à dire avec l'ensemble des points qui la constituent, de même, l'ampleur d'une extension est « quelque chose de tout à fait différent du simple ensemble d'objets subsumés sous une représentation » [19].

On voit l'intérêt d'une telle approche : choisir comme unité de mesure un ensemble à un élément, c'est se donner une mesure naturelle [20] de la taille d'un ensemble, qui est sa cardinalité. En principe, ce choix est néanmoins arbitraire et Bolzano pense que, s'il prend comme unité de mesure un ensemble infini, il pourra comparer entre eux des ensembles infinis hiérarchiquement distincts. Exprimons cette idée de la manière suivante : de même qu'il est possible de compter en unités ou en dizaines ou en milliers, de même, imagine Bolzano, on peut compter en « infinités ». Il pense donc pouvoir poser une unité infinie de mesure en prenant un ensemble infini A,

$$w(A) = 1,$$

et pense pour voir déterminer « dans certaines circonstances » le rapport de A avec un autre ensemble infini B, « tantôt seulement de manière approximative, tantôt exactement par les nombres » [21].

---

18. « Ce que j'appelle *ampleur*, à savoir la simple mesure de l'ensemble [*das blosse Mass der Menge*] des objets subsumés sous une représentation, sans considérer ce qu'ils sont [...] ». (*WL*, I, § 97, 453).

19. *WL*, I, § 93, 439.

20. *WL*, I, § 102, 473.

21. *WL*, I, § 66, 303. Malheureusement, les formules qui définissent l'ampleur comme une mesure ne permettent de mesurer que l'ampleur d'ensembles finis, la formule qui pose une unité infinie de « mesure » n'étant pas une mesure.

Bolzano s'inspire ici, sans doute, de la considération d'infiniment petits et d'infiniment grands de différents ordres et transporte les propriétés de l'infini potentiel, c'est-à-dire les propriétés des limites, dans l'infini actuel. De même qu'il y a des fonctions infiniment grandes d'un ordre donné (lorsque leur variable indépendante tend vers une valeur déterminée) qui sont infiniment grandes par rapport à celles d'ordres inférieurs, de même, Bolzano pense qu'il existe des grandeurs infinies constantes de différents ordres dont chacune est infiniment supérieure à celles d'ordres inférieurs.

Comment distinguer les deux mesures, celle de l'étendue et celle de l'ampleur, lorsqu'elles s'appliquent à un seul et même ensemble, par exemple à un segment ? Dans la *WL*, Bolzano se débarrasse du problème en faisant remarquer que, « du point de vue de l'ensemble des points qu'il contient, il est quelque chose d'infini, mais du point de vue de la longueur, il représente quelque chose de fini ». Les *Paradoxes de l'infini* apportent des précisions supplémentaires. Pour prouver que la mesure d'une partie de l'étendue ne saurait être confondue avec l'ensemble de points qui constituent celle-ci, Bolzano imagine un cube dont il enlève par la suite la surface : sa mesure « ne change pas le moins du monde, que nous ajoutions ou non sa frontière [*Umgrenzung*] à son contenu, laquelle, dans le cas présent, est la surface du cube (elle même ayant aussi une grandeur) »[22]. Il est pourtant évident que, dans les deux cas, l'ensemble de points n'est plus le même. Une remarque analogue s'applique au cas d'un segment et, en général, à toute partie de l'étendue.

Encore dans la *WL*, mais surtout dans les *Paradoxes de l'infini* où il ne parle plus de l'ampleur des représentations, Bolzano aborde la détermination de l'infini également par la comparaison directe des ensembles, à savoir comme un problème de dénombrement et de cardinalité.

Tous les ensembles possèdent une grandeur; cependant, nous ne savons pas comparer les tailles des ensembles infinis dans tous les cas. Néanmoins, déjà dans *WL*, Bolzano utilise l'idée de bijection pour conclure à l'égalité des grandeurs d'ensembles arbitraires.

Considérer les multitudes d'une certaine espèce comme dotées d'une grandeur déterminée, c'est, pense Bolzano, les considérer comme *invariantes par rapport à toute substitution* de leurs éléments par d'autres éléments de la même espèce. C'est par cette *invariance* que se manifeste la « multiplicité » d'une multitude ou d'un ensemble

---

Pour les exemples de telles « déterminations » qui sont aussi naïves que l'arithmétique de l'infini de J. Schulze, cf. *PU*, § 49.

22. *PU*, § 40, 80-1.

d'objets de la même espèce. Bolzano ajoute une remarque importante : la nature des éléments (c'est-à-dire l'espèce à laquelle ils appartiennent) ne joue aucun rôle dans la détermination de cette multiplicité.

Dans ces conditions, deux multitudes quelconques M_A et N_A de la même espèce A, (i.e. deux sous-ensembles contenant des éléments de l'univers A) « sont ou bien équivalentes [*gleichkommen*], ou bien l'une d'entre elles contient une partie égale à l'autre ». L'équivalence est ici visiblement équinuméricité : elle a lieu « lorsque nous pouvons transformer une multitude en l'autre par le simple fait de remplacer chacune des unités contenues dans la première par une unité contenue dans la deuxième »[23]; en revanche, il y a inégalité si, après cet échange, il reste des unités non utilisées dans l'une des deux multitudes.

Définitions absolument générales, posées encore avant toute distinction entre les ensembles finis et les ensembles infinis. Dans la *WL*, l'existence et l'inexistence d'une bijection entre deux ensembles devient le critère d'égalité et d'inégalité des deux multitudes; il suffirait apparemment d'en rester là pour obtenir le concept d'équivalence. Néanmoins, dans la *WL* toujours, des exemples concrets montrent la difficulté qu'il y a à établir de telles bijections; en outre, dans les *Paradoxes de l'infini*, le paradoxe des ensembles réflexifs (appelons ici ainsi les ensembles qui peuvent être mis en bijection avec une de leurs parties propres) viendra troubler la simplicité de cette ordonnance logique.

L'ordre et l'égalité entre les ensembles *quelconques* étant définies, Bolzano peut maintenant donner la définition du concept d'*ensemble* ou de *multitude infinie* de l'espèce A, citée ci-dessus.

Faut-il voir un cercle dans le fait que l'extension de l'espèce A à laquelle Bolzano fait appel doit être elle-même infinie ? Explicitement, la définition s'appuie uniquement sur le concept de multitude finie, lui-même défini en termes d'éléments d'une suite formée comme celle des nombres naturels. Soulignons que Bolzano décompose mathématiquement un concept jusqu'ici métaphysique, qu'il en donne une définition en faisant appel uniquement aux concepts ensemblistes et au concept de nombre, et qu'il distingue l'infini, propriété définissante abstraite, de la description de ses réalisations, de ses modèles. D'où aussi cette autre nouveauté de sa démarche : la nécessité de s'assurer de l'objectualité du concept, c'est-à-dire de démontrer *l'existence* d'ensembles infinis. Le plus important est la coupure décisive des liens de l'infini avec la

23. *WL*, I, § 87, 409. Cf. *Einl. GL* 146r.: « Je veux appeler multitudes *égales* les multitudes pures [*unbenannte Vielheiten*] telles que pour toute unité contenue dans l'une on puisse en trouver une contenue dans l'autre et je dirai même parfois qu'elles ne sont qu'*une seule et même multitude* ».

théologie et la métaphysique, même si elle n'est pas parachevée. Bolzano déclare le concept d'infini concept proprement et exclusivement mathématique, le tenant pour une propriété qui, rigoureusement parlant, ne s'applique qu'aux multitudes :

> tout ce que nous caractérisons comme infini, nous ne l'appelons ainsi que parce que et dans la mesure où, nous y décelons une propriété [*Beschaffenheit*] qu'on peut rapporter à une multitude infinie [24].

Avec cette déclaration des droits de l'infini mathématique la distinction ne tient plus entre le « mauvais » infini des mathématiciens et le « bon » infini qui s'applique à Dieu et caractérise l'absolu. Il est vrai que le seul infini reconnu par les mathématiciens, avant Bolzano, était l'infini potentiel. Désormais, c'est auprès de l'infini actuel au sens de Bolzano que l'infini des théologiens et des philosophes doit chercher sa légitimité.

> Ce que je n'admets pas, dit Bolzano, c'est [...] que le philosophe connaisse un objet auquel il puisse légitimement attribuer le prédicat d'infinitude sans y avoir auparavant constaté, sous un certain rapport, une grandeur ou, tout au moins, une multitude infinie [25].

L'infini est d'abord et avant tout une propriété des multitudes. Un ensemble, par exemple celui des points d'un segment ou celui des fractions décimales du nombre $\sqrt{2}$, est-il infini ? Il l'est si toute partie finie de cet ensemble n'en est qu'une partie propre. Une grandeur constante, par exemple la longueur d'une droite illimitée, est-elle infinie ? Elle l'est, une fois qu'on a choisi l'unité, si « elle apparaît comme un tout tel que chaque ensemble fini de ses unités n'en est qu'une partie [propre] » [26]. Une force, est-elle infinie ? Elle l'est si elle ne peut être mesurée que par une grandeur infinie. Dieu, peut-il être dit infini ?

> En ce qui concerne Dieu lui-même, être que nous considérons comme l'unité la plus parfaite, on peut indiquer des points de vue qui nous font voir en lui une multitude infinie et ce sont justement ces points de vue qui permettent de lui attribuer l'infinitude. Il sera donc à peine nécessaire d'apporter des preuves supplémentaires que des considérations semblables s'appliquent

24. *PU*, § 10, 7.
25. *PU*, § 11, 8.
26. *PU*, § 16, 22 ; si nous prenons une grandeur infiniment grande pour une nouvelle unité, l'ancienne unité est infiniment petite par rapport à la nouvelle.

> également à tous les autres cas où le concept d'infini est pleinement justifié[27].

Dieu lui-même n'est donc infini que dans la mesure où « nous devons lui reconnaître plusieurs espèces de forces qui ont une grandeur infinie »[28]. Telle est la faculté infinie de connaître, définie comme faculté capable de connaître un ensemble infini de vérités, par exemple l'ensemble des vérités qui énoncent la suite des décimales du développement de $\sqrt{2}$[29]. De cette manière, Dieu lui-même, autrefois source et paradigme du vrai infini, devient à son tour un simple modèle mathématique de l'infini dans lequel se réalise une propriété abstraite des multitudes.

2. Existence d'ensembles infinis

Une définition n'entraîne pas l'existence de l'objet défini. Jusqu'ici, nous avons parlé d'ensembles infinis et cité même des exemples, de manière provisoire, sans nous assurer de l'existence d'objets aussi problématiques. Bolzano démontre la possibilité de tels objets par la construction d'un ensemble infini particulier.

Cette démonstration est importante pour plusieurs raisons. Premièrement, contre les partisans de l'infini potentiel qui est un faux infini, Bolzano veut *prouver* que celui-ci suppose un vrai infini qui est actuel. En se proposant d'établir l'existence d'ensembles infinis, il veut donner d'emblée à la mathématique un champ complet et suffisamment vaste pour définir les concepts et construire les systèmes sur lesquels repose l'algèbre et l'analyse moderne : système des nombres réels, notion générale de fonction, concepts topologiques. Deuxièmement, l'ensemble dont l'existence fait l'objet de la démonstration n'est pas un ensemble d'objets mathématiques, par exemple celui des nombres naturels, ni même un objet réel, physique, conçu comme un système d'atomes. C'est un ensemble d'objets logiques : un ensemble de *vérités en soi*. Du même coup, Bolzano se propose de faire ce qui, à son avis, doit être le premier travail de toute philosophie : démontrer qu'il existe des vérités. Enfin, Bolzano fait appel à un procédé typiquement mathématique : le procédé par récurrence ou induction mathématique qui fournit l'instruction pour construire un ensemble infini.

---

27. *PU*, § 11, 8.

28. *Ibid.*

29. Plus exactement, Bolzano distingue entre l'omniscience (faculté de connaître toutes les vérités), attribut de Dieu, et la simple faculté infinie de connaître (faculté de connaître un ensemble infini de vérités), la première impliquant la seconde. (*PU*, § 11, 8 et § 12, 11).

De sa démonstration, Bolzano donne deux versions différentes dans la *WL* : il reprendra la seconde dans les *Paradoxes de l'infini*. Les deux utilisent le même procédé de récurrence : des deux énoncés, la « propriété P est vérifiée par 1 » et « si P est vrai de n, alors P est vrai de n+1 », on tire la conclusion que tous les nombres naturels ont la propriété P. Triviale aujourd'hui, une telle méthode de démonstration était, au temps de Bolzano, tout à fait inhabituelle, même en arithmétique. On ne peut que qualifier, avec H. Scholz, d'« événement remarquable » le fait de l'utiliser pour démontrer une proposition philosophique, comme Bolzano le fait dans la *WL*[30].

I) Voici la *première démonstration* :

1) La base de la récurrence, la proposition « il y a au moins une vérité » est démontrée indirectement :

« si toute proposition était fausse, alors la proposition suivante : toute proposition est fausse, serait également fausse »[31]. D'où la conclusion : il y a au moins une vérité.

2) Il reste maintenant à démontrer que s'il y a au moins n vérités, alors il y a au moins n+1 vérités. Pour le faire, Bolzano établit une stratégie qui amène le sceptique à accepter les affirmations de son adversaire, et que nous disposons dans le tableau suivant :

	le sceptique	*l'ami de la vérité*
(1,1)	p est vrai (point de départ commun)	
(1,2)		il y a au moins une autre vérité que p
(1,3)	en dehors de p, aucune proposition n'est vraie	cette affirmation (q) du sceptique est distincte de p
(1,4)	si q est vrai, alors q est une deuxième vérité distincte de la première (affirmation imposée au sceptique)	
(2,1)	il y a au moins deux vérités.	

30. H. Scholz, *Die Wissenschaftslehre Bolzanos*, p. 430.
31. *WL*, I, § 31, 145.

Le dialogue se déroule de la même manière jusqu'à n ; on a alors :

(n,1)	il y a n vérités	
(n,2)		il y a au moins n+1 vérités
(n,3)	en dehors de n vérités, aucune proposition n'est vraie	cette affirmation est une proposition distincte des n vérités précédentes
(n,4)	si n propositions sont vraies, alors, (si n+1 propositions ne sont pas vraies, n+1 propositions sont vraies) (affirmation imposée au sceptique)	

d'où ils déduisent :
(n+1,1) il y a au moins n +1 vérités.

Ils concluent que l'ensemble des vérités est infini.

Cette démonstration fait appel à la méthode indirecte que, par ailleurs, Bolzano s'efforce de convertir en procédé direct. C'est pourquoi, toujours dans la *WL*, il esquisse une autre démonstration qu'il reprendra par la suite dans les *Paradoxes de l'infini*.

II) La *deuxième démonstration* :

1) Soit p_1 une vérité quelconque, par exemple la proposition « il y a au moins une vérité » démontrée selon la première méthode.

2) A partir de n propositions vraies $p_1, \ldots, p_n$, on va construire une proposition p_{n+1} distincte des précédentes : ce sera la proposition « p_n est vraie ». Dans les *Paradoxes de l'infini*, Bolzano rattache cette construction à celle de la suite des nombres naturels :

> Pour chaque nombre, aussi grand soit-il, il y a le même nombre de propositions distinctes, et au delà de celles-ci nous pouvons construire de nouvelles propositions ou, pour mieux dire, il y a de telles propositions en soi, que nous les construisions ou non. D'où il s'ensuit que la collection de toutes ces propositions a

une multiplicité qui est plus grande que tout nombre, c'est-à-dire qui est infinie[32].

Ces démonstrations appellent un commentaire. La première partie de l'argument, celle qui établit la base de la récurrence, la proposition « il y a au moins une vérité », reprend à son compte, en la précisant, une vieille réfutation du scepticisme ; Bolzano lui-même mentionne les passages pertinents de Sextus Empiricus. C'est cependant le philosophe pragois qui, le premier, explicite la loi logique sous-jacente, $(\neg p \Rightarrow p) \Rightarrow p$, la défend contre Lambert et montre que, bien qu'elle ne soit pas indirecte au sens où il l'entend, elles peut être convertie en démonstration ostensive dont aucune prémisse n'est fausse[33].

La démonstration est-elle concluante ?

En ce qui concerne la première étape,nous sommes dans une situation qui ne manque pas de rappeler le paradoxe du menteur. Le nerf de la preuve consiste dans le fait qu'une proposition qui énonce une propriété de *toutes* les propositions (la propriété d'être fausse) applique cette propriété imprédicativement à elle-même. Or, une telle proposition constitue un entorse à la théorie des types[34] ; d'un point de vue logique, le procédé de Bolzano est suspect.

C'est dans la deuxième étape que Bolzano greffe sur une démonstration traditionnelle un procédé de récurrence sans précédent en philosophie. Dans la première méthode, il transforme chaque énonciation nouvelle du sceptique en proposition vraie, l'obligeant à rejeter chaque fois son hypothèse antérieure[35].

La deuxième méthode pose un autre problème : elle repose entièrement sur la distinction entre une proposition et l'assertion selon laquelle cette proposition est vraie, c'est-à-dire entre « p » et « "p" est vrai ». Bolzano distingue systématiquement entre ces deux proposi-

---

32. *PU*, § 13, 14. Cela revient à définir une application φ de **N** dans l'ensemble des propositions de la manière suivante : $\varphi(1) = p_1$ avec « p_1 » une proposition vraie, $\varphi(n+1) =$ « $\varphi(n)$ » est vrai .

33. *WL*, IV, § 530, 280-3.

34. H. Scholz, *Die Wissenschaftslehre Bolzanos*, 438-9. Bolzano ne met pas en doute que la langue naturelle, éventuellement purifiée, est apte à exprimer la totalité de la logique, des mathématiques et des sciences. Si les paradoxes logiques posent quelques problèmes, ces problèmes ont un caractère purement local et ne mettent en question ni l'utilisation de la langue naturelle ni la justesse des procédés logiques. Bolzano leur applique un traitement conjoncturel, au fur et à mesure ils apparaissent. Pour les travaux récents sur les paradoxes chez Bolzano, voir les articles de J. Berg et de E. Morscher in *Phil. Naturalis* 24 (1987) et des remarques de L. Kreiser et A. Steube in *B. Bolzano ... Studien und Quellen* (1981).

35. Il est vrai, le sceptique aurait pu se montrer plus exigeant et demander à son adversaire la démonstration de la proposition (n, 3) ; celle-ci pourrait néanmoins être démontrée par récurrence.

tions puisqu'elles n'ont ni le même sujet ni le même prédicat. La question reste cependant posée : Bolzano a-t-il construit un ensemble infini de propositions *distinctes*, ou bien cette construction, ne se réduit-elle pas à un « solo », ensemble à un seul élément p, affublé successivement d'une quantité de prédicats inutiles ? Frege, parmi d'autres, soutiendrait que « p » et « "p" est vrai » sont bien une seule et même proposition.

Quoiqu'il en soit, le sceptique ne s'avoue pas encore vaincu ; il fait remarquer que son adversaire suppose la justesse du procédé de la démonstration, c'est-à-dire qu'il met à l'abri du doute toute la logique. Bolzano lui reconnaît que c'est à peu près le seul point qui peut être mis en doute ; cependant, dans le cas d'une forme de déduction « aussi simple et aussi courante pour nous autres hommes », ne peut en douter qu'un insensé. Quant aux règles de la déduction, il suffit, à son avis, qu'elles soient justes ; il n'est point nécessaire qu'elles soient *reconnues* comme telles.

On voit à quel point Bolzano est éloigné de l'idée d'un doute radical qui imposerait des conditions beaucoup plus sévères à une éventuelle reconquête et reconstruction de la vérité. Pour Bolzano, le seul doute raisonnable est un doute en quelque sorte « technique », qui peut être vaincu par les moyens techniques de la logique. Le doute radical lui paraît absurde; en effet, « tout le mérite de notre démonstration ne doit consister qu'en ceci : elle doit rendre manifeste cette absurdité ». Bolzano ne voit pas dans le scepticisme une attitude méthodique visant à éliminer des procédés suspects, mais une maladie qui appelle l'intervention d'un logicien-thérapeute. Par conséquent, sa démonstration se propose de guérir le sceptique « en le conduisant vers des déductions cohérentes et en résolvant les contradictions qui lui apparaissent» plutôt que de le confondre[36].

La démonstration bolzanienne de l'*existence* d'ensembles infinis est-elle concluante? En toute rigueur, notre auteur ne prouve pas que l'ensemble des vérités en soi est *actuellement* infini ; il prouve seulement que sa construction ne s'arrête pas et que les propositions construites par récurrence à partir d'une première vérité sont toutes vraies. Le schéma récurrent montre comment engendrer une vérité à partir de la précédente et comment ce processus se poursuit sans fin ; il ne dit rien sur la *totalité* des vérités que l'on peut ainsi obtenir. Par sa démonstration, Bolzano ne sort donc pas de la mouvance de l'infini potentiel. De plus, comme il admet, la collection infinie des vérités n'est en réalité que l'ombre projetée d'un autre ensemble qui est déjà là

36. *WL*, I, § 33, 150-2.

et dont les propriétés rendent la construction possible : l'ensemble des nombres naturels. Il est d'ailleurs significatif que le procédé de récurrence que Bolzano utilise dans ses démonstrations logiques avant même la construction des entiers n'est pas mentionné lors de cette construction. En résumé, Bolzano ou bien doit se contenter de l'infini potentiel, ou bien « démontre » l'existence d'un ensemble infini en supposant l'existence d'un autre ensemble infini. Pour nous, instruits par un siècle d'efforts et d'échecs, cela n'a rien de surprenant : dans l'état actuel de nos connaissances, démontrer l'existence d'ensembles infinis est une impossibilité[37].

Une démonstration analogue à celle de Bolzano se trouve dans *Was sind und was sollen die Zahlen?* de Dedekind. Grâce aux recherches de P. Dugac, nous savons aujourd'hui que Dedekind s'est inspiré directement de la seconde démonstration de Bolzano, celle des *Paradoxes de l'infini*[38], bien que l'essentiel de son travail et en particulier sa définition de l'infini ne dépende ni de Cantor ni de Bolzano[39]. Ni le théorème 66 où Dedekind donne sa version du procédé bolzanien ni sa démonstration ne figurent, en effet, dans sa première ébauche du texte qui date de 1872-78. On les trouve seulement dans la rédaction définitive de 1887, qui est postérieure à la lecture des *Paradoxes*. La démonstration de Dedekind tranche également par son style avec le reste de *Was sind und was sollen die Zahlen?* en faisant intervenir des concepts aussi peu déterminés que celui d'univers de mes pensées (*meine Gedankenwelt*) ou d'objet de la pensée.

Dedekind commence par considérer « l'univers de mes pensées, c'est-à-dire la totalité des choses qui peuvent être objets de ma

---

37. L'ensemble infini de toutes les vérités en soi se trouve dans l'esprit de Dieu; il est donc *réalisé*, actualisé. Or, « dès que nous supposons qu'il est possible d'actualiser le domaine de tous les nombres naturels, nous nous mettons au point de vue de Bolzano, ce qui veut dire que nous nous approprions la capacité de voir les nombres naturels par les yeux de Dieu ». P. Vopěnka, *Introduction à la mathématique dans la théorie alternative des ensembles* (en slovaque), 98.

38. Dedekind a reconnu que sa définition ressemble à celle de Bolzano; cf. *Was sind und was sollen die Zahlen?* § 5, théorème 66 (trad. fr. p. 93), et R. Dugac, *Richard Dedekind et les fondements des mathématiques,* 88-89. Dans ses démonstrations, Bolzano fait appel au principe de récurrence, ce qui signifie qu'il s'appuie sur l'ensemble des entiers naturels ; Dedekind est plus mathématicien dans la mesure où il utilise directement la réflexivité comme définition de l'ensemble infini. En revanche, la version subjectiviste de la démonstration de Dedekind l'expose à d'autres objections : peut-on identifier l'univers de mes *pensées* avec la totalité des *choses* qui peuvent être objets de ma pensée ? Mon moi appartient à la totalité du pensable, mais non à l'univers de mes pensées.

39. Chez Bolzano, la définition de l'infini au sens Dedekind est un théorème. Cf. *Was sind und was sollen die Zahlen*? préface à la 2e éd., trad. fr. p. 73.

pensée», qu'il désigne par S. Il définit ensuite une application φ de S dans lui-même, qui à tout élément s fait correspondre un élément s' qui est «la pensée que s peut être objet de ma pensée». L'application φ fait ainsi correspondre à l'univers du pensable l'ensemble des pensées ou idées qui sont des «images» des objets pensables dans la pensée, et qui forment un sous-ensemble S' de S (une idée est elle-même quelque chose de pensable). On a ainsi

$$\varphi(s) = s'$$

ou, en d'autres termes, s' est l'idée de s, s étant un objet pensable quelconque; on a aussi

$$\varphi(S) = S'.$$

Or, S' n'est qu'une partie *propre* de S, parce que S contient des éléments qui ne sont pas des pensées, par exemple mon propre moi. L'application φ n'est donc pas surjective; elle est cependant injective ou, comme dit Dedekind, «distincte» ou «semblable» : deux éléments distincts de S ont deux images distinctes. S est en bijection avec sa partie propre S', par conséquent, il est infini.

Ni la démonstration «objectiviste» de Bolzano ni sa version «subjectiviste» chez Dedekind qui manipule le domaine de mes pensées[40] ne réussissent à établir l'existence des ensembles infinis qui, de nos jours, est posée par axiome. Mais derrière cet échec, il y a un acquis définitif : l'infini est désormais installé au cœur des mathématiques.

3. Le paradoxe de la réflexivité

C'est dans son dernier ouvrage, les *Paradoxes de l'infini*, que Bolzano accomplit le pas décisif qui conduit à une doctrine positive de l'infini: la mise en correspondance biunivoque (bijection) d'un ensemble avec une de ses parties propres (sous-ensemble propre). Pour Bolzano, cette propriété, la *réflexivité*, caractérise les ensembles infinis.

On exprime aujourd'hui la propriété mise en évidence par Bolzano en disant qu'un ensemble infini est équipotent à un de ses sous-ensembles propres. Cette formulation va au-delà des intentions et les instruments conceptuels de Bolzano. D'une part, elle suppose le concept général de puissance (de cardinalité) d'un ensemble; d'autre

40. Dans un texte de 1897 où il commente cette démonstration, Frege restitue le sens objectif du mot *Gedanke* (pensée) employé par Dedekind et revient, sans le savoir, à la version originale, bolzanienne, de l'argument. *Nachgelassene Schriften* (1969), 147-8 note. Cf. également B. Russell, *Introduction to Mathematical Philosophy*, 139.

part, l'équipotence y est considérée comme une relation d'équivalence permettant d'assigner le même nombre cardinal aux ensembles mis en bijection. Or Bolzano ne connaît ni notre concept de nombre cardinal ni l'équipotence au sens d'une relation d'équivalence.

Un exemple célèbre d'ensemble réflexif est l'ensemble des nombres naturels : il existe, en effet, des bijections entre cet ensemble et l'ensemble des carrés, par exemple celle qui, à un nombre, fait correspondre son carré :

$$1, 2, 3, 4, \ldots$$
$$1, 4, 9, 16, \ldots$$

Or l'ensemble des carrés est bien un sous-ensemble propre de l'ensemble des nombres naturels.

La réflexivité des ensembles infinis n'est pas une découverte de Bolzano ; elle apparaît sporadiquement chez plusieurs auteurs depuis l'Antiquité[40]. Cependant, en contradiction avec l'axiome du tout et de la partie, intuitivement évident, la réflexivité est une relation paradoxale qui impose l'abandon des propriétés les mieux établies de nos concepts lorsque ceux-ci affrontent l'infini. Même ceux des scolastiques qui acceptent l'infini actuel refusent d'introduire une relation d'ordre entre les ensembles infinis. Voici un problème qui fut discuté déjà par Philopon, et surtout au XIIIe siècle : si le monde est éternel, il y eut dans le passé une infinité de révolutions du soleil et une infinité de révolutions de la lune. Y eut-il douze fois plus de révolutions de la lune que de révolutions du soleil ?

Si Nicolas d'Oresme nie la possibilité de comparer les ensembles infinis, Robert Holkot (+ 1349) soutient que tous les infinis sont numériquement égaux :

> En mille hommes il y a un plus grand nombre de doigts que d'hommes ; mais en une infinité d'hommes, il n'y a pas un plus grand nombre [*plures*] de doigts que d'hommes, car il y a une infinité d'hommes et une infinité de doigts[41].

En revanche, Occam admet qu'« un infini puisse être plus grand qu'un autre ; ainsi les révolutions de la lune l'emportent sur les révolutions du soleil »[42].

---

40. A. D. Steele cite des anticipations du paradoxe de la réflexivité par les stoïciens (rapportées par Plutarque, *De communibus notitiis*, § 38) et par Proclus, *Commentaires sur le 1er Livre d'Eléments d'Euclide*, qui compare l'ensemble des diamètres d'un cercle donné avec l'ensemble des demi-cercles « deux fois plus nombreux » que le précédent. Sur la notion d'infini dans l'Antiquité et au Moyen-Age, voir Tony Lévy, *Figures de l'infini*, Paris 1987.

41. R. Holkot, cité par P. Duhem, *Le système de monde*, VII, 123.

42. *Comment. Sententiarum*, add. au Livre II (Lyon, 1494).

Une telle attitude est cependant tout à fait exceptionnelle. Le plus souvent, la discussion de la réflexivité aboutit à un refus : refus de l'infini actuel ou au moins refus de comparer les ensembles infinis, refus de leur assigner un nombre.

Au XIIe siècle, Adam du Petit Pont constate qu'il y a autant de choses susceptibles d'être objets d'une interrogation qu'il y a d'objets tout court, bien que l'ensemble des premières soit compris dans l'ensemble des objets; le même ensemble est ainsi « plus nombreux que lui-même ». Pour échapper au paradoxe, l'auteur préconise, comme nos constructivistes et finitistes modernes, d'abandonner « l'excès infini du possible », *possibilitatis excessum infinitum* pour s'engager sur le « chemin de l'art fini », *artis viam finitam*[43].

De son côté, Galilée puise à des sources scolastiques. Après Albert de Saxe (+ 1390), il examine le paradoxe de la correspondance entre les entiers et leurs carrés (et aussi leurs cubes); de plus, il « démontre » qu'une circonférence est égale à un point (le centre du cercle) et compare deux segments de droite distincts, contenant chacun une infinité de points. Ces paradoxes feront l'objet d'un examen attentif de la part de Bolzano.

Y a-t-il autant de carrés que de nombres, ou bien « tous les nombres, carrés et non carrés, sont plus que les carrés seuls » ? Galilée n'échappe à la contradiction qu'en déclarant l'impossibilité de principe de comparer les ensembles infinis.

> Les difficultés de cet ordre proviennent de ce que nous raisonnons avec notre intelligence finie sur les infinis, leur donnant les mêmes attributs qu'aux choses finies et limitées, procédé injustifiable à mon sens, car j'estime que ces attributs de supériorité, d'infériorité et d'égalité ne conviennent pas aux infinis, dont on ne peut dire que l'un est plus petit, plus grand ou égal par rapport à l'autre[44].

Pour Galilée, la réflexivité de l'ensemble des entiers, loin d'induire une relation d'équivalence entre les ensembles infinis et, par là, la possibilité d'envisager une arithmétique de transfini, dresse au

---

43. « (...) tot igitur interrogabilia sunt quot omnia tam interrogabilia quam non interrogabilia, et ipsa se ipsis plura ; quod est impossibile » ; de même l'ensemble des objets susceptibles d'être objets d'énoncés vrais (enuntiabilia vera), comparé, quant à sa cardinalité (secundum numerum), à l'ensemble de tous les objets d'une énonciation possible (omnia de quibus enuntiari potest). Y. Thomas, « A 12th Century Paradox of the Infinite », *Journ. Symb. Logic*, 23 (1958), 133-4 ; L. Minio-Paluello, *Adam Balsamiensis Parvipontani Ars Disserendi, Twelfth Century Logic Texts & Studies*, I, Rome 1956.

44. *Discours concernant deux sciences nouvelles*, trad. fr. *Dialogues et lettres choisies*, p. 255-8.

contraire une barrière à l'élargissement du domaine d'application des relations d'ordre et d'égalité : celles-ci resteront confinées aux nombres et aux grandeurs finies.

C'est Leibniz qui soumet l'argument de Galilée à l'analyse la plus complète de son temps; il établit, en outre, une bijection entre deux segments de droite de longueurs inégales, alors que Galilée n'envisage que le cas d'un seul segment considéré du point de vue de la division du continu.

Ce deuxième exemple apparaît au cours de la discussion de la question de savoir si, oui ou non, un segment de droite est constitué de points. Si un segment n'est qu'un ensemble de points, le nombre de ses points est soit fini, soit infini. L'opinion selon laquelle cet ensemble de points est fini est vite réduite à l'absurde. Mais l'hypothèse contraire butte sur la même difficulté déjà signalée par Galilée, et que Leibniz illustre en comparant un côté et la diagonale d'un rectangle.

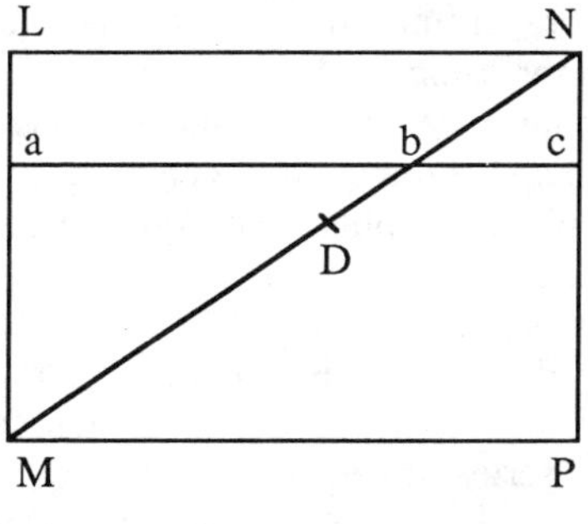

Etant donné que chaque point du côté LM peut être relié à un point du côté NP par une parallèle à la base, les deux côtés contiennent le même nombre de points, mais pour exactement la même raison, le côté LM contient le même nombre de points que la diagonale MN. Il en résulte que, si les lignes «ne sont que des agrégats de points, une ligne plus petite est égale à une ligne plus grande». Mais il y a plus. Sur la diagonale MN, Leibniz prend maintenant un point D tel que les longueurs de ML et de MD soient les mêmes : «si ML et MN ont le même nombre de points, [...] le tout et la partie auront également le même nombre de points, ce qui est absurde»[45].

45. «Pacidius Philalethi», *Opusc.*, 611 (dialogue daté de 1676). Pour un traitement plus complet de cette question, voir mon article «Le paradoxe de la réflexivité des ensembles infinis : Leibniz, Goldbach, Bolzano», in *Infini des mathématiciens, infini des philosophes* (à paraître chez Belin).

Contrairement à Galilée, Leibniz croit à la validité universelle de l'axiome du tout et de la partie, y compris lorsqu'il s'agit de l'infini. Sa critique ne vise pas, non plus, l'existence de l'infini actuel, bien qu'il préfère traduire les énoncés sur l'infini actuel dans le langage de l'infini potentiel. Ce que Leibniz refuse d'admettre, c'est la possibilité d'une détermination numérique de l'infini, l'existence d'un *nombre* infini. Le paradoxe de la réflexivité se transforme dans ses mains en argument suprême contre toute extension de la notion de nombre aux ensembles infinis. S'il y avait un nombre infini, tous les ensembles auraient, à son avis, la même puissance, celle du dénombrable : non seulement il y aurait autant de carrés ou de nombres pairs que de nombres entiers, mais encore, il y aurait autant de rationnels, de points d'une droite, de dimensions, autant de courbes analytiques, de courbes et enfin, d'êtres, que de nombres naturels. A côté du vieux problème du tout et de la partie, apparaît maintenant un autre motif de refus d'une arithmétique de l'infini : l'unicité supposée du nombre infini. S'il existe un nombre infini qui soit à la fois le nombre de tous les nombres et le nombre maximal, toutes les puissances transfinies s'écrasent en une seule, celle du dénombrable. Quant à l'axiome du tout et de la partie « ou bien l'infini n'est pas en réalité un tout, ou bien, s'il est un tout et s'il n'est pas plus grand qu'une de ses parties, il est quelque chose d'absurde »[46].

Le calcul infinitésimal, et en particulier la théorie des séries, pose aux mathématiciens des problèmes de comparaison de leurs termes. En 1722, dans une lettre à N. Bernoulli, Goldbach compare le nombre des termes des deux séries suivantes :

$$1+\frac{1}{2}+\frac{1}{3}+\frac{1}{4}+\ldots \quad \text{et} \quad \frac{a}{2}+\frac{b}{4}+\frac{c}{6}+\frac{d}{8}+\ldots$$

Bien que la seconde soit constituée par les termes d'ordre pair de la première (en prenant $a=b=...=1$), les deux séries contiennent, à son avis, le même nombre de termes; en effet, la seconde se transforme en la première lorsqu'on prend $a=b=...=2$. Goldbach fait la même observation au sujet de la série des entiers (A), comparée à la série de leurs carrés (B). Si, par une transformation terme à terme, il est possible d'amener une série à coïncider avec une autre, le nombre de leurs termes est égal, « car dans aucune d'elles, on ne peut assigner un terme auquel ne corresponde un terme égal dans l'autre, de sorte que le surplus des termes de la série B par rapport à l'autre est purement imaginaire »[47].

46. *Math.*, III, 535 (lettre à Jean Bernoulli, écrite en 1698).
47. *Correspondance* [...] *de quelques géomètres célèbres du 18e siècle*, éd. P. H. Fuss, II (1843), 127-8.

« Il semble que tu te contredises », répond N. Bernoulli en invoquant contre l'unicité du nombre infini, affirmée par Goldbach, l'argument leibnizien de la hiérarchie des infinis. « Si tu le considères avec soin, tu verras facilement que tes deux séries, l'une constituée d'une infinité de termes, l'autre d'une infinité d'une infinité de termes, ne sauraient être rendues égales par une équiparation des termes singuliers pris dans chacune d'elles »[48].

En conflit avec l'axiome du tout et de la partie, qui est lié à l'affirmation contestée de l'unicité du nombre infini et dépendant de la construction contingente d'une bijection à laquelle on peut opposer d'autres correspondances plus « naturelles », la réflexivité se présente moins comme un paradoxe que comme une propriété qui engendre des contradictions. Or, Bolzano établira une propriété jugée antinomique comme un fait mathématique incontestable et de portée générale, et le posera comme propriété caractéristique des ensembles infinis. Par rapport à Galilée et Leibniz, Bolzano accepte sans réserves l'infini actuel, la possibilité de comparer les tailles des ensembles infinis et l'idée d'une hiérarchie des infinis. En outre, en identifiant les objets géométriques aux ensembles de points, il fait tomber bien des obstacles contre lesquels butaient ses prédécesseurs. Enfin, par ses concepts du continu et du nombre réel, il apporte une première réponse *mathématique* au vieux problème de la composition du continu, dans le contexte duquel, précisément, Galilée et Leibniz ont discuté le paradoxe de la réflexivité.

Bolzano analyse le paradoxe de la réflexivité et ses conséquences pour la première fois dans une ébauche qui figure dans son journal mathématique, les *Miscellanea mathematica*. Ce texte date de la première grande période d'activité mathématique de Bolzano ; il a été écrit en hiver 1813-1814. Par son titre *De la mathématique universelle ou arithmétique*[49], il se rattache à un héritage prestigieux ; son contenu indique ce que Bolzano entend par mathématique universelle : une doctrine des totalités ou des ensembles. L'apport essentiel de ce texte, ce sont des remarques successives qui lui donnent l'allure d'une démarche dialoguée, qui confrontent des idées opposées et éclairent le problème d'une point de vue toujours différent. Ni le problème ni la solution ne sont vraiment nouveaux et ce texte n'apporte ni une doctrine ni même une thèse. Il est proprement dialectique dans la mesure

48. *Ibid.*, 131. Le terme *aequiparatio* signifie une mise en bijection.

49. *Misc. math. 4, 1813-14*, *Gesamtausgabe* II B 3/2, 334-5. On trouvera ce texte (et sa traduction française) également dans mes « Premiers paradoxes bolzaniens de l'infini », *Arch. de Phil.*, 50 (1987), 403-11.

où il aboutit à une aporie qui ne fait que souligner l'incompatibilité de différentes conditions auxquelles doit satisfaire la solution.

Le texte se propose de démontrer un théorème sur les ensembles infinis, le même que Bolzano essaiera de justifier encore dans les *Paradoxes de l'infini* (§§ 21-24) :

> S'il existe une injection d'un ensemble A dans un autre B et une injection de B dans A, les deux ensembles ne sont pas nécessairement numériquement égaux; leur égalité n'a lieu que lorsque les deux ensembles sont finis.

Le point de départ est donc un théorème «critique» : la négation d'une implication qui peut sembler naturelle et qui est soutenue à l'époque dans certains cas particuliers par J.K. Fischer[50]. La démonstration se veut une simple «certification» : justification provisoire, visant à confirmer notre conviction, mais insuffisante pour rendre raison de ce théorème, c'est-à-dire pour le fonder. Bolzano le justifie par le fait que «les lignes de même longueur ont certainement la même pluralité de points [*gleichviele Punkte*]». Il s'ensuit que les lignes deux fois ou n-fois plus longues ont deux fois plus ou n-fois plus de points. Encore au § 23 des *Paradoxes de l'infini*, Bolzano tiendra le même langage : le nombre des points d'une ligne dépend de sa longueur.

La démonstration est suivie d'une *remarque* : si le théorème est vrai, «rien n'empêche d'établir la définition de la longueur comme l'ensemble des points (et de même pour l'aire et le volume)», c'est-à-dire d'identifier la mesure d'un ensemble de points à cet ensemble lui-même. Mais aussitôt, Bolzano, envisageant son théorème faux, déclare qu'une nouvelle définition de la longueur est alors nécessaire et propose celle qui est fondée sur l'additivité. Plus tard, dans les *Paradoxes*, il refusera explicitement d'identifier ensemble et mesure; d'ailleurs, déjà dans les *Drei Probleme der Rectification*, il avait utilisé sa nouvelle définition de la mesure.

Quoi qu'il en soit, la force démonstrative de la «certification» s'évanouit : le théorème peut tout aussi bien être tenu pour vrai que pour faux.

La *deuxième remarque* apporte un trouble : non seulement elle réfute le théorème, mais encore, Bolzano «ne voit pas ce qu'on

---

50. «Des arcs de cercle concentriques et semblables ont le même nombre de points». *Grundriss der ges. höheren Mathematik*, II, § 51, 65. Cf. *PU*, § 42, 83. Dans les *PU*, Bolzano n'envisage pas l'existence de deux applications injectives, mais directement une correspondance bi-univoque (une bijection).

pourrait opposer à la démonstration suivante qui prouve sa fausseté ». Voici la démonstration :

> Etant donné que pour tout individu dans A il existe un individu dans B, l'*ensemble* des individus dans B ne peut être plus petit, mais tout au plus *plus grand* ; on peut donc poser $B = A + p$ où p désigne 0 ou un nombre positif (y compris aussi ∞). De même, A ne peut être plus petit, mais tout au plus *plus grand* que B, par conséquent, $A = B + q$, où q est un nombre positif ou nul. Par conséquent, $B = B + q + p$, ce qui n'est possible que si $p = 0$ et $q = 0$.

C'est l'idée du théorème de Cantor-Bernstein : de l'existence des applications injectives de A dans B et de B dans A, Bolzano conclut à l'égalité numérique (équivalence) des deux ensembles.

Avec cette nouvelle démonstration, exprimée dans le langage de l'arithmétique, Bolzano change de plan. Sa portée est beaucoup plus générale puisque seule l'arithmétique fait partie de la mathématique universelle ; la géométrie n'est qu'une discipline particulière, appliquée de la théorie pure des grandeurs.

Nouveau retournement avec la *troisième remarque* : Bolzano revient au modèle géométrique qui suscite une cascade de paradoxes en développant les conséquences de la démonstration précédente qui réfute le théorème initial:

> Donc, l'ensemble des points est dans toutes les lignes égal. Donc, l'ensemble des points dans la partie ab est aussi grand que dans le tout abc.
>
> 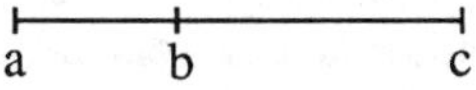
>
>
> Par conséquent, l'ensemble des points dans le morceau bc est = 0 !!!

En langage actuel : si l'existence de deux injections (donc d'une bijection) implique équivalence, toutes les lignes sont équivalentes. Pire : l'axiome du tout et de la partie se trouve en défaut. Et même, comble du paradoxe : si bijection implique équivalence, un segment peut être mis en bijection avec une de ses parties propres, donc, le reste de ce segment est vide ! Une de ses parties peut donc ne contenir aucun point !

Un *Nota Bene* met le terme à cette destruction. L'axiome du tout et de la partie ne se trouve pas réfuté, pense Bolzano, car on ne peut pas comparer l'ensemble des points d'une ligne avec l'ensemble des points d'une partie de la même ligne : « seuls les ensembles de points situés dans les lignes qui se trouvent dans le même plan, mais non dans la même droite, sont démontrablement égaux [*erweislich gleich*] ».

Toutefois, le *Nota Bene* se trouve lui-même exposé à une *Objection* qui termine le texte sans apporter de conclusion :

> L'ensemble des points d'une ligne dépend donc de son *lieu*? *La même ligne* a donc tantôt un ensemble de points égal à celui d'une autre, tantôt non, suivant qu'on la considère tantôt en un lieu, tantôt en un autre?

Sur le moment, cette remarque très pertinente reste sans réponse. Plus tard, lorsque Bolzano revient sur son texte et l'annote, apparaît un concept nouveau, celui d'éléments déterminants (*bestimmende Stücke*), destiné à répondre à l'*Objection* et à sauver le théorème. Ce sont les éléments déterminants d'un objet qui permettent de conclure à l'égalité :

> Les choses sont égales si leurs *éléments déterminants* sont identiques. Les ensembles infinis n'ont pas d'éléments déterminants, on ne peut donc pas conclure à leur égalité. Ceci peut être utilisé comme objection contre la méthode qui définit ou qui, en général, conclut à l'égalité sans considérer les éléments déterminants.

Bolzano expliquera sa doctrine des éléments déterminants dans de nombreux textes sans y apporter suffisamment de lumière. Déterminer un objet au sens le plus large du terme, c'est indiquer des représentations sous lesquelles tombe cet objet. Une détermination est *complète* si la représentation de l'objet est une représentation *exclusive*. Un objet A *détermine* un objet B lorsque l'on peut déduire les propriétés du second des propriétés du premier. Ainsi, un point (le centre), un plan et un rayon déterminent complètement le cercle, « car toutes ses propriétés peuvent être déduites de ces trois éléments [*Stücke*] » [51]. Enfin, lorsque la détermination est complète, c'est-à-dire lorsque *toutes* les propriétés de B peuvent être déduites des propriétés des A_1, A_2, ...,A_n « par le moyen d'une règle qui est une vérité conceptuelle pure », B est déterminé au sens strict du mot et les A_1, A_2, ..., A_n sont ses *éléments déterminants* (*bestimmende Stücke*). Par exemple, le centre et le rayon d'une sphère sont ses éléments déterminants « parce que toutes les propriétés de la sphère peuvent être déduites de ces éléments par le moyen de vérités conceptuelles pures » [52].

Revenons encore au texte de 1814. Il réunit les différents éléments qui feront désormais partie de la doctrine bolzanienne de l'infini. Il contient déjà l'énoncé du théorème qui refuse de conclure à l'égalité numérique à partir de la bijection, et l'idée que le nombre des éléments (la multiplicité) d'un ensemble de points dépend de sa mesure. Il

---

51. *WL*, II, § 180, 227.
52. *Einl. GL*, 88 r.

envisage les conséquences désastreuses de la réflexivité des ensembles infinis. Il introduit la notion d'« éléments déterminant » pour juger de l'égalité. Il touche au problème du rapport entre la mesure et la multiplicité d'un ensemble. Ce texte met en place des concepts, des thèses et aussi des obstacles qui devront être soumis à l'examen pour aboutir à une doctrine. Or, les éléments que Bolzano expose dans son texte sont incompatibles et personne n'est davantage sensible que notre auteur à l'aiguillon des paradoxes qui ne cessent d'être engendrés par les deux thèses en présence. Le raisonnement abstrait, arithmético-ensembliste, mène tout droit à l'implication entre bijection et équivalence ; les paradoxes surgissent lorsque ce raisonnement universel est appliqué aux objets géométriques. Il en sera de même par la suite. A deux reprises, lorsque Bolzano énoncera des définitions générales de l'équivalence entre deux ensembles, il formulera sans hésiter le critère de la bijection. Néanmoins, chaque fois qu'il aura à appliquer ce critère dans des cas concrets, en particulier en géométrie et lorsqu'il considérera les intervalles des nombres réels, il se réfugiera dans la doctrine des éléments déterminants.

Dans les *Paradoxes de l'infini*, Bolzano croit avoir réussi à réunir les éléments disparates en doctrine cohérente. Il pense avoir transformé les contradictions en paradoxes, c'est-à-dire en contradictions apparentes qui peuvent s'expliquer par la nature de l'infini. La réflexivité cesse d'entretenir le scandale ; elle devient une propriété caractéristique des ensembles infinis.

D'emblée, le problème est posé dans toute sa généralité :

> Nous devons considérer maintenant une propriété très remarquable qui peut se présenter dans le rapport entre deux ensembles *infinis*, et qui, à proprement parler, se présente même toujours. Cette propriété fut négligée jusqu'ici au détriment de la connaissance d'importantes vérités métaphysiques, physiques et mathématiques. Aujourd'hui même, le fait de l'énoncer paraîtra tellement paradoxal qu'il soit absolument indispensable de l'examiner un peu plus longuement. J'affirme en effet que deux ensembles infinis peuvent se trouver dans le rapport suivant : *d'une part*, il est possible d'associer chaque objet appartenant à l'un des ces ensembles avec un objet de l'autre pour former un couple de telle sorte qu'aucun objet des deux ensembles ne reste seul sans être relié en un couple, et qu'aucun ne figure dans deux ou plusieurs couples ; *d'autre part*, il est possible que l'un de ces ensembles contienne en même temps l'autre comme une simple *partie*, de sorte que les multitudes que ces ensembles représentent puissent se trouver dans des *rapports les plus divers* lorsque nous

considérons leurs objets comme égaux, c'est-à-dire comme unités[53].

Bolzano affirme donc la possibilité de mettre en bijection deux ensembles *infinis* dont l'un est un sous-ensemble propre de l'autre. Il démontre cette propriété par deux exemples; le premier met en bijection deux ensembles de nombres réels, le second, deux ensembles de points d'une droite.

1) La bijection sera définie entre deux ensembles ouverts de réels,]0,5[et]0,12[, par l'équation

$$5y = 12x.$$

Le premier ensemble est bien un sous-ensemble propre de l'autre; de plus, pour tout x appartenant à]0,5[, il existe un et un seul y appartenant à]0,12[, et réciproquement.

2) Le deuxième exemple découle du précédent : soient trois points distincts A, B, C, situés sur une droite, et tels que B soit entre A et C (le rapport des distances $\frac{AB}{AC}$ étant arbitraire).

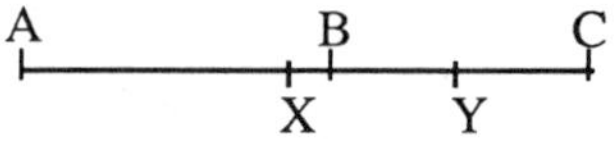

Le segment AB est contenu dans le segment AC. Néanmoins, on peut définir une bijection de AB sur AC qui à tout point X de AB fait correspondre le point Y de AC tel que

$$\frac{AX}{AY} = \frac{AB}{AC}.$$

Une fois démontré ce résultat fondamental, d'autres exemples pourront s'y ajouter. Ainsi la bijection entre les nombres naturels et leurs carrés, plus exactement entre les termes des séries

$$S_1 = 1 + 2 + 3 + \ldots \text{ et}$$
$$S_2 = 1^2 + 2^2 + 3^2 + \ldots,$$

d'où Bolzano déduira, « malgré l'apparence du contraire », l'égalité des ensembles de leurs termes (*Glierdermenge*). En effet : « par le fait d'élever, dans S_2, chaque terme de la série S_1 au carré, nous changeons uniquement les propriétés (la grandeur) de ces termes, mais non leur multiplicité »[54]. C'est pour la première et dernière fois que, dans les *Paradoxes de l'infini*, Bolzano conclut de la réflexivité de l'ensemble

53. *PU*, § 20, 27-8.

54. *PU*, § 33, 54. Néanmoins, en tant que « somme » infinie de la série divergente, notion que Bolzano récuse dans ses ouvrages antérieurs, mais qu'il admet dans les *PU* à titre de grandeur infinie, S_2 est supérieure à S_1.

des nombres naturels à l'égalité numérique entre un ensemble et l'un de ses sous-ensembles propres. Notons qu'il s'agit de nouveau d'un exemple arithmétique.

On a vu que, dans *WL*, Bolzano considère une bijection comme une transformation qui amène les termes d'un ensemble à coïncider un à un avec les termes d'un autre ensemble, en leur faisant subir des altérations diverses (élévation à la puissance, déplacement dans l'espace etc.) sans porter atteinte à leur *unité* en tant qu'individus. A certains moments, Bolzano utilise l'existence d'une bijection comme critère de l'égalité des « grandeurs infinies » sans le fixer comme tel dans une définition. Dans les *Paradoxes de l'infini*, malgré l'exemple que nous venons de citer, l'idée d'une telle définition d'équivalence est même explicitement rejetée, parce qu'elle est incompatible avec l'ordre strict entre les ensembles définis à l'aide de l'inclusion. Ainsi, l'ensemble]0,5[est plus petit que l'ensemble]0,12[, bien que les deux puissent être mis en bijection[55].

En réunissant les indications sur l'ordre et l'égalité des grandeurs que Bolzano définit entre les ensembles infinis, on obtient les propositions suivantes :

1) *Le tout est plus grand que la partie*

(ou, traduit en termes de de nombre cardinal),

1') *card A < card B si et seulement si A est équivalent à une partie propre de B*[56];

mais en même temps :

2) *Tout ensemble infini peut être appliqué bijectivement sur une de ses parties propres* (c'est-à-dire tout ensemble infini est réflexif).

55. ... « il ne faut pas considérer tous les ensembles infinis comme *égaux du point de vue de leur multiplicité*; certains d'entre eux sont *plus grands* (ou *plus petits*) que d'autres, c'est-à-dire certains en contiennent d'autres comme parties (ou, au contraire, sont eux-mêmes contenus comme de simples parties dans d'autres) ». *PU*, § 19, 26-7.

56. Bolzano ne formule pas la relation « plus petit » ou « plus grand » pour les grandeurs infinis de manière aussi générale (mais voir le passage cité ci-dessus, p. 444 et note 23, selon lequel card A < card B si A n'est pas équivalent à B et si B contient une partie équivalente à A). Dans *PU*, Bolzano tient apparemment compte seulement des cas où l'un des ensembles est inclus dans l'autre et observe, après avoir défini une bijection entre deux ensembles de nombres réels A et B tels que $A \subset B$, que « le dernier ensemble [B] doit, à coup sûr, être déclaré comme plus grand que le premier [A], car celui-ci n'est indiscutablement qu'une des parties de B ». (*PU*, § 20, 28).

D'autre part, comme il résulte des recherches sur l'extension des concepts,

> 3) *Tout ensemble a une certaine grandeur* (un nombre cardinal unique)[57].

Ajouter à ces trois énoncés le suivant :

> *4) Deux ensembles mis en bijection ont la même multiplicité* (ont le même nombre cardinal),

que Bolzano avance pour les ensembles infinis d'entiers, c'est faire éclater au grand jour la contradiction qui est en fait déjà présente entre 1) et 2). L'évidence intuitive de l'axiome 1), dérivée de la considération des ensembles finis, interdit à Bolzano, comme à ses prédécesseurs, d'établir un critère d'équivalence par l'intermédiaire d'une bijection. Ce conflit profond, qui éclate presque dans chaque section des *Paradoxes de l'infini*, l'empêche de construire une arithmétique de l'infini qui soit cohérente.

Il ne cesse d'insister sur ce point : conclure de l'existence d'une bijection entre deux ensembles infinis à leur égalité du point de vue de leur multiplicité ou, comme nous disons depuis Cantor, à leur équipotence ou équivalence, c'est étendre de manière illégitime une propriété des ensembles finis aux ensembles infinis. Voudrait-on considérer comme « égaux du point de vue de la multiplicité » deux ensembles infinis A et B, uniquement en vertu d'une bijection qu'on a réussi à établir entre eux ?

> Manifestement, cette conclusion tombe dès que l'ensemble des objets de A est *infini* ; car, à ce moment là, non seulement nous qui *comptons* les objets, n'arrivons jamais à un dernier A, mais, en vertu de la définition de l'ensemble infini, dans A, il n'y a pas un *dernier* objet en soi et pour soi [...] ; c'est pourquoi, bien que, dans B, il ne manque pas d'objets qu'on peut associer avec les objets de A pour en former des couples toujours nouveaux, on n'a aucune raison de conclure que la multiplicité des deux ensembles soit la même[58].

Bolzano ne veut pas savoir que ni la notion du fini ni celle de l'infini n'entrent pas dans la définition de l'équivalence fondée sur l'existence d'une bijection entre deux ensembles quelconques, définition qu'il avait lui même formulée.

A la lecture de la *WL*, on comprend la nature de l'obstacle contre lequel bute Bolzano. L'égalité numérique de deux ensembles, relation *universelle*, dépend de la construction d'une bijection *particulière*.

---

57. *WL*, I, § 66, 298-9.
58. *PU*, § 22, 32-33.

C'est ce caractère particulier d'une *équiparation* des termes un à un, choisie exprès pour atteindre le but proposé qui heurte un Nicolas Bernoulli ; ne peut-on lui opposer d'autres bijections qui montrent le contraire ? Des exemples qu'indique Bolzano témoignent de la même difficulté à établir une «bonne» bijection et à résoudre le problème posé par la comparaison des ensembles infinis. Comment définir, en effet, une échelle des grandeurs applicable aux ensembles qui ne sont pas des multitudes de la même espèce et dont aucun n'est inclus dans l'autre ? L'attribution d'une grandeur à chaque ensemble reste toute théorique si l'on ne parvient pas à établir une hiérarchie effective des grandeurs infinies. Bolzano a bien l'idée d'une telle hiérarchie mais ne peut la rendre efficace, systématique et cohérente. Voici comme il procède dans la comparaison des grandeurs des ensembles infinis.

On ne s'étonnera pas, certes, que « la question de savoir s'il y a davantage de triangles ou davantage de syllogismes est une question à laquelle on ne peut rien répondre sinon qu'on ne sait pas comparer ces deux ensembles infinis »[59]. Rien, non plus, ne permet à Bolzano de comparer l'ensemble des sphères avec l'ensemble des tétraèdres. En revanche, l'existence d'une bijection évidente suffit pour dire qu'il y a autant de cercles (de disques fermés) que de circonférences. Cette fois-ci, l'extension d'une propriété des ensembles finis aux ensembles infinis lui semble parfaitement légitime :

> Etant donné que pour chaque circonférence il existe un cercle et réciproquement, nous affirmerions sans hésiter qu'il y a autant de cercles que de circonférences s'il n'y avait qu'un ensemble fini de circonférences, et que les deux concepts ont par conséquent la même ampleur[60].

Mais Bolzano se laisse entraîner par l'analogie et prétend que, « pour des raisons semblables », l'ensemble des centres d'ellipses et l'ensemble de leurs foyers sont dans le rapport $\frac{1}{2}$ « uniquement parce que pour tout centre, il y a toujours deux foyers ». Toujours pour des raisons semblables, l'ensemble des circonférences des cercles et l'ensemble de leurs diamètres se trouvent dans le rapport de 1 à ∞, « étant donné que pour toute circonférence il y a une infinité de diamètres »[61]. Malgré l'intervention abusive de rapports numériques,

---

59. *WL*, I, § 93, 439.
60. *Ibid.*
61. *Ibid.*

Bolzano compare des ensembles infinis dont aucun n'est sous-ensemble de l'autre, et qui sont même disjoints[62].

L'ordre (strict) entre les grandeurs infinies au sens de Bolzano est donc déterminé comme dans le fini. Un entier est inférieur à un autre si, considéré en tant que multitude, il est inclus dans le second. La hiérarchie des grandeurs infinies est, chez Bolzano, conçue selon le même principe. L'ensemble infini des substances créées diffère de l'ensemble de toutes les substances d'un seul élément, la substance divine ; le premier, inclus dans le second, lui est donc inférieur. On aurait ainsi, pour toute grandeur infinie ω,

$$\omega \neq \omega + 1,$$

résultat qui sera contredit par Cantor. Bolzano va encore plus loin dans cette voie ; en particulier, il envisage des « grandeurs infinies dites d'*ordre supérieur* dont chacune dépasse infiniment l'autre »[63]. Un exemple est fourni par la suite qui généralise l'exemple des entiers comparés à leurs carrés :

$$N,\ N^{(2)},\ N^{(4)},\ N^{(8)},\ N^{(16)},\ \ldots$$

(où N désigne l'ensemble des nombres naturels, $N^{(k)}$ l'ensemble des $k^{\text{-ièmes}}$ puissances), suite dont chaque terme est inclus (strictement) dans le terme précédent. Selon Bolzano, l'ampleur de chaque terme « dépasse *infiniment* l'ampleur du terme immédiatement suivant (et dépasse d'autant plus l'ampleur d'un terme ultérieur) »[64].

Revenons sur la question de l'équinuméricité des ensembles infinis. Bolzano pense que la possibilité de les mettre en correspondance bi-univoque en est une condition nécessaire, mais non suffisante. Comme pour la définition de l'égalité géométrique (isométrie), il va se tourner maintenant vers une formulation générale, métamathématique, qui fera appel au concept de détermination. Les ensembles seront « égaux du point de vue de la multiplicité de leurs éléments » s'ils ont « les

---

62. Sur ce point, Bolzano s'oppose expressément à Kant, selon lequel « un concept n'est pas plus large qu'un autre parce qu'il subsume davantage – car on ne peut pas le savoir –, mais dans la mesure où il subsume l'autre concept, et encore davantage en dehors de lui ». *Logique*, § 13.

63. *PU*, § 29, 45. Dans la *WL*, Bolzano donne un exemple géométrique d'« une infinité d'ensembles distincts qui sont plus petits que l'ensemble des objets compris sous [le concept] A, mais plus grands que l'ensemble des objets compris sous [le concept] B » (*WL*, I, § 100, 467).

64. *WL*, I, § 102, 473-4. Bolzano parvient à cette conclusion en comparant d'abord les tailles des ensembles finis de premières, deuxièmes,... $k^{\text{ièmes}}$ puissances des n premiers nombres naturels (n étant fixé), pour passer ensuite à la limite, en faisant tendre n vers l'infini, car, à son avis, plus grand on prend n, plus on approche le « vrai rapport » des deux termes successifs. Bolzano en déduit qu'« aucun ensemble fini de mesures ne suffit pour mesurer l'ampleur de toutes les représentations ».

mêmes raisons déterminantes» (*gleiche Bestimmungsgründe*) [65]. Sous cette forme, la définition est inutilisable, et ce qu'il faut bien appeler l'indétermination de l'expression signale ici, à l'endroit décisif, une insuffisance de l'analyse conceptuelle qui est une des lacunes les plus graves de la doctrine de Bolzano.

Etant donné qu'une raison déterminante est ce à partir de quoi on peut déduire une propriété caractéristique d'un objet ou d'un ensemble, seuls les ensembles égaux seraient équinumériques ! C'est pourquoi il convient d'interpréter la notion de raison déterminante dans un sens moins restrictif [66]. Mais l'exemple qu'en donne Bolzano n'est pas plus éclairant : à son avis, le mode de formation (*Entstehungsweise*) des ensembles que l'on compare est une telle raison. Et lorsqu'il s'agit de comparer effectivement des ensembles de réels ou des ensembles de points d'un segment, Bolzano se tourne vers les seules propriétés qui peuvent distinguer les intervalles ou les segments, à savoir les distances entre leurs bornes. La définition générale de l'équinuméricité dépend alors des relations métriques. Bolzano établit maintenant des égalités comme

$$\text{card }]7,8[= \text{card }]12,13[\;^{67};$$

en revanche, en vertu de sa définition de l'ordre, on a

$$\text{card A} \neq \text{card B} \quad \text{si A} =]0,5[\quad \text{et} \quad \text{B} =]0,12[,$$

> car entre deux grandeurs quelconques de B se trouve encore un autre ensemble de telles grandeurs, plus grand que l'ensemble qui lui correspond dans A ; il n'est donc point étonnant que l'ensemble des grandeurs de B tout entier est autre (plus grand) que l'ensemble des grandeurs de A [68].

En fin de compte, en l'absence d'une détermination intrinsèque, la cardinalité d'un ensemble de points ou d'un ensemble de nombres réels est définie par un prédicat géométrique, la distance, ou par la mesure. De manière tout à fait générale, «lorsqu'on a deux objets spatiaux entièrement semblables, les ensembles formés de leurs points doivent être exactement dans le même rapport que leurs grandeurs» [69]. Dans le continu, la multiplicité d'un ensemble qui est une propriété arithmétique devient, pour Bolzano, une fonction de la métrique. Le nombre,

---

65. *PU*, § 21, 31 ; § 24, 35.

66. Dans une importante lettre à R. Zimmermann du 9-3-1846, Bolzano déclare qu'il n'est plus « content de la définition du concept de détermination, établie dans la Logique [i.e. dans la *WL*] » ; *Phil. Phys. 1832-1848*, t. II = *Gesamtausgabe*, II A 12/2, p. 189.

67. *PU*, § 29, 46 ; Bolzano écrit : Mult (8–7) = Mult (13–12).

68. *PU*, § 23, 34.

69. *PU*, § 40, prop. 4, p. 82-83.

qui est à l'origine de la construction des concepts de nombre réel et par là de mesure, finit, à son tour, par dépendre de la mesure.

Comme le dit G. Cantor, lecteur attentif des *Paradoxes de l'infini*, bien que Bolzano soit « peut-être le seul chez qui les nombres infinis jouissent de certains droits », il lui manque,

> pour les saisir par un concept [...], aussi bien le *concept* général de *puissance* [de nombre cardinal] que le *concept* précis de *nombre ordinal* [*Anzahl*]. Il est vrai, les deux apparaissent chez lui à certains endroits, sous forme de germes, comme quelque chose tout à fait particulier; mais, comme il me semble, l'auteur ne parvient pas à une complète clarté et détermination, ce qui explique de nombreuses inconséquences et même maintes erreurs de cet écrit précieux [70].

Quelques années après la parution des *Paradoxes de l'infini*, Riemann rétablira le rapport entre la notion de cardinalité et celle de mesure. Seuls les ensembles discrets seront pourvus d'une « mesure » intrinsèque qui consiste dans une détermination par le nombre. L'espace, « multiplicité continue » se révélera comme étant essentiellement amorphe, susceptible de recevoir plusieurs métriques, qui doivent être importées de l'extérieur [71]. Désormais, en principe, toute définition de la mesure est extrinsèque à l'ensemble qu'on se propose de mesurer; seule sa cardinalité est une propriété intrinsèque.

D'autres hésitations, sur des points déjà acquis, marquent les *Paradoxes de l'infini*. Le principe admis par Bolzano selon lequel la cardinalité d'un ensemble infini change lorsqu'on lui ajoute un élément va jusqu'à perturber les démonstrations les mieux établies de la théorie des séries. Ainsi, à deux reprises, l'auteur déclare qu'une série a moins de termes lorsqu'on supprime un nombre fini de termes tout en admettant un peu plus loin l'égalité numérique entre l'ensemble des nombres naturels et l'ensemble de leurs carrés.

Ces hésitations sont regrettables, mais elles s'expliquent à la fois par la nouveauté, l'ampleur et la complexité d'une recherche menée pour la première fois avec des moyens mathématiques. Même si l'on met à part les questions de physique et de métaphysique, que de domaines abordés ! Le concept d'infini qui apparaît ici comme le couronnement de la carrière philosophique et scientifique de Bolzano; les concepts topologiques de continu et de dimension; une ébauche de la théorie de la mesure des ensembles de points; une esquisse des fondements du calcul différentiel en termes de limites avec toute une

70. *Gesammelte Abhandlungen*, p. 180.

71. *Sur les hypothèses qui servent de fondement à la géométrie* (1854), A, § 1, et C, § 3; trad. fr. in *Œuvres mathématiques*.

série de remarques qui tantôt reprennent, tantôt rectifient des résultats obtenus antérieurement par Bolzano.

Pourtant, quant à l'essentiel, ce programme ambitieux n'aboutit pas. Trois idées concourent à la notion bolzanienne de « grandeur infinie » : la cardinalité, la mesure et « l'ordre d'infinitude », conçu de manière analogue aux différents ordres de différentielles ou infiniment grand. Bolzano ne parvient pas à les dissocier faute d'une définition adéquate et opératoire de l'équivalence entre les ensembles infinis dont pourtant il détient tous les éléments. Peut-on dès lors s'étonner qu'il ne sache pas tirer profit du paradoxe de la réflexivité et ne réussisse pas à construire le concept de nombre cardinal ni à établir une arithmétique du transfini ? Peut-on s'étonner que, somme toute, il utilise mal ses richesses faute de les reconnaître ?

Les *Paradoxes de l'infini*, posthumes, qui n'ont pas pu être revus par l'auteur [72], nous font assister à un travail de laboratoire avec ses expériences et ses réussites mais aussi avec ses hésitations et ses impasses. Nulle part ailleurs, les mathématiques bolzaniennes ne sont davantage recherche, exploration, interrogation sans cesse reprises, réponses sans cesse remises en question.

Entre la *WL* et les *Paradoxes* sa doctrine oscille sans cesse autour de l'idée de bijection comme critère de l'équinuméricité des ensembles pour finir par l'écarter explicitement. Néanmoins, dans une lettre datant de la dernière année de sa vie, Bolzano revient sur l'exemple de la suite des ensembles infinis dont, selon la *WL*, chacun est censé dépasser infiniment le suivant :

$$N,\ N^{(2)},\ N^{(4)},\ N^{(8)},\ N^{(16)}, \ldots$$

où, comme précédemment, $N^{(k)}$ désigne l'ensemble des $k^{\text{-ièmes}}$ puissances des nombres naturels [73]. Dans cette lettre, Bolzano reconnaît que, dans la *WL*,

> la chose est non seulement exposée obscurément, mais, comme je commence à me rendre compte, elle est exposée de manière tout à fait fausse. Si l'on désigne par *n* le concept d'un nombre entier arbitraire, ou, pour le dire mieux, si le signe *n* doit représenter un nombre entier arbitraire, on a déjà décidé *quel* ensemble (infini) d'objets représente ce signe.

---

72. … « manuscrit pas toujours très lisible et, ici et là, même incorrect », dit F. Přihonsky dans la Préface de l'édition des *Paradoxien des Unendlichen* (1851).

73. Nous utilisons ici des notations plus conformes à l'usage actuel. Bolzano emploie des minuscules là où nous mettons des majuscules et réciproquement. Nous le faisons en particulier pour éviter de confondre l'ensemble des *carrés* que Bolzano note n^2 et nous $N^{(2)}$ avec le produit cartésien N×N.

(Par la suite, le mot *ensemble*, *Menge*, est pris au sens de *grandeur* ou *taille* d'un ensemble, notion toute proche de notre nombre cardinal).

> [La taille de] cet ensemble n'est absolument en rien modifié[e] lorsque nous exigeons, en ajoutant un exposant comme n^2, n^4, n^8, n^{16}..., que chacun de ces nombres soit maintenant élevé tantôt à la deuxième, tantôt à la quatrième, ... puissance. L'*ensemble* des objets que représente *n* [i.e. la taille de cet ensemble] est encore toujours exactement le même, bien que les *objets eux-mêmes* représentés par n^2 ne soient pas exactement les mêmes que ceux représentés par *n*. Le faux résultat a été obtenu par l'inférence illégitime d'un ensemble *fini* de nombres, à savoir l'ensemble des nombres qui ne dépassent pas *N*, à *tous* les nombres [74].

Ce retour et cette confirmation des premières idées de la *WL* sur l'égalité des grandeurs des ensembles infinis amène maintenant Bolzano à accepter ici le concept d'équinuméricité défini par le moyen de la bijection. Le préjugé le plus tenace qui consiste dans l'interprétation restrictive de l'axiome du tout et de la partie et qui se manifeste dans la définition de l'ordre entre les grandeurs infinies semble enfin être brisé. Mais il reste vrai que, comme précédemment, Bolzano compare deux ensembles de nombres *naturels*.

Peut-on alors infléchir les thèses des *Paradoxes de l'infini* dans un sens qui fait de l'existence d'une bijection entre deux ensembles infinis *quelconques* le critère de leur équivalence? On obtiendrait alors la définition générale de l'«égalité des ensembles du point de vue de leur multiplicité», une approche de la notion de nombre cardinal infini, une caractéristique des ensembles infinis par l'équivalence à un de leurs ensembles propres. Rien ne permet cependant de l'affirmer.

Il serait temps de conclure si, de manière inattendue, un mathématicien n'était venu éclairer d'une lumière intense les notions bolzaniennes et leur insuffler une nouvelle vie. Petr Vopěnka, auteur de la théorie alternative des ensembles, retourne en effet aux sources bolzaniennes avec leurs virtualités ouvertes, occultées par le développement ultérieur, mais susceptibles de féconder à nouveau la recherche. Le § 20 des *Paradoxes de l'infini* (cité ci-dessus p. 461) marquerait la bifurcation : une voie conduisant à la théorie de Cantor,

---

74. Lettre à R. Zimmermann du 9-3-1848, *Gesamtausgabe*, II A 12/2, p. 187-8. Résumons le texte de Bolzano dans notre notation : soit N l'ensemble des nombres naturels, on a alors

$$\text{card } N = \text{card } N^{(2)} = \ldots = \text{card } N^{(k)} = \ldots$$

bien que $N^{(2)}$ soit l'ensemble des carrés des nombres naturels, ..., $N^{(k)}$ l'ensemble des $k^{\text{-ièmes}}$ puissances des nombres naturels, etc.

issue de l'analyse de la réflexivité des ensembles infinis; l'autre, bolzanienne, jamais encore tentée, restant en friche. Vopěnka propose une interprétation nouvelle de ce passage : il contiendrait deux assertions *indépendantes* et non pas l'énoncé d'une propriété caractéristique des ensembles infinis (dont Dedekind fera une définition). Bolzano affirmerait donc, premièrement, que deux ensembles infinis peuvent *toujours* être reliés par une bijection, et deuxièmement, qu'il peut en être ainsi même lorsque l'un d'eux est un sous-ensemble propre de l'autre.

La première propriété s'oppose, bien entendu, à la doctrine reçue (cantorienne) selon laquelle *aucun* ensemble ne peut être mis en bijection avec l'ensemble de ses sous-ensembles. L'inexistence d'une telle bijection, démontrée par la méthode de la diagonale, découle de l'axiome de l'ensemble des parties (des sous-ensembles). Nous avons donc d'un côté l'axiome des parties et la méthode de la diagonale, de l'autre côté la thèse de Bolzano que Vopěnka appelle le *collapsus général* et d'après laquelle *tous* les ensembles infinis peuvent être bijectivement appariés. Sous cette hypothèse, tous les ensembles infinis sont équipotents à l'ensemble des nombres naturels. La thèse du collapsus général est évidemment incompatible avec la théorie cantorienne selon laquelle la formation de l'ensemble des parties d'un ensemble permet de construire une hiérarchie des cardinaux transfinis distincts.

Selon la théorie classique, celle de Cantor et de ses successeurs, la contradiction à laquelle aboutit la tentative de construire une bijection entre un ensemble et l'ensemble de ses parties implique le rejet de l'hypothèse du collapsus général. Vopěnka imagine une voie différente pour résoudre la contradiction : en levant l'hypothèse de l'axiome des parties, mis en doute déjà par certains constructivistes. De ce point de vue, la bijection demandée ne peut pas être construite parce que l'ensemble des parties d'un ensemble infini n'est pas *actualisable*. Il ne forme qu'un *domaine* et *aucun* domaine des parties d'un ensemble infini n'est actualisable, c'est-à-dire ne saurait être transformé en un ensemble au sens strict. Dans ce sens, la démonstration cantorienne de la non-dénombrabilité de **R** peut être interprétée comme «l'impossibilité d'épuiser le domaine des nombres réels par un ensemble, quel qu'il soit»[75]. D'ailleurs, même la théorie classique comprend des domaines non actualisables, par exemple l'ensemble universel absolu, l'ensemble de tous les ordinaux etc. Le domaine des ensembles réalisés n'est donc, pour le dire avec Vopěnka, qu'un « îlot minuscule de

---

75. P. Zlatoš, *De quelques questions philosophiques concernant les fondements des mathématiques*, (en slovaque; manuscrit, 1987), 19.

l'actualité dans l'océan des potentialités». Ces potentialités s'ouvrent à nous sous forme d'un super-infini absolu qui entoure l'univers ensembliste classique, mais qui reste inactualisable sous peine de contradiction, obligation à laquelle Dieu lui-même ne saurait se soustraire.

Outre le dérangement de ses habitudes les plus invétérées, le théoricien classique n'aurait pas de raisons particulièrement alarmantes pour s'insurger contre l'extension de l'infini potentiel au détriment de l'infini actuel. Cependant, l'hypothèse du collapsus général entraîne également ce qu'un théoricien classique – et probablement aussi Bolzano lui-même – appellerait des désagréments : impossibilité d'actualiser l'ensemble de tous les nombres réels ou celui de tous les points d'une droite.

Cette interprétation du § 20 des *Paradoxes* est possible, même si, pour des raisons stylistiques et à cause des exemples cités par Bolzano immédiatement après, je penche pour l'interprétation habituelle. On a vu que, malgré quelques réserves, Bolzano a fini par accepter le concept de collection universelle ainsi que celui de collection de toutes les collections. Il reste néanmoins vrai que l'actualisation de toutes les collections se heurte à une limite exprimée par son principe fondamental. Quoi qu'il en soit, le mathématicien d'aujourd'hui a parfaitement le droit de puiser aux sources d'inspiration là où il les trouve, quitte à prendre quelques libertés avec le texte pour le tourner à son profit. Il *actualise* ainsi une virtualité dont l'auteur lui-même n'était peut-être pas conscient.

C'est ainsi que, au terme de cette enquête, nous retrouvons le geste philosophique inaugural de Bolzano, la démonstration de l'existence d'un ensemble infini de vérités, démonstration qui lui tenait tellement à cœur. Cette fois-ci, c'est encore l'auteur de la théorie alternative des ensembles, qui sera notre guide. De ce nouveau point de vue, on ne peut plus se satisfaire de la récurrence ordinaire de la démonstration originale. Il faut faire appel à l'induction *transfinie* sur les ordinaux, en construisant une suite de vérités telle que, pour un ordinal quelconque α, on ait la proposition φ_α :

> «La conjonction de toutes les propositions φ_β, où β est un ordinal plus petit que α, est une proposition vraie».

> Evidemment, la proposition φ_α est vraie pour chaque ordinal α. Le domaine de toutes les assertions que nous venons de définir est super-infini; en effet, son actualisation aurait visiblement pour conséquence l'actualisation de tous les nombres ordinaux. Mais d'un autre côté, «puisque nous devons attribuer à Dieu une omniscience qui comprend toutes les vérités ...», ce

domaine est tout entier actualisé dans l'esprit de Dieu, ce qui est contradictoire[76].

Du point de vue classique, on pourrait s'en sortir en restreignant l'omniscience divine, solution analogue à la restriction de sa toute-puissance lorsqu'il s'agit de la création des ensembles infinis. Dieu pourrait conserver le savoir concernant la vérité ou la fausseté de chaque proposition particulière sans être capable de les saisir d'un seul coup, de les comprendre dans un seul ensemble.

> Mais alors, la force probante de la démonstration bolzanienne originale de l'existence d'un ensemble absolument infini s'évanouit, car nous n'avons aucune raison qui nous autorise à affirmer que la limite de l'actualisabilité est déterminée seulement par le super-infini absolu et non pas par l'infini absolu[77].

Autrement dit, chacune des deux démonstrations se heurte à une limite, à un *horizon* de potentialité qui réduit nos ambitions au néant, puisque déjà l'infini absolu de la théorie classique se révèle dans sa totalité inactualisable.

Ce dernier avatar de la théorie de Bolzano montre suffisamment que son élaboration des concepts ensemblistes diffère sensiblement de nos théories qui se rattachent toutes à la création cantorienne.

Avec Bolzano, la notion d'ensemble devient le concept primitif permettant de construire, par l'intermédiaire du nombre et de la grandeur, tous les concepts des mathématiques. On ne saurait assez insister sur la portée épistémologique de ce nouveau fondement qui non seulement transforme les premiers concepts des mathématiques et permet de formuler de nouveaux principes, mais qui touche au langage mathématique lui-même. La doctrine ensembliste de Bolzano introduit ainsi un langage nouveau, le langage extensionnel qui deviendra celui de nos mathématiques.

Plus important peut-être encore : la doctrine bolzanienne constitue la première grande unification de la mathématique classique, fondée sur la théorie des ensembles. L'édifice cristallin de Bolzano constitue un monde objectif parfait : monde incréé, sans sujet, bien que reflété dans le sujet divin, monde d'entités mathématiques nettement délimitées, centrées sur l'infini dont le prototype est l'ensemble

---

76. *Introduction à la mathématique dans la théorie alternative des ensembles* (1989, en slovaque), 371. On peut également spéculer sur la séparation objectif (en soi) – subjectif : La totalité des vérités et des objets mathématiques pourrait exister actuellement *en soi*, bien que la toute-puissance et l'omniscience de Dieu ne pourrait en créer et connaître qu'une partie. Le super-infini serait actuel, mais irréalisable.

77. *Ibid.*

infini des nombres naturels. Une mathématique en soi installée au cœur de l'infini qu'elle contemple avec les yeux de Dieu. Cette mathématique semble aujourd'hui arrivée au terme de son parcours[78]; cependant, personne ne peut encore dire si elle va achever sa séparation de la théologie pour devenir une mathématique simplement humaine.

---

78. Plusieurs courants et disciplines des mathématiques contemporaines (d'une part l'intuitionnisme, le finitisme, le constructivisme, d'autre part la théorie des ensembles flous, l'analyse non standard) avancent dans cette direction. La théorie alternative des ensembles, fondée à la fois sur l'idée husserlienne d'horizon et sur l'idée d'indiscernabilité, me semble être la plus significative de ces tentatives.

CONCLUSION

« La transformation totale des sciences conceptuelles pures » : l'œuvre de Bolzano ne saurait être comprise en dehors de cette visée globale qui seule confère un sens à des écrits parcellaires qui jalonnent sa voie de ce philosophe vers l'établissement de son système logique et mathématique.

Arrivés au terme de cette enquête, une question s'impose : comment se fait-il qu'une œuvre de cette importance et de cette ampleur, n'ait pas été reconnue et que souvent il ait fallu attendre que d'autres redécouvrent ce que Bolzano savait déjà ? La réponse est à trouver non seulement dans les circonstances de sa vie, mais aussi dans la nature de ses recherches et dans leur présentation. Les dimensions même de la *Wissenschaftslehre*, ainsi que la prolixité et le caractère obsessionnel de son style, délibérément à contre-courant de la philosophie de son temps, constituent un handicap. Bolzano sacrifie l'élégance et la concision à l'univocité.

Apparemment, la grande synthèse bolzanienne clôt une époque plutôt qu'elle n'ouvre les portes des temps à venir. L'intérêt de sa réforme de la logique semble bien avoir perdu de son actualité depuis la constitution de la logique mathématique. De celle-ci, Bolzano se trouve séparé par la barrière de la langue symbolique qui le rejette apparemment du côté de la préhistoire. Contrairement à Leibniz, il ne s'occupe ni du calcul logique ni de la langue caractéristique. Son souci de déplier les recoins les plus secrets des concepts finit cependant par apporter des fruits : après une pénible ascension, le lecteur est récompensé par l'immense horizon qui s'ouvre devant lui. Après tout, en est-il autrement avec Spinoza ou Kant ?

L'œuvre de Bolzano mérite d'être étudiée pour plusieurs raisons. Tout d'abord, j'ai voulu comprendre en elle-même cette première figure de notre modernité logique et mathématique, à partir des problèmes, des préoccupations, mais aussi à partir des possibilités théoriques de l'époque de cet auteur. C'est en comparant ses accomplissements avec les travaux de ses contemporains qu'on peut saisir le caractère novateur de son œuvre. J'ai voulu la restituer dans son intelligibilité propre, avec ses particularités et ses idiosyncrasies. L'historien n'a pas pour tâche de trouver dans le passé les équivalents exacts de nos concepts tels qu'ils sont actuellement formulés; comme le dit Suzanne Bachelard, «recourir à l'épistémologie n'implique pas que la forme actuelle des théories scientifiques soit prise rigidement comme modèle de ce que doit être une théorie scientifique authentique»[1]. Aussi, je me suis efforcé de reconstruire la logique de Bolzano sans y exporter des concepts ultérieurs et sans l'enfermer dans le corset d'une traduction en langue symbolique.

Ensuite, cette œuvre permet de comprendre notre passé occulté et, de ce fait, également notre présent. Par l'analyse de concepts logiques dont on ne trouve pas l'équivalent à l'époque moderne et par la construction sémantique d'un système logique autour duquel s'articule toute sa philosophie, Bolzano est le fondateur de ce qu'Alberto Coffa a appelé la *tradition sémantique*. L'impulsion décisive qu'il a ainsi donnée à la philosophie qui s'inspire de la logique et des sciences constitue le point de départ d'un vaste courant qui se ramifie et imprègne tout un siècle. Une très grande part de la philosophie de la fin du XIXe et du XXe siècle, y compris peut-être même celle de Frege, en tout cas celle de Husserl, Russell, Wittgenstein, Carnap et Quine, est l'héritière du travail analytique bolzanien.

Enfin, loin de considérer la logique et les mathématiques de Bolzano comme dépassées, comme étant apparemment sans rapport avec notre présent, je crois que l'immense réservoir de concepts et de procédés de sa logique contient des idées capables de féconder la recherche actuelle. La recherche est aujourd'hui freinée moins par les possibilités techniques que par l'insuffisance de la compréhension des concepts fondamentaux et des virtualités qu'ils recèlent. Rappelons ici par exemple les différentes variantes de la notion bolzanienne de déductibilité, comparées à notre concept de conséquence logique, trop

---

1. «Epistémologie et histoire des sciences», in *XIIe Congrès Int. d'Histoire des Sciences*, Colloques, Textes de rapports, Paris, 1968, 46-7.

rigide. A cet égard, les analyses bolzaniennes peuvent nous servir de guide.

Bolzano s'inscrit dans la tradition leibnizienne à laquelle il redonne un souffle puissant, tant par sa création mathématique que par sa réflexion sur les procédés de démonstration et de formation des concepts qui ont cours dans les sciences. La rénovation féconde du leibnizianisme est surtout la reprise de la vision unitaire du savoir dont la logique est la pièce maîtresse. Bolzano refuse le divorce entre la science et la philosophie inauguré par les postkantiens. A l'intuitionnisme kantien, il oppose l'objectivisme logique en conférant un statut objectif aux vérités et aux concepts en soi qui forment le sol fondateur de la science. La logique, qui devient la première des disciplines philosophiques, doit en explorer les lois.

Jetons un coup d'oeil sur les innovations essentielles de Bolzano. Elles sont toutes soit intégrées dans les fondements de nos théories, soit discutées et acceptées comme une des voies possibles. La conception des objets logiques et mathématiques comme entités en soi est à la base du platonisme de Frege et de Gödel. La primauté accordée à la proposition par rapport au concept et la découverte des définitions contextuelles pour caractériser les termes primitifs d'une théorie sont, comme le souligne Quine, deux étapes décisives sur la voie qui mène aux théories logiques du XXe siècle.

La méthode de variation, ancêtre immédiat de la méthode des modèles, est au coeur de cette logique. Elle suppose le concept de forme propositionnelle que Bolzano est le premier à avoir défini. Deux étapes préliminaires, mi-formelles, conduisent au système logique : le concept de *validité* et celui d'*analyticité*. C'est le concept formel d'analyticité *logique* qui correspond à notre notion de vérité logique. En s'inspirant des relations définies dans sa logique des classes, Bolzano peut maintenant construire son système de relations sémantiques entre les propositions qui comprend, entre autres, la compatibilité, l'indépendance (notion permettant de tester l'indépendance des propositions), l'incompatibilité, la contradiction et dont la pièce maîtresse est la *déductibilité* à laquelle répond dans la logique du XXe siècle la conséquence logique de Tarski. Il y a plus : la déductibilité bolzanienne peut se diversifier et intégrer des éléments « matériels» pour satisfaire aux besoins variés des différentes disciplines. En outre, elle peut se débarrasser des redondances pour mieux épouser les formes naturelles de raisonnement et devient alors déductibilité *stricte*.

Enfin, par l'intermédiaire de la notion de degré de validité, la logique de Bolzano se prolonge en une *logique des probabilités* dont elle est un cas limite. Wittgenstein se souviendra du lien entre la déductibilité et la probabilité lors de la rédaction du *Tractatus*.

Cette logique est étroitement associée à l'idée de démonstration. Bolzano croit à l'existence d'un ordre unique des raisons, d'un enchaînement unique des théorèmes et démonstrations. Une démonstration véritablement scientifique doit *fonder* le théorème, c'est-à-dire l'intégrer dans le corps de la science, elle-même ordonnée par la «connexion objective des vérités» à partir de ses axiomes et concepts primitifs. Telle est l'idée directrice de la recherche des «fondements objectifs», expression que Bolzano inscrit si souvent dans le titre de ses ouvrages et mémoires. Ces idées et quelques autres anticipent des développements futurs : la notion de démonstration normale au sens de Gentzen, les arbres démonstratifs, le lemme de König.

Les démonstrations «analytiques» bolzaniennes exigent un travail conceptuel préalable. C'est pourquoi Bolzano s'efforce d'abord de réformer, définir ou redéfinir les *concepts* fondamentaux que les mathématiciens de son temps recevaient de la connaissance commune ou bien qu'ils définissaient par des propriétés inadéquates ou inutilisables. Qu'est-ce que le nombre? Qu'est-ce qu'une ligne, une surface, un solide?, demande inlassablement Bolzano. Comment définir ces «concepts géométriques que chacun connaît et ne connaît pas», pour reprendre le titre significatif d'un de ses opuscules? Quelle est la nature des êtres que nous manipulons quotidiennement sans vraiment les connaître?

C'est grâce à ce travail d'analyse que Bolzano peut ensuite construire des chaînes démonstratives complètes. Selon l'expression de Jean Cavaillès, dans ses démonstrations s'accomplit un «changement de type d'évidence»: l'intuition n'a plus de place ni dans les théorèmes ni dans les axiomes. Tout est désormais démonstration et les axiomes eux-mêmes ne sont que les premiers éléments de chaînes déductives, caractérisés par leur simplicité et leur généralité.

Le *Rein analytischer Beweis* est à cet égard exemplaire: le théorème à démontrer est connu et évident, mais sa démonstration exige la mise en place d'un réseau de concepts subtils et de très grande portée. Il en est de même pour la construction des réels : le concept de «grandeur irrationnelle» auquel Kästner consacre deux pages de commentaires qui accompagnent le calcul de l'extraction des racines carrées devient, dans les mains de Bolzano, un véritable concept mathématique finement élaboré qui dépasse d'infiniment loin tout ce qui se rapporte aux racines. Un nouvel être mathématique est né, avec une séquence de théorèmes très judicieusement ordonnés, qui décrivent les propriétés du corps des réels. Telle est enfin l'admirable théorie des fonctions où une étude très soignée aboutit à la construction d'une fonction continue et pourtant non dérivable sur une partie dense dans un intervalle de réels, et qui est le premier objet fractal de l'histoire des mathématiques. En visionnaire, Bolzano décrit la langue symbolique des mathématiques et va jusqu'à imaginer ses règles de formation et même le type de démonstrations qui leur convient.

Le système mathématique de Bolzano se greffe sur sa logique : le concept d'extension des représentations conduit aux notions ensemblistes. On ne saurait cependant parler de logicisme : les concepts ensemblistes ne se laissent pas réduire aux concepts logiques. C'est dans ce contexte que Bolzano examine le paradoxe de la classe universelle et de l'auto-appartenance et esquisse en guise de réponse une stratification de l'univers des ensembles.

Le concept ensembliste fondamental est celui de *système* (collection); le point de départ de Bolzano, ce sont des *structures* et c'est par abstraction à partir d'elles qu'il parvient aux ensembles. Toute une séquence de concepts ensemblistes mène alors à la construction du système des nombres allant des nombres naturels jusqu'aux réels et aux nombres infiniment petits et infiniment grands.

Sur cette base unitaire, Bolzano développe la théorie des équations, la théorie des séries et le calcul infinitésimal. La géométrie perd sa place prépondérante au sein des mathématiques et son rôle de paradigme dévolu maintenant à l'arithmétique, à l'algèbre et à l'analyse; fondée sur les concepts topologiques, elle devient une discipline appliquée de la théorie pure des grandeurs. Pour la première fois dans son histoire, la mathématique est édifiée de manière systématique à partir des concepts ensemblistes articulés sur les concepts logiques.

D'autres innovations essentielles jalonnent cette œuvre. Bolzano précise la notion de limite. L'infiniment petit est conceptuellement maîtrisé et finit par recevoir un statut; ce geste théorique fait de Bolzano l'initiateur de l'analyse non standard. Il formule la première définition d'une fonction continue, les concepts de borne supérieure et de point d'accumulation. Il pose les bases de l'analyse réelle avec la plupart de ses grands théorèmes, à l'exception de ceux qui portent sur les structures uniformes : le théorème de Bolzano sur les zéros d'une fonction continue, le «critère de Bolzano-Cauchy» de convergence des suites, le théorème de la borne supérieure, un théorème analogue à celui des coupures de Dedekind, le «théorème de Bolzano-Weierstrass», la séparation de la continuité et de la dérivabilité. Les définitions topologiques de Bolzano, en particulier celle de dimension, ne seront égalées que par Poincaré et seront incorporées dans les théories de la dimension d'Urysohn et de Menger. Dans ses *Paradoxes de l'infini*, il réussit à trouver une propriété caractéristique des ensembles infinis, celle qui est à la base des théories de Cantor et de Dedekind.

A plusieurs reprises, nous avons eu l'occasion de voir que cette œuvre est loin d'avoir épuisé ses virtualités et que la multiplicité et la souplesse de ses concepts constitue encore de nos jours un ferment et une source d'inspiration pour notre logique. Nous avons pu voir également que des mathématiciens, eux aussi conscients des difficultés et des limitations de la théorie cantorienne des ensembles, se tournent vers Bolzano pour s'inspirer d'une œuvre qui ouvre les voies fermées par la conception cantorienne.

Les quelques rares textes mathématiques de Bolzano publiés de son temps ont marqué l'histoire de cette science au XIXe siècle. Depuis plus d'un siècle, les mathématiques et la logique intègrent, par des voies détournées et en les transformant, les concepts bolzaniens dont nous sommes aujourd'hui en mesure d'apprécier la fécondité et la puissance. Bolzano a conçu un vaste système logico-mathématique dont la structure globale commande encore notre logique et notre mathématique. C'est avec le philosophe pragois que commence la recherche des fondements au sens moderne du terme.

BIBLIOGRAPHIE

Pour une bibliographie complète de Bolzano, y compris le catalogue des manuscrits, voir ci-dessous *Gesamtausgabe*, Einleitung 2/1-2 (1972), *Supplement I* (1982) et *Supplement II* (1988). Les manuscrits sont répartis entre la Bibliothèque Nationale Autrichienne à Vienne et le Musée de la Littérature Tchèque à Prague.

Une documentation très complète et une bibliothèque bolzanienne se trouvent à *Bolzano-Winter-Archiv* à l'Université de Salzbourg (*Forschungsinstitut Philosophie/Technik/Wirtschaft*). Dans le périodique de cet institut *Forschungsberichte und Mitteilungen* paraissent des documents et des notices sur les études bolzaniennes; le cahier 16 (1989) contient des indications bibliographiques récentes. A l'occasion du Symposion International sur Bernard Bolzano en juin 1991 a été fondée à Salzbourg l'*Internationale Bolzano-Gesellschaft* qui a pour but de promouvoir les études bolzaniennes (Universität Salzburg, Institut für Philosophie, Franziskanergasse 1, A-5020 Salzburg).

La bibliothèque personnelle de Bolzano fait partie du fonds de la Bibliothèque Nationale et Universitaire de Prague. Elle contient (selon le recensement de 1960) 2087 volumes avec de nombreuses annotations marginales de Bolzano. Voir :

RYBÁKOVÁ H., « Knihovna B. Bolzana », *Ročenka státní knihovny ČSSR*, 1962-63 (Praha, 1964).

Sauf indication contraire, nous citons toujours les éditions originales ou indiquons les §§ et la pagination originale, y compris lorsqu'il s'agit de manuscrits. Cette pagination est signalée en marge dans la *Gesamtausgabe*. Dans nos références, le numéro de la page figure toujours en dernier lieu.

ŒUVRES DE BOLZANO

Ouvrages publiés du vivant de Bolzano

1) *Betrachtungen über einige Gegenstände der Elementargeometrie* (Prag, 1804); rééd. in *Spisy – Schriften*, 5 : *Geom. Arbeiten* (Prague, 1948), 9-49. Réimpr., avec 2), 4), 5), et 6) en fac-similé in *Early Mathematical Works* (=*Acta hist. rer. nat. necnon tech.*, special issue 12, Prague, 1981).

2) *Beyträge zu einer begründeteren Darstellung der Mathematik*. Erste Lieferung (Prag, 1810); rééd. sous le titre *Philosophie der Mathematik* (Paderborn, 1926) et sous le titre original en fac-similé par H. Wussing avec une postface (Darmstadt, 1975). Trad. fr. de l'appendice « Sur la doctrine kantienne de la construction des concepts par les intuitions » par J. Laz in *Philosophie* (1990), n° 27, 3-12.

3) *Erbauungsreden*, I (Prag, 1813, 2e éd. 1839). *Gesamtausgabe* I, 2.

4) *Der Binomische Lehrsatz und als Folgerung aus ihm der polynomische, und die Reihen, die zur Berechnung der Logarithmen und Exponentialgrössen dienen, genauer als bisher erwiesen* (Prag 1816).

5) *Rein analytischer Beweis des Lehrsatzes, dass zwischen je zwey Werthen, die ein entgegengesetztes Resultat gewähren, wenigstens eine reelle Wurzel der Gleichung liege* (Prag, 1817; publié également in *Abh. kön. böhm. Ges. Wiss.*, (1817), rééd. en 1905 avec les notes de P. E. B. Jourdain); trad. fr. par J. Sebestik in *Revue d'Hist. des Sciences*, 17 (1964), 136-64.

6) *Die drey Probleme der Rectification, der Complanation und der Cubiung, ohne Betrachtung des Unendlich Kleinen, ohne die Annahmen des Archimedes, und ohne irgend eine nicht streng erweisliche Voraussetzung gelöst; zugleich als Probe einer gänzlichen Umstaltung der Raumwissenschaft, allen Mathematikern zur Prüfung vorgelegt* (Leipzig, 1817); réimpr. in *Spisy – Schriften*, 5 : *Geom. Arbeiten* (Prag, 1948), 67-137.

7) *Athanasia oder Gründe für die Unsterblichkeit der Seele* (Sulzbach, 1827; 2e éd. 1838); réimpr. Minerva, Frankfurt am Main, 1970.

8) *Schreiben eines katholischen Geistlichen an den Verfasser des Buches: «Die Katholische Kirche Schlesiens»* (Sulzbach, 1827).

9) «Geschichte der Königlichen böhmischen Gesellschaft der Wissenschaften in den Jahren 1824-26», in *Abh. königl. böhm. Akad. Wiss.*, N. F., 1 (Prague, 1827), 5-110 (paru sans nom d'auteur).

10) «Geschichte der Königlichen böhmischen Gesellschaft der Wissenschaften in den Jahren 1827-30»; in *Abh. königl. böhm. Ges. Wiss.*, N. F., 2 (Prague, 1830), 5-40 (sans nom d'auteur).

11) «Vorschlag zur Verbesserung einiger Armenanstalten», *Allg. Anzeiger und Nationalzeitung der Deutschen* (Gotha, 1831), n° 276, col. 3729-36 (sans nom d'auteur).

12) «O logice», *Krok*, 2 (Prague, 1831), 55-78; signé O. Šír; trad. tchèque de *Etwas über Logik* (manuscrit inédit, datant de 1812-1820); une autre trad. tchèque a paru sous le titre : *Logika v kratičkém výtahu*, par E. Schmutzrová (Praha, 1883). Texte original in *Gesamtausgabe*, II A 5, 139-68.

13) *Ansichten eines freisinnigen katholischen Theologen über das Verhältniss zwischen Kirche und Staat* (Sulzbach, 1834).

14) *Lehrbuch der Religionswissenschaft*. Ein Abdruck der Vorlesungshefte eines ehemaligen Religionslehrers an einer katholischen Universität, von einigen seiner Schüler gesammelt und herausgegeben, 1834 (éd. F. Schneider, Sulzbach, 1834).

15) *Religionsbekenntnisse zweier Vernunftfreunde, nämlich eines protestantischen und eines katholischen Theologen* (éd. M. J. Fesl, Sulzbach, 1835); contient le texte *Mein Glaube* de Bolzano.

16) *Lebensbeschreibung des Dr. Bernard Bolzano* mit einigen seiner ungedruckten Aufsätze und dem Bildnisse des Verfassers (éd. M. J. Fesl,

Sulzbach, 1836); publié sans l'accord de Bolzano. Trad. tchèque par M. Pavlíková, Praha, 1981.

17) *Wissenschaftslehre.* Versuch einer ausführlichen und grösstentheils neuen Darstellung der Logik mit steter Rücksicht auf deren bisherigen Bearbeiter, 1-4 (Sulzbach, 1837); rééd. par A. Höfler et W. Schultz (Leipzig, 1914-31; réimpr. Scientia, Aalen, 1970); éd. critique in *Gesamtausgabe*, I 11-14 (en cours de publication). Un choix de textes des deux premiers volumes a été publié par F. Kambartel sous le titre *Grundlegung der Logik* (*Phil. Bibl.*, n° 259, Hamburg, 1963). Deux choix de textes ont paru en anglais, *Theory of Science*, ed. and transl. by Rolf George (Berkeley–Los Angeles, 1972) et *Theory of Science*, ed. by Jan Berg, transl. by B. Terrell (Dordrecht, 1973), et un en tchèque : *Vědosloví* (Výbor), Praha, 1981.

18) *Sendschreiben an Se. Hochwürden Herrn Dr. Joh. Friedr. Röhr*, betreffend die aus seiner kritischen Prediger-Bibliothek (1835 Bd. 16. H.6) hier abgedruckte Kritik des Buches : «Religionsbekenntnisse zweier Vernunftfreunde u. s. w.» (Sulzbach, 1837).

19) *Krug und Bolzano*, oder Schreiben an den Herrn Professor Krug in Leipzig und Prüfung seines gegen Prof. Bolzano's Lehrbuch der Religionswissenschaft gerichteten Antidoton; en collab. avec J. A. Zimmermann (éd. M. J. Fesl, Sulzbach, 1837).

20) «Leben Franz Joseph Ritters von Gerstner», *Abh. königl. böhm. Ges. Wiss.*, N. F., 4 (Prague, 1837), 1-47.

21) «Über das Recht der Geistlichkeit, ihren Lebensunterhalt von Personen zu beziehen, welche nicht ihres Glaubens sind. Eine Abhandlung nach B. Bolzano's Ansichten von einem seiner Schüler bearbeitet», *Freimüthige Blätter*, 11 et 12 (Stuttgart, 1838), 291-331 et 5-47; sans nom d'auteur.

22) *Dr. Bolzano und seine Gegner* (Sulzbach, 1839); réimpr. Amsterdam, 1970; *Gesamtausgabe* I 16/1.

23) *Prüfung der Philosophie des seligen Georg Hermes* (Sulzbach, 1840), *Gesamtausgabe* I 16/2.

24) *Bolzano's Wissenschaftslehre und Religionswissenschaft in einer beurtheilenden Uebersicht* (Sulzbach, 1841).

25) «Aufsatz, worin eine von Hrn. Exner in seiner Abhandlung : "Über den Nominalismus und Realismus" angeregte logische Frage beantwortet wird», *Abh. königl. böhm. Ges. Wiss.*, 5. Folge, 2, *Berichte* (Prague, 1843), 71-8; in *Gesamtausgabe* I, 18.

26) *Versuch einer objectiven Begründung der Lehre von der Zusammensetzung der Kräfte* (Prague, 1842); publ. également in *Abh. kön. böhm. Ges. Wiss.*, 5. Folge, 2(1843), 427-64; in *Gesamtausgabe* I, 18.

27) «Ein Paar Bemerkungen über die neue Theorie in Herrn Professor *Chr. Doppler's* Schrift: "Ueber das farbige Licht der Doppelsterne und einiger anderer Gestirne des Himmels"», *Annalen der Physik und Chemie*, 60 (1843), 83-8; in *Gesamtausgabe* I, 18.

28) *Versuch einer objectiven Begründung der Lehre von den drei Dimensionen des Raumes* (Prague, 1843); publ. également in *Abh. kön. böhm. Ges. Wiss.*, 5. Folge, 3 (1845), 201-15; rééd. in *Spisy – Schriften*, 5 : *Geom. Arbeiten* (Prague, 1948), 51-65; in *Gesamtausgabe* I, 18.

29) *Über den Begriff des Schönen* (Prague, 1843); publ. également in *Abh. kön. böhm. Ges. Wiss.*, 5. Folge, (1845), 3-92; in *Gesamtausgabe* I, 18.

30) *Ueber die Perfektibilität des Katholicismus.* Streitschriften zweier katholischen Theologen; zugleich ein Beitrag zur Aufhellung einiger wichtigen Begriffen aus Bolzanos *Religionswissenschaft* (Leipzig, 1845); correspondance avec J. Stoppani. Gesamtausgabe, I 19/1-2.

31) «Untersuchungen auf dem Gebiete der allgemeinen Sprachkunde», *Abh. kön. böhm. Ges. Wiss.*, 5. Folge, 4, *Berichte* (1847), p. 12; résumé d'un texte perdu.

32) *Dr. Vinzenz Julius Edler v. Krombholz nach seinem Leben und Wirken* (Prague, 1845); également in *Abh. kön. böhm. Ges. Wiss.*, 5. Folge, 4 (1847), 1-51.

33) «Christ. Doppler's neueste Leistungen auf dem Gebiete der physikalischen Apparatenlehre, Akustik, Optik und optischen Astronomie», *Annalen der Physik und Chemie*, 72 (1847), 530-55.

34) *Über die Wohltätigkeit. Dem Wohle der leidenden Menschheit gewidmet von einem Menschenfreunde* (Prague, 1847).

35) *Vorschläge zur Behebung des unter einem beträchtlichen Theile der Bewohner Prags dermal um sich greifenden Nothstandes* (Prag, 1847).

Œuvres posthumes

36) *Was ist Philosophie?* (éd. Fesl, Wien, 1849); réimpr. Amsterdam, 1969; in *Gesamtausgabe* II A 12/3; trad. fr. F. Macabrey, Bibl. de Philosophie 3, Québec, 1975.

37) *Über das Verhältnis der beiden Volksstämme in Böhmen* (éd. Fesl, Wien, 1849); wréimpr. Amsterdam, 1969.

38) *Kurzgefasstes Lehrbuch der katholisch-christlichen Religion* (éd. Přihonsky, Bautzen, 1849).

39) *Erbauungsreden*, 2-5 (éd. Wewerka, Prag, 1849-52); un de ces «discours édifiants» a été publié séparément sous le titre *Was ist Vaterland und Vaterlandsliebe?* In einer Rede an die akademische Jugend im Jahre 1810 beantwortet (Prag, 1850).

40) *Erbauungsbüchlein für die Gebildeteren unter den katholischen Christen* (éd. Fesl, Wien, 1850).

41) «Über die Eintheilung der schönen Künste», *Abh. kön. böhm. Ges. Wiss.*, 5. Folge, 6 (1851), 133-78.

42) *Drei philosophische Abhandlungen.* I. Über Hegel's berühmten Spruch : Alles Wirkliche ist vernünftig und alles Vernünftige ist wirklich; II. Über Hegel's und seiner Anhänger Begriff von der Geschichte überhaupt und insbesondere von der Geschichte der Philosophie; III. Über den Begriff des Organismus nebst einigen damit verwandten Begriffen; Appendix :

Vier akademische Reden über Missbrauch der Religion (éd. F. Přihonsky, Leipzig, 1851); in *Gesamtausgabe* II A 12/3.

43) *Paradoxien des Unendlichen* (éd. F. Přihonsky Leipzig, 1851); nouvelle éd. commentée par H. Hahn (Leipzig, 1920), avec une nouvelle introd. et notes par Bob van Rootselaar (F. Meiner, *Phil. Bibl.* n° 99, Hamburg, 1975); trad. angl. avec introd. de D.A. Steele (London, 1950); trad. tchèque avec notes par O. Zich (Praha, 1963); deux trad. ital., l'une avec préf. de F. Voltaggio (Milano, 1965), l'autre par A. Conte (Milano, 1965); trad. espagnole. avec introd. de J. Sebestik (México, 1991); trad. russe, polonaise (avec introd. de T. Kotarbinski), etc.; trad. fr. et introd. par H. Sinaceur à paraître.

44) *Uiber die Standeswahl* (éd. Wewerka, Prag, 1853).

45) *Versuch einer sehr einfacher Erklärung der Aberration des Lichtes* (éd. Wewerka, Prag, 1853); in *Gesamtausgabe* II A 12/3.

46) *Erbauungsreden*, 6 (Wien, 1884).

47) à 51) : *Spisy - Schriften* :

(à ne pas confondre avec la série I. *Schriften*, de la *Gesamtausgabe*)

47) 1. *Functionenlehre* (éd. K. Rychlík, Praha, 1931).

48) 2. *Zahlentheorie* (éd. K. Rychlík, Praha,1931).

49) 3. *Von dem besten Staate* (éd. A. Kowalewski, Prag, 1932); *Gesamtausgabe* II A 14.

50) 4. *Der Briefwechsel B. Bolzano's mit F. Exner* (éd. E. Winter, Prag, 1935).

51) 5. *Geometrické práce – Geometrische Arbeiten* (éd. J. Vojtěch, Prag, 1848); contient les rééditions de 1), 6), 28) et un mémoire inédit : «Uiber Haltung, Richtung, Krümmung und Schnörkelung bei Linien sowohl als Flächen sammt einigen verwandten Begriffen», qui date de 1843-44.

52) *Paradoxien in der Politik* (éd. W. Stähler, Münster in Westf. 1934); autre édition de *Von dem besten Staate* et de 35); *Gesamtausgabe* II A 14. Trad. fr. dactylographiée par Anne Dastakian (Bibl. de l'Institut Slave à Paris; trad. tchèque par Jašek (Praha, 1934); d'autres trad. tchèques ont paru en 1952 et en 1981 (par V. Bláha).

53) A) « Verschiedenheit zwischen Leibnizens und meinen Ansichten »; B) «Bolzanos *Wissenschaftslehre* in einer Selbstanzeige», C) «Selbstkritik Bolzanos an der "Wissenschaftslehre"», in E. WINTER, *Leben und geistige Entwicklung des Socialethikers und Mathematikers Bernard Bolzano, 1781-1848,* (Halle, 1949), annexes; B) et C) ont paru dans *Gesamtausgabe*, II A 12/1.

54) *Bolzano-Brevier*. Sozialethische Betrachtungen aus dem Vormärz (éd. E. Winter, Wien, 1947); extraits de *Erbauungsreden*, de *Von dem besten Staate* et de textes inédits.

55) RYCHLÍK K., *Theorie der reellen Zahlen im Bolzanos handschriftlichen Nachlasse* (Prag, 1962), préf. de L. Rieger; édition incomplète de *Reine Zahlenlehre*, VII. Abschnitt, Unendliche Größenbegriffe (édition complète par Jan Berg in *Gesamtausgabe*, II A 8).

56) «Bolzano's Begriffe 1821», in E. WINTER, «Die historische Bedeutung der Frühbegriffe B. Bolzanos», *Sitzungsberichte d. Deutschen Akad. Wiss.*, Kl. f. Phil., Gesch. (1964), n° 1.

57) «Anti-Euklid», éd. K. Večerka, *Sborník pro děj. přír. věd*, 11 (1967), 203-16.

58) ROOTSELAAR B.v, «Bolzano's Corrections to his Functionenlehre», *Janus*, 56 (1969), 1-21.

59) *Early Mathematical Works* (=*Acta hist. rer. nat. necnon tech.*, special issue 12, Prague, 1981; édition en fac-similé de 1), 2), 4), 5) et 6) par L. Nový et J. Folta (seul le titre et l'introduction sont en anglais).

60) «Zur allg. Mathesis oder Arithmetik gehörig» (avec trad. fr.), in J. Sebestik, «Premiers paradoxes bolzaniens de l'infini», *Archives de Philosophie*, 59 (1987), 404-8; in *Gesamtausgabe* B 4/1.

Correspondance

Correspondance avec F. Exner, voir ci-dessus 50).

61) WINTER E., «Aus der Briefmappe des Priesterphilosophen Bernard Bolzano», *Phil. Jahrbuch der Görres-Ges.*, 51 (1938), 31-47; correspondance avec F. Werner.

62) – *Ibid.*, 50-57; correspondence avec J. P. Romang.

63) – *Der Böhmische Vormärz in Briefen B. Bolzanos an F. Přihonsky (1824-1848)*, Deutsche Akad. der Wiss., Veröffentlichungen des Instituts für Slawistik, n° 11, Berlin, 1956.

64) SVOBODA K., «Aus Bolzanos Briefen an Zeithammer», in *Deutsch-slawische Wechselseitigkeit in sieben Jahrhunderten* [Mélanges Winter], Deutsche Akad. der Wiss., Veröffentl. des Inst. f. Slawistik, n° 9, Berlin, 1956.

65) WINTER E., *Wissenschaft und Religion im Vormärz. Der Briefwechsel Bernard Bolzanos mit Michael Josef Fesl*, Berlin, 1965.

66) WINTER E. et M., *Der Bolzanokreis 1824-1833 in Briefen* von Anna Hoffmann, Michael Josef Fesl, Franz Schneider und Franz Přihonský. *Sitzungsberichte Öst. Ak. Wiss.*, phil.-hist. Kl., 266/1 (Wien, 1970).

67) – *Über die Perfektibilität des Katholizismus. Grundsätzliche Erwägungen in Briefen von Pascal, Bolzano und Knoll*, Berlin, 1971.

Choix de textes

Výbor z filozofických spisů, avec l'introd. de J. Černý, Praha, 1981.

Philosophische Texte, éd. U. Neemann, Stuttgart, Reclam Universal-Bibliothek n° 8209, 1989.

Œuvres complètes

Gesammelte Schriften, Neudruck der bei Seidel erschienenen Werke, 12 vol., Wien, 1882-84.

Spisy – Schriften, Prague, 1931-48; cf. ci-dessus 47) à 51).

Bernard Bolzano-Gesamtausgabe

Editeurs : Eduard Winter, Jan Berg, Freidrich Kambartel, Jaromír Loužil, Bob van Rootselaar; Fromann-Holzboog Verlag, Stuttgart-Bad Canstatt, à partir de 1969. L'édition reproduit la pagination des éditions originales ou des manuscrits.

L'édition comprend l'*Einleitung* et quatre séries: I. *Schriften*, II. *Nachlass*, III. *Briefwechsel*, IV. *Dokumente*. Pour les volumes déjà parus, nous signalons les noms des éditeurs et la date de parution.

EINLEITUNG

E 1 WINTER E., *Bernard Bolzano. Ein Lebensbild* (1969).

E 2/1-2 *Bolzano-Bibliographie und Editionsprinzipien der Gesamtausgabe* (1972), von J. Berg und E. Morscher; contient également le catalogue des manuscrits déposés à la *Oersterreichische Nationalbibliothek* à Vienne.

E 2/1 Supplement I : *Ergänzungen und Korrekturen zur Bolzano-Bibliographie* (Stand : Ende 1981) von J. Berg und E. Morscher (1982).

E 2/1 Supplement II : *Ergänzungen und Korrekturen zur Bolzano-Bibliographie* (Stand : Anfang 1987), von Jan Berg und Edgar Morscher (1988).

E 2/2 *Katalog der Prager Nachlässe Bolzanos und seiner Schüler.*

I. SCHRIFTEN

I 1 *Mathematische Schriften 1804-1810*; contiennent *Betrachtungen über einige Gegenstände der Elementargeometrie* (1804) et *Beyträge zu einer begründeteren Darstellung der Mathematik.* Erste Lieferung (1810).

I 2 *Erbauungsreden für Akademiker* (1813), hrsg. von J. Loužil (1985).

I 3 *Mathematische Schriften 1816-1827*; contiennent *Der binomische Lehrsatz* (1816), *Die drey Probleme der Rectification ...*, (1817), *Rein analytischer Beweis* (1817) et deux compte-rendus.

I 4 *Athanasia oder Gründe für die Unsterblichkeit der Seele* (1827), mit Anhang zur zweiten Auflage (1838).

I 5 *Vermischte Schriften 1827-1835* contiennent les n°s 8) à 11) et 13) ci-dessus.

I 6–8 *Lehrbuch der Religionswissenschaft* (1834).

I 9 *Religionsbekenntnisse zweier Vernunftfreunde* [Röhr et Bolzano] (1835).

I 10 *Lebensbeschreibung des Dr. B. Bolzano* (1836).

I 11/1-3 *Wissenschaftslehre I* (§§ 1-45, 46-90, 91-120), hrsg. Jan Berg (1985 et 1987).

I 12/1-3 *Wissenschaftslehre II* (§§ 121-163, 164-222, 223-268), hrsg. Jan Berg ((1987 et 1988).

I 13/1-3 *Wissenschaftslehre III* (§§ 262-306, 307-348, 349-391), hrsg. Jan Berg (1989, 1990, ...).

I 14/1-3 *Wissenschaftslehre IV.*

I 15 *Vermischte Schriften 1837-1839* contiennent les n°s 18) à 21).

I 16/1 *Vermischte Schriften 1839-40*, hrsg. J. Loužil (1989), contiennent *Dr. Bolzano und seine Gegner* (1839) et une réponse aux comptes rendus de l'*Athanasia.*

I 16/2 *Vermischte Schriften 1839-40*, hrsg. J. Loužil (1989), contiennent *Prüfung der Philosophie des seeligen Georg Hermes* (1840).

I 17 *Bolzano's Wissenschaftslehre und Religionswissenschaft* in einer beurtheilenden Uebersicht (1841).

I 18 *Mathematisch-physikalische und philosophische Schriften 1842-1843*, hrsg. G. Gabriel, M. Gatzenmeier und Fr. Kambartel (1989); contiennent cinq textes essentiels : *Versuch einer obj. Begründung der Lehre von der Zusammensetzung der Kräfte, Aufsatz, worin eine von Hrn. Exner ... angeregte logische Frage beantwortet wird,* «Ein paar Bemerkungen über die neue Theorie in Herrn Doppler's Schrift ...», *Über den Begriff des Schönen* et *Versuch einer objectiven Begründung der Lehre von den drei Dimensionen des Raumes.*

I 19/1-2 *Ueber die Perfektibilität des Katholizismus* [correspondance avec Stoppani], (1845), hrsg. Zd. Kalista (1979).

I 20 *Vermischte Schriften 1845-1847* contiennent les n°s 31 à 35), dont le deuxième article de Bolzano sur Doppler.

II. NACHLASS

A) NACHGELASSENE SCHRIFTEN

II A 1 à 4 *Moralphilosophische und theologische Schriften 1806-1825* :

II A 1 *Vermischte Schriften* contiennent *Akademische Pflichtenlehre, Unveröffentliche Erbauungsreden* et *Uiber die Standeswahl* (1853).

II A 2 *Dr. Bernard Bolzano's Erbauungsreden 1-2*, 1809-1819 (1848-50).

II A 3 *Dr. Bernard Bolzano's Erbauungsreden 3-4*, 1809-1820 (1851-52).

II A 4 *Dr. Bernard Bolzano's Erbauungsreden. Neue Folge* 1809-1819 (1884); contiennent également les n°s 38 et 40).

II A 5 *Mathematische und philosophische Schriften 1810-1816*, hrsg. Jan Berg (1977); contiennent *Allgemeine Mathesis* (=suite des *Beiträge* de 1810), *Aetiologie* (deux textes), *Eigentliche Mechanik, Neue Theorie der Parallelen* de 1813, *Etwas aus der Logik, Über das oberste Sittengesetz, Logische Vorbegriffe* et *Uiber den Begriff der Grösse* de 1816.

II A 6 *Mathematische Schriften 1819-1817*; contiennent *Elemente der Geometrie, Anfangsgründe der Geometrie, Anfangsgründe der Raumwissenschaft, Die ersten Gründe der Rechnung mit veränderlichen Grössen, Uiber den Sinn und Werth der Analysis des Unendlichen, Die wichtigsten Sätze der Lehre von den Gleichungen, Algebra oder Rechnung mit allgemeinen Grössenzeichen* et d'autres textes préparatoires.

II A 7 à 10 *Grössenlehre, 1833-1841* :

II A 7 *Einleitung zur Grössenlehre* und *Erste Begriffe der allgemeiner Grössenlehre*, hrsg. Jan Berg (1975); *Einleitung* se divise en I : Von dem Begriffe der Mathematik und ihren Theilen, II : Von der mathematischen Lehrart (publiée aussi séparément par Jan Berg, Stuttgart 1981), III : Vorkenntnisse. Trad. ital. de II, *Del metodo matematico*, avec introd. de C. Cellucci.

II A 8 *Reine Zahlenlehre*, hrsg. Jan Berg (1976).

II A 9 *Besondere Verhältnisse zwischen den Zahlen*; contient également *Verhältniss der Theilbarkeit unter den Zahlen* (la théorie des nombres) publ. en 1931, cf. ci-dessus n° 48), *Von den zusammengesetzten Brüchen* et *Von der Bestimmung der Zahlen durch Gleichungen* (l'algèbre).

II A 10 *Functionenlehre* (publ. en 1931); ce volume contient également *Zusätze et Verbesserungen* (=n° 59 ci-dessous) et *Raumwissenschaft* (la géométrie).

II A 11 *Vermischte mathematische Schriften 1832-1848*; contiennent *Mathematische Gespräche, Versuch einer Erklärung der Begriffe von Linie, Fläche und Körper, Geometrische Begriffe, die Jeder kennt und nicht kennt, Anti-Euklid* (publ. en 1965), *Uiber Haltung*... (publ. en 1948) et *Paradoxien des Unendlichen* (1844-48, publ. en 1851).

II A 12/1 *Vermischte philosophische und physikalische Schriften 1832-1848*; hrsg. Jan Berg (1977); comptes rendus, *Zur Athanasia, Zur Lebensbeschreibung, Herbarts System, Selbstanzeige der Wissenschaftslehre* et notes diverses.

II A 12/2 *Vermischte philosophische und physikalische Schriften 1832-1848*; hrsg. Jan Berg (1978); contiennent entre autre *Verbesserungen und Zusätze zur Logik* et la *Selbstkrïtik der Wissenschaftslehre* de 1848.

II A 12/3 *Vermischte philosophische und physikalische Schriften 1832-1848*; hrsg. J. Berg und J. Loužil (1975); contiennent *Was ist Philosophie* (1839, publ. en 1849), *Drei philosophische Abhandlungen* (1839, publ. en 1851), les très importants *Aphorismen zur Physik*, 1840-41, et *Versuch einer ... Erklärung der Aberration des Lichtes* (publ. en 1853).

II A 13 *Ästhetische Schriften*; contiennent *Über die Eintheilung der schönen Künste* (publ. en 1851) et *Uiber den Begriff der Aesthetik*.

II A 14 *Sozialphilosophische Schriften*; hrsg. Jan Berg und J. Loužil (1975); contiennent *Das Büchlein vom besten Staate* et *Sozialethische Aufsätze*.

B) WISSENSCHAFTLICHE TAGEBÜCHER

1 à 13 *Mathematische Tagebücher 1799-1844*

II B 1 *Gedanken*; *Allerlei mathematische Gedanken*

2 à 13 *Miscellanea mathematica*, Heft 1-12, 1803-1844;
hrsg. Bob van Rootselaar und Anna van der Lugt :

II B 2/1 *Miscellanea mathematica 1+2, 1803-1808* (1977).

II B 2/2 *Miscellanea mathematica 1+2, 1808-1811* (1979).

II B 3/1 *Miscellanea mathematica 3, 1812-1813* (1983).

II B 3/2 *Miscellanea mathematica 4, 1813-1814* (1989).

II B 4/1 *Miscellanea mathematica 5, 1814* (1990).

...

II B 14 *Philosophische Tagebücher 1803-1805.*

II B 15 *Philosophische Tagebücher 1806-10.*

II B 16/1 *Philosophische Tagebücher 1811-1817*, hrsg. Jan Berg (1981).

II B 17 *Philosophische Tagebücher 1817-1827*, hrsg. Jan Berg (1979).

II B 18/1-2 *Philosophische Tagebücher 1827-1844*; tome 2 éd. par Jan Berg (1979).

II B 19-20 *Physikalische Tagebücher 1828-1847.*

III. BRIEFWECHSEL

III 1-2 Briefwechsel mit M. J. Fesl.

III 3 *Briefwechsel mit F. Přihonsky.*

III 4 *Briefwechsel mit F. Werner, J. Sommer, F. Exner, G. Zeithammer, J. P. Romang und anderen.*

III 5 *Briefwechsel mit Cäcilia Bolzano, Anna Hoffmann, Johann und Peter Bolzano und anderen.*

IV. DOKUMENTE

1 *Bilder und Dokumente zur Lebensgeschichte Bolzanos.*

IV 1/1 *Bildnisse Bolzanos*, hrsg. L. Sršeň und Dagmar Landová (1986).

IV 1/2 *Dokumente zum Bolzano-Prozess, 1806-1825.*

IV 1/3 *Bruchstücke zu einer künftigen Lebensbeschreibung des sel. Professors B. Bolzano.* von Josef Hoffmann (publ. en 1850), *Skizzen aus dem Leben Dr. B. Bolzanos*, von Dr. Anton Wisshaupt (publ. en 1850).

IV 2 *Dr. Bernard Bolzano's Biographie*, von G. Zeithammer, 1850 (manuscrit).

IV 3 *Auszüge aus M. J. Fesls Nachlass.*

ÉTUDES SUR BOLZANO

Le contexte historique

PALOUŠ, R., *K Bolzanovu významu v duchovním vývoji a v národním povědomí*, Praha, 1981 (samizdat).

TAPIÉ V.-I., *Monarchie et peuples du Danube*, Paris, 1969.

WINTER E., *Der Josephinismus, Die Geschichte des österreichischen Reformkatholizismus 1740-1848*, Berlin, 1962.

– *Frühliberalismus in der Donaumonarchie. Religiöse, nationale und wissenschaftliche Strömungen von 1790-1868*, Berlin, 1968.

Etudes d'ensemble

BAR-HILLEL Y., art. «Bolzano, Bernard» in *Encyclopaedia of Philosophy*, I, 337-8 et IV, 540-1, New York, 1967.

BERG Jan, GANTHALER H., MORSCHER E., «Bernard Bolzano (1781-1848)», in *Christliche Philosophie im kathol. Denken des 19. u. 20. Jahrhunderts*, 1 (Graz 1987), 242-65.

BERKA K., *Bernard Bolzano* (en tchèque), Praha, 1981.

HALLER R., «Bernard Bolzano. Eine nich gehaltene Rede zu seinem 200. Geburtstag», in *Fragen zu Wittgenstein und Aufsätze zur österreichischen Philosophie*, Amsterdam, 1986, p. 44-54.

KOLMAN A., *Bernard Bolzano*, Berlin, 1963 ; contient en appendice le *Rein analytischer Beweis* de Bolzano.

LOUŽIL J., *Bernard Bolzano* (en tchèque), Praha, 1978 (l'analyse de la *WL* est due à L. Valenta), avec des extraits de textes de Bolzano.

van ROOTSELAAR Bob, art. «Bolzano, Bernard» in *Dictionary of Scientific Biography*, II, 273-9, New York, 1970.

SEBESTIK J., art. «Bolzano (Bernard)» in *Encyclopaedia Universalis*, 2e éd., 4, 328-30, Paris, 1989.

WINTER E., *Bernard Bolzano. Ein Lebensbild. Gesamtausgabe*, Einleitungsband 1, Stuttgart, 1969 (=édition remaniée de *Bernard Bolzano und sein Kreis*, Leipzig, 1933).

– *Leben und geistige Entwicklung des Sozialethikers und Mathematikers Bernard Bolzanos 1781-1848*, Halle, 1949 ; (cf. ci-dessus n° 53).

FUNK P. et BERG Jan, *Bernard Bolzano, ein Denker und Erzieher im österreichischen Vormärz, Sitzungsberichte Öst. Ak. Wiss.*, phil.-hist. Klasse, 252. Bd, 5. Abh., Wien, 1967.

WRINCH D. M., «Bernard Bolzano», *The Monist*, 27 (1917), 83-104.

ZIMMERMANN R., «Über den wissenschaftlichen Charakter und die philosophische Bedeutung Bernard Bolzanos», *Sitzungsberichte Öst. Ak. Wiss.*, phil.-hist. Cl., 3 (Wien 1849), 163-74.

Mathématiques

Abrégé d'histoire des mathématiques, 1700-1900, sous la dir. de Jean Dieudonné, I-II, Paris, 1978.

BACHMANN P., *Niedere Zahlentheorie*, Leipzig, 1910.

BECKER H. P., «Bolzanos messbare Zahlen», in *Rechnen mit dem Unendlichen*, éd. D. Spalt, Basel 1990.

BOURBAKI N., *Elements d'histoire des mathématiques*, Paris, nouvelle édition 1989.

BOYER C. B., *The History of the Calculus and its Conceptual Development*, New York, 1959.

– *A History of Mathematics*, New York, 1968.

BUNN R., Compte rendu d'ouvrages de Bolzano in *Annals of Science*, 33 (1976), 585-8.

CANTOR G., *Gesammelte Abhandlungen*, éd. E. Zermelo, Hildesheim, 1966.

CAVAILLÈS J., *Méthode axiomatique et formalisme*, Paris, 1937.

– *Remarques sur la formation de la théorie abstraite des ensembles*, 1938; nouvelle éd. in *Philosophie mathématique*, Paris, 1962.

COOLIDGE J. L., *The Mathematics of Great Amateurs*, Oxford, 1949.

DAUDLEBSKY R. von STERNECK, «Über die Darstellung der Zahlen als Summe von vier Quadraten», *Monatshefte f. Math. u. Phys.*, (Wien, 1904), 235-8.

DEDEKIND R., *Was sind und was sollen die Zahlen?* Braunschweig, 2e éd. 1893; trad. fr. in La bibliothèque d'Ornicar, Paris, 1979.

– «Beweis und Anwendung eines allgemeinen Satzes über mehrfach ausgedehnte stetige Gebiete», *Gesammelte mathematische Werke, II*, Braunschweig, 1931, p. 356-7.

DICKSTEIN S., «Zur Geschichte der Prinzipien der Infinitesimalrechnung. Die Kritiker der "Théorie des fonctions analytiques" von Lagrange», *Abh. Gesch. Math.*, 9 (1899), 65-79.

DUGAC P., *Eléments d'analyse de Karl Weierstrass*, Paris, 1972 (texte polycopié); version légèrement abrégée où ne figure pas la mention de Bolzano in *Archive for History of Exact Sciences*, 10 (1973), 41-176.

– *Richard Dedekind et les fondements des mathématiques*, Paris, 1976.

– «Fondements de l'Analyse», in DIEUDONNÉ J., *Abrégé d'histoire des mathématiques, 1700-1900*, I (Paris, 1978), 335-88.

– «Histoire du théorème des accroissements finis», *Archives Int. d'Hist. des Sciences*, 30 (1980), n° 105, 86-101.

– «Des fonctions comme expressions analytiques aux fonctions représentables analytiquement», in *Mathematical Perspectives* (1981), 13-36.

Encyclopédie des Sciences mathématiques, éd. Pringsheim-Molk, Paris, 1904-14.

FOLTA J., «Bernard Bolzano and the foundations of geometry», *Acta hist. rerum nat.* (Prague, 1966), special issue 2, 75-104.

– «Základy geometrie v pracích českých matematikű 19. století» , *Sborník pro děj. přír. věd,* 11 (1967), 169-202.

– «The foundations of geometry at the turn of the 18th and 19th centuries and Bolzano's contribution», *Actes du XIe Congrès Internat. d'Hist. des Sciences*, Wroclaw-Varsovie-Cracovie 1965, tome III (1968), 225-8.

– «Bolzano's early work in the development of elementary geometry at the beginning of the 19th century», *Acta hist. rerum nat.* (Prague, 1981), special issue 16, 43-58.

FUNK P. (en collab. avec FRANK W.), «Bolzano als Mathematiker», in WINTER, BERG et FUNK, *Bernard Bolzano, Sitzungsberichte öst. Ak. Wiss.*, 252. Bd, 5. Abh. (Wien, 1967).

GERICKE H., *Geschichte des Zahlbegriffs*, Mannheim, 1970.

GRABINER J., *The Origins of Cauchy's Rigorous Calculus*, Cambridge, Mass., 1981.

GRANGER G.-G., «Le concept de continu chez Aristote et Bolzano», *Les Etudes philosophiques* (1969), 513-23.

GRATTAN-GUINNESS I., *The Development of the Foundations of Analysis from Euler to Riemann*, Cambridge,1970.

HANKEL H., art. «Grenze» in ERSCH-GRUBER, *Allg. Encyclopädie der Wiss. u. Künste*, I, 90 (1871), 209-10.

HOUSKA J., «Základy matematické analýzy v díle Bolzanově ve vztahu k vědeckému vývoji jeho doby», *Filoz. Časopis*, 29 (1981), 933-41.

JARNÍK V., «Bolzanova "Funktionenlehre"», *Čas. pro pěst. mat. a fys.*, 60 (1931), 240-62.

– «Bernard Bolzano a základy matematické analysy», *Zdeňku Nejedlému ČSAV, Sborník prací k 75. narozeninám* (Praha 1963), 450-58.

– «Bernard Bolzano»,*Čechosl. matem. žurnal*, 11 (1961), 485-89 (en angl).

– *Bernard Bolzano and the Foundation of the Mathematical Analysis*, Prague, 1981 (trad. angl. des articles consacrés à Bolzano, éd. J. Folta).

JOHNSON D. M., «Prelude to Dimension Theory : the Geometrical Investigations of Bernard Bolzano», *Archive for Hist. of Exact Sciences*, 17 (1977), 261-95.

KITCHER PH., «Bolzano's Ideal of Algebraic Analysis», *Studies in the Hist. and Phil. of Science*, 6 (1975), 229-69.

KLEIN F., *Vorlesungen über die Entwicklung der Mathematik im 19. Jahrhundert*, I-II, Berlin, 1926-7.

KOLMAN A., «Matematicko-logická stránka Bolzanovy filosofie», in *Filosofie v dějinách českého národa*, Praha, 1958, 124-33.

KOWALEWSKI G., *Bestand und Wandel*, München, 1950.

KUREPA D., «Around Bolzano's approach to real numbers», *Czechosl. Math. Journal*, 32 (1982), 655-66.

LAUGWITZ D., «Bemerkungen zu Bolzanos Grössenlehre», *Archive for Hist. of Exact Sciences*, 2 (1965), 398-409.

MEDVEDEV F. A, *Razvitie teorii množestv v XIX. veke*, Moskva, 1965.

MESCHKOWSKI H., *Probleme des Unendlichen, Werk und Leben G. Cantors*, Braunschweig, 1967.

MEURERS J., «Bolzanos Paradoxien des Unendlichen und die von Seeliger-Charlischen Sätze über ein unendliches Universum», *Philos. Naturalis*, 15 (1974/75), 176-90.

NOVÝ L., «Matematika v Čechách v 2. polovině 18. století», *Sborník pro děj. přír. věd*, 5 (1960), 3-313.

– «Základy matematické analysy u Bolzanových pražských současníků», *Sborník pro děj. přír. věd*, 6 (1961), 28-43.

– *Origins of Modern Algebra*, Leyden-Prague, 1973.

– «Notes concerning the "style" of Bolzano's mathematical thinking», *Acta hist. rerum nat. necnon techn.*, special issue 16 (Prague 1981), 9-58.

NOVÝ L. et FOLTA J., *Dějiny exaktních věd v českých zemích do konce 19. století*, Praha, 1961; contient également une analyse des travaux de Bolzano en physique (sur le principe de Doppler) par I. Seidlerová.

PETR K., «B. Bolzano a jeho význam v matematice», *Karlova Universita v Praze v r. 1924-1925*, (Praha, 1926), 17-35.

VAN ROOTSELAAR B., «Bolzano's Theory of Real Numbers», *Archive for Hist. of Exact Sciences*, 2 (1964), 168-80.

– «Het getalbegrip bij Bernard Bolzano», *Euclides*, 41 (1965-6), 53-9.

– «Bolzano's corrections to his Functionenlehre», *Janus*, 56 (1969), 1-21.

– «Die mengentheoretischen Begriffe Bolzanos», in *Rechnen mit dem Unendlichen*, éd. D. Spalt, Basel 1990, 157-63.

RUSS S. B., *The mathematical works of Bolzano published between 1804 and 1817*, Open University, Milton Keynes, 1980 (diss.).

RUSSELL B., *The Principles of Mathematics*, London, 1903; 2e éd. 1938.

RYCHLÍK K., «La théorie des nombres réels dans un ouvrage posthume manuscrit de Bernard Bolzano», *Revue d'Hist. des Sciences*, 14 (1961), 313-27.

SCHWARZ H. A., Lettre à G. Cantor (1.4.1870), in H. Meschkowski, *Probleme des Unendlichen, Werk und Leben G. Cantors*, Braunschweig, 1967, p. 228-9.

– «Zur Integration der partiellen Differentialgleichung $\Delta u = 0$», *Journ. f. reine u. angew. Math.*, 74 (1872), 220-1.

SEBESTIK J., «Bernard Bolzano et son mémoire sur le théorème fondamental de l'analyse», *Revue d'Hist. des Sciences*, 17 (1964), 129-64; contient la trad. fr. du *Rein analytischer Beweis*.

– *Le système mathématique de Bernard Bolzano*, Cahiers Fundamenta Scientiae n° 99, Strasbourg, 1981 (trad. esp. in *Mathesis*, 6 (México 1991), n° 4, 393-417).

– «La classe universelle et auto-appartenance chez Bernard Bolzano», *ΕΛΕΥΘΕΡΙΑ* (Athènes 1986 A), 72-84.

– «Premiers paradoxes bolzaniens de l'infini», *Archives de philosophie*, 50 (1987), 403-11.

SIMON P., «Bernard Bolzano a teorie dimenze», *Pokroky mat., fys., astron.*, 26 (1981), 248-58.

SINACEUR H., «Les voies de l'analyse classique», *Critique* (1974), 697-715.

– «Bolzano est-il précurseur de Frege?», *Archives de philosophie*, 77 (1975), n° 3, 286-303.

SPALT D. D, «Die Unendlichkeiten bei Bernard Bolzano», in *Konzepte des mathematisch Unendlichen im 19. Jahrhundert*, hrsg. G. König, Göttingen, 1990, 189-218.

– «Die mathematischen und philosophischen Grundlagen des Weierstraßschen Zahlbegriffs zwischen Bolzano und Cantor», *Archive for Hist. of Exact Sciences*, 41 (1991), n° 4, 311-62.

– « Bolzanos Lehre von den meßbaren Zahlen 1830-1989», *Archive for Hist. of Exact Sciences*, 42 (1991), n° 1, 15-70.

– « Bolzano's Zahlbegriffe. Bislang Übersehene Marksteine Feudal-absolutistischer Mathematik», in *Bolzano's Wissenschaftslehre 1837-1987*, International Workshop, Firenze 1987 (publ. en 1992), 27-54.

STEELE D. A., « Historical Introduction» , in B. Bolzano, *Paradoxes of the Infinite*, London, 1950.

STOLZ O., «B. Bolzano's Bedeutung in der Geschichte der Infinitesimalrechnung», *Math. Annalen*, 18 (1881), 255-79; corrections *ibid.*, 22 (1883), 518-19.

VEČERKA K., «Poznámky k Bolzanovu pojetí množiny», *Zprávy pro děj. přír. věd* (1962), n° 10, 37-8.

– « K Bolzanovu podílu na poznání, respektive vytvoření množinové teorie a k významu Bolzanovy filosofické erudice pro tento podíl», *Filoz. Časopis* 38 (1990), 522-8.

VESELÝ F., «Život Bernarda Bolzana a jeho matematicko-přírodovědecké práce», *Pokroky mat., fys., astron.*, 2 (1957), 119-27 et 223-43.

VOPĚNKA P., *Mathematics in the Alternative Set Theory*, Leipzig, 1979.

– *Úvod do matematiky v alternatívnej teórii množín*, Bratislava, 1989.

VOROVKA K., *Úvahy o názoru v matematice*, Praha, 1917.

WEYL H., *Philosophy of Mathematics and Natural Science*, Princeton, 1949.

WUSSING H., «Bernard Bolzano und die Grundlegung der Infinitesimalrechnung», *NTM, Zeitschr. f. Gesch. d. Naturwiss., Technik u. Medizin*, 1 (1960), n° 3, 57-73.

ZLATOŠ, P., *O niektorých filozofických otázkach základov matematiky* (manuscrit, Bratislava, 1987).

Voir aussi l'ouvrage de A. KOLMAN cités dans la section précédente ainsi que les travaux de J. BERG et l'ouvrage H. BERGMANN cités dans la section suivante.

La fonction de Bolzano

BRŽEČKA B. F., «O funkcii Bol'cano», *Uspechi matem. nauk*, 4 (1949), n° 2, 15-21.

JARNÍK V., «O funkci Bolzanově», *Čas. pro pěst. mat. a fys.*, 51 (1922), 248-63.

JAŠEK M., « Aus dem handschriftlichen Nachlass Bernard Bolzano's», *Věstník král. čes. spol. nauk*, tř. mat.-přír. (1921-22), 1-31.

– « O funkcích s nekonečným počtem oscilací v rukopisech Bernarda Bolzana», *Čas. pro pěst. mat. a fys.*, 53 (1923), 102-9.

– «Funkce Bolzanova», *Čas. pro pěst. mat. a fys.*, 51 (1922), 69-76.

KOWALEWSKI G., « Bolzanos Verfahren zur Herstellung einer nirgends differenzierbaren stetigen Funktion», *Berichte über Verhandl. d. sächsischen Ak. d. Wiss. zu Leipzig*, math.-phys. Kl., 74 (1922), 91-95.

– « Über Bolzano's nichtdifferenzierbare stetige Funktion», *Acta mathematica*, 44 (1923), 315-19.

RYCHLÍK K., «Über eine Funktion aus Bolzanos handschriftlichem Nachlasse», *Sitzungsbericht d. königl. böhm. Ges. d. Wiss. f. das Jahr 1921-22*, Cl. II, 1-20.

SINGH A. N., «On Bolzano's Non-differentiable Funtion», *Bulletin internat. de l'Acad. Polonaise des Sciences et des Lettres*, classe des Sciences math. et nat. (Cracovie, 1928), 191-200.

– «The theory and construction of non-differeniable functions» , *Lucknow University Studies*, réimpr. in *Squaring the Circle*, by HOBSON, and Other Monographs, New York, Chelsea, 1953.

Bolzano et Cauchy

FREUDENTHAL H., «Did Cauchy Plagiarize Bolzano?», *Archive for Hist. of Exact Sciences*, 7 (1971), 375-92.

GRATTAN-GUINNESS I., «Bolzano, Cauchy and the "New Analysis" of the Early Nineteenth Century», *Archive for Hist. of Exact Sciences*, 6 (1970), 372-400.

RYCHLÍK K., «Bolzano et Cauchy», *Revue d'Hist. des Sciences*, 15 (1962), 163-5.

SEIDLEROVÁ I., «Bemerkung zu den Umgängen zwischen Bernard Bolzano und Augustin Cauchy», *Čas. pro pěst. mat. a fys.*, 87 (1962), 225-6.

SINACEUR H., «Cauchy et Bolzano», *Revue d'Hist. des Sciences*, 26 (1973), 97-112.

Logique et théorie de la science

ANGELELLI I., «On identity and interchangeability in Leibniz and Frege», *Notre Dame Journal of Formal Logic*, 8 (1967), 94-100.

BACHELARD S., *La logique de Husserl*, Paris, 1957.

BAR-HILLEL Y., «Bolzano's definition of analytic propositions», *Theoria*, 16 (Lund 1950), 91-117; également in *Methodos*, 2 (Milano 1950), 32-55.

– «Bolzano's propositional logic», *Arch. f. mathem. Logik und Grundlagenforschung*, 1 (1952), 305-38. – Ces deux textes sont réimprimés in Y. Bar-Hillel, *Aspects of Language*, Jerusalem, 1970.

BAYEROVÁ M., *Studie o Bolzanovi*. In *Studie a prameny k dějinám českého myšlení*, 3 (Praha, 1976).

VAN BENTHEM J., «Lessons from Bolzano», Center for the Study of Language and Information, Report N° CSLI-84-6, Leland Stanford Junior University, 1984.

BERG Jan, *Bolzano's Logic*, Stockholm, 1962.

– «Bolzano's notion of proposition» , in *Ost und West in der Geschichte des Denkens und der kulturellen Beziehungen* [Mélanges E. Winter], Berlin, 1966, 519-26.

– «Bolzano als Logiker», in WINTER - FUNK - BERG, *Bernard Bolzano*; *Sitzungsberichte Öst. Ak.Wiss.*, 252. Bd, 5. Abh. (Wien, 1967), 95-120.

– «Bolzano's theory of an ideal language» , in R. E. Olson et A. M. Paul ed., *Contemporary Philosophy in Scandinavia*, Baltimore, 1972, 405-15.

– «Was ist ein Satz an sich nach Bolzano» , Bolzano-Symposion 1973, *Sitzungsberichte der Öst. Ak. Wiss.*, phil.-hist. Kl., 293 (1974), n° 5, 21-30.

– «Bolzano's contribution to logic and philosophy of mathematics », in R. O. GANDY & J. M. HYLAND ed., *Logic Colloquium 76, Studies in Logic and the Foundations of Mathem.*, 87 (Amsterdam 1977), 147-71.

– «A requirement for the logical basis of scientific theories implied by Bolzano's logic of variation», *Acta hist. rerum nat. necnon techn.* (Prague 1981), special issue 13, 415-25.

– «B. Bolzano : Die Überwindung des Skeptizismus», in *Grundprobleme der großen Philosophen, Philosophie der Neuzeit III*, hrsg. von J. Speck, Göttingen, 1983, 46-97.

– «Bolzano and situation semantics : variation on a theme of variation», *Philos. Naturalis*, 24 (1987), 373-77.

– «Is Russell's antinomy derivable in Bolzano's logic?», *Philos. Naturalis*, 24 (1987), 406-13.

– «Bolzano on induction», *Philos. Naturalis*, 24 (1987),406-13.

– «Zur logischen und mathematischen Ontologie. Gnoseologie und Resultatismus in der Analyse der Grundlagen der Bolzanoschen Zahlenlehre», in *Rechnung mit dem Unendlichen*, éd. D. Spalt, Basel, 1990, 123-55.

– «The connection between Bolzano's logic of variation and his theory of probability», in *Bolzano's Wissenschaftslehre 1837-1987*, International Workshop, Firenze 1987 (publ. en 1992), 107-120.

BERGMANN (S.) H., *Das philosophische Werk Bernard Bolzanos*, Halle, 1909; réimpr. Hildesheim, 1970.

– «Bolzano und Brentano», *Arch. f. Gesch. d. Philos.*, 48 (1966), 306-11.

BERKA K., «On the relationship between mathematics and logic in the work of Bernard Bolzano», *Acta hist. rerum nat. necnon techn.* (Prague 1977), special issue 10, 61-79.

– «Bolzanos Lehre von den Wahrscheinlichkeitsschlüssen», *Teorie rozvoje vědy*, 3 (Praha 1979), n° 4, 7-18.

– «Bolzanova filozofie matematiky», *Filoz. Časopis*, 28 (1980), 559-89.

– «Bolzanova nauka o úsudcích», *Filoz. Časopis*, 29 (1981), 888-909.

– «B. Bolzano's Philosophy of science», *Acta hist. rerum nat. necnon techn.* (Prague 1981), special issue 13, 427-42.

– «Zur Auffassung des apagogischen Beweises bei B. Bolzano», *Acta hist. rerum nat. necnon techn.* (Prague 1981), special issue 16, 30-42.

– «Natural deduction in Bolzano's Wissenschaftslehre», in I. M. BODNAR, A. MATÉ, L. POLOS ed., *Intensional Logic, History of Philosophy, and Methodology. To Imre Rusza on the occasion of his 65th birthday*, Budapest, 1988, p. 203-12.

– «Bolzanos Lehre vom natürlichen Schliessen», in *Bolzano's Wissenschaftslehre 1837-1987*, International Workshop, Firenze 1987 (publ. en 1992), 141-161.

BETH E. W., «Une contribution à l'histoire de la logique mathématique», *Actes du VIIIe Congrès Internat d'Histoire des Sciences*, Florence-Milan (1956), vol. III, 1104 sq.

– *The Foundations of Mathematics*, Amsterdam, 1959.

BLANCHÉ R., *La logique et son histoire d'Aristote à Russell*, Paris, 1970.

BUHL G., «Ableitbarkeit und Abfolge in der Wissenschaftstheorie Bolzanos», *Kantstudien*, Ergänzungshefte, n° 83 (Köln 1961).

– «Der Wissenschaftsbegriff bei Bolzano», in A. Diemer éd., *Beiträge zur Entwicklung der Wisenschaftstheorie im 19. Jahrhundert*, Meisenheim/-Glan, 1968, 63-70 et 115-6.

CASARI E., «L'universo logico bolzaniano», *Rivista di filosofia*, 76 (1985), 339-46.

– «Bemerkungen über die Bolzanosche Wissenschaftslehre», in *Logik und Grundlagenforschung*, Festkolloquium zum 100. Geburtstag von Heinrich Scholz, Sonderdruck, Münster, 1986, 53-66.

– «An interpretation of some ontological and semantical notions in Bolzano's logic», in *Bolzano's Wissenschaftslehre 1837-1987*, International Workshop, Firenze 1987 (publ. en 1992),55-105.

CAVAILLÈS J., *Sur la logique et la théorie de la science*, Paris, 1947; les pages consacrées à Bolzano ont paru également in *Deucalion*, 1 (1946), 195-202, sous le titre «La théorie de la science selon Bolzano».

CELLUCCI, C., «Bolzano and multiple-conclusion logic», in *Bolzano's Wissenschaftslehre 1837-1987*, International Workshop, Firenze 1987 (publ. en 1992), 179-89.

CHRISTIAN C., «Logische Wahrheit, logische Folge und Abfolge im Bolzanoschen Sinn», Bolzano-Symposion 1973, *Sitzungsberichte Öst. Ak. Wiss.*, phil.-hist. Kl., 293/5 (1974), 47-62; publ. également in *Philos. Naturalis*, 15 (1974/75), 159-75.

CHURCH A., «Propositions and sentences», in *The Problem of Universals*, A Symposium, Notre Dame, Ind., 1956, 3-11.

COFFA A., «Le positivisme logique, la tradition sémantique et l'a priori», in *Le Cercle de Vienne, doctrines et controverses*, présenté par J. Sebestik et A. Soulez, Paris, 1986, 81-102.

– «Invitacion a la lectura de Bolzano», *Revista lat. de filosofia*, 12 (1986), 131-42.

– *The Semantic Tradition. From Kant to Carnap. To the Vienna Station.* Cambridge Univ. Press, 1991.

COHEN J. L., «Bolzano's theory of induction», *Acta hist. rerum nat. necnon techn.* (Prague 1981), special issue 13, 443-57.

DANEK J., *Weiterentwicklung der Leibnizschen Logik bei Bolzano*, Meisenheim/Glan, 1970.

– *Les projets de Leibniz et de Bolzano : deux sources de la logique contemporaine*, Québec, 1975.

DAPUNT I., «Macht Bolzanos Logik Existenzvoraussetzungen?», *Deutsche Zeitschrift f. Philos.*, 15 (1965), n° 12, 1513-15.

– «Zur Klarstellung einiger Lehren Bernard Bolzanos», *Journal of the Hist. of Philos.*, 7 (1969), 63-73.

DETLEFSEN M., «Fregean hierarchies and mathematical explanation», *Studies in Phil. of Science* 3 (1988), 97-116.

DORN G. J. W., «Zu Bolzanos Wahrscheinlichkeitslehre», *Philos. Naturalis*, 24 (1987), Heft 4, 423-41.

DUBISLAV W., «Über Bolzano als Kritiker Kants», *Philos. Jahrbuch der Görres-Gesellschaft*, 42 (1929), 357-68.

– «Bolzano als Vorläufer der mathematischen Logik», *Philos. Jahrbuch d. Görres-Gesellschaft*, 44 (1931), 448-56.

EXNER F., «Über Leibnitzens Universalwissenschaft», *Abh. königl. böhm. Ges. d. Wiss.*, 5. Folge, 3 (Prag 1845), 161-200.

FEDOROV B. I., «Osnovnye idei logiki B. Bol'cano», *Vestnik Leningr. Univ.*, ekon., fil., pravo, (1968), n° 11, 147-50.

– «O podchode B. Bol'cano k teorii logičeskogo sledovanija», *Voprosy filosofii* (1969), n° 11, 85-90.

– «Teorija vyvoda v logike B. Bol'cano», in *Teorija logičeskogo vyvoda* (Tezisy dokladov), II, Moskva, 1974.

– «Logisch-methodologische une philosophische Ideen Bernard Bolzanos», in *B. Bolzano 1781-1848, Studien und Quellen*, Berlin, 1981, 49-55.

– *Logika B. Bol'cano*, Leningrad, 1980.

FRANKLOWNA M., «O pewnym paradoksie w logice Bolzana», *Przeglad filozoficzny*, 17 (1914), 315-23.

FREYTAG LÖRINGHOFF B. v., «Über einen Irrtum Bolzanos und das Verhältnis zwischen Inhalts- und Umfangslogik», *Zeitschr. f. philos. Forschung*, 25 (1971), 327-44.

FUJITA I., *Bolzano's Philosophy*, Tokyo, 1963 (en japonais, rés. all.).

GEORGE R., «Editor's Introduction», Bernard Bolzano: *Theory of Science*, Berkeley - Los Angeles, 1972, p. XXIII-XLVII.

– «Bolzano's concept of consequence», *Journal of Philos.*, 83 (1986), 558-63.

– «Bolzano on time», *Philos. Naturalis*, 24 (1987), 452-68.

– «Concepts of consequence», in *Bolzano's Wissenschaftslehre 1837-1987*, International Workshop, Firenze 1987 (publ. en 1992), 3-26.

GROSSMANN R., «Frege's ontology», *Phil. Review*, 70 (1961), 23-40.

HAILPERIN Th., «The development of probability logic from Leibniz to MacColl», *Hist. and Philos. of Logic*, 9 (1988), 131-91.

HALLER R., *Studien über Östereichische Philosophie*, Amsterdam, 1979.

– «Remarques sur la tradition sémantique», *Archives de philos.*, 50 (1987), 359-69.

– «Bolzano and Austrian philosophy», in *Bolzano's Wissenschaftslehre 1837-1987,* International Workshop, Firenze 1987 (publ. en 1992), 191-206.

HÖLDER O., «Der indirekte Beweis in der Mathematik», *Bericht über die Verhandl. Sächs. Akad. Wiss.*, math.-phys. Kl., 81 (1929), 201-16.

– «Nachtrag zu meinem Aufsatz über den indirekten Beweis», *ibid.*, 82 (1930), 97-104.

HUSSERL E., *Logische Untersuchungen I, Prolegomena zur reinen Logik,* Halle, 1900; trad. fr. par H. Elie, Paris, 1959.

– *Articles sur la logique* (1890-1913), trad. et notes par J. English, Paris, 1975 (voir le compte rendu d'un ouvrage de M. Palagyi, p. 211-22, et l'«Esquisse d'une préface aux *Recherches Logiques*» de 1913, p.352-411).

– *Formale und tranzendentale Logik,* Halle,1929; trad. fr. par S. Bachelard, Paris, 1957.

– *Ideen zu einer reinen Phänomenologie und phänomenologischen Philosophie.* Erstes Buch, nouvelle éd. Den Haag, 1950, et Drittes Buch, 1952.

– Extrait d'une letre à Brentano, du 27 mars 1905, in H. SPIEGELBERG, *The Phenomenological Movement. A Historical Introduction, I,* The Hague, 1960, p. 96 note.

KAMBARTEL F., «Einleitung des Herausgebers», *Bernard Bolzano's Grundlegung der Logik (Wissenschaftslehre I/II),* VII-LXII, *Phil. Bibl.* n° 259, Hamburg, 1963.

KERRY B., «Über Anschauung und ihre psychologische Verarbeitung», *Vierteljahrsschrift f. wiss. Philos.,* 9 (1885), 432-93; 10 (1886), 419-67; 11 (1887), 53-116 et 249-307; 15 (1891), 127-67.

KLUGE E.-H. W., «Bolzano and Frege : some conceptual parallels», *Grazer phil. Studien,* 10 (1980), 21-41.

KNEALE W. & M., *The Development of Logic,* Oxford, 1962.

KORCIK A., «Pojecie wywodu inferencijnego u Bernarda Bolzana», *Roczniki filozoficzne,* 5 (1957), 17-26.

KORSELT A., «Über die Grundlagen der Geometrie», *Jahresbericht der deutschen Mathematiker-Vereinigung,* 12 (1903, 402-7.

– «Über die Grundlagen der Mathematik», *ibid.*, 14 (1905), 365-89.

– «Über die Logik der Geometrie», *ibid.*, 17 (1908), 98-124.

– «Über mathematische Erkenntnis», *ibid.*, 20 (1911), 364-80.

KOWALEWSKI A., «Kant und Bolzano», *Ostdeutsche Monatshefte,* (Danzig 1938), 665-73.

KREIBIG J. K., «Über ein Paradoxon in der Logik Bolzanos», *Vierteljahrsschrift f. wiss. Philos.*, n. F., 28 (1904), 365-91.

KREISER L., «Logická sémantika u Bolzana a Fregeho a výtka z platonismu», *Filoz. Časopis,* 29 (1981), 94-103.

KREISER L. & STEUBE A., «Bernard Bolzanos sprachlogische Untersuchungen» , in *Bernard Bolzano 1781-1848, Studien und Quellen,* Berlin, 1981,

LÁSKA V., «Problém logicismu v matematice», *Ruch filosofický*, 4 (1921), 267-70.

LAZ J., «Un platonicien débridé? Bolzano, critique de l'intuitionnisme kantien», *Philosophie* (1990), n° 27, 13-29.

– *Bolzano critique de Kant* (à paraître).

LÖWENHEIM L., «On making indirect proofs direct», transl. by W. V. Quine, *Scripta mathematica* 12 (New York 1946), 125-39.

LOUŽIL J., «Bolzanos Begriff der Anschauung», Bolzano-Symposion 1973, *Sitzungsberichte Öst. Ak. Wiss.*, phil.-hist. Kl., 293/5 (1974), 63-76.

– «K pojmu názoru u Kanta a Bolzana», *Acta Univ. Carolinae – Philosophica et Historica 1* (1974), 59-73.

– «K interpretaci Bolzanova pojmu jednoduché jedinečné představy označené výrazem "toto A"», *Sborník prací Fil. Fak. brněnské Univerzity*, 21-22 (1974/75), 67-74 .

– «Bernard Bolzanos Materiebegriff», in *Bernard Bolzano 1781-1848, Studien und Quellen*, Berlin, 1981, 38-48.

LUKASIEWICZ J., *Die logischen Grundlagen der Wahrscheinlichkeitsrechnung*, Krakow, 1913; trad. angl. in *Selected Works*, Amsterdam 1970.

MATES, B. «Bolzano and Ancient Pyrrhonism», in *Bolzano's Wissenschaftslehre 1837-1987*, International Workshop, Firenze 1987 (publ. en 1992), 121-39.

MCGILL V. J., «Notes on the logic of grammar», *The Philos. Review* 39 (1930), 459-78.

MOESE H., «"Wissenschaftslehre" de Bolzano et le problème de l'unité de la science», *Actes du XIe Congrès Internat. d'Hist. des Sciences*, Wroclaw-Varsovie-Cracovie, tome 2 (1965), 191-6.

– «Les deux courants dans le dévelopement de la méthodologie moderne des sciences : B. Bolzano et J. Stuart Mill», *Monografie z dziejow nauki i techniki*, 50 (Warszawa, 1968), 118-22.

– «Systemaufbau in Bolzanos Wissenschaftslehre und ihre Kantischen Quellen. Entwicklungsfragen der Logik in nachkantischer Zeit», in *Bernard Bolzano 1781-1848, Studien und Quellen*, Berlin, 1981.

MORSCHER E., «Von Bolzano zu Meinong : zur Geschichte des logischen Realismus», in R. Haller ed., *Jenseits von Sein und Nichtsein*, Beiträge zur Meinong-Forschung, Graz, 1972, 69-102.

– *Das logische An-Sich bei Bernard Bolzano*, Salzburg-München, 1973.

– «Philosophische Logik bei Bernard Bolzano», Bolzano-Symposion 1973, *Sitzungsberichte Öst. Ak. Wiss.*, phil.-hist. Kl., 293/5 (1974), 77-105.

– «"Hintertürln" für Paradoxien in Bolzanos Logik», *Philos. Naturalis*, 24 (1987), 414-22.

– «Bolzanos Syllogistik», *Philos. Naturalis*, 24 (1987), 447-51.

MUGNAI, M. «Leibniz and Bolzano on the "Realm of truths"», in *Bolzano's Wissenschaftslehre 1837-1987*, International Workshop, Firenze 1987 (publ. en 1992), 207-20.

de MURALT A., «Deux aspects contemporains de la philosophie de l'"Esse objectivum"», *Freiburger Zeitschr. für Phil. u. Theol.*, 34 (1987), 161-8.

NEEMANN U., «Analytische und synthetische Sätze bei Kant und Bolzano» *Ratio*, 12 (1970), 1-20.

– «Kausalität und Determinismus bei Bernard Bolzano», *Philos. Naturalis* 13 (1971/72), 353-70.

– *Bernard Bolzano's Lehre von Anschauung und Begriff in ihrer Bedeutung für erkenntnistheoretische und pädagogische Probleme*, München, 1972.

– «Husserl und Bolzano», *Allg. Zeitschrift für Philos.*, 2 (1977), n° 2, 52-66.

– «Der Begriff der Möglichkeit bei Bernard Bolzano», *Philos. Naturalis* 17 (1978/79), 70-89.

NIINIULOTO I., «Bolzano and Bayes-Tests», *Studia Excellentia, Essays in Honour of Oliva Ketonen*, Helsinki 1977, 30-36.

NUCUBIDZE B., «Bol'cano i teorija nauki», *Voprosy filosofii*, 24 (1913), 39-100 et 111-73.

PALAGYI M., *Kant und Bolzano. Eine kritische Parallele*, Halle, 1902.

PAOLI F., «Bolzano et le dimostrazioni matematiche», *Rivista di filos.*, 82 (1981), 221-42.

PATOČKA J., «Bolzanovo místo v dějinách filosofie», in *Filosofie v dějinách českého národa*, Praha, 1958, 111-23 et 134; trad. polonaise avec rés. angl. in *Studia filozoficzne* (1959), 170-88.

PICKER B., «Die Bedeutung der Mathematik für die Philosophie Edmund Husserls», *Philosophia Naturalis*, 7 (1961), 266-355.

PRETI G., «I fondamenti della logica formale pura nella "Wissenschaftslehre" di B. Bolzano et nelle "Logische Untersuchungen" di E. Husserl», *Sophia*, 3 (1935), 187-94 et 361-76.

PRIHONSKY Fr., *Neuer Anti-Kant oder Prüfung der Kritik der reinen Vernunft nach den in Bolzano's Wissenschaftslehre niedergelegten Begriffen*, Bautzen, 1850.

– *Atomenlehre des sel. Bolzano*, Budissin, s. d. [préf. datée1857].

PROUST J., «Bolzano's Analytic revisited», *The Monist*, 64 (1981), 214-30.

– *Questions de forme*, Logique et proposition analytique de Kant à Carnap, Paris, 1986.

REGNER L., «Aksjomaty nauk apriorycznych wedlug Bernarda Bolzana», *Roczniki Filozoficzne*, 5 (1957), 137-49.

VAN ROOTSELAAR B., «Axiomatics in Bolzano's logico-mathematical research», in *Bolzano's Wissenschaftslehre 1837-1987*, International Workshop, Firenze 1987 (publ. en 1992), 221-30.

SCHENK G., «Über Bolzanos Theorie der Beziehungen zwischen "Vorstellungen an sich"», in *Bernard Bolzano 1781-1848, Studien und Quellen*, Berlin, 1981, 119-45.

SCHOLZ H., *Esquisse d'une histoire de la logique*, 1931 ; trad. fr. Paris, 1968.

– *Die Wissenschaftslehre Bolzanos. Eine Jahrhundert-Betrachtung*, Berlin, 1937, réimpr. in *Mathesis Universalis*, 1961.

– «Der klassische und der moderne Begriff einer mathematischen Theorie», *Math.-phys. Semesterberichte zur Pflege des Zusammenhangs von Schule u. Universität*, 3 (Göttingen 1953), 30-47.

– *Mathesis Universalis*, Basel, 1961.

SCHRÖTER K., «Theorie des logischen Schliessens», *Zeitschr. f. mathem. Logik und Grundlagen der Math.*, 1 (1955), 37-86 et 4 (1958), 10-65.

SEBESTIK J., «Préhistoire du Cercle de Vienne», in *Manifeste du Cercle de Vienne et autres écrits*, sous la dir. de A. Soulez, Paris, 1985, 91-102.

– «Le Cercle de Vienne et ses sources autrichiennes», in *Le Cercle de Vienne, doctrines et controverses*, prés. par J. Sebestik et A. Soulez, Paris, 1986, 21-41 (d'abord publié sous le titre «Bolzano et Brentano: deux sources autrichiennes du Cercle de Vienne», *Fundamenta Scientiae*, 5 (1984), 219-35).

– «Nicht-existierende Gegenstände und strukturale Ontologie bei Twardowski», *Grazer philosophische Studien*, 35 (1989), 176-88.

– «The Archeology of the Tractatus: Bolzano and Wittgenstein», in *Wittgenstein – Eine Neubewertung*. Akten des 14. Internat. Wittgenstein-Symposiums 1989, I, 112-8, Wien, 1990.

– «The Construction of Bolzano's logical system», in *Bolzano's Wissenschaftslehre 1837-1987*, International Workshop, Firenze 1987 (publ. en 1992), 163-77.

SIMONS P., «Bolzano, Tarski, and the limits of logic», *Philos. Naturalis*, 24 (1987), 378-405.

SMART H. R., «Bolzano's logic», *Phil. Review*, 53 (1944), 513-33.

SMOLKA Fr., «Pojecie zmiennej u Bolzany i u Russella», *Przeglad filozoficzny*, 30 (1927), 291.

SODAN G., «Inhalte und Umfänge zweier Begriffe», *Studium Generale*, 18 (1965), 567-76.

STARČENKO, A. A. et STEFANOVNA TJAGNIBEDINA O., «Besonderheiten der wahrscheinlichkeitslogischen Forschungen B. Bolzanos», in *Bernard Bolzano 1781-1848, Studien und Quellen,* Berlin, 1981, 146-60.

STYAZHKIN N. I., *History of Mathematical Logic from Leibniz to Peano*, (trad. du russe), M. I. T. Press, 1969.

SUSSBAUER A., «Propositionen und Sachverhalte in der österreichischen Philos. von Bolzano bis Popper», *Philos. Naturalis*, 24 (1987), 476-99.

TERTON G., «Bemerkungen zu Bolzanos Vorstellungsbegriff unter besonderer Beachtung sprachanalytischer Aspekte», in *Bernard Bolzano 1781-1848, Studien und Quellen,* Berlin, 1981, 93-8.

THOMPSON P. B. «Bolzano's deducibility and Tarski's logical consequence», *Hist. and Philos. of Logic*, 2 (1981), 11-20.

TICHY P., *The Foundations of Frege's Logic*, Berlin-New York, 1988.

TREDER H. J., «Bolzanos dynamischer Atomismus und seine Raum-Philosophie», *Deutsche Zeitschr. f. Philos.*, 29 (1981), 800-7.

TWARDOWSKI K., *Zur Lehre vom Inhalt und Gegenstand der Vorstellungen*, Wien, 1894; rééd. München, 1982, avec une introd. de R. Haller.

VALENTA L., «Vědosloví» [*Wissenschaftslehre*], in J. LOUŽIL, *Bernard Bolzano*, Praha, 1978, p. 174-283 (une des études les plus importantes de la logique de Bolzano).

– «Sémantické předpoklady Bolzanovy logiky», *Lit. archiv*, 16(1985), 49-58.

VOLTAGGIO F., *Bernard Bolzano e la dottrina della scienza*, Milano, 1974.

WANG Hao, *From Mathematics to Philosophy*, London, 1974.

WINTER E., *Die historische Bedeutung der Frühbegriffe B. Bolzano's*, mit einem Anhang *Bolzano's Begriffe 1821*. Mit Anmerkungen zu den logischen und mathem. Begriffen von Jan Berg. *Sitzungsberichte d. Deutschen Akad. Wiss. zu Berlin*, Kl. f. Phil., Gesch., 5 (1968).

ZIMMERMANN R., *Philosophische Propädeutik für Obergymnasien*, Wien, 1853 ; rééd de la 2e partie *Formale Logik* avec les passages correspondants de la *WL* par E. WINTER, *Robert Zimmermanns Philosophische Propädeutik und die Vorlagen aus der Wissenschaftslehre B. Bolzanos*, *Sitzungsberichte Öst. Ak. Wiss.*, phil.-hist. Kl., 299 (Wien, 1975).

Publications collectives et colloques

Deutsche Arbeit, 8 (Prag 1908).

Bolzano-Symposion 1973, *Sitzungsberichte Öst. Akad. Wiss.*, phil.-hist. Kl., 293/5 (1974).

Bernard Bolzano (1781-1848) – Bicentenary. Impact of Bolzano's Epoch on the Development of Science, Conference Papers, éd. L. Nový, *Acta hist. rerum nat. necnon techn.*, 13 (Prague, 1981; les contributions les plus importantes : celles de J. Berg, K. Berka, J. L. Cohen et J. W. Dauben) .

Bernard Bolzano 1781-1848, Studien und Quellen, éd. par W. Schuffenhauer, Berlin, 1981.

Bernard Bolzano 1781-1848, Univerzita Karlova, Praha 1981 (contributions de K. Berka, B. Fedorov, G. Schenk et d'autres).

Filozofický Časopis, 29 (1981), n° 6 (en tchèque; articles de M. Bayerová, J. Beran, K. Berka, J. Černý, V. Hála, P. Horák, J. Loužil, J. Houska, J. Popelová, J. Zelený, J. Zeman, bibliographie par J. Švejda).

Bernard Bolzano zum 200. Wiederkehr seines Geburtstages. Sitzunbgsberichte der Akad. Wiss. der DDR, Sozialwiss. (Berlin 1982), n° 6.

Bolzano-Studien (éd. E. Morscher)=*Philosophia Naturalis*, 24 (1987), Heft 4, 351-499.

Bolzano's Wissenschaftslehre 1837-1987, International Workshop, Firenze 16-19 settembre 1987 (contributions de Jan Berg, K. Berka, E. Casari, C. Cellucci, R. George, R. Haller, B. Mates, M. Mugnai, Bob van Rootselaar, J. Sebestik, D. Spalt); Firenze, 1992.

Internationales Bolzano-Symposium, Salzburg, juin 1991 (contributions de Jan Berg, E. Casari, R. George, W. Künne, P. Materna et J. Sebestik; à paraître).

LEXIQUE

Abfolge	conséquence (relation de raison à conséquence)
Ätiologie	aetiologie (doctrine des causes)
Ausdehnung	étendue extension
ableitbar	déductible (en logique) dérivable (en mathématique)
Ableitbarkeit	déductibilité dérivabilité
genaue, adäquate Ableitbarkeit	déductibilité stricte (= non redondante)
All	tout
allgemeingültig	valide
allgemein ungültig	contravalide N.B. Pour Bolzano, ces termes ne désignent pas ce que nous appelons la validité ou la contravalidité universelles.
an sich	en soi
Anschauungssatz	proposition contenant une intuition
ausschliessend	disjoint
Bestandteil	constituant, composante
Bestimmung	détermination
benannte Zahl	nombre appliqué
Begriffssatz	proposition conceptuelle
Begriffswahrheit	vérité conceptuelle
Begründung	fondation, fondement
Beschaffenheit	propriété Bolzano distingue deux sortes de *Beschaffenheiten* : propriétés internes, *Eigenschaften*, et propriétés externes ou relations, *Verhältnisse*.
bestimmende Stücke	éléments déterminants
Bestimmungsgründe	raisons déterminantes
Deduktion	*deductio* (WL, IV, § 577; voir aussi § 524)

Einzelbegriff	concept singulier, concept d'individu
Einzelvorstellung	représentation singulière
einheimisch	autochthone
einerlei	identique
Erklärung	définition
Erläuterung	élucidation
Folgewahrheit	vérité déduite
Fürwahrhalten	assertion
Gebiet	domaine
gegenständlich	objectuel, d'objet
Gegenständlichkeit	objectualité
gegenstandslos	vide, sans objet
genaue Ableitbarkeit	déductibilité stricte
Gewissmachung	certification
gleich	égal (*gleich* signifie le plus souvent *équivalent*)
gleichkommend gleichgeltend gleichgültig	équivalent
Grad der Gültigkeit	degré de validité
Grenze	limite, borne, frontière (selon le contexte)
Grösse	grandeur
Grössenbegriff	concept numérique
Grund	raison, fondement
Grundsatz	principe
Grundwahrheit	vérité primitive
Hülfswahrheit	vérité préalable (*WL*, III, § 217)
Hülfssatz	proposition auxiliaire (*WL*, IV, § 411)
Inbegriff	collection, système (*PU*, § 4)
Inhalt	compréhension (pour les représentations)
Menge	ensemble
Merkmal	caractère, marque
Nachbar, Nachbarpunkt	point voisin (= point situé à une distance donné du point donné ; ne pas confondre avec le sens actuel du terme *voisinage*)
Raumding	objet spatial (= objet géométrique)
Reihe	suite, série (selon le contexte)

Satz (an sich)	proposition (en soi)
Satzform	forme propositionnelle
Schluss	inférence
Summe	somme
Teil	partie (élément ou sous-ensemble, selon le contexte)
überfüllt	redondant
Umfang	extension
unbenannte Zahl	nombre pur
unendlicher Grössenausdruck (–Begriff)	expression (concept) numérique infinie
Unterordnung	subordination
unverträglich	incompatible
Urtheil	jugement
Verkettung Verschlungenheit	intersection, enchaînement
Verständigung	explication
verträglich	compatible
Vielheit (konkrete)	multitude (concrète)
Vielheit (abstrakte)	multiplicité (abstraite) (= propriété d'une multitude)
Vorstellung (an sich)	représentation (en soi)
Wechselvorstellung	représentation équivalente
Weite einer Vorstellung	ampleur d'une représentation
widersprechend	contradictoire
widerstreitend	contraire
wirkliche Zahl	nombre proprement dit (= entier non nul, parfois seulement nombre naturel)
wirklich	réel, actuel
Wirklichkeit	réalité
willkürlicher Satz	convention (cf. *Einl. GL*, II, § 18)
Zusammenhang	connexion
objektiver Zusammenhang der Wahrheiten	connexion objective des vérités
zusammenhängend	connexe.

INDEX DES NOTATIONS

Cet index ne comprend pas les notations utilisées uniquement dans leur contexte immédiat. Les numéros à gauche renvoient aux pages où les notations sont utilisées pour la première fois.

Notations logiques : $\neg$ (non), & (et), $\vee$ (ou), $\Rightarrow$ (si, alors), $\Leftrightarrow$ (si et seulement si), $\forall M$ (pour tout M, ...), $\exists Q$ (il existe au moins un Q tel que ...).

Notations ensemblistes : $\in$ (appartenance), $\subset$ (inclusion), $\not\subset$ (négation de l'inclusion), $\cap$ (intersection), $\cup$ (réunion), $\overline{E}$ (complémentaire de l'ensemble E), Ø (ensemble vide), card A (nombre cardinal de l'ensemble A ou de l'extension de la représentation A); [a, b] intervalle fermé d'extrémités a, b;]a, b[intervalle ouvert.

Ensembles de nombres : **N**, **Z**, **Q**, **R** respectivement l'ensemble des nombres naturels (zéro non compris), l'ensemble des entiers rationnels (entiers positifs, négatifs et zéro), l'ensemble des nombres rationnels, l'ensemble des nombres réels; $\mathbf{Z}^*$ l'ensemble des entiers rationnels non nuls, $\mathbf{R}_+$ l'ensemble des réels strictement positifs, $\mathbf{R}^3$ espace euclidien à trois dimensions.

43	d_{MN}	distance entre les points M et N
65	$V_\delta(x)$	voisinage sphérique de x qui a pour rayon δ
80	ω, Ω	grandeurs qui tendent vers zéro
87	$x<\pm 1$	$-1<x<1$
90	$\min\{r, s\}$	le plus petit des deux nombres r, s
90	$\binom{n}{k}$	coefficient binomial $\frac{n(n-1)\ldots(n-k+1)}{1.2.\ldots k} = \frac{n!}{k!(n-k)!}$, noté parfois également C_n^k
102	$\{x \mid M(x)\}$	l'ensemble des x tels que $M(x)$, où M est un prédicat
106	$\sup \omega$	borne supérieure de la variable ω

163	*S* a *p*	le sujet *S* a (troisième personne du singulier du verbe avoir) la propriété *p* ; ou encore : *S possède p* (en allemand *S hat p*)
173-4	**A**	l'extension de la représentation A (cette notation n'est pas utilisée systématiquement)
175	$\mathscr{A}$, $\mathscr{M}$	classes de représentations : $\mathscr{A}$ = {A, B, C, ...}, $\mathscr{M}$ = {M, N, O, ...}
183	{x | x=x}	l'ensemble des x tels que x=x (de même p. 316)
234	*i*	*i* = ⟨i, j, ...⟩ suite des variables qui ont des occurrences dans une forme propositionnelle
234	$\mathscr{A}(i)$	classe des formes propositionnelles contenant des occurrences des variables i, j, ..., $\mathscr{A}(i)$ = {A(*i*), B(*i*), C(*i*), ...}
235	$V_{\mathscr{A}(i)}$	système (suite) des représentations qui rendent vraies les formes propositionnelles de la classe $\mathscr{A}(i)$
235	$\mathscr{A}$	classe des propositions, $\mathscr{A}$ = {A, B, C, ...}
235	⟨«Roméo», «Juliette»⟩	couple formé de la représentation «Roméo» et de la représentation «Juliette»
235	$\mathscr{V}_{A(i,j,\ldots)}$	*l'ensemble* des suites $V_{A(i,j,\ldots),1}$, $V_{A(i,j,\ldots),2}$, $V_{A(i,j,\ldots),3}$, ... des représentations qui vérifient une forme propositionnelle A relativement aux variables données i, j ...
237	$\neg\mathscr{M}(i)$	classe composée des *négations* des formes propositionnelles) M(*i*), N(*i*), O(*i*), ..., $\neg\mathscr{M}(i)$ = {¬M(*i*), ¬N(*i*), ¬O(*i*), ...}
244	deg	degré de validité (d'une proposition)
254	prob M/$\mathscr{A}$	probabilité de la proposition M relativement aux propositions de la classe $\mathscr{A}$
320	[quelque chose](A+B+ ...)	quelque chose qui est A et B et...
321, note 32	max{a, b, ...}	le plus grand des nombres a, b, ...
366	J	nombre infiniment petit positif
400	x ↦ a+x	la fonction qui à x associe a+x
407	sup f(x)	borne supérieure de f(x) dans [a, b]
440	m(A)	mesure de l'ensemble A
442	w(E)	ampleur de l'extension de la représentation E
466	$N^{(k)}$	l'ensemble des k-ièmes puissances des nombres naturels.

INDEX DES NOMS PROPRES

Dans cet index ne figurent pas les noms cités uniquement dans la Chronologie ou dans la Bibliographie.

ABEL N. 85, 89, 109, 112, 303, 424
ADAM DE PETIT PONT 454
ALBERT DE SAXE 454
D'ALEMBERT J. LE ROND 34, 35, 75, 93, 103, 388
AMPÈRE J. M. 417
ARBOGAST L. F. A. 75
ARCHIMÈDE 56, 281
ARGAND J. R. 340
ARISTOTE 40n., 143, 159, 180, 182, 192, 193-194, 208, 240, 250, 264, 275, 436, 437
AUGUSTIN (SAINT) 128, 436

BACHELARD G. 290
BACHELARD S. 23, 299, 476
BAR-HILLEL Y. 19, 210, 212n., 216n., 219n. 223-224n., 231, 248n.
BARROW I. 351
BECKER H. P. 19, 354n., 359
BENTHAM J. 143
BENTHEM J. VAN 19, 234
BERG J. 19, 72n., 125, 151, 219n., 221, 224n., 230n., 257n., 314n., 354n., 374, 380, 381n., 418n., 428, 449n.
BERGMANN H. 19, 48n., 131, 222n.
BERKA K. 19, 181, 257n.
BERNAYS P. 17
BERNOULLI D. 388
BERNOULLI J. 388, 390
BERNOULLI N. 456-7, 465
BERTRAND J. L. F. 34, 417
BETH E. W. 209n.
BOÈCE 170
BOLYAI J 34
BOMBELLI R. 351
BOOLE G. 119, 159
BOULIGAND G. 260n.
BOURBAKI N. 17
BRENTANO FR. 117, 145, 184
BUHL G. 19, 168, 262n.

CANGUILHEM G. 15, 19
CANTOR G.15, 35, 67, 72, 101, 107n., 112, 315, 330, 333-334, 354, 363, 364, 374-377, 378, 386n., 436, 451, 466, 468, 470-473, 480
CARNAP R. 255, 321n., 476
CARNOT L. 77
CASARI E. 19, 125, 130, 185n., 205n.
CASTILLON J. 26
CAUCHY A. L. 16, 17, 75, 81, 82n., 83, 85, 92, 100, 101, 104, 1109-112, 303, 365-366, 386, 388, 390, 393, 394, 395, 399, 424, 425, 435
CAVAILLÈS J. 15, 19, 100n., 292, 332n., 478

CELLUCCI C. 19, 226
CICÉRON 192
CLAIRAULT A. C. 34, 51
COFFA A. 19, 476
COMTE A. 28, 288
CRELLE A. L. 105
CRUSIUS CHR. A. 208, 209

DEDEKIND R. 15, 101, 112, 126, 330, 351, 354, 375, 385, 386n., 451-452, 471, 480
DESCARTES R. 25, 26, 117, 126, 127, 160, 351, 436n.
DETLEFSEN M. 260n.
DIRICHLET P. G. LEJEUNE 388-389, 390, 394-395
DROBISCH M. W. 194n.
DUBUCS J. 91n.
DUGAC P. 107n., 112, 366n., 390n., 451
DUHEM P. 453n.

EUCLIDE 26, 33-39, 42-43, 45n., 51, 71, 252, 269-271, 351
EULER L. 18, 25, 74-75, 76, 81-82, 83, 87, 93, 108, 110, 138, 170, 172, 319, 340, 351, 380, 385, 388, 389n., 390, 391, 393, 395
EXNER F. 120-121, 124, 144-145, 154-158, 187, 194

FEDOROV B. I. 19, 257n.
FERMAT P. 351
FISCHER J. K. 458
FOLTA J. 48n., 50n.
FOURIER J. B. 25, 76, 77, 388, 389, 391, 395
FREGE G. 18, 116n., 123, 128, 131n., 132, 143, 145n., 146, 160, 162n., 164, 182, 183, 282, 333, 347, 349, 450, 452n., 476, 477
FREUDENTHAL H. 81n., 109
FREYTAG LÖRINHGOFF B. 151
FRIES J. F. 249
FUSS P. H. 456n.

GALILÉE 454-457
GALOIS E. 418, 426
GARCET H. 417
GAUSS C. F. 17, 34, 44, 55, 76, 84, 85, 88, 90, 92, 93, 100, 103-105, 106, 326-327, 340, 386, 435
GENTZEN G. 239, 246, 478
GEORGE R. 19, 195n.
GERGONNE J. D. 142, 170, 172
GERICKE H. 370n., 386
GIBERT P. 417
GÖDEL K. 121n., 130, 477
GOETHE J. W. 15
GOLDBACH CHR. 456-457
GRANGER G. G. 66, 196n.
GRATTAN-GUINNESS I. 99, 109-110
GRÉGOIRE DE RIMINI 436
GREGORY G. 351
GUITARD TH. 81n.

HAHN H. 70n., 325n.
HAILPERIN TH. 19
HANKEL H. 15, 42n.
HEINE H. E. 386n.
HERBART J. F. 120, 128, 156, 249
HILBERT D. 17, 42n., 44, 143, 386n.
HINTIKKA J. 91n.
HOBBES TH. 184n.
HÖFLER A. 50n.
HÖLDER O. 252n.
HOLKOT R. 453
HORNICH H. 72n.
HOUSKA J. 111-112
HUME 336n.
HUSSERL E. 15, 128, 145n., 184, 186, 299, 474n., 476

ISAČENKO A. 168n.

JARNÍK V. 19, 106n., 399-400, 402n., 411, 424n., 428
JAŠEK M. 428n.
JOHNSON D. M. 19, 56n., 61, 65, 68

KANT I. 26, 27, 29, 43, 121n., 128, 130, 133, 138, 154-154, 208-212, 214-215, 218, 221, 222, 231,

287, 297, 350, 440n., 466n.,475, 477
KÄSTNER A. 18, 33-37, 43n., 44, 45n., 54, 57, 61, 62, 71, 77, 87, 352-353-354, 363, 382, 385, 390, 478
KIESEWETTER J. G. 180n.
KITCHER PH. 19
KLÜGEL G. S. 53, 54, 325
KÖHLER E. 121n.
KOWALEWSKI G. 428
KREIBIG J. K. 151-152
KREISER L. 19, 162, 168n., 185n., 449n.
KRONECKER L. 352
KRUG W. T. 187, 210

LACROIX S. F. 17, 34, 76, 112, 388, 390, 391, 392, 395, 425
LAGRANGE J. L. 18, 25, 75, 82, 83, 84, 93, 95, 110, 112, 302, 380, 388, 390, 391, 392, 425, 435
LAMBERT J. H. 26, 34, 48n., 50-51, 138, 161, 449
LAPLACE P. S. 25
LAUGWITZ D. 19, 354n., 369n., 373n., 375, 378-379-380, 381, 382
LAUTMAN A. 260n.
LEGENDRE A. M. 33, 34, 50, 51, 53, 105, 112
LEIBNIZ G. W. 18, 27, 33, 35, 36, 45n., 60, 65, 71, 72, 73-74, 76, 83, 108, 118-119, 128, 141, 151, 159, 161, 186-187, 193-194, 208-210, 240-241, 244, 246, 250, 259, 290, 305-306, 350, 351, 390, 435, 436n., 455-457, 475, 477
LÉVY T. 453n.
L'HOSPITAL G. F. A. DE 18
LOBATCHEVSKI N. I. 34, 389, 390
LOCKE J. 186-187, 208-209
LÖWENHEIM L. 252n.
LOUŽIL J. 154n.
LUKASIEWICZ J. 198, 217n., 247n.
LULLE R. 161

MAASS J. G. E. 171-172, 182, 210, 236
MACLAURIN C. 18
MARTY A. 131
MATES B. 127n.
MEINONG A. 145, 184
MENGER K. 65, 70n., 480
MÉRAY H. C. R. 354, 375
MESCHKOWSKI H. 107n.
MINIO-PALUELLO L. 454n.
MONTUCLA E. 301
MORSCHER E. 19, 129, 163, 217n., 449n.
MUGNAI M. 118n.

NEEMANN U. 151n.
NEURATH O. 290
NEWTON I. 87n., 160, 351

OCCAM W. 40n., 124, 134n., 453
OHM M. 17, 325, 390, 392
ORESME N. 453

PAOLI FR. 19
PASCAL B. 138-139, 141
PASCH M. 44, 143
PATOČKA J. 19, 130
PEANO G. 145n.
PEIRCE CH S. 247n.
PERRON O. 107
PHILOPON JEAN 453
PLATON 134n.
PLOUCQUET G. 161
PLUTARQUE 453n.
POINCARÉ H. 69, 143, 480
POISSON S. D. 112
POPPER K. 131n.
PŘIHONSKY F. 35n., 128, 129, 439, 469n.
PRINGSHEIM A. 389
PROCLUS 453n.
PROUST J. 150, 216n., 224-230

QUINE W. V. O. 130, 143n., 221, 476, 477

RIEGER L. 354n.
RIEMANN B. 366n., 468n.

ROBINSON A. 366n.
ROOTSELAAR B. VAN 19, 50n., 52, 64n., 283, 354n., 359, 363n., 369-373n., 375, 377-378, 402n., 429
ROUILHAN PH. DE. 229n.
RUSSELL B. 17, 18, 141, 143, 183, 184, 282, 310-312, 315, 347, 349, 452n., 476
RYCHLÍK K. 107n., 354n., 357, 365, 369n., 375-377-378, 402n., 404, 428

SACCHERI G. 49n., 50-51
SCHEPERS H. 134n.
SCHENK G. 19
SCHLEICHERT H. 215n.
SCHOLZ H. 19, 196n., 247n., 248, 447, 449n.
SCHULZE J. 438
SCHWARZ H. A. 107
SERRES M. 306
SEXTUS EMPIRICUS 449
SIMON P. 19, 59n., 60, 63, 70n.
SIMONS P. 217n.
SINACEUR H. 110n., 349
SINGH A. N. 428
SLIVKA A. 418, 428n.
SPALT D. D. 19, 354n., 359, 369n., 386
SPINOZA B. 436n., 437, 475
STEELE A. D. 428, 453n.
STEUBE A. 168n., 449n.
STEVIN S. 351
STIEFEL M. 351
STOLZ O. 89, 107n.
SOULEZ A. 134n.

TARSKI A. 217, 239, 240-241, 246, 260, 477
TERTON G. 19
THOMAS Y. 454
TICHY P. 124, 227n., 389
TWARDOWSKI K. 117, 144-145, 150, 217n., 247n.

ULRICH J. A. 180n.
URYSOHN P. S. 65, 480

VALENTA L.19, 236n.
VEČERKA K. 268n., 315n., 317
VOPĚNKA P. 19, 333, 470-473
VYDRA S. 35

WALLIS J. 36, 53, 87n., 351
WEIERSTRASS K. 15, 16, 17, 107, 112, 354, 366n., 385, 399, 405, 407, 418, 430, 435
WESSEL C. 340
WHITEHEAD A. N. 17
WINTER E. 144n.
WITTGENSTEIN L. 150, 255, 476, 478
WOLFF Chr. 34, 45n., 51, 184n., 187, 351, 352

YOUSCHKEVITCH A. P. 82n.

ZIMMERMANN R. 121, 213n., 255, 467n., 470n.
ZLATOŠ P. 471.

INDEX DES NOTIONS

Les chiffres en italique renvoient aux définitions

Abstractum : *125*, 148, 157, 163-165, 168, 323

Aetiologie (doctrine des causes) : 300-301

Ampleur d'une représentation : *176*, 441-*442*, 443, 446

Analytique, analyticité : *91*, 139-140, 208, *213-214* ; — analyticité logique : *216-218*, 224, 227; — voir aussi Démonstration purement analytique

Angle : *42*

A priori, *a posteriori* : 159

Arbres démonstratifs : 278-279

Axiome : 37, 275-277, 281-282; — de Cantor-Dedekind : 385; — d'Eudoxe-Archimède : 382; — des parallèles : 35-36, 48, 53, 54, 271, 281, 283; — du tout et de la partie : 453, 456-457, 459, 463

Borne supérieure (inférieure) : *102*-105, 384

Caractère (*Merkmal*) : 148, 155-6

Cardinal : voir Nombre cardinal

Causalité, cause : 167, 220-221, 263, *265*

Ceci : 154-156, 158

Certification (*Gewissmachung*) : 37, 54, 94, 259, 273

Chronométrie : 268n., 300-301

Cogito : 127

Collapsus général : 471-472

Collection (*Inbegriff*) : 20, 29, 298, 307, *308*-333; voir aussi Système; — universelle : 179, *183*, 257n.; — paradoxe de la collection universelle : 314-317

Compatibilité des représentations : 166, 171, *173*-175; — des propositions : 233-234, *236*, 244, 247-248, 250, 253, 257

Compréhension des représentations : 135, 137, 151-152, 320; — principe de compréhension 311-*313*, 449

Concept : 152, *158-159*, 172; — numérique infini : *357*-360, 368; — pur : 158-159, 277, 283; — simple :277-278

Concretum : *124-125*, 148, 163-165, 168, 280, 323

Congruence : 45-6

Connaissance : 216, 224, 227, 292

Connexion objective des vérités : 115, 259, 284, 291

Connexité, connexe : *60*, 269-270

Conséquence (*Abfolge*) : 22, 48, 167, 230, 241n., 259-267, 272-275, 284-*286*; — matérielle : *262*; — formelle : *262*, 267, 284
Constituant (composante, partie) d'une représentation : 136, 145-147
Construction : 26, 38, 268-271
Continu : 60, 63, *64-66*, 67, 72
Continuité : 73-74, *78-80*, 81-83, 95, 105, 110, 392-395, *396-397*, 398-426, 431 ; voir aussi Uniformité
Contradiction entre les représentations : *173-174*, 179; — entre les propositions : *238*
Contrariété des représentations : *173-174*, 180; — des propositions : *238*
Contravalidité : *206*
Convergence : 84-85, 89, 98-100, 110, 370; — « Convergent » : 86n., 364n.
Coordination : *180*
Coupure : 384-385

Déductibilité : 22, 226, *238*, 240-*241*, 242-252, 260-261, 266, 271, 284-286, 391; — logique : *243*; — stricte : *255*-256
Deductio : *278*, 283
Définition : 138-143, 219; — contextuelle : 139, 141-143, 160; — implicite : 142-143
Degré de validité : *207*, 244, 256
Démonstration : 27, 94, *273*; — purement analytique : 91; — apagogique (par l'absurde) : 251-252; — indirecte : 251n., 257n., 279, 448; — par induction complète : *279-80*, 447-450
Densité : 65, 356
Détermination, déterminable : *59*, 139, 148, 428-*430*, 438-439, *460*, 467; — voir aussi Eléments déterminants
Dieu : 223n., 265, 445-446, 451n., 472-474
Dimension : 60, *68-9*
Direction : *40-41*, 43; — opposée *43*
Discontinuité : 394-396, 400-402, 405, 408, 413
Disjonction : 167
Distance : 40-41
Droite (finie) : 44

Egalité : 39; — de grandeur : 336; — des ensembles (= équivalence, équinuméricité) : 439-440, 441, 443-*444*, 453-454, 458-460, 462-470; — géométrique : 39, *45-46*; — des nombres mesurables : 371-*372*, 373-374, *379*, 380
Eléments déterminants : 20, 47, 429, *460*-461
Enchaînement : voir Intersection
Enoncé : 160-168
Ensemble : 57n.-58 207n., 299, 301, 304, 305-308, 311, 330-331; — infini de vérités : 127
Ensemble des suites de représentations vérifiantes : 236
En soi : voir Objectif
Entre : *44*, 328, *356*, 383
Equation : *191*, 331
Equivalence des représentaions : 140, 166, 171, *174*-176, 190; — des propositions : *238*, 246
Espace : 57, 139, 268; les trois dimensions de l'espace : 268, 301
Exclusion (relation entre les propositions) : *238*
Exhaustion (relation entre les propositions) : *239*
Existence (réelle) : 20-22, 118, *120*-121, 131-*133*, 134, 335; — mathématique : 284
Explication : 139
Extension des représentations : 144-146, 151-152, 441-442; — prin-

cipe d'extensionnalité : *311*-312, 320

Fini : *438*; — système fini de points : 64; — nombre mesurable fini 366
Fonction : 63, 73-*78*, 194, 388-389, *390-391*, 392-393; — de Bolzano : 394, 417-430; — continue : voir Continuité; — dérivable : 392-393, 417-418, 426; — déterminable 428-*430*; — monotone 409-410, 417, 422-424; — non dérivable 425-428
Fondement, fonder : 34, 37, 54, 94, 258-261, 267-279
Forme : 189-190, 192-194, 213, 287, 298; — canonique des énoncés : *162*-168; — descriptive (conceptuelle) : 166, 195-196; — logique des propositions : 162, 228n.; — propositionnelle : 189, 195-201, 205-206
Fraction mesurante : *362*, 364, 371, 373-374, 377, 380, 382

Grandeur : 297, 302-4, 320, 335-*336*, 337-342; dépendante : 390; — extensive : *337*, *440*-441; — variable : 390, *437*; grandeur infinie, grandeur complexe etc. : voir Nombre infini, nombre complexe etc.

Identité : 39, 166, 312
Impossible : 338
Inclusion : 145, 163, 171, *173-175*; 233, 238
Incompatibilité des représentations : 173-174, *178-179*; — des propositions : *234*, *238*, 244-246, 249, 251, 253
Induction complète : 446, 451; — transfinie : 472-473; voir aussi Démonstration
Inférence : 226, 257n.
Infini : 64, 306-307, 313, 331, *439*, 444, 445; — actuel : 435-452, *461-462*, 471-472; — potentiel : 435-437, 450; — infiniment grand : 443, 471-472; — infiniment petit : 25, 85-86, 387n.; — voir aussi Nombre
Intentionnalité : 144-145
Intersection (enchaînement) des représentations : *173-174*, 177-178; — (indépendance) des propositions : *238*
Intégrale : 112, 393
Intuition : 152-*153*, 154-159; — pure 297; — rationnelle : 121n.

Jugement : 116, 120-123, 227, 259

Langue universelle : 161-162
Ligne : 59
Limite : 20, 25, 74, 77, 81, 87-88, 99-101, 110, 112, 365-366, 383, 386-387, 393, 422, 435-436, 438, 443
Logique : 27, 115; — concepts logiques : 226; principes logiques : 281; — lois logiques : voir Théorèmes logiques
Loi morale suprême : 262-263, 265-266, 277n.
Lois de la pensée : 119, 129

Mathématique universelle : 298-300, 304
Mesure : 282, 320, 337, 342, 361, *440*-443, 469
Multitude : *322*-324, 331, 336, 342, 347

Nombre : 20, 324, 335-345, *346*-355, 367n., 368, 438; — appliqué : 324; — cardinal : 321n., 330, 348, 441-442, 452, 468-469; — complexe : 89, 337-340, 367n., 368; — infini : 342,

366n., 367n., 456, 469; — infiniment grand : 361, 365, *367*-368, 382; — infiniment petit : 282, 361, 365-*366*, 368, 369-377, *378-379*, 380-387; — irrationnel : 352-355, 368, 385; — mesurable : 342, 360-*361*, 362-*363*, 364-379, 380-*381*; — négatif : 340-341; — rationnel : 356, 364, 368; — réel : 100-101, 109, 351-360, 364, 366, 367n., 368, 375-386

Objectif (= en soi) : 21, 27, 116-121, 129-130, 134, 260, 289, 302, 439
Objectualité, objectuel (*gegenständlich*) : 21, 132, *145*-146, 232
Objet, quelque chose : 131, 183, 298-299; — objet d'une représentation : 136, *144-145*; — objet spatial : 20, 38, 39, 40, *57*, 59
Ontologie : 131; — formelle : 299, 301
Opposition : *43*, 331, *340*
Ours, e : 236, 325

Parallèles : voir Axiome
Partie (*Teil*) : 20, 145, 149, *308-309*, 310- 311, 318-322, 439n.; voir aussi Axiome du tout et de la partie
Point : 40, 57-58, 141; — d'accumulation : 107-108, 384, 386, 413-417; — faiblement isolé : *65*-67; — isolé : 65, 429; — voisin : 59, 60-61, 64
Possible : 118-119, 270, 283
Postulat : voir Axiome
Principe : 94, 276-*277*, 281-282; — voir aussi Vérité primitive
Probabilité : 207, *252*-255
Proposition (en soi) : 21, 116-121, *122-123*, 124-133; — auxiliaire : 273n.; — propositions conceptuelles pures : *159*; — empiriques : *159*
Propriété (*Beschaffenheit*; *Eigenschaft*) : 124-125, 137, *147*, 149, 162

Quantification existentielle : *132*, 135; — universelle : *135*, 229

Raison (*Grund*) : 259-261; voir aussi Conséquence
Raisons déterminantes : 467
Réduction des énoncés : 162-168
Réel : voir Existence (réelle)
Réflexivité des ensembles infinis : 452-470
Règle : 59, 223; — de formation : 339, 342-345
Relation : *147*, 165, 331, 349n.
Représentations : — contradictoires : 185 -188, 338-340; — en soi : 21, *133*-138; — mixtes : *159*; — redondantes : 155, 189; — simples : 136-138, 137, 141; — singulières : 146; — subjectives : 133-134, 138; — symboliques 144; — universelles : 179, 182-183; — vides : 165, 179, 184-191, 312, 321, 338-9; voir aussi Concept, Intuition
Représenter 118, 145-146
Réunion : 176-177, 321

Scepticisme (réfutation) : 126-128, 447-450
Science : 27-28, 287-*288*, 289; — sciences conceptuelles pures : 36, 54-55, 261, 291; — objet d'une science : 291
Sémantique : 201-202
Sens (*Sinn*) : 123, 129
Série : 85-*86*, 96-98, 103-104, 340n.; — séries de Cantor : 376, 383, 386

Similitude : 46-*47*, 48-49, 54, 283, 331
Somme : 135-*136*, 309n., 310, *318-322*, 331, 337, 341
Subalternation : 249-251
Subjectif : 117-118, 289
Subordination : 145-146, 163, 177, 190, 249n.
Subsomption : 145-146, 157, 163
Substance : 265, 314, 466
Substitution : 205
Suite : 103-104, 324, 325-326, 327-331, 345-346 ; — connexe : 328-329 ; — convergente ; — cyclique : 329 ; — des représentations qui rendent vraies une classe de propositions (= système de représentations vérifiantes) 234-235
Syllogistique : 161, 170, 188, 244, 257
Synonymie : 168, 220-221
Syntaxe : 201-202
Synthétique : 211, 214-215, 256
Système (*Inbegriff*) : 20, 29, 57, 165-166, 298, 308-311, 322n., 330-331

Temps : 126, 194, 268
Théorème : — du binôme : 87-90, 275, 302; — de Bolzano : 93, 106, 111-112; — critère de Bolzano-Cauchy 97-111, 383, 384, 386; — de Bolzano-Weierstrass 107-108, 405, 406, 413, 431; — de la borne supérieure (de Bolzano-Gauss) : 92, 102-105, 108, 383, 386, 405, 431; — de Cantor-Bernstein 459; — des coupures : 384-385; — de Jordan : 70-72, 283; lemme de König : 478; — théorèmes logiques : 181, 244-246; — de Pythagore : 49-50, 53n., 260n.; — des valeurs intermédiaires : 91, 105, 408
Théorie de la science : 28, 287-289-290
Totalité : 302, 305-306, 314-317, 323
Trichotomie : *20-21*, *335-336*, 370, 371, 373, 377, 381-382, 385

Uniformité (convergence uniforme, continuité uniforme) : 89, 100n., 399, 402, 409, 424, 431

Validité : 21, 205-206; voir aussi Degré de validité
Variable : *189-190*, 198-201, *390*
Variante d'une proposition : 206
Variation : 190, 194-195; méthode de variation : 27, *189*, 197, 204, 212, 232
Vérité (en soi) : 120, *124*-126; — conceptuelle pure : 148n., 277, 273-279, 283; — dépendante : 273; vérités éternelles : 126; existence des vérités en soi : 126-127, 446-451; — logique : 214, 231; — préalable : 273; — primitive 94, 275, *276-277*,278-279 282-286; voir aussi Proposition et Principe
Voisinage : 42, 60, 62-65

Zéro : 338-339, *341*, 355, 366n., 367

TABLE DES MATIÈRES

Sigles et abréviations 7
Chronologie 9

Avant-propos 15
Introduction 25

PREMIÈRE PARTIE : À LA RECHERCHE DES FONDEMENTS

Chapitre I. Le rationalisme en géométrie 33
1. L'héritage leibnizien 33
2. Bolzano : refonte de l'ordre euclidien 35
3. Généalogie des concepts géométriques 39
4. La théorie des parallèles 45

Chapitre II. Aux sources de la topologie 56
1. Les objets géométriques comme ensembles de points 56
2. Les concepts de dimension et de continu 59

Chapitre III. La notion de continuité 73
1. La continuité selon Leibniz et selon Euler 73
2. Un nouveau concept de continuité : Bolzano 77

Chapitre IV. L'arithmétisation de l'analyse 84
1. La convergence des séries 84
2. Le *Rein analytischer Beweis* 90
3. Le critère de Bolzano-Cauchy 96
4. Le concept de borne supérieure 102
5. Le théorème de Bolzano-Weierstrass 107
6. Bolzano et Cauchy 109

DEUXIÈME PARTIE : LOGIQUE ET THÉORIE DE LA SCIENCE

Chapitre I. Les objets logiques 115
1. Les propositions en soi et les vérités en soi 116
2. Les représentations en soi, constituants des propositions. Théorie de la définition 133

3. L'extension et sa relation à la compréhension 144
4. Les intuitions et les concepts 152
5. La forme canonique des énoncés 160

Chapitre II. Logique des représentations 170
1. Relations extensionnelles entre les représentations 170
2. Représentations universelles et représentations vides 182

Chapitre III. Logique de la variation 192
1. La notion de forme propositionnelle 192
2. Un fragment de syntaxe 201
3. Variation et validité 204
4. Propositions analytiques et propositions synthétiques. La notion de vérité logique 208
5. Le système logique 232
6. Déductibilité 240
7. Logique des probabilités. Déductibilité stricte 252

Chapitre IV. Architecture des théories : la «connexion objective des vérités» 258
1. Une relation de fondement : la relation de raison à conséquence (*Abfolge*) 258
2. La relation de conséquence dans les sciences conceptuelles pures 267
3. Théorie de la démonstration et axiomatique 272

Chapitre V. Théorie de la science proprement dite 287
1. Le concept de science 287
2. Unité de la science 291

TROISIÈME PARTIE : LE SYSTÈME MATHÉMATIQUE

Chapitre I. Objet et division de la mathématique 297
1. Mathématique universelle et ontologie formelle 297
2. Retour à la définition traditionnelle 302

Chapitre II. La doctrine des ensembles 305
1. Les collections et les ensembles 307
2. Les sommes 318
3. Les multitudes 322
4. Les suites 325

Chapitre III. Les grandeurs et les nombres 335
1. Le concept de grandeur 335
2. Les grandeurs négatives. Le zéro 340

3. Règles de formation de la langue mathématique 342
4. Le concept de nombre 345

Chapitre IV. La construction des nombres réels 351
1. Les prédécesseurs. Kästner 351
2. Vers une définition des nombres réels 354
3. Expressions numériques infinies et «nombres mesurables» 357
4. Nombres infiniment petits et nombres infiniment grands ... 365
5. Equivalence et ordre 371
6. Une théorie des nombres réels? 375

Chapitre V. Théorie des fonctions de variables réelles 388
1. Le concept de fonction 388
2. Continuité et discontinuité des fonctions réelles............... 393
3. Quelques exemples 400
4. Fonctions continues sur un compact 405
5. Les fonctions ayant une infinité d'oscillations 410
6. La fonction de Bolzano 417

QUATRIÈME PARTIE : LES CHEMINS DE L'INFINI

1. L'infini actuel 435
2. Existence d'ensembles infinis 446
3. Le paradoxe de la réflexivité 452

Conclusion 475

Bibliographie 481
Œuvres de Bolzano 481
Ouvrages publiés du vivant de Bolzano 481
Œuvres posthumes 484
Gesamtausgabe 487
Etudes sur Bolzano 490
Mathématiques 491
Logique et Théorie de la science 496
Publications collectives et colloques 504

Lexique 505
Index des notations 509
Index des noms propres 511
Index des notions 515
Table des matières 520

Imprimerie de la Manutention à Mayenne — septembre 1992 — N° 239-92